Adobe Illustrator CC 经典教程

〔美〕Adobe 公司 著　　牛国庆 译

人 民 邮 电 出 版 社
北 京

图书在版编目（CIP）数据

Adobe Illustrator CC经典教程 / 美国Adobe公司著
；牛国庆译. -- 北京 : 人民邮电出版社, 2014.（2020.8重印）
ISBN 978-7-115-33661-3

Ⅰ. ①A… Ⅱ. ①美… ②牛… Ⅲ. ①图形软件－教材
Ⅳ. ①TP391.41

中国版本图书馆CIP数据核字(2013)第269199号

内容提要

本书由 Adobe 公司编写，是 Adobe Illustrator CC 软件的正规学习用书。全书包括 15 课，涵盖了工作区简介、选择和对齐、创建和编辑形状、变换对象、使用钢笔和铅笔工具绘图、颜色上色、处理文字、使用图层、使用透视绘图、混合形状和颜色、使用画笔、应用效果、使用符号、将 Illustrator CC 的图像与其他软件相结合等内容。

本书语言通俗易懂并配以大量的图示，特别适合 Illustrator 新手阅读；有一定使用经验的用户从中也可学到大量高级功能和 Illustrator CC 新增的功能。本书也适合各类相关培训班学员及广大自学人员参考。

◆ 著　　［美］Adobe 公司
译　　牛国庆
责任编辑　赵　轩
责任印制　程彦红　杨林杰
◆ 人民邮电出版社出版发行　　北京市丰台区成寿寺路 11 号
邮编　100164　　电子邮件　315@ptpress.com.cn
网址　http://www.ptpress.com.cn
三河市君旺印务有限公司印刷
◆ 开本：800×1000　1/16
印张：23.75
字数：562千字　　2014年3月第1版
印数：39 201－40 200册　　2020年 8 月河北第 31 次印刷
著作权合同登记号　图书：01-2013-8455 号

定价：49.00 元（附光盘）
读者服务热线：(010)81055410　印装质量热线：(010) 81055316
反盗版热线：(010)81055315
广告经营许可证：京东市监广登字 20170147 号

前 言

Adobe Illustrator CC 软件是设计印刷品、多媒体资料和在线图形的行业标准程序。无论您是出版物印刷制作图稿的设计师、插图制作技术人员、设计多媒体图形的美工，还是网页或在线内容制作者，Adobe Illustrator 都将为您提供专业级的作品制作工具。

关于经典教程

本书是由 Adobe 产品专家编写的 Adobe 图形和出版软件官方培训系列丛书之一。

课程经过精心设计，方便读者按照自己的节奏阅读。如果读者是 Adobe Illustrator 新手，将从中学到该程序所需的基础知识和操作；如果读者有一定的 Illustrator 使用经验，将会发现本书介绍了许多高级技能，包括针对最新版本软件的使用技巧和操作提示。

本书不仅在每课中提供完成特定项目的具体步骤，还为读者预留了探索和试验的空间。读者可以从头到尾按顺序阅读全书，也可以针对个人兴趣和需要阅读对应章节。而且，每课都包含了复习部分，以便读者总结该课程的内容。

安装软件

在阅读本书前，请确保您的系统设置正确，并且成功安装所需的硬件和你需要专门购买的 Adobe Illustrator CC 软件。有关安装该软件的详细说明，请参阅安装 DVD 中的 Adobe Illustrator CC Read Me 文件。

本书使用的字体

本书课程文件中使用的字体都是 Adobe Illustrator CC 软件自带字体。有些字体已随软件自动安装，字体安装位置如下：

- Windows：[启动盘]/Windows/Fonts/
- Mac OS X：[启动盘]/Library/Fonts/

使用 Adobe Creative Cloud 进行同步设置

当用户在多台电脑上工作时，管理和同步这些电脑的首选项设置、预设和各种库可能会很复杂并且耗费时间，而且容易出错。“同步设置”功能使得用户将自己的首选项设置、预设以及各种库同步到 Creative Cloud。这意味着即使用户使用两台电脑，比如一台在家里、一台在公司，“同步设置”功能都会将这些设置全部同步。即使用户换设备或者重装 Illustrator CC 软件，这项功能都会保存所有设置，再次进行同步。

这项同步功能是通过用户的 Adobe Creative Cloud 账户实现的。所有设置全部上传至 Creative Cloud 账户，然后下载并应用到另一台电脑上。为了实现同步功能，需要进行以下操作：

- 待同步的电脑需要连接网络；
- 登录自己的 Adobe Creative Cloud 账户。

> AI | **注意**：同步设置功能需要手动启动。该功能无法预设或自动触发。

首次使用 Adobe Illustrator CC 软件

首次使用 Adobe Illustrator CC 软件时，没有以前的同步信息。这时将会出现对话框，询问是否使用同步功能。可以选择“立即同步设置”、“停用同步设置”，或者通过单击“高级”按钮自行选择同步哪些首选项。

- 如果希望同步自己的设置，单击“立即同步设置”按钮来初始化同步功能。

> AI | **注意**：Mac 系统下登录 Adobe 账户，打开 Illustrator CC 软件，即会出现该图。

成功使用同步功能

启动 Adobe Illustrator CC 软件后，若存在一台电脑 A 已经登录该 Adobe Creative Cloud 账户，将会出现对话框询问是否使用来自云端的设置。如需初始化电脑 B 的设置,单击“立即同步设置”按钮。

之后软件可能需要重启，或者提示同步设置和当前设置冲突。如果软件需要重启，文档窗口左下角将会出现一条同步状态信息，询问是否重启。也可以单击窗口左下角的“同步状态”按钮进行操作。

> **注意:**使用之前 Mac 系统电脑相同的账户,登录 Windows 系统电脑,即会出现该图。

同步冲突问题

理想工作流程是对一台机器（如工作电脑）使用同步功能，再对另一台机器（家庭电脑）使用该功能。但有时这并不起效。云端的设置和某台电脑的设置可能会冲突。这时，窗口左下角会出现提示冲突的对话框，以下是各选项具体含义。

- 同步本地：将该电脑上的本地设置同步到云端；使用本地版本的设置覆盖云端版本的设置。
- 同步云端：将云端的设置同步到该电脑；忽略对本地设置所做的更改，并使用云端的设置替换本地设置。
- 保留最新文件：根据时间戳保留最新的设置。

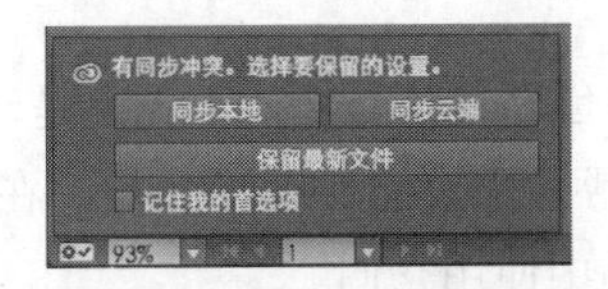

于是，所有设置将会下载至本地并更新到软件应用中。之后，如果修改了首选项、预设以及库，应在关闭软件前再激活同步功能。文档状态栏的左下角显示了具体的同步状态。

设置同步功能中的选项

为了避免冲突，可以对自己的账户进行简单管理，改变云端保存同步的选项。

- 选择“编辑”>“首选项”>“同步设置”（Windows 系统）或者 Illustrator >“首选项”>“同步设置”（Mac 系统），然后设置各个选项。

提示：也可以选择“编辑”>[用户名]>“管理同步设置”（Windows 系统）或者 Illustrator>[用户名]>“管理同步设置”（Mac 系统）。

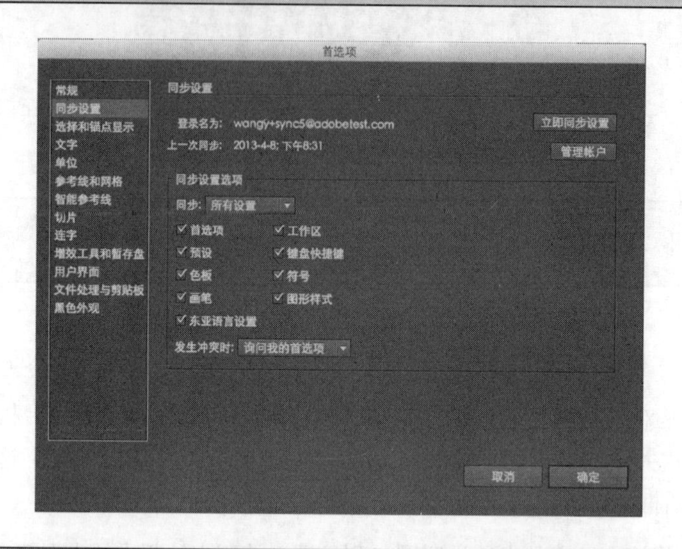

注意：为了成功使用同步功能，只能在软件内更改设置。该功能不识别手动操作。粘贴和复制到首选项文件夹的各种库（色板、符号等）也是如此。

Adobe Illustrator CC 的新功能

Adobe Illustrator CC 增加了许多创新性的新功能，无论是印刷品制作、网页设计，还是数字视频发布方面，都能更好、更有效地帮助用户制作图形文件。在这部分，将会展示这些新功能——它们如何生效以及如何在工作或作品中使用它们。

Adobe Illustrator 软件和 Adobe Creative Cloud 功能

全新的 Adobe Illustrator CC 软件将会一直保持最新版本，因为每项功能的发布都已经内嵌入软件。云端化的功能，如同步字体、同步颜色、同步设置，都一起帮助你将所有工作环境变为自己的环境。

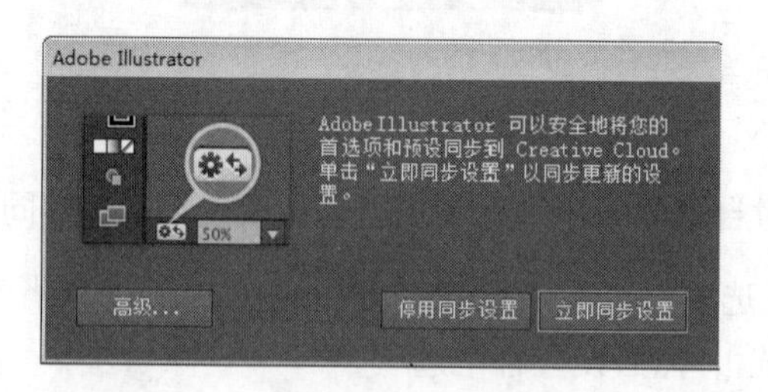

修饰文字工具

修饰文字工具很强大。每个字符都是一个独立的对象，可以移动、缩放或旋转它，随时编辑或改变字体。而且，还支持多点触控设备，如鼠标、触控笔。

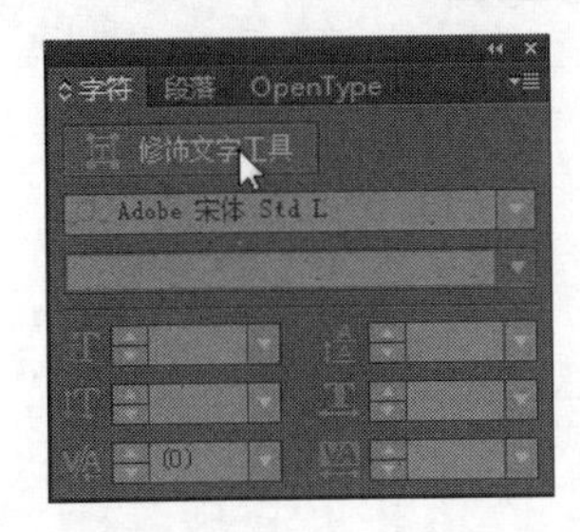

艺术画笔

画笔现在可以定义艺术、图案和散点类型的画笔，以包含栅格图像。这样，可以更快速轻松地创建衔接完美、浑然天成的设计——仅仅只需要通过使用画笔。画笔的操作与其他画笔类似，还可以任意调整它们的形状或进行修改。

文本的新功能

可以更快地找到理想字体。在“字符”面板中，键入字体名称，如“粗体”、“斜体”等字体组，就会显示字体的相关列表，并在继续输入时自动刷新。某个对象周围环绕着的文本会在改变时即时更新，多关联文本框架中的类型也是如此。文本对象转换是即时的，这样可以在文本布局中进行自由设计。

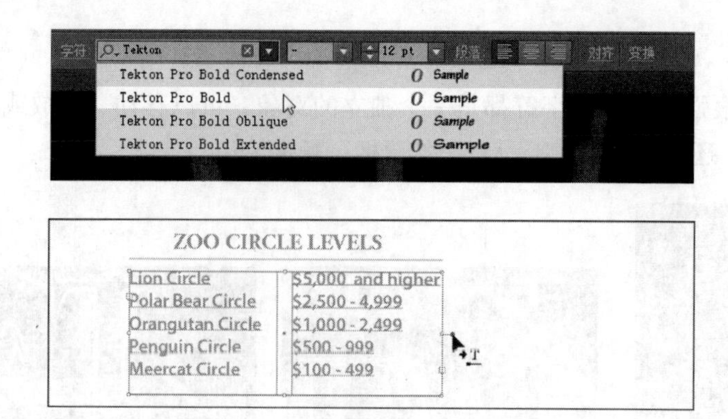

图像的新功能

可同时导入多个文档。自定义图像、图表、文本等文件的位置和大小，最新资源的预览缩略图也会显示文件的去向和它的大小。可以快速编辑图像、抽取从他处获得的作品中的文件。自动链接图形文件，获得更多“链接”面板中文件的信息。对所有出现在“链接”面板中的元素——图像、图表、文本——都可以进行跟踪控制。

提取 CSS 代码

人工编码的网页元素，如按钮、对象样式外观等，都很麻烦。现在通过使用 Illustrator 自动生成 CSS 码，甚至确定一个颜色渐变的 Logo，使得设计网站更加快速。将代码复制粘贴到网站编辑器中，或者将所选对象的 CSS 代码文件直接导出。

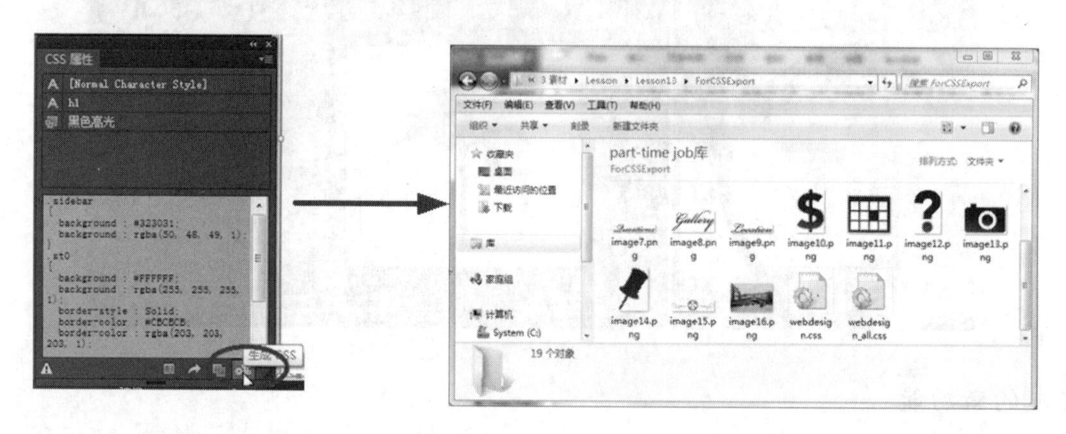

画板中的自由变换工具

可以使用功能增强的自由转换工具处理画稿。通过使用触屏工具，直接移动、缩放、旋转对象；也可以在画板上使用鼠标或其他触控工具，更直接、更直观地转换画稿中的对象。

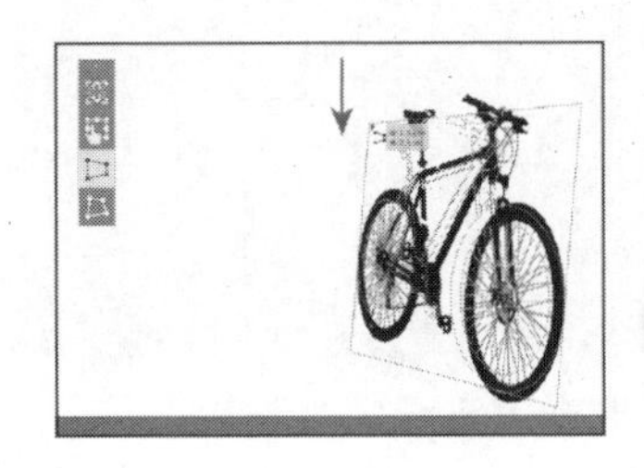

打包文件

自动收集保存使用过的文件，包括字体、连接图形以及打包报告，将他们打包为单个文件夹。这样有效实现作品脱离 Illustrator 软件，或者将工程打包，从而有效组织各个工作文件夹。

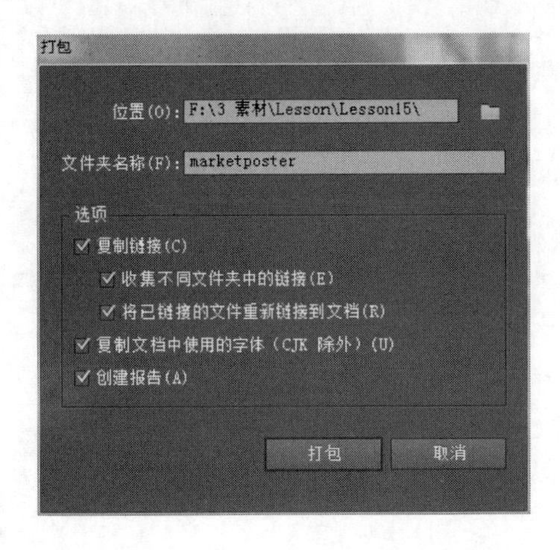

其他增强的功能

- 用于颜色同步的 Kuler 面板——通过 Adobe Kuler iPhone 的应用程序，可以获得各种主题。通过 Kuler 网站还可以分享自己的主题。当主题在 Adobe Creative Cloud 关联的账户中使用时，还可通过 Illustrator 中的 Kuler 面板同步自己的主题。
- 白色叠印——避免图稿或 PDF 中包含意外应用了叠印的白色对象时产生的问题。
- 分色预览面板——可充分利用功能增强后的该面板（选择面板中的“仅显示使用的专色”选项），未使用的所有专色都会被移出列表。
- 色板面板、色板库和拾色器对话框功能都有所改进。
- 图案画笔边角自动生成——创建图案画笔边角方便快捷。自动生成边角拼贴来满足需要。不再需要繁琐的调整来和锐角描边进行匹配。

虽然这里没有列出 Illustrator CC 软件的全部新功能，但足以证明 Adobe 公司为满足用户的出版需求提供最佳工具的决心！希望本书的读者在使用 Illustrator CC 时能和我们一样愉快！

打包文件

目 录

第 0 课 Adobe Illustrator CC 快速入门 ······ 0
0.1 简介 ······ 2
0.2 使用 Adobe Creative Cloud 进行同步设置 ······ 2
0.3 创建文档 ······ 2
0.4 创建形状 ······ 3
0.5 使用颜色 ······ 3
0.6 编辑描边 ······ 4
0.7 使用形状生成器工具创建形状 ······ 5
0.8 创建和编辑渐变 ······ 6
0.9 使用图层 ······ 7
0.10 使用宽度工具 ······ 8
0.11 创建图案 ······ 9
0.12 使用符号 ······ 10
0.13 使用“外观”面板 ······ 11
0.14 创建剪切蒙版 ······ 12
0.15 使用画笔 ······ 13
0.16 使用文字 ······ 14
0.17 使用透视 ······ 15
0.18 在 Illustrator 中置入图像 ······ 17
0.19 使用图像描摹 ······ 18
0.20 使用效果 ······ 19

第 1 课 了解工作区 ······ 20
1.1 简介 ······ 22
1.2 理解工作区 ······ 24
1.3 修改图稿的视图 ······ 34
1.4 在多个画板之间导航 ······ 38
1.5 排列多个文档 ······ 42
1.6 查找有关如何使用 Illustrator 的资源 ······ 44

1.7 复习……45

第 2 课 选择和对齐……46

2.1 简介……48
2.2 选择对象……48
2.3 对齐对象……53
2.4 使用编组……56
2.5 对象的排列……58
2.6 隐藏和锁定对象……59
2.7 复习……61

第 3 课 创建和编辑形状……62

3.1 简介……64
3.2 创建新文档……64
3.3 使用基本形状……66
3.4 合并和编辑形状……81
3.5 使用图像描摹创建形状……90
3.6 复习……93

第 4 课 变换对象……94

4.1 简介……96
4.2 使用画板……96
4.3 变换内容……102
4.4 复习……115

第 5 课 使用钢笔和铅笔工具绘图……116

5.1 简介……118
5.2 探索使用钢笔工具……118
5.3 创建冰淇淋插图……127
5.4 使用铅笔工具绘图……141
5.5 复习……143

第 6 课 颜色和上色……144

6.1 简介……146
6.2 理解颜色……146
6.3 创建并应用颜色……149
6.4 使用图案上色……165
6.5 使用实时上色……170

6.6 复习 …… 173

第 7 课 处理文字 …… 174

7.1 简介 …… 176
7.2 使用文字 …… 176
7.3 设置文本的格式 …… 183
7.4 创建和应用文本样式 …… 194
7.5 使用封套变形调整文本的形状 …… 198
7.6 使用路径文字 …… 200
7.7 使用文字绕排 …… 203
7.8 创建文本轮廓 …… 204
7.9 复习 …… 205

第 8 课 使用图层 …… 206

8.1 简介 …… 208
8.2 创建图层 …… 209
8.3 移动对象和图层 …… 210
8.4 锁定图层 …… 213
8.5 查看图层 …… 214
8.6 粘贴图层 …… 216
8.7 建立剪切蒙版 …… 217
8.8 合并图层 …… 218
8.9 定位图层 …… 219
8.10 将外观属性应用于图层 …… 219
8.11 隔离图层 …… 221
8.12 复习 …… 222

第 9 课 使用透视绘图 …… 224

9.1 简介 …… 226
9.2 理解透视网格 …… 226
9.3 使用透视网格 …… 227
9.4 复习 …… 243

第 10 课 混合形状和颜色 …… 244

10.1 简介 …… 246
10.2 使用渐变 …… 246
10.3 混合对象 …… 257
10.4 复习 …… 262

第 11 课　使用画笔 ………………………………………… 264
11.1　简介 ……………………………………………… 266
11.2　使用画笔 ………………………………………… 266
11.3　使用书法画笔 …………………………………… 267
11.4　使用艺术画笔 …………………………………… 271
11.5　使用毛刷画笔 …………………………………… 273
11.6　使用图案画笔 …………………………………… 276
11.7　使用斑点画笔工具 ……………………………… 280
11.8　复习 ……………………………………………… 283
第 12 课　应用效果 ………………………………………… 284
12.1　简介 ……………………………………………… 286
12.2　应用实时效果 …………………………………… 286
12.3　应用 Photoshop 效果 …………………………… 292
12.4　使用 3D 效果 …………………………………… 293
12.5　复习 ……………………………………………… 297
第 13 课　应用外观属性和图像风格 ……………………… 298
13.1　简介 ……………………………………………… 300
13.2　使用外观面板 …………………………………… 301
13.3　使用图形样式 …………………………………… 306
13.4　将内容存储为 Web 所用格式 ………………… 312
13.5　创建 CSS 代码 ………………………………… 317
13.6　复习 ……………………………………………… 325
第 14 课　使用符号 ………………………………………… 326
14.1　简介 ……………………………………………… 328
14.2　使用符号 ………………………………………… 328
14.3　使用符号工具 …………………………………… 335
14.4　在符号面板中存储和获取图稿 ………………… 339
14.5　将符号映射到 3D 图稿 ………………………… 340
14.6　集成 Adobe Flash 和符号 ……………………… 340
14.7　复习 ……………………………………………… 341
第 15 课　将 Illustrator CC 的图稿和其他软件相结合 …… 342
15.1　简介 ……………………………………………… 344

15.2 合并图稿 …… 345
15.3 置入图像文件 …… 346
15.4 给图像添加蒙版 …… 352
15.5 从置入的图像中采样颜色 …… 358
15.6 使用图像链接 …… 359
15.7 替换链接的图像 …… 361
15.8 打包文件 …… 361
15.9 复习 …… 363

第0课 Adobe Illustrator CC 快速入门

本课概述

通过本课对 Adobe Illustrator CC 软件的交互演示，您将学会使用一些精巧的新功能，并对该软件获得大致的了解。

学习本课内容大约需要 1 小时，请从光盘中将文件夹 Lesson00 复制到您的硬盘中。

本课将会以交互的方式演示 Adobe Illustrator CC 软件，您将使用一些新增的、激动人心的功能，如修饰文字工具及相关设备的选择，还会学习一些关于 Adobe Illustrator CC 的基本知识。

0.1 简介

本书的第一课将会对 Adobe Illustrator CC 软件的工具和功能进行大致讲解，为之后的更多操作提供方便。同时，还将会尝试制作一张关于披萨店的传单。

1 为了确保工具和面板中的功能如本课所述，请删除或重命名 Adobe Illustrator CC 的首选项文件。

2 开启 Adobe Illustrator CC 软件。

0.2 使用 Adobe Creative Cloud 进行同步设置

首次使用 Adobe Illustrator CC 软件是没有以前的同步信息的。这时将会出现对话框，询问是否使用云端同步功能。具体参阅“前言”部分。

- 如果首次使用软件，或者出现该对话框，可单击选择“立即同步设置”按钮或者“停用同步功能”按钮。

0.3 创建文档

Illustrator 文档中最多可包含 100 个画板（与 Adobe InDesign 中的“页面”相似）。下面需要创建一个包含两个画板的文档。

1 选择“窗口”>“工作区”>“重置基本功能”。

2 选择“文件”>“新建”。

3 在新文档对话框中，改变以下选项（其余选项保持默认设置）：

- 名称：pizza_ad
- 画板数量：2
- 大小：Letter

单击“确定”按钮，出现一个新的空白文档，如图 0.1 所示。

4 选择“文件”>“存储为”。在该对话框中，保留文件名 pizza_ad.ai，并切换到 Lesson00 文件夹。保留“保存类型”为 Adobe Illustrator (*.AI) (Windows 系统) 或“格式”为 Adobe Illustrator (ai) (Mac 系统)，单击“保存”按钮。而“Illustrator 选项”对话框均接受默认设置，单击“确定”按钮。

5 选择“视图”>“标尺”>“显示标尺”，以便在文档窗口显示标尺。

6 选择左边工具箱中的“画板”工具。单击“02 - 画板 2”（标签在左上角）中央。在画板上方的控制面板中，单击“横向”按钮，如图 0.2 所示。

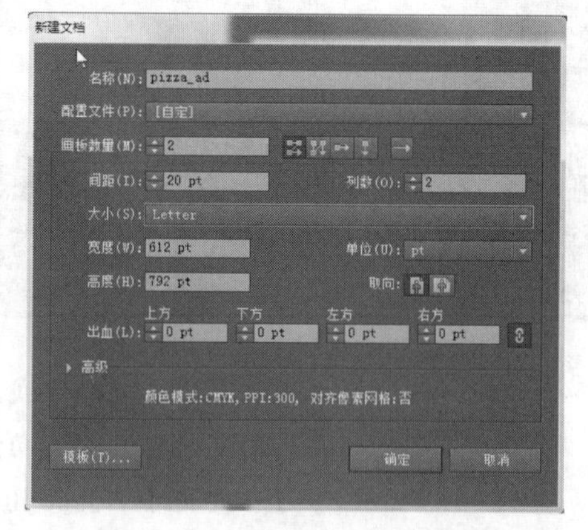

图0.1

> **AI** | **注意**：更多关于创建新文档的信息，请参阅第 3 课。了解更多关于编辑画板中的信息，请参阅第 4 课。

7 将鼠标放至选中的画板，向右拖曳直至两个画板中间出现灰色区域，如图 0.3 所示。Illustrator 允许存在不同大小和方向的画板。

图0.2

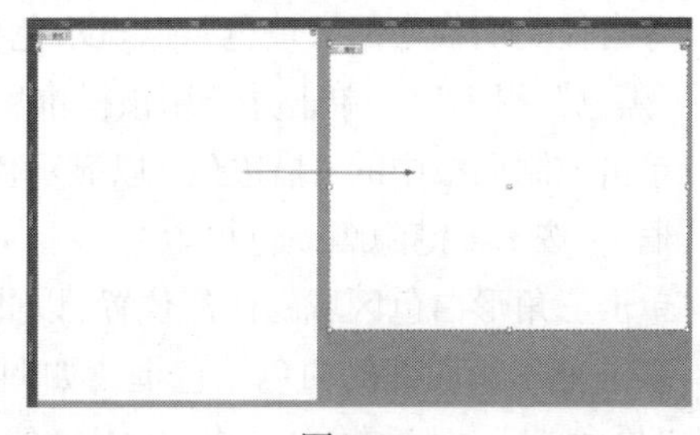
图0.3

8 在工具箱中选择“选择工具”，退出画板编辑模式。单击右侧画板，将其设为活动画板。

9 选择“视图”>“画板适合窗口大小”。

0.4 创建形状

多样化的形状是 Illustrator 的基石，在本书中还将会创建很多形状。下面，将会创建几个常见的形状。

> **AI** | **注意**：更多关于创建和编辑形状的信息，请参阅第 3 课。

1 选择“矩形工具”，将鼠标放至画板的左上角（如图中“X”处）。当鼠标旁出现“交叉”的字样时，单击并将鼠标拖曳至画板右侧。当灰度尺标签显示宽为 792pt，高为 400pt 时，松开鼠标，如图 0.4 所示。结果大致正确即可。

2 单击“矩形工具”，再按住该按钮。单击选择“多边形工具”。

3 在画板的大致中央位置单击，出现多边形对话框，将半径改为 200pt，边数改为 3，如图 0.5 所示。单击“确定”按钮后创作出三角形，视作一块披萨饼。

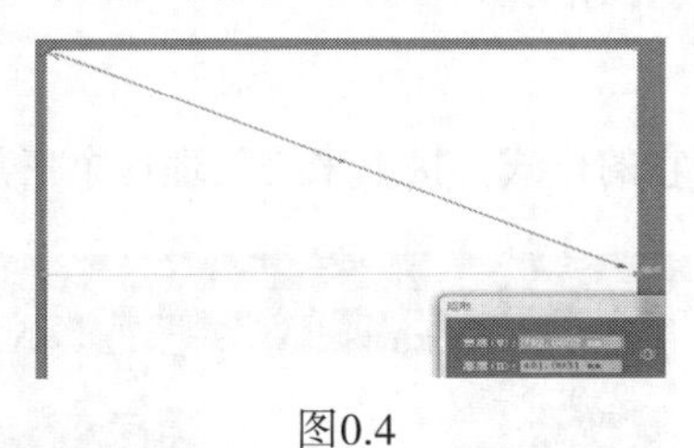
图0.4

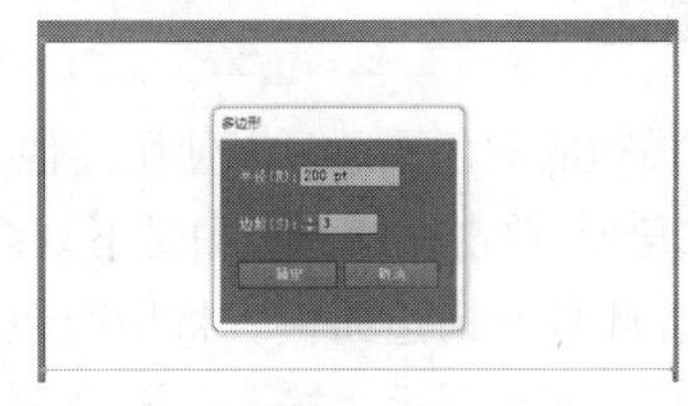
图0.5

0.5 使用颜色

对作品着色是 Illustrator 中的常见操作。通过使用颜色面板、色板、颜色参考面板和“重新着色图稿”对话框可以轻易地尝试和应用各种颜色。

> **注意**：更多关于创建和应用颜色的信息，请参阅第 6 课。

1 在左侧工具箱中选择“选择工具”，单击之前画出的矩形中的某个位置，以此选中该矩形。

2 单击控制面板中的“填色”以显示色板（如图所示）。选中色板位于首行的黑色样本，出现“黑色”提示后，单击并应用该样本填色，如图 0.6 所示。按 Esc 键隐藏该色板。

3 单击控制面板中的“描边色”以显示色板，如图 0.7 所示。单击“[无]”删除矩形的描边（边框）。按 Esc 键隐藏该色板。

4 单击三角形白色区域的任何位置，以此选中该区域。

5 双击工具箱底部的白色填色框，如图 0.8 所示。在“拾色器”对话框中，将 CMYK 的值改为 C=5，M=70，Y=100，K=25，如图 0.9 所示。单击“确定”按钮，于是一种新的颜色成功填充到三角形中。

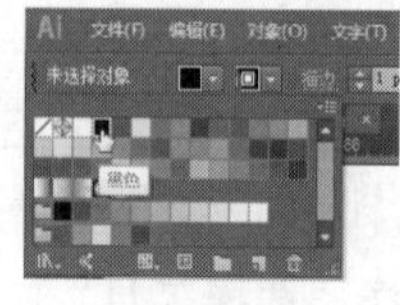

图0.6

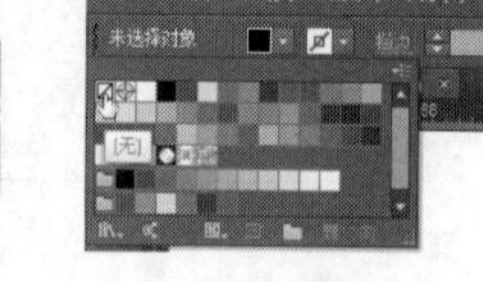

图0.7

6 单击控制面板中的“描边色”。选择提示为“C=0 M=35 Y=85 K=0”的浅橘色，用来对三角形描边。

> **注意**：现在的描边很细，可能暂时看不出描边的变化。

7 选择“文件”>“保存”，下个阶段再处理这个三角形，如图 0.10 所示。

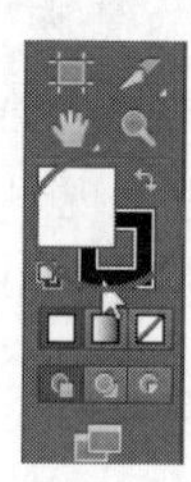

图0.8 双击填色框

图0.9 在拾色器对话框中编辑颜色

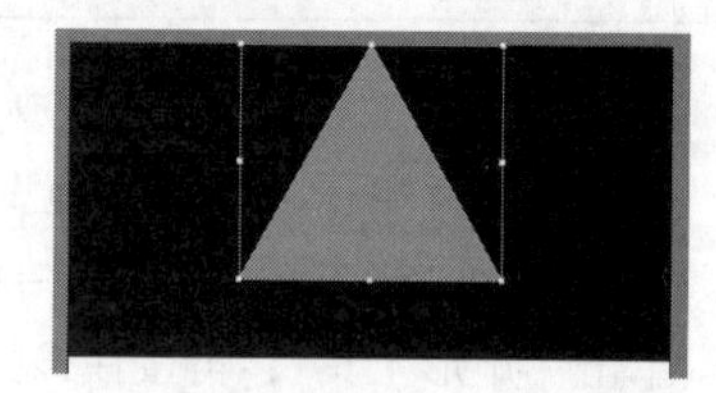

图0.10

0.6 编辑描边

为了改变描边的颜色，还可以使用其他方式设计它的格式。接下来是处理这个三角形。

1 选中三角形，单击控制面板中带下划线的“描边”，以此打开描边面板。将描边粗细改为 3pt，如图 0.11 所示。按 Esc 键隐藏该描边面板。

2 使用“选择工具”，转换选中黑色矩形。选择“对象”>“隐藏”>“所选对象”，暂时隐藏该矩形和三角形。

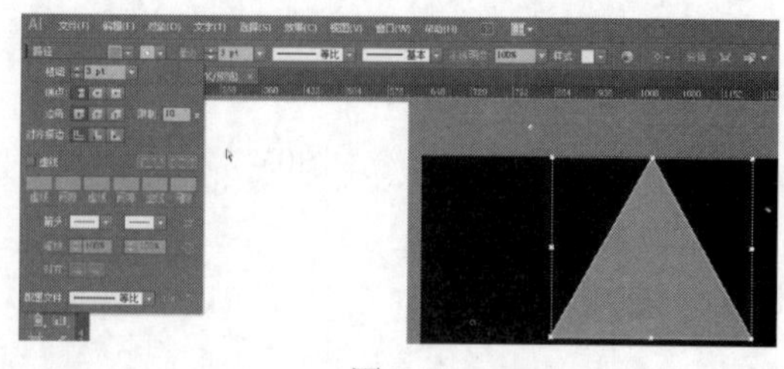

图0.11

> AI　**注意**：更多关于使用描边的信息，请参阅第 3 课。

0.7　使用形状生成器工具创建形状

形状生成器是一种交互式工具，可以通过合并和擦除简单的形状来创建复杂的形状。下面，将通过使用形状生成器完成城市的一处空中轮廓线。

1 选择“文件”>“打开”，然后打开位于 Lesson00 文件夹中的 city.ai 文件，如图 0.12 所示。

该文件包含了一些通过合并生成的形状，从而得到单个的城市图形。这一节通过使用形状生成器添加一座建筑、增加一些窗口，来完成这个图形。

2 选择“视图”>“画板适合窗口大小”。

3 使用“选择工具”，选中右边远处的建筑。按住 Shift 键，将该建筑拖至左侧，直到其左侧边缘与城市图形的右侧边缘“撞上”，这时释放鼠标和 Shift 键，如图 0.13 所示。

> AI　**注意**：更多关于形状生成器工具的信息，请参阅第 3 课。

4 选择菜单“选择”>“现用画板上的所有对象”，这样选中所有图形。

大的城市图形和单个建筑都已选中，但仍需注意的是，有一栋建筑上的 3 个矩形将要做成窗户。

5 选择“形状生成器工具”，将鼠标放至所有选中图形的右侧，如图 0.14 中“X”处，然后将鼠标拖至左侧大的城市图形处，释放鼠标。

图0.12

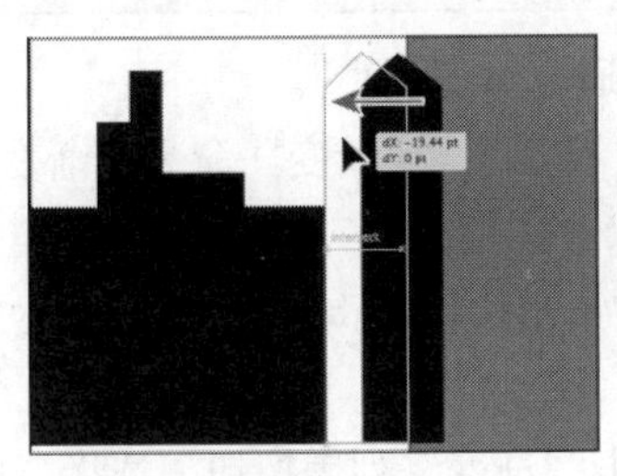

图0.13

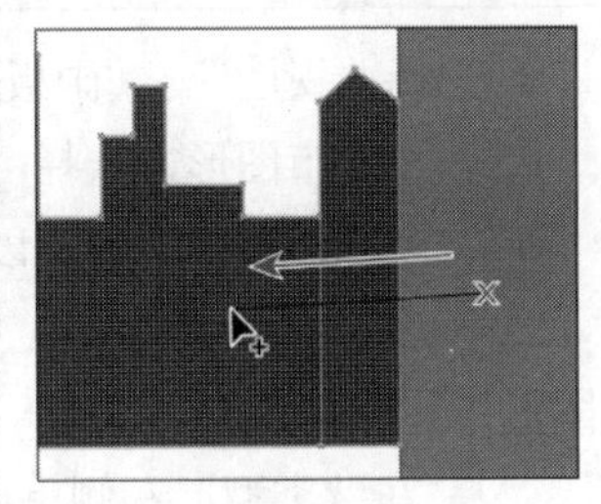

图0.14

这步操作将两个图形合并为一个整体图形。

6 将鼠标放在将要做成窗户的一个小矩形上，如图 0.15 圈中所示。按住 Alt 键（Windows 系统）或 Option 键（Mac 系统）。当该填充处出现网状结构（不是红色描边）时，单击即可将该处形状从整个图形中删去，如图 0.16 所示。继续按住 Alt 键（Windows 系统）或 Option 键（Mac 系统），将另外两处窗户形状的填充区也删去，如图 0.17 所示。

7 选择“选择工具”，确保这个城市轮廓线图形被选中。选择菜单“编辑”>“复制”。

8 选择“文件”>“退出”，不需保存文件。

9 选择“编辑”>“粘贴”，返回 pizza_ad.ai 文件，将图形粘贴至文档窗口中央。

图0.15 放置鼠标

图0.16 单击删去该区域

图0.17 观察最终结果

10 使用“选择工具”，单击选中图形并将其拖到画板上部即可。同时，尽量保持图形在画板水平的中间位置，如图 0.18 所示。

拖曳时，可以看到绿色的参考线和灰色的度量标签。这是稍后课程中会出现的智能参考线。

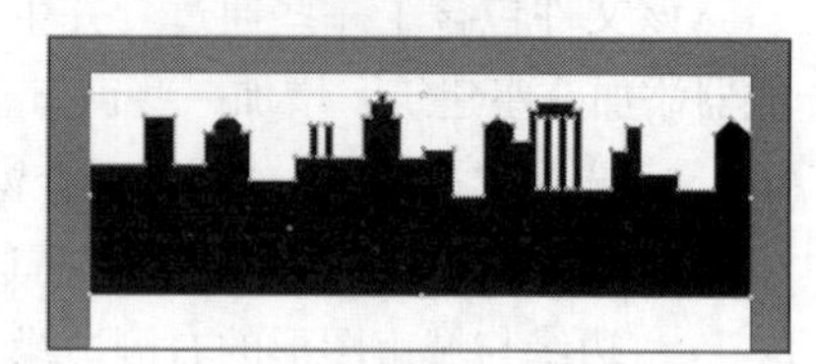

图0.18

0.8 创建和编辑渐变

渐变是使用多种颜色的颜色混合，可以应用于画板的颜色填充和描边。下面将渐变应用于之前的城市图形。

> **注意**：更多关于渐变效果的信息，请参阅第 10 课。

1 选择“视图”>“画板适合窗口大小”。

2 选中城市图形，选择“窗口”>“渐变”命令，渐变面板将在工作区的右侧显示。

3 在渐变面板中，改变以下选项。

- 单击黑色填充框（如图圈中所示），如果它未被选中，那么渐变效果可以填充至整个城市图形，如图 0.19 所示。
- 在“类型”左侧单击“渐变”列表按钮，选择“白色，黑色”，如图 0.20 所示。
- 角度栏选择 90°，如图 0.21 所示。

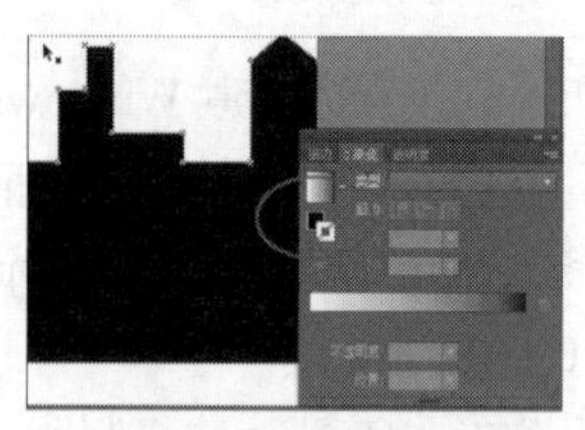

图0.19 选择填色框

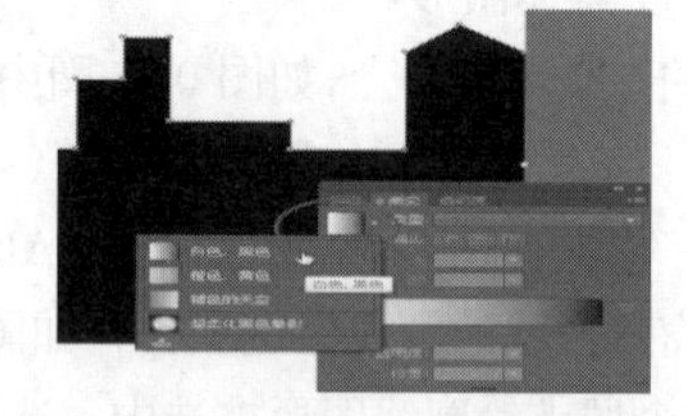

图0.20 应用“白色，黑色”渐变

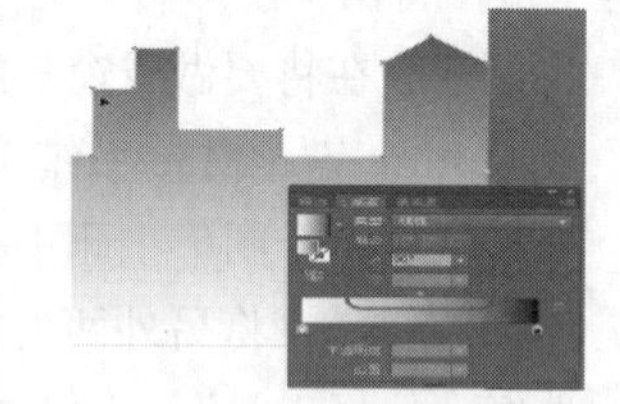

图0.21 调整渐变角度。

4 单击渐变面板中的白色渐变滑块，如图 0.22 圈中所示。再单击不透明度栏右侧的箭头，选择 0%。

5 双击右侧的黑色渐变滑块，如图 0.23 圈中所示。通过不透明度栏右侧的箭头，再将不透明度改为 20%。单击右侧栏的“颜色”按钮，单击应用白色。再按 Esc 键隐藏颜色面板。

> **AI** **注意：**再出现的颜色面板中，可能会有一个 K（黑色）游标，这不会对结果产生影响。

6 选择“对象” > “显示全部”，让隐藏了的矩形和三角形显示出来，如图 0.24 所示。

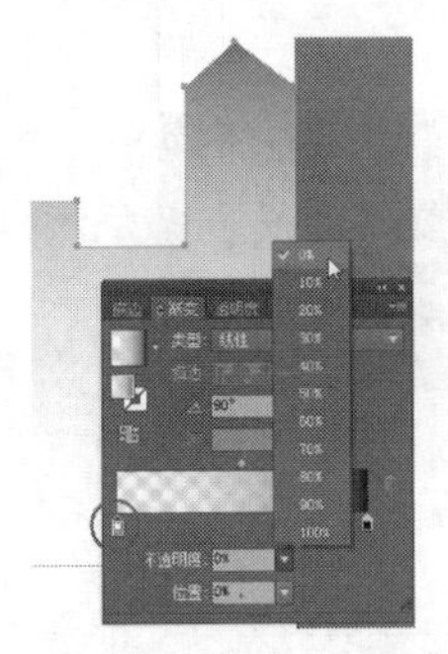

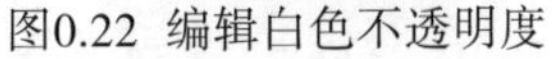

图0.22 编辑白色不透明度

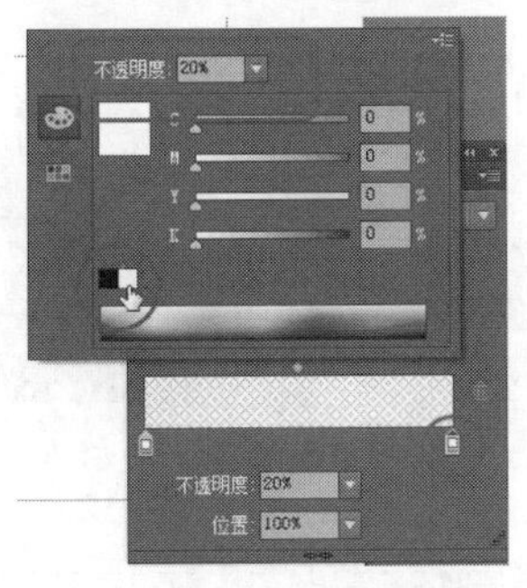

图0.23 编辑黑色

图0.24 观察结果

7 选择“选择” > “取消选择”命令，然后再选择菜单“文件” > “存储”命令。

0.9 使用图层

使用图层能够更简单有效地组织和选择画板。下面将通过使用图层面板来组织自己的画板。

> **AI** **注意：**更多关于图层使用的信息，请参阅第 8 课。

1 选择“窗口” > “图层”，在工作区中显示图层面板。

2 直接在面板中双击“图层 1”（该图层的名称），键入“Background”后按回车键，即可更改图层名称，如图 0.25 所示。给图层命名可以更好地组织整个作品内容。现在所有的画板都在这一个图层上。

3 在图层面板底部单击“创建新图层”按钮，如图 0.26 所示。双击“图层 2”（新图层的名称），键入“Content”后按回车键，如图 0.27 所示。

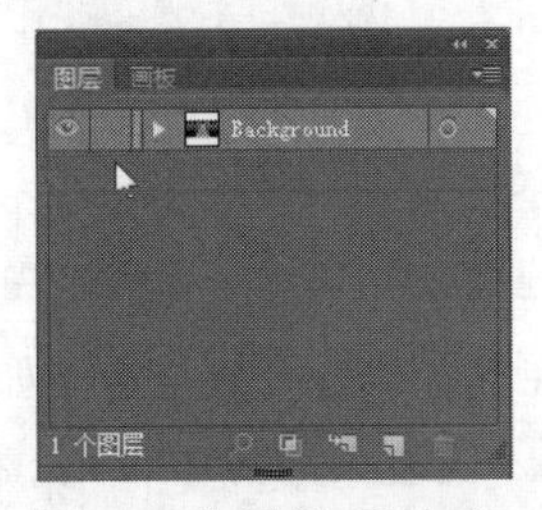

图0.25 将图层1重命名

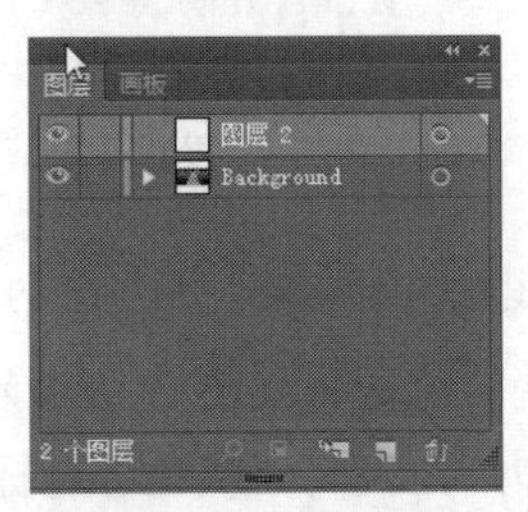

图0.26 新建图层

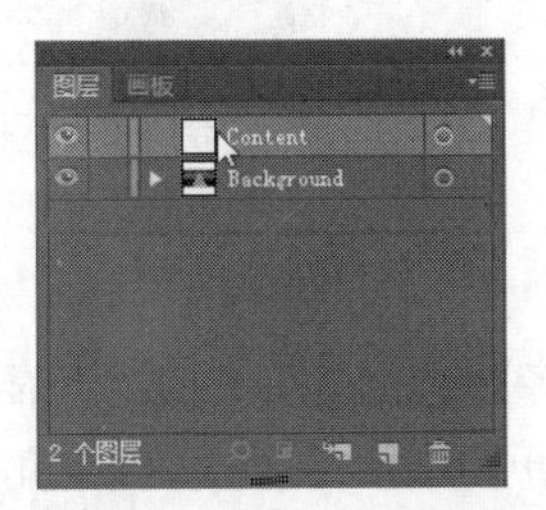

图0.27 重命名新图层

4 使用“选择工具”,单击选中三角形（同时确认没有选中城市图形）。选择“编辑” > “剪切”。

5 单击背景图层左侧的“切换可视性”按钮（眼形图标），暂时隐藏画板上该图层的内容，如图 0.28 所示。由此可见，图层可以让暂时隐藏和锁定内容的操作更简单，这样可以专注于其他的画板。

6 在图层面板中，单击选中名称为“Content”的图层。新画板则被添加至该选中图层。

7 选择“编辑” > “粘贴”，将三角形粘贴至选中图层（Content 层），如图 0.29 所示。

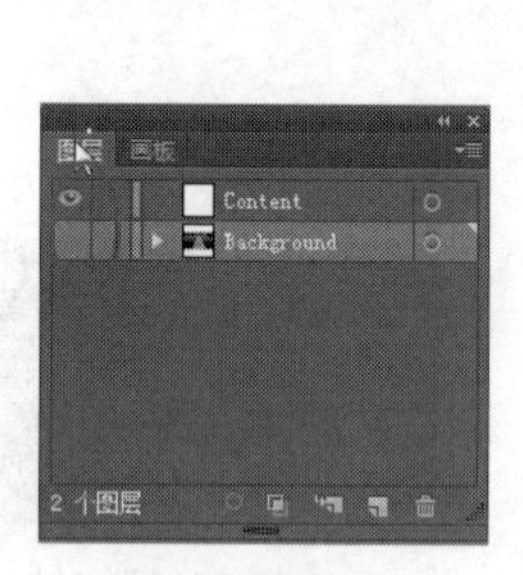

图0.28

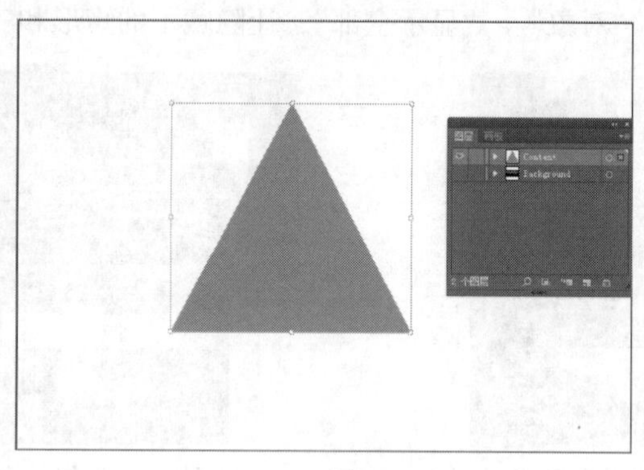

图0.29

8 将选中的三角形留至下一节，然后选择“文件” > “存储”命令。

0.10 使用宽度工具

宽度工具可以创作出任意宽度的描边，并将它保存为一个配置文件应用到其他对象中。下面将处理三角形的描边，使它成为披萨的馅饼皮。

> **注意**：更多关于宽度工具的信息，请参阅第 3 课。

1 在工具箱中选择“宽度工具”。将鼠标放至三角形底部靠近左侧位置（如图圈中所示），如图 0.30 所示。出现“+”标志时向远离三角中心的方向拖曳，如图 0.31 所示。当灰色的度量标签显示宽度大约为 40pt 时，释放鼠标，如图 0.32 所示。

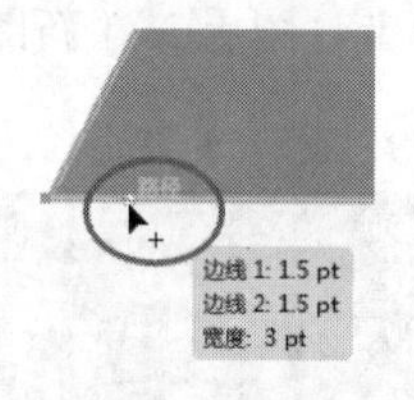

图0.30 放置鼠标

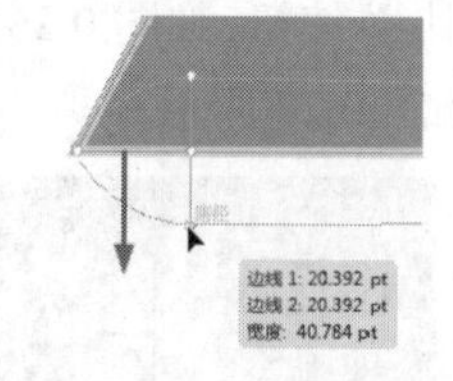

图0.31 向远离三角中心的方向拖曳

图0.32 观察结果

2 将指针放至刚才描边点靠右些的位置，如图 0.33 所示。在底部该处开始描边（如图中下部圈中所示），单击并向三角形中央拖曳。当灰色度量标签显示宽度大约为 27pt 时，释放鼠标，如图 0.34 所示。

> **AI** **提示：**也可以选择“编辑”>“撤消”，删去最后的宽度点，再重新尝试。

3 继续沿着这块披萨的边缘添加一些宽度点，交替改变拖曳方向。在底部边缘终点附近停止操作，如图 0.35 所示。

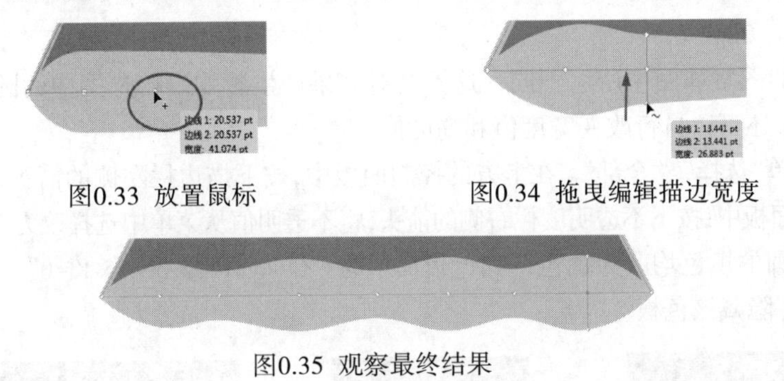

图0.33 放置鼠标

图0.34 拖曳编辑描边宽度

图0.35 观察最终结果

0.11 创建图案

色板不仅包含各种颜色，还包括图案。在默认的色板中，Illustrator 提供了许多图案的样本，还可以创作自己的图案。在这一节，将会使用图案创作披萨饼的顶部配料。

> **AI** **注意：**更多关于图案的信息，请参阅第 6 课。

1 单击并按住工具箱中的“多边形工具”。单击选择“椭圆工具”。在三角形下方的空白区域单击鼠标。在椭圆对话框中，将宽度和高度均改为 4pt。单击“确定”按钮。

2 选择工具箱中的“缩放工具”。直接在新画出的圆形中慢慢单击 4 次，将其放大。

3 使用“选择工具”选中该圆，选择“编辑”>“复制”，然后在选择“编辑”>“粘贴”。再粘贴（“编辑”>“粘贴”）3 次，最终得到 5 个圆形。所有圆均重叠在一起。将每个圆拖到任意可看见的位置，不重叠即可，如图 0.36 所示。

4 将鼠标放在画板上靠近这些圆的位置，使用“选择工具”单击后拖曳鼠标穿过它们，以确定所有圆均被选中，如图 0.37 所示。

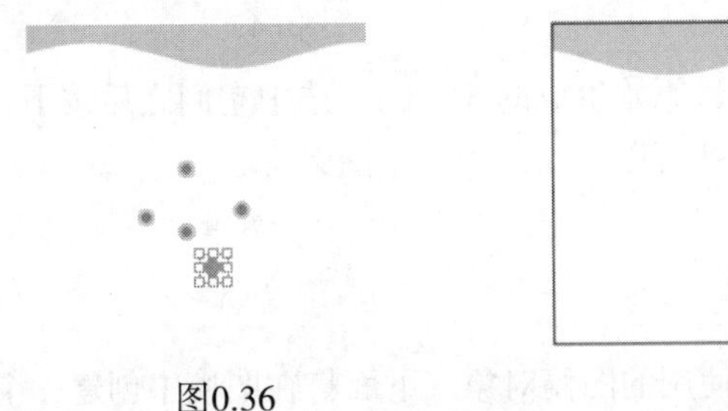

图0.36

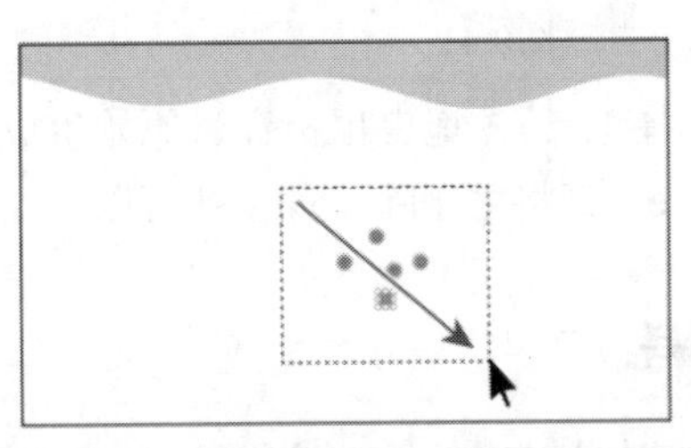

图0.37

5 选择“对象” > “图案” > “建立”。在出现的对话框中单击“确定”按钮。

6 在图案选项面板中，如图 0.38 所示，改变以下选项：

- 名称：toppings
- 拼贴类型：十六进制（按列）
- 宽度：26pt
- 高度：22pt

如果生成的图案和图中所示不同，这不会对结果产生影响。若是图中的圆重叠过多或者不符合自己的要求，还可以自行改变宽度值和高度值。

7 选择菜单“选择”>“全部”。在上方的控制面板中，按下描边栏左侧的箭头，将描边粗细改为 0。

8 在控制面板中，按下不透明度栏右侧的箭头，将不透明值从菜单中选择改为 50%，如图 0.39 所示。

9 将所有圆的填色均改为橘色，其色板提示为“C=0 M=35 Y=85 K=0”，如图 0.40 所示。按 Esc 键可隐藏该色板。

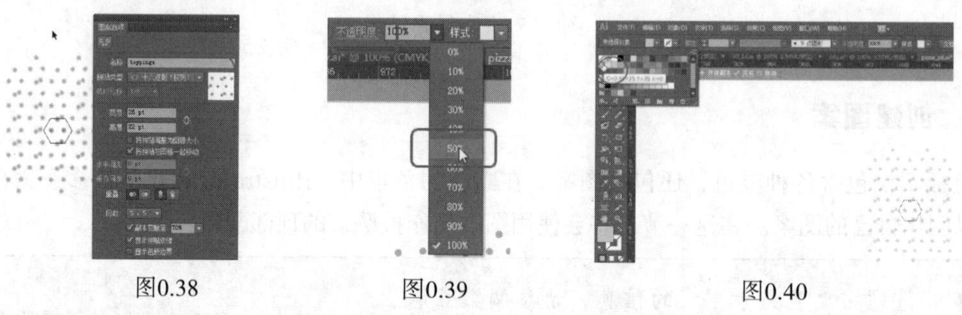

图0.38　　图0.39　　图0.40

10 选择菜单“选择” > “取消选择”。

11 按住 Shift 键，单击六边形内部最顶端和最低端的圆形，在控制面板中将其填色改为白色，如图 0.41 所示。之后按 Esc 键隐藏色板。

12 单击作品上方的灰色栏中的“完成”按钮，至此完成了整个图案的编辑过程，如图 0.42 所示。

图0.41　　图0.42

13 使用“选择工具”，拖曳鼠标穿过原始生成的 5 个圆，选中它们之后按下“Backspace”键或“Delete”键将之删除。现在就可以开始使用这个图案了。

0.12 使用符号

符号是存储在符号面板中的可重复使用的图稿对象。下面将在图稿中创建一个符号。

> **AI** 注意：更多关于符号使用的信息，请参阅第 14 课。

1 选择工具箱中的“椭圆工具”，单击画板中披萨下方的空白区域。在椭圆对话框中，将宽度和高度均改为 70pt，单击“确定”按钮后成功创建一个圆形。

2 选中该圆形，在控制面板中将描边色改为“[无]”。之后按 Esc 键隐藏色板。

3 双击工具箱底部的颜色填充框。在拾色器对话框中将 CMYK 的值改为“C=5 M=100 Y=90 K=60”，如图 0.43 所示。单击“确定”按钮后将创建改颜色。关闭拾色器。

4 选择菜单“窗口”>“符号”，显示“符号”面板。

5 选择工具箱中的“选择工具”，选中之前的圆形。单击“符号”面板底部的“新建符号”按钮。

6 在“符号选项”对话框中，将符号命名为“topping”并单击“确认”按钮，如图 0.44 所示。这样该圆形就作为一个符号出现在“符号”面板中。

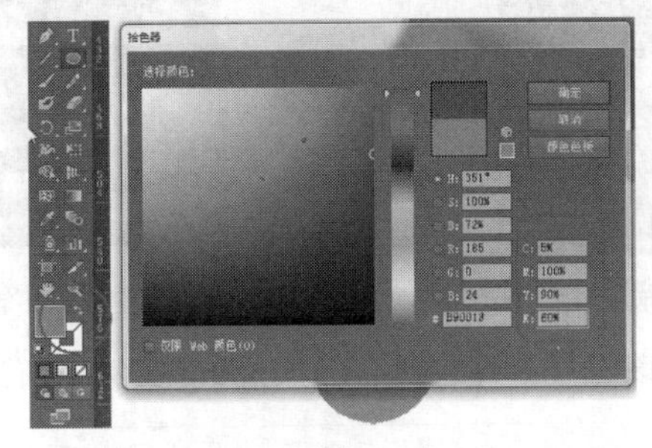

图0.43

图0.44

7 选择“视图”>“画板适合窗口大小”。

8 将原始圆形（创建为符号的那个圆形）拖到披萨饼上（如图所示位置）。

9 在符号面板中，将“topping”符号的缩略图拖至披萨饼上，如图 0.45 所示。这样操作 5 次，使得饼上最终有 6 个圆形。将它们放至图 0.46 中所示位置（要有超出边缘的圆形），但不要完全遮挡住披萨馅饼皮。选中其中一个。

10 选择菜单“选择”>“相同”>“符号实例”。再选择菜单“对象”>“编组”命令。

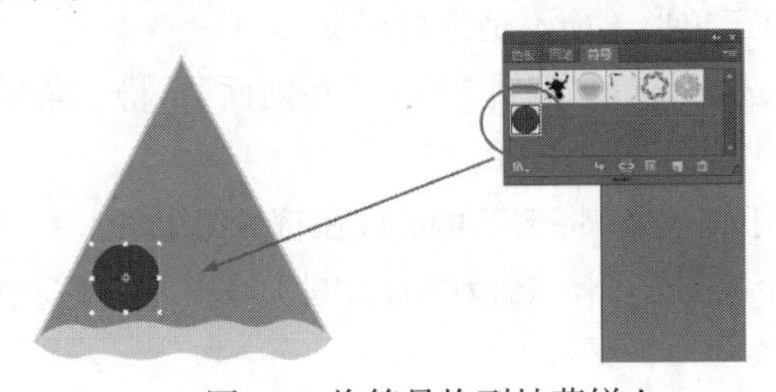

图0.45 将符号拖到披萨饼上

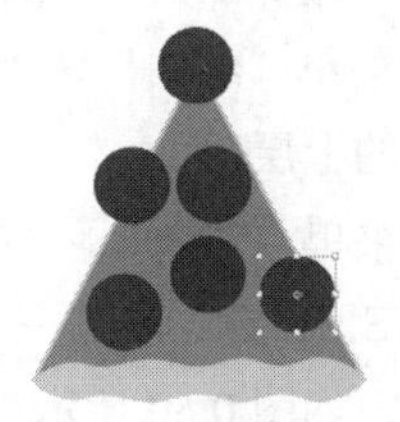

图0.46 观察结果

0.13 使用“外观”面板

“外观”面板可以控制一个对象的属性，如描边、填色和效果。下面将使用“外观”面板编辑“topping”符号。

AI 注意：更多关于“外观”面板使用的信息，请参阅第 13 课。

1 在符号面板中，双击“topping”符号的缩略图，编辑该符号图稿。

2 选择菜单“选择”>“全部”，选择该圆形。

3 选择菜单“窗口”>“外观”，打开“外观”面板，如图 0.47 所示。在该面板底部，单击“添加新填色”按钮来为该形状添加新填色，如图 0.48 所示。单击新填色栏，添加红色。在色板中选择 toppings 样本，应用到图案中，如图 0.49 所示。之后按 Esc 键隐藏色板。

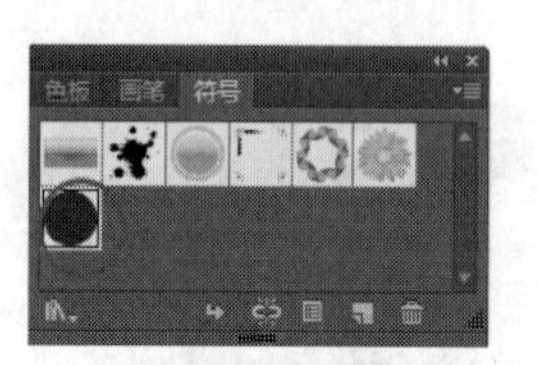

图0.47

图0.48 单击“添加新填色”按钮

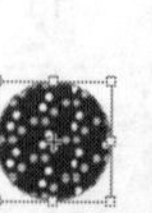

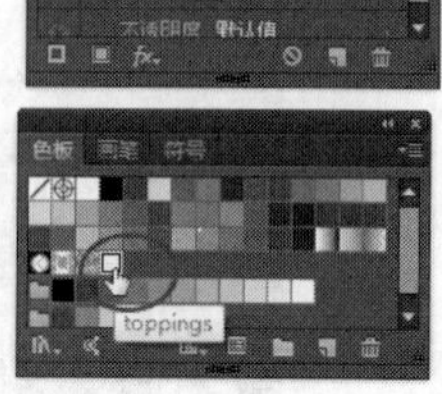

图0.49 应用创建的图案作为填色

4 双击画板中的空白区域，即可停止编辑该符号，并将所有的 topping 实例更新到披萨饼上。

0.14 创建剪切蒙版

剪切蒙版是一个对象，它可以给其他图稿添加蒙版，让其他图稿仅在它所给形状内的部分可见——从效果而言，就是将图稿按蒙版的形状进行剪切。

注意：更多关于剪切蒙版的信息，请参阅第 15 课。

1 选择“选择工具”，单击选中披萨的三角形（而不是符号组）。

2 选择菜单“编辑”>“复制”。然后选择菜单“编辑”>“贴在前面”，将三角形直接粘贴在披萨的上层。

3 选择菜单“对象”>“排列”>“置于顶层”，将该三角形放在符号组上方。

4 按住 Shift 键，单击三角形下的一个符号实例（画板中的大圆），这样同时选中三角形和符号组，如图 0.50 所示。

5 选择菜单“对象”>“剪切蒙版”>“建立”，如图 0.51 所示。

6 选择菜单“选择”>“现用画板上的全部对象”，然后再选择“对象”>“编组”。

7 选中这个对象组后，在画稿上方的控制面板中单击带有下划线的字符 X，Y，宽，高（或者“变换”），打开“变换”面板。单击“参考点定位器”的中心点，若它无法被选中，将对象进行缩放。选中面板底部的“缩放描边和效果”。

将旋转值改为“180”，再单击“约束宽度和高度比例”按钮。将宽改为500pt，如图0.52所示。按回车或返回键，关闭“变换”面板。

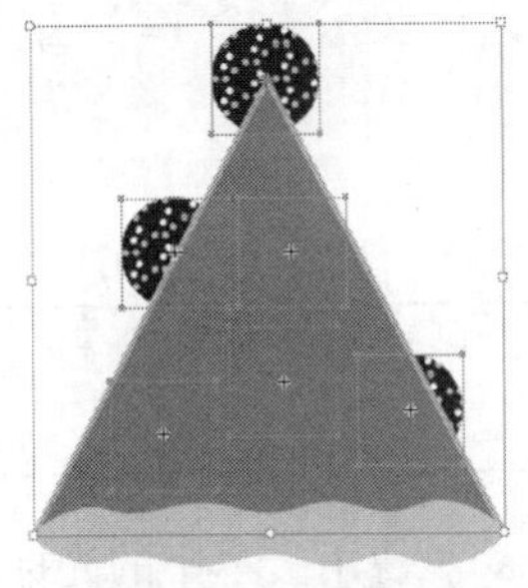
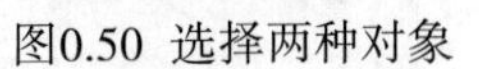

图0.50 选择两种对象

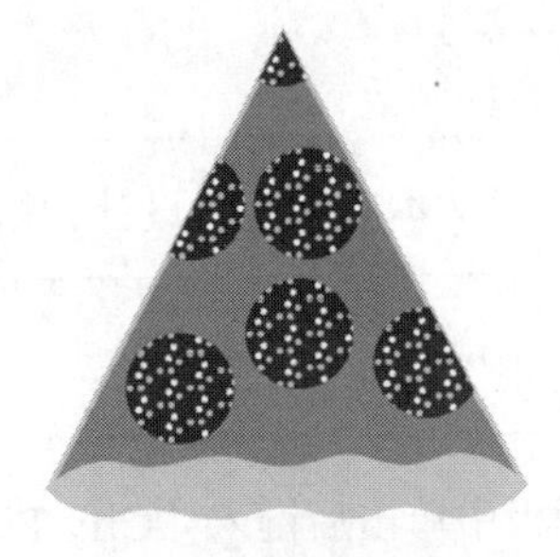

图0.51 创建剪切蒙版

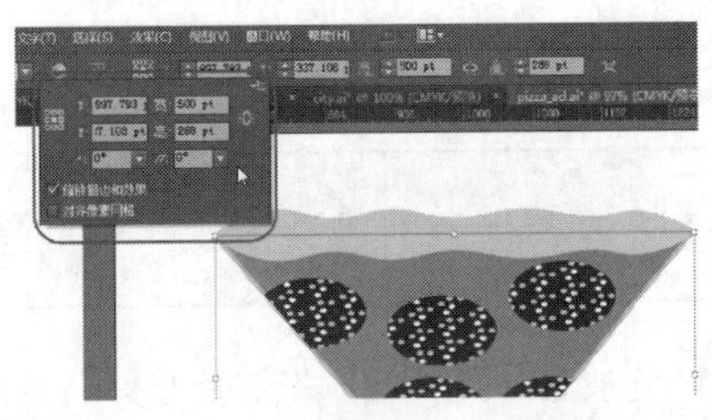

图0.52

8 选择“对象”>“扩展外观”，然后选择“对象”>“隐藏”>“所选对象”。

0.15 使用画笔

画笔能使路径的外观更加风格化。可以对现有路径应用画笔描边，也可以使用“画笔工具”绘制路径的同时应用一种画笔描边。

> **AI** 注意：更多关于画笔使用的信息，请参阅第11课。

1 选择“窗口”>“工作区”>“重置基本功能”。

2 选择“窗口”>“画笔”，显示“画笔”面板。单击“炭笔 - 羽毛”画笔，如图0.53所示。

3 在控制面板中将填色设为“[无]”，描边色设为提示为“C=0 M=90 Y=85 K=0”的红色。之后按Esc键隐藏色板。

4 在控制面板中将描边粗细改为3pt。

5 选择工具箱中的“画笔工具”。将鼠标放在画板左侧边缘线大致中央的位置（如图0.54中“X”处）。单击后将鼠标由左向右拖曳至画板右侧边缘处，随手画出上下起伏的红色波浪线。如图0.54中线条所示。

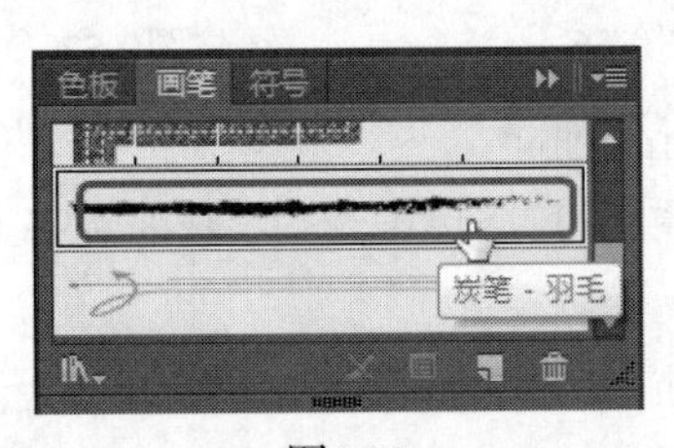

图0.53

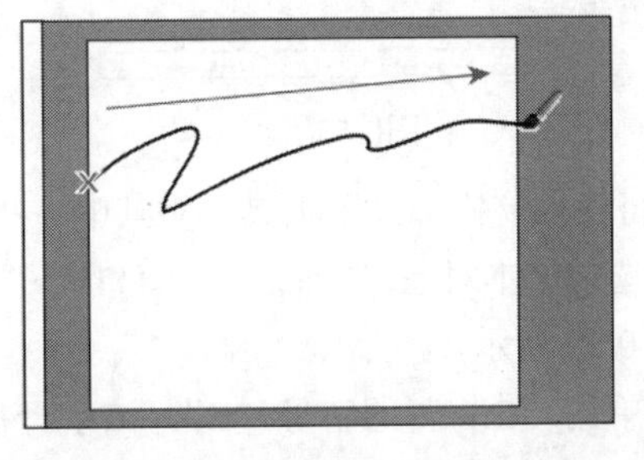

图0.54

还可以选择菜单“编辑”>“还原艺术描边”，重新尝试。

6 选择工具箱中的“选择工具”，单击选中新画出的路径。

7 选择“对象”>“隐藏”>“所选对象”。

0.16 使用文字

下面将在这个工程中添加一些文本，并对文本应用一些设计和格式。

> AI 注意：关于更多文字使用的信息，请参阅第 7 课。

1 选择工具箱中的“文字工具”，在画板中单击后键入“City Pizza”。使用文本中的光标，选择菜单“选择”>“全部”来选中文本。

2 在画稿上方的控制面板中，单击“设置字体系列”框，键入“chap”后观察出现的字体列表。选中应用 Chaparral Pro Bold Italic 字体，如图 0.55 所示。

> AI 提示：如果没有在控制面板中看到该字符选项，直接单击“字符”即可。

3 在“字体大小”框内键入 144，按回车 / 返回键。

4 文本此时依然被选中，在控制面板中将描边色改为“[无]”，并将填色改为白色。

5 选择菜单“窗口”>“图层”，单击显示 Background 图层左侧的切换可视性图标，显示该图层内容，如图 0.56 所示。

> AI 注意：如果图层面板和图中所示并不相同，这不会对结果产生影响。

6 选择工具箱中的“选择工具”，将文本拖至大致如图 0.57 中的位置。

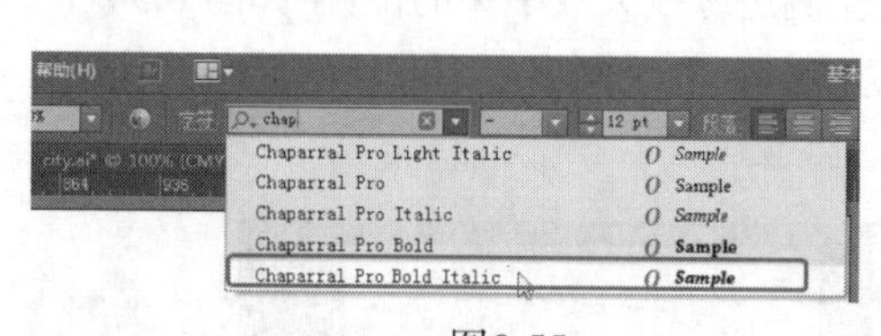

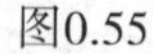

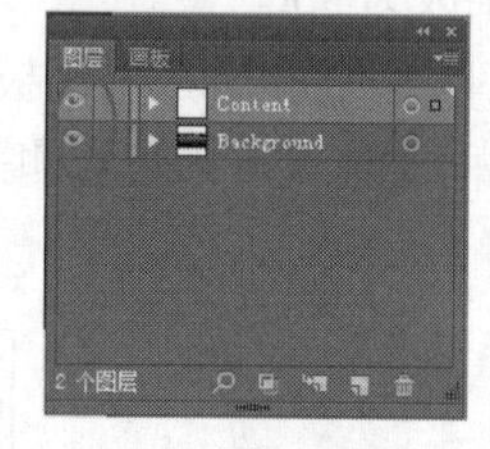

图0.56

图0.57

下面，将使用“修饰文字工具”对其中一些字母进行处理。

1 依然选中文本对象，选择菜单“窗口”>“文字”>“字符”。单击选中“修饰文字工具”按钮，如图 0.58 所示。

2 单击单词“City”的字母“C”，该字母被选中。拖曳选中框右上角将字母放大。当灰色度量标签显示宽和高大约为 135% 时停止放大，如图 0.59 所示。

3 向左拖曳该选中框上方的旋转点，直到度量标签显示度数大约为 8° 时停止旋转，如图 0.60 所示。

4 单击选中单词“City”的字母“i”,向左拖曳让它更靠近字母“C”,直到灰色度量标签显示为 0。操作可参见图 0.61 中所示。

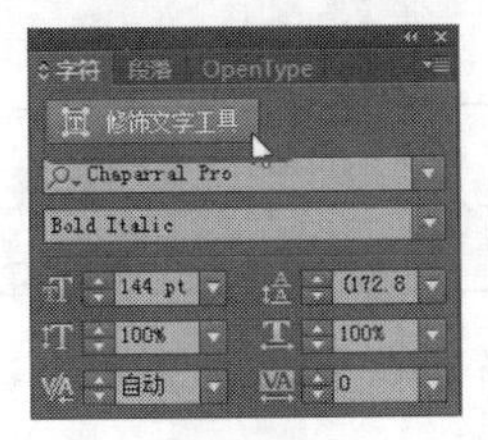

图0.58

图0.59

图0.60

图0.61

5 单击选中单词“Pizza”的字母“P”,并将其放大至 135%。向左拖曳字母“P”,靠近单词“City”的字母“y”，直到灰色度量标签显示为 0，如图 0.62 所示。

6 单击选中单词“Pizza”的字母“i”，向左拖曳靠近字母“P”，直到灰色度量标签显示为 0，如图 0.63 所示。

7 选择菜单“对象”>“显示全部”，然后再选择菜单“选择”>“取消选择”。

8 使用“选择工具”，拖曳文本到画板中央，将其放置在之前画出的波浪状红色线条上，如图 0.64 所示。

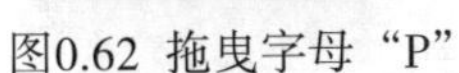

图0.62 拖曳字母“P”

图0.63 拖曳字母“i”

图0.64 放置文本

0.17 使用透视

下面将会在透视下渲染一个披萨盒子。

> AI 注意：更多关于透视使用的信息，请参阅第 9 课。

1 单击文档窗口左下角的“首项”按钮，调至第一个画板并将它适合窗口大小。

2 在工具箱中选择“透视网格工具”来显示网格。

3 选择菜单“视图”>“透视网格”>“两点透视”>“两点 - 正常视图”。这使得网格集中在第一个画板上。

4 从工具箱的椭圆工具组中选择“矩形工具”。

5 在文档窗口左上方现用平面构件中，单击选中“左侧网格（1）”。鼠标放置在该部件上，会出现工具提示，如图 0.65 所示。

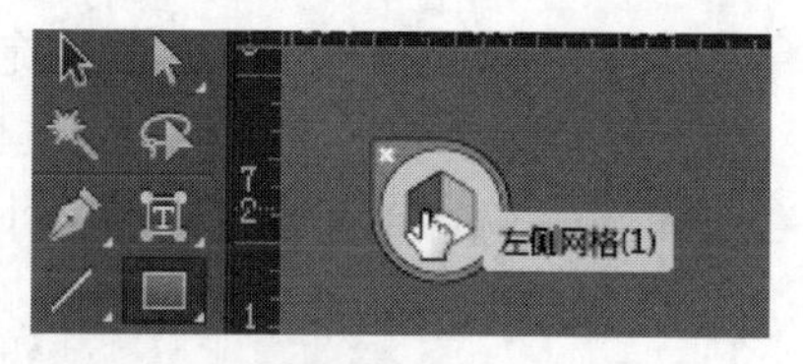

图0.65

6 将鼠标放在网格底部的中心点处（如图圈中所示），出现“交叉”提示时，向左上方拖曳，形成一个宽为 570pt，高为 60pt 的矩形（数据会显示在灰色度量标签中），如图 0.66 所示。

> **AI** | **小提示**：在透视网格中，鼠标可以通过默认设置与网格贴合，这样很容易获得正确数据。

7 选中该矩形，将填色改成提示为“C=0 M=0 Y=0 K=40”的中灰色，如图 0.67 所示。

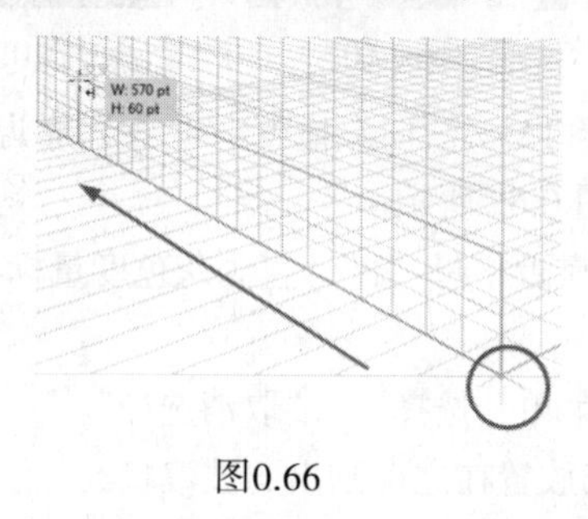

图0.66

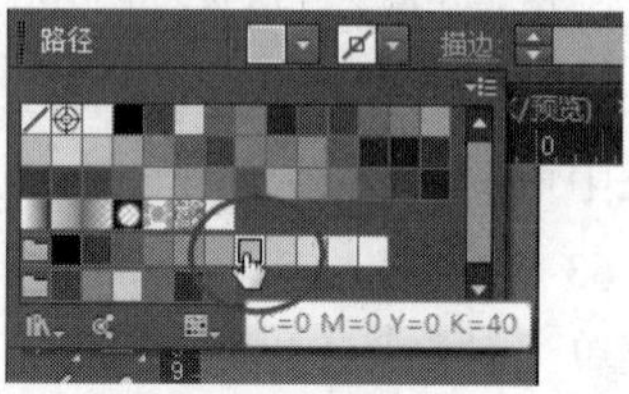

图0.67

> **AI** | **注意**：这个矩形可能很难看见。只要颜色改变，就没有关系。

8 单击现用平面构件中的“右侧网格（3）”，选中右侧网格，如图 0.68 中所示。

9 选中“矩形工具”，并将鼠标再次放在网格中心点处，如图 0.69 中所示。再向右上方拖曳得到一个宽为 570pt，高为 60pt 的矩形。

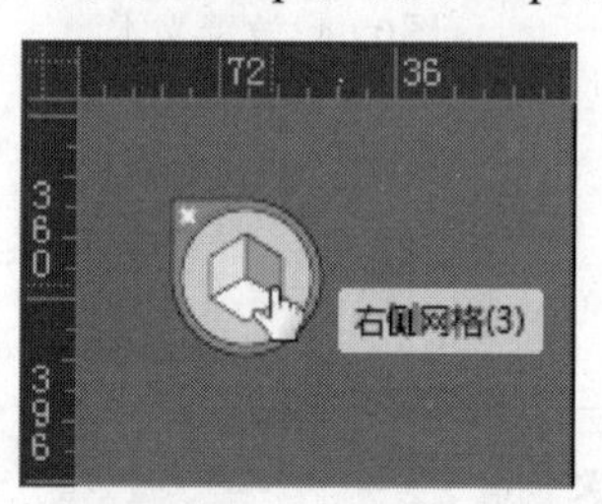

图0.68 选择右侧网格

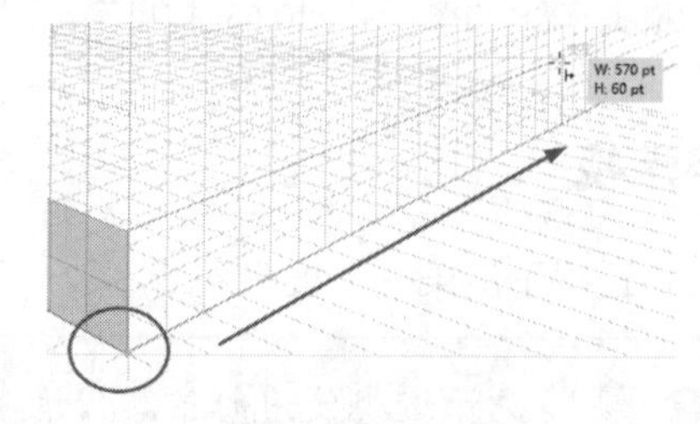

图0.69 绘制矩形

10 选中这个矩形，将填色改成提示为“C=0 M=0 Y=0 K=20”的浅灰色。这之后按 Esc 键隐藏色板。

11 单击选中现用平面构件中的“水平网格（2）”，如图 0.70 中所示。

12 将鼠标放至第一个矩形左上角（如图圈中所示），单击后向右拖曳至第二个矩形的右上角，如图 0.71 中所示。

13 在控制面板中，将填色改成提示为“C=0 M=0 Y=0 K=10”的轻灰色。这之后按 Esc 键隐藏色板。

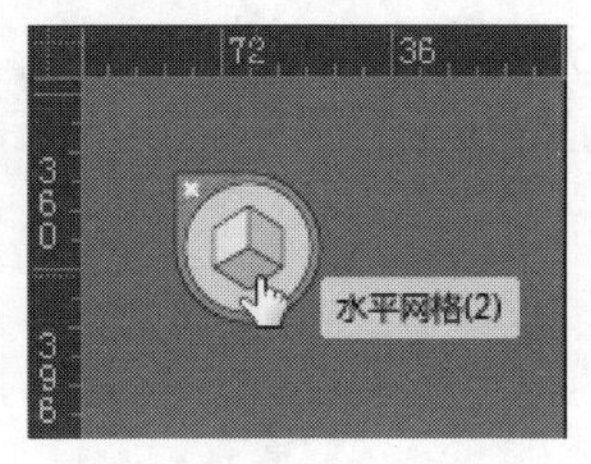

图0.70 选择水平网格

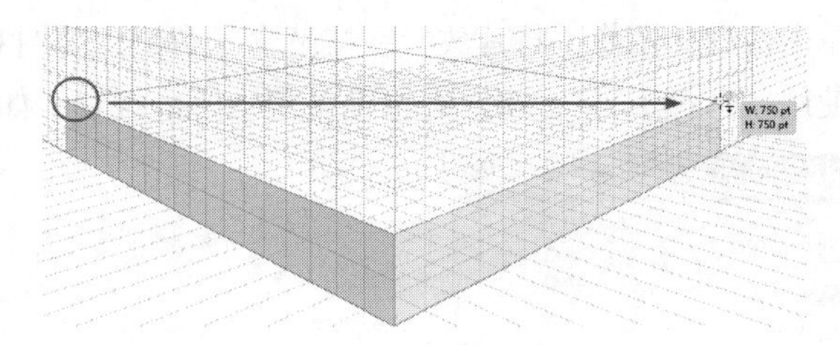

图0.71 绘制矩形

下面会将画稿添加到透视网格中。

1 选择菜单“视图”>“画板适合窗口大小”。

2 单击“透视网格工具”后再按住该按钮，选择“透视选区工具”。

3 确认已选中水平网格，如图 0.71 中所示。拖曳披萨饼的馅饼皮区（图 0.72 中“X”处），将它从右侧的画板中拖向披萨盒子上方。

> **注意**：在这步操作中，披萨饼可能会在透视下变大或变小。请尽可能将它放在披萨盒子的中央位置。

4 选择“对象”>“排列”>“置于顶层”，将它放在盒子上方。

5 再次单击披萨饼，确保第一个面板是现用面板。

6 选择菜单“选择”>“现用画板上的全部对象”，再选择菜单“对象”>“建组”。

7 选择工具箱中的“选择工具”，将选中对象组拖至右侧的画板上，如图 0.73 所示。在出现的对话框中单击“确定”按钮。

图0.72

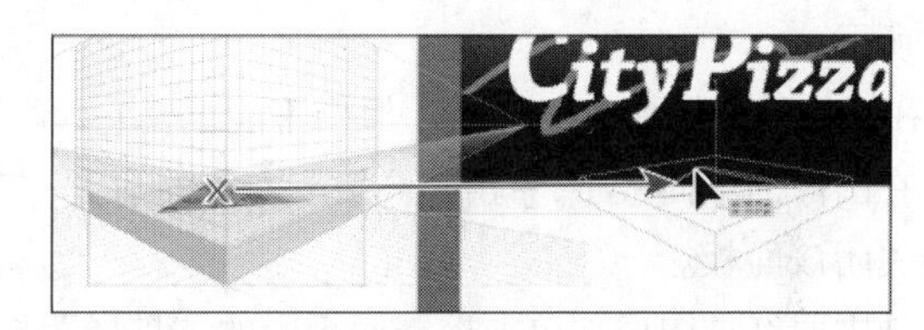

图0.73

8 选择菜单“视图”>“透视网格”>“隐藏网格”。

0.18 在 Illustrator 中置入图像

Illustrator 软件中，既可以置入光栅图像，如 JPEG 格式（jpg，jpeg，jpe），也可以置入 Adobe Photoshop 文件（如 psd，pdd）。可以链接它们，也可以嵌入它们。下面，将会植入一个西红柿的图像。

> **注意**：更多关于图像置入的信息，请参阅第 15 课。

1 选择“文件”>“置入”。在置入对话框中，切换到文件夹 Lesson00，选中 tomato.psd 文件。选中“链接”复选框，单击“置入”按钮，如图 0.74 所示。

2 单击西红柿图像，将其放置在披萨盒子右侧，如图 0.75 所示。

3 使用“选择工具”，将西红柿拖至图中所示位置，如图 0.76 所示。

图0.74

图0.75 单击放置西红柿

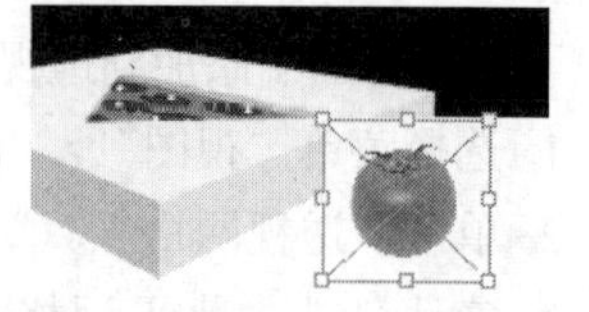
图0.76 调整西红柿的位置

0.19 使用图像描摹

图像描摹可以将照片（光栅图像）转换为矢量图画稿。这一节将会描摹 Photoshop 文件。

注意：更多关于图像描摹的信息，请参阅第 3 课。

1 选择菜单“视图”>“画板适合窗口大小”。

2 选择菜单“窗口”>“图像描摹”，打开图像描摹面板。单击面板顶部的“低色”按钮，如图 0.77 所示。

现在图像已经转换为矢量图，但仍不能编辑它。

3 在图像描摹面板中，单击“高级”左侧的箭头，在面板下方选择“忽略白色”，如图 0.78 所示。关闭该面板。

4 选中西红柿图像，单击控制面板中的“扩展”按钮，让图像可编辑。

这个西红柿图像现在已经是一系列组合在一起的矢量形状。

5 选择菜单“编辑”>“复制”，然后选择“编辑”>“粘贴”。使用“选择工具”将复制的西红柿拖至原来那个西红柿的旁边，如图 0.79 所示。

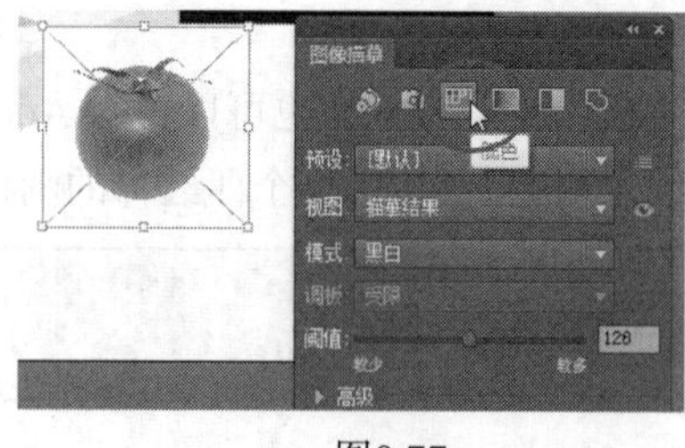

图0.77

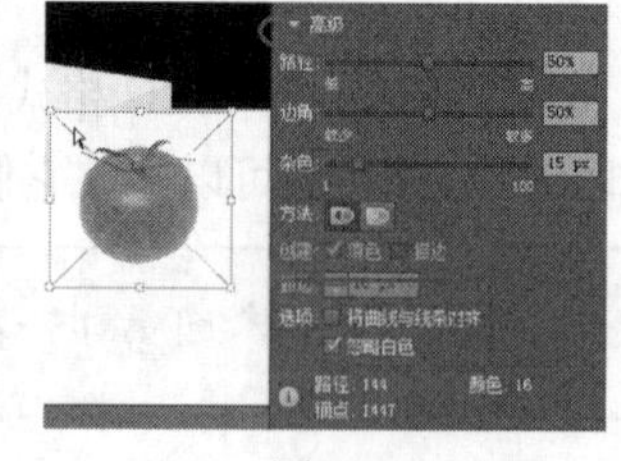

图0.78

图0.79

6 选择菜单“选择”>“取消选择”。

0.20 使用效果

效果菜单可以在不修改对象本身的同时修改其外观。下面将会对几个对象使用“投影效果”。

> **注意**：更多关于效果使用的信息，请参阅第 12 课。

1 选择工具箱中的“选择工具”，按住 Shift 键再单击“City Pizza”文本、披萨盒子和每个西红柿，如图 0.80 所示。选完后再释放鼠标。

2 选择菜单“效果”>“风格化”>“投影”。在对话框中，确认模式为“正片叠底”，不透明度是 75%，X 位移和 Y 位移均为 7pt，模糊设为 5pt，如图 0.81 所示。勾选“预览”，最后单击“确定”按钮。

图0.80

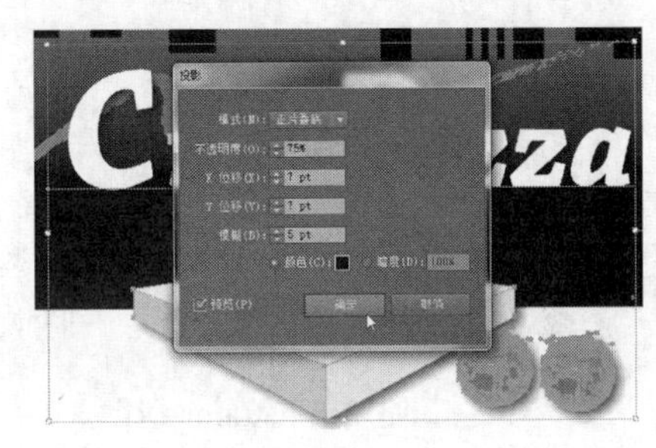

图0.81

第1课 了解工作区

本课概述

在这节课中，读者将会进一步探索了解工作区，并且学习如何进行以下操作：

- 打开 Adobe Illustrator CC 的文件；
- 调节用户界面亮度；
- 使用工具箱；
- 重置和保存工作区；
- 使用菜单“视图”放大或缩小画稿；
- 在多个画板和文档之间转换；
- 处理文档组；
- 使用 Illustrator 帮助。

学习本课内容大约需要 1 小时，请从光盘中将文件夹 Lesson01 复制到您的硬盘中。

为了充分利用 Adobe Illustrator CC 丰富的绘图、上色和编辑功能，学习如何在工作区中导航至关重要。工作区由应用程序栏、菜单栏、工具箱、控制面板、文档窗口和一组默认面板组成。

1.1 简介

在这节课中，将开始学习处理多个图稿文件。但在开始前，需要重新保存 Adobe Illustrator CC 的默认首选项设置。

1 为了确保工具和面板的功能如本课所述，请删除或者重命名 Adobe Illustrator CC 的首选项配置文件。

2 双击 Adobe Illustrator CC 按钮开始进入 Adobe Illustrator 软件。

> AI | **注意**：如果你尚未从光盘中拷贝出素材文件，请现在执行这个操作。

3 选择菜单“窗口”>“工作区”>“重置基本功能”，确保工作界面已成为默认设置。

4 选择菜单“文件”>“打开”，在你硬盘内的课程文件夹中，选择 Lesson01 文件夹中的 L1satart_1.ai 文件，单击“打开”按钮。

这节课的工程中包含了一个虚拟公司名称、地址以及网址，仅作示例之用。

5 选择“视图”>“画板适合窗口大小”，如图 1.1 所示。

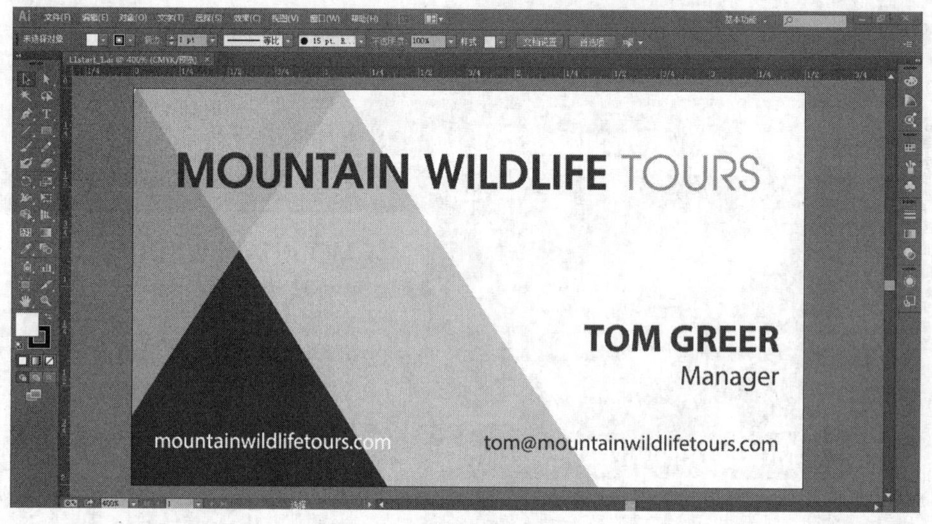

图1.1

这个操作会将正在使用的画板嵌入整个文档窗口，这样你就可以看到完整的画板。

> AI | **注意**：不同电脑和操作系统对显示屏的颜色设置有所不同，因此，当你打开各种工程中的练习文件时，可能会出现提醒某个配置文件丢失的对话框。如果出现该对话框，单击“确定”按钮即可。

打开该文件后，Illustrator 软件便完全启动了，屏幕的窗口中包括应用程序栏、菜单栏、工具箱、控制面板和面板组。注意到停放在窗口右边的是默认面板。Illustrator 还将众多常用的面板选项放在菜单栏下方的控制面板中，这减少了用户需要打开的面板数，从而增大了工作区。

下面将会使用 L1start_1.ai 文件练习导航、缩放操作，并研究 Illustrator 的文档和工作区。

6 选择菜单“文件”>“存储为”，在对话框中将文件命名为 businesscard.ai，并将它保存在 Lesson01 文件夹中。保留“保存类型”为 Adobe Illustrator（*AI）（Windows 系统）或“格式”为 Adobe Illustrator（ai）（Mac 系统），并单击“保存”按钮。如果出现有关专色和透明度的警告消息框，单击“继续”按钮即可。在 Illustrator 选项对话框中，保留默认设置并单击“确定”按钮，如图 1.2 所示。

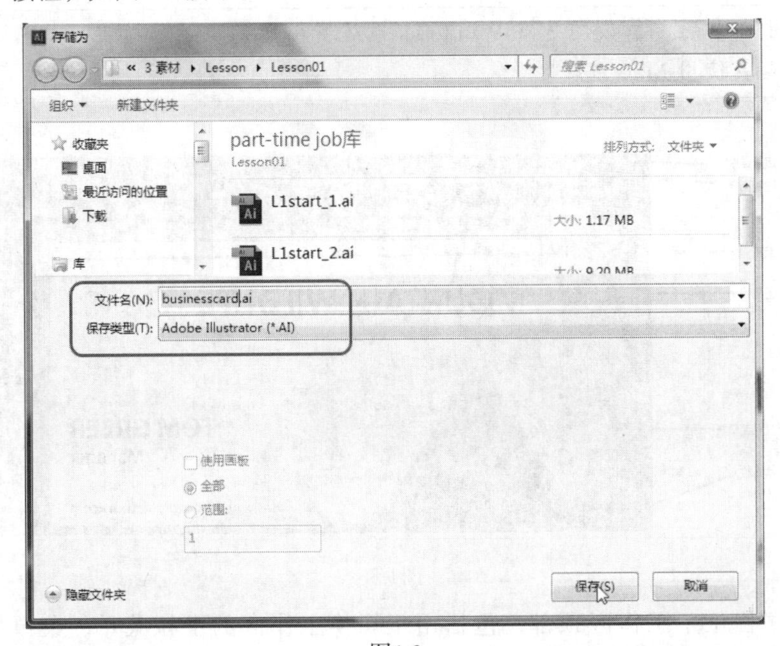

图1.2

注意：Illustrator 选项对话框包含了关于控制文件如何保存的选项，可以保存为旧版本的文件，并且还有许多值得探索的功能。

为什么使用Adobe Illustrator软件?

矢量图（也被称为矢量形状或矢量对象）由一系列直线和曲线组成，数学中称之为矢量。它是用几何特征来描述一幅图像的。更多关于直线和曲线的信息，请参阅第5课。

这样可以在不丢失细节或清晰度的同时，移动或修改矢量图。因为它们与分辨率无关——无论是缩放图像、使用PostScript打印、保存在PDF文件中，还是导入到一个基于向量图的应用程序中，都可以很好地保存细节和边缘。所以，矢量图绝对最适合创作画稿，如设计LOGO。

——摘自Illustrator帮助

1.2 理解工作区

创建和操作文档和文件时，可使用多种元素，如面板、各种栏和窗口。这些元素的排列称为工作区。首次启动 Illustrator 时，看到的就是默认工作区，它还可以根据任务需要自行定制。比如，可以创建保存两个分别用于编辑和查看的工作区，并在工作时在它们之间切换。下面则是默认工作区各组成部分的描述。

AI **注意**：本章的屏幕截图是在 Windows 系统中抓取的。具体情况可能略有不同，尤其是在使用 Mac 系统时。

图1.3

A 应用程序栏位于工作区顶部，包括用于切换工作区的下拉菜单、菜单栏（仅适用于 Windows 系统，并且取决于屏幕分辨率）以及其他应用控件。

注意：Mac 系统中，菜单栏位于应用程序栏上方。

B 控制面板显示当前选定工具的选项。

C 面板能够控制和修改图稿。有些面板默认处于显示状态，但可从“窗口”菜单中选择显示任何面板。很多面板都有针对该面板的菜单项。可将面板编组、堆叠或让其自由悬浮。

D 工具箱包含用于创建和编辑图像、画稿、页面元素等各种工具，除此之外，还有许多其他工具。而相关的工具放在一组中。

E 文档窗口显示当前处理的文件。

F 状态栏位于文档窗口的左下角，包含各种信息、缩放情况和导航控件。

1.2.1 调整用户界面亮度

与 Adobe After Effects、Adobe Photoshop 相似，Illustrator 也支持用户界面的亮度调整。软件中有一处首选项设置，可以按照 4 个预设值或其他自定义值调整界面亮度。

在这一节中，将通过改变这些设置来观察它的效果。最后会将它还原默认值。

1 选择“编辑”>“首选项”>“用户界面”（Windows 系统）或“Illustrator”>“首选项”>“用户界面”（Mac 系统）。

2 选择用户界面选项中的“亮度”菜单，如图 1.4 所示。

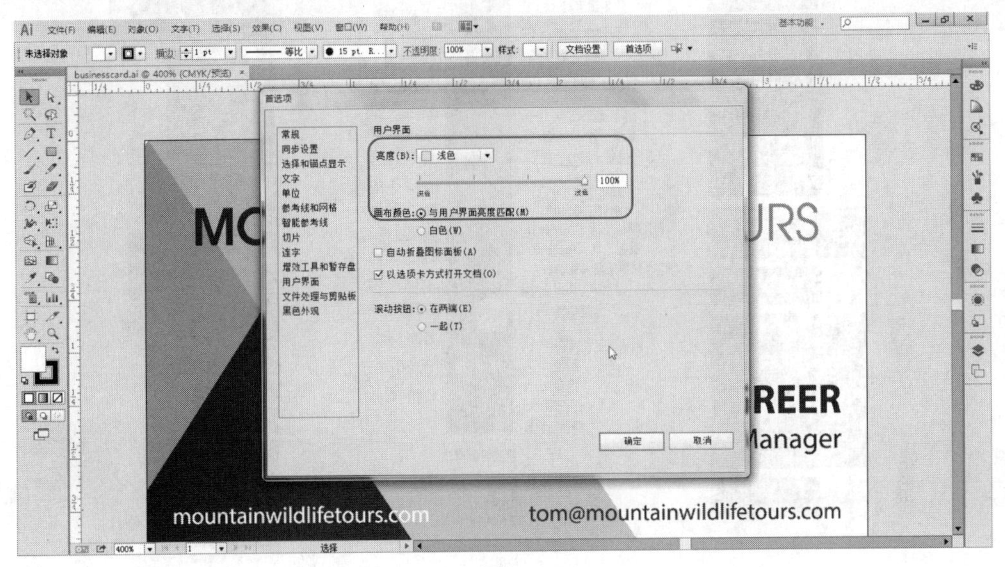

图1.4

可以使用 4 个预设值，也可以自定义亮度进行调整。

> **注意：**在 Mac 系统中，不会出现滚动按钮，这没有关系。

3 将亮度滑块向左调至 50%。

左右拖曳“亮度”菜单下方的亮度滑块，可以设置自定义值调整界面的整个亮度。

4 选择“亮度”菜单中的“中等深色”。

5 菜单下方的“画布颜色”中，选择“白色”。

画布是文档中画板之外的区域。

6 单击“取消”按钮，这是确认最终不保存以上做出的改动，保持默认值。

1.2.2 使用工具箱

工具箱中包含选择工具、绘图和上色工具、编辑工具、视图工具、填色与描边框、绘图模式以及屏幕模式，如图 1.5 所示。在本书的课程中，读者将会学习每个工具的功能。

> **注意：**本课中所展示的工具箱均为两列。也会出现一列的情况，这取决于个人电脑的屏幕分辨率和工作区的情况。

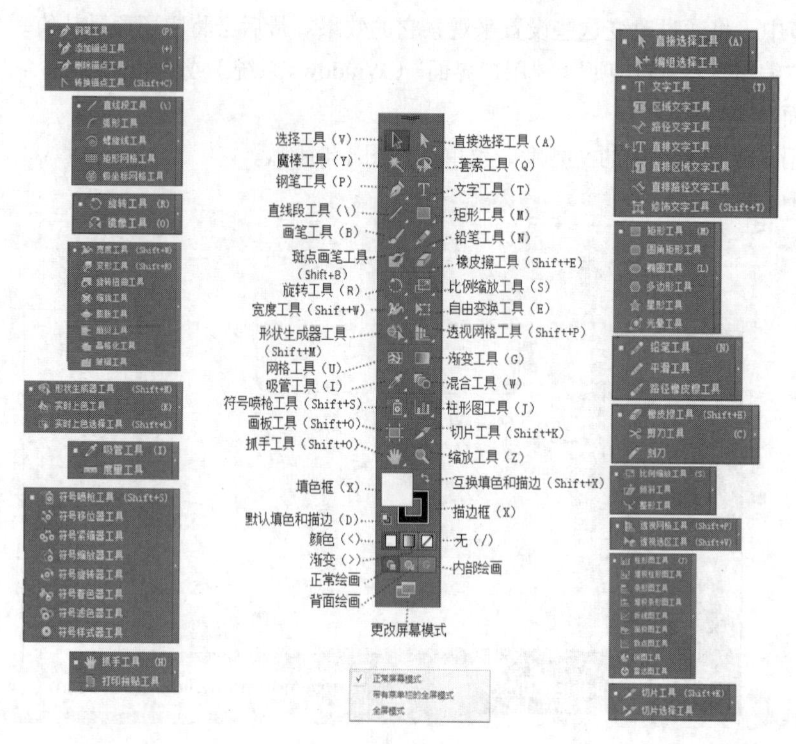

图1.5

1 将指针放在工具面板“选择工具”按钮上（![]），你可以看到该工具的名称和相应快捷键，如图 1.6 所示。

提示：你可以在“编辑”>“首选项”>“常规”（Windows 系统）或者“Illustrator”>“首选项”>“常规”（Mac 系统）中选择是否取消这个提示显示。

2 将指针放在“直接选择工具”按钮上（![]），单击后，再按住鼠标。你将会看到其他的选择工具，如图 1.7 所示。这时你可以松开鼠标，进而选择其他的选择工具。

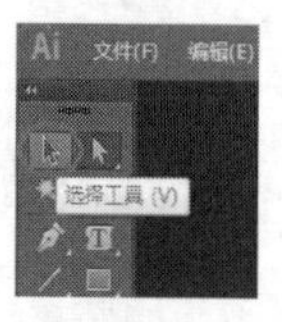

图1.6

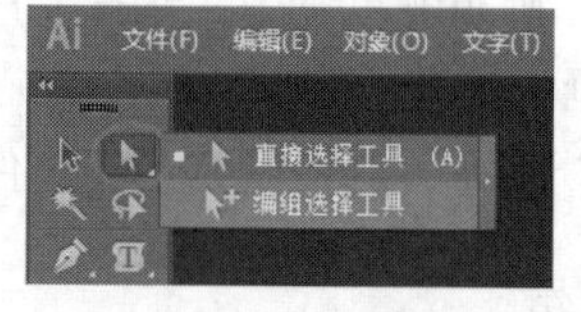

图1.7

如果工具面板中按钮的右下方显示一个小三角，说明该工具包含其他附加工具，这些附加工具也都可以使用这种操作方法。

提示：你可以自行选择隐藏某些工具，操作是：按下 Alt 键（Windows 系统）或者 Option 键（Mac 系统）的同时，单击工具面板中的相应工具按钮，每次单击都将选择下一个被隐藏的工具。

提示：只有当你不使用文本插入点时，才能使用默认键盘快捷键，因此，你也可以添加其他快捷键到“选择工具”栏中。具体操作是：选择“编辑”>“键盘快捷键”。如果想看更多关于“键盘快捷键”的知识，请在 Illustrator “帮助”菜单中查找。

3 将指针放在“矩形工具”按钮上（■），单击后，再按住鼠标。拖曳鼠标到隐藏工具面板右侧边缘处的箭头上，单击鼠标。这步操作会使这些工具从工具面板中脱离，这样你可以随时直接使用这些隐藏工具，如图 1.8 所示。

4 单击“关闭”按钮（X）即可将隐藏工具恢复至工具箱，它位于浮动工具面板的标题栏右上方（Windows 系统）或左上方（Mac 系统），如图 1.9 所示。

下一步，要学习的是如何调整工具面板大小和使它浮动。

提示：你还可以将浮动的隐藏工具栏折叠一栏，或者将它停靠在工具面板一侧。

5 为了节省屏幕空间，单击工具面板左上方的双箭头，即可将面板由两列折叠为一栏，如图 1.10 所示。再次单击双箭头，面板将由一栏再次扩展为两栏，如图 1.11 所示。

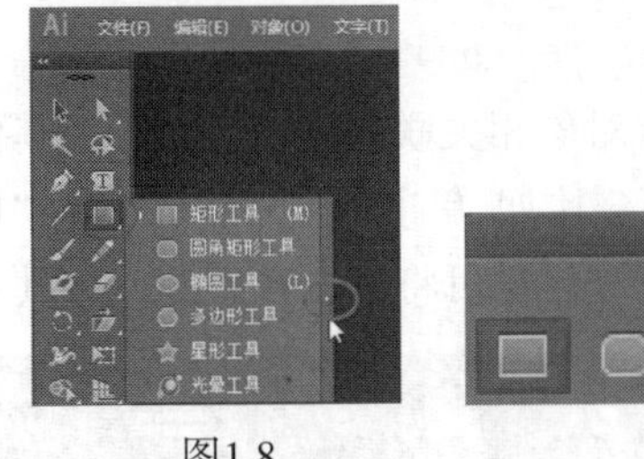

图1.8

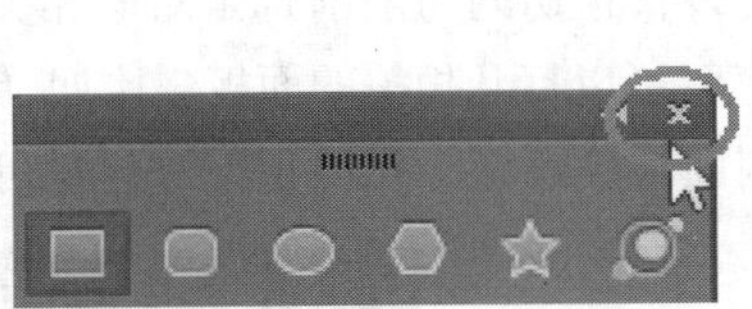
图1.9

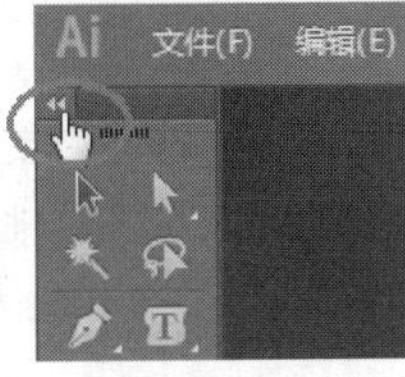

图1.10

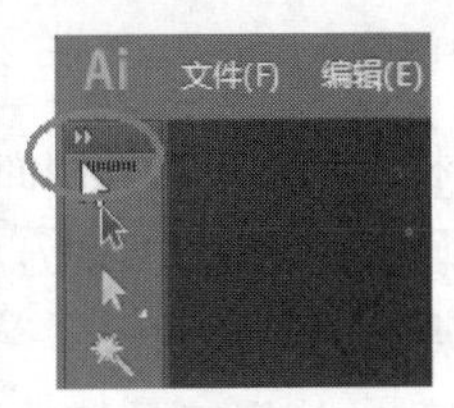

图1.11

注意：最开始你可能会看到单列面板，这取决于电脑的屏幕分辨率和工作环境。

6 单击并拖曳工具箱顶部的深灰色标题栏或其下方的虚线条，可以将工具箱拖曳到工作区，如图 1.12 所示。此时，工具箱将悬浮在工作区中，如图 1.13 所示。

7 工具箱悬浮在工作区中之后，单击标题栏中的双箭头将切换到单栏显示。再次单击将恢复至双栏显示。

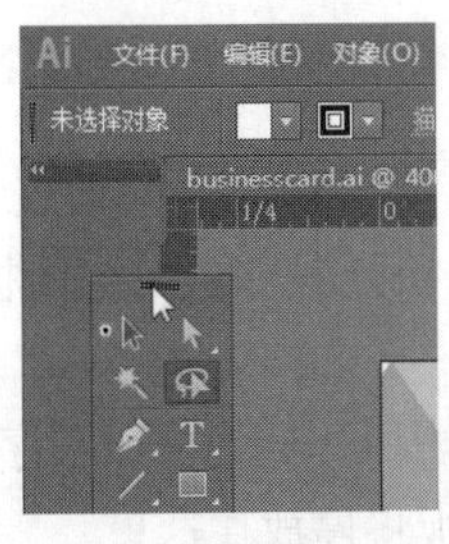

图1.12

图1.13

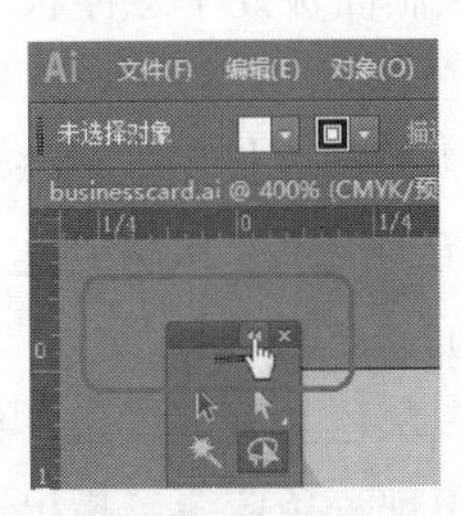

图1.14

> **提示：**还可以双击工具箱顶部的标题栏，切换单双栏。只需小心些，不要单击到栏中的“X”。

8 要重新停靠工具箱，只需单击它的标题栏或虚线条，向应用程序窗口（Windows 系统）或屏幕（Mac 系统）的左侧拖曳，如图 1.17 所示。当鼠标到达边缘时，窗口左侧会出现一个带蓝色边框的半透明区(停放区)。此时释放鼠标即可将工具箱整齐地停放在工作区左侧,如图 1.18 所示。

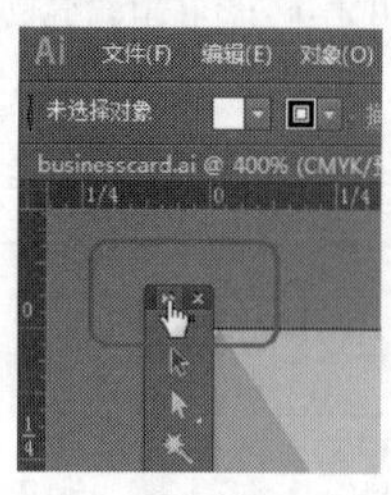

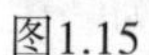

图1.15

图1.16

图1.17

图1.18

1.2.3 使用控制面板

控制面板是基于上下文的，所以它可以快速访问与当前选定对象相关联的选项、命令和其他面板。通过单击控制面板中带下划线的文字,可以打开相关的面板。比如,单击带下划线的文字“描边”将打开描边面板。默认情况下，控制面板停靠在工作区顶部，但也可将其放在底部，将其自由悬浮或者隐藏。

1 使用工具箱中的“选择工具”（ ），单击画板左侧淡蓝色形状中央的附近，如图 1.19 所示。

注意到该对象的信息将出现在控制面板中，这包括路径、颜色选项、描边和其他信息。

图1.19

2 无论当前选择的是何种工具，都可以拖曳控制面板左侧的灰色垂直虚线条，将控制面板拖曳到工作区中，如图 1.20 所示。

只要控制面板处于悬浮状态，其左侧将会有一个灰色垂直虚线条，拖曳它可将面板放在工作区顶部或底部。

3 按住控制面板左端的灰色垂直虚线条，将其拖曳到工作区（Windows 系统）或屏幕（Mac 系统）底部。鼠标到达底部后，将出现一条蓝线，表明此时松开鼠标，控制面板将停靠在这里，如图 1.21 所示。

4 拖曳灰色垂直虚线条,再将控制面板拖回文档窗口顶部左侧。当鼠标到达应用程序栏顶部时，将出现一条蓝线，指出这是停放区。此时松开鼠标，控制面板将停放在这里。

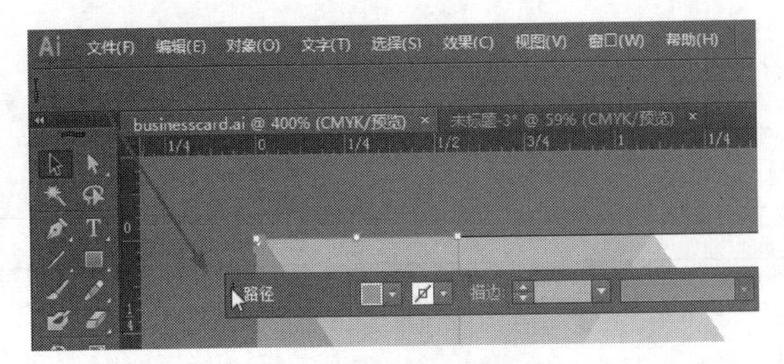

图1.20

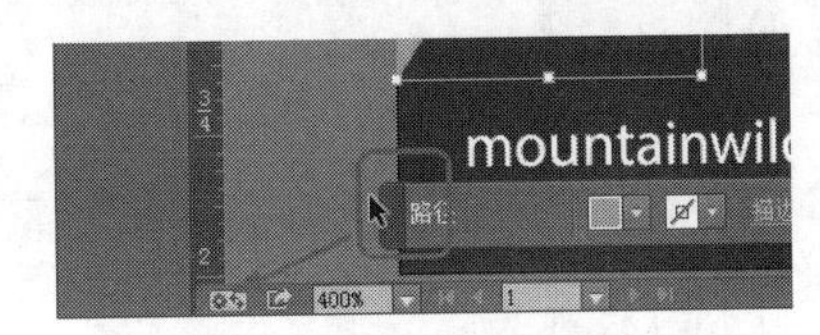

图1.21

提示：另一种停放控制面板的方法是，从控制面板右侧的菜单（ ）中选择“停放在顶部”或“停放在底部”。

5 选择菜单“选择”>“取消选择”，以取消选择该路径。

1.2.4 使用面板

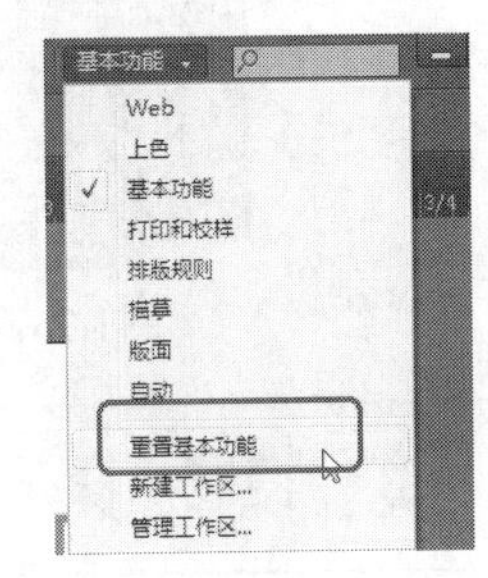

图1.22

面板位于“窗口”菜单中，通过它可以快速访问众多Illustrator工具，让修改图稿变得更加容易。默认情况下，有些面板停放在工作区的右侧，并显示为图标。

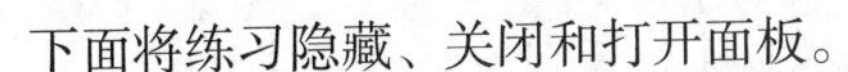

下面将练习隐藏、关闭和打开面板。

1 在应用程序栏中，单击右上角的“基本功能”（搜索文本框的左边），选择“重置基本功能”，如图1.22所示。

提示：也可以选择菜单“窗口”>“工作区”>“基本功能”来重置面板。

2 单击工作区右侧的色板面板图标( )将该面板展开，或者也可以选择菜单“窗口”>“色板”，如图1.23所示。注意到色板面板与其他两个面板——“画笔”面板和“符号”面板——同时出现。这是由于它们同属于一个面板组。单击“符号”面板的标签“符号”即可显示该面板，如图1.24所示。

3 单击“颜色”面板图标( )，这将打开一个新的面板组，并关闭之前色板面板所属的面板组。

4 单击并向下拖曳颜色面板底部的灰色虚线条，可以调整面板大小，显示更多色谱，如图1.25所示。

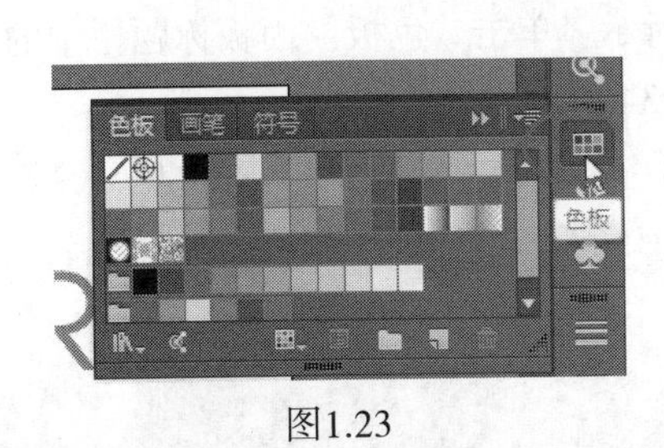

图1.23

图1.24

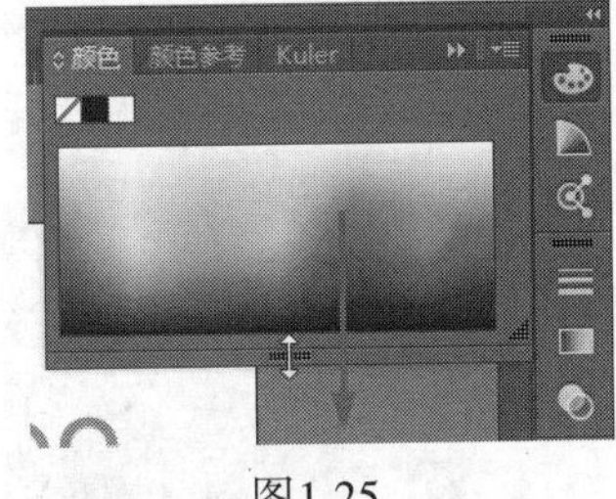

图1.25

5 再次单击“颜色”面板图标，该面板组将会再次折叠为图标。

AI **提示**：要找到一个隐藏的面板，可以从“窗口”菜单选择该面板名字。若其名字左侧有对勾，则表明该面板已打开，并在其所属的面板组中显示在最前面。如果在“窗口”菜单中选择左边已经打勾的面板名，将会折叠该面板及其所属的面板组。

AI **提示**：要将面板折叠为一个图标，可以单击其标签、图标，或者面板标题栏中的双箭头。

6 单击右侧的面板停放区顶端的双箭头，将展开该面板，如图 1.26 所示；再次单击双箭头，将折叠该面板，如图 1.27 和图 1.28 所示。使用这种方法可以同时显示多个面板组。

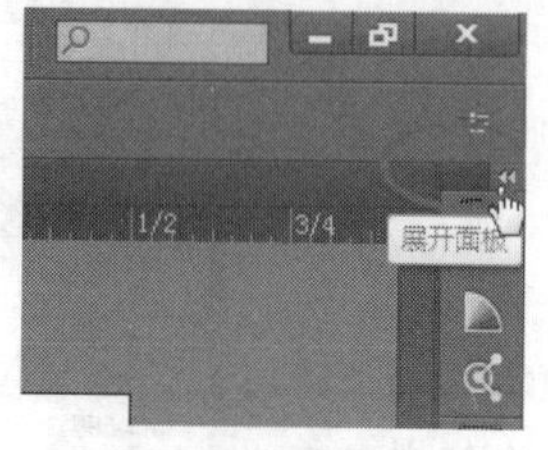

图1.26 展开面板

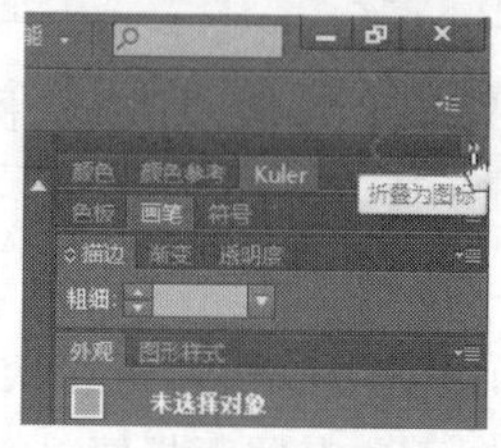

图1.27 折叠面板

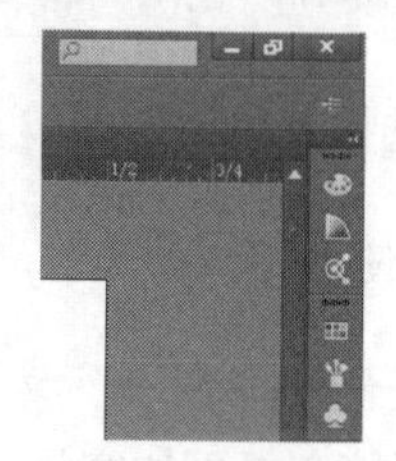
图1.28 折叠整个停放区

AI **提示**：要展开或折叠面板停放区，还可以通过双击面板顶部的标题栏实现。

7 要增大停放区中所有面板的宽度，可向左拖曳面板左边缘，直到出现文字，如图 1.29 所示；要缩小它的宽度，则向右拖曳停放的面板左边缘，直到文字消失，如图 1.30 和图 1.31 所示。

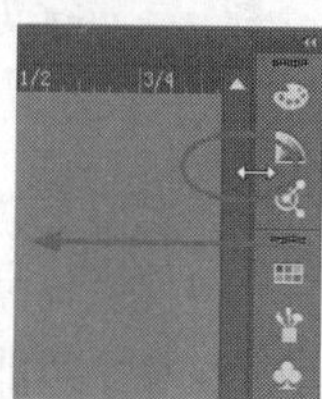

图1.29 扩展停放区

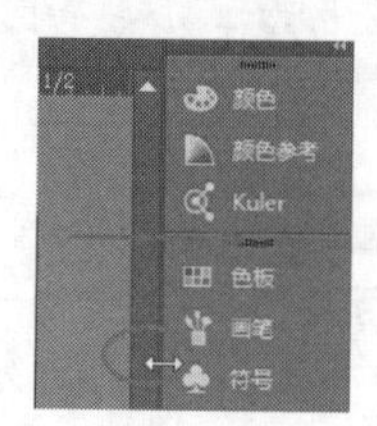

图1.30 拖曳缩小停放区

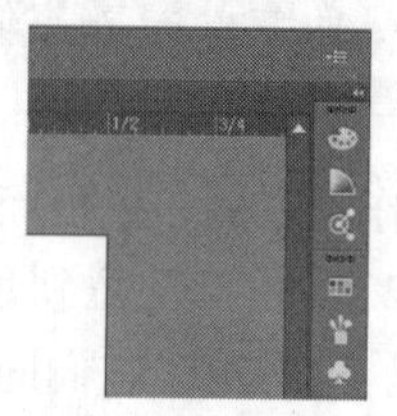
图1.31 折叠整个停放区

8 选择菜单“窗口”>“工作区”>“基本功能”来重置基本功能。

9 拖曳“色板”面板图标（ ）到停放区外侧，使其成为自由悬浮的面板，如图 1.32 所示。可以观察到，悬浮后该面板仍折叠为图标，如图 1.33 所示。单击“色板”面板标题栏中的双箭头，将该面板展开，以便看到其中的内容，如图 1.34 所示。

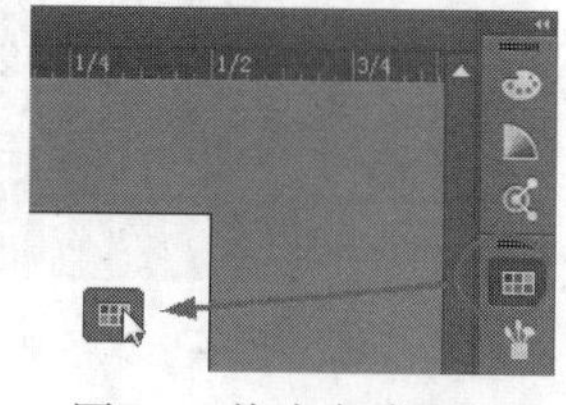

图1.32 拖曳色彩面板

图1.33 展开面板

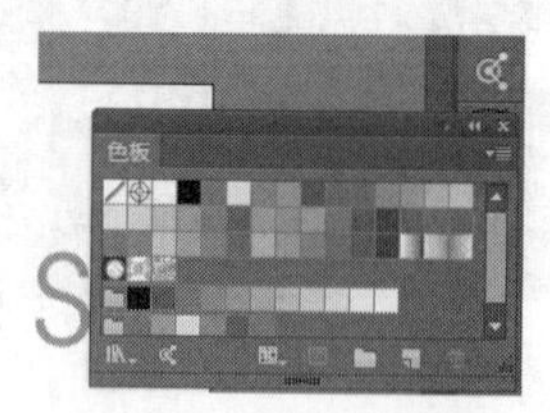

图1.34 展开后的面板

还可以将面板从一个面板组移到另一个面板组中，这样可以创建自己常用面板的自定义面板组。

小提示：要关闭一个面板，可以将面板拖出停放区，再单击其右上角的“X”。也可在停放区中的面板标签上单击鼠标右键，或者按住 Ctrl 键并单击，再从菜单中选择“关闭”。

10 通过拖曳面板标签、面板标题栏或面板顶部的深灰色条，将“色板”面板拖曳到“画笔”面板（ ）和“符号”面板（ ）的图标上，看到“画笔”面板组周围出现蓝线后松开鼠标，如图 1.35 和图 1.36 所示。

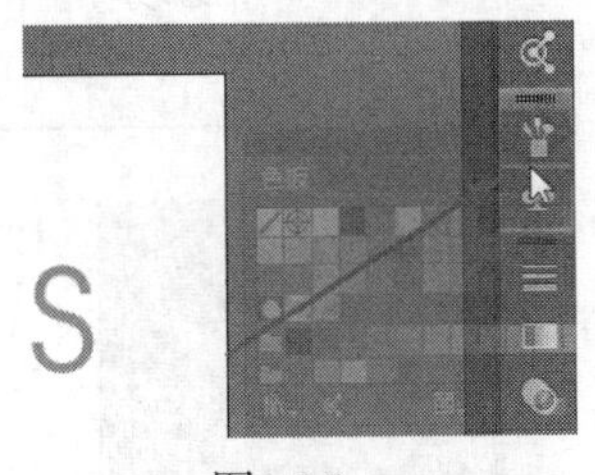

图1.35

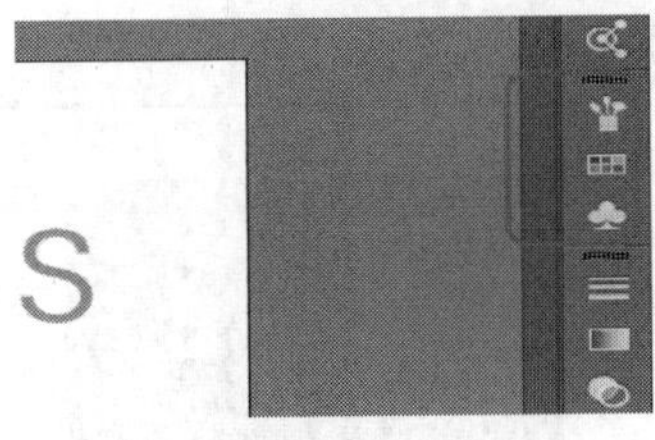

图1.36

下面将通过组织这些面板，为工作区腾出更多的空间。

11 从应用程序栏右上角的“基本功能”处选择“重置基本功能”。

提示：按下 Tab 键可隐藏所有面板，再次按下该键则会显示所有面板。按下 Shift+Tab 组合键可以隐藏除去工具箱和控制面板之外的所有面板；再次按下该组合键则会再次显示出来。

12 单击停放区顶部的双箭头以展开面板。

13 当一个面板悬浮（不是停靠在停放区）时，如图 1.37 所示。单击选中“颜色参考”面板标签，双击该标签，可以缩小该面板，如图 1.38 所示。再次双击会使该面板最小化，如图 1.39 所示。

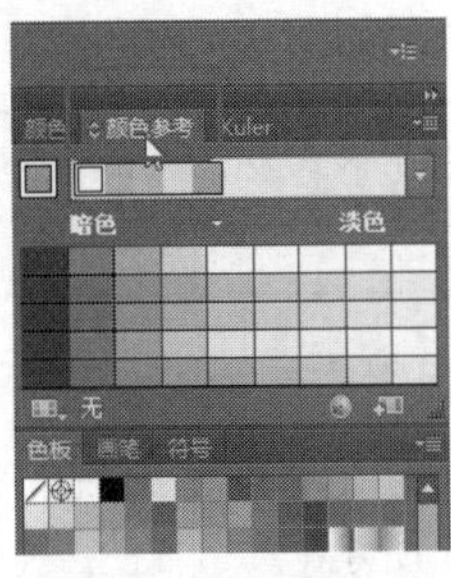

图1.37 双击面板标签

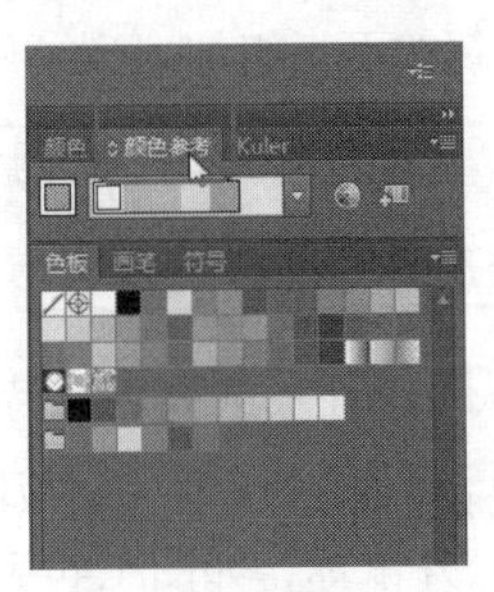

图1.38 再次双击

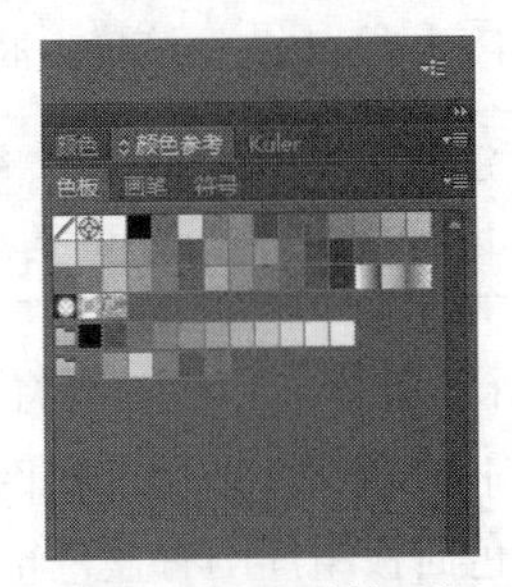

图1.39 折叠后的面板

AI

注意：许多面板只需要双击标签两次即可最大化。如果双击三次，可能会使面板完全展开。

14 单击“外观”面板标签展开该面板；根据屏幕分辨率不同，该面板可能已展开。

1.2.5　编辑面板组

面板组可以是停放的，可以是悬浮的，还可在它们处于折叠或展开状态时对其进行排列。下面将调整和排列面板组，这样可以更方便地看到更多重要面板。

1 单击“符号”面板标签，向上拖曳符号面板组和描边面板组之间的分隔条，以调整该组的大小，如图 1.40 和图 1.41 所示。

注意：可能无法将该分隔条拖曳很远，这取决于屏幕大小、屏幕分辨率和展开的面板数。

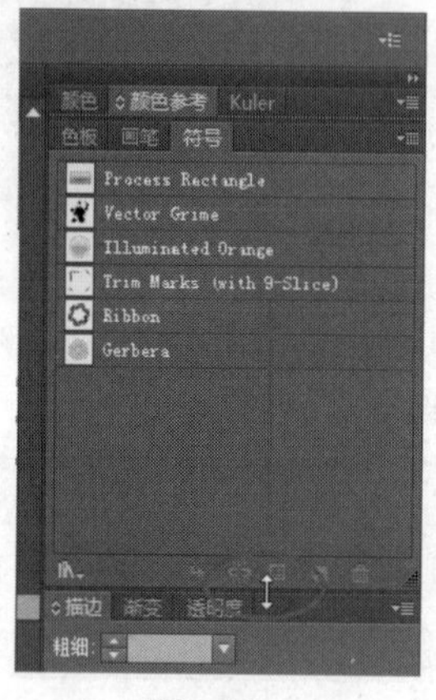

图1.40

图1.41

2 从应用程序栏右上角的“基本功能”处选择“重置基本功能”。

3 选择菜单“窗口”>“对齐”，打开对齐面板组。拖曳该面板组标签上方的标题栏，拖放到工作区右边的停放面板上。将鼠标放在符号面板图标（ ）下方，出现一条蓝线后松开鼠标，如图 1.42 所示。这样，将一组新的面板组加入到了停放区中，如图 1.43 所示。

注意：如果将该面板组拖放到停放区中现有的面板上，两组面板组将合并。在这种情况下，可重置工作区并再次尝试该操作。

接下来，在停放区中，会将面板从一个面板组拖放到另一个面板组中。

4 向上拖曳“变换”面板图标（ ）到“颜色”面板图标（ ）下方，出现一条蓝线并且颜色面板组周围有蓝色轮廓后松开鼠标，如图 1.44 和图 1.45 所示。

根据需求排列面板并编组，有助于提高工作效率。

提示：要调整停放区中面板组的排列顺序，还可通过拖曳面板组顶部的两条灰色线条实现。

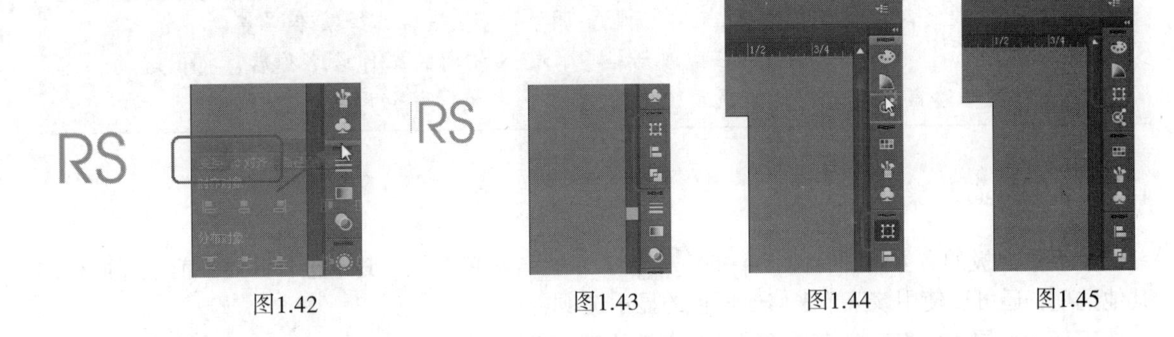

图1.42　图1.43　图1.44　图1.45

1.2.6　重置和存储工作区

正如本课常做的，可将面板和工具箱重置为默认位置。还可通过创建工作区来存储面板的位置，以便之后轻松地访问该工作区。下面创建一个工作区，以存储一组常用面板的位置。

1　从应用程序栏右上角的“基本功能”处选择“重置基本功能”。

2　选择菜单“窗口”>“路径查找器”。单击并拖曳“路径查找器”面板标签，放在工作区右边。当鼠标到达停放区面板左边缘，出现一条蓝线时松开鼠标以停放该面板，如图 1.46 和图 1.47 所示。

3　单击余下面板组（只包含“对齐”面板和“变换”面板）右上角（Windows 系统）或左上角（Mac 系统）的“X”，将其关闭。

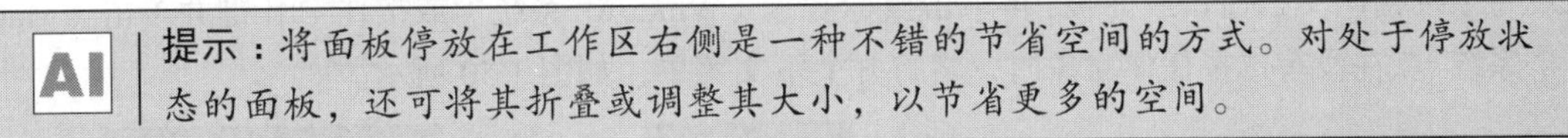

提示：将面板停放在工作区右侧是一种不错的节省空间的方式。对处于停放状态的面板，还可将其折叠或调整其大小，以节省更多的空间。

4　选择菜单“窗口”>“工作区”>“新建工作区”，在对话框中输入名称 Navigation 并单击“确定”按钮，如图 1.48 所示。现在，Illustrator 将存储工作区 Navigation，直到手动删除它。

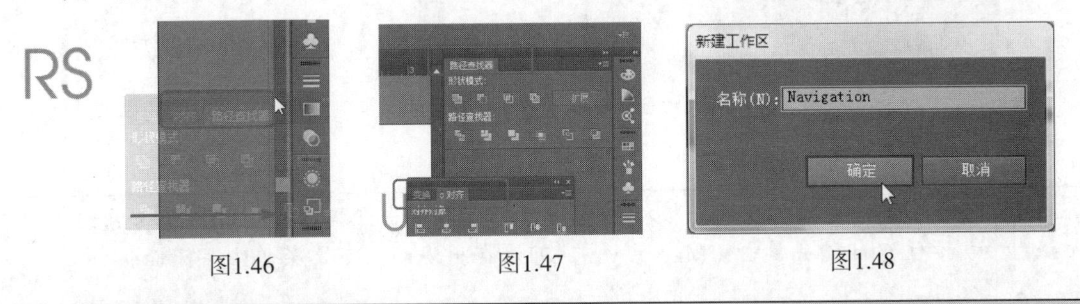

图1.46　图1.47　图1.48

AI **注意：**要删除存储的工作区，可选择菜单“窗口”>“工作区”>“管理工作区”。然后选择要删除的工作区，单击“删除工作区”按钮即可。

5　选择菜单“窗口”>“工作区”>“基本功能”，然后选择“菜单”>“工作区”>“重置基本功能”。可以观察到面板恢复到它们默认的位置。选择“窗口”>“工作区”中选择要使用的工作区名称，在两个工作区之间切换。在进入下一个练习前，请切换到“基本功能”工作区。

> **提示**：要修改存储的工作区，可根据需要调整面板，然后选择菜单“窗口”>“工作区”>“新建工作区”。在该对话框中，输入相同的工作区名称后，将出现询问是够覆盖现有工作区的提示（⚠），单击“确定”按钮即可。

1.2.7 使用面板菜单

大多数面板的右上角都有面板菜单（▾☰）。单击该菜单按钮，其中包含针对当前选择面板的其他选项，还可以使用该菜单来修改面板的显示选项。

下面，将使用面板菜单修改“符号”面板的显示方式。

1 单击工作区右边的“符号”面板图标（♣），也可以选择菜单“窗口”>“符号”来显示该面板。

2 单击“符号”面板右上角的面板菜单按钮（▾☰），如图 1.49 所示。

3 从面板菜单中选择“小列表视图”。

这将显示符号名称及其缩略图。由于面板菜单中的选项只应用于当前面板，因此只有符号面板受影响。

4 单击“符号”面板菜单按钮（▾☰），选择“缩览图视图”以返回原始视图。单击“符号”面板图标（♣）将该面板组隐藏。

除面板菜单外，还有上下文菜单，它包含与当前工具、选定对象或面板相关的命令。

5 将鼠标指向文档窗口或面板，再单击鼠标右键（Windows 系统）或按住 Ctrl 键并单击（Mac 系统）。在没有选择任何对象时，将打开上下文菜单，如图 1.50 所示。

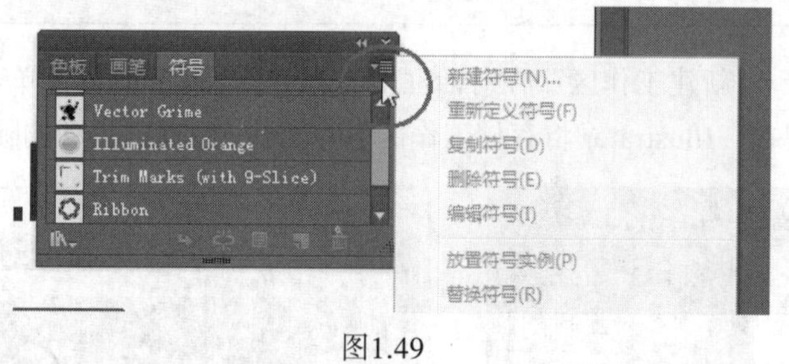

图1.49

图1.50

> **注意**：如果将鼠标指向面板标签或标题栏，再单击鼠标右键（Windows 系统）或按住 Ctrl 键并单击（Mac 系统），可以在出现的上下文菜单中关闭面板或面板组。

1.3 修改图稿的视图

处理文件时，可能会需要修改缩放比例，并在不同画板之间切换。软件中可使用的缩放比例为 3.13% ～ 6400%，这既会在文档窗口左下角显示，也会在标题栏（或文档标签）中的文件名后面显示。使用任何一种视图工具和命令，都只会影响图稿的显示比例，而不会影响图稿的实际尺寸。

1.3.1 使用“视图”菜单中的命令

要使用视图菜单缩放图稿，可以通过以下方式中的一种。

- 选择菜单“视图”>“放大”，可以放大图稿 businesscard.ai。

> **提示**：该命令的快捷键是 Ctrl ++ 键（Windows 系统）或 Command++ 键（Mac 系统）组合。

- 选择菜单“视图”>“缩小”，可以缩小图稿 businesscard.ai。

> **提示**：该命令的快捷键是 Ctrl +- 键（Windows 系统）或 Command+- 键（Mac 系统）组合。

每次选择缩放命令时，都将把图稿的大小重新调整为与之最接近的预设缩放比例。预设缩放比例位于文档窗口左下角的下拉菜单中，该下拉列表右侧有一个向下的箭头。

还可使用视图菜单让现用画稿适合屏幕、所有画板适合屏幕或处于它实际的大小。

1 选择菜单“视图”>“画板适合窗口大小”，缩小文档以便在窗口中显示现用画板。

> **注意**：由于画布（画板外面的区域）最大为 227×227 英寸，因此可能会找不到插图。通过选择菜单“视图”>“画板适合窗口大小”，或者使用快捷键 Ctrl +0（Windows 系统）或 Command +0（Mac 系统），图稿可以在可视区域中居中显示。

> **提示**：另一种让当前画板适合窗口大小的方式是，双击工具箱中的抓手工具（）。

2 要以实际尺寸显示图稿，可选择菜单“视图”>“实际大小”。

图稿此时将以 100% 的比例显示。图稿的实际尺寸决定了此时在屏幕上可以看到图稿的多少内容。

> **提示**：另一种以 100% 的比例显示图稿的方式是，双击工具箱中的缩放工具（）。

3 选择菜单“视图”>“全部适合窗口大小”。

这时在窗口中将看到文档的所有画板。更多关于画板之间导航的信息，请参阅本课的 1.4 节。

4 进入下一节前，选择菜单“视图”>“画板适合窗口大小”。

1.3.2 使用缩放工具

除了视图菜单中的选项之外，还可以使用缩放工具（）按预设缩放比例来缩放图稿。

1 单击选中工具箱中的缩放工具，将鼠标移至文档窗口。

注意到缩放工具中央有一个加号（+）。

2 使用缩放工具单击文本“TOM GREER”，图稿将放大一级，如图 1.51 所示。

同时，单击的位置现在位于文档窗口的中央位置。

3 在文本“TOM GREER”上再单击两次，视图将进一步放大。

下面将缩小图稿的视图。

4 仍然使用“缩放工具”，按住 Alt 键（Windows 系统）或 Option 键（Mac 系统），缩放工具中央将出现一个减号（-）。此时在图稿上单击两次，将缩小图稿。

为了更好地控制缩放，可拖曳一个选择图稿特定区域的选框，这样将把选定区域放大到充满文档窗口。

注意：最终的缩放比例取决于使用缩放工具绘制的选框大小。选框越小，缩放比例越大。

5 选择菜单“视图”>“画板适合窗口大小”。

6 依然选择缩放工具，按住鼠标拖曳出一个环绕画板左下角文本“mountainwildlifetours.com”的选框，这时松开鼠标，如图 1.52 所示。被选区域将放大到尽可能填满整个文档窗口。

7 双击工具箱中的抓手工具（ ），让画板适合窗口大小。

图1.51

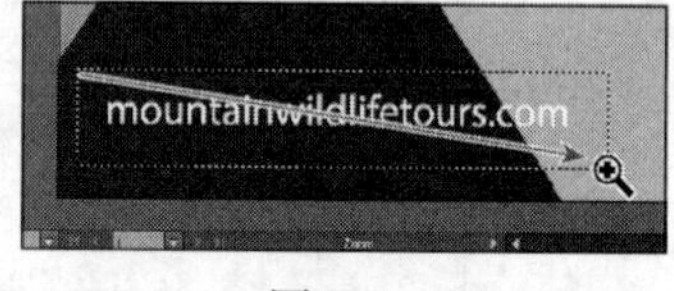

图1.52

由于在编辑过程中经常使用缩放工具来缩放图稿，因此 Illustrator 允许用户随时通过键盘暂时切换到该工具，而不用先取消选择当前使用的工具。

8 通过键盘切换到缩放工具前，选择工具箱中的任意工具，将鼠标移到文档窗口。

9 按住 Ctrl + 空格键（Windows 系统）或 Command + 空格键（Mac 系统），将暂时切换到缩放工具。单击或拖曳放大图稿的任意区域后，松开按键。

注意：在有些 Mac 系统版本中，缩放工具的键盘快捷键将打开 Spotlight 或 Finder。如果要在 Illustrator 中使用该快捷键，需要在该系统首选项中禁用或修改这些快捷键。

10 要使用键盘缩小图稿，可按 Ctrl+Alt+ 空格键（Windows 系统）或 Command+Option+ 空格键（Mac 系统），再单击要缩小的区域，之后即可松开这些按键。

11 双击工具箱中的抓手工具，让现用画板适合窗口大小。

1.3.3 在文档中滚动

可以使用抓手工具滚动到文档的不同区域。使用该工具可随意移动文档，就像在桌上移动纸张一样。

1 选择工具箱中的抓手工具（ ）。

2 在文档窗口中单击并向下拖曳，这时图稿将随抓手一起移动。

和缩放工具（ ）一样，也可通过键盘暂时切换到该工具，而不取消当前使用的工具。

3 单击工具箱中除去文字工具（T）之外的任意工具，将鼠标置于文档窗口中。

4 按住空格键暂时切换到抓手工具，单击并拖曳鼠标来移动图稿。

5 双击抓手工具使现用画板适合窗口大小。

> AI **提示：**如果当前选择了文字工具，且光标置于文本中，则按下空格键将无法暂时切换到抓手工具。

触控手势

在Adobe Illustrator CC中，可以使用标准的触控手势，如敲击和两点捏放，将图稿平移或缩放。这些手势可以通过一些接受触控输入的设备实现：直接触控设备（触摸屏）或者非直接触控设备（触摸板、数位板或者Mac电脑上的触控板）。

- 使用两指（如拇指和食指）捏放，可进行缩放操作。
- 使用两指在文档窗口上同时移动，可让图稿在文档中滑动。
- 在屏幕上滑动或轻击，可以切换画板。
- 在画板编辑模式中，还可以使用两指将画板旋转 90°。

1.3.4 查看图稿

处理大型或复杂文档时，为节省时间，可以在文档中创建自定义视图，这将快速切换到特定区域和缩放比例。这次，可建立要存储的视图，然后选择菜单“视图”>“新建视图”并给视图命名，单击“确定”按钮后即可将视图随文档一起存储。

1 选择菜单“视图”>“Email”（该命令在菜单底部），放大图像的预置区域。

> **注意：**视图菜单底部和菜单选项可能显示不完全，这取决于设备的屏幕分辨率。这时单击菜单底部的黑色箭头，可看到更多选项。

2 选择菜单“视图”>“画板适合窗口大小”。

文档打开时，将自动以预览模式显示。这种视图显示了图稿将会如何打印。处理大型或复杂插画时，可能会只想查看图稿中对象的轮廓（线框），这样在每次修改之后屏幕无需再次重绘图稿。这就是“轮廓”模式。另外，采用轮廓模式也有助于选择对象，在第 2 课中将会看到这一点。

3 选择菜单“视图”>“轮廓”，如图 1.53 所示。

这将只显示对象的轮廓。可以使用这种视图查找在预览模式下可能看不到的对象。

4 选择菜单“视图”>“预览”，查看图稿的所有属性，如图 1.54 所示。

如果喜欢使用快捷键，可按下 Ctrl + Y（Windows 系统）或 Command + Y（Mac 系统）在预览和轮廓模式之间切换。

5 选择菜单“视图”>“叠印预览”，查看设置成叠印的线条或形状，如图 1.55 所示。

对于印刷工作人员来说，当印刷品设置成叠印时，这种视图可以很好地查看油墨是如何相互影响的。切换到这种模式后，可能看不出 LOGO 有多大的变化。

> **注意**：在不同视图模式间切换时，图稿看起来可能没什么变化。此时，可使用菜单“视图”>“放大”和“视图”>“缩小”进行缩放,进而更容易看出差别。

6 选择菜单“视图”>“像素预览”，了解图稿被栅格化并通过 Web 浏览器在屏幕上查看时的样子，如图 1.56 所示。再次选择菜单“视图”>“像素预览”，取消选择该预览。

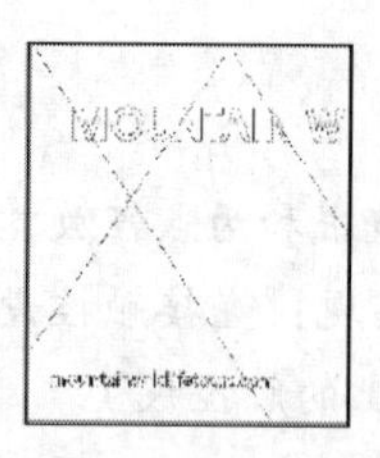

图1.53 轮廓视图模式

图1.54 预览视图模式

图1.55 叠印预览模式

图1.56 像素预览模式

> **提示**：更多关于轮廓模式的信息，请参阅第 2 课。更多关于像素预览的信息，请参阅第 13 课。

7 选择菜单“视图”>“画板适合窗口大小”，以便看到整个现用画板。

1.4 在多个画板之间导航

Illustrator 支持单个文件中包含多个画板。因此，可以创建一个多页文档，在这个文档中包含多项内容，如小册子、明信片和名片。通过创建多个画板，可以轻松地在不同部分之间共享内容、创建多页 PDF 以及打印多个页面。

可使用菜单“文件”>“新建”创建 Illustrator 文档时添加多个画板，也可在文档创建后使用工具箱中的画板工具来添加或删除画板。

下面将介绍如何在包含多个画板的文档中导航。

1 选择菜单“文件”>“打开”，在 Lesson01 文件夹中选择 L1start_2.ai 文件，单击“打开”按钮。

2 单击选中工具箱中的选择工具（）。

3 选择菜单“视图”>“画板适合窗口大小”，注意到该文档中有两个画板。

可以按任意顺序和朝向排列文档中的画板，或者调整画板的大小，甚至将它们重叠。假设要创建一个包含 4 页的小册子，可为每页创建一个不同的画板，每页的朝向和大小都相同。之后可将他们水平排列、垂直排列或者以任意方式排列它们。

文档 L1start_2.ai 有两个画板，分别包含一张明信片的正面和一张业务宣传单，如图 1.57 所示。

图1.57

4 不断按 Ctrl + -（Windows 系统）或 Command + -（Mac 系统），直到

能够看到在画布左上角的LOGO，它位于画板的外面。

5 选择菜单“视图”>“画板适合窗口大小”，这让现用画板适合窗口大小。通过文档窗口左下角的“画板导航”下拉列表，可以知道哪个画板是当前现用画板。

6 从“画板导航”下拉列表中选择2，将在文档窗口中显示传单，如图1.58所示。

> AI | 注意：更多关于画板编辑和编号的信息，请参阅第4课。

7 选择菜单“视图”>“缩小”，可以观察到这将缩小现用画板。

注意到“画板导航”下拉列表左边和右边都有箭头，可使用他们导航到第一个画板（⏮）、前一个画板（◀）、下一个画板（▶）和最后一个画板（⏭）。

8 单击导航“上一项”按钮，在文档中显示前一个画板（编号为1的画板），如图1.59所示。

> AI | 注意：由于该文档只有两个画板，因此也可在第8步单击“首项”按钮（⏮）。

9 选择菜单“视图”>“画板适合窗口大小”，确保第一个画板适合文档窗口大小。

在多个画板之间导航的另一种方法是使用“画板”面板。

下面将打开“画板”面板，并使用它在文档中导航。

10 在应用程序栏中，从工作区切换列表中选择“重置基本功能”。

11 选择菜单“窗口”>“画板”，这样可以展开工作区右边的“画板”面板。

“画板”面板列出了文档中的所有画板。该面板可以在画板之间导航、重命名画板、添加画板、删除画板、编辑画板设置等。下面使用该面板在文档中导航。

12 在“画板”面板中，双击画板Artboad 2左侧的编号“2”，这将切换到该画板并使其大小适合文档窗口，如图1.60所示。

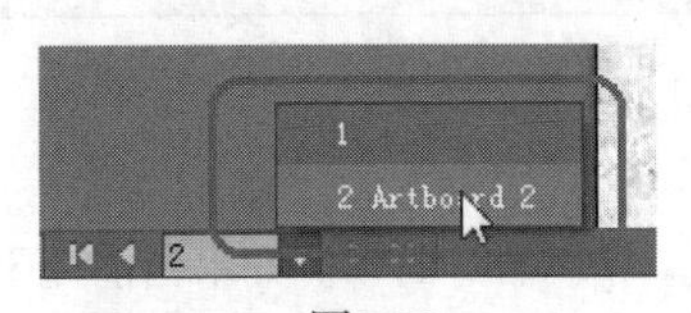

图1.58

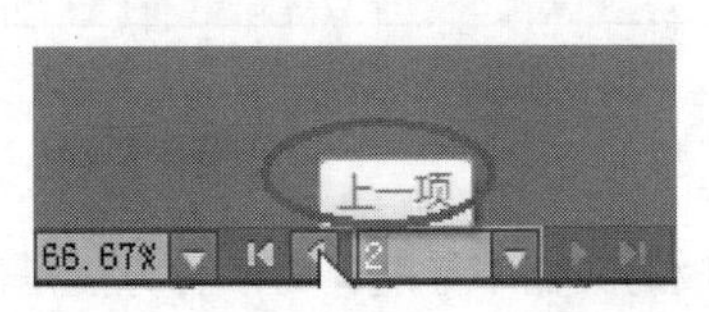

图1.59

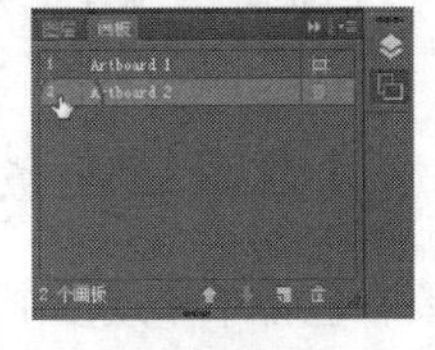

图1.60

> AI | 注意：在“画板”面板中，双击画板名可以改变画板的名称。单击画板名右侧的画板按钮（▭）可以编辑画板选项。

13 选择菜单“视图”>“放大”，放大第二个画板。

14 在“画板”面板中，双击画板Artboard 1左侧的编号“1”，将在文档窗口中显示第一个画板。这步双击操作导航时，该画板将适合窗口大小。

15 单击停放区的“画板”面板图标（▭），将该面板折叠起来。

画板概述

如图1.61所示，画板表示可打印图稿的区域，可以将画板作为剪裁区域以满足打印或置入的需要。可以建立多个画板来创建很多内容，如多页PDF、大小或元素不同的打印页面、网站的独立元素、视频故事板、组成Adobe Flash或After Effects动画的各个项目。

A可打印区以最里面的虚线为界，表示可以用所选的打印机进行打印的页面部分。

B非打印区位于两组虚线之间，表示不可打印的页面边缘。本示例显示了一个8.5×11英寸的页面，它对于标准激光打印机的非打印区。

C页边有坐外面的虚线组成。

D画板的边界由实线组成，表示能够包含可打印图稿的整个区域。

E出血区域是图稿位于打印定界框外的部分，或者是位于裁剪和裁切标记外的部分。

图1.61

F画布是画板外面的区域，它可以扩展到227英寸的正方形窗口边缘。放在画布中的对象在屏幕上可见，但不会打印出来。

——摘自Illustrator帮助

AI **注意**：根据画板大小的不同，每个文档最多可以有100个画板。可在创建文档时指定画板数，并在处理文档的过程中随时添加和删除画板。创建的画板大小可以不同，还可使用画板工具调整其大小，并将画板放在任意位置，甚至彼此重叠。

使用“导航器”面板

要在包含单个或多个画板的文档中导航，另一种方法是使用“导航器”面板。如果当前处于放大视图下，希望在窗口中看到文档中的所有画板，并编辑任意一个画板，导航器面板是非常不错的选择。

1 选择菜单“窗口”>“导航器”，打开“导航器”面板，如图1.62所示。它将悬浮在工作区中。

2 在“导航器”面板中，在左下角键入50%后按回车键，可以降低缩放比例，如图1.63所示。

导航器面板中的红色框（被称为代理预览区域）将会变大，它指出了当前显示在文档窗口的区域。根据放大比例不同，该区域可能无法看到，但总能将其调出来。

AI **注意**：还可拖曳导航器面板中的滑块，从而调节画稿视图比例。拖曳后请等待片刻，可以让面板进行处理显示。

图1.62

图1.63

3 单击几次“导航器”面板右下角的山脉图标（ ），将页面放大直到比例约为 150%。

4 将鼠标指向导航器的代理预览区域（红色框）内，鼠标将变成手形（ ）。

5 拖曳“导航器”面板中的代理预览区域，滚动到图稿的其他区域，如图 1.64 所示。将代理预览区域拖曳到手册封面右下角的绿色星形处，如图 1.65 所示。

> AI **注意：**“导航器”面板中的比例和代理预览区域可能和本节所示有所不同，这没有关系。

6 在“导航器”面板中，在代理预览区域外部单击。这将移动红色框，从而在文档窗口中显示图稿的其他区域。

> AI **提示：**通过在“导航器”面板菜单中选择“面板选项”，可以用多种方式定制“导航器”面板，如修改视图框的颜色。

7 选择菜单“视图”>“画板适合窗口大小”。

8 选中导航器面板菜单（ ），单击取消“仅查看面板内容”，这将显示画布中的所有图稿，包括 Logo，如图 1.66 所示。

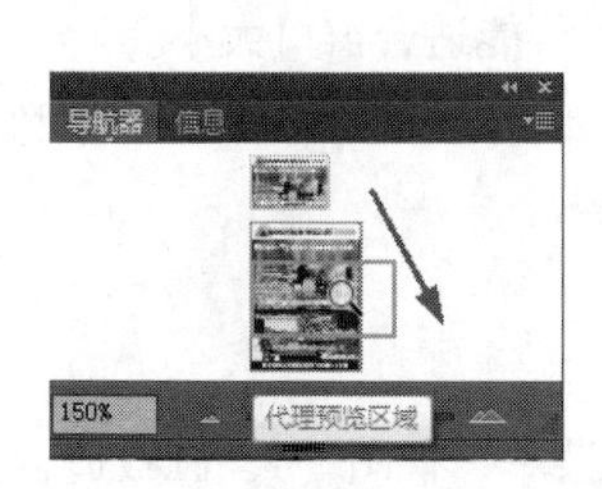

图1.64

图1.65

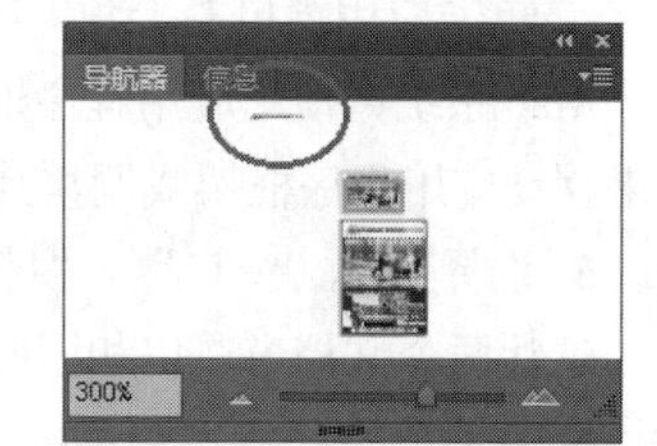

图1.66

> AI **注意：**可能需要调整“导航器”面板中的滑块才能在代理预览区域中看到该 Logo。

9 关闭“导航器”面板，方法是单击右上角（Windows 系统）或左上角（Mac 系统）的“X”。

1.5 排列多个文档

打开多个 Illustrator 文件时，文档窗口将变成选项卡式的。可以用其他方式排列打开的文档，如并排排列，这样可以便于比较不同文档并将对象从一个文档拖放到另一个文档。还可以使用“排列文档”下拉列表显示打开的文档。

当前已打开的两个文档分别是：businesscard.ai 和 L1start_2.ai。每个文件在文档窗口顶部都有一个标签，这些文档被视为一个文档组。可创建多个文档组，以便将打开的文档松散地关联起来。

1 单击文档 businesscard.ai 的标签，显示该文档窗口。

2 单击并向右拖曳文档 businesscard.ai 的标签，将其置于 L1start_2.ai 文档标签的右侧，如图 1.67 所示。

图1.67

> **注意**：拖曳时请小心，否则会让拖曳的文档悬浮，从而创建了一个新的文档组。此时，则需选择菜单“窗口”>“排列”>“合并所有窗口”。

通过拖曳文档标签可以调整文档的排列顺序。这在使用快捷键导航到上一个文档或下一个文档时，非常有用。

> **提示**：Ctrl + F6 可以导航到下一个文档，Ctrl + Shift + F6 可以导航到上一个文档（Windows 系统）；Command + ~ 可以导航到下一个文档，Command + Shift + ~ 可以导航到上一个文档（Mac 系统）。

3 拖曳各文档，按从左到右如下顺序排列文档：businesscard.ai，L1start_2.ai。

这两个文档是同一个公司的市场营销材料。要同时看到它们，可将文档窗口层叠或平铺。层叠让用户能够堆叠不同的文档组，而平铺则以各种排列方式同时显示多个文档窗口。

下面，将平铺打开文档，以便能够同时看到它们。

4（Windows 系统跳过这步）如果使用的是 Mac OS，选择菜单“窗口”>“应用程序框架”。单击应用窗口左上角的绿色按钮（默认绿色），则可以让文档尽可能适合窗口大小。

Mac 系统可使用应用程序框架将所有工作区元素组合成单个集成窗口，和在 Windows 里相似。如果移动应用程序框架或调整其大小，各个元素将会调节以免彼此重叠。

5 选择菜单“窗口”>“排列”>“平铺”。

这让两个文档窗口以相同的模式排列。

6 在每个文档窗口中单击，激活相应文档。对于每个文档，选择菜单“视图”>“画板适合窗口大小”，并确保每个文档窗口中显示的是第一个画板，如图 1.68 所示。

> **注意**：文档窗口的平铺顺序可能与此不同，这没有关系。

平铺窗口后，可以拖曳文档窗口之间的分隔条，以显示特定文档中更多或更少的内容。还可以在文档间拖曳对象，将其从一个文档复制到另一个文档中。

7 在 L1start_2.ai 文档窗口中单击。使用选择工具（ ），将绿色星形拖曳到 businesscard.ai 文档窗口，然后松开鼠标。这将把该图形从 L1start_2.ai 中复制到 businesscard.ai 中。

> **AI** **注意：**在平铺文档之间拖放内容时，鼠标旁将出现一个加号（+），如下图 1.69 所示。鼠标可能与下图中的不同，这取决于操作系统。

图1.68　　图1.69

> **AI** **注意：**拖放操作后，注意到在 businesscard.ai 的文档标签中，文件名右边有个星号，这表明该文件有未保存的修改。

要改变平铺窗口的排列，可以拖曳文档标签。但是用“排列文档”下拉列表将会容易很多，这样可以快速地以各种方式排列打开的文档。

8 单击应用程序栏中的“排列文档”按钮（ ），打开排列文档下拉列表。选择“全部合并”（ ），将所有文档合为一组，如图 1.70 所示。

图1.70

> **AI** **注意：**在 Mac 系统中，菜单栏位于应用程序上方。在 Windows 系统中，菜单栏可能与应用程序栏合二为一，这取决于屏幕分辨率。

9 单击应用程序栏中的“排列文档”按钮（ ），再次显示排列文档下拉列表。单击“排列窗口”中的“垂直双联”按钮（ ）。

10 单击选择 businesscard.ai 标签，然后单击标签右边的“X”关闭该文档。如果出现对话框询问是否保存文档，单击“否”。

11 单击应用程序栏中的“排列文档”按钮（ ），单击该下拉列表中的“全部合并”按钮（ ）。

12 选择菜单“文件”>“关闭”，在不保存情况下，关闭 L1start_2.ai 文档。

> **AI** **提示：**也可以选择菜单“窗口”>“排列”>“合并所有窗口”，让两个文档以选项卡的方式出现在一组。

1.6 查找有关如何使用 Illustrator 的资源

要获取有关使用面板、工具以及其他应用程序功能的完整和最新信息，可以访问 Adobe 网站。选择菜单“帮助”>“Illustrator 帮助”将链接到 Adobe 社区帮助网站，从而搜索 Illustrator 帮助、支持文档以及其他可能会用到的网站。该社区协力将现有 Adobe 产品的用户、Adobe 产品组成员、设计者和专家们联系在一起，从而给予最有帮助、最相关以及最新的关于 Adobe 的信息。

如果选择菜单“帮助”>“Illustrator 帮助”，还可以通过单击下载链接，下载相关的 Illustrator 帮助的 PDF 文件。

使用Adobe Creative Cloud进行同步设置

当用户在多台电脑上工作时，管理和同步这些电脑的首选项设置、预设置和各种库可能会很耗费时间、复杂，而且容易出错。

如图1.71所示，新的“同步设置”功能使得用户将自己的首选项设置、预设置以及各种库同步到Creative Cloud。这意味着即使用户使用2台电脑，比如一台在家里、一台在公司，“同步设置”功能都会将这些设置全部同步。即使用户换设备或者重装Illustrator CC软件，这项功能都会保存所有设置，并再次进行同步。

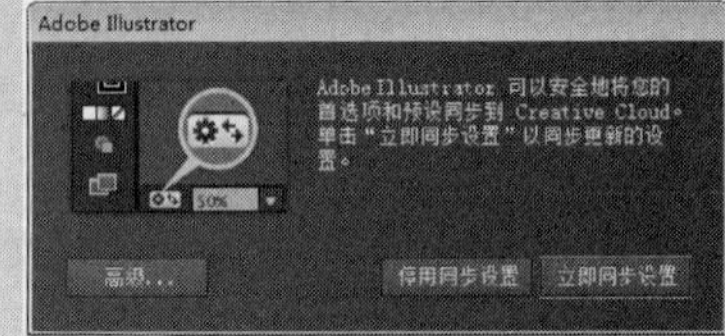

图1.71

这项同步功能是通过用户的Adobe Creative Cloud账户实现的。所有设置全部上传至Creative Cloud账户，然后下载并应用到另一台电脑上。同步设置功能需要手动启动。该功能无法计划或自动触发。更多关于同步功能的信息，请参阅前言部分。

1.7 复习

复习题

1 指出两种修改文档缩放比例的方式。

2 在 Illustrator 中如何选择工具?

3 指出 3 种在画板之间导航的方法。

4 如何保存面板位置和可视状态?

5 指出排列文档窗口的作用。

复习题答案

1 通过选择菜单“视图”缩放文档或使其适合屏幕；也可以使用工具箱中的缩放工具（ ），在文档中单击或拖曳进行缩放；还可以使用键盘快捷键来缩放图稿。另外，还可以使用“导航器”面板在图稿中滚动或修改其缩放比例。

2 要选择一个工具，可以在工具箱中单击该工具，或者使用该工具的快捷键。例如，按下“V”键可以调出选择工具（ ）。选择工具将会一直处于活动状态，直到选择另一个工具为止。

3 要在画板之间导航，可以在文档窗口左下角的“画板导航”下拉列表中选择画板号，可使用文档窗口左下角“画板导航”箭头切换到首项、上一项、下一项或者末项，还可以通过“画板”面板双击画板名进行切换。另外，也可以使用“导航器”面板中的代理预览区域，通过拖曳来导航。

4 通过选择菜单“窗口”>“工作区”>“新建工作区”，可以创建自定义工作区，并且方便更加轻松地找到所需控件。

5 排列文档窗口可以平铺或层叠文档组。当使用多个 Illustrator 文件工作，并且需要比较它们或者在它们之间共享内容时，这将很有用。

第2课　选择和对齐

本课概述

在这节课中，读者将会学习如何进行以下操作：

- 区分各种选择工具以及使用各种选择方法；
- 了解智能参考线；
- 存储选定对象，供以后使用；
- 使用工具和命令，将形状和点彼此对齐，并与画板对齐；
- 编组和取消编组；
- 在隔离模式下工作；
- 排列内容；
- 锁定和隐藏对象。

学习本课内容大约需要1小时，请从光盘中将文件夹Lesson02复制到您的硬盘中。

在 Adobe Illustrator CC 中，选择内容是需要做的重要工作之一。在本课中，将会学习如何使用选择工具选择对象以及如何通过编组、隐藏和锁定对象来保护它们，还将学习如何让一个对象与其他对象以及画板对齐。

2.1 简介

要修改颜色和大小、添加效果和属性，必须先选择要修改的对象。本课将介绍使用选择工具的基本知识。更多关于图层使用的信息，请参阅第 8 课。

图2.1

1 为了确保工具和面板中的功能如本课所述，请删除或重命名 Adobe Illustrator CC 的首选项文件。

2 开启 Adobe Illustrator CC 软件。

3 选择菜单“文件”>“打开”，打开文件夹 Lesson02 中的 L2start.ai 文件，如图 2.1 所示。选择菜单“视图”>“画板适合窗口大小”。

4 选择菜单“窗口”>“工作区”>“基本功能”，确认该项被选中。然后选择“菜单”>“工作区”>“重置基本功能”。

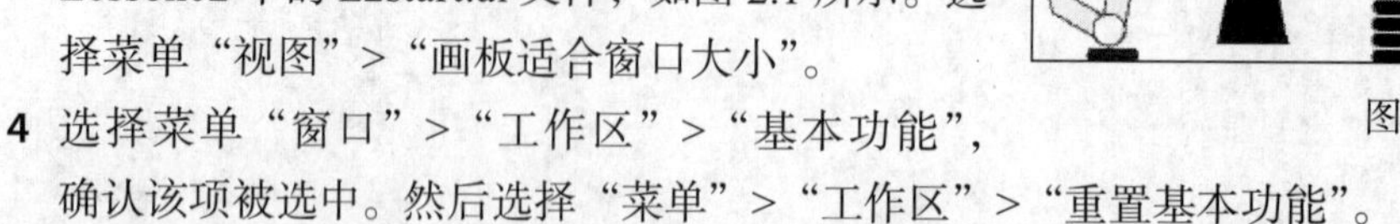

注意：对于 Mac 系统，可能需要选择菜单“窗口”>“排列”>“平铺”，这在重置工作区后将文档窗口最大化。

2.2 选择对象

在 Illustrator 中，无论是从空白开始创建图稿还是编辑现有图稿，都必须能够熟练地选择对象。选择对象的方法很多，本节将会探索一些重要的工具，包括选择工具和直接选择工具。

2.2.1 使用选择工具

工具箱中的选择工具（ ）可以选择、移动和缩放选定对象。这里将会通过各种操作熟悉该工具。

1 选择工具箱中的选择工具（ ）并移动鼠标，使其指向画板中的各种形状（但不单击它们）。

注意到鼠标变成另一种图标（ ），这表明鼠标下面有可选择的对象。将鼠标指向对象时，其周围将出现蓝色轮廓。

2 选择工具箱中的放大工具（ ），拖曳出一个环绕画板右侧两个红色圆形的选框，可以将其放大。

3 选中工具箱中的选择工具，在将鼠标指向左侧红色圆形的边缘。会出现“路径”或“锚点”等文字，这是因为默认启动了智能参考线。

智能参考线靠齐到参考线，有助于对齐、编辑和变换对象或画板。更多关于智能参考线的信息，请参阅第 3 课。

4 单击左侧红色圆形的任意位置选中它，将出现一个带 8 个手柄的定界框，如图 2.2 所示。

定界框可用于修改对象，比如将其缩放或旋转。它表明该对象被选中，可对其进行修改，而且定界框的颜色也表明被选中对象位于哪个图层。更多关于图层的信息，请参阅第 8 课。

5 使用选择工具单击右侧的红色圆形。注意到现在左侧圆形已取消选中，而右侧圆形被选中。

6 为同时选中左侧的圆形，按下 Shift 键同时单击左侧的红色圆形。这时两个红色圆形都被选中，而且出现了一个更大的定界框，如图 2.3 所示。

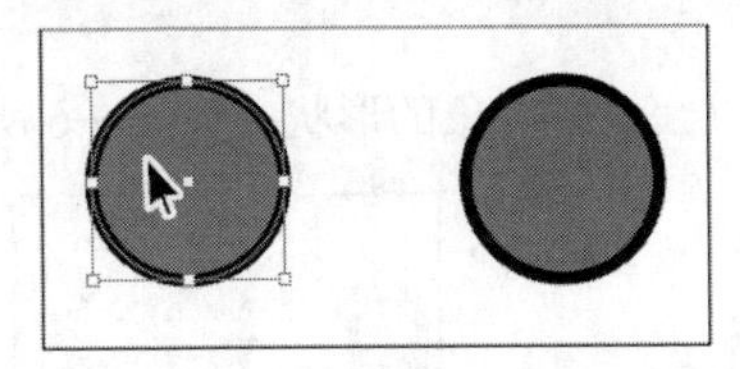

图2.2

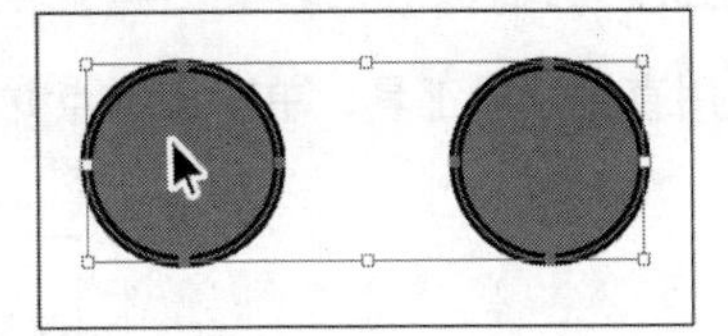

图2.3

> **注意：**要选择没有填色的对象，需要单击它的描边（边缘），或者使用一个选择框将其选中。

7 单击并拖曳任意一个圆形，将它们移到文档的其他位置。由于两个圆形都被选中，它们将一起移动。

拖曳时将会出现绿色线条，这被称为对齐参考线。它们可见是因为开启了智能参考线（菜单“视图”>“智能参考线”），此时拖曳对象将对其到画板中的其他对象。另外，在度量标签（灰色框）中还显示了被拖曳对象离原始位置的距离，它的显示也是因为智能参考线的开启。

8 要取消对这些圆形的选择，可直接单击画板中没有对象的地方，或者也可以选择菜单“选择”>“取消选择”。

9 要将文件恢复到最后一次保存的版本，选择菜单“文件”>“恢复”，在恢复对话框中单击“恢复”按钮。

2.2.2 使用直接选择工具

直接选择工具（ ）用于选择对象中的点或路径段，使其改变形状。下面将使用直接选择工具，选择锚点和路径段。

1 选择菜单“视图”>“画板适合窗口大小”。

2 使用工具箱中的缩放工具（ ），之前选过的红色圆形下方有一系列的橘色形状，拖曳一个环绕它们的选框将之放大。

3 使用工具箱中的直接选择工具，将鼠标指向任意一个橘色形状的顶部边缘（但不要单击）。沿着顶部边缘移动，直到鼠标旁出现“锚点”的字样，如图 2.4 所示。

将直接选择工具指向路径或对象的锚点时，将出现“锚点”或“路径”的字样，这是由于开启了智能参考线。同时，鼠标右侧的框中出现了一个小点，这表明光标现在位于“锚点”之上。

4 单击选择该锚点，如图 2.5 所示。可以观察到只有选中的锚点是实心的，这表明它被选中，如果该形状上的其他点都是空心的，表明没有选中它们。

还可以观察到有一段蓝色方向线从锚点向外延伸，方向线的端点称为方向点。方向线的角度和长度决定了曲线路径段的形状和大小，移动方向点可调整路径的形状。

AI **注意：**拖曳锚点时将出现灰色度量标签，其中显示了 dX 和 dY。dX 表示锚点沿 X 轴（水平方向）移动的距离，dY 则表示锚点沿 Y 轴（垂直方向）移动的距离。

5 仍使用直接选择工具，单击该锚点并向上拖曳以编辑该对象的形状，如图 2.6 所示。

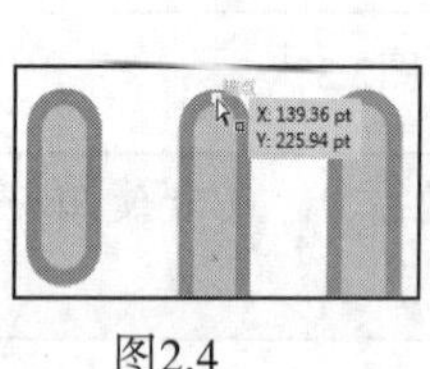

图2.4

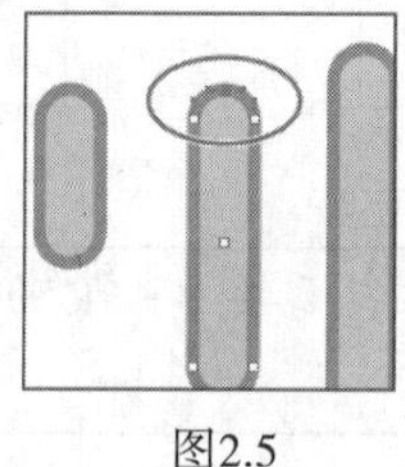
图2.5

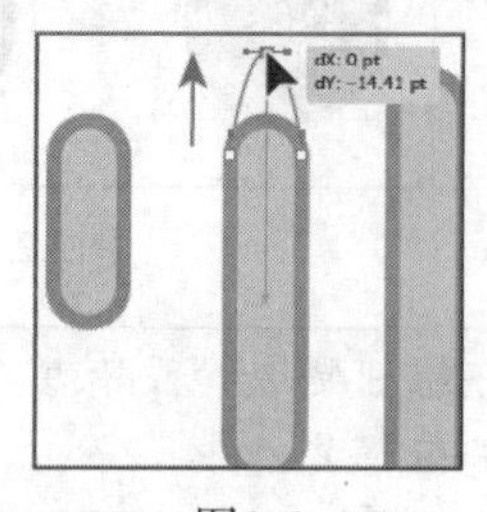

图2.6

6 尝试单击该形状边缘的其他锚点，注意到原来的点将会被取消选择。

7 选择菜单“文件”>“恢复”,将文件恢复到存储的版本,在恢复对话框中单击“恢复”按钮。

“选择和锚点显示”首选项

可以通过在Illustrator“首选项”对话框中修改选择和锚点的显示方式。

通过选择菜单“编辑”>“首选项”>“选择和锚点显示”（Windows系统）或“Illustrator”>“首选项”>“选择和锚点显示”（Mac系统），可以修改锚点的大小以及方向线（对话框中为“手柄”）的显示方式。

将鼠标指向图稿中的锚点时，锚点将突出显示，如图2.7所示，这样可以更容易地确定此时单击将选择的是哪个锚点。还可以在对话框中禁止该功能，如图2.8所示。更多关于锚点和锚点手柄的信息，请参阅第5课。

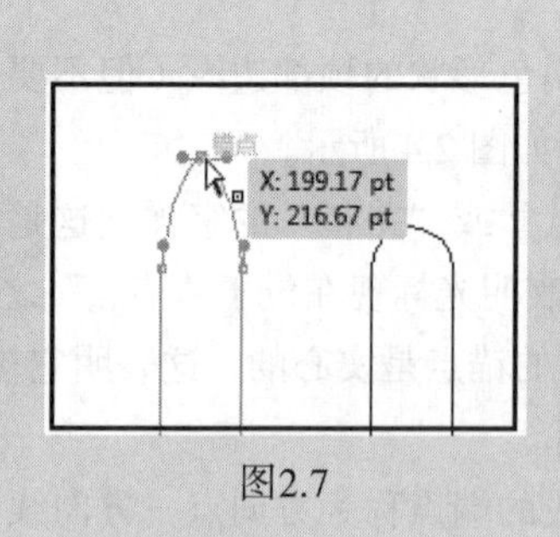

图2.7

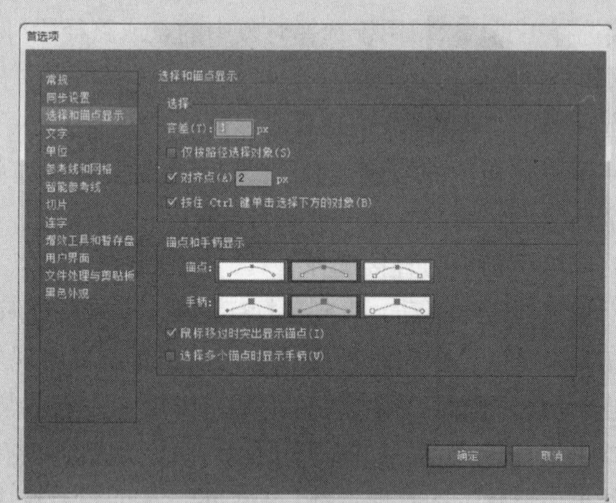

图2.8

2.2.3 使用选框创建选区

另一种选择对象的方式，是拖曳出一个环绕对象的选框。在有些情况下，这样的操作更简单。

1 选择菜单“视图”>“画板适合窗口大小”。

2 选择工具箱中的缩放工具（ ），在画板右侧中央处单击几次，将两个红色圆形放大。

3 选择工具箱中的选择工具（ ），将鼠标指向左侧的红色圆形，单击并向右下方拖曳以创建一个覆盖两个圆形的选框，如图 2.9 和图 2.10 所示。

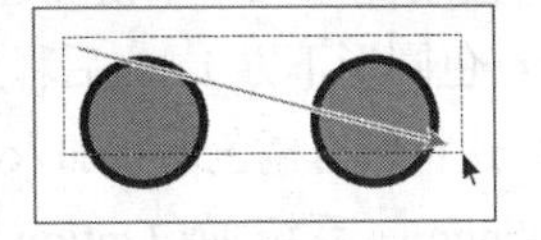

图2.9

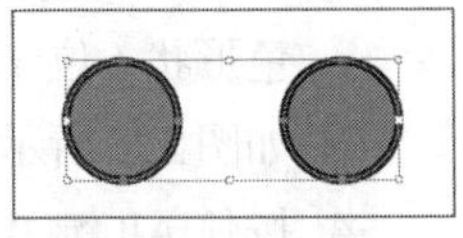

图2.10

提示：使用选择工具拖曳时，只需覆盖对象的一小部分就可选择整个对象。

4 选择菜单“选择”>“取消选择”，或者也可以单击没有对象的区域。

5 如有需要，可以按下空格键的同时将画板向上拖曳，以便观察红色圆形下方的橘色形状。

下面，将使用直接选择工具拖曳出一个选框，在多个对象中选择多个锚点。

6 选择工具箱中的直接选择工具（ ）在空白区单击后，拖曳鼠标选中两个橘色形状的顶部，这时仅有其顶部锚点被选中，如图 2.11 和图 2.12 所示。

7 单击选中锚点中任意一个，拖曳可发现选中的锚点一起移动，如图 2.13 所示。要选择多个锚点时可使用这种方法，这样就不需要一一单击要选择的锚点。

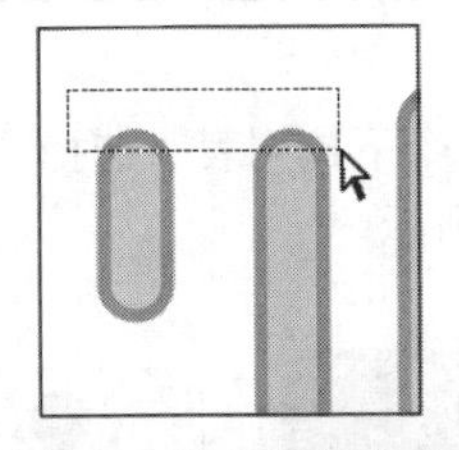

图2.11 拖曳鼠标选中

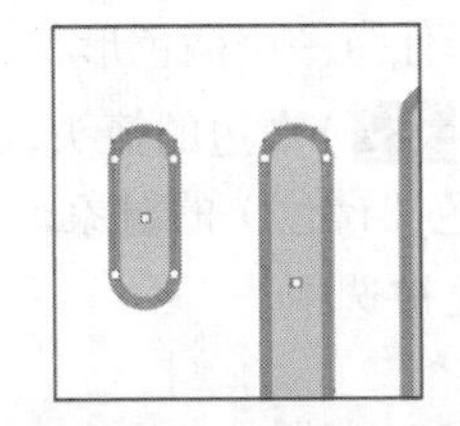

图2.12 观察选中的锚点

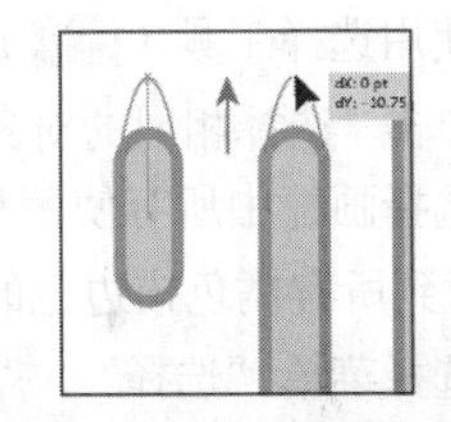

图2.13 拖曳选中的锚点

注意：要使用这种方法选择锚点，可能需要经过一定的练习。因为拖曳出的选框只能覆盖要选择的点，否则将会有误操作。不满意时可以在空白处单击以取消选择，然后再尝试。

8 选择菜单“文件”>“恢复”，将文件恢复到存储的版本，在恢复对话框中单击“恢复”按钮。

2.2.4 使用魔棒工具创建选区

使用魔棒工具（ ）可以选择文档中属性（如填色）相同或相似的所有对象。双击工具箱中的魔棒工具，使其根据描边粗细、描边颜色或其他选项来选择对象。还可以修改用于判断对象是否具有类似特性的容差。

1 使用选择工具（ ）单击右侧面板的空白区域。这时右侧面板成为现用面板。选择菜单“视图”>“画板适合窗口大小”。

2 选择工具箱中的魔棒工具（ ），单击右侧面板中的一个红色圆形，可以观察到另一个红色圆形也被选中，如图 2.14 所示。没有出现定界框（环绕着两个形状的方框），这是由于使用的是魔棒工具。

3 按住 Shift 键，使用魔棒工具单击任意一个橘色形状（位于红色圆形下方），之后释放按键，如图 2.15 所示。这将所有橘色形状加入了选区。

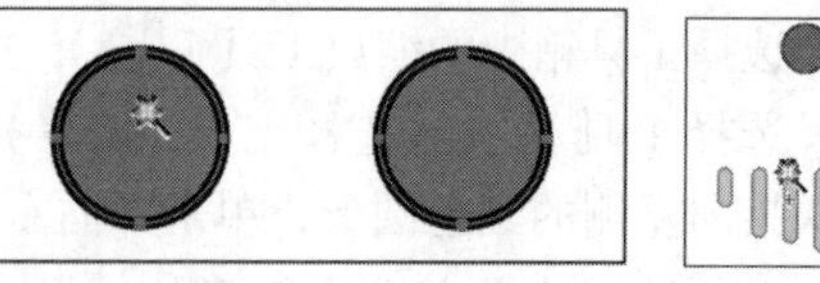

图2.14　　图2.15

4 按住 Alt 键（Windows 系统）或 Option 键（Mac 系统），仍然使用魔棒工具单击任意一个橘色形状，这将取消选择所有橘色形状。然后松开按键。此时红色圆形依然被选中。

5 选择菜单“选择”>“取消选择”，或者也可以单击没有对象的区域。

2.2.5 选择类似对象

使用“选择类似的对象”（ ）或者选择菜单“选择”>“相同”，可以自定义根据对象填色、描边色、描边粗细选择对象。

下面将选择填色和描边相同的对象。

> **注意：**“填色”是应用到一个对象内部的颜色，而“描边”则是轮廓（边界线）。另外，“描边粗细”指的是描边的宽度。

1 使用选择工具（ ）单击选择任意一个橘色形状。

2 单击“选择相似的对象”按钮（ ）右边的箭头，这将打开一个下拉列表。选择“描边色”，选择画板中所有使用相同描边色（橘色）的对象，如图 2.16 所示。

注意到所有橘色描边色的对象都已被选中。

3 选择菜单“选择”>“取消选择”。

4 再次选择任意一个橘色形状，然后选择菜单“选择”>“相同”>“填色和描边”，如图 2.17 所示。

所有橘色、描边都与该形状同色的形状均被选中。

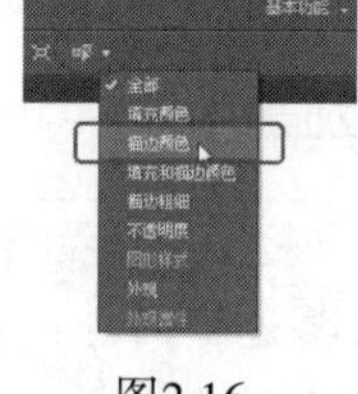

图2.16

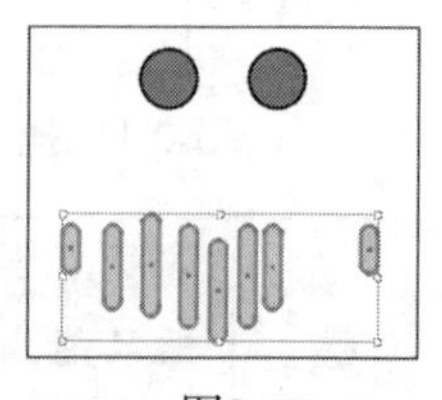

图2.17

5 在该选区处于活动状态的情况下，选择菜单“选择”>“存储所选对象”。将该选区命名为 RobotMouth 并单击“确定”按钮。这使得以后可以很容易地选择这些对象。

> **提示：**根据用途或功能给选取命名很有帮助。在第 5 步中，如果将选区命名为 1 pt stroke，则以后修改对象的描边粗细后，该名称可能会令人误解。

6 选择菜单“选择”>“取消选择”。

2.2.6 在轮廓模式下选择

在默认情况下，Adobe Illustrator 将会显示所有彩色图稿（对象则会显示它们的上色属性，如填色和描边）。但是也可以选择仅显示图稿的轮廓（或路径）。在这一节中，将会在轮廓模式下选择对象。而对于在一系列层叠的对象中进行选择，这将非常有用。

1 选择菜单“视图”>“画板适合窗口大小”。

2 使用选择工具（ ）单击选中灰色半圆形。该半圆形将会成为机器人的身体，如图 2.18 所示。只要形状有了填色（任何颜色、图案或者渐变填色），都可以单击其边界线内部任意位置将它选中。

3 选择菜单“选择”>“取消选择”。

4 选择菜单“视图”>“轮廓”，观察图稿的轮廓。

5 使用选择工具，单击该半圆形内部，如图 2.19 所示。

注意到此时无法选中对象，因为轮廓模式显示的是没有填色的图稿。为了在轮廓模式中选中对象，可以单击对象的边缘或者拖曳一个选框选中该形状。

6 单击文档窗口左下角的“上一项”画板按钮（ ），将第 1 个画板调整为适合窗口大小。

7 在左侧的面板中，使用选择工具拖曳选框选中右侧的椭圆（较小的那个），这将成为机器人的眼睛，如图 2.20 所示。按下几次键盘的向左键，使其靠近左侧的椭圆，如图 2.21 所示。

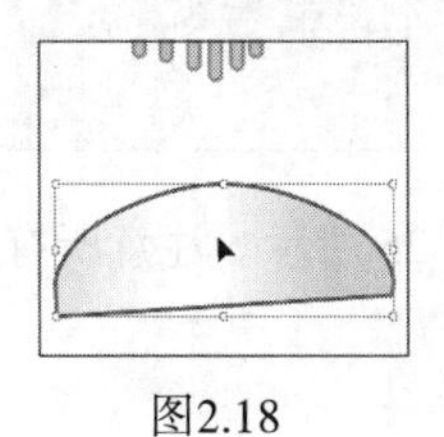

图2.18

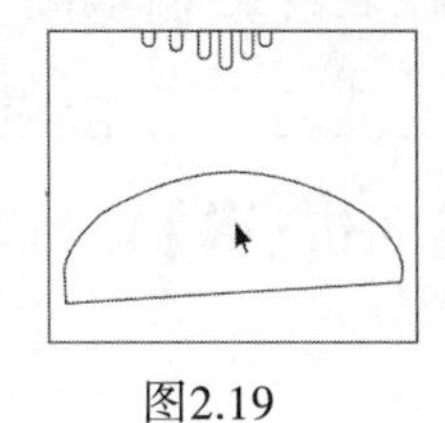

图2.19

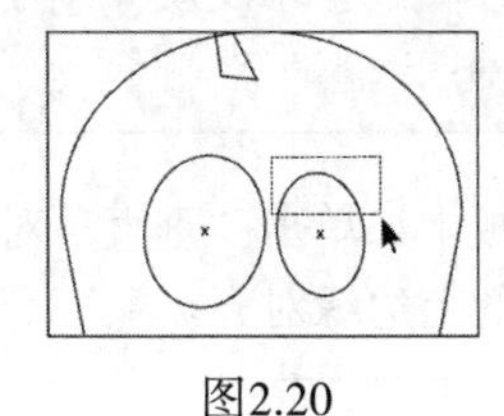

图2.20

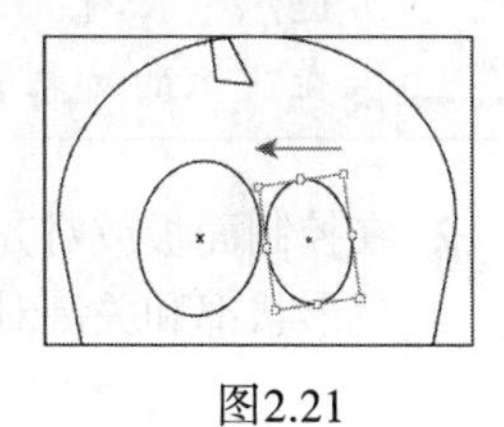

图2.21

8 选择菜单“视图”>“预览”，观察图稿。

2.3 对齐对象

Illustrator 可以方便地将多个对象彼此对齐、与画板或关键对象对齐。在这一节中，将会探索使用各个对齐对象和点的选项，并且学习对关键对象的认识。

2.3.1 使对象彼此对齐

1 选择菜单“选择”>“RobotMouth”已选择所有橘色形状。

2 单击文档窗口左下角的“下一项”画板按钮（ ），将右侧画板适合窗口大小。

3 选择工具箱中的缩放工具（ ），拖曳选框选中所有橘色形状将之放大。

4 选择控制面板中的“对齐所选对象”按钮（ ），这将确保选定的对象彼此对齐，如图 2.22 所示。

5 单击控制面板中的“垂直底对齐”按钮（ ），如图 2.23 所示。注意到所有橘色对象底部边缘全部和最低橘色形状对齐了。

图2.22

图2.23

AI 注意：对齐选项可能没有出现在控制面板中，请单击“对齐”文字。控制面板中显示的对齐选项数取决于屏幕分辨率。

6 选择菜单“编辑”>“还原对齐”，将对象恢复到原来的位置。不要取消选择这些对象，留待下一节使用。

2.3.2 对齐到关键对象

关键对象是其他对象瞄准、要与之对齐的对象。要指定关键对象，可选择要对齐的所有对象（包括关键对象），再单击关键对象。选择关键对象后，它将会有较粗的轮廓，而且控制面板和对齐面板中将出现“对齐关键对象”按钮（ ）。

1 在选择了所有橘色形状的情况下，使用选择工具（ ）单击最左边的形状，如图 2.24 所示。较粗的蓝色轮廓表明这是关键对象，其他对象将与之对齐。

提示：在对齐面板中，还可以从“对齐”下拉列表中选择“对齐关键对象”。在前面的对象将成为关键对象。

2 在控制面板或对齐面板中，单击“垂直顶对齐”按钮（ ），如图 2.25 所示。注意所有橘色形状都和关键对象的上边缘对齐。

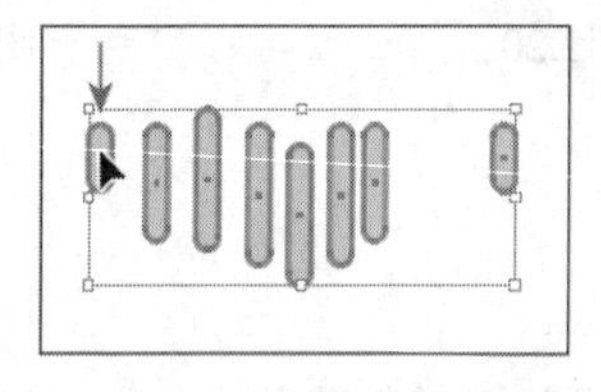

图2.24

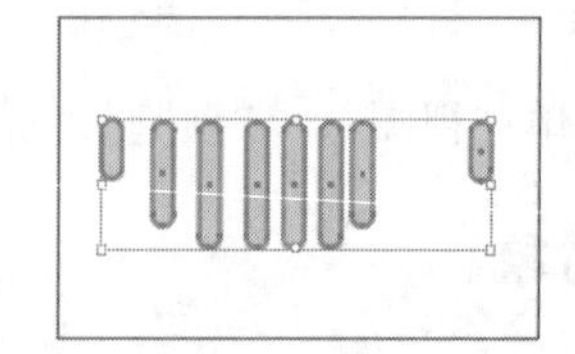

图2.25

注意：要停止对齐并取消关键对象，只需再次单击该关键对象或者从对齐面板中选择“取消关键对象”。

3 选择菜单“选择”>“取消选择”。

2.3.3 对齐点

下面将使用对齐选项对齐两个锚点。正如上一节中选择关键对象一样，可以自行设置关键锚点。而最后选中的锚点则是关键锚点。

1 选择菜单“视图”>“画板适合窗口大小”。

2 使用直接选择工具（ ），单击画板底部灰色半圆形左下角的点，如图 2.26 所示。再按住 Shift 键，选择该半圆形右下角的点，如图 2.27 所示。

这里按照特定顺序选择了两个点，因为最后选择的锚点将是关键锚点，其他点将会与之对齐。

3 单击控制面板中的“垂直顶对齐”按钮（ ）。第一个选中的锚点将会与后一个对齐，如图 2.28 所示。

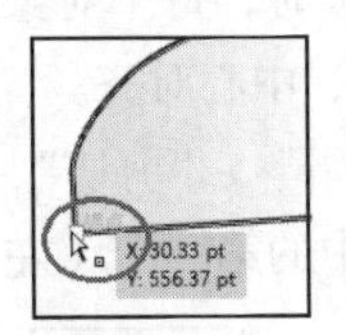

图2.26 选择第一个点

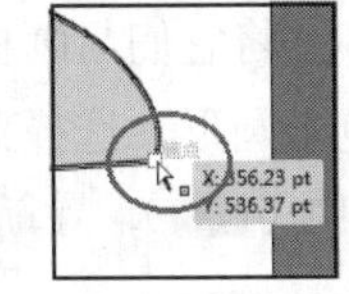

图2.27 选择第二个点

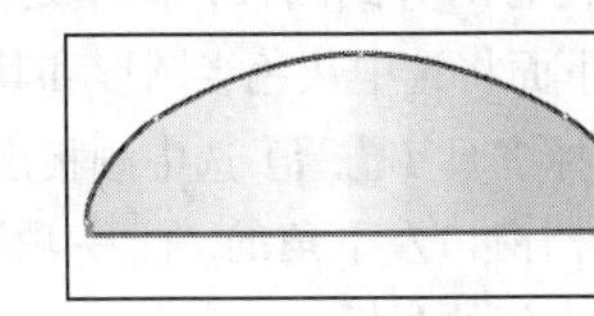

图2.28 对齐锚点

4 选择菜单“选择”>“取消选择”。

2.3.4 分布对象

通过对齐面板来分布对象，可以选择多个对象并使它们之间的间隔相等。下面将使用一种分布方式使橘色形状的间距相等。

注意：使用“水平居中分布”或“垂直居中分布”按钮时，会使对象中心的间距相等。当选定的对象大小不一致时，可能会导致意料外的结果。

1 选择工具箱中的选择工具( )。选择菜单“选择”>“RobotMouth”,再次选中所有橘色形状。

2 单击控制面板中的“水平居中分布”按钮（ ）。这步操作将移动所有的橘色形状，使它们中心的距离相等，如图 2.29 所示。

3 选择菜单“编辑”>“还原对齐”，然后选择菜单“选择”>“取消选择”。

4 选择菜单“视图”>“放大”，将这些橘色形状放大两次。

5 选中选择工具。按住 Shift 键的同时，稍微向左拖曳最右侧的橘色形状（但确保两个形状不要相互接触），如图 2.30 所示。

按 Shift 键是为了确保该形状移动后仍与其他形状垂直对齐。

6 选择菜单“选择”>“RobotMouth”，再次选中所有橘色形状。然后再次单击“水平居中分布”按钮( )。注意到移动最右侧形状后，其他形状也将移动，让所有橘色形状中心的间距再次相等。

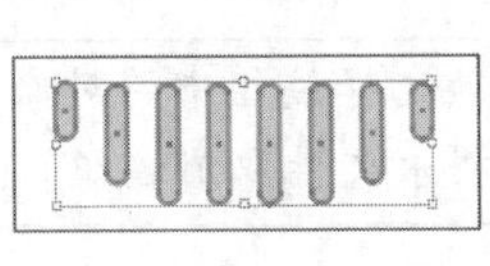

图2.29

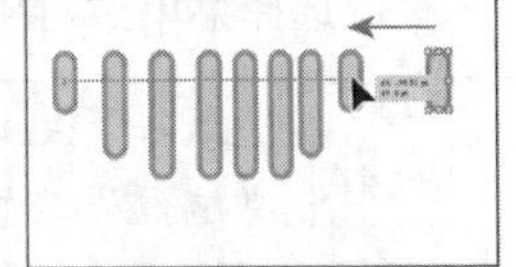

图2.30

注意：使用对齐面板水平分布对象时，确保最左侧和最右侧的对象处于所需的位置，再进行分布对象操作；而使用垂直分布对象时，确保最上端和最下端的对象处于所需的位置，再进行分布对象操作。

7 选择菜单“选择”>“取消选择”。

2.3.5 对齐到画板

还可以将内容对齐到画板，而不是关键对象或其他对象。对齐到画板时，每个对象都将分别与画板对齐。下面将选中灰色半圆形和其他部件，并将它们与画板的底部、中心对齐。

1 使用选择工具（ ）选中画板底部的灰色半圆形。选择菜单“编辑”>“剪切”。

2 单击文档窗口左下角的“上一项”画板选项（ ），导航到文档中的第一个（左侧）包含机器人头部的画板。

3 选择菜单“编辑”>“粘贴”，粘贴该灰色半圆形。

4 单击“对齐”按钮（ ），选择下拉菜单中的“对齐画板”。

5 选择“水平居中对齐”按钮（ ），再单击“垂直底对齐”按钮（ ），将所选对象与画板水平中心和垂直底部对齐，如图 2.31 所示。

图2.31

注意：控制面板中可能没有对齐选项，而只有“对齐”文字。控制面板中包含的选项数取决于屏幕分辨率。

6 选择菜单“选择”>“取消选择”。

2.4 使用编组

将多个对象编组后，它们将被视为一个整体。这样，可以同时移动或变换很多对象，而不会影响它们各自的属性和相对位置。

2.4.1 将对象编组

下面将选择多个对象并将它们编组。

1 选择菜单“视图”>“画板适合窗口大小”。

2 选择菜单“选择”> RobotMouth，再次选中一系列橘色形状。

3 选择菜单“对象”>“编组”，注意到控制面板左侧出现了“编组”的文字。

AI **提示：**要独立地选择编组中的对象，可以选择编组，在选择菜单“对象”>“取消编组”，这将永久性取消编组。

4 选择菜单“选择”>“取消选择”。

5 使用选择工具（ ），单击对象组中的任意一个橘色形状。由于它们已经编组，所有橘色形状均被选中。

6 将橘色形状组拖曳到机器人头部（眼睛下方的位置）。选择菜单“选择”>“取消选择”，如图 2.32 所示。

2.4.2 在隔离模式下工作

隔离模式将编组或子图层隔离，可以在不取消编组的情况下就能选择和编辑特定对象或其一部分。使用隔离模式时，无需考虑对象位于哪个图层，也无需手工锁定或隐藏不希望编辑操作影响的对象。而不属于隔离组的所有对象都将被锁定，从而免受编辑操作的影响。

图2.32

下面将使用隔离模式编辑一个组。

1 使用选择工具（ ），单击机器人长手臂末端的手。该操作选中了组成这只手的一个组，如图 2.33 所示。

2 双击组成手的任意形状，将进入隔离模式。

提示：要进入隔离模式，也可以使用选择工具选中一个对象组，然后单击控制面板中的“隔离选中的对象”按钮（ ）。

3 选择菜单“视图” > “画板适合窗口大小”。注意到文档中的其他内容呈灰色，无法选择它们。

在文档窗口顶部，将出现一个灰色栏，显示文字“Layer1”和“< 编组 >”，如图 2.34 所示。这表明已经隔离了位于图层 Layer1 的对象组。更多关于图层的信息，请参阅第 8 课。

4 向下拖曳浅灰色圆形，和另一只手中圆形位置相匹配，如图 2.35 所示。

图2.33

图2.34

图2.35

进入隔离模式后，对象组暂时取消了编组。这样可以在不永久取消编组的前提下，编辑组中的各个对象、添加新内容。

5 双击该组外的任意位置，退出隔离模式。

提示：要退出隔离模式，可以不断单击文档窗口左上角的灰色箭头，直到不再处理隔离模式。另外，还可以单击控制面板中的“退出隔离模式”按钮（ ）。

6 单击选中该圆形。注意到它已经重新与组成手的其他形状编组了，同时也选中了该组中其他对象。

7 选择菜单“选择” > “取消选择”。

2.4.3 创建嵌套的对象组

对象组还可以嵌套，即将对象组与其他对象或对象组编组，从而形成一个更大的对象组。在设计画稿中，这是一个常用的技巧。而且，将内容关联起来将很有用。

在这一节中，将尝试如何创建嵌套的对象组。

1 使用选择工具（ ），拖曳选框选中机器人长手臂上的一系列黑色形状（上一节手部的下方），如图 2.36 所示。

2 选择菜单“对象” > “编组”。

3 使用选择工具，按住 Shift 键的同时，单击选中该手臂上方的手。再选择菜单“对象”>“编组”。

这时创建了一个嵌套的编组——在一个变组中包含另一个编组。

4 选择菜单“选择”>“取消选择”。

5 使用选择工具，单击该手臂中被编组的任意对象，此时所有该组中的对象均被选中。

6 在画板上的空白区单击，取消选择这些对象。

下面，将会尝试使用“编组选择工具”。

7 在工具箱中的直接选择工具（ ）上单击后按住鼠标，选择“编组选择工具”（ ）。编组选择工具可以将对象所属编组加入当前选区。

8 单击选中该手臂上方手中的任意一个形状，如图 2.37 所示。在该处再次单击，则选中了该形状所在编组（手部形状对象组），如图 2.38 所示。在该处第三次单击，则选中了手和手臂组成的嵌套组，如图 2.39 所示。编组选择工具是按照编组顺序依次将每个对象组加入选区。

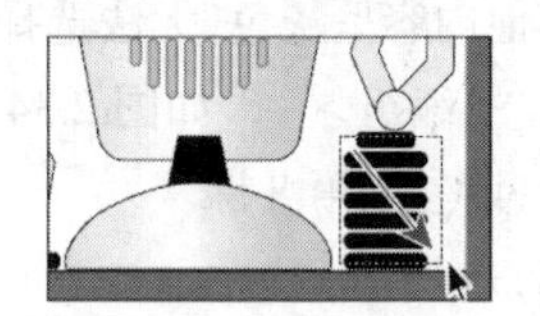

图2.36

图2.37 单击一次

图2.38 单击第两次

图2.39 单击第三次

9 选择菜单“选择”>“取消选择”。

10 使用选择工具，单击选中该嵌套组中的任意一个对象，这样整个组将被选中。在选择菜单“对象”>“取消编组”，将会取消这个嵌套组。

注意：要对所有选定对象（包括手、手臂的各个形状）取消编组，需要选择两次“取消编组”。

11 选择菜单“选择”>“取消选择”。

12 单击选择机器人该处的手。注意到它仍然是一个对象组。

2.5 对象的排列

创建对象时，Illustrator 将在画板上按创建顺序堆叠它们，首个创建对象位于最下方。堆叠顺序将会决定最终的显示结果。可以随时修改图稿中对象的堆叠顺序，只需使用图层面板或者“对象”>“排列”。

2.5.1 排列对象

下面，将使用“对象”>“排列”中的命令来调整对象的堆叠顺序。

1 选择菜单“视图”>“画板适合窗口大小”。

2 使用选择工具（ ），单击选中机器人头部下方的黑色形状（机器人的脖子），如图 2.40 所示。

3 选择菜单“对象”>“排列”>“后移一层”，将该形状移至机器人头部和身体的下一层。

4 单击选中右侧画板中的任意一个红色圆形。

5 将该圆形拖曳到机器人较小的一只眼睛内（如图）。释放鼠标后，注意到红色图形不见了，但它在该画板上仍是被选中的，如图 2.41 所示。

它此时位于椭圆形（眼睛）的下一层。因为它可能是先于椭圆形状创建的，这表明它位于椭圆形状的下一层。

6 此时选中的仍是该红色图形，选择菜单“对象”>“排列”>“置于顶层”。于是红色圆形成为位于最上面的对象。

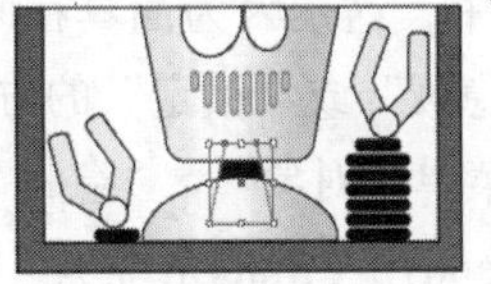

图2.40

图2.41

2.5.2 选择位于下层的对象

对象堆叠在一起后,将难以选择位于下层的对象。下面将介绍如何在堆叠的对象里选中一个对象。

1 使用选择工具（ ）选中右侧面板中的另一个红色圆形，将其拖曳到左侧画板中机器人较大的眼睛上，然后松开鼠标，如图 2.42 所示。

注意到该红色图形不见了，但它在这个画板上仍是被选中的。这次将取消选择它，再使用另一种方法选中它。

2 选择菜单“选择”>“取消选择”，此时该红色圆形不再被选中。

3 在鼠标仍指向该圆形位置的情况下,按住 Ctrl 键(Windows 系统)或 Command 键(Mac 系统)并单击，直到该圆形被再次选中（可能需要单击数次），如图 2.43 所示。

注意到鼠标旁出现了一个尖括号（ ）。

4 选择菜单“对象”>“排列”>“置于顶层”，将该圆形置于眼睛之上，如图 2.44 所示。

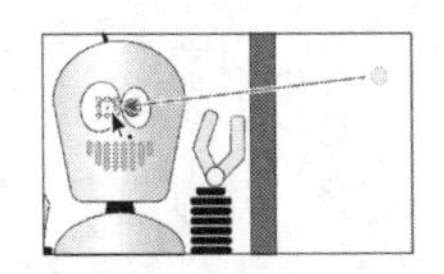

图2.42

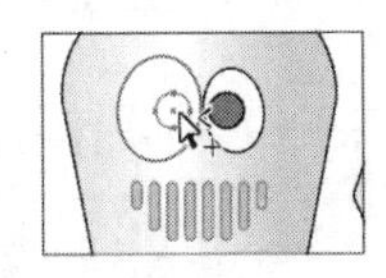

图2.43

图2.44

> AI **注意**：要选中隐藏的红色圆形，要确保单击的是圆形和眼睛重叠的位置。否则将无法选中该红色圆形。

5 选择菜单“选择”>“取消选择”。

6 选择菜单“文件”>“存储”。

2.6 隐藏和锁定对象

处理复杂图稿时，选择对象将变得困难。在这一节中，将会学习如何锁定和隐藏画稿内容，让对象选择变得更加容易。

1 选择菜单“视图”>“画板适合窗口大小”。

2 选择菜单“对象”>“显示全部”，此时机器人的眼睛上层将出现一个面具。选择菜单“对象”>“排列”>“置于顶层”，将该面具置于顶层，如图 2.45 所示。

3 使用选择工具（ ），单击其中一只眼睛。

注意到此时无法选中，这是因为面具在眼睛的上层。为了可以选中眼睛，可以使用之前提到的方法，也可以使用“隐藏”或“锁定”的方法。

4 选中面具，选择菜单“对象”>“隐藏”>“所选对象”，也可直接按快捷键 Ctrl+3（Windows 系统）或 Command+3（Mac 系统）。这样就隐藏了面具，能够轻松地选择其他对象。

5 单击选中眼睛中的任意一个红色圆形，并且移动它。

6 选择菜单“对象”>“显示全部”，再次显示面具。

7 此时选中面具，选择菜单“对象”>“锁定”>“所选对象”，如图 2.46 所示。

图2.45

图2.46

这时面具依然可见，但是已经无法选中它。

8 使用选择工具，单击选中任意一个眼睛形状。

9 选择菜单“对象”>“全部解锁”。然后选择“对象”>“隐藏”>“所选对象”，可以再次将面具隐藏。

10 选择菜单“文件”>“存储”，保存文件，然后选择菜单“文件”>“关闭”。

2.7 复习

复习题

1 如何选择一个没有填色的对象?

2 除了选择菜单“对象”>“解除编组”的方式，再指出两种可以选择对象组中某个对象的方法。

3 选择工具（ ）和直接选择工具（ ），哪个可以编辑一个对象上的单个锚点?

4 在创建了选区之后，如果将要重复使用它，可以进行什么操作?

5 无法选择一个对象，有时是因为它位于另一个对象的下一层。指出两种可以解决该问题的方法。

6 要将画板上的对象对齐，在选择对齐选项之前，首先要在对齐面板或控制面板中选择什么?

复习题答案

1 要选择没有填色的对象，可以单击其描边，或者拖曳出一个选中该对象的选框。

2 使用编组选择工具（ ），单击即可选择对象组中的某个对象。再次单击将把该对象所在编组加入选区。关于如何使用图层进行复杂选择的信息，请参阅第8课。还可以双击对象组进入隔离模式，按需求编辑各形状，然后通过双击对象组外部或者Esc键退出隔离模式。

3 使用直接选择工具（ ），可以选择单个或多个锚点，并通过拖曳锚点改变对象的形状。

4 为了重复使用选区，可以选择菜单“选择”>“存储所选对象”，并给该选区命名，这使得以后可以很容易地在“选择”菜单中选择这些对象。

5 可选择菜单“对象”>“隐藏”>“所选对象”将其隐藏，而不被删除。选择菜单“对象”>“显示全部”时，它将重新出现。另一种方法是按住Ctrl键（Windows系统）或Command键（Mac系统），使用选择工具单击重叠区域，可以选择位于下层的对象。

6 要将对象和画板对齐，首先要选择“对齐画板”选项。

第3课 创建和编辑形状

本课概述

在这节课中，读者将会学习如何进行以下操作：

- 创建包含多个画板的文档；
- 使用工具和命令创建基本的形状；
- 使用绘图模式；
- 使用标尺和智能参考线帮助绘画；
- 缩放和复制对象；
- 连接和轮廓化对象；
- 使用宽度工具编辑描边；
- 使用形状生成器工具；
- 使用路径查找器命令创建形状；
- 使用图像描摹创建形状。

学习本课内容大约需要 1.5 小时，请从光盘中将文件夹 Lesson03 复制到您的硬盘中。

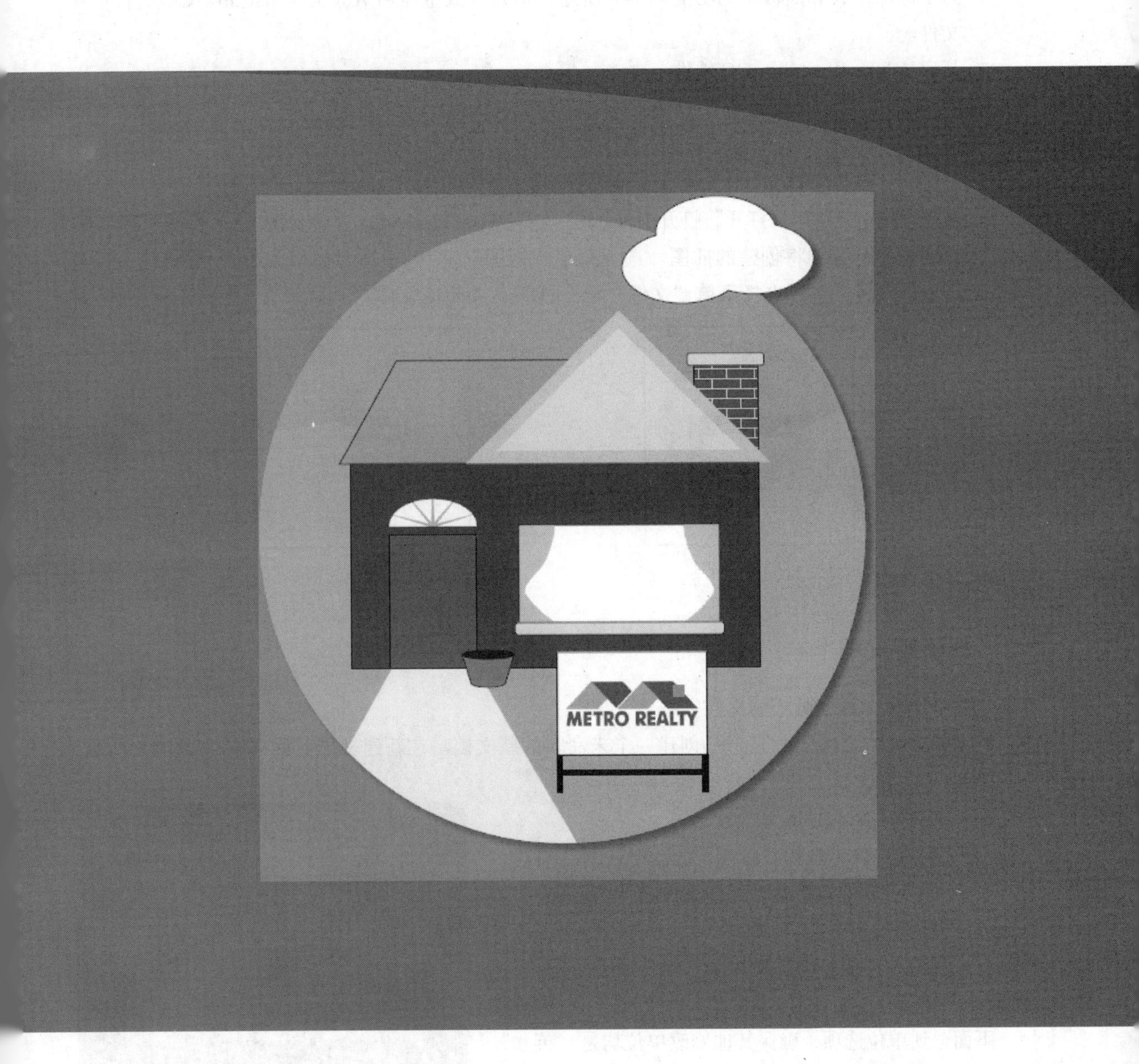

可以这样创建包含多个画板和各种对象的文档：首先创建一些基本形状，然后编辑它们从而得到新形状。在本课中，将会创建新文档并为插图创建编辑一些基本形状。

3.1 简介

在本课中，读者将会为一本手册创建插图。

1 为了确保工具和面板中的功能如本课所述，请删除或重命名 Adobe Illustrator CC 的首选项文件。

2 开启 Adobe Illustrator CC 软件。

> **AI** | **注意**：在 Mac 系统中，打开课程文件时，可能需要单击文档窗口左上角的绿色圆按钮将窗口最大化。

3 选择菜单“文件”>“打开”，打开 Lesson03 文件夹中的 L3end.ai 文件，如图 3.1 和图 3.2 所示。而这是在本课中将创建的插图。选择菜单“视图”>“画板适合窗口大小”，并将该文件打开以供参考，也可选择菜单“文件”>“关闭”，关闭该文件。

图3.1

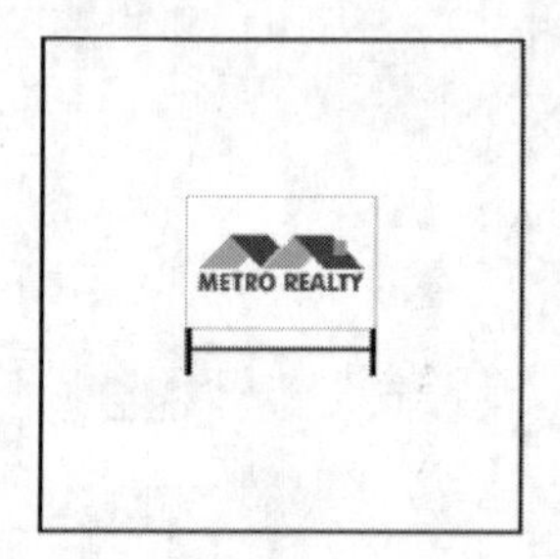

图3.2

3.2 创建新文档

创建一个包含两个画板的文档。

1 选择菜单“文件”>“新建”，创建一个未命名的新文档。在新建文档对话框中，如图 3.3 所示，改变以下选项：

- 名称：homesale
- 配置文件：选择“打印”
- 画板数量：2（此时配置文件将变为 [自定]）
- 按行排列（ ）：选中
- 确保出现了“更改为从右至左的版面”按钮（ ）

下面，到单位选项，确保其他修改单位均是“英寸”。

- 单位：英寸
- 间距：1（该间距值是指画板之间的距离）
- 宽度：8 in（因为已选定单位，可以不键入“in”）
- 高度：8 in

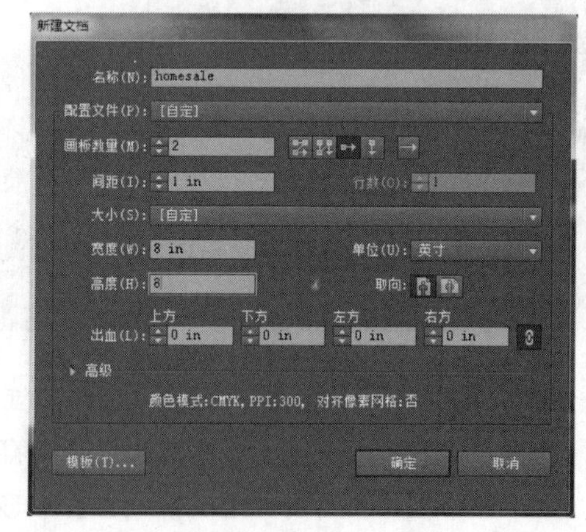

图3.3

注意：通过使用文档配置文件，可根据不同的输出（如打印、Web、视频等）设置文档。例如，设计网页模板时，可使用文档配置文件“Web”，它将自动以像素为单位显示网页大小，将颜色设置为RGB，并将格栅效果设置为“屏幕（72ppi）”。

2 单击新建文档对话框中的“确定”按钮。

3 选择菜单“文件”>“存储为”。在对话框中，确保文件名为homesale（Windows系统）或homesale.ai（Mac系统），并切换到文件夹Lesson03。保留“保存类型”为Adobe Illustrator（*.AI）（Windows系统）或Adobe Illustrator（ai）（Mac系统），并单击“保存”按钮。在Illustrator选项对话框中，保留默认设置不变，单击“确定”按钮。

创建多个画板

在Illustrator中，可创建多个画板。要设置画板，必须理解新建文档对话框中的初始画板设置。指定文档包含的画板数量后，可设置画板在屏幕上的排列顺序，选项如下所述。

- 按行设置网格：在指定数目的行中排列多个画板。在“行数”文本框中输入行数。如果采用默认设置，将把指定数目的画板排列得尽可能方正。
- 按列设置网格：在指定数目的列中排列多个画板。在“列数”文本框中输入列数。如果采用默认设置，将把指定数目的画板排列得尽可能方正。
- 按行排列：将画板排成一行。
- 按列排列：将画板排成一列。
- 更改为从右到左布局：按指定的行格式或列格式排列多个画板，但按照从右到左的顺序显示它们。

——摘自Illustrator帮助

4 单击控制面板中的“文档设置”。文档设置对话框中可以修改画板的大小、单位、出血等等。

注意：如果“文档设置”没有出现在控制面板中，可选择菜单“文件”>“文档设置”。

5 在文档创建对话框中，将文本框“上方”的值改为0.125 in，为此可以单击该文本框左边的上箭头，也可以输入该值。单击“确定”按钮，如图3.4所示。

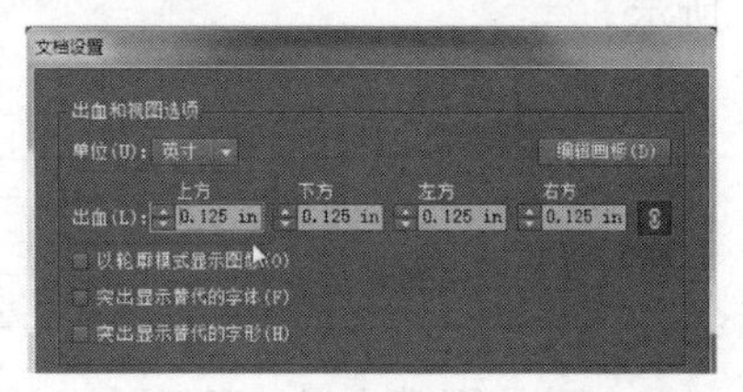

图3.4

注意到两个画板周围都有红线，它们指出了出血区域。对打印而言，典型的出血为1/8英寸左右。

什么是出血？

出血是图稿位于打印定界框或画板外面的部分。可在图稿中包含出血以作为容差范围，确保裁切页面后油墨沿所有方向扩展到页面边缘，或者确保图像可以安排到文档的准线中。

——摘自Illustrator帮助

3.3 使用基本形状

在本课中，将会创建一所房子，主要通过使用一些基本形状，如矩形、椭圆形、圆角矩形和多边形。首先练习设置工作区。

1 选择菜单“窗口”>“工作区”>“基本功能”，再选择菜单“窗口”>“工作区”>“重置基本功能”。

2 选择菜单“视图”>“显示标尺”，或者按下Ctrl+R组合键（Windows系统）或Command+R组合键（Mac系统），这将会在窗口顶部和左侧显示标尺。

由于在“新建文档”对话框中的修改，标尺的单位是英寸。可以修改所有文档的标尺单位，也可指修改当前文档的标尺单位。标尺单位用于测量对象、移动和变化对象、设置网格和参考线的间距、创建形状，但不会影响字符面板、段落面板和描边面板使用的单位。这些面板使用的单位是通过“首选项”对话框中的“单位”指定的，要打开该对话框，可选择菜单“编辑”>“首选项”（Windows系统）或“Illustrator”>“首选项”（Mac系统）。

提示：要修改当前文档使用的标尺单位，可在水平或垂直标尺上单击鼠标右键（Windows系统）或按住Ctrl键并单击（Mac系统），再从上下文菜单中选择所需单位。

3.3.1 理解绘图模式

在Illustrator绘制形状之前，了解不同的绘画模式很有用。注意到工具箱底部有三种绘图模式：正常绘图、背面绘图和内部绘图，如图3.5所示。

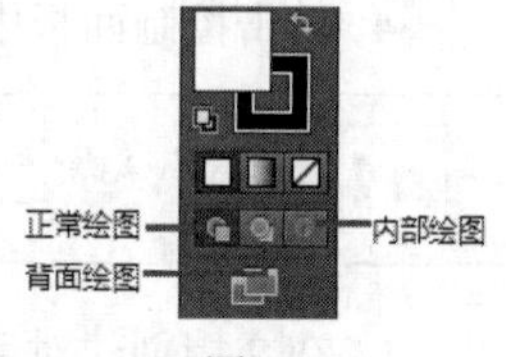

图3.5

注意：工具栏可能是单栏显示。这时要选择绘图模式，可以单击工具箱底部的“绘图模式”按钮（），并从出现的下拉列表中选择一种绘图模式。

每种绘图模式都是以不同的方式绘制形状。

- 正常绘图模式：默认情况下，将以正常模式绘制形状，这样形状将彼此堆叠。

- 背面绘图模式：能够在选定对象的下层绘制图像，而不需考虑图层或堆叠顺序问题。
- 内部绘图模式：能够在其他对象内部绘制对象或置入图像，如实时文本和自动创建剪切蒙版。

> AI **注意**：更多关于剪切蒙版的信息，请参阅第 15 课。

在接下来创建形状的过程中，将会使用各种绘图模式，并了解它们是如何影响图稿的。

3.3.2 创建矩形

为了画出一所房子，首先创建一系列矩形。在这一节中，不需要完全按照本书所画形状的尺寸大小。这里仅是一个例子而已。

1 选择菜单“视图”>“画板适合窗口大小”，确认文档窗口左下角的“画板导航”下拉列表中显示的是 1，这表明当前选择了第一个画板。

2 选择菜单“窗口”>“变换”，显示变换画板。

变换画板可以很方便地编辑现有形状的属性，如宽度和高度。

3 选择工具箱中的矩形工具（），将鼠标置于画板的任意位置，单击并拖曳出一个小的矩形，如图 3.6 所示。

拖曳时，将出现一个灰色框，它显示了绘制形状的宽度和高度，它被称为度量标签，是智能参考线提供的功能之一。本课后面将会对它讨论得更详细。

4 选择菜单“编辑”>“还原矩形”，移除该矩形。

5 仍使用矩形工具，在画板上边缘左侧位置如图中“X”位置的起始点，向右拖曳出一个宽约 4.7 in、长约 2.3 in 的矩形（如图中度量标签所示），如图 3.7 所示。

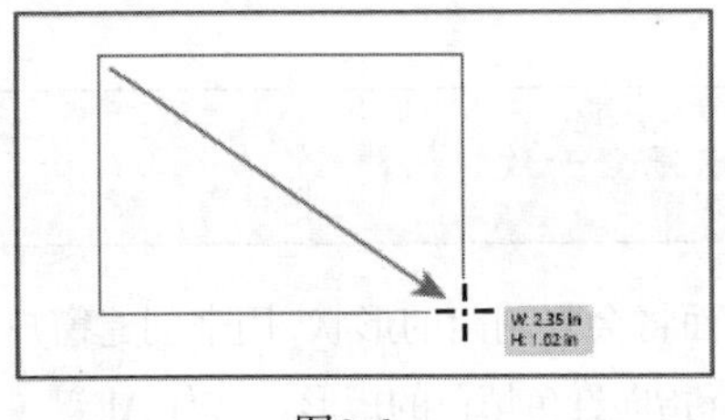

图3.6

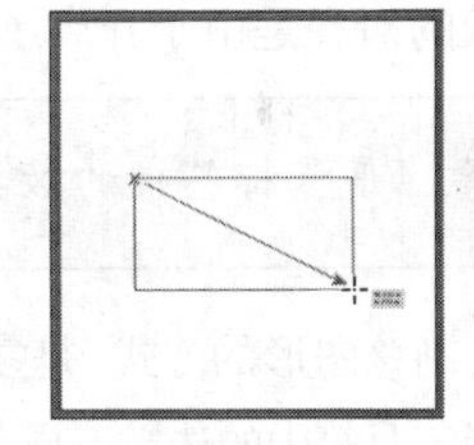
图3.7

松开鼠标后，将自动选择该矩形并显示其中心点。可以通过拖曳中心点，让该对象和图稿中的其他元素对齐。默认情况下，创建出的形状填色为白色，描边（边线）为黑色。有填色的对象，可单击其内部的任意位置选中或拖曳它。

> **提示**：按住 Alt 键（Windows 系统）或 Opting 键（Mac 系统）的同时，使用矩形、圆角矩形、椭圆形工具绘制形状时，将会从中心点开始绘制，而不是形状的左上角。

6 在变换面板中，可以修改选中物体的尺寸。在“宽”栏键入 4.7，“高”栏 2.3，而单位“in”可以不输入，因为这是默认单位，如图 3.8 所示。

7 要关闭变换面板组，可单击该组标题栏右上角（Windows 系统）或左上角（Mac 系统）的关闭按钮（“X”）。

8 在选择了新矩形的情况下，单击控制面板中的“填色”框（），并将填色改为深褐色。将鼠标指向色板时，将出现工具提示，选择工具提示为“C=50 M=70 Y=80 K=70”的颜色样本，如图 3.9 所示。

下面，将通过输入数值（如宽度和高度）来创建另一个矩形，而不是用绘制的方式。这个矩形将成为所画房子的门。

1 使用矩形工具（），将鼠标指向画板上已有的矩形并单击。这将打开矩形对话框。

2 在矩形对话框中，将“宽度”改为 1 in，按 Tab 键后，在“高度”文本框中输入 1.6 in，再单击“确定”按钮，如图 3.10 所示。

注意：输入值时，如果出现正确的单位（如表示英寸的 in），则不需输入 in；如果没有出现正确的设置单位，则输入 in，单位将转换为输入项。

3 在选择了新矩形的情况下，单击控制面板中的“填色”框（），将填色改为红色。其中的工具提示应显示为“C=15 M=100 Y=90 K=10”。

4 选择工具箱中的选择工具（），拖曳该红色矩形，并使其底部边缘与深褐色矩形下边缘对齐，并位于深褐色矩形的左侧，如图 3.11 所示。

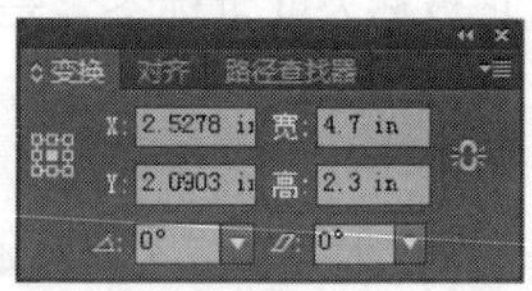

图3.8

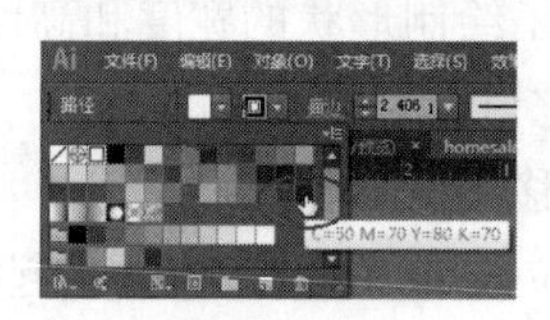

图3.9

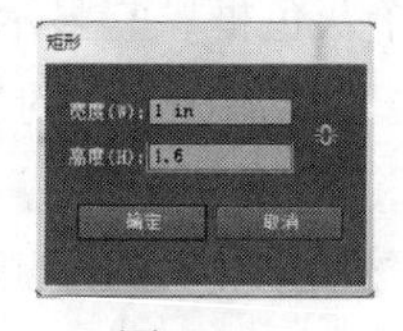

图3.10

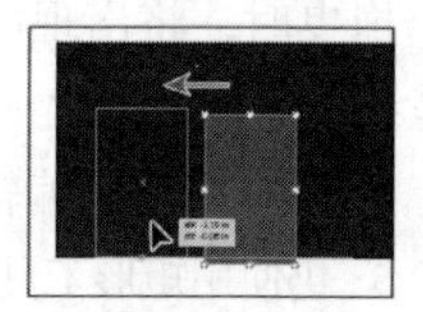

图3.11

两个形状的对齐是由于开启了智能参考线。

AI

注意：度量标签中的数据不需要与图中完全一致。

另一种绘制该图形的方式，是复制该形状。下面将会复制门的形状，用来创建窗户和烟囱的形状。

1 仍选择工具箱中的选择工具（），将鼠标指向红色填色的矩形。按住 Alt 键（Windows 系统）或 Option 键（Mac 系统），向右拖曳。出现了一个新矩形和一条绿线，这表明新矩形的水平中心和红色矩形的垂直中心已对齐（如图 3.12）。这时松开鼠标和按键。度量标签中的数据可以和图中不完全一致。

2 在新矩形仍被选中的情况下，单击控制面板中的“填色”框，将新形状的填色改为白色。

3 向右拖曳白色矩形右下角的手柄，将矩形的宽度大约修改为 2.3 in，高度大约为 1.1 in，如图 3.13 中度量标签所示。而这将会成为房子的窗户部分。

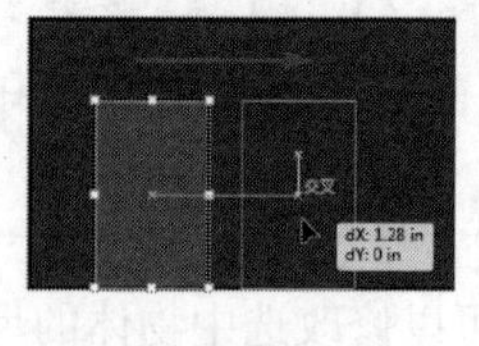

图3.12

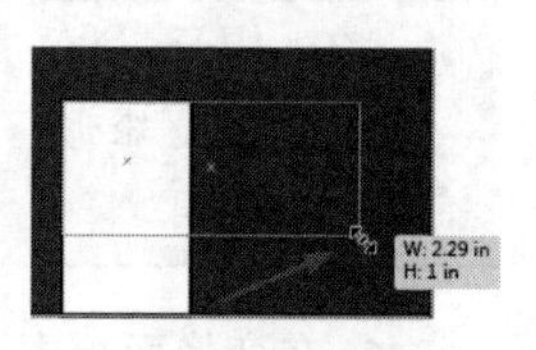

图3.13

> **AI** **提示**：要提高形状绘制的精确度，可以通过放大画稿或者直接在变换面板中输入数值来实现。

下面，将通过使用一个修正键来拖曳窗户矩形的复制形状。

4 选择工具箱中的选择工具，按住 Alt 键（Windows 系统）或 Option 键（Mac 系统），从该白色矩形的中心处向上拖曳，使其底部边缘和褐色矩形的上边缘对齐。松开鼠标和按键。

这个新形状将会成为房子的烟囱，如图 3.14 所示。

5 向右拖曳该矩形的左侧中央的手柄，直到度量标签中显示宽度大约为 0.75 in，如图 3.15 所示。

6 向右拖曳新矩形内部的任意位置，直到其右侧边缘和褐色矩形的右侧边缘对齐为止，如图 3.16 所示。

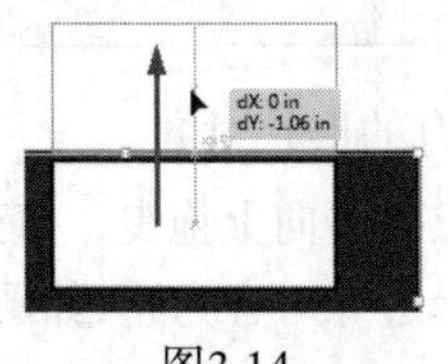

图3.14

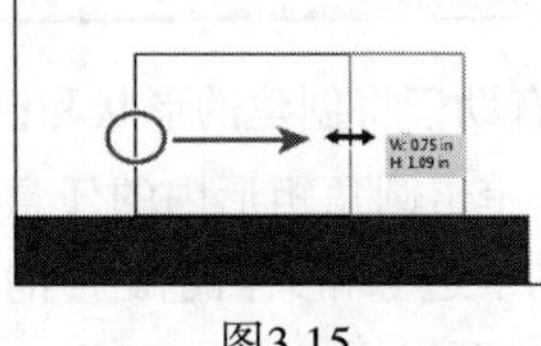

图3.15

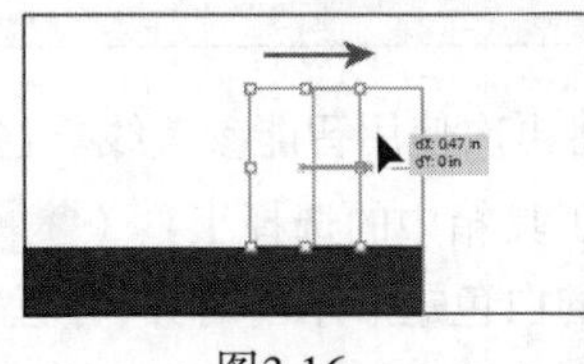

图3.16

7 选择菜单“选择”>“取消选择”，然后选择菜单“文件”>“存储”。

使用文档网格

如图3.16所示，网格出现在文档窗口的下层，可以让对象对齐到网格，从而更精确地创建对象。网格不会打印出来。要显示网格并使用其功能，可按以下步骤操作。

- 要使用表格，选择菜单“视图”>“显示网格”。
- 要隐藏表格，选择菜单“视图”>“隐藏网格”。
- 要将对象对齐到网格线，选择菜单“视图”>“对齐网格”，再选择要拖曳的对象并将其拖曳到所需位置。当对象边界与网格线的距离不超过 2 个像素时，它将对齐到网格线。
- 要指定网格线的间距、网格样式（如线、点）、网格颜色以及网格出现在图稿的上层还是下层，选择菜单“编辑”>“首选项”>“参考线与网格”（Windows 系统）或“Illustrator”>“首选项”>“参考线与网格”（Mac 系统）。

注意：选择“对齐网格”后，即使启用了智能参考线也不能使用它。

——摘自Illustrator帮助

3.3.3 创建圆角矩形

下面，将创建圆角矩形作为插画中的另一个部分。

1 选择工具箱中的缩放工具（ ），在最后创建的白色矩形（烟囱）上慢慢地单击两次。

2 在矩形工具（ ）上单击后按住鼠标，选择工具箱中的圆角矩形工具（ ）。

3 将鼠标指向小矩形左侧边缘，直到看见“路径”的字样。单击并向右拖曳至该白色矩形的右侧边缘。此时扔按住鼠标。

4 按下键盘的向下键数次，减小圆角的半径（使矩形的圆角尖锐些）。如果圆角变得太过尖锐，可以再按向上键数次以达到满意的弧度，如图 3.17 所示。绘制的圆角半径不需与图 3.17 中完全一致，在高度大约为 0.14 in 时松开鼠标。

> AI ｜ 提示：可以一直按住键盘向下键 / 向上键，以提高改变圆角半径的速度。

下面，将再次使用智能参考线。这样有助于将创建的形状和已有的形状对齐。

5 选择工具箱中的选择工具（ ），单击圆角矩形内的任意位置并向上拖曳，直到其中心点和大的白色矩形水平对齐，并且它的下边缘和大白色矩形的上边缘对齐为止，如图 3.18 所示。出现一条绿线和“交叉”字样时，松开鼠标。

> 注意：拖曳形状时出现了灰色框，它指出鼠标移动的 X 轴距离和 Y 轴距离。

> 提示：智能参考线可以将绿色改为其他颜色，操作为：选择菜单“编辑”>“首选项”>“智能参考线”（Windows 系统）或“Illustrator”>“首选项”>“智能参考线”（Mac 系统）。

6 在仍选择圆角矩形工具的情况下，按住 Alt 键（Windows 系统）或 Option 键（Mac 系统）的同时，单击并向右拖曳其右侧中央的手柄。这样可以从该形状的中心进行缩放。直到宽度大约为 0.9 in 时，释放鼠标和按键，如图 3.19 所示。

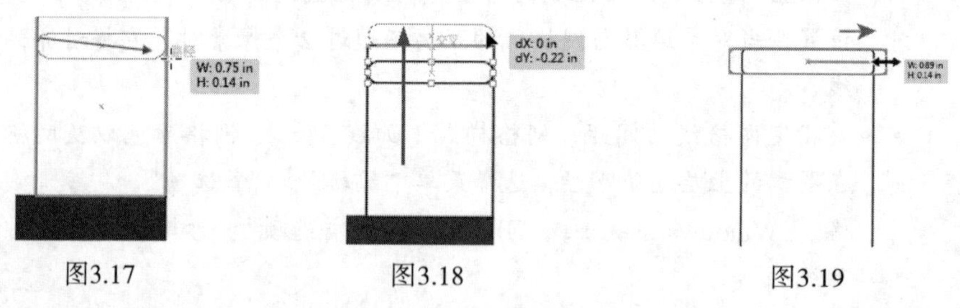

图3.17　　图3.18　　图3.19

7 在仍选择圆角矩形工具的情况下，单击控制面板中的“填色”框，将颜色改为浅灰色，它的提示为“C=0 M=0 Y=0 K=20”。

8 选择菜单“选择”>“取消选择”。

9 选择菜单“视图”>“画板适合窗口大小”。

10 选择工具箱中的圆角矩形工具，将鼠标指向白色的大矩形（窗户）后单击它。

11 在圆角矩形对话框中，将“宽度”改为 2.4 in 后单击“确定”按钮，如图 3.20 所示。

这样创建圆角矩形可以自由输入它的高度、宽度以及圆角半径。在默认情况下，选中画板中的圆角矩形工具后，最后一次创建的圆角矩形的度量标签数据将会出现在该对话框中。

12 选择菜单“视图”>“放大”，操作数次将该处放大。

13 选择工具箱中的选择工具（ ），将该圆角矩形（从灰色填色区）向下拖曳，直到它的中心点与白色窗户形状水平居中对齐，并且它的上边缘和窗户矩形的底部对齐，如图 3.21 所示。

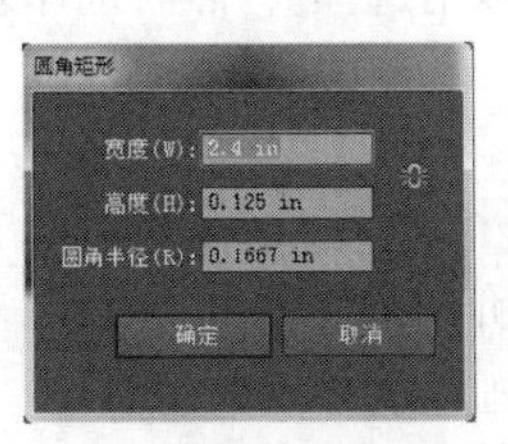

图3.20

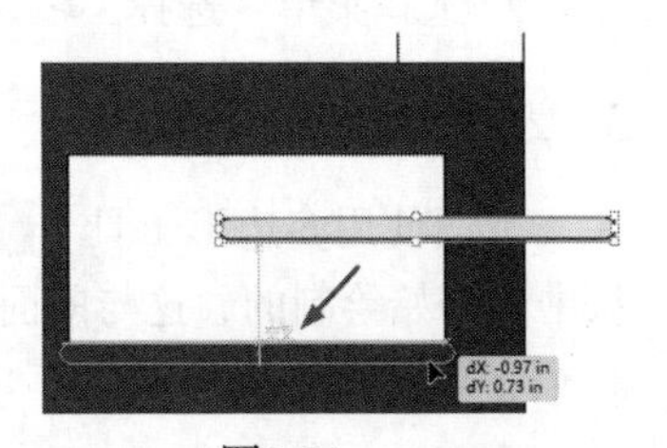

图3.21

提示： 启用智能参考线对绘图很有帮助，尤其是在需要精确绘图的时候。如果它的帮助不大，可以选择菜单“视图”>“智能参考线”将它禁用。

3.3.4 创建椭圆

下面将会使用椭圆工具（ ）来创建椭圆，表示房子门的上部。

注意： 如果看不到那扇红色的门的形状，可以按住空格键并在文档窗口中拖曳，即可更清楚地看到它。

1 在工具箱中单击圆角矩形工具（ ）并按住鼠标，然后选择椭圆工具（ ）。

2 将鼠标指向红色矩形的左上角（如图中“X”处）。注意到出现“锚点”的字样时，向右下方拖曳，直到到达矩形的右边缘，出现“路径”的字样。此时不要松开鼠标，向上或下轻微调整鼠标，直到度量标签中的“高度”大约为 0.7 in 时，松开鼠标，如图 3.22 所示。

3 选择菜单“视图”>“隐藏定界框”。

定界框可以修改某个形状。如果关闭定界框，则可以在不改变一个形状的前提下，通过拖曳其边缘或锚点来拖曳该形状。

4 选择工具箱中的选择工具（ ），单击椭圆的右侧中央的手柄并向上拖曳该椭圆。当该椭圆中心点与红色矩形顶部对齐时松开鼠标，如图 3.23 所示。

5 选择菜单“视图”>“显示定界框”。

6 选择菜单“窗口”>“变换”，打开变换窗口。单击选中红色矩形，并查看变换面板中的宽度值。再次单击椭圆形，并查看变换面板中的宽度值是否与之

图3.22

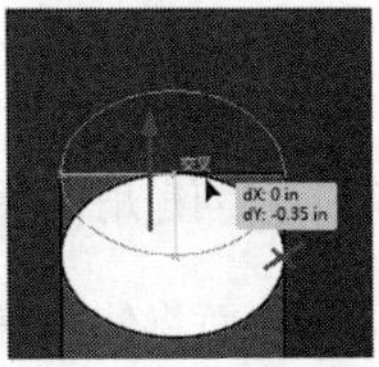

图3.23

前的值相同。若不同，则单击该椭圆，并将其宽度设置为与红色矩形相同，再按回车键。关闭变换面板组。

> **注意**：如果在变换面板中修改了椭圆的宽度，该椭圆可能将不再与矩形水平居中对齐。

7 选择菜单“选择”>“取消选择”，然后选择菜单“文件”>“存储”。

3.3.5 创建多边形

下面使用多边形工具（ ）创建两个三角形，用于表示房子的屋顶。多边形在默认情况下是从中心开始绘制的，这与前面介绍的其他工具不同。

1 选择菜单“视图”>“画板适合窗口大小”。

2 单击工具箱中的椭圆工具（ ）并按住鼠标，选择多边形工具（ ）。

3 单击控制面板中的填色框，选择浅灰色，它的提示值为“C=0 M=0 Y=0 K=20”。

4 将鼠标指向褐色矩形，向右拖曳画出多边形，此时不要松开鼠标。按 3 次键盘的向下键，将多边形的边数减为 3（成为三角形）。按住 Shift 键，确保三角形的下边缘是水平的。在不松开 Shift 键的情况下，向左或右调整鼠标直到度量标签上显示宽度大约为 3.5 in 为止，如图 3.24 所示。松开鼠标和按键。

> **提示**：使用多边形工具绘制形状时，按键盘向上键和向下键可以修改多边形的边数。

5 选择工具箱中的选择工具（ ），拖曳三角形的中心处，使其下边缘与褐色大矩形的右侧上边缘对齐，此时将出现“交叉”的字样。再将其向右拖曳一点距离，使其悬在该矩形上，位置如图 3.25 中所示。

6 使用选择工具拖曳三角形的顶点，直到度量标签显示高度大约为 1.7 in 为止，如图 3.26 所示。要看见三角形顶点，可能需要缩小或滚动文档窗口。

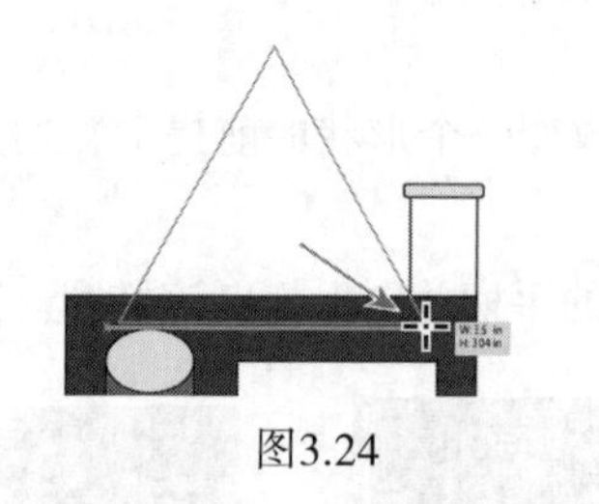

图3.24

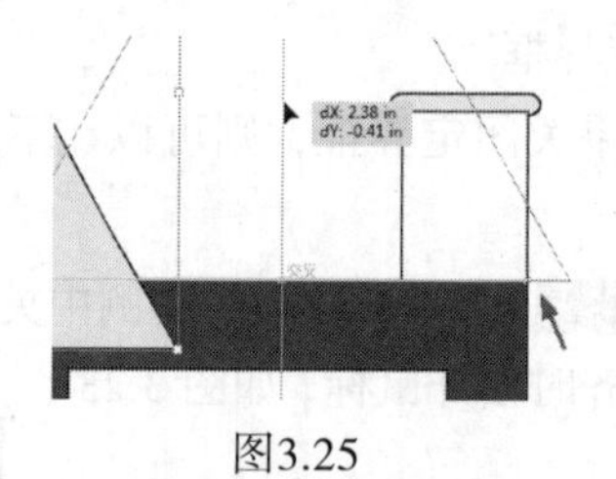

图3.25

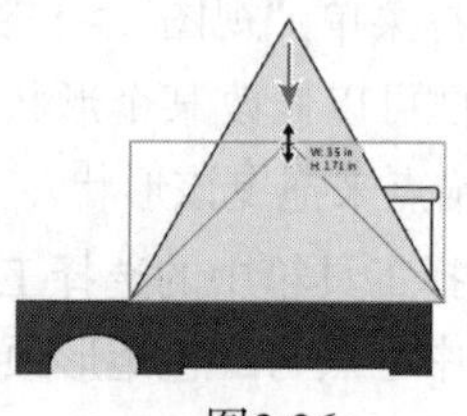

图3.26

3.3.6 使用背面绘图模式

下面将使用背面绘图模式，在上一节中的三角形下层画出另一个三角形。

1 单击工具箱底部的“背面绘图”按钮（ ），如图 3.27 所示。

> **AI** **注意：**工具箱可能是单栏显示的。在这种情况下选择绘图模式，可单击工具箱底部的“绘图模式”按钮（ ），并从出现的下拉列表中选择背面绘图模式。

2 选择工具箱中的多边形工具（ ），将鼠标指向已创建的三角形左侧，单击即可打开多边形对话框。单击“确定”按钮，注意到新创建的三角形位于画板中已存在三角形的下层。

在默认并且还未作出修改的情况下，最后一次创建的多边形的度量标签数据（多边形半径、边数）将会出现在该对话框中。

3 选择工具箱中的选择工具（ ），拖曳新建三角形的中央区域，使其底部与褐色矩形上边缘对齐，如图 3.28 所示。然后按下键盘向左键或向右键进行调整，直到它悬挂于矩形上边缘左侧。

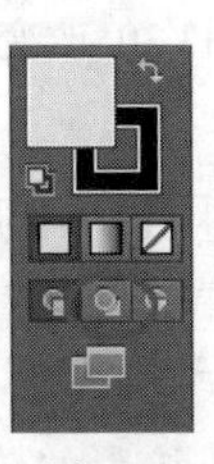

图3.27

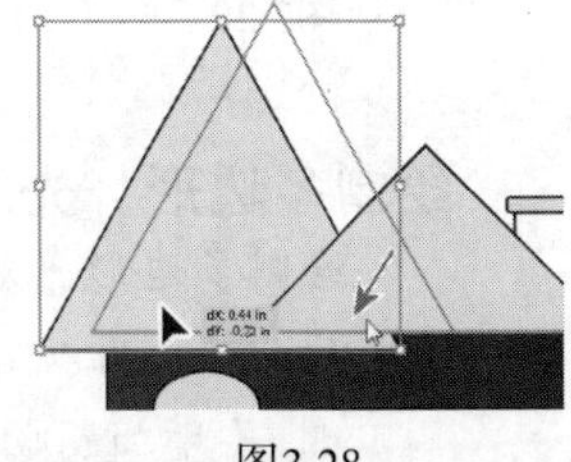

图3.28

> **AI** **注意：**如果较大的三角形上部超出了画板，这没有关系。在之后的操作中，将会切除它的顶部。

4 在仍选中新建三角形的情况下，单击控制面板中的“填色”框，将填色改为深灰色，该色提示值为“C=0 M=0 Y=0 K=50”。

5 单击工具箱底部的“正常绘图”按钮（ ）。

> **AI** **注意：**工具箱可能是单栏显示的。在这种情况下选择绘图模式，可单击工具箱底部的“绘图模式”按钮（ ），并从出现的下拉列表中选择正面绘图模式。

3.3.7 创建星形

下面将会使用星形工具（ ）创建房子门上方的窗户上的星形。

1 选择工具箱中的缩放工具（ ），在红色矩形（门）上方的椭圆上慢慢地单击两次。

2 单击工具箱中的多边形工具（ ）并按住鼠标，选择星形工具（ ）。将鼠标指向该灰色椭圆形中央，直到出现“中心点”的字样，如图 3.29 所示。

请慢慢操作下一步,并参考步骤中给出的图示。需要注意的是,仅在明确说明松开鼠标时才这样做。

3 单击并慢慢地向右拖曳以创建一个星形。不要松开鼠标，按 5 次键盘的向上键（将星形的边数增加到 10）。然后拖曳鼠标直到度量标签中的宽度显示约为 0.28 in，此时仍不要松开鼠标，如图 3.30 所示。

按住 Ctrl 键（Windows 系统）或 Command 键（Mac 系统），继续向右拖曳。这样将会保留该形状的内半径为固定值。直到其宽度约为 1.3 in 时停止拖曳，此时仍不要松开鼠标，如图 3.31 所示。释放按键。按住 Shift 键使其顶点垂直对齐，并确保该星形宽度约为 1.3 in，此时松开鼠标和按键，如图 3.32 所示。这时，将会看到一个深灰色的星形。

4 在控制面板中单击“描边”的文字，将描边粗细改为 0。在本课之后的操作中，将会使用该椭圆和星形来创建门上的窗户。

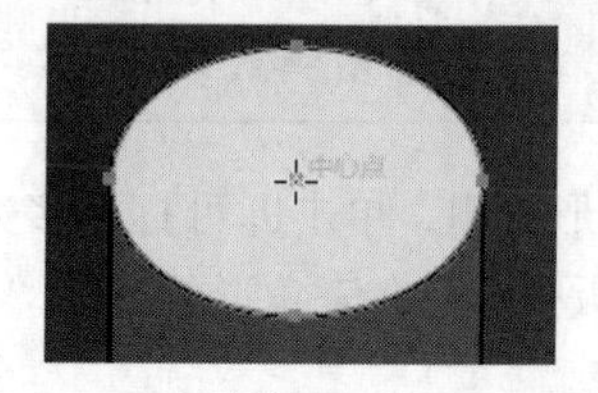
图3.29

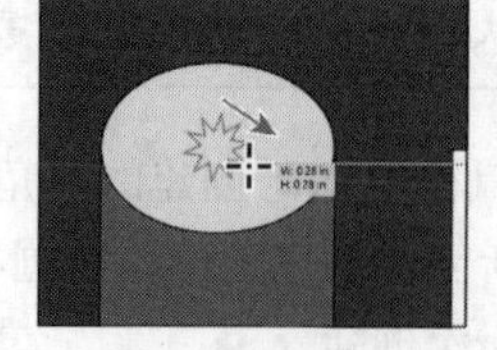
图3.30 改变星形的边数

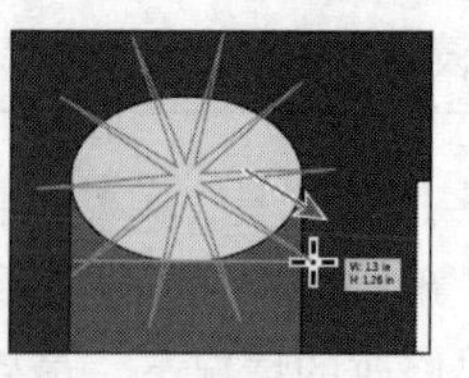
图3.31 调整星形大小

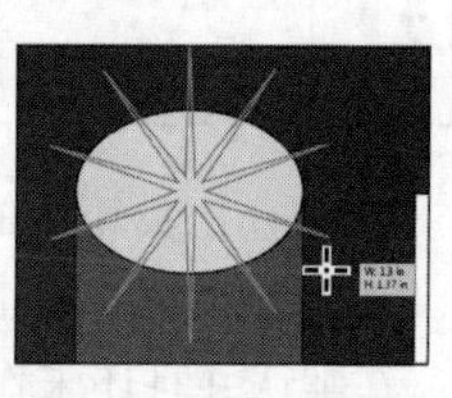
图3.32 约束该星形

绘制多边形、光晕和星形的技巧

绘制多边形、光晕和星形时，可按住某些键来控制其形状。用相应工具绘制或拖曳时，可采用以下方式来控制其形状。

- 要增加或减少多边形的边数、星形的角数或光晕的线段数，可在创建时按键盘的向上键或向下键。这步操作同时还需要按住鼠标才可行。松开鼠标后，工具箱恢复到最后一次指定的设置。
- 要旋转形状，可沿弧形移动鼠标。
- 要是最上边的顶点或边与中心点位于同一条垂直线上，可按住Shift键。
- 要确保内半径为固定值，可按住Ctrl键（Windows系统）或Command键（Mac系统）。

——摘自Illustrator帮助

3.3.8 修改描边宽度和对齐方式

默认情况下，所有形状的描边粗细都为1pt。但可以很方便地修改对象的描边粗细。默认情况下，描边与路径边缘居中对齐，但是用描边面板也可以快速修改对齐方式。

1 选择菜单“视图”>“画板适合窗口大小”。

2 选择工具箱中的选择工具（ ），单击选中浅灰色的小矩形，它将成为房顶的一部分。

3 选择工具箱中的缩放工具（ ），单击三角形，将其放大。

4 单击控制面板中的“描边”文字，打开描边面板。在该面板中，将描边粗细改为10 pt。注意到默认情况下，描边在形状的边缘上居中。

> AI 注意：要打开描边面板，也可以选择菜单“窗口”>“描边”。

5 单击描边面板中的“使描边内侧对齐”按钮（ ），这将让描边与三角形的内边缘对齐，如图3.33所示。

通过让描边位于三角形的内部，可以让它的下边缘与其他三角形的下边缘看起来是对齐的。

> AI 注意：继续操作后，可以发现在控制面板中打开某个面板（如这一节中的描边面板），再继续操作前需要隐藏它。可以通过Esc键将其隐藏。

6 在该三角形仍被选中的情况下，单击控制面板中的“描边色”框（位于“描边”字样的左侧），将描边色改为比其填色更深一些的灰色，如图 3.34 所示。

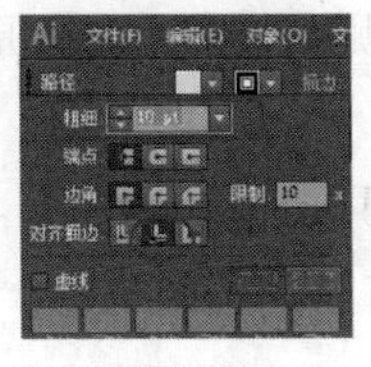

图3.33

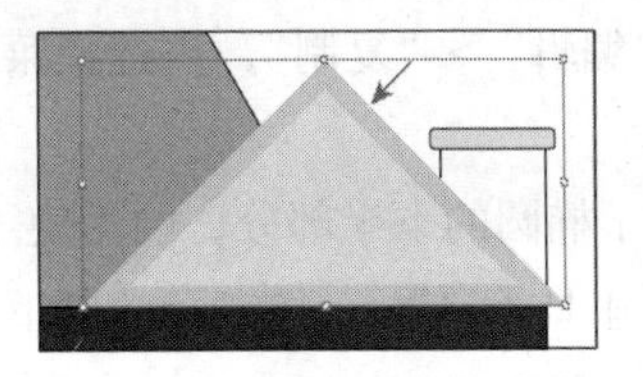

图3.34

7 选择菜单“文件” > “存储”。

关于对齐描边

如果对象时闭合路径（如矩形），可在描边面板中将描边与路径的对齐方式指定为居中对齐（默认设置）、内侧对齐或外侧对齐。

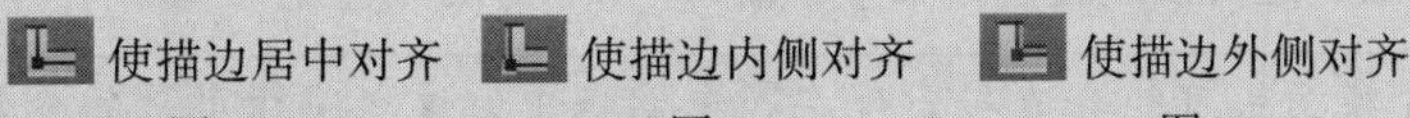

使描边居中对齐　使描边内侧对齐　使描边外侧对齐

图3.35　图3.36　图3.37

3.3.9 使用直线段

下面将使用直线段（非闭合路径）创建一个花盆。在 Illustrator 中，创建形状的方式有很多种，通常方法越简单越好。

1 使用工具箱中的缩放工具（ ），单击红色门下部 4 次以放大该处空白画板的视图。

2 在应用程序栏中的工作区切换下拉列表中选择“重置基本功能”。

之前一直使用的是默认的“预览”视图，可以看到对象的填色和描边色。如果这些上色属性很让人分神，则可选择“轮廓”模式，这一模式将会在本节中体现。

3 选择菜单“视图” > “轮廓”，将视图从预览模式转为轮廓模式。

注意：轮廓模式将会暂时地将所有上色的属性全部去除，如填色和描边色，以加快选择和绘制图稿中的对象。这时，将不能通过单击对象内部来选择或拖曳对象，因为此时该对象没有填色。

4 选择工具箱中的椭圆工具（ ），在房子形状正下方绘制一个宽 0.6 in，高 0.1 in 的椭圆，如图 3.38 所示。

5 选择工具箱中的直接选择工具（ ），通过拖曳选择椭圆的下半部分，如图 3.39 所示。

AI **注意**：拖曳选择时，确保选框不要覆盖椭圆的左顶点和右顶点。

6 选择菜单“编辑”>“复制”，再选择菜单“编辑”>“贴在前面”，在原椭圆上层创建了一条新路径。

这复制并粘贴了椭圆的下半部分，因为使用直接选择工具只选择了这部分。

7 切换到选择工具（ ），按键盘的向下键大约 5 次，将新路径往下移，如图 3.40 所示。

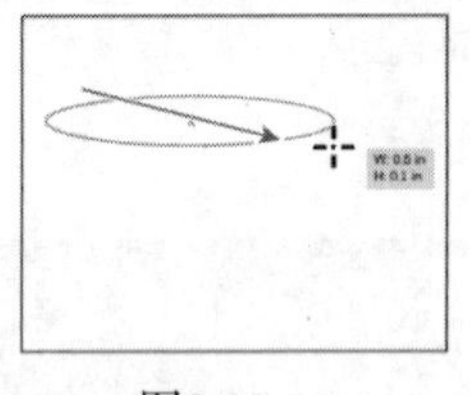

图3.38

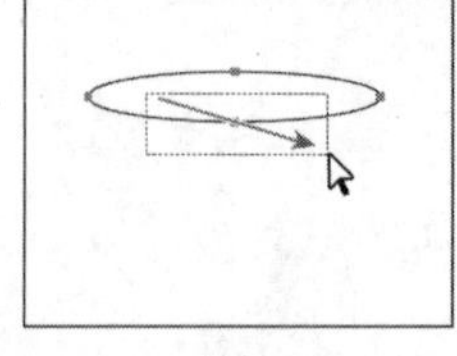

图3.39

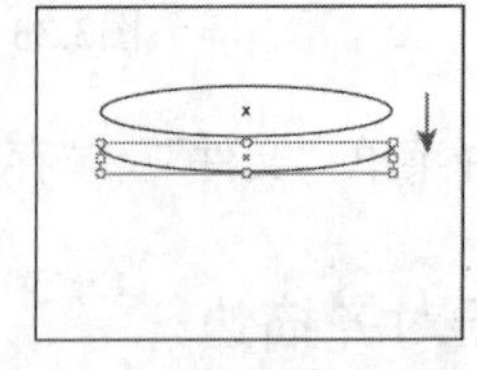

图3.40

8 单击选中该路径，向下拖曳直到度量标签显示 dY 大约为 0.25 in，如图 3.41 所示。

确保将鼠标指向并拖曳的是新路径。

9 单击控制面板中的“变换”字样，显示变换面板。将选中路径的宽度改为 0.4 in。

要打开变换面板，还可以通过选择菜单“窗口”>“变换”。

AI **注意**：变换面板可能会直接出现在控制面板中，这取决于屏幕的分辨率。如果直接出现的话，也可修改宽度值。

10 选择工具箱中的直线段工具（ ），绘制一条从椭圆左锚点到新路径左锚点的线段。当线段与锚点对齐时，锚点将突出显示并出现“锚点”的字样，如图 3.42 所示。重复该过程，在椭圆右边绘制一条线段。

11 选择菜单“选择”>“取消选择”，然后选择菜单“文件”>“存储”。

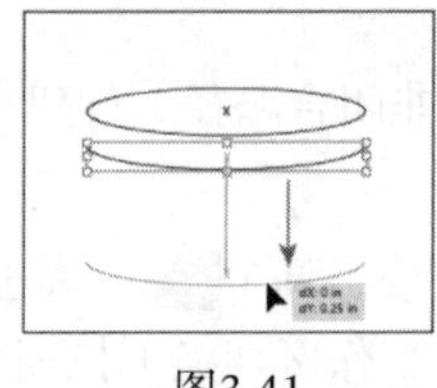

图3.41

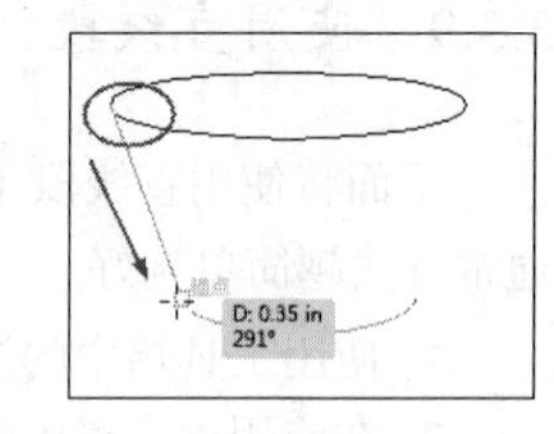

图3.42

下面将组成花盆一部分的三条线段连接成一条路径。

3.3.10 连接路径

选择多条非闭合路径后，可将其连接起来以创建一条闭合路径（就像圆那样），还可以将两条独立路径的端点连接起来。

下面，将连接三条非闭合路径来创建一条闭合路径。

1 选择工具箱中的直接选择工具（ ），拖曳选框选中刚创建的三条路径（不包括椭圆），如图 3.43 所示。

2 选择菜单“对象”>“路径”>“连接”。

这三条路径将变成一条，类似于“U”型。在 Illustrator 中，能够识别每条路径的端点，并将最近的锚点连接起来。

提示：选中路径后，还可以使用 Ctrl + J（Windows 系统）或 Command + J（Mac 系统）组合键来连接路径。

3 在仍选中该路径的情况下，再次选择菜单“对象”>“路径”>“连接”。然后选择菜单“选择”>“取消选择”，观察连接的路径，如图 3.44 所示。

这将创建一个连接路径两个端点的闭合路径。如果选中非闭合路径，然后选择菜单“对象”>“路径”>“连接”，Illustrator 将在该路径的两个端点之间创建一条线段，从而形成一条闭合路径。

注意：如果只想使用颜色填充形状，则没有必要连接这两个点，因为非闭合路径也可以有填色。如果要整个填充区域周围出现描边，则必须这样做。

4 使用选择工具选中，拖曳选框选中表示花盆的这两个形状。在控制面板中将描边粗细改为 1pt。将描边色和填色均改为黑色。

5 选择菜单“视图”>“预览”。

6 选择菜单“选择”>“取消选择”。再单击选中花盆形状底部，然后选择菜单“对象”>“排列”>“后移一层”。

7 在控制面板中，将填色改为褐色，其提示值为“C=35 M=60 Y=80 K=25”，如图 3.45 所示。

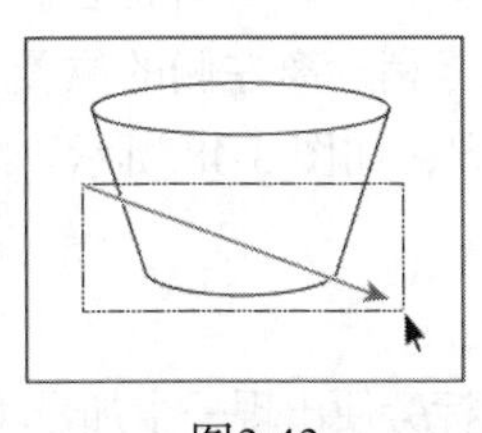

图3.43

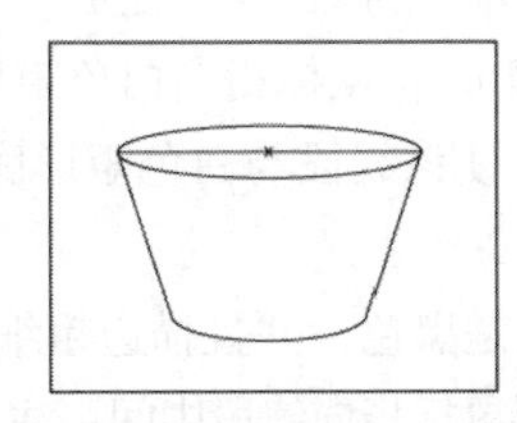

图3.44

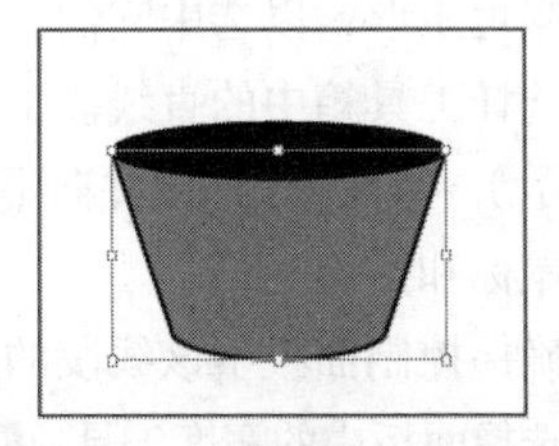

图3.45

注意：要选择一个没有填色的路径，可以单击其描边或使用选框选中它。

8 按住 Shift 键，使用选择工具选中椭圆形和花盆底部。

9 选择菜单“对象”>“编组”，然后选择菜单“选择”>“取消选择”。

非闭合路径和闭合路径

绘图时创建的线条叫做路径。而路径则是有一条或多条直线段或曲线组成。每条路径段的起点和终点都由锚点标识，而锚点的作用就类似于固定电线的图钉。路径可以是闭合的（如圆圈），也可以是非闭合的，后者的起点和终点是分开的（如波浪线）。

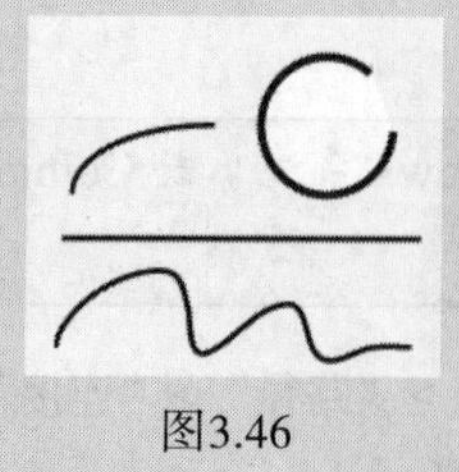

图3.46

图3.47

无论是闭合路径还是非闭合路径，都可对其填色。

——摘自Illustrator帮助

3.3.11 使用宽度工具

不仅可以调整描边的粗细和对齐方式，还可以使用宽度工具（）或应用配置文件来修改描边的宽度。这样可以创建出多变的路径描边。

下面，将使用宽度工具来创建窗户内部的窗帘。

1 选择菜单“视图”>“画板适合窗口大小”。选择工具箱中的缩放工具（），然后单击 3 次画稿中的白色窗户以放大视图。

2 切换到选择工具（），按住 Shift 键，单击白色矩形（窗户）、窗户下的灰色圆角矩形以及褐色矩形，以选中它们。选择菜单“对象”>“锁定”>“所选对象”，暂时将它们锁定。

3 选择工具箱中的直线段工具（），将鼠标指向白色矩形上边缘稍远离左侧的位置（如图所示），按住 Shift 键并向下拖曳，使该线段与白色矩形底部对齐，如图 3.48 所示。之后释放鼠标和按键。

4 确保控制面板中该线段的描边色是黑色，并且描边粗细是 1pt。

5 选择面板中的宽度工具（），将鼠标指向线段中间，注意到鼠标旁便出现一个加号（）。单击选中该线段，向右拖曳。注意到拖曳时，其描边向左和向右拉伸的程度相同。当度量标签指出边线 1 和边线 2 都大约为 0.25 in 时松开鼠标，如图 3.49 所示。

最初线段上的点被称为宽度点。从宽度点延伸的线段称为手柄。在编辑路径时，宽度点位于边角上或者某个被选中的锚点处。

6 在仍选中描边上的宽度点（如图所示）的情况下，该点变成实心的，如图 3.50 所示。按 Delete 键将其删除。由于只创建了一个宽度点，将其删除后该路径的宽度完全被删除。

AI 注意：若果要重新选择该点，可使用宽度工具单击它。

7 将鼠标指向该线段的顶部锚点，注意到鼠标旁便出现一个波浪线（）。按住 Alt 键（Windows 系统）或 Option 键（Mac 系统），向右拖曳锚点以加宽直线的描边，直到边线 1 的宽度大约为 0.25 in，如图 3.51 所示。依次松开按键和鼠标。

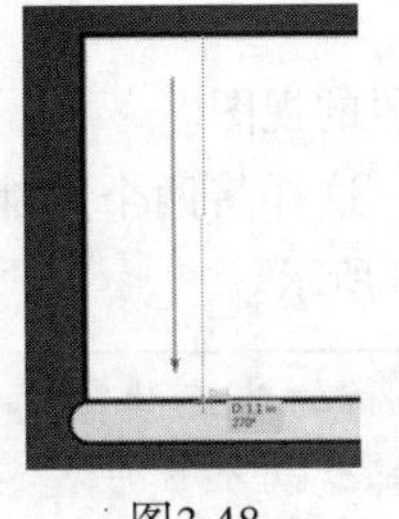

图3.48

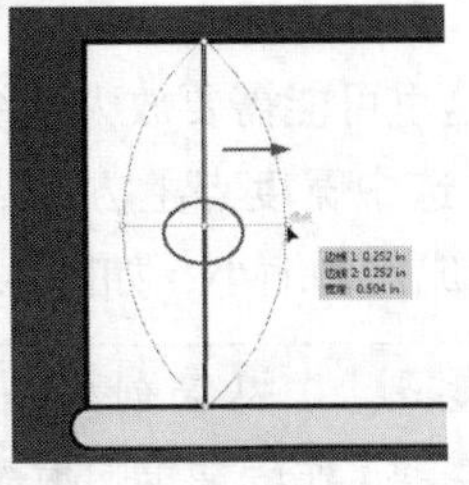

图3.49

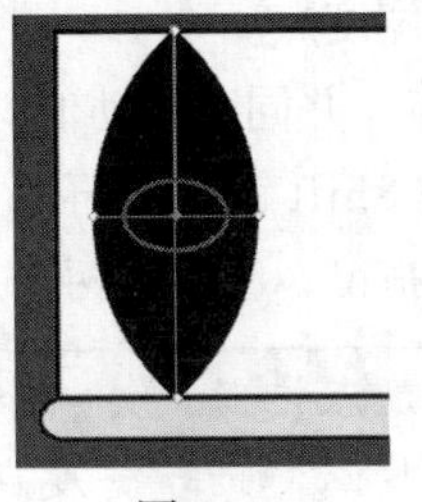

图3.50

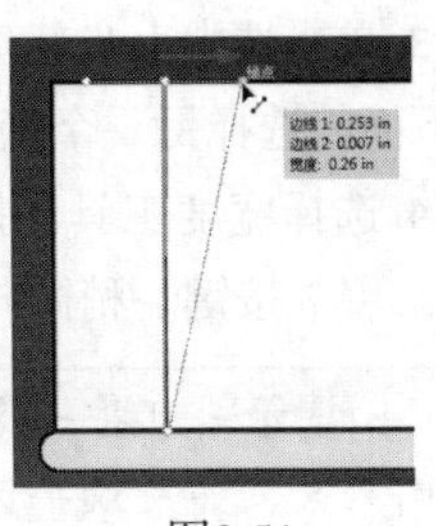

图3.51

该步操作将会只拖曳描边的一侧，而不是像以前做过的两侧。

> **注意：**使用宽度工具编辑时，编辑的仅是对象的描边。

8 将鼠标指向该线段的底部锚点，按住 Alt 键（Windows 系统）或 Option 键（Mac 系统），向右拖曳锚点以加宽直线的描边，直到边线 1 的宽度大约为 0.3 in，如图 3.52 所示。依次松开按键和鼠标。

9 在仍选择宽度工具的情况下，将鼠标指向线段顶部的宽度点或该处的手柄（如图圈中所示）。当鼠标旁出现一个波浪线（ ）时，双击即可打开“宽度点数编辑”对话框，将边线 1 的宽度改为 0.3 in，边线 2 改为 0，再单击“确定”按钮，如图 3.53 所示。

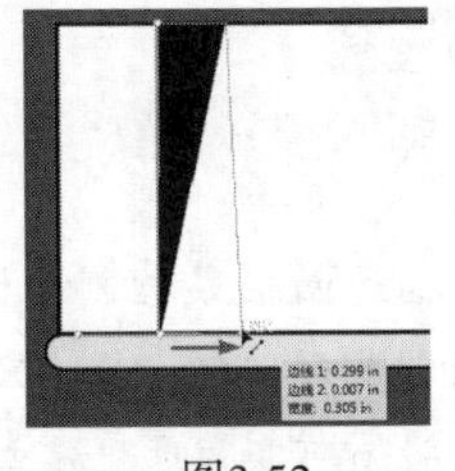

图3.52

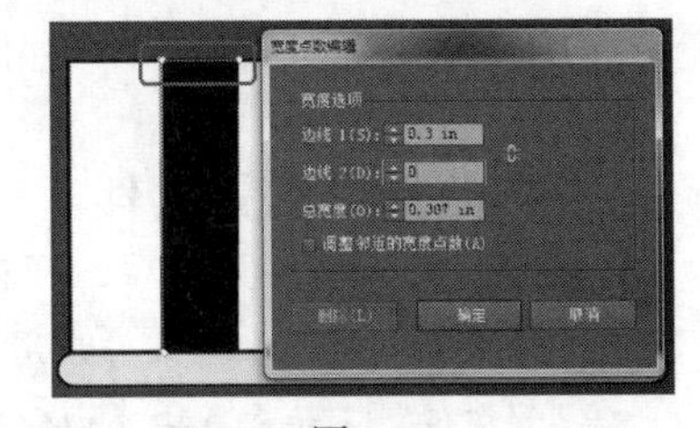

图3.53

“宽度点数编辑”对话框可以更加精确地一起或独立调整各边线。单击“按比例调整宽度”按钮（ ），边线 1 和边线 2 将链接起来，一起按比例进行调整。而如果选中“调整邻近的宽度点数”复选框，将相应地调整其他锚点处的描边宽度。

> **注意：**如果使用“宽度点数编辑”对话框，可以更加精确地确保两边线的宽度点数值相同。

10 将鼠标指向线段底部的宽度点或该处的手柄。当鼠标旁出现一个波浪线( )时，双击打开“宽度点数编辑”对话框，将边线 1 的宽度改为 0.3 in，边线 2 改为 0，再单击“确定”按钮。

11 将鼠标指向线段的中部，如图 3.54 中“X”处。单击并向右拖曳以新建一个宽度点，直到边线 1 的宽度约为 0.06 in 为止，如图 3.54 所示。

> **注意：**这步操作并不需要单击线段的正中间位置。只需拖曳描边大致所在区域即可。

12 将鼠标指向刚创建的宽度点(如图圈中所示)，按住 Alt 键(Windows 系统)或 Option 键(Mac 系统)，向下拖曳该宽度点来复制一个新的宽度点，如图 3.55 所示。然后松开鼠标和按键。

13 单击选中上步新建的宽度点。

下面将选择另一个宽度点，并同时移动他们。这里可能需要放大该线段的视图。

14 选择宽度工具，按住 Shift 键后，再单击已选中宽度点上方的点，这样将两个点都选中。释放按键。稍微向下拖曳，注意到两个点均成比例缩小，如图 3.56 所示。

提示：可将一个宽度点拖曳到另一个宽度点上，从而创建一个新的非连续宽度点。如果双击该宽度点，则在“宽度点数编辑”对话框中同时编辑这两个宽度点。

15 将鼠标指向顶部的最上方两个宽度点之间单击后向右拖曳直到边线 1 的宽度大约为 0.2 in，如图 3.57 所示。

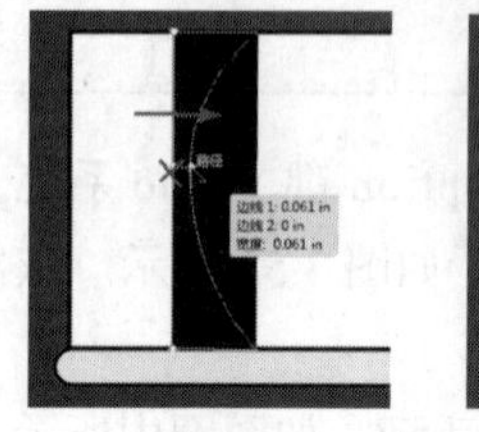

图3.54

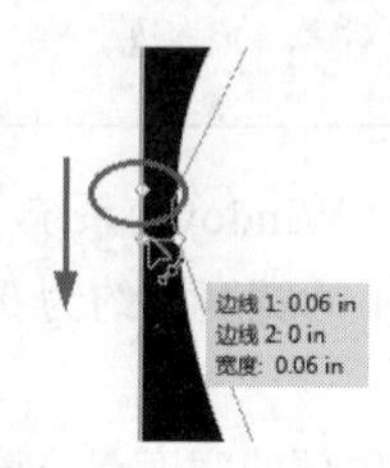

图3.55

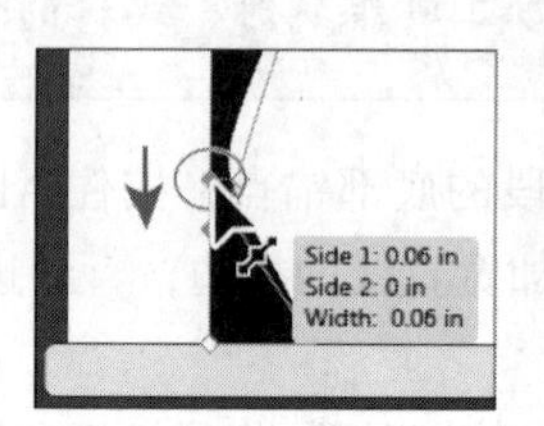

图3.56

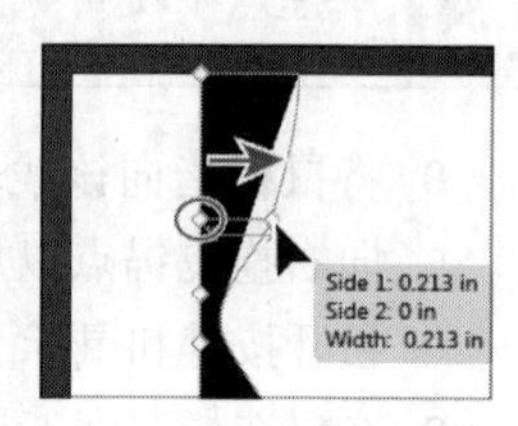

图3.57

16 选择菜单“文件”>“存储”。

存储宽度配置文件

定义描边宽度后，可在描边面板或控制面板中存储可变宽度配置文件。

可将宽度配置文件应用于选定的路径，为此只需在控制面板或描边面板中从“宽度配置文件”下拉列表中选中它。没有可变宽度配置文件时，该列表只包含选项“等比”。还可通过选择“等比”选项删除应用与对象的可变宽度配置文件。要恢复到默认的宽度配置文件设置，可单击“宽度配置文件”下拉列表底部的“重置配置文件”按钮。

对描边应用可变宽度配置文件后，在外观面板中将用星号（*）指出这一点。

——摘自Illustrator帮助

3.3.12 轮廓化描边

默认情况下，诸如直线等路径只有描边颜色，而没有填色。在 Illustrator 中创建直线时，如果要应用描边和填色，可将描边轮廓化，这将把直线转换为闭合形状（或复合路径），如图 3.58 所示。

下面将轮廓化刚创建的窗帘的描边。

1 在选择了线段的情况下，单击控制面板中的“填色”框，并选择“[无]”。

AI

注意：如果线条原本就是填色，轮廓化描边将创建一个更复杂的编组。

2 选择菜单“对象”>“路径”>“轮廓化描边”，这将创建一个填色后的闭合路径。

3 在选择了该形状的情况下，单击控制面板中的“填色”框，将颜色改为浅橘色，其提示值为“C=0 M=35 Y=85 K=0”。再单击“描边”颜色框，确认其颜色为“[无]”。

4 使用选择工具（ ），将该窗帘形状的左边缘向左拖曳，拖曳时按住 Shift 键。对齐白色窗户矩形左侧边缘时，松开鼠标和按键。

5 将窗帘形状右侧中央的手柄向右拖曳，让窗帘更宽些，如图 3.59 所示。

6 按住 Alt 键（Windows 系统）或 Option 键（Mac 系统），将该窗帘形状向右拖曳，直到它与白色窗户矩形右侧边缘对齐时，松开鼠标和按键。

7 在控制面板中,单击“变换”文字以打开变换面板(或者选择菜单“窗口”>“变换”)。确保已选中“参考点定位器”（ ）的中间点，选择其下拉菜单（ ）中的“水平翻转”，如图 3.60 所示。

> AI 注意:“变换”可能不在控制面板中显示,这取决于屏幕分辨率。如果看到的是“X, Y, W, H”的字样，单击它们中任意一个即可。

8 选择菜单“对象”>“全部解锁”，再选择菜单“选择”>“取消选择”。

9 使用选择工具，单击选中白色窗户矩形。单击控制面板中的“描边”字样，打开描边面板。单击“使描边外侧对齐”按钮（ ）。

10 按住 Shift 键,单击选中两个窗帘形状与其下方的灰色圆角矩形。选择菜单“对象”>“排列”>“置于顶层”。

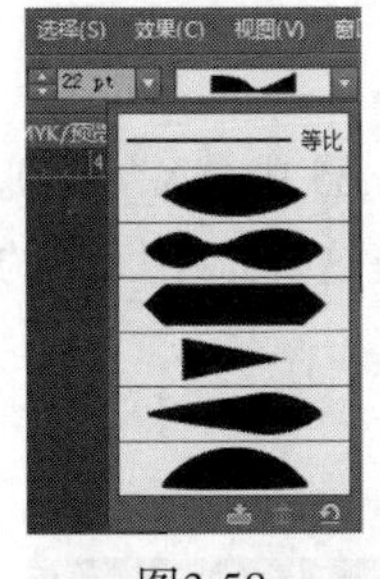

图3.58

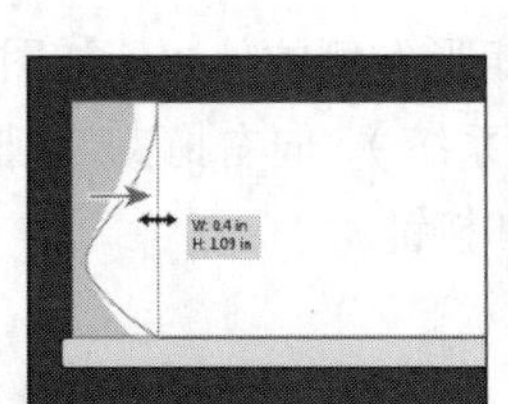
图3.59

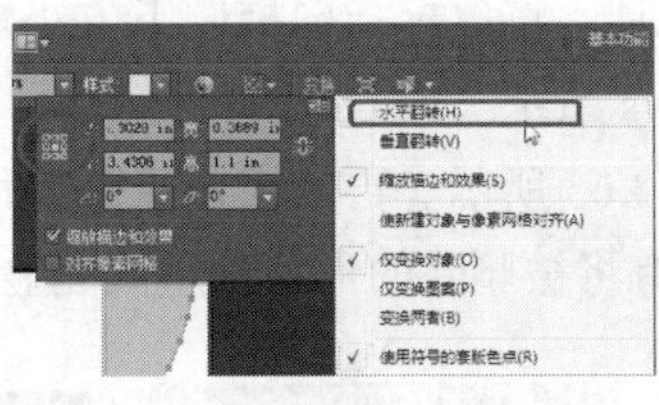
图3.60

图3.61

11 选择菜单“选择”>“取消选择”，再选择菜单“文件”>“存储”。

12 选择菜单“视图”>“画板适合窗口大小”。

3.4 合并和编辑形状

在 Illustrator 中，可通过各种方式合并矢量对象以创建形状。而得到的路径和形状随合并路径的方法而异。下面将介绍的第一种合并形状的方法，就是使用形状生成器工具。这个工具可以直接在图稿中合并、删除、填充和编辑各种相互重叠的形状和路径。

3.4.1 使用形状生成器工具

下面使用形状生成器工具,修改红色门的外观,并在其上创建一扇窗户。然后,将会绘制一片云。

1 选择工具箱中的选择工具（ ），单击选中星形。选择菜单“对象”>“隐藏”>“所选对象”，将其暂时隐藏。

2 选择工具箱中的缩放工具（ ），然后单击 3 次红色门的顶部，将其放大。

3 选择菜单“视图”>“轮廓”，这样进行绘图将不影响其他形状。

4 选择工具箱中的矩形工具（ ），将鼠标指向门的左边缘，与顶部对齐。当绿色的对齐参考线出现时，单击并向右下方拖曳以创建一个宽约 1.2 in，高约 0.1 in，如图 3.62 所示。

5 选择菜单“视图”>“预览”。

6 使用选择工具，按住 Shift 键，单击选中灰色椭圆、红色矩形和刚绘制的矩形。然后选择工具箱中的形状生成器工具（ ）。

7 将鼠标指向椭圆型底部，如图中“X”处。从该处向下拖曳进入红色矩形区。松开鼠标后图形将会合并，如图 3.63 所示。

为了使用形状生成器编辑图形，编辑的形状必须被选中。使用形状生成器工具时，堆叠的形状将暂时分割为独立的对象。从一部分拖曳到另一部分时，将出现红色轮廓线，指出合并后形状的样子。

> **提示**：放大视图有助于看清哪些是将要合并的形状。

8 在这些形状仍被选中的情况下，按住 Alt 键（Windows 系统）或 Option 键（Mac 系统），单击矩形左端（如图 3.64 圈中所示）以将其删除，如图 3.64 所示。

注意到，按住该修正键时，鼠标旁有一个减号（ ）。

9 仍使用形状生成器工具，将鼠标指向椭圆下方小矩形左侧的外边（如图 3.65 中“X”处）。按住 Alt 键（Windows 系统）或 Option 键（Mac 系统），向右拖曳，则将这些选中区域的形状全部删除，如图 3.65 所示。再依次松开鼠标和按键。

拖曳鼠标时，注意到所有将被删除的形状都呈高亮显示。

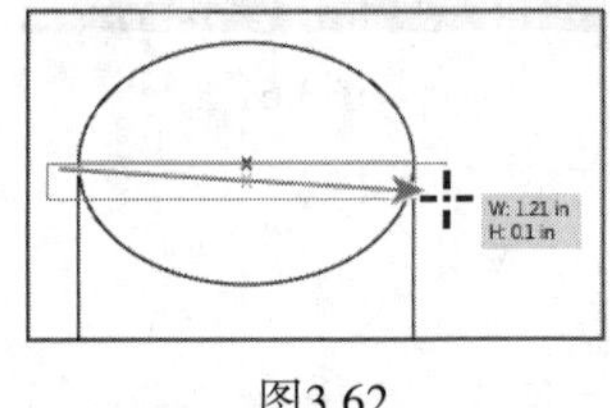

图3.62

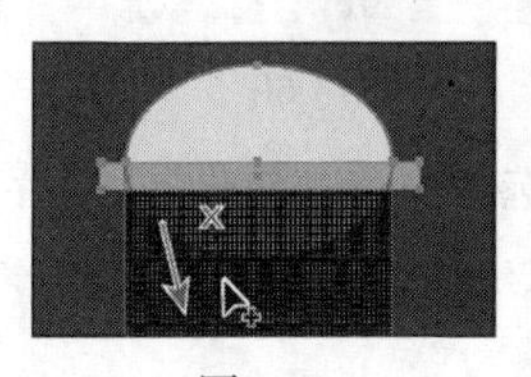
图3.63

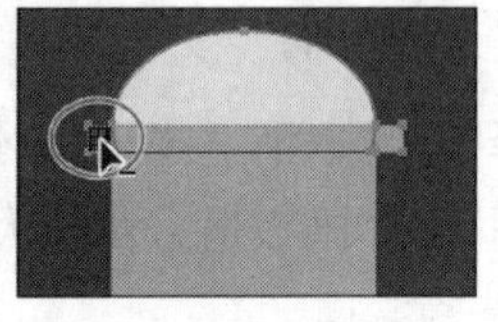
图3.64

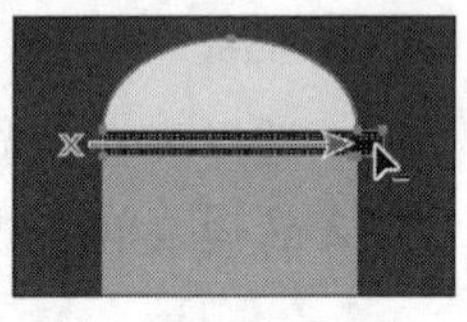
图3.65

10 在这些形状仍被选中的情况下，将填色改为红色，其提示值为“C=15 M=100 Y=90 K=10”。按 Esc 键可隐藏该面板，而不改变画板中的任何对象。单击选中大矩形（门），以将其填色改为红色，如图 3.66 所示。

要将填色应用于被形状生成器工具选中的对象，可以先选择填色，再单击它。

11 选择菜单“选择”>“取消选择”，再选择菜单“视图”>“画板适合窗口大小”。

12 选择菜单“对象”>“显示全部”，将星形显示出来。

最后，将使用形状生成器工具创建一片云。

1 选择工具箱中的椭圆工具（ ），在房子烟囱的上方画出一个宽约 1.4 in，高约 0.8 in 的椭圆。
2 切换到选择工具（ ），，按住 Alt 键（Windows 系统）或 Option 键（Mac 系统），拖曳该椭圆两次以创建两个复制的椭圆。
3 仍使用选择工具，将 3 个椭圆如图中位置摆放。选中三个云形状，如图 3.67 所示。
4 选择工具箱中的形状生成器工具（ ）。
5 按住 Shift 键，从 3 个椭圆形状的左上边缘处开始拖曳选框，选中它们，如图 3.68 所示。再依次松开鼠标和按键。

图3.66

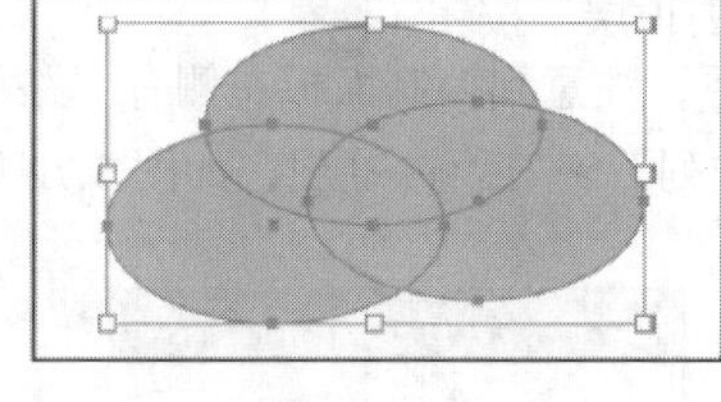
图3.67

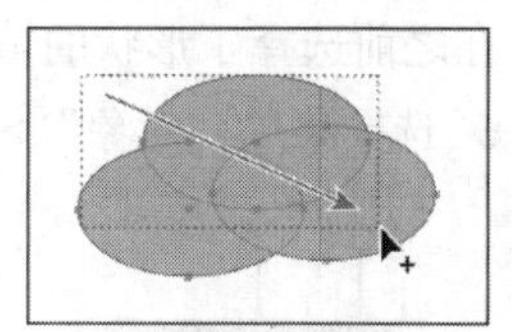
图3.68

提示：按住 Shif t+ Alt 键（Windows 系统）或 Option + Shift 键（Mac 系统），然后使用形状生成器工具拖曳选框选中形状，则可以将其删除。

6 切换到选择工具并选中云的形状，在控制面板中将填色改为白色，描边色改为黑色。
7 选择菜单“选择”>“取消选择”，再选择菜单“文件”>“存储”。

形状生成器工具的选项

要得到所需的合并特性和更好的视觉回馈效果，可以自行建立和定制各种选项，如间隙检测、拾色来源和高光。

双击工具箱中的形状生成器工具，即可在出现的“形状生成器工具选项”对话框中修改这些选项，如图3.69所示。

——摘自Illustrator帮助

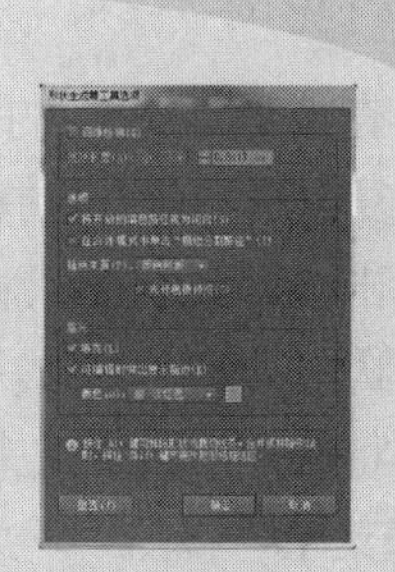
图3.69

提示：更多有关形状生成器工具选项的信息，可选择菜单“帮助”>“Illustrator帮助”，然后搜索“形状生成器工具选项”即可。

3.4.2 使用路径查找器效果

路径查找器效果位于路径查找器面板底部一栏，如图 3.70 所示，在默认情况下，可以让用户以多种不同的方式创建路径或者路径组。应用路径查找器效果（如合并）时，将永久性地转换选定的原始对象。如果效果涉及到多个形状，将自动将它们编组。

下面将通过删除灰色三角形的一部分来完成房子的屋顶。

1 选择菜单“视图”>“画板适合窗口大小”。按住空格键以选择抓手工具( )，稍微下移画板，以便可以看到画板上方的灰色区域。

2 选择菜单“窗口”>“路径查找器”，打开路径查找器面板组。

3 选择工具箱中的矩形工具（ ），将鼠标指向画板的左侧边缘。单击拖曳出一个覆盖大三角形顶部的矩形，如图 3.71 所示。

4 按住 Shift 键并使用选择工具（ ）单击选中该大三角形。

5 单击控制面板中的“减去顶层”按钮（ ）。

在之前选择了形状的情况下，注意到控制面板左侧有“路径”的字样。

6 选择菜单“对象”>“排列”>“后移一层”，如图 3.72 所示。

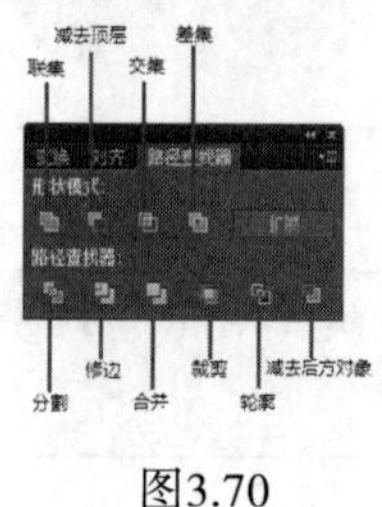

图3.70

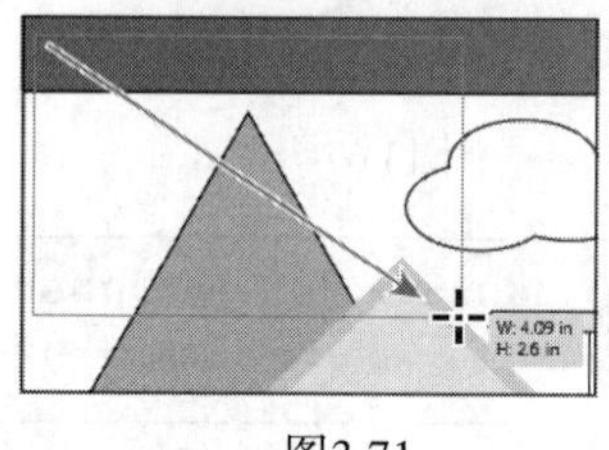

图3.71

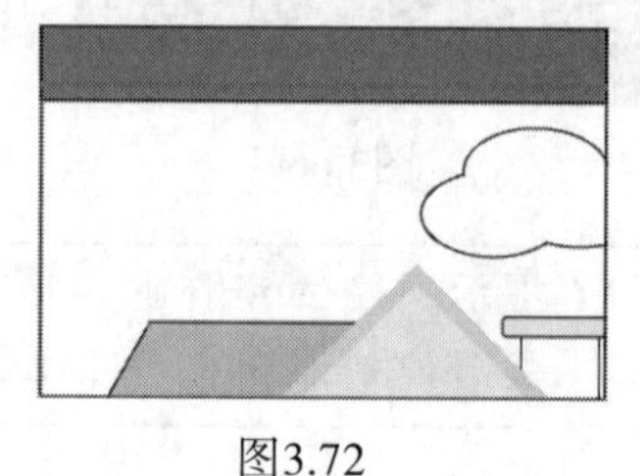

图3.72

7 选择菜单“选择”>“取消选择”，再选择菜单“文件”>“存储”。

3.4.3 使用形状模式

在路径查找器第一栏中的按钮，叫做形状模式。它可以像路径查找器效果那样创建路径，还可用于创建复合形状。在选择了多个形状的情况下，按住 Alt 键（Windows 系统）或 Option 键（Mac 系统）并单击一种形状模式将创建复合形状而不是路径，并且原始对象也被保留，所以这样可以选择复合性状中的各个对象。

下面，将使用形状模式来完成门上的窗户。

1 选择菜单“视图”>“画板适合窗口大小”。

2 选择缩放工具（ ），在红色矩形上方的星形处单击数次。

> AI | **注意**：如果星形没有出现，可以选择菜单“对象”>“显示全部”来显示星形。

3 切换到选择工具（ ），单击选中星形，按住 Shift 键并单击星形下层的灰色椭圆，以选中这两个形状。松开按键，然后再单击椭圆以将它作为关键对象。

4 单击控制面板中的“水平居中对齐”按钮（ ）。

5 在这些对象仍被选中的情况下，按住 Alt 键（Windows 系统）或 Option 键（Mac 系统），单击路径查找器面板中的“减去顶层”按钮（ ），如图 3.73 所示。

这将创建一个复合性状，它描摹了两个对象的重叠区域的轮廓。此时仍能独立地编辑星形和椭圆。

6 选择菜单“选择”>“取消选择”，观察最终得到的形状，如图 3.74 所示。

星形沿着椭圆形状被剪切，而描边则是沿着该椭圆。

7 切换到选择工具，双击门上的窗户形状进入隔离模式。

> AI **提示：**要编辑复合形状中的原始形状，也可以使用直接选择工具，分别选择目标对象即可。

8 选择菜单“视图”>“轮廓”，以便能够看到原始形状（椭圆和星形）。单击椭圆的边缘选中它，在控制面板中的“填色”框将其改为白色，如图 3.75 所示。

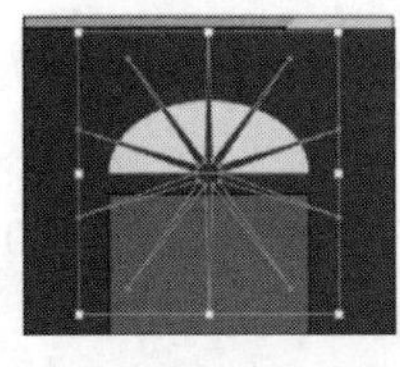

图3.73

图3.74

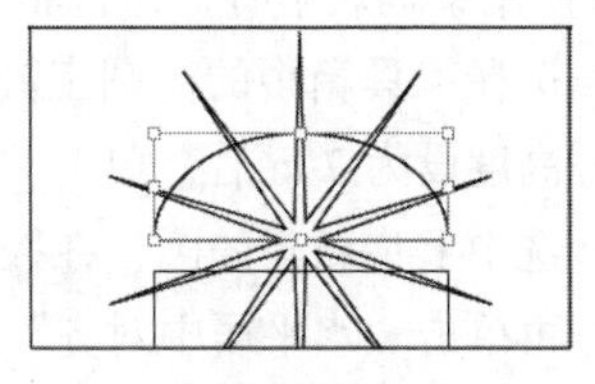

图3.75

9 向下拖曳椭圆定界框的上部中央的手柄，使其变得短些。直到度量标签显示其高度大约为 0.3 in 时停止拖曳，此时该椭圆仍被选中，如图 3.76 所示。

> AI **注意：**放大视图后，再调整形状大小将会更容易些。也可以直接在变换面板中修改选中形状的宽度和高度。

10 选择菜单“视图”>“预览”。

11 选择菜单“编辑”>“复制”，以复制椭圆形状。再选择菜单“选择”>“取消选择”。

12 按 Esc 键，退出隔离模式。

13 使用选择工具再次单击选中窗户形状。选择菜单“编辑”>“贴在后面”。在控制面板中，将复制得到的椭圆形的填色改为深灰色（提示值为“C=0 M=0 Y=0 K=40”），并确保其描边色为“[无]”。

14 选择菜单“选择”>“取消选择”。再次单击选中窗户（复合形状）。选择工作区右侧的描边面板图标（☰）以扩展描边面板。拖曳单击左侧的向下箭头或者直接键入数值，将描边粗细改为 0。在窗户的复合形状仍被选中的情况下，单击描边面板标签以折叠该面板。此时被选中的仍是窗户的复合形状。

下面将扩展窗户形状。扩展复合形状不会影响原始对象，但从此之后就无法再选择或编辑原始对象。

> AI **提示：**一般情况下，要修改对象的外观属性或其内部特定元素的其他特性时，可以使用扩展功能。

15 单击路径查找器中的“扩展”按钮，然后关闭路径查找器面板组，如图 3.77 和图 3.78 所示。

16 选择菜单“选择”>“取消选择”，再选择菜单“文件”>“存储”。

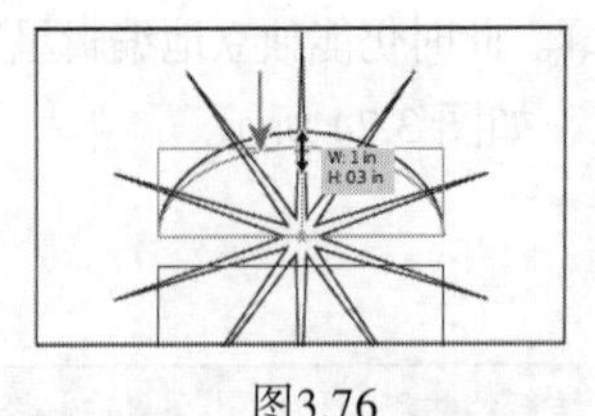
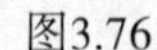

图3.76

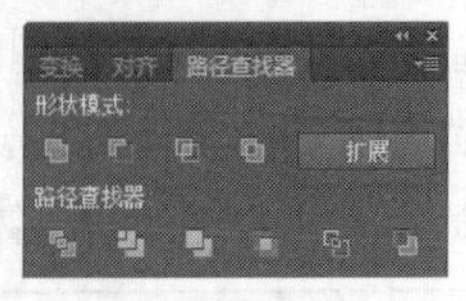

图3.77

图3.78

3.4.4　使用内部绘图模式

接下来，将会学习如何使用内部绘图模式在一个形状内部绘制另一个形状。需要隐藏一部分画稿或使用蒙版效果时，这将非常有用。

1 选择工具箱中的椭圆工具（ ），单击画板的左上角。在椭圆对话框中，将宽度设为 7 in、高度设为 7 in 后，单击“确定”按钮，如图 3.79 所示。

2 选中上步新建的圆，在控制面板中的对齐菜单（ ）中选择“对齐画板”，如图 3.80 所示。再单击“水平居中对齐”按钮（ ）和“垂直居中对齐”按钮（ ）。

注意：对齐按钮可能没有出现在控制面板。这时可以单击控制面板中的“对齐”字样以打开对齐面板。

3 在控制面板中将填色选为蓝色（其提示值为“C=70 M=15 Y=0 K=0”），并将描边粗细改为 0，如图 3.81 所示。

4 单击工具箱底部的“内部绘图”按钮（ ），如图 3.82 所示。

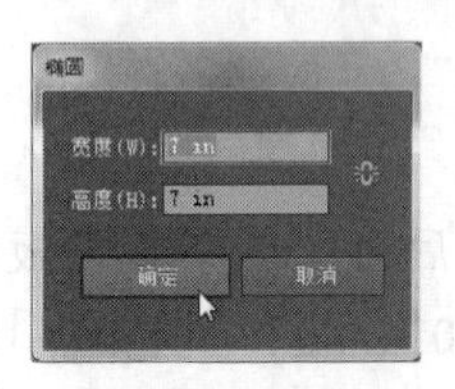

图3.79 创建椭圆

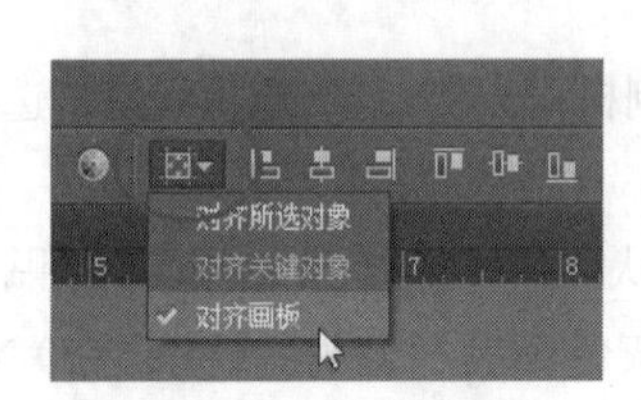

图3.80 对齐该椭圆

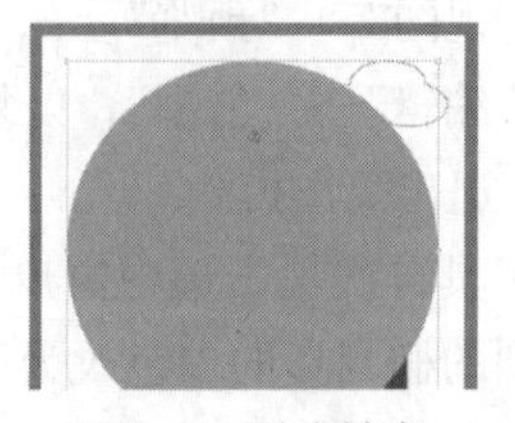

图3.81 更改填色

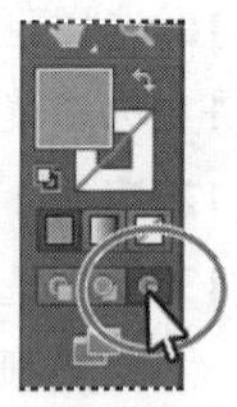

图3.82

当单个对象（路径、复合路径或文本）被选中时，可以选择“内部绘图”模式。这样可以仅在被选中的对象内部绘图，而创建的每个形状都将位于被选图形（本节为圆）内部。同时，还可以注意到蓝色圆形的定界框为虚线，表明当前处于内部绘图模式，所有的绘图、粘贴或放置内容的操作都将位于该圆内。

注意：如果工具箱为单栏，要访问绘图模式，可在工具箱底部的“绘图模式”按钮上按住鼠标，并从打开的下拉列表中选择一种绘图模式。

5 选择菜单“选择”>“取消选择”。

6 切换到矩形工具（ ），从大圆左侧边缘向下约三分之一处开始绘制一个矩形（如图中“X”处）。向右下方拖曳创建矩形，矩形要大到能覆盖圆的下半部分，如图 3.83 所示。

7 在仍选中矩形的情况下，在控制面板中将填色改为绿色，其提示值为“C=50 M=0 Y=100 K=0”。

注意到此时圆形的定界框仍为虚线，表明现在仍是“内部绘图”模式。

8 在工具箱中选择多边形工具（ ），单击圆的大致中心位置。在多边形对话框中，将半径改为 2.6 in，变数改为 3，然后单击“确定”按钮。

9 在控制面板中将该三角形的填色设为浅灰色，其提示值为“C=0 M=0 Y=0 K=10”，如图 3.84 所示。

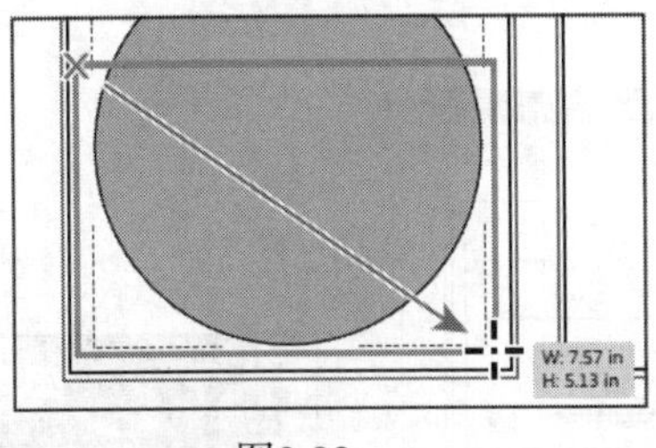

图3.83

图3.84

完成图形的内部绘图时，再单击“正常绘图”按钮（ ），以便将之后的绘图恢复为正常模式（形状将会堆叠，而不是内部绘图）。之后将无法选择三角形或矩形，只能选中圆形。如果移动圆形，其内部的三角形和矩形将会一起移动。而要缩放或修改圆的形状时，其内部的图形将会一起改变。

> AI **注意：**如果在圆形外部绘制形状，它将看起来消失了。这是由于圆形将用作蒙版，只有位于圆内部的形状才会出现。

10 选择菜单“选择”>“取消选择”。单击选中工具箱底部的“正常绘图”按钮（ ）。

> AI **注意：**如果工具箱为单栏，要访问绘图模式，可在工具箱底部的“绘图模式”按钮上按住鼠标，并从打开的下拉列表中选择一种绘图模式。

3.4.5 编辑内部绘图的内容

下面将会编辑圆内部的形状。

1 使用选择工具（ ）单击灰色三角形。注意到它无法被选中，只能选中蓝色的圆形。双击灰色三角形以进入隔离模式。再次单击灰色三角形，则可以选中它，如图 3.85 所示。

> AI **提示：**要独立编辑这些形状，还可以使用选择工具选中该蓝色三圆形，再选择菜单“对象”>“剪切蒙版”>“释放”。这将使图中的三个形状呈堆叠效果。

在仍选中灰色三角形的情况下，注意到控制面板左端的“编辑内容”按钮（ ）被选中。同时，文档窗口顶部出现灰色栏，表明这个内容是一个剪切组。

2 选择菜单“视图”>“轮廓”，以观察其他的形状。仍使用选择工具选中三角形的边缘，向左下方拖曳直到大致位于图 3.86 中位置。

房子前门外还有一个人行道。度量标签中的 dX 和 dY 值不需与图中数值完全匹配。

3 选择菜单“视图”>“预览”，以观察这些形状的填色。

4 选择菜单“视图”>“画板适合窗口大小”。

5 按 Esc 键以退出隔离模式。

6 选择菜单“选择”>“取消选择”。

7 使用选择工具选中绿色的草地形状。选择菜单“对象”>“排列”>“后移一层”。然后单击画板的空白区域以取消选择，如图 3.87 所示。

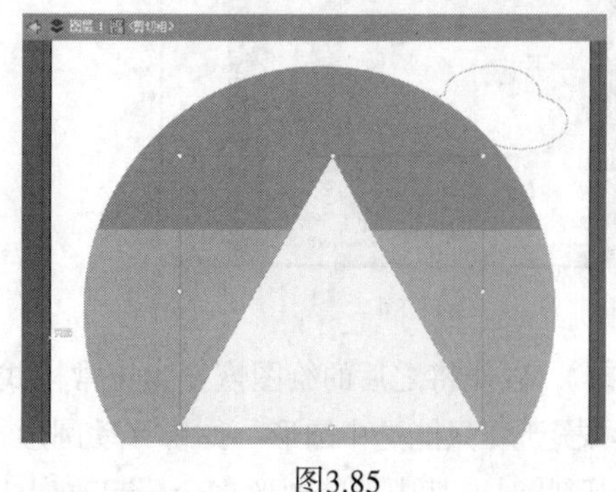
图3.85

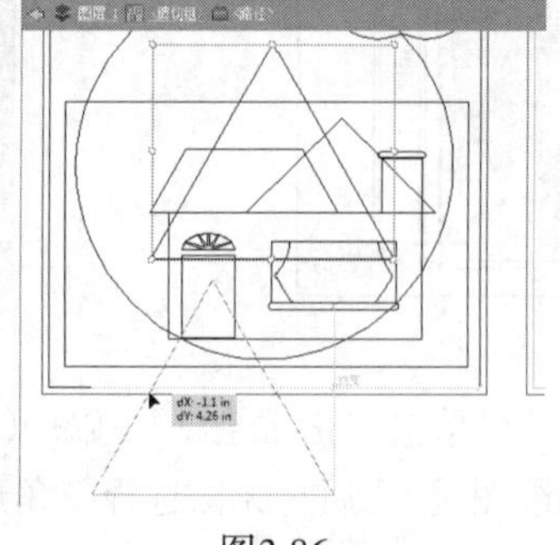
图3.86

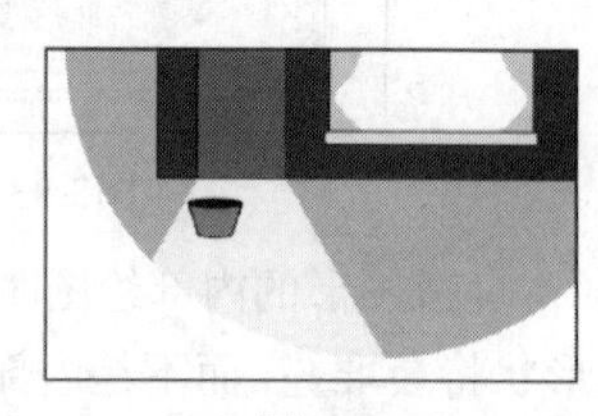
图3.87

> **AI** | **注意**：人行道（灰色三角形）并不需与图 3.87 中所示完全一致。

8 选择菜单“文件”>“存储”。

另一种使用内部绘图模式的方法，是将内容粘贴或置入路径、复合路径或文本内。下面，将要把另一个文件中的画稿粘贴到烟囱形状中，使得烟囱看起来是由砖垒成的。

1 选择菜单“文件”>“打开”，在文件夹 Lesson03 中打开 pieces.ai 文件。

2 导航到该文件的第一个画板，其中包含了红色砖块的形状。使用选择工具选中这个砖块组，然后选择菜单“编辑”>“复制”。将 pieces.ai 文件保留为打开状态。

3 单击 homesale.ai 文件标签以返回该文件。

4 使用选择工具单击选中白色的烟囱大矩形。然后单击位于工具箱底部的“内部绘图”按钮（ ）。

5 选择菜单“编辑”>“粘贴”，如图 3.88 所示。

这个砖块组将被粘贴在烟囱矩形内，此时在现用画板中该砖块组是被选中的。

6 按住 Shift + Alt 键（Windows 系统）或 Shift + Option 键（Mac 系统），使用选择工具选中该砖块组上边缘中央的手柄，向下拖曳使该图案变小些。当图案与烟囱矩形匹配时松开鼠标和按键，如图 3.89 所示。

7 单击工具箱底部的“正常绘图”按钮（ ），然后选择菜单“选择”>“取消选择”，再选择菜单“文件”>“存储”。

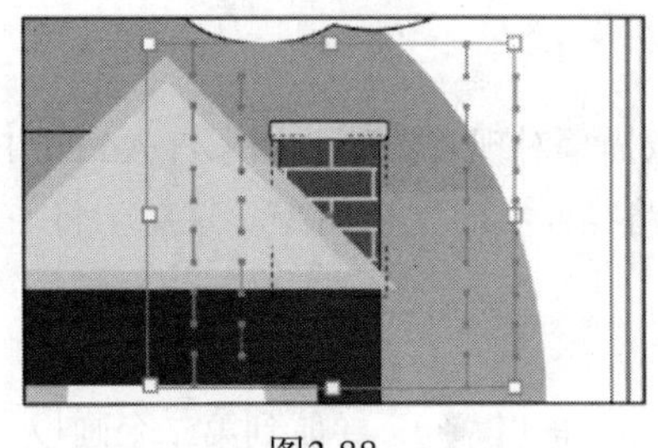

图3.88

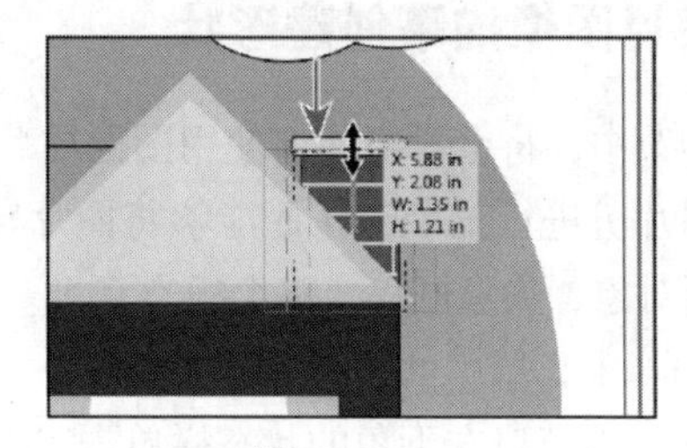

图3.89

3.4.6 使用橡皮檫工具

不管图稿的结构如何，使用橡皮檫工具可擦除图稿的任何区域。橡皮擦工具可用于路径、复合路径、实时上色组中的路径和剪切路径。

1 选择工具箱中的缩放工具（ ），双击房子后面的绿色矩形（位于圆内）。这将进入隔离模式并可以编辑圆内部的形状。再次单击该绿色矩形以选中它。

通过选中该绿色矩形，将只会擦除该矩形，而不会擦除其他任何形状。如果没有选择任何对象，将擦除橡皮擦工具触及到的所有对象。

2 切换到工具箱中的橡皮擦工具（ ），将鼠标指向画板。长按右中括号键（]）以增加橡皮擦的半径。如果想要减小该工具半径，则可长按左中括号键（[）。

3 将鼠标指向绿色矩形的左上角（位于圆外）。单击并沿着该矩形上边缘向右拖曳鼠标，拖曳时稍微上下起伏以创建群山的效果（如图 3.90 所示）。松开鼠标后，途径依然闭合，这是由于被擦除的端点重新合并了。

> AI **提示：** 按下 Shift 键并拖曳选框选中对象后，可以将橡皮擦工具约束为垂直、水平或对角的直线段。

> AI **注意：** 在这步擦除了边缘后，大的绿色形状上方可能还遗留了一些小的绿色形状。可以将它们也擦除掉。

4 按 Esc 键以退出隔离模式。

5 选择菜单“选择” > “取消选择”。

6 选择菜单“文件” > “存储”，如图 3.91 所示。

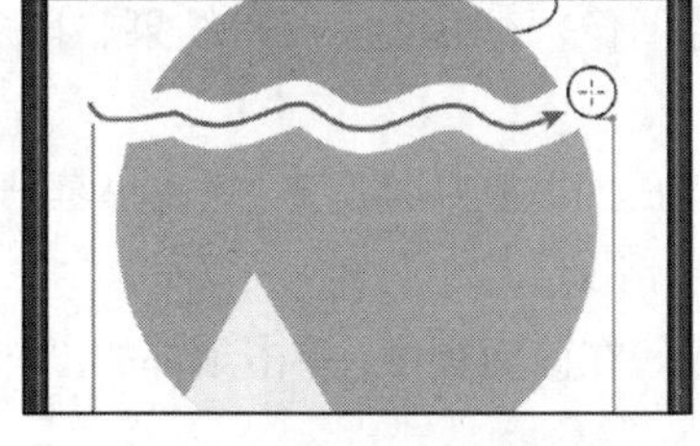

图3.90

图3.91

3.5 使用图像描摹创建形状

在本节中，将会学习如何使用图像描摹命令。图像描摹对现有图稿（如来自 Adobe Photoshop 的光栅图片）进行描摹，从而能够将图片转换为矢量路径或实时上色对象。这对于将一幅图画转换为描摹对象、矢量画稿，将会很有帮助。

1 选择工具箱中的选择工具（ ）。

2 在文档窗口左下角的状态栏单击“下一项”画板按钮（ ），导航到第二个画板。

3 单击文档窗口中的 pieces.ai 文件标签以显示画稿。再单击状态栏中的“下一项”按钮以导航到第二个画板。

4 选择菜单“选择”>“现用画板上的全部对象”，选中徽标（LOGO）的板架。选择菜单“编辑”>“复制”，然后选择菜单“文件”>“关闭”，在不保存对 pieces.ai 文件更改的情况下关闭该文件。

5 回到 homesale.ai 文件的第二个画板，选择菜单“编辑”>“粘贴”。在这些对象仍被选中的情况下，选择菜单“对象”>“隐藏”>“所选对象”，将该徽标（LOGO）板架隐藏。

6 选择菜单“文件”>“置入”，在文件夹 Lesson03 中选择 Logo.png 文件，然后单击“置入”按钮。

7 在画板中大致为中心的位置单击，以置入该文件。

在置入图像被选中的情况下，控制面板的选项发生了变化。可以在控制面板的左侧找到“链接的文件”的字样、文件的名字“Logo.png”、分辨率“PPI: 72”以及其他信息。

> AI 提示：更多关于图像置入的信息，请参阅第 15 课。

8 单击控制面板中的“图像描摹”按钮，而描摹后的结果并不需要与图 3.92 中一致。

这步是使用默认选项将图像变成了一个描摹对象（矢量），这意味着此时其内容仍不可编辑。但是，可以改变描摹设置的选项、甚至是原来置入的图片本身，并立刻能看到更新的结果。

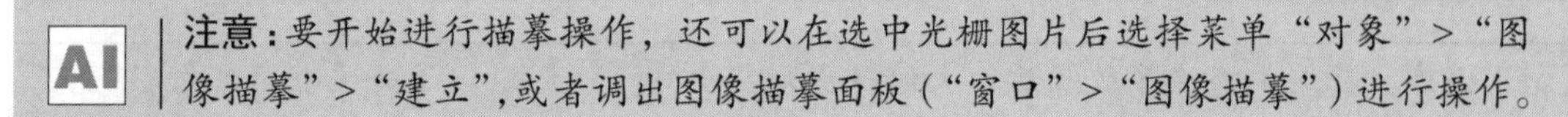

> AI 注意：要开始进行描摹操作，还可以在选中光栅图片后选择菜单“对象”>“图像描摹”>“建立”，或者调出图像描摹面板（“窗口”>“图像描摹”）进行操作。

9 按数次 Ctrl + + 组合键（Windows 系统）或 Command + + 组合键（Mac 系统），放大画板的视图。

10 从控制面板左端的“预设”菜单中选择“6 色”，如图 3.93 所示。

Illustrator 中设有预设描摹选项，可以应用于使用图像描摹的对象。如有需要，可以开始使用“[默认]”的预设选项，之后再自行更改描摹设置。

11 在控制面板中的“视图”菜单中选择“轮廓（带源图像）”，并观察所得结果。再从该菜单中选择“描摹结果”，如图 3.94 所示。

图像描摹对象是由源图像和描摹结果（即矢量图稿）组成的。默认情况下，只有描摹结果可见。但是，为了满足需要，也可以更改源图像和描摹结果的显示情况。

12 选择菜单“窗口”>“图像描摹”，打开图像描摹面板。在该面板中，单击顶部的“自动着色”按钮（ ），如图 3.95 所示。

图3.92

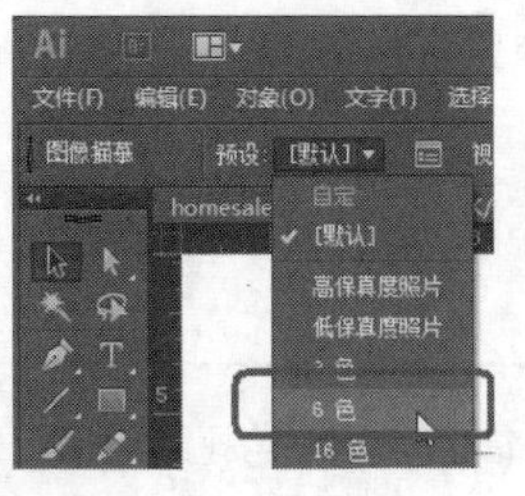

图3.93

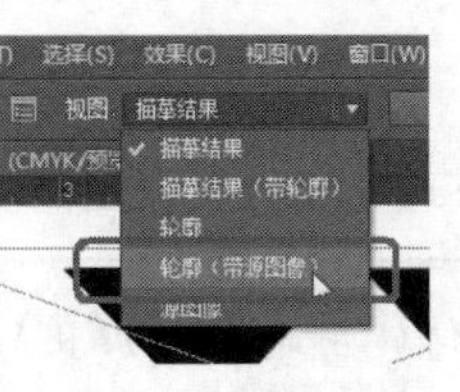

图3.94

图3.95

图像描摹面板中的首行按钮，保存了将图像转为灰白黑图形的各种设置。

AI 提示：要打开图像描摹面板，还可以在选中描摹后的图稿后，单击控制面板中的“图像描摹面板”按钮（）。

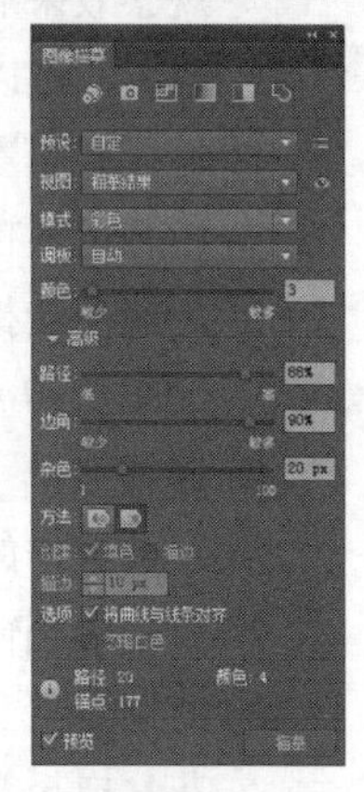

图3.96

13 在图像描摹面板右侧的视图菜单中，按住眼睛按钮（），即可查看其源图像。松开鼠标。

14 在图像描摹面板中，单击“高级”左侧的开关箭头，可显示高级设置选项。仅改变以下选项，如图 3.96 所示：

- 颜色：3
- 路径：88%
- 边角：90%
- 杂色：20 px
- 方法：单击“重叠（创建堆积路径）”按钮（）
- 将曲线与线条对齐：选中

AI 注意：在图像描摹面板顶层按钮下方，则是预设和视图选项，这些与控制面板中的选项相同。“模式”选项可以改变最终生成图稿的颜色（彩色、灰度、黑白）。而“调板”选项可以限制颜色调板的颜色数，或将调板限制为选定的颜色组。

提示：图像描摹面板中的“预设”菜单右侧，可单击“管理预设”按钮（），选择将自定义设置设为预设项、删除某个预设项或者重命名某个预设项。

15 在仍选中 Logo 描摹对象的情况下，单击控制面板中的“扩展”按钮。这时 Logo 不再是描摹对象，而是由形状和路径组成的对象组，如图 3.97 所示。

图3.97

AI 提示：更多关于图像描摹和图像描摹面板中各个选项的信息，请参阅 Illustrator 帮助中的“描摹图稿”（菜单“帮助”>“Illustrator 帮助”）。

16 关闭图像描摹面板。

整理描摹后的图稿

图像描摹后，可能需要整理生成的矢量图稿。

> **AI** | **注意**：更多关于如何使用路径和形状的信息，请参阅第 5 课。

1 选择工具箱中的选择工具（ ），双击上一节得到的 Logo 对象组以进入隔离模式。单击左侧“M”字母上方的蓝色形状，然后选择菜单“对象”>“路径”>“简化”。

2 在简化对话框中，选择“直线”选项，并确保“角度阈值”为 30。勾选“预览”复选框，观察效果后单击“确定”按钮，如图 3.98 所示。

3 按 Esc 键以退出隔离模式。然后选择“视图”>“画板适合窗口大小”。

4 选择菜单“对象”>“显示全部”以显示 Logo 的板架。使用选择工具选中 Logo 并按住 Shift 键，将其定界框上边缘中央的手柄向下拖曳直到 Logo 与其板架所匹配。

5 仍使用选择工具，将 Logo 拖到其板架内部，使得看起来这个 Logo 就像位于该板架上一样，如图 3.99 所示。

6 选择菜单“选择”>“现有画板上的全部对象”，再选择菜单“对象”>“编组”。在该对象组被选中的情况下，选择菜单“编辑”>“复制”。

7 单击文档窗口状态栏中的“上一项”画板按钮（ ），然后选择菜单“编辑”>“粘贴”。

8 使用选择工具，拖曳并调整标识板架，使它小些。然后将它放在如图 3.100 中的位置。将花盆拖至靠近门右侧的位置。

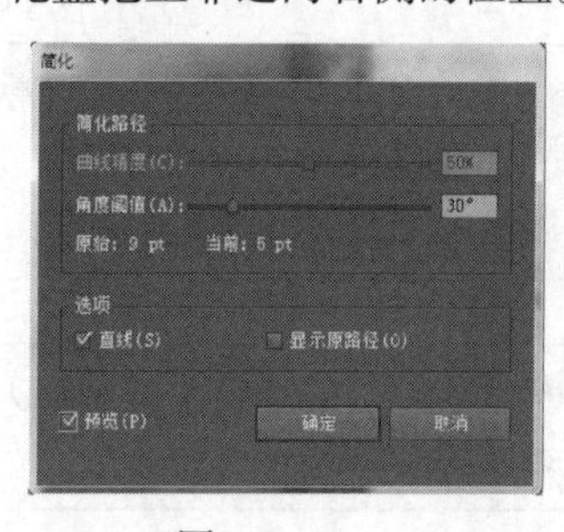

图3.98

图3.99

图3.100

9 选择菜单“文件”>“存储”，然后选择菜单“文件”>“关闭”。

3.6 复习

复习题

1 有哪些创建形状的基本工具？
2 如何选择一个没有填色的形状？
3 如何绘制正方形？
4 绘制多边形时，如何修改边数？
5 指出两种将多个形状合并的方法。
6 如何将光栅图像转换为可编辑的矢量形状？

复习题答案

1 有六种基本形状工具：矩形、圆角矩形、椭圆、多边形、星形和光晕。要将工具组与工具箱分离，可将鼠标指向工具箱中的工具，然后按住鼠标，直到整个工具箱出现后，单击工具组右侧的三角形，单击后再松开鼠标。
2 要选择没有填色的对象，必须单击其描边。
3 要绘制正方形：可选择工具箱中的矩形工具（ ），按住 Shift 键后再单击并拖曳鼠标即可，也可以在画板上单击，然后在矩形对话框中输入相同的宽度和高度值。
4 要在绘制多边形时修改其边数，可选择工具箱中的多边形工具（ ）。绘制形状时，按键盘的向下键减少边数或按键盘的向上键增加边数。
5 使用形状生成器工具（ ）可在图稿中直观地合并、删除、填充和编辑相互重叠的形状和路径。也可以使用路径查找器效果，将其作用于重叠的对象以创建新形状。要应用路径查找器效 果，可使用“效果”菜单或“路径查找器”面板。
6 可以通过描摹的方式将光栅图像转换为可编辑的矢量形状。要将描摹结果转换为路径，可单击控制面板中的“扩展”按钮或者选择菜单“对象”>“图像描摹”>“扩展”。如果要将描摹结果的组成部分作为独立的对象进行处理，则可以使用这种方法，得到的路径也将会被编组。

第4课　变换对象

本课概述

在这节课中，读者将会学习如何进行以下操作：

- 在现有文档中添加和编辑画板、对画板进行重命名和重排序；
- 在画板之间导航；
- 使用标尺和参考线；
- 使用各种方法移动、缩放和旋转对象；
- 镜像、倾斜和扭曲对象；
- 精确地调整对象的位置；
- 使用度量标签来精确放置对象；
- 使用自由变换工具来扭曲对象。

学习本课内容大约需要1小时，请从光盘中将文件夹Lesson04复制到您的硬盘中。

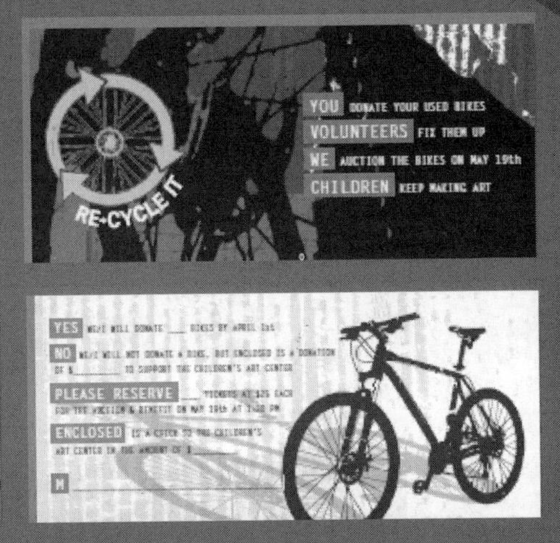

创建画稿时，可以使用众多方式修改对象，包括快速精确地控制对象的大小、形状和朝向。在本课中，将通过创建多个图稿来探索如何创建和编辑画板、使用各种变换命令和专用工具。

4.1 简介

在本课中，将会创建内容并将其用于创建传单、“拯救今天”的名片（正、反面）和信封。首先，恢复 Adobe Illustrator 的默认首选项，然后打开本课完成后的图稿观察将要创建的内容。

1 为了确保工具和面板的功能如本课所述，请删除或者重命名 Adobe Illustrator CC 的首选项配置文件。

2 双击 Adobe Illustrator CC 按钮开始进入 Adobe Illustrator 软件。

3 选择菜单“文件”>“打开”，打开文件夹 Lesson04 中的文件 L4end.ai，如图 4.1 所示。

该文件包含完成后的 3 件图稿：传单、“拯救今天”的名片（正、反面）和信封。这节课的工程中包含了一个虚拟公司名称、地址以及网址，仅作示例之用。

4 选择菜单“视图”>“全部适合窗口大小”，并在工作时让 L4end.ai 文件显示在屏幕上。若不想让该文件打开，可选择菜单“文件”>“关闭”。

5 选择菜单“文件”>“打开”，并打开文件夹 Lesson04 中的 L4start.ai 文件，如图 4.2 所示。

> **AI** 注意：在 Mac 系统中，可能需要单击文档窗口左上角的绿色圆按钮以将窗口最大化。

图4.1

图4.2

6 选择菜单“文件”>“存储为”。在“存储为”对话框中，将文件重命名为 recycle.ai，选择文件夹 Lesson04，保留“保存类型”为 Adobe Illustrator（*.AI）（Windows 系统）或“格式”为 Adobe Illustrator（ai）（Mac 系统），单击“保存”按钮。而“Illustrator 选项”对话框中，接受默认设置，并单击“确定”按钮。

7 选择菜单“窗口”>“工作区”>“重置基本功能”。

4.2 使用画板

画板表示包含可打印图稿的区域。它类似于 Adobe InDesign 的页面，可以将画板当作裁剪区域以满足打印或置入的需要。而且，可使用多个画板来创建各种内容，如多页 PDF，大小和元素不同的打印页面，网站的独立元素，视频故事板或动画项目。

4.2.1 在文档中添加画板

在 Illustrator 中，可随时添加和删除画板。也可以使用画板工具或画板面板来创建不同尺寸的画板，调整其大小或将画板放在文档的任何位置。每个画板都有其对应的编号，还可以指定它的名称。打开画板面板后，画板的编号和名称将出现在面板的左上角。

下面，将添加画板以便制作“拯救今天”的名片（正、反面）和信封。

1 现用画板为第一个画板，选择菜单视图画板适合窗口大小。

2 按空格键暂时切换到抓手工具。将画板向左拖曳，直到看到超出画板右侧边缘的画布。

3 选择工具箱中的画板工具，将鼠标指向画板右侧并与其上边缘水平对齐后，将会出现绿色对齐参考线。向右下方拖曳以创建一个宽为 9 in，高为 4 in 的画板，得到画板 2，如图 4.3 所示。度量标签可用于帮助确定该画板的尺寸。

> **AI** | **注意：**放大画板后，度量标签的增量将会减少。

4 单击控制面板中的新建面板按钮，以复制最后一次被选中的画板。

5 将鼠标置于新建画板的左下角，当一条绿色的垂直对齐参考线出现时，单击以创建新画板，这是画板 3，如图 4.4 所示。

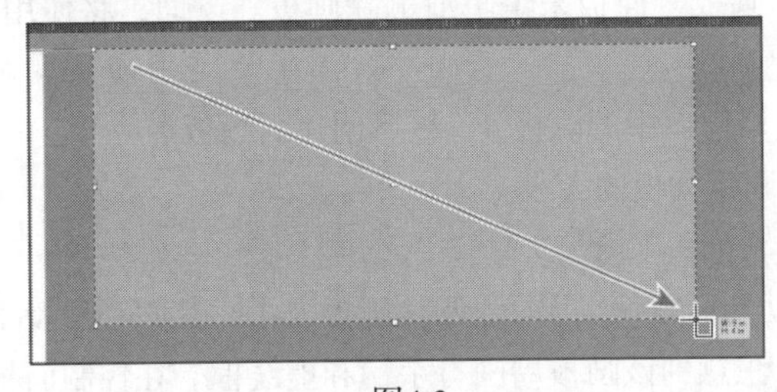

图4.3

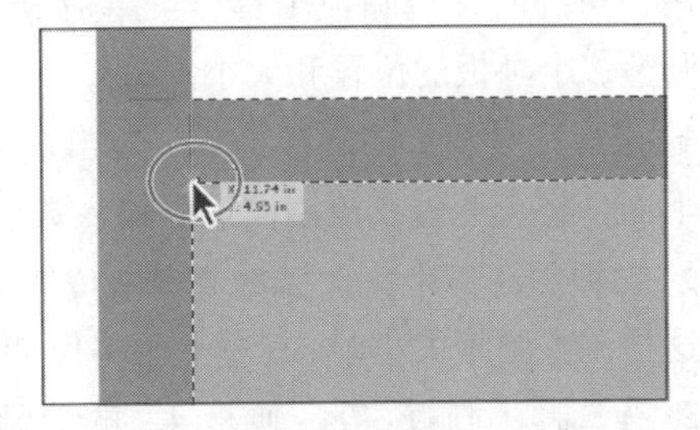

图4.4

6 切换到工具箱中的选择工具。

7 单击工作区右侧的“画板”面板图标，展开“画板”面板，如图 4.5 所示。

注意到第三个画板在面板中高亮显示，这是由于它是现用画板。

画板面板可以查看当前文档中包含的画板个数，还可以对画板重排序、重命名，添加或删除画板，以及执行其他与画板相关的操作。

下面将会使用该面板来学习创建画板的副本。

8 单击面板底部的新建画板按钮，创建画板 3 的副本。并将该画板名为画板 4，如图 4.6 所示。注意到该画板位于文档窗口画板 2（自行创建的首个画板）的右侧。

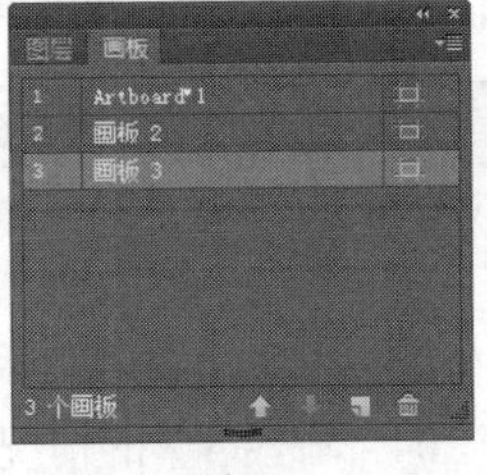

图4.5

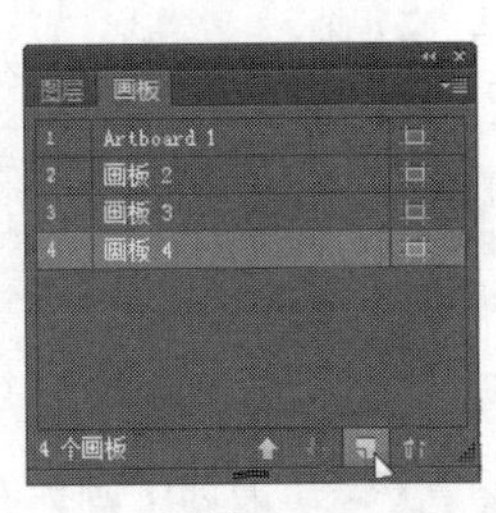

图4.6

> **AI** **提示**：也可使用画板工具来复制画板，方法是按住 Alt 键（Windows 系统）或 Option 键（Mac 系统）并拖曳画板，直到复制的画板远离原始画板。新建画板时，可将其放在任何地方，甚至可将画板彼此重叠。

9 单击“画板”面板的图标，将该画板折叠起来。

10 选择菜单“视图”>“全部适合窗口大小”，结果如图 4.7 所示。

图4.7

4.2.2 编辑画板

用户可随时使用画板工具、菜单命令或“画板”面板来编辑或删除画板。下面，将使用多种方法调整多个画板的位置和大小。

1 选择工具箱中的画板工具，单击选中文档窗口中的画板 4（最后创建的画板）。

下面，将会通过在控制面板中输入数值来调整画板的大小。

2 在控制面板中，选择参考点定位器左上角的点（ ）。

这样调整画板大小时，其左上角将保持不动。而默认情况下，调整画板大小时其中心位置不变。

3 在选择了画板“04 - 画板 4”的情况下，注意到该画板周围有手柄和虚线框。在控制面板中，将宽度和高度分别改为 9.5 in 和 4 in，如图 4.8 所示。

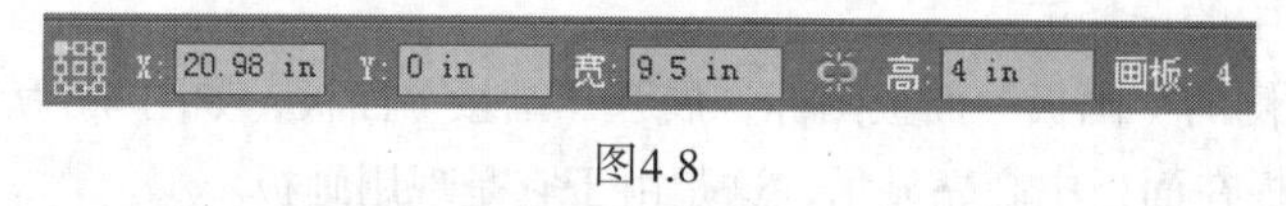

图4.8

在控制面板中，文本框“宽”和“高”之间有一个“约束宽度和高度比例”按钮（ ）。按下该按钮后，将按比例同时调整这两个文本框的值。

> **AI** **注意**：如果在控制面板中没有看到文本框“宽”和“高”，请单击“画板选项”按钮，并在打开的对话框中输入值。

另一种调整画板大小的方法是，使用画板工具拖曳现用画板的手柄，以下正是这样的操作方法。

4 在仍选中画板 4（04 - 画板 4）的情况下，选择“视图”>“画板适合窗口大小”。

5 仍选择画板工具，向下拖曳画板下边缘中央的手柄，直到度量标签显示的高度大约为 4.15 in 时松开鼠标，如图 4.9 所示。

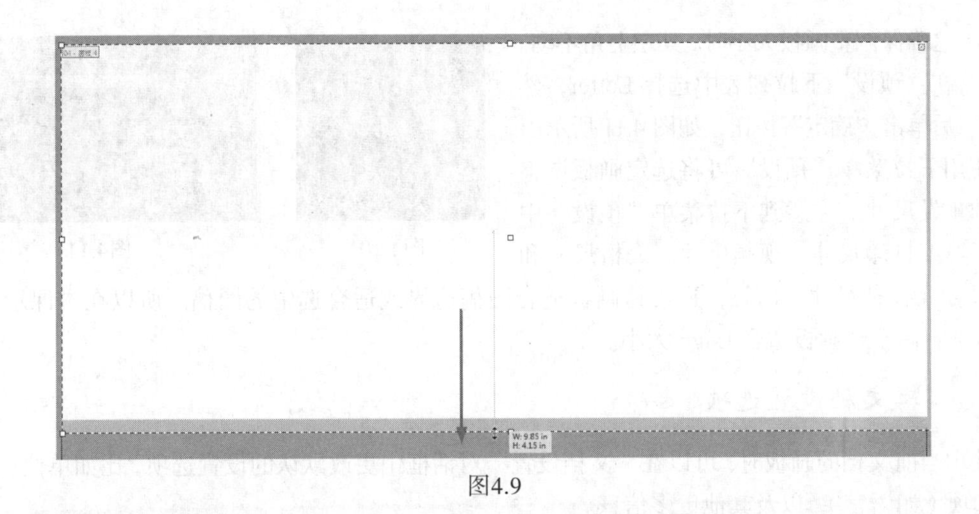

图4.9

> AI 提示：要删除画板，可使用画板工具选择它，再按 Delete 键、单击控制面板中的“删除画板”按钮（）或单击画板右上角的删除图标（）。可以不断删除画板，直到最终只留下一个画板。

6 使用画板工具单击选中画板 4（04-画板 4），在单击控制面板中的“显示中心标记”按钮（），这将只显示现用画板的中心标记。该标记有很多种用途，比如可以帮助处理视频内容。

> AI 提示：要显示画板的中心标记，还可选中画板工具，再单击控制面板中的“画板选项”按钮，并在打开的对话框中进行设置。

7 切换到选择工具，并选择菜单“视图”>“全部适合窗口大小”。

注意到画板 4 周围有黑色边框，并且在画板导航菜单（位于文档窗口的左下角）中显示的字样为“4”，这都说明画板 4 为当前的活动画板。

8 单击“画板”面板图标（）或选择菜单“窗口”>“画板”，以展开该面板。单击画板名“Artboard 1”使其成为现用画板。

这是第一个画板。在文档窗口中，该画板周围有黑色边框，这说明该画板处于活动状态。每次只能有一个画板处于活动状态。而诸如“视图”>“画板适合窗口大小”之类的命令针对的就是处于活动状态的画板。

下面，将会通过选择预设值来编辑现用画板的大小。

9 在“画板”面板中，单击画板名“Artboard 1”右侧的“画板选项”按钮（），如图 4.10 所示。这将打开“画板选项”对话框。

> AI 提示：每个画板名右侧都有该按钮，这样不仅可以设置每个画板的选项，还显示了每个画板的朝向。

10 在控制面板中“X”和“Y”字样的左侧，找到参考点定位器，确保选择了左上角的点（）。

这确保调整画板大小时，其左上角不动。

在“预设”下拉列表中选择 Letter，然后单击“确定”按钮，如图 4.11 所示。

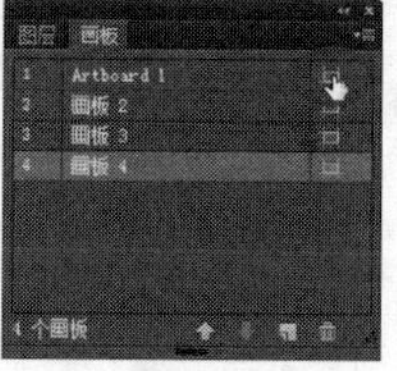

图4.10

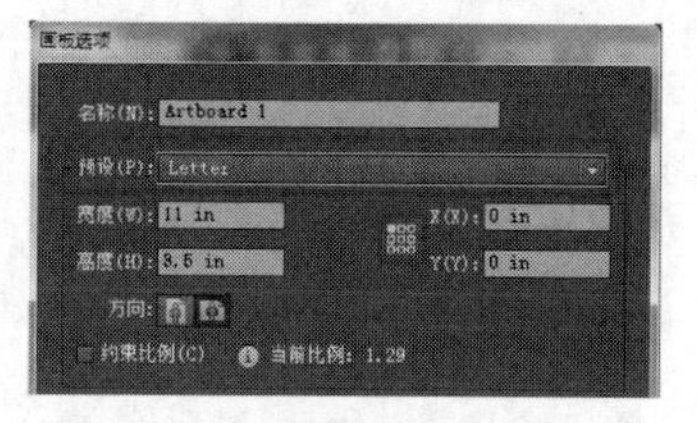

图4.11

使用下拉菜单“预设”可将选定画板调整为某种预设尺寸。注意到下拉菜单“预设”中包含了典型打印尺寸、视频尺寸、表格尺寸和 Web 尺寸等各种尺寸。而且，还可让画板适合图稿边界或适合选中的图稿。所以在本课示例中，这非常适合用于让画板适合 Logo 大小。

4.2.3 编辑文档设置选项

处理当前文档的画板时，可以在“文档设置”对话框中更改默认的设置选项，比如单位、出血、文字选项（如语言），以及其他更多信息。

下面，将会在画板中添加出血部分的设置。

1 选择工具箱中的选择工具（ ），单击控制面板中的“文档设置”按钮。也可以通过选择菜单“文件”>“文档设置”来打开“文档设置”对话框。

2 在“文档设置”对话框的“出血”部分，单击“上方”文本框左侧的向上箭头，将值改为 0.125 in。注意到其他所有出血值也将变化，这是因为默认按下了“使所有设置相同”按钮。然后单击“确定”按钮。如图 4.12 所示。

> AI 注意：在“文档设置”对话框中所做的修改将影响文档中所有的画板。

3 选择工具箱中的画板工具（ ）。

4 单击右边上方的画板（04– 画板 4）并将其拖至原 Letter 尺寸的画板（01– 画板 1）的下方。对齐它们的左侧边缘，如图 4.13 所示。

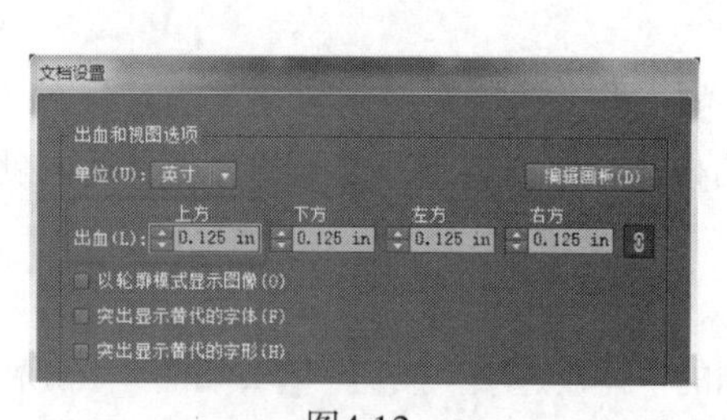

图4.12

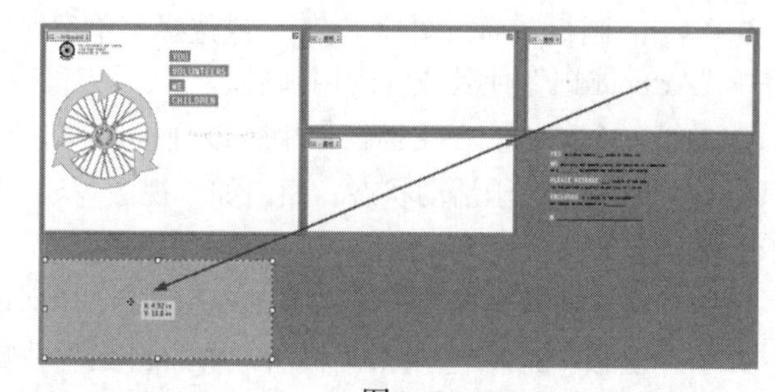

图4.13

可随时拖曳画板，必要时还可以让画板彼此重叠。

> 注意：拖曳包含内容的画板时，默认情况下图稿将随画板一起移动。如果只想移动画板，而不移动其中的内容，可选择画板工具，单击以取消选择“移动/复制带画板的图稿”按钮。

5 切换到工具箱中的选择工具，以停止编辑画板。

6 选择菜单“窗口”>“工作区”>“重置基本功能”，然后选择菜单“文件”>“存储”。

4.2.4 重命名画板

默认情况下，画板被指定编号和名称。在文档窗口的画板之间导航时，给画板根据应用命名将会更有帮助。

下面，将给画板重命名使其更有意义。

1 单击“画板”面板图标（ ）以展开该面板。

2 双击面板中的名称“Artboard 1”，将其名字改为 Flyer 并单击“确定”按钮，如图 4.14 所示。

提示：要更改画板的名称，也可以单击“画板”面板中的“画板选项”按钮，在“画板选项”对话框中修改画板的名称。另一种方法则是，双击工具箱中的画板工具（ ）以打开现用画板的“画板选项”对话框。要让画板处于活动状态，即成为现用画板，可使用选择工具单击它。

下面将会重命名其他所有的画板。

3 双击“画板”面板中的名称“画板 2”，将其名称重命名为 Card-front。

4 对其他两个画板执行相同操作，将“画板 3”重命名为 Card-back，将“画板 4”重命名为 Envelope，如图 4.15 所示。

5 选择菜单“文件”>“存储”，并保留“画板”面板以待下节使用。

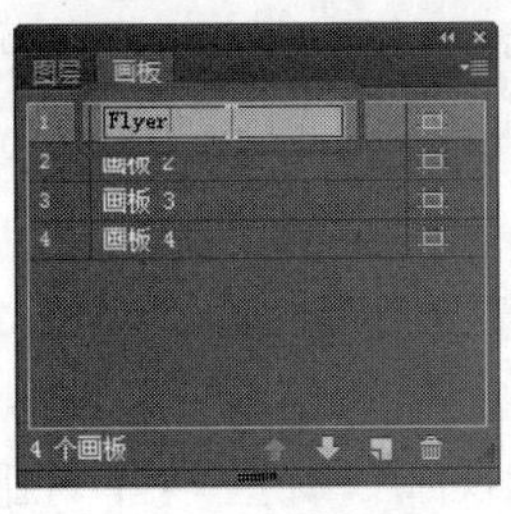

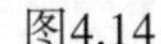
图4.14

图4.15

4.2.5 调整画板的排列顺序

在文档中导航时，画板的排列顺序很重要，尤其是在使用“上一项”和“下一项”按钮时即可体现出来。默认情况下，画板的排列顺序与其创建顺序相同，但是也可更改它们的顺序。下面。将调整画板的顺序，让名片的两面处于正确位置。

1 在仍打开“画板”面板的情况下，单击画板名 Envelope，使其成为现用画板，并且将该画板适合窗口大小。

2 选择菜单“视图”>“全部适合窗口大小”。

3 将鼠标指向“画板”面板中的 Envelope 画板的名称，单击并向上拖曳直到在 Flyer 和 Card-front 之间出现一条线段时松开鼠标，如图 4.16 所示。

这步操作将该画板上移，使得 Envelope 画板成为文档窗口中的第二个画板。

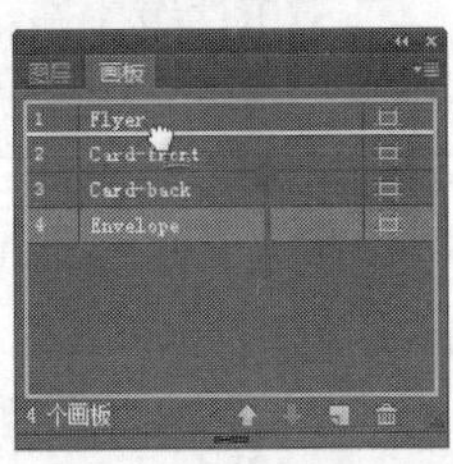

图4.16

AI 提示：要调整画板的排列顺序，也可以选中“画板”面板中的一个画板，然后单击该面板底部的“上移”按钮或“下移”按钮。

4 单击文档窗口左下角的“下一项”按钮（▶），导航到下一个画板（Envelope）。这让画板 Envelope 适合文档窗口的大小。

如果之前的操作没有调整画板的排列顺序，这步中的“下一项”画板则是画板 Card-front。

5 选择菜单“文件”>“存储”。

现在设置好了画板，下面将会重点介绍如何变换画稿来创建工程中的内容。

4.3 变换内容

通过变换内容，可以移动、旋转、镜像、缩放和倾斜对象，调整对象的视角。还可使用变换面板、选取工具、专用工具、变换命令、参考线和智能参考线来变换各个对象。在本节中，将使用各种方法和工具来变换内容。

4.3.1 使用标尺和参考线

标尺有助于精确地放置和测量对象。标尺位于文档窗口的左边缘和上边缘，可选择显示或隐藏它。参考线则是非打印直线，有助于对齐对象。下面，将会基于度量标签来创建一些参考线，以更精确得对齐内容。

1 在“画板”面板中，双击画板名 Card-front 的左侧或右侧，让该画板适合窗口大小。

2 如果窗口中没有出现标尺，则选择菜单“视图”>“标尺”>“显示标尺”。

3 按住 Shift 键，单击垂直标尺并向右拖曳，在 1/2 英寸处创建一条参考线，如图 4.17 所示。注意到这个过程中，移动的参考线总是对齐水平标尺上的刻度，这是因为按住了 Shift 修正键。松开鼠标和按键。此时该参考线是被选中的，呈橘色。

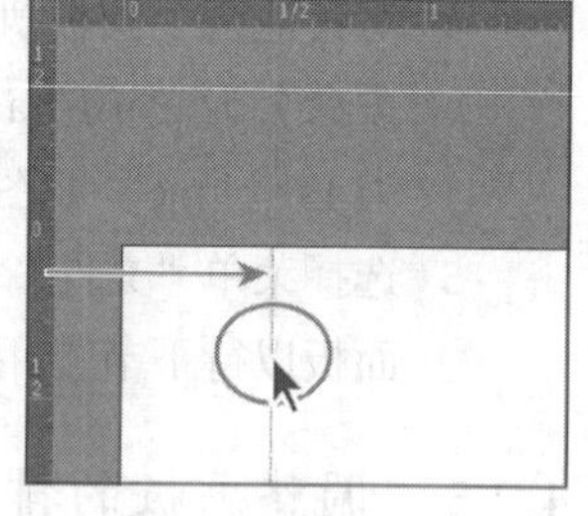

图4.17

AI 提示：要更改文档的单位，可以右键单击（Windows 系统）或 Ctrl+ 单击（Mac 系统）标尺上任意的位置，然后选择新的单位。

AI 注意：如果看不到标尺上的“1/2”，这没有关系。可以通过一直使用菜单“视图”>“放大”来放大视图直到看到为止。放大文档可以显示标尺中更小的增量。

在每个标尺上，刻度 0 处称为标尺的原点，有人也将其称为零点。默认情况下，标尺的原点位于现用画板的左上角，而该 0 刻度处正是现用画板的边缘。

标尺有两种类型：画板标尺和全局标尺。

默认为画板标尺，此时标尺的原点与现用画板的左上角对齐，如图 4.17 所示。全局标尺则是不论哪个画板处于活动状态，总将标尺的原点与文档的第一个画板的左上角对齐。

> **注意：**要在画板标尺和全局标尺之间转换，可以选择菜单“视图”>“标尺”>“更改为全局标尺 / 画板标尺”。但现在暂时请不要转换标尺类型。

4 选择菜单“视图”>“全部适合窗口大小”。

5 选择工具箱中的选择工具（ ），一一单击每个画板，同时观察垂直和水平标尺的变化。注意到 0 刻度处总是位于现用（被选中的）画板的左上角。

6 在“画板”面板中，双击画板名称 Card-front 的左侧或右侧，让该画板适合文档窗口的大小。

7 切换到选择工具，单击选中之前创建的参考线（选中后参考线变为橘色）。在控制面板中将 X 值改为 0.25 in，然后按下回车键即可。

> **注意：**如果控制面板中没有 X 值，可单击“变换”字样或者通过选择菜单“窗口”>“变换”来打开变换面板，再进行设置即可。

和创建的对象类似，参考线可以像一条线段一样被选中，也可以通过按下 Backspace 键或 Delete 键将其删除。

8 将鼠标指向文档窗口的左上角，即垂直和水平标尺交叉处，然后将鼠标拖向画板的右上角（不是红色出血参考线的边角），如图 4.18 所示。这将把标尺的原点（0,0）建在该画板的右上角。

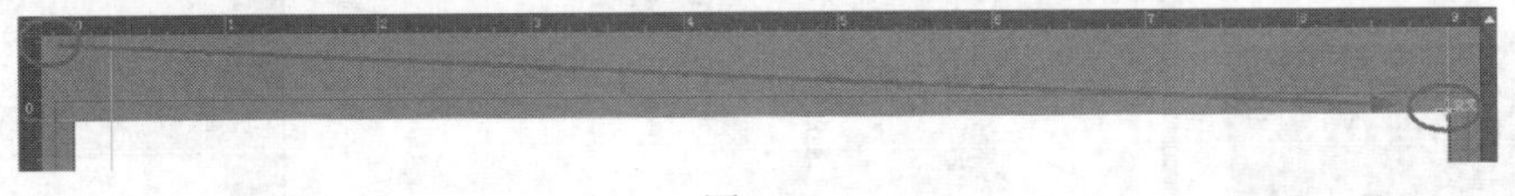

图4.18

> **注意：**如果按下 Ctrl 键后，再拖曳（Windows 系统）或 Command+ 拖曳（Mac 系统）标尺的原点，则能在鼠标松开的位置创建一个水平参考线和垂直参考线的交叉点，之后松开按键即可。

下面，将会使用另外一种更加快速的方法来添加参考线。

9 按下 Shift 键后，双击水平标尺原点左侧的 1/4 英寸标记处。这将创建一条贯穿画板右侧的参考线，如图 4.19 所示。

图4.19

10 在该参考线被选中（此时为橘色）的情况下，在控制面板中查看 X 值，确保为 -0.25 in。对于水平标尺而言，0 刻度右侧的刻度为正，而其左侧的刻度为负。在垂直标尺上，0 刻度下方的刻度为正，而其上方的刻度为负。

11 将鼠标指向文档窗口的左上角，即标尺的交叉处，然后双击以复位标尺的初始设置。

12 选择菜单“视图”>“参考线”>“锁定参考线”，一面不小心移动其位置。然后选择菜单“视图”>“全部适合窗口大小”。

此时参考线没有被选中，默认情况下，其颜色为浅绿色。

4.3.2 缩放对象

到目前为止，都在使用选择工具来缩放大多数的画稿内容。在本课中，将会使用一些其他的方法来缩放对象。首先,将设置首选项以缩放描边和效果。然后,会通过使用缩放命令徽标(LOGO)与提供的参考线对齐的方法来缩放徽标。

1 使用选择工具（ ），单击选中画板 Flyer 中的黄绿色车轮大徽标。

2 单击控制面板中的“X”“Y”和“宽”“高”字样（或者是出现在控制面板中的“变换”字样）。勾选复选框“缩放效果和描边”，如图 4.20 所示。

默认情况下，描边和效果并不会随对象的缩放而变化。比如，放大一个描边粗细为 1pt 的圆，它的描边仍为 1pt。但若在放大前勾选复选框“缩放效果和描边”，然后再缩放对象，那么它的描边粗细也会随着缩放操作成比例改变。

3 按住 Alt 键（Windows 系统）或 Option 键（Mac 系统），将该徽标拖向右上角的画板，以创建该徽标的副本。副本放置位置如图 4.21 所示后，松开鼠标和按键。

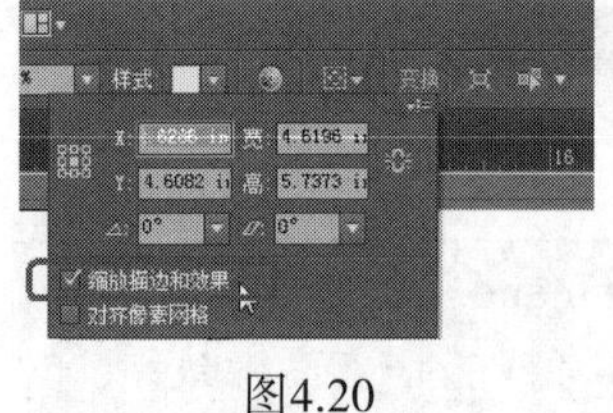

图4.20

图4.21

4 选择工具箱中的缩放工具（ ），在新得到的徽标上单击两次以放大该对象。

5 选择菜单“视图”>“隐藏边缘”。

这步操作隐藏了形状的内侧边缘，而不是它的定界框。这样可以更加方便地观察图稿。

6 双击工具箱中的比例缩放工具（ ）。

> **AI** **提示：**要打开比例缩放对话框，还可以选择菜单“对象”>“变换”>“缩放”。

7 在比例缩放对话框中，将等比设为 50%，并勾选“预览”复选框。然后取消选择该复选框，再选中该复选框以观察形状尺寸的变化。单击“确定”按钮，如图 4.22 所示。

还可以勾选对话框中的“比例缩放描边和效果”复选框。

下面，将会拖曳徽标以对齐该徽标的左边缘和参考线。

8 切换到选择工具（ ），并将鼠标指向车轮左下角的箭头的左侧边缘。看到“锚点”字样时，向左拖曳车轮直到与参考线对齐，如图 4.23 所示。此时鼠标颜色变为白色。

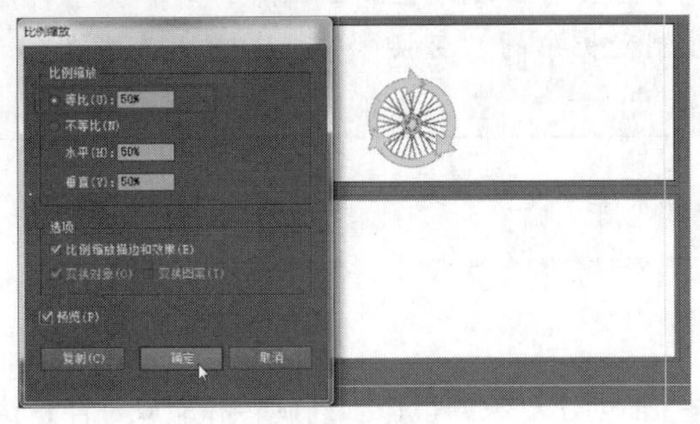

图4.22

图4.23

注意：为了使对象与参考线对齐，可能需要关掉智能参考线（视图 > 智能参考线）。如果关掉了智能参考线，请在完成这步操作后再将它打开。

注意：和某点对齐时，对齐处取决于当时鼠标指向的点位置，而不是被拖曳对象的边缘。也可以让点和参考线对齐，这是因为菜单“视图”>“对齐点”默认情况下是被选中的。

9 选择菜单“视图”>“全部适合窗口大小”，然后选择菜单“视图”>“显示边缘”。

10 选择菜单“视图”>“轮廓”。

11 使用选择工具，拖曳选择框在第一个画板上选中以“YOU DONATE YOUR”起始，以“KEEP MAKING ART”结束的全部文字。选择菜单“编辑”>“复制”。

12 在文档窗口左下角的“画板导航”下拉列表中，选择画板 3 Card-front，以返回到画板 Card-front。

13 选择菜单“编辑”>“就地粘贴”。这个命令将画板 Card-front 上之前已编组的对象组粘贴在画板 Flyer 的相同位置上。

14 在控制面板中，单击参考点定位器的左边中间的点（ ）以设置该参考点。单击选中文本框“宽”和“高”之间的“约束宽度和高度比例”按钮。在宽度文本框内输入 75% 后，按回车键以缩小该文本组，如图 4.24 和图 4.25 所示。

图4.24 在宽度文本框内输入75%

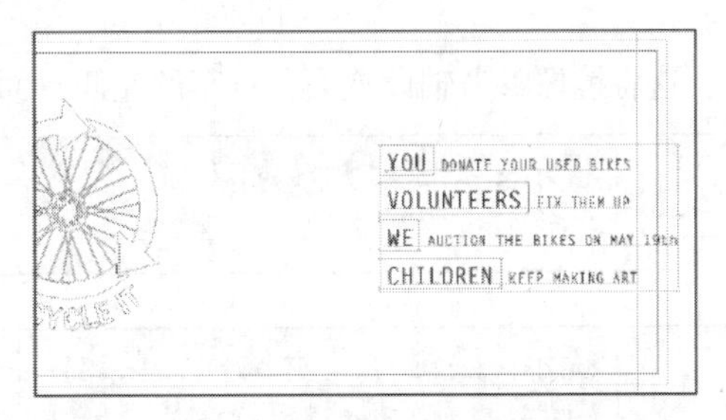

图4.25 观察结果

AI

注意：以上“变换”面板的选项可能没有出现在控制面板中，这取决于所使用屏幕的分辨率。此时可以单击控制面板中的“变换”字样，或者选择菜单“窗口”>“变换”，以打开变换面板。

15 选择菜单“视图”>“预览”，再选择菜单“文件”>“存储”。

在本课之后的进度中，将会和其他内容一起移动该文本。

4.3.3 创建对象的镜像

Illustrator 基于一条不可见的水平或垂直轴创建对象的镜像。同旋转和缩放一样，执行镜像操作时，可指定镜像参考点，也可默认使用对象中心点。

下面会将内容放到画板中，再使用镜像工具沿垂直轴翻转并复制它。

1 选择菜单“视图”>“全部适合窗口大小”。按下 Ctrl+-（Windows 系统）或 Command+-（Mac 系统）组合键两次，缩小视图以观察画板 Flyer 左侧的自行车对象。

2 切换到选择工具（ ），单击选中自行车（而不是其周围的区域）。选择菜单“编辑”>“剪切”。

3 在文档窗口左下角的“画板导航”下拉列表中选择画板 4 Card-front，以返回画板 Card-front。

4 选择菜单“编辑”>“粘贴”，将自行车粘贴在文档窗口的中央位置。

5 使用选择工具将该自行车向下拖曳到画板的右下角处，尝试着将自行车右侧与画板右侧的参考线对齐（不必太精确），如图 4.26 所示。

6 在仍选择了自行车的情况下，选择菜单“编辑”>“复制”，再选择菜单“编辑”>“贴在前面”，将副本放在原始对象的上层。

7 在工具箱中选择旋转工具（ ），切换到其隐藏工具组下的镜像工具（ ），再单击自行车前轮的左边缘，此时可能会出现“锚点”或“路径”的字样，如图 4.27 所示。

图4.26

图4.27

这将镜像参考轴设置为自行车的左侧，而不是默认的对象的中心轴。

AI

提示：要原地翻转对象时，可以在变换面板菜单（ ）中选择“水平翻转”或“垂直翻转”。

AI

提示：要通过一步操作实现镜像和复制功能，可以选择镜像工具，按住 Alt 键（Windows 系统）或 Option 键（Mac 系统）后单击，以设置一个镜像参考点并打开“镜像”对话框。再选择“垂直”，然后单击“复制”按钮即可。

8 在仍选中自行车副本的情况下，将鼠标指向其左侧边缘，并沿着顺时针方向拖曳。拖曳时按住 Shift 键，直到度量标签显示为 -90° 时依次松开鼠标和按键，如图 4.28 所示。

按住 Shift 键可以确保旋转的角度为 45° 的整倍数。暂时保留自行车的位置，以待下节使用。

图4.28

4.3.4 旋转对象

旋转对象指的是使其绕指定参考点转动。有多种旋转对象的方法，从精确角度旋转到粗略旋转，方法不一而足。

下面，将使用旋转工具来精确地旋转自行车的车轮。

1 在文档窗口左下角的“画板导航”下拉列表中选择画板 1 Flyer。

2 切换到缩放工具（），拖曳选框选中画板 Flyer 左上角的黑色小车轮徽标。

3 切换到选择工具，选中该徽标。选择菜单“对象”>“变换”>“旋转”。

默认情况下，该车轮徽标将会绕中心点旋转。

4 在“旋转”对话框中，确保勾选了“预览”复选框，在文本框“角度”中输入 20°，再单击“确定”按钮，让符号绕其中心旋转，如图 4.29 所示。

> **AI** 提示：如果选择了一个对象，在选择旋转工具后，可按住 Alt 键（Windows 系统）或 Option 键（Mac 系统）并单击对象（或画板）的任意位置，以设置参考点并打开“旋转”对话框。

> **AI** 提示：要打开“旋转”对话框，也可以双击工具箱中的选择工具（）。此外，变换面板（窗口 > 变换）中也有旋转选项。

5 使用选择工具选中该车轮小徽标。按住 Shift 键后再单击 Logo 右侧的文本，文本以“THE CHILDREN'S ART CNETER”开头。这样可以选中这两个对象。

6 选择菜单“编辑”>“剪切”。

7 在“画板导航”下拉列表中选择画板 2 Envelope，然后选择菜单“编辑”>“就地粘贴”。

8 单击控制面板中的“变换”字样以打开变换面板。选中“参考点定位器”左边中间的点（），并将“X”值设为 0.25 in，将“Y”值设为 0.6 in，然后按下回车键以隐藏该面板，如图 4.30 和图 4.31 所示。

下面，将通过使用旋转工具（）手动旋转对象。

9 选择菜单“视图”>“全部适合窗口大小”。

10 使用选择工具单击选中画板 Flyer 上的黄绿色大车轮 Logo。然后选择菜单“视图”>“隐藏边缘”。

图4.29

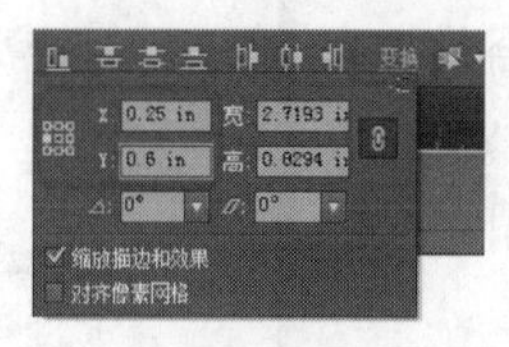

图4.30

图4.31

11 在控制面板中，打开镜像工具（）下的隐藏工具组，切换到旋转工具（）。单击该徽标车轮大致的中央位置（默认中心参考点靠上些即可）以设置参考点，如图4.32所示。再向上拖曳该Logo的右侧。注意到此时车轮的移动，被约束为围绕参考点转动。当度量标签显示值大约为20°时松开鼠标，如图4.33所示。

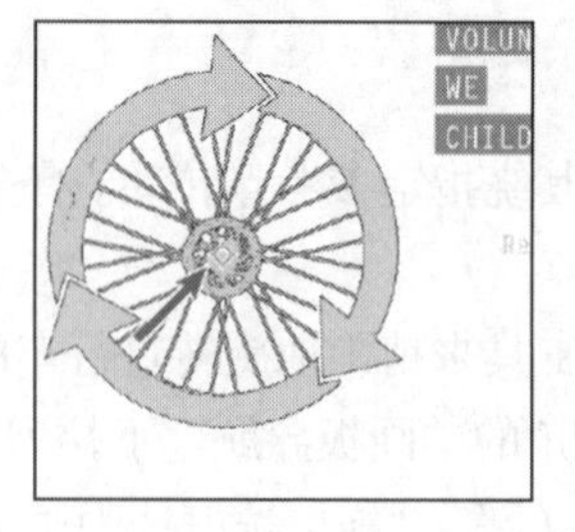

图4.32

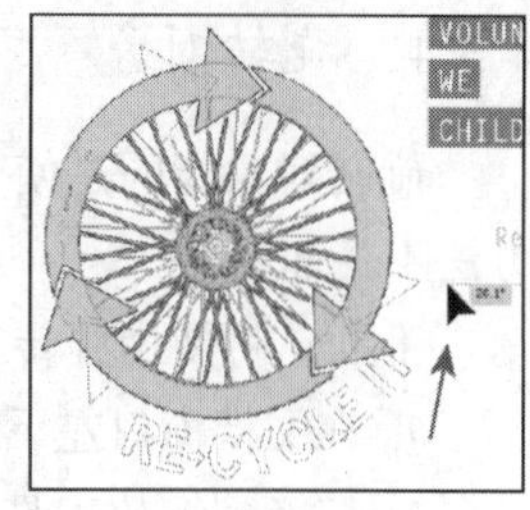

图4.33

下面，将会使用同样方法旋转画板3 Card-front上的车轮徽标。

12 在文档窗口左下角的"画板导航"下拉列表中选择画板3 Card-front。切换到选择工具，并单击选中画板中的黄绿色车轮徽标。

13 切换到旋转工具，然后单击该车轮大致的中央位置（默认中心参考点靠上些即可）以设置参考点。再向上拖曳该Logo的右侧。注意到此时车轮的移动，被约束为围绕参考点转动。当度量标签显示值大约为20°时松开鼠标。

14 选择菜单"视图">"显示边缘"，然后选择菜单"文件">"存储"。

4.3.5 使用效果来扭曲对象

可以通过使用不同的工具和方法来扭曲原始对象的形状。下面，将会先用"收缩和膨胀"效果，再应用"扭转"效果来扭曲对象。扭曲作为一种应用于对象的效果，能够随时在外观面板中删除或编辑该效果。

> AI **注意**：更多关于如何使用效果的信息，请参阅第12课。

1 在状态栏中单击"首项"按钮（），切换到第一个画板。

2 单击图层面板的图标（）以打开该面板，然后单击Flyer Background图层名称左侧的切换可视性状态栏（如图4.34圈中所示）以显示其中内容。

3 切换到选择工具（），单击选中画板Flyer右下角的白色三角形。

4 选择菜单"效果">"扭曲和变换">"收缩和膨胀"。

5 在"收缩和膨胀"对话框中，勾选"预览"并将"弯曲"项的滑块向左拖曳至大约-60%，再单击"确定"按钮，如图4.35所示。

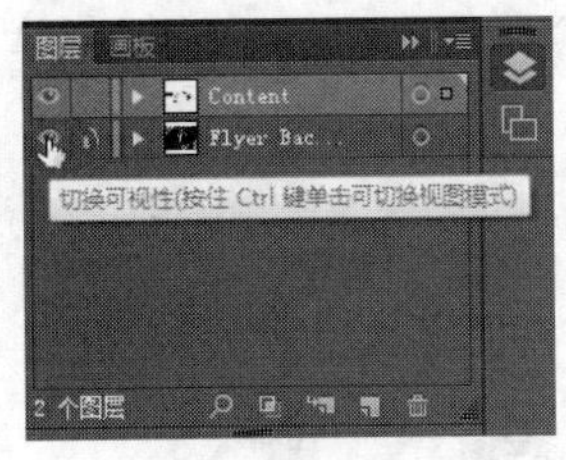

图4.34

图4.35

6 选择菜单“效果”>“扭曲和变换”>“扭转”。选择“预览”复选框并将“角度”设为 20，再单击“确定”按钮，如图 4.36 所示。

7 选择菜单“选择”>“取消选择”，然后选择菜单“文件”>“存储”。

图4.36

4.3.6 倾斜对象

倾斜对象指的是沿指定轴倾斜对象的某些边，同时保持其对边平行，但使对象不再对称。

下面，将复制并倾斜自行车对象。

1 单击画板面板标签，双击画板名称 Card-back 左侧的“4”字样。然后再单击画板面板标签以折叠该面板组。

2 使用选择工具（ ）选中画板上的自行车形状，选择菜单“对象”>“隐藏”>“所选对象”。再单击选中剩下的那个自行车形状。

3 选择菜单“编辑”>“复制”，然后选择菜单“编辑”>“贴在前面”，以将该副本贴在原形状的上层。

4 选择工具箱中的比例缩放工具（ ），切换到其隐藏工具组下的倾斜工具（ ）。将鼠标指向自行车底部，两个车轮之间的位置，单击以设置参考点，如图 4.37 所示。

5 单击自行车的大致中央位置并向左拖曳，直到倾斜的自行车副本大致如图 4.38 所示时，松开鼠标。

图4.37

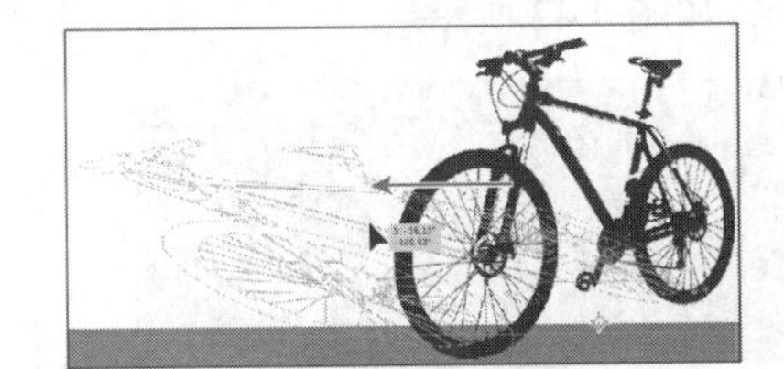

图4.38

提示：还可在变换面板（“窗口”>“变换”）或“倾斜”对话框（“对象”>“变换”>“倾斜”）中精确设置倾斜角度。

6 在控制面板中将不透明度设为 20%，如图 4.39 所示。

7 选择菜单“对象”>“排列”>“后移一层”，以将该副本移至原始自行车形状的下层，如图 4.40 所示。

8 选择菜单“对象”>“显示全部”，以显示并选中之前隐藏的镜像副本。然后选择菜单“编辑”>“剪切”，以显示剪切画板上的镜像副本。

9 在文档窗口左下角的“画板导航”下拉列表中选择画板 2 Envelope。再选择菜单“编辑”>“粘贴”。

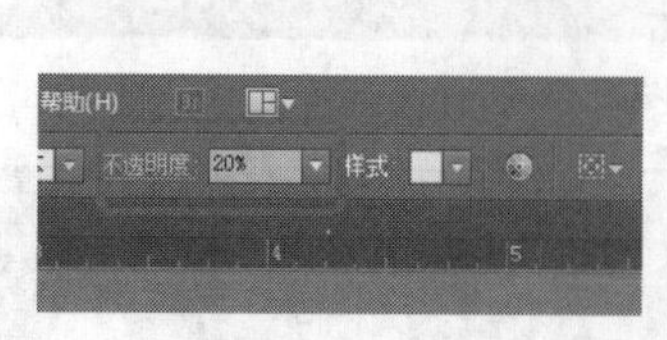

图4.39

图4.40

10 选择菜单“选择”>“取消选择”，然后选择菜单“文件”>“存储”。

4.3.7 精确地放置对象

无论是相对于其他对象，还是相对于画板，有时需要更加精确地放置某个对象。这时可使用智能参考线和变换面板，将对象精确地移到画板的 X 轴和 Y 轴上的特定坐标处，还可控制对象相对于画板边缘的位置。

下面，将在名片正反面的背景中添加内容，然后指定其在名片上的精确坐标。

1 选择菜单“视图”>“全部适合窗口大小”，以便能够看到所有画板。

2 按下一次 Ctrl+-(Windows 系统)或 Command+-(Mac 系统)组合键，或者选择菜单“视图”>“缩小”以缩小视图。此时能在画板 Flyer 左侧看到两幅图像。

3 使用选择工具（ ）选中上方更暗些的图像，如图 4.41 所示。

4 单击“画板”面板图标（ ）以显示该面板，并在该面板列表中单击画板名称 3 Card-front，将其设为现用画板。

此时标尺的原点位于该画板的左上角。

5 在控制面板中的“参考点定位器”中，选中其左上角的点。然后将“X”值和“Y”值均设为 0，如图 4.42 所示。

图4.41

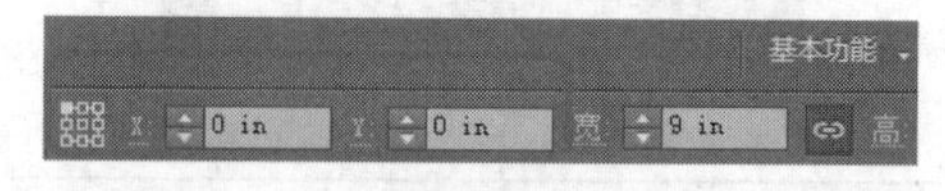

图4.42

注意：以上“变换”面板的选项可能没有出现在控制面板中，这取决于所使用屏幕的分辨率。此时可以单击控制面板中的“变换”字样，或者选择菜单“窗口”>“变换”，以打开变换面板。

6 选择菜单“对象”>“排列”>“后移一层”,然后选择菜单“选择”>“取消选择”,如图 4.43 所示。

这幅图像将会精确地放置在画板中，这是由于它的大小与画板初始尺寸完全相同。

图4.43

图4.44

7 选择菜单“视图”>“画板适合窗口大小”，让画板 3 Card-front 适合窗口大小，如图 4.44 所示。

8 使用选择工具，按住 Shift 键，单击文本左侧“YOU”处向左拖曳，直到“MAY 19th”中的字母“h”的右侧边缘与右侧参考线对齐为止。

9 在“画板”面板中，单击列表中的名称 4 Card-back，让它处于活动状态。再单击画笔面板标签以折叠该面板。

10 选择菜单“视图”>“全部适合窗口大小”，以便能看到全部画板。

11 按下一次 Ctrl+-（Windows 系统）或 Command+-（Mac 系统）组合键，以缩小视图。

此时应能看到画板 Flyer 左侧第二幅较亮的图像。

12 使用选择工具选中该图像。

13 在控制面板中,单击选中“参考点定位器”左上角的点，并将“X”值和“Y”值均设为 0，如图 4.45 所示。

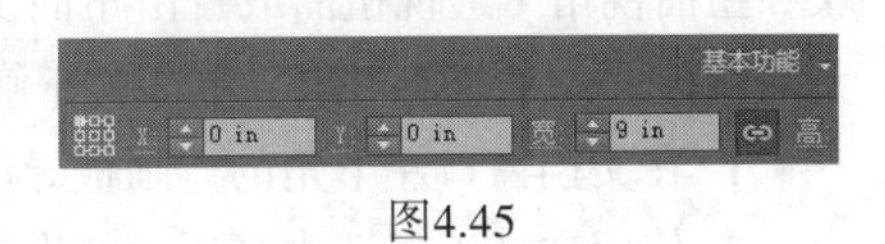

图4.45

14 选择菜单“对象”>“排列”>“后移一层”。

15 选择菜单“视图”>“画板适合窗口大小”，让画板 4Card-back 适合窗口大小。

4.3.8 使用智能参考线放置对象

开启智能参考线（“视图”>“智能参考线”）后，移动对象时指针旁将出现度量标签并显示移动距离（分为 X 轴和 Y 轴）。下面将使用该功能来精确控制对象相对于画板边缘的位置。

1 按下两次 Ctrl+-（Windows 系统）或 Command+-（Mac 系统）组合键,以缩小视图,如图 4.46 所示。此时应可以看到画板右侧边缘处的文本组。

2 使用选择工具（ ）选中该文本组。在控制面板中,单击选中“参考点定位器”左上角的点，并将“X”值和“Y”值均设为 0。

3 选择菜单“视图”>“画板适合窗口大小”。

4 使用选择工具，将鼠标指向“YES”并向右下方拖曳该文字组，直到度量标签显示 dX: 0.25 in 和 dY: 0.5 in 时松开鼠标，如图 4.47 和图 4.48 所示。数据不必十分精确。

dX 表示沿着 X 轴（水平方向）移动的距离，dY 表示沿着 Y 轴（垂直方向）移动的距离。

> AI **注意**：要在开启智能参考线时关闭掉度量标签，可以选择菜单“编辑”>“首选项”>“智能参考线”（Windows 系统）或者“Illustrator”>“首选项”>“智能参考线”（Mac 系统），并在对话框中取消选择“度量标签”即可。

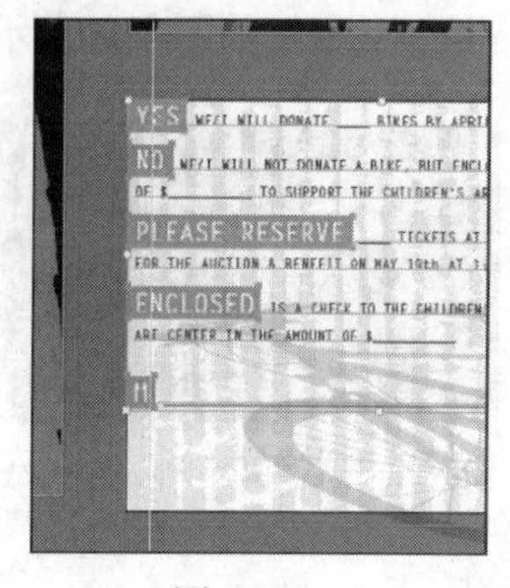

图4.46

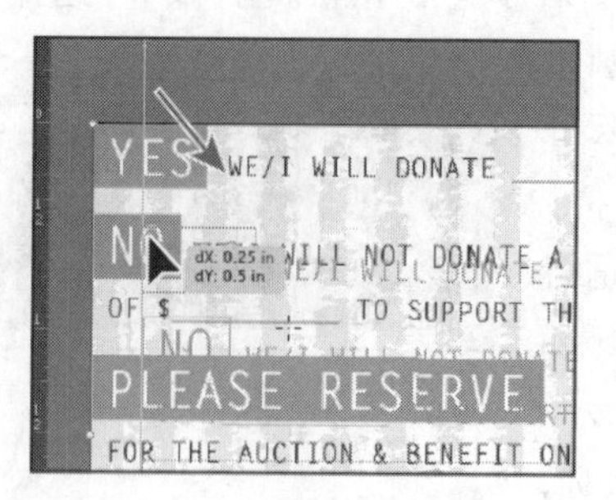

图4.47

图4.48

5 选中该文字组，选择菜单“对象”>“排列”>“置于顶层”，让该文字组处于画板上其他内容的上层。

6 在画板的空白区域单击以取消选择，然后选择菜单“文件”>“存储”。

4.3.9 使用自由变换工具

自由变换工具是一种多用途工具，除用于扭曲对象外，还可用于移动、缩放、倾斜、旋转对象和扭曲视角（透视扭曲或自由扭曲）。自由变换工具还是可触控的，这意味着可以使用特定工具上的触控方式来变换对象。更多关于触控方面的信息，请参阅这一节末尾的说明。

1 在文档窗口左下角的“画板导航”下拉列表中选择 2 Envelope。

2 使用选择工具选中画板上的自行车。

3 选中工具箱中的自由变换工具（ ），如图 4.49 所示。

选中自由变换工具后，文档窗口中将会出现自由变换控件。该悬浮的控件可以调整位置，且包含了可改变自由变换工具工作方式的选项。默认情况下，自由变换工具可以移动、倾斜、旋转和缩放对象。通过选择其它选项，如透视扭曲，可以改变该工具变换对象的方式。

注意：更多关于自由变换工具选项的信息，请在 Adobe 帮助（“帮助”>“Illustrator 帮助”）中搜索“自由变换”关键字。

下面，将会对被选中的自行车使用自由变换工具，以应用多种变换效果。

4 选择菜单“视图”>“隐藏边缘”。

5 将鼠标指向自行车定界框左边中间的手柄，指针将会改变外观。这表明此时可以进行倾斜或扭曲操作。向右拖曳——可注意到此时无法向下或向上拖曳，这是由于此时对象已被约束为仅能在水平方向上进行操作——直到度量标签显示宽度大约为 2.8 in 时松开鼠标，如图 4.50 所示。

注意：如果通过倾斜操作向上拖曳自行车的边界点并将其扭曲，则移动方向不会受约束。

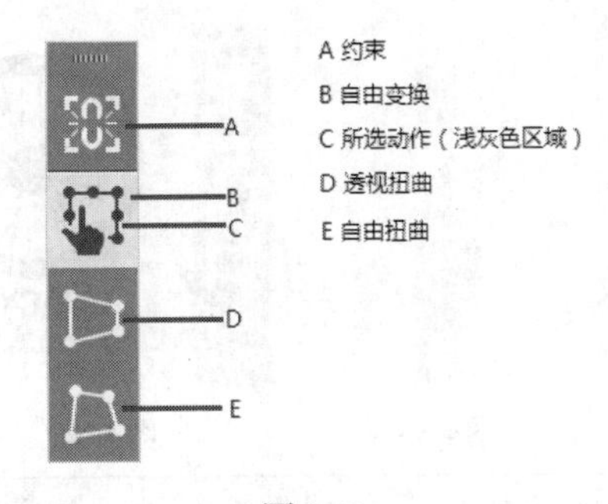

图4.49

图4.50

下面将绕自行车右下角的边界点旋转自行车，首先应在旋转前设置参考点。

6 将鼠标指向其右上角的边界点，当指针改变形状后，按住 Shift 键并向其中心方向拖曳以缩小自行车。当度量标签中的高度为 2.75 in 时依次松开鼠标和修正键，如图 4.51 所示。

7 将鼠标指向自行车右下角的边界点，当指针改变形状后，双击鼠标。这步操作改变了参考点位置并确保自行车将会绕该点旋转。

> **AI** | **提示：**还可直接拖曳参考点以设置其位置。在一个变换操作完成后，参考点又会立刻重新被设为对象的中心点。此时可以双击该参考点以自行设定其位置。

8 将鼠标指向自行车定界框的左上角，当指针改变形状时，表明此时可以旋转或缩放对象。单击后沿顺时针方向拖曳，直到度量标签显示大约为 -5° 为止，如图 4.52 所示。

图4.51

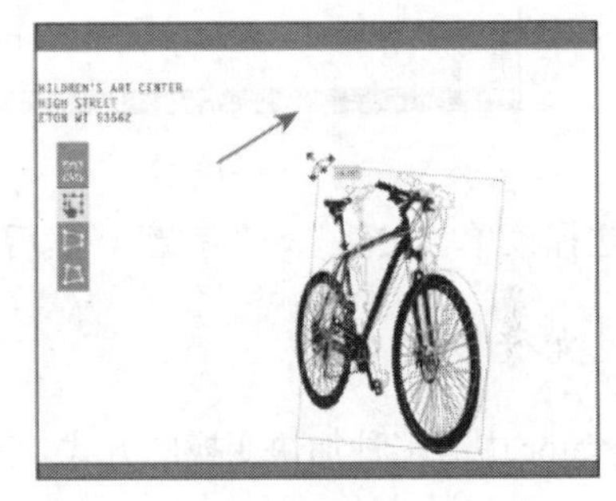

图4.52

> **AI** | **注意：**如果进行旋转操作时，发现变成了缩放操作，此时停止拖曳并选择菜单“编辑”>“还原缩放”，然后再次尝试这步操作。

与其他变换工具一样，按住 Shift 键后再使用自由变换工具拖曳对象，可以约束大多数变换操作的方向。另外，还可以通过选择控件中的“约束”选项以达到这种效果，如图 4.53 所示。一个拖曳操作完成后，“约束”按钮也会自动取消选择。

> **AI** | **注意：**“透视扭曲”选项选中时，“约束”选项无法被选中。

9 在自由变换工具仍被选中的情况下，单击自由变换控件中的“透视扭曲”选项，如图 4.54 圈中所示。该选项被选中则可以拖曳定界框的 4 个边界点以扭曲视角。

10 将鼠标指向自行车左下角的边界点，当指针改变形状后，向下拖曳直到度量标签显示大约为 2.5 in 为止，如图 4.55 所示。

图4.53

图4.54

注意：在自由变换工具中，选择“自由扭曲”选项后，可以通过拖曳一个边界点来自由扭曲被选中的内容。

11 使用选择工具选中并拖曳自行车，直到其左侧边缘靠近画板的左侧边缘为止。

12 选择菜单“视图”>“显示边缘”。

13 在控制面板中将不透明度改为 20%，如图 4.56 所示。

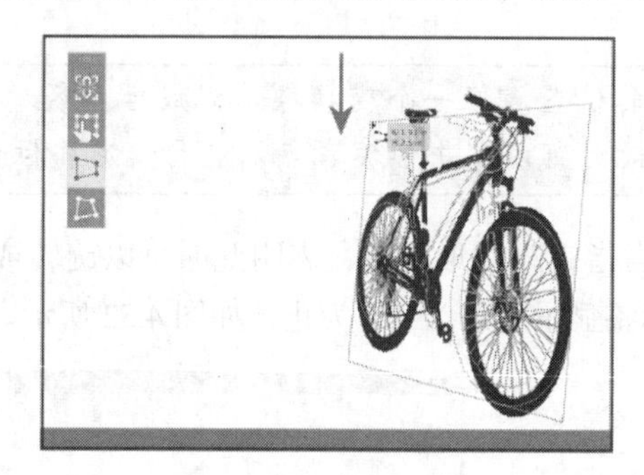

图4.55

图4.56

14 选择菜单“文件”>“存储”，然后选择菜单“文件”>“关闭”。

4.3.10 执行多次变换

Illustrator 中有多种加快变换的方式。其中一种就是使用“分别变换”命令。

自由变换工具和触控设备

在Illustrator CC中，自由变换工具是可触控的。这意味着，如果使用的是基于Windows 7/8的触屏笔记本，就可以使用相应的触控功能。

以下为一些不错的功能例子。

- 可选中并拖曳对象的中心点，并移动参考点。
- 双击任意边界点，即可将该对象的参考点移至该点。
- 双击参考点，可将它恢复至默认位置处。
- 要约束对象的变换方向，可在变换前轻击控件的“约束”选项。

4.4 复习

复习题

1 指出两种修改现有画板大小的方法。

2 如何重命名画板？

3 什么是标尺的原点？

4 画板标尺和全局标尺之间有什么区别？

5 简单描述“缩放描边和效果”选项的作用。

6 指出至少 3 种使用自由变换工具的变换方法。

复习题答案

1 要修改现用画板的大小，可以双击画板工具（ ），在“画板选项”对话框中修改现用画板的参数。或者选择画板工具，并将鼠标指向画板的边缘或边角，再拖曳以调整其大小。另外，还可以选择画板工具，在文档窗口中单击以选中一个画板，在控制面板中设置其参数。

2 要重命名一个画板，可以选择画板工具并单击选中一个画板。然后在控制面板中的“名称”文本框中修改其名称。也可以在“画板”面板中双击画板名以对其重命名。另外，还可以在画板面板中单击“选项”按钮并在出现的“画板选项”对话框中对其重命名。

3 标尺的原点是每个标尺 0 刻度的交点。默认情况下，标尺的原点位于现用画板左上角的 0 刻度处。

4 标尺有两种类型：画板标尺和全局标尺。

默认为画板标尺，此时标尺的原点与现用画板的左上角对齐。全局标尺则是不论哪个画板处于活动状态，总将标尺的原点与文档第一个画板的左上角对齐。

5 变换面板中的“缩放描边和效果”选项，可以在缩放对象的同时缩放其所有描边和效果。另外，也可在菜单“编辑”>“首选项”>“常规”（Windows 系统）或“Illustrator”>“首选项”>“常规”（Mac 系统）中找到该选项。而且，该选项还可根据需要开启或关闭。

6 自由变换工具可以实现多种变换操作，包括移动、缩放、旋转、倾斜或扭曲（透视扭曲和自由扭曲）对象。

第5课 使用钢笔和铅笔工具绘图

本课概述

在这节课中，读者将会学习如何进行以下操作：

- 绘制曲线和直线；
- 编辑曲线和直线；
- 使用钢笔工具绘图；
- 选择和调整曲线段；
- 添加和删除锚点；
- 在光滑点和尖角之间转换锚点类型；
- 创建虚线并添加箭头；
- 使用剪刀工具和刻刀剪切路径；
- 使用铅笔工具绘画和编辑。

学习本课内容大约需要1.5小时，请从光盘中将文件夹Lesson05复制到您的硬盘中。

尽管铅笔工具很适合绘制和编辑自由线条，但是钢笔工具更适合精确绘图，如直线、贝赛尔曲线和各种复杂的形状。在本课中，读者将会练习使用钢笔工具，然后使用它来创建一幅冰淇淋的插图。

5.1 简介

在本课的第一部分，读者将会学习如何使用钢笔工具。

1 为了确保工具和面板中的功能如本课所述，请删除或重命名 Adobe Illustrator CC 的首选项文件。

2 开启 Adobe Illustrator CC 软件。

3 打开硬盘中 Lesson05 文件夹中的 L5start_1.ai 文件。

该文档由 6 个画板组成，从画板 1 到画板 6（如图 5.1 中所示，但很可能看不到全部 6 个画板）。经过本课第一部分的练习后，就可以进入到下一个画板中。

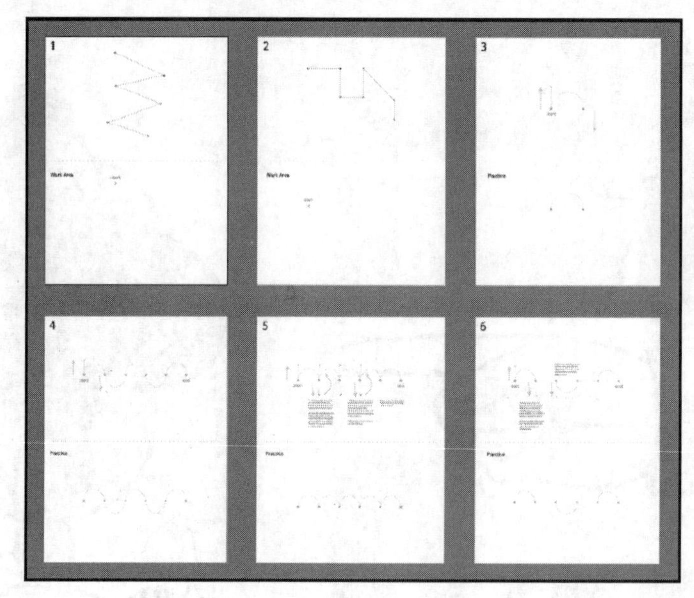

图5.1

4 选择菜单“文件”>“存储为”，在该对话框中，切换到 Lesson05 文件夹并打开它，将文件重命名为 practice.ai，保留“保存类型”为 Adobe Illustrator（*.AI）（Windows 系统）或“格式”为 Adobe Illustrator（ai）（Mac 系统），单击“保存”按钮。而“Illustrator 选项”对话框中，接受默认设置，并单击“确定”按钮。

5.2 探索使用钢笔工具

钢笔工具（ ）是主要绘图工具之一，主要用于绘制自由形状或精确图稿。它在编辑现有矢量图稿中也起到非常关键的作用。在使用 Illustrator 时，理解钢笔工具非常重要。

在这一节中，将会探索使用钢笔工具。之后则会使用钢笔工具、其他工具以及命令来创建图稿。下面，将会使用钢笔工具进行绘图。

1 在文档窗口左下角的“画板导航”下拉列表中选择画板 1。选择菜单“视图”>“画板适合窗口大小”。

2 选择菜单“窗口”>“工作区”>“重置基本功能”。

3 选择菜单“视图”>“智能参考线”，以取消选择智能参考线。绘图时智能参考线很有用，但此时并不需要该功能。

4 在控制面板中，单击填色框并选择色板“[无]”，再单击描边色框并确保选中了黑色。

5 确保在控制面板中选择的描边粗细为 1 pt。

使用钢笔工具绘画时，最好不要填色，以后必要时可再添加填色。下面，将会在画板工作区的上部绘制“Z”字锯齿形路径。

6 选择工具箱中的钢笔工具（ ），注意钢笔图标的右下角有个星形（*），这表明还没有选择路径的起点。

> **注意：**如果看到的是十字号（+）而不是该钢笔图标，则表明 Caps Lock 键处于活动状态，此时它将钢笔图标转为十字图标，以便更精确地绘制路径。

7 在标签“Work Area”下的工作区内单击标有“start”的蓝色小方框，以创建路径的第一个锚点。然后将鼠标向右移离起点。

此时钢笔图标右下角星形（*）消失，表明此时正在绘制路径。

8 将鼠标指向起点的右下方并单击，以创建路径中的下一个锚点，如图 5.2 所示。

> **注意：**仅当单击第二个锚点后，才能看到第一条路径段。另外，如果该路径是曲线，则说明是不小心拖曳了鼠标；此时可选择菜单“编辑”>“还原钢笔”，并再次单击即可。

9 在第一个锚点下方单击得到第 3 个锚点，以创建锯齿图案。不断单击鼠标，以创建最终包含 6 个锚点的锯齿形状，如图 5.3 所示。

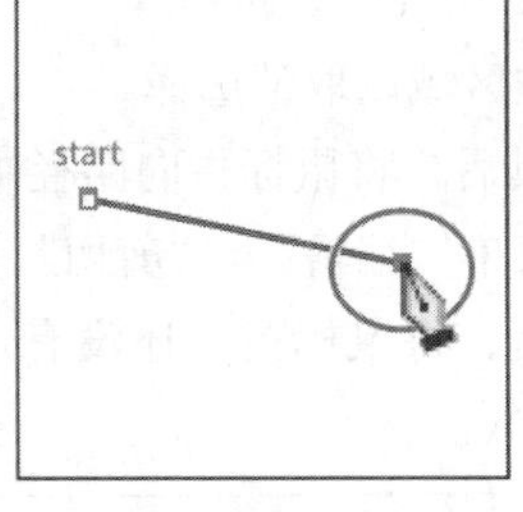

图5.2

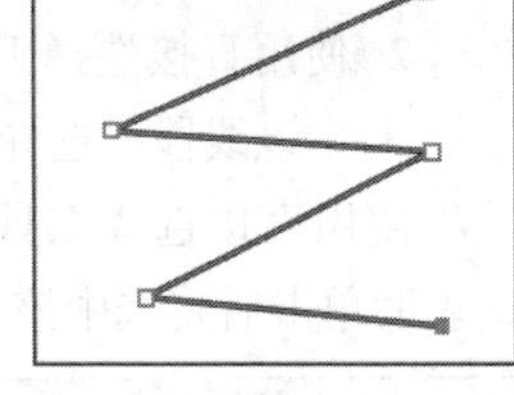

图5.3

使用钢笔工具有很多优点，其中之一则是可创建自定义路径，并编辑组成该路径上的锚点。注意到仅有最后创建的一个锚点有填色（而其他锚点则是空心的），这表明此时是该锚点被选中。

10 选择菜单“选择”>“取消选择”。

5.2.1 选中路径

下面，将会看到如何使用选择工具来选中路径。

1 选择工具箱中的选择工具（ ），将鼠标指向锯齿形路径上的任意一条线段。在鼠标下方出现一个实心黑色小框时单击该线段，如图 5.4 所示。注意到所有锚点都变成了实心的，这表明选中了该路径及其上的所有锚点。可以通过观察锚点是否实心以判断它是否被选中。

> **提示：**也可以使用选择工具来拖曳选框以选中该路径。

2 单击并拖曳该路径到画板的任何位置，注意到所有锚点都将一起移动，从而保持锯齿形路径不变，如图 5.5 所示。

3 在工具箱中，可使用以下方法之一以取消选择锯齿形路径：

- 使用选择工具单击画板中的空白区域；
- 选择菜单“选择”>“取消选择”。

> **提示：**如果此时选中的仍是钢笔工具（），那么按住 Ctrl 键（Windows 系统）或 Command 键（Mac 系统）并单击画板的空白区域可以取消选择路径，并暂时切换到了选择工具。松开 Ctrl 键（Windows 系统）或 Command 键（Mac 系统）后，将重新切换到钢笔工具。

4 选择工具箱中的直接选择工具（），将鼠标指向该路径中的任意一个锚点，注意到该锚点突出显示（变大了），在指针下方还出现了一个带点的小框。这表明若是单击，就可以选中该锚点。单击以选中该锚点，如图 5.6 所示。

5 选择锚点后，拖曳它以调整其位置，而其他锚点的位置不变，这是编辑路径的一种方法，如图 5.7 所示。

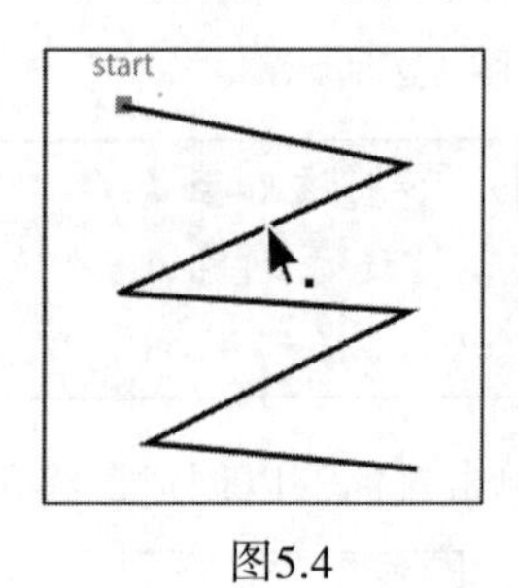

图5.4

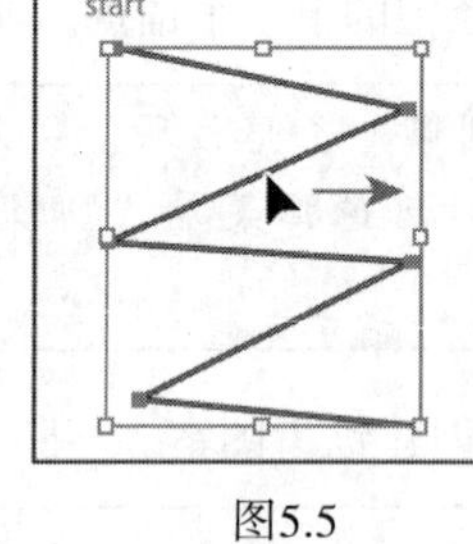

图5.5

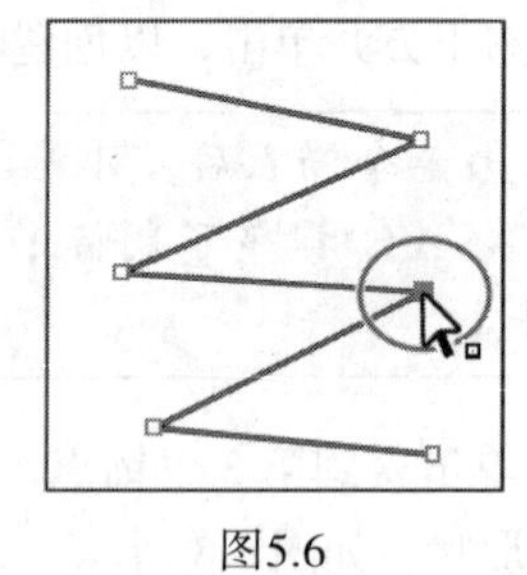

图5.6

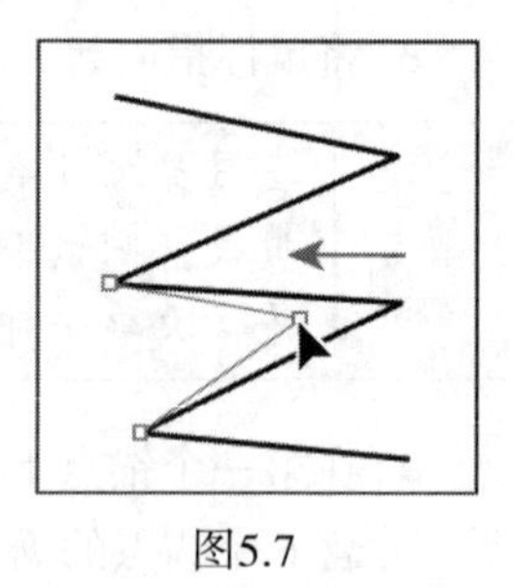

图5.7

6 单击画板中的空白区域以取消选择。

7 使用直接选择工具后，将鼠标指向路径中部的任意一条线段。在鼠标改变形状后，单击选中该线段。选择菜单“编辑”>“剪切”，这只会剪切选定的路径段，如图 5.8 所示。

使用直接选择工具后，将鼠标指向还没有选中的线段，指针旁将会出现一个黑色实心小框。这表明单击后将选中该直线。

> **注意：**如果整个路径全部消失了，选择菜单“编辑”>“还原剪切”，然后重新尝试该步操作。

8 选择钢笔工具（），将鼠标指向与被删除路径段项链的锚点之一。注意到钢笔图标右侧出现了一个斜杠（/），这表明可从该锚点处继续绘制现有路径。单击鼠标，该锚点变成实心的，成为活动锚点，如图 5.9 所示。

9 将鼠标指向与被删除路径段相连的另一个锚点，钢笔图标旁将出现合并符号，单击鼠标将两条路径重新连接起来，如图 5.10 所示。

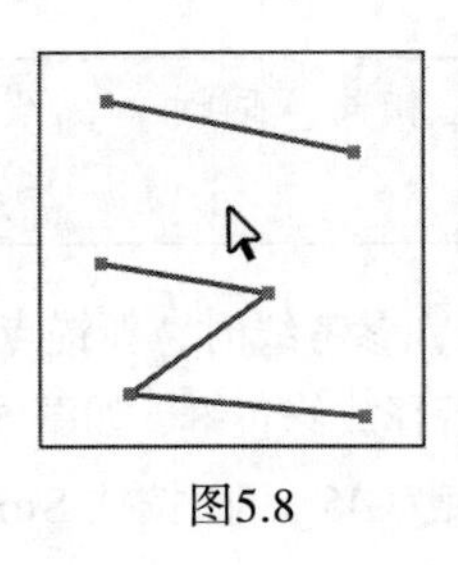
图5.8

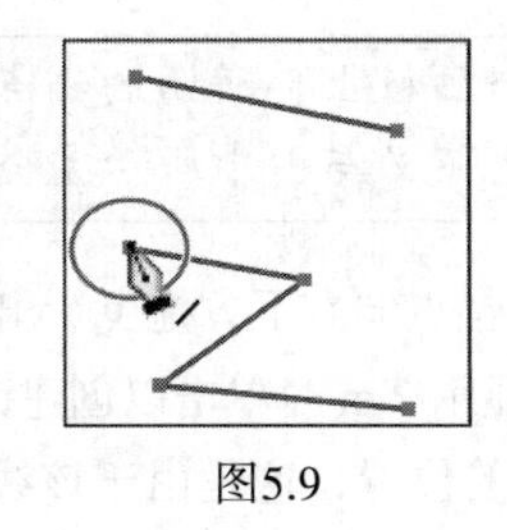
图5.9

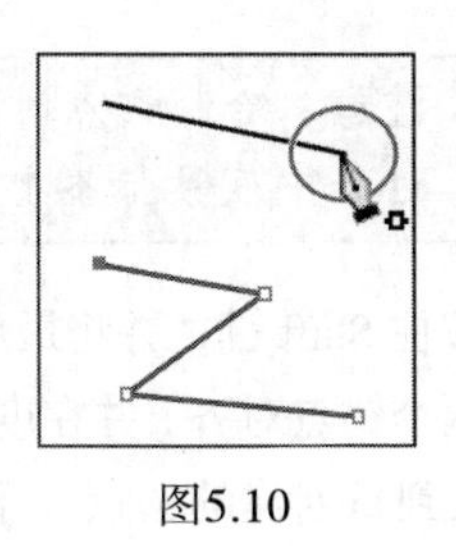
图5.10

5.2.2 约束直线的角度

第 4 课介绍过，使用形状工具创建形状时，通过结合使用 Shift 键和智能参考线可约束对象的形状。这也适用于钢笔工具，可限定路径角度只能是 45° 的整数倍。

下面，将会探索如何绘制直线并约束其角度。

1 在文档窗口左下角的“画板导航”下拉列表中选择画板“2”。

2 选择菜单“视图”>“智能参考线”，以开启智能参考线。再选择菜单“视图”>“画板适合窗口大小”。

3 在标签“Work Area”下的工作区内单击标有“start”的蓝色小方框，以创建路径的第一个锚点。

如果智能参考线试图与画板上其他内容的锚点对齐，这没有关系。不过，这会使单击标有“start”的蓝色小方框变得有些困难。

4 将鼠标移至第一个锚点右侧大约 1.5 in 处（度量标签可帮助测距，不需十分精确）。当鼠标与前一个锚点垂直对齐时，将出现一条绿色的对齐参考线，如图 5.11 所示。单击以创建第二个锚点。

正如之前课程中所学到的，度量标签和对齐参考线是智能参考线的组成部分。使用钢笔工具时，放大视图后使用度量标签的效果会更好。同时，正是因为使用了智能参考线，钢笔工具将会总是试图与画板上的其他内容对齐，这也会让绘图变得有些困难。

> AI **提示：** 如果禁用了智能参考线，将不会出现度量标签和对齐参考线。此时可按住 Shift 键并单击鼠标来约束直线，以创建角度为 45° 整数倍的直线。

5 通过单击再设置 3 个锚点，以创建与该画板上部中的路径相同的路径，如图 5.12 所示。

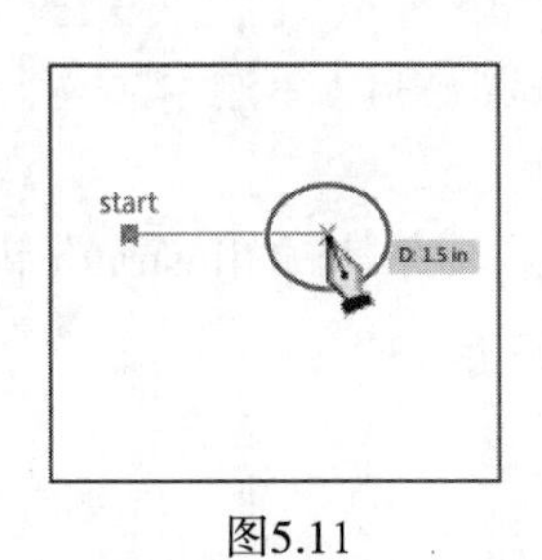

图5.11

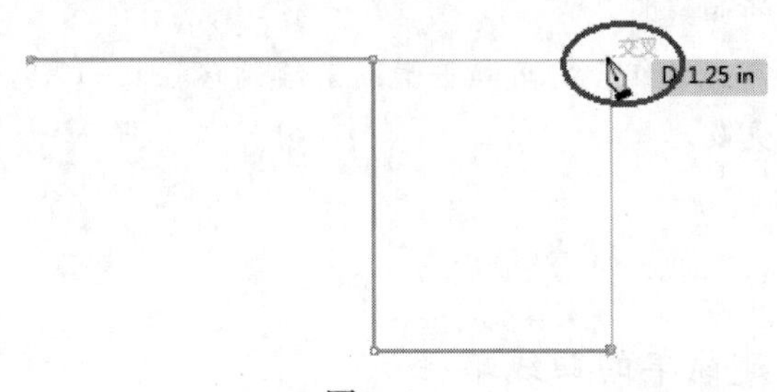

图5.12

注意到绘制时出现了绿色的对齐参考线。这有助于对齐点，但有时也会对齐一些不需要对齐的内容。

注意：绘制锚点时，不必与画板上部所示的锚点位置完全相同。同时，该绘制过程中度量标签上的数据也不必与图中所示完全一致。

6 按住 Shift 键，并将最后绘制的锚点向右下方拖曳。出现绿色对齐参考线时，新锚点与底部的两个锚点对齐，并在度量标签显示 2 in 时单击以创建锚点，然后释放修正键，如图 5.13 所示。

注意到新创建的锚点并不在单击的位置，这是由于该线段被约束为 45°。而按住 Shift 键会将直线的角度约束为 45° 的整数倍。

7 将鼠标指向最后一个锚点的正下方，再单击以设置路径的最后一个锚点，如图 5.14 所示。

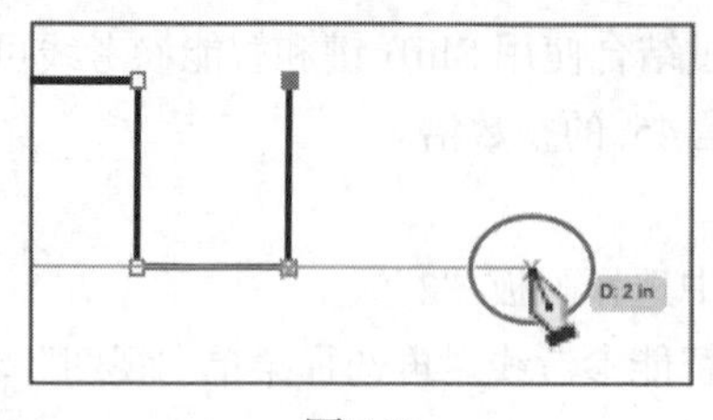

图5.13

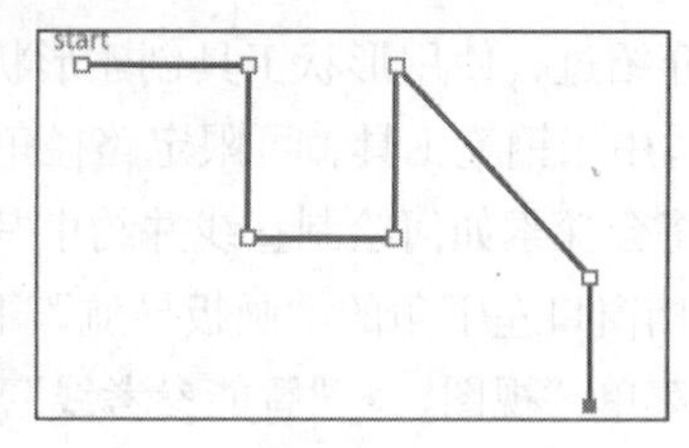

图5.14

8 选择菜单“选择”>“取消选择”，然后选择菜单“文件”>“存储”。

路径的组成部分

在绘图时，可创建称作路径的线条。路径是有一条或多条直线或曲线段组成，如图5.15所示。每条线段的起点和终点由锚点（类似于固定电线的图钉）标记。路径可以是闭合的（如圆圈），也可以是带有两个非闭合的锚点（如波浪线）。要改变路径的形状，可以拖曳路径的锚点、方向点（位于在锚点处出现的方向线的两端）或路径段本身。

路径可以有两类锚点：尖角和平滑点，如图5.16所示。在尖角处，路径会突然改变方向；在平滑点处，路径为连续平滑的曲线。

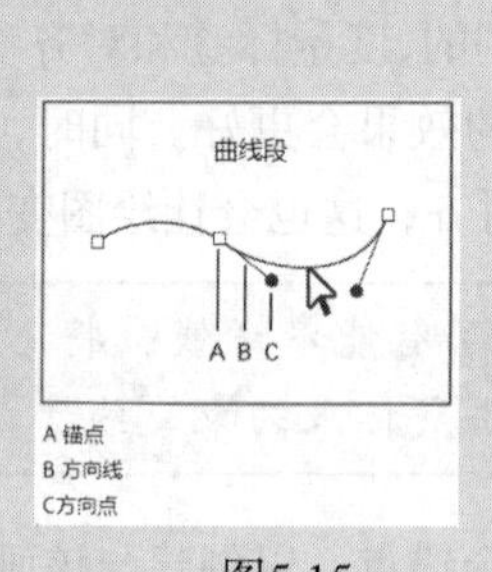

图5.15

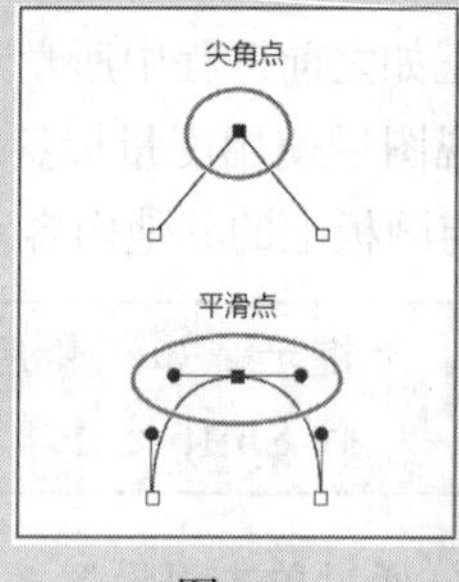

图5.16

可任意组合尖角和平滑点来绘制路径。如果绘制时选择的锚点类型不正确，可随时更改。

——摘自Illustrator帮助

5.2.3 创建简单的曲线路径

在本节中，读者将会学习如何使用钢笔工具绘制平滑曲线。在诸如 Illustrator 等矢量绘图软件中，可以通过使用锚点和方向手柄来绘制曲线，这种曲线成为贝塞尔曲线。通过设置锚点和拖曳方向手柄，可自行定义曲线的形状。要熟练使用这种方法虽然需要一段时间的练习，但在绘制路径时，这种方法提供了最大程度的控制权和灵活性。

1 选择菜单“视图”>“智能参考线”，以禁用智能参考线。

2 在文档窗口左下角的“画板导航”下拉列表中选择画板“3”。接下来会在这个画板上标有“Practice”的区域绘图。

3 按 Z 键以选择缩放工具（ ），也可直接在工具箱中单击选中该工具。然后在该画板底部单击两次以放大视图。

4 选择工具箱中的钢笔工具（ ）。在控制面板中将填色设为“[无]”、描边色设为“黑色”。同时，确保该面板中的描边粗细为 1pt。

5 使用钢笔工具单击画板的任意一处以创建起始锚点。

6 在另一处单击鼠标，并拖曳鼠标以创建一条曲线路经，如图 5.17 所示。继续在画板的不同位置单击并拖曳。这个练习的目的并不是要创建特定的路径，而是用于熟悉贝塞尔曲线。

注意到在单击并拖曳时，出现了方向手柄。防线手柄是由两端带有圆形方向点的方向线组成，其角度和长度决定了曲线的形状和长度。方向手柄不会打印出来，并且在锚点没有被选中时是不可见的。

7 选择菜单“选择”>“取消选择”。

8 选择工具箱中的直接选择工具（ ），再单击两个锚点间的曲线段以显示方向手柄。单击并拖曳方向手柄的末端以调整曲线的形状，如图 5.18 所示。

9 选择菜单“选择”>“取消选择”。保留该文件为打开状态以方便下节使用。

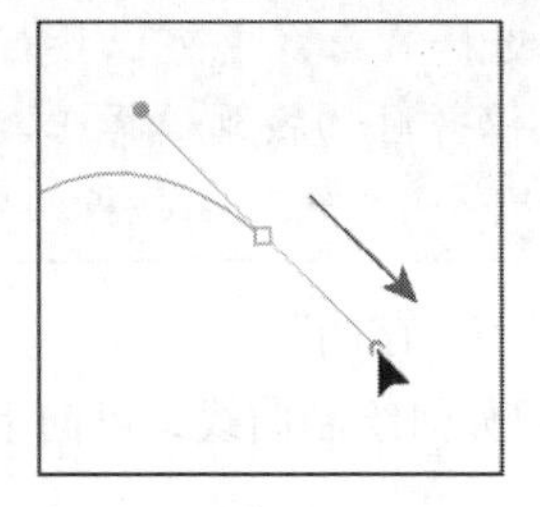

图5.17

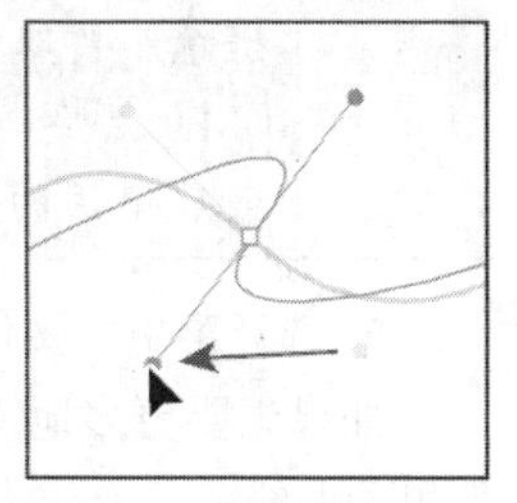

图5.18

5.2.4 使用钢笔工具创建曲线段

在本节中，读者将学习如何通过调整方向手柄来控制曲线。下面，将在上节用到的画板的上部描摹形状。

1 按空格键以暂时切换到抓手工具（ ），向下拖曳直到能看到画板 3 上部的曲线。

2 选择工具箱中的钢笔工具（ ）。单击标有“start”的蓝色小框（圆弧的左端点）并向上拖曳出一条与圆弧相切的方向线，如图 5.19 所示。当鼠标到达上方的金色点时松开鼠标。

> **提示**：使用钢笔工具拖曳时，如果结果不满意，可选择菜单“编辑”>“还原钢笔”，撤销新绘制的锚点。

> **注意**：这步拖曳过程中，画板可能会滚动。如果看不到曲线，可不断地选择菜单“视图”>“缩小”直到能够看到曲线和锚点。而按住空格键可以暂时切换到抓手工具，以便调整图稿的位置。

3 单击圆弧的黑色右端点并向下拖曳，当鼠标到达下方的金色点时松开鼠标，如图 5.20 所示。

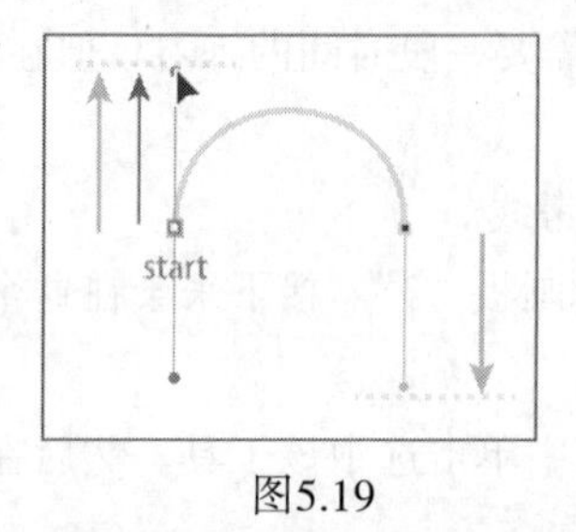

图5.19

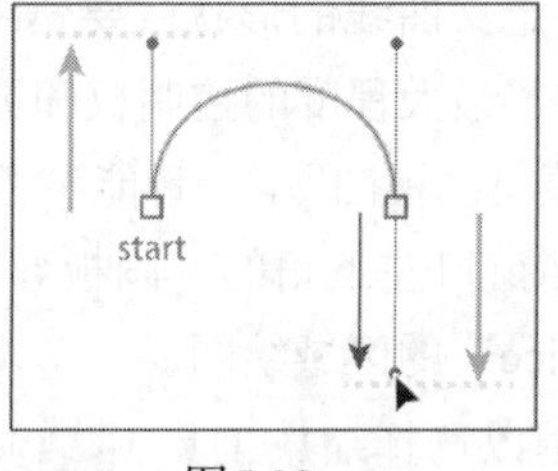

图5.20

注意：拉长方向手柄可以使曲线更加陡峭，而缩短方向手柄则使曲线更平缓。

如果创建的路径并未与模板重叠，可使用直接选择工具（ ）每次选择一个锚点并调整其方向手柄，直到路径与模板完全重叠。

4 使用选择工具（ ）单击画板中的空白处，或者也可以选择菜单“选择”>“取消选择”。

取消选择是为了创建新路径。如果在之前创建的路径仍被选中的情况下，使用钢笔工具在画板中单击，该路径将与新创建的锚点连接。

提示：要取消选择对象，也可以按住 Ctrl 键（Windows 系统）或 Command 键（Mac 系统），以暂时切换到选择工具或直接选择工具（具体切换到哪个取决于最后使用的是哪个）。然后在画板的空白处单击以取消选择。

5 选择菜单“文件”>“存储”。

如果想要更多地练习如何绘制曲线，可向下滚动鼠标至该画板下方的“Practice”部分，描摹那里的曲线。

5.2.5 使用钢笔工具绘制一系列曲线

之前已经练习了如何绘制曲线，下面将会绘制包含了几个连续曲线的形状。

1 在文档窗口左下角的“画板导航”下拉列表中选择画板“4”。使用缩放工具将该画板上部放大数次。

2 在控制面板中，将填色设为“[无]”、描边色设为“黑色”。同时，确保该面板中的描边粗细为 1pt。

3 选择工具箱中的钢笔工具（ ）。单击标有“start”的蓝色小框（圆弧的左端点）并向上拖曳出一条与圆弧相切的方向线。当鼠标到达上方的金色点时松开鼠标。

4 单击圆弧的黑色右端点并向下拖曳，当鼠标到达下方的金色点时，使用方向手柄调整圆弧形状后再松开鼠标，如图 5.21 所示。

注意：如果路径不精确，这没有关系。绘制完路径后，可使用直接选择工具（ ）进行调整。

5 继续绘制这条路径，交替地执行单击并向上拖曳、单击并向下拖曳，如图 5.22 所示。只需在路径上有黑色方框的地方设置锚点。

如果绘制过程中出现了错误，可选择菜单“编辑”>“还原钢笔”以撤销该步操作，然后重新绘制。注意到绘制结果可能与图 5.22 不完全一致，这没有关系。

6 路径绘制完毕后，使用直接选择工具选择任意一个锚点。

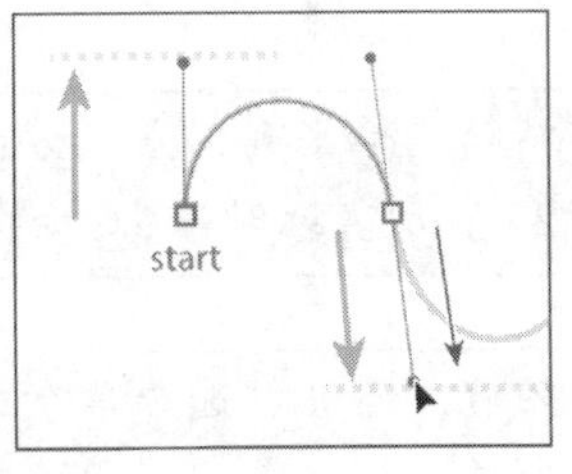

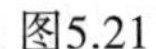
图5.21

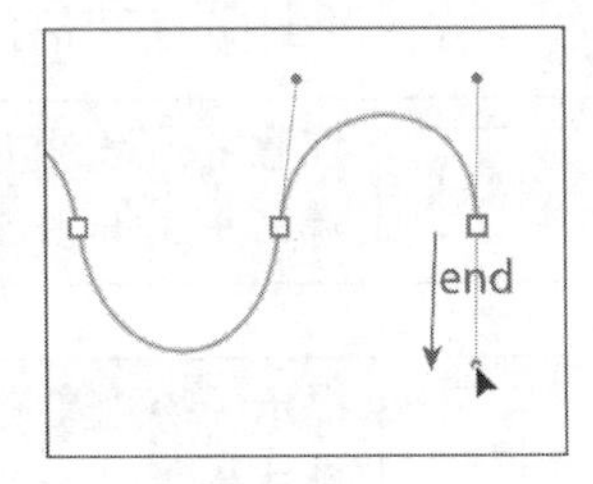

图5.22

选中锚点后，将显示其方向手柄，以便重新调整路径的曲率。选中曲线后，还可修改其描边和填色。而修改后，接下来绘制的路径则会与其属性相同。更多关于路径属性的信息，请参阅第 6 课。

如果想要更多地练习如何绘制一系列曲线，可向下滚动鼠标至该画板下方的“Practice”部分，描摹那里的形状。

7 选择菜单“文件”>“存储”。

5.2.6 将平滑点转换为尖角

正如之前所学到的，创建曲线时，方向手柄可用于帮助调整形状和曲线段的大小。而删除方向手柄则可将一个锚点从平滑点转换为尖角。接下来，读者将会练习如何在平滑点和尖角之间转换。

1 在文档窗口左下角的“画板导航”下拉列表中选择画板“5”。

在画板上部显示了将要描摹的路径，可将其作为这个练习的模板，直接在现有路径上创建路径。另外，还可根据需要在画板下部标有“Practice”的部分自行练习。

2 在该画板上部，使用缩放工具（ ）单击数次以放大视图。

3 在控制面板中，将填色设为“[无]”、描边色设为“黑色”。同时，确保该面板中的描边粗细为 1pt。

4 选择工具箱中的钢笔工具（ ）。按住 Shift 键，再单击标有“start”的蓝色小框（圆弧的左端点）并向上拖曳出一条与圆弧相切的方向线。当鼠标到达上方的金色点时依次松开鼠标和 Shift 键。

> AI **注意**：该步操作中，拖曳时按住 Shift 键可将方向线的角度约束为 45° 的整数倍。

5 按住 Shift 键，再单击圆弧相邻的黑色右端点并向下拖曳。当鼠标到达下方的红色点，并且曲线看起来正确后，再依次松开鼠标和按键，如图 5.23 所示。此时该路径是被选中的。

下面，需要将曲线改变方向。这次需要创建另一个圆弧，所以要将方向线分离，从而将平滑点转换为尖角。

6 按住 Alt 键（Windows 系统）或 Option 键（Mac 系统），并将鼠标指向最后创建的那个锚点或其方向手柄。当鼠标旁出现转换锚点图标（^）后单击并向上拖曳到达金色点为止，如图 5.24 所示。然后依次松开鼠标和按键。如果鼠标旁没有该图标，可能会错误地创建成

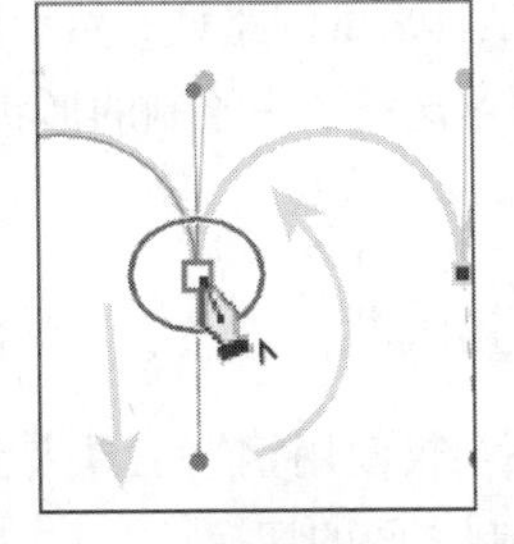
图5.23

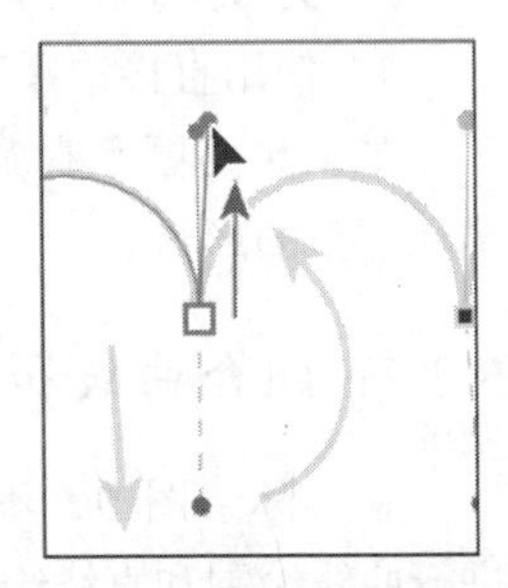
图5.24

一个封闭的环路径。

> **注意：**如果没有精确地单击到锚点或方向线末尾的方向点，将会出现一个警告对话框，如图 5.25 所示。此时单击“确定”按钮并再次尝试即可。

> **提示：**绘制完路径后，还可以选择单个或多个锚点，并单击控制面板中的“将所选锚点转换为尖角”按钮或“将所选锚点转换为平滑”按钮。

路径绘制完毕后，可练习使用直接选择工具方向手柄。

7 单击模板路径中下一个（第 3 个）黑色方形点，并向下拖曳到红色点处。调整到路径看起来正确后松开鼠标。

8 按住 Alt 键（Windows 系统）或 Option 键（Mac 系统），并将鼠标指向最后创建的那个锚点或其方向手柄。当鼠标旁出现转换锚点图标（^）后单击并向上拖曳到达金色点为止。然后依次松开鼠标和按键。

对于接下来第 4 个黑色方形点，将会使用一种在不松开鼠标的情况下分离方向线的方法。

9 单击模板路径中的下一个（第 4 个）黑色方形点，向下拖曳至红色点处并将路径调整正确，如图 5.26 所示。这次不要松开鼠标，按住 Alt 键（Windows 系统）或 Option 键（Mac 系统），并向上拖曳至金色点处，以便绘制下一条路径，如图 5.27 所示。然后再依次松开鼠标和修正键。

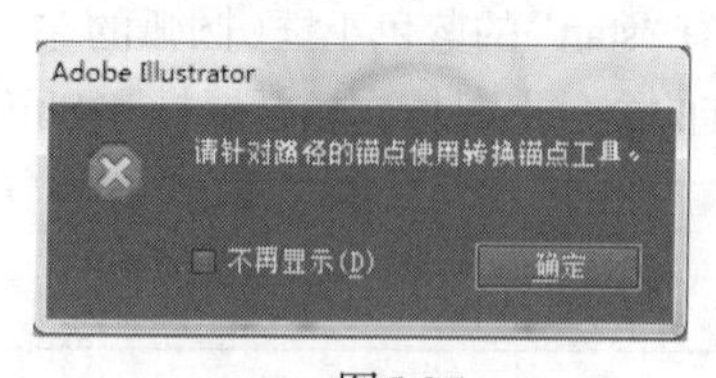

图5.25

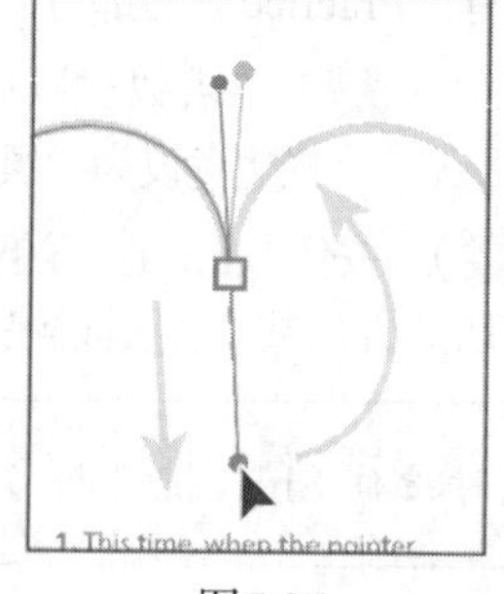

图5.26

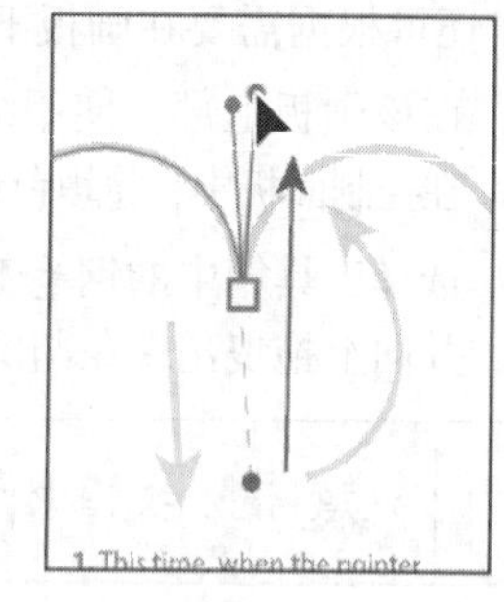

图5.27

10 不断单击后拖曳，并使用 Alt 键（Windows 系统）或 Option 键（Mac 系统）将平滑点转换为尖点，直到将路径绘制完毕。

11 使用直接选择工具来微调路径，然后取消选择路径。

如果想要更多地练习这一节中绘制的形状，可向下滚动鼠标至该画板下方的“Practice”部分，描摹那里的形状。

5.2.7 组合曲线和直线段

在实际绘图中，不会仅使用钢笔工具来创建单一的曲线或直线。在这一节中，将会学习如何进行曲线绘制和直线绘制之间的切换。

1 在文档窗口左下角的“画板导航”下拉列表中选择画板“6”。切换到选择工具（ ），并单击该画板上部数次以放大视图。

2 选择工具箱中的钢笔工具（ ）。单击标有“start”的蓝色小框（圆弧的左端点）并向上拖曳出一条与圆弧相切的方向线。当鼠标到达上方的金色点时松开鼠标。

3 单击圆弧相邻的黑色右端点并向下拖曳。当鼠标到达下方的红色点，并且曲线看起来正确后，松开鼠标。

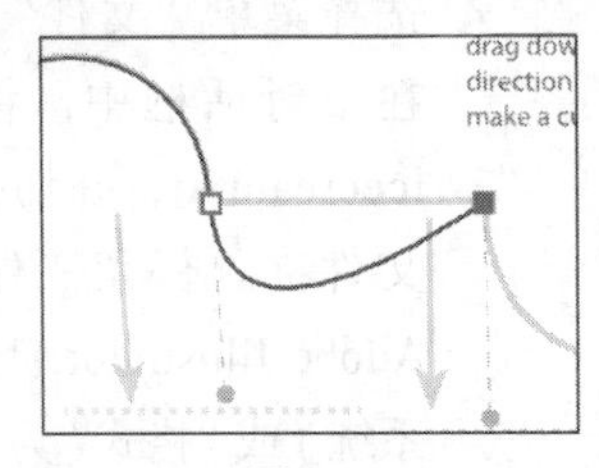

图5.28

这种绘制曲线的方法想必已经非常熟悉，下面将创建一条直线段。

但仅按住 Shift 键并单击并不能创建一条直线段，相反，这是在绘制曲线。这是因为最后一个锚点是平滑点，该锚点有方向线。图 5.28 显示了仅使用钢笔工具单击下一个点时创建的路径。

下面，要将下一段路径创建为直线段。

4 将鼠标指向刚创建的锚点并出现转换锚点符号（^）后，单击以删除它的一个方向手柄，如图 5.29 所示。

5 按住 Shift 键后，单击刚创建锚点右侧的下一个点，以创建一条直线段，如图 5.30 所示。

6 为创建下一个圆弧，将鼠标指向上步操作中创建的锚点并出现转换锚点符号（^）后，单击并向下拖曳至金色点处，如图 5.31 所示。这将创建一个方向手柄。

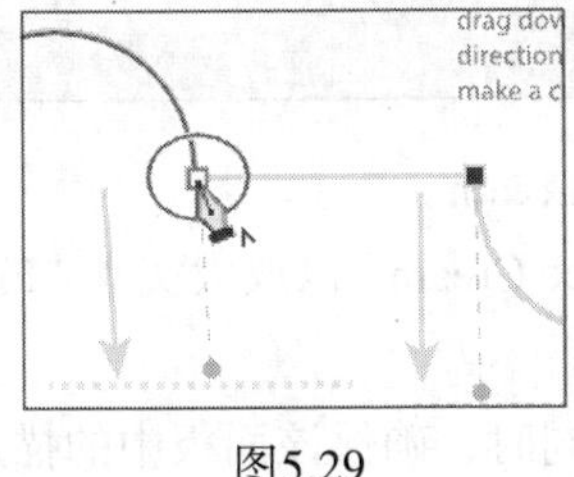

图5.29

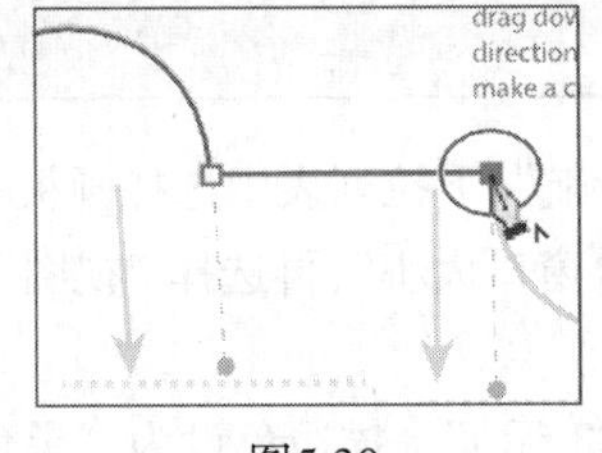

图5.30

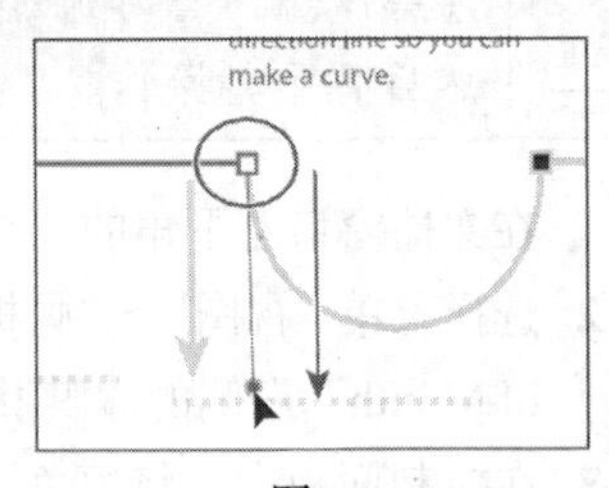

图5.31

7 单击下一个点，并向上拖曳以绘制对应的圆弧。

8 单击刚创建的锚点以删除其向上的方向线。

9 按住 Shift 键并单击下一个点以创建第二条直线段。

10 单击刚创建的锚点并向上拖曳，以创建一条方向线。再单击最后一个点并向下拖曳以创建最后一段圆弧。

如果想要更多地练习这一节中绘制的形状，可向下滚动鼠标至该画板下方的“Practice”部分，描摹那里的形状。

11 选择菜单“选择” > “取消选择”，再选择菜单“文件” > “关闭”。

5.3 创建冰淇淋插图

在本节中，读者将会创建一幅冰淇淋的插图。在创建该插图过程中，将运用在前面的练习中学到的技巧，还将学习一些其他的技巧和工具使用方法。

1 选择菜单“文件” > “打开”，打开 Lesson05 文件夹中的 L5end_2.ai 文件。

2 选择菜单“视图”>“全部适合窗口大小”，以便查看最终作品，如图 5.32 所示。可使用抓手工具移动到要查看的图稿部分；如果不想让该图稿打开，可选择菜单“文件”>“关闭”。

3 选择菜单“文件”>“打开”,并打开 Lesson05 文件夹中的 L5start_2.ai 文件。再选择菜单“视图”>“全部适合窗口大小”，如图 5.33 所示。

4 选择菜单“文件”>“存储为”，在该对话框中，将文件命名为 icecream.ai，并切换到 Lesson05 文件夹。保留“保存类型”为 Adobe Illustrator (*.AI) (Windows 系统) 或“格式”为 Adobe Illustrator (ai) (Mac 系统),单击“保存”按钮。而“Illustrator 选项”对话框均接受默认设置，并单击“确定”按钮。

图5.32

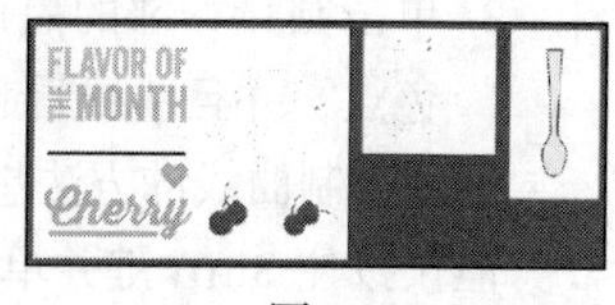

图5.33

5.3.1 绘制冰淇淋

在本节中，读者将会使用曲线和直线段来绘制一个冰淇淋形状。练习绘制该形状时，还可参考画板中的模板。

注意:绘制时,可通过选择菜单“编辑”>“还原钢笔”以还原之前创建的锚点。然后再重新操作。

1 在文档窗口左下角的“画板导航”下拉列表中选择画板 1 Ice Cream。

2 选择菜单“视图”>“画板适合窗口大小”,再选择“视图”>“Ice Cream”以放大文本“Flavor of Month”右侧的冰淇淋路径。

3 在控制面板中，将填色设为“[无]”、描边色设为“黑色”。同时，确保该面板中的描边粗细为 1pt。

4 选择钢笔工具 ( ) 并将鼠标指向标有“A”的蓝色小框,单击并从 A 点拖曳至下一个红点，如图 5.34 所示。这将创建出路径的第一个锚点和第一条曲线的方向线。

注意：从 A 点开始绘制形状并不是必须的。还可沿顺时针或逆时针方向另设锚点，作为起始锚点。

5 继续在 B 点处单击并拖曳到下一个红点，以创建第一条曲线，如图 5.35 所示。

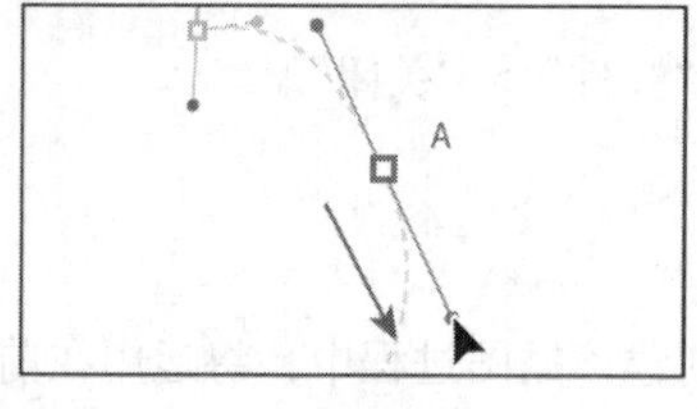

图5.34

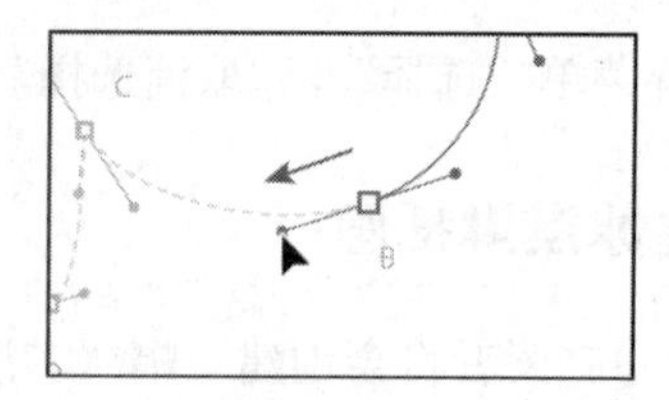

图5.35

下面将设置第二个锚点，并将该锚点转换为尖点。

6 在 C 点处单击并拖曳到它的下一个红点，如图 5.36 所示，但不要松开鼠标。按住 Alt 键（Windows 系统）或 Option 键（Mac 系统），再继续从该红点处拖曳到该锚点下方的金色点处，如图 5.37 所示。然后依次松开鼠标和按键。这将分离该锚点的方向线。

注意：如果绘制的路径填色为白色，那么模板中有些点将会被隐藏。此时将路径的填色改为“[无]”即可。

7 在 D 点处单击并拖曳到它的下一个红点。拖曳时观察 C 点和 D 点之间的线段。

8 单击 E 点，如图 5.38 所示。在不拖曳 E 点的情况下，即可将该点转换成为没有方向线的尖点。而设置一个没有方向线的锚点（尖点），能够改变曲线的方向。

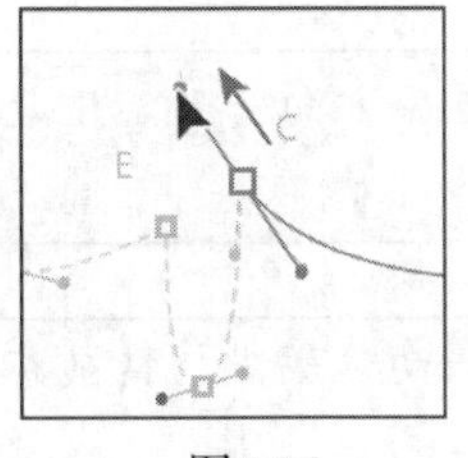

图5.36

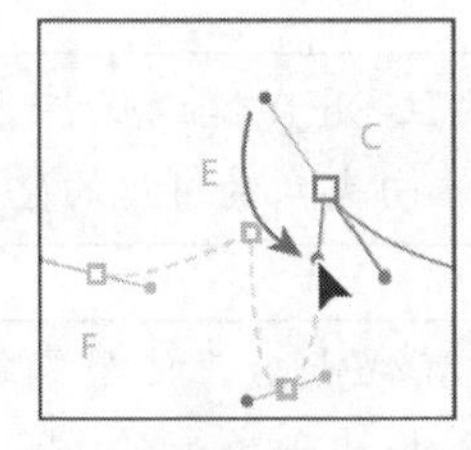

图5.37

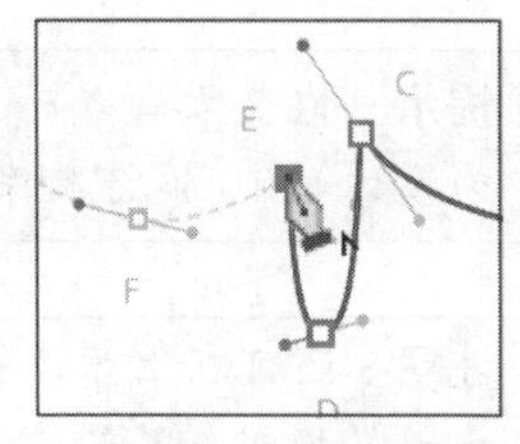

图5.38 创建E点

9 对于 F 点和 G 点，单击后分别拖曳到各自的下一个红点处，即可创建相应曲线段，如图 5.39 和图 5.40 所示。

10 单击 H 点并拖曳到其下一个红点处，但不要松开鼠标，如图 5.41 所示。按住 Alt 键（Windows 系统）或 Option 键（Mac 系统），再继续从红点处拖曳到该锚点附近的金色点处，如图 5.42 所示。然后依次松开鼠标和修正键。

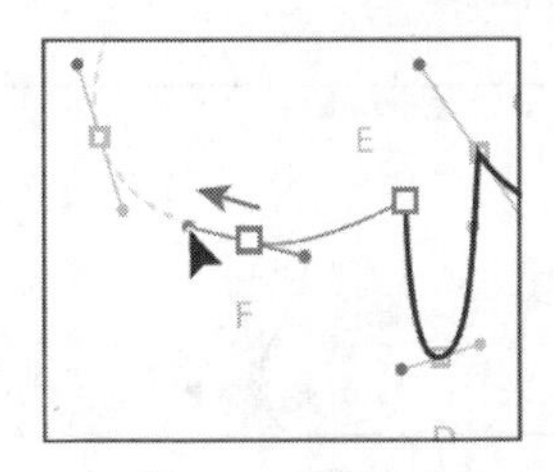

图5.39 创建F点

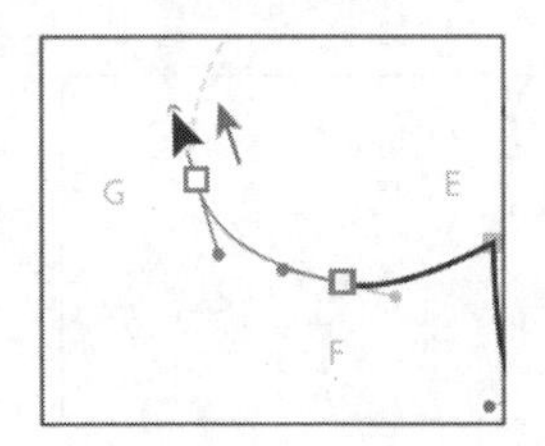

图5.40 创建G点

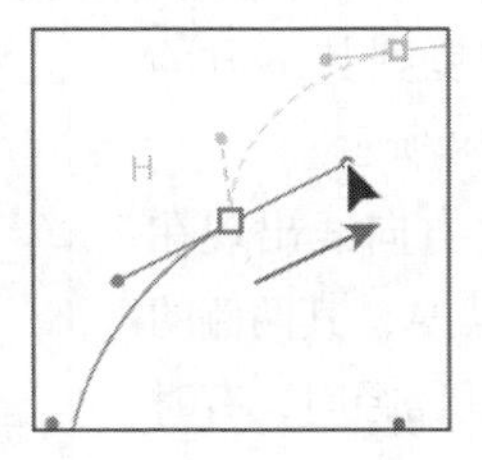

图5.41

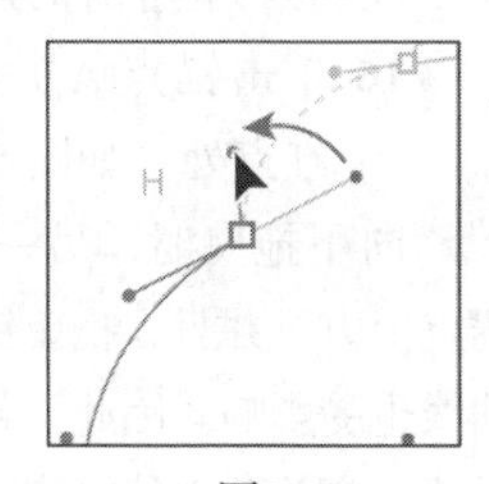

图5.42

11 单击 I 点并拖曳到其下一个红点处，按住 Alt 键（Windows 系统）或 Option 键（Mac 系统）后，再继续从红点处拖曳到该锚点附近的金色点处，如图 5.43 所示。然后依次松开鼠标和修正键。这将分离该锚点的方向线。

下面，将会在点 J 处创建一个平滑点。但会使用钢笔工具分别编辑它的两个方向线。

12 单击 J 点并拖曳到其附近的红点处，拖曳时按住 Shift 键以约束其方向线，如图 5.44 所示。然后依次松开鼠标和按键。该过程中注意观察 I 点和 J 点间的线段。

注意到点 I 与点 J 之间的曲线看起来没有问题。但是锚点 J 后方的方向线太短，需要延长它。下面，将在创建锚点后再次编辑其方向线。

13 按住 Alt 键（Windows 系统）或 Option 键（Mac 系统），暂时切换到转换锚点工具（ ），如图 5.45 所示。拖曳该方向线端点处的方向点，将其从红色点处延伸至附近的金色点处，然后依次松开鼠标和按键，如图 5.46 所示。

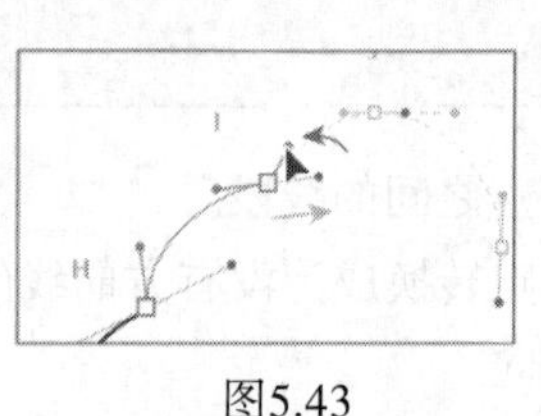

图5.43

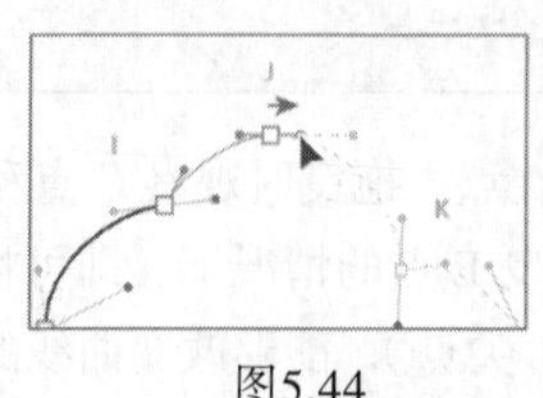

图5.44

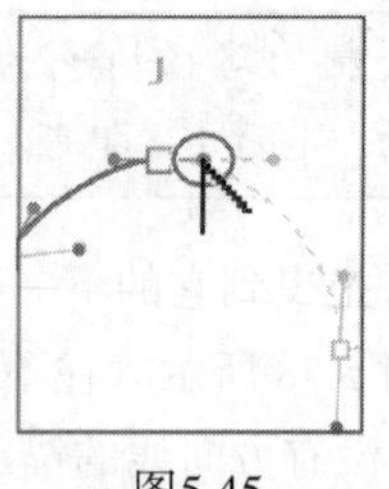

图5.45

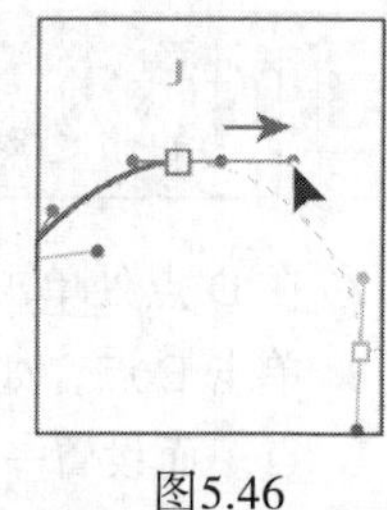

图5.46

> **提示**：拖曳方向点时，还可按住 Shift 键以保持方向线与原方向一致。这是因为按住 Shift 键可确保其与原方向夹角为 45° 的整数倍。

> **注意**：还可在上步单击 J 点设置锚点后，使用钢笔工具指向该锚点，待鼠标旁出现转换锚点符号（^）时，再拖出一条新的方向线。

14 继续单击 K 点并拖曳到其附近的红点处，然后按住 Alt 键（Windows 系统）或 Option 键（Mac 系统），再将其从红色点处延伸至附近的金色点处。

下面，将会通过创建闭合路径以完成冰淇淋的绘制。

15 将鼠标指向锚点 A，但暂时不单击它，如图 5.47 所示。

注意到钢笔图标旁出现了一个空心圆，这表明此时单击鼠标将闭合路径。

16 单击锚点 A 并拖曳到其下方的红点处，如图 5.48 所示。

向下拖曳时，另一个方向线出现在锚点上方。并且，拖曳锚点 A，其两侧的曲线也受影响。因此，封闭路径时，有时需要分离并独立编辑该点处的方向线。

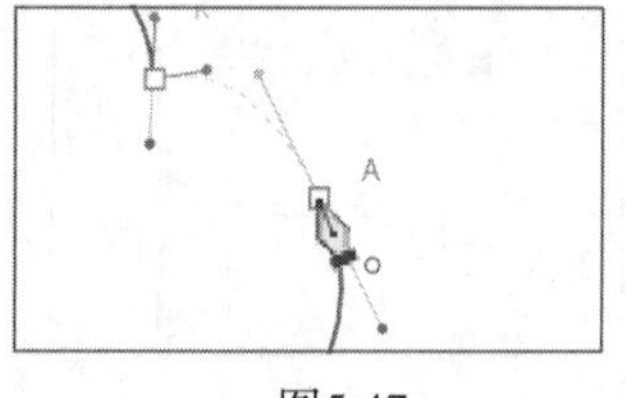

图5.47

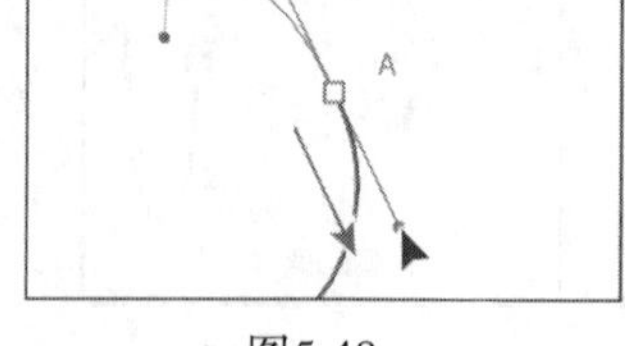

图5.48

17 按下 Ctrl（Windows 系统）键或 Command（Mac 系统）键，单击路径外的空白区域以取消选择，然后选择菜单“文件”>“存储”。

在使用钢笔工具时，这是取消选择的较快捷的方式。也可以选择菜单“选择”>“取消选择”。

5.3.2 绘制冰淇淋杯子的左半部分

使用钢笔工具绘图时，有时会需要创建对称的图稿，即一侧是另一侧的镜像图形。在本节中，将会绘制冰淇淋杯子的左半部分。由于杯子是对称的，读者在下一节中将会复制、镜像并合并得到的形状，从而节省时间并让得到的杯子完全对称。

1 在文档窗口左下角的“画板导航”下拉列表中选择画板 2 Dish。再选择菜单“视图”>“画板适合窗口大小”。

观察模板路径，可以看到一条垂直的红色点状虚线贯穿点 A 和点 I。杯子的左半部分完成后，将会沿着该虚线得到其镜像形状。

2 使用钢笔工具（ ）单击点 A（不要拖曳鼠标），以设置起始锚点。

> **注意**：从 A 点开始绘制形状并不是必须的。还可沿顺时针或逆时针方向另设锚点，作为起始锚点。

3 按住 Shift 键，单击 B 点并向左拖曳至附近的红色点处，如图 5.49 所示。再依次释放鼠标和按键。

4 按住 Shift 键，单击 C 点以对齐点 B 和点 C，如图 5.50 所示。单击后松开按键。

5 单击 D 点并拖曳至其附近的红点处，然后松开鼠标，如图 5.51 所示。

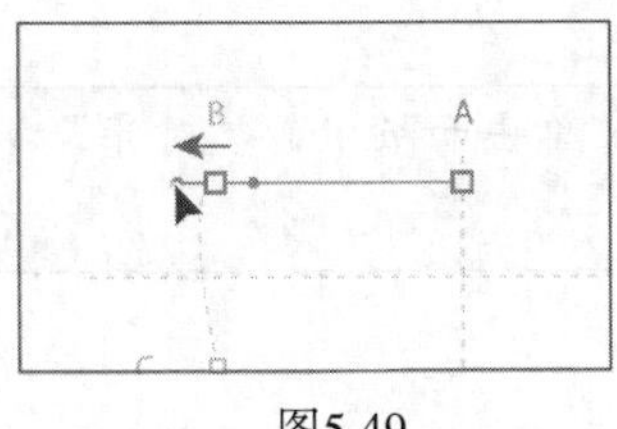

图5.49

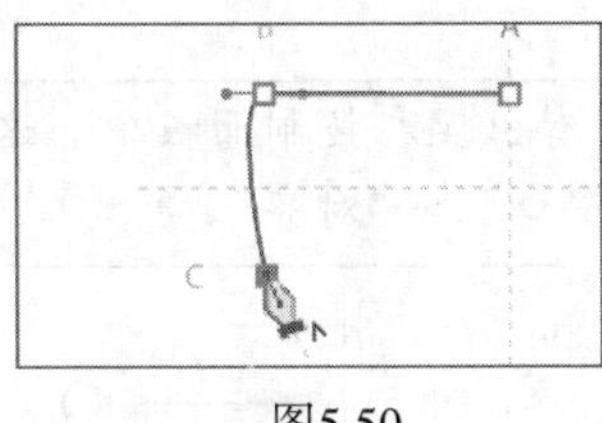

图5.50

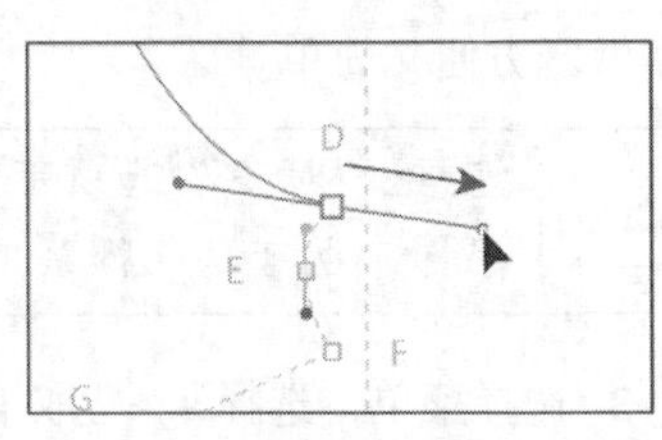

图5.51

接下来的一段路径不需要方向线，因此在设置该锚点后可删除它的方向线。

6 将鼠标指向锚点 D，直到鼠标旁出现转换锚点图标（^）后，单击以删除它的方向线，如图 5.52 所示。

7 单击 E 点，按住 Shift 键并继续拖曳鼠标至其附近的红点处，如图 5.53 所示。然后依次松开鼠标和修正键。这将创建一个手柄受约束的锚点。

8 单击 F 点而不拖曳鼠标，这将创建一个没有方向线的尖点。

9 单击 G 点并拖曳至其附近的红点处，然后松开鼠标。这样将在 F 点和 G 点之间创建一段曲线。

10 将鼠标指向锚点 G，直到鼠标旁出现转换锚点图标（^）后，单击以删除它的方向线，如图 5.54 所示。

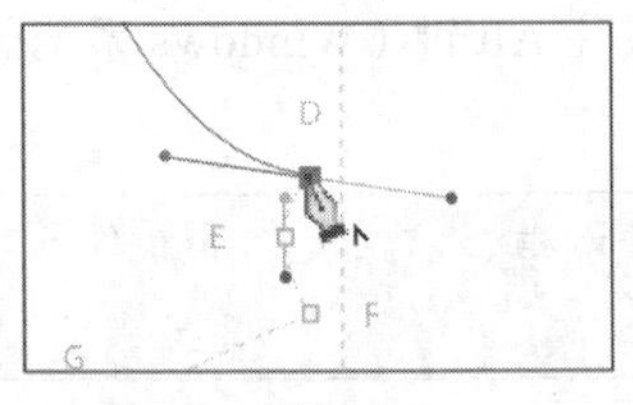

图5.52

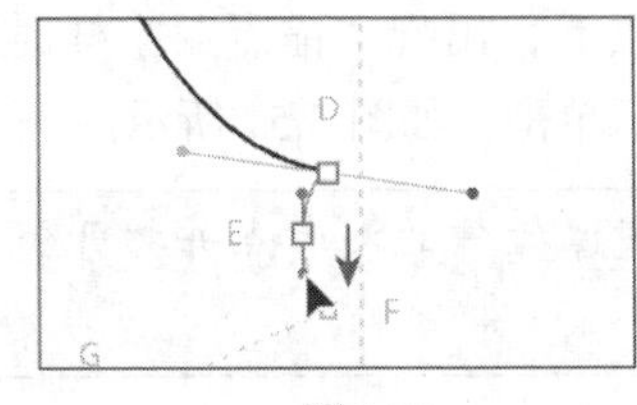

图5.53

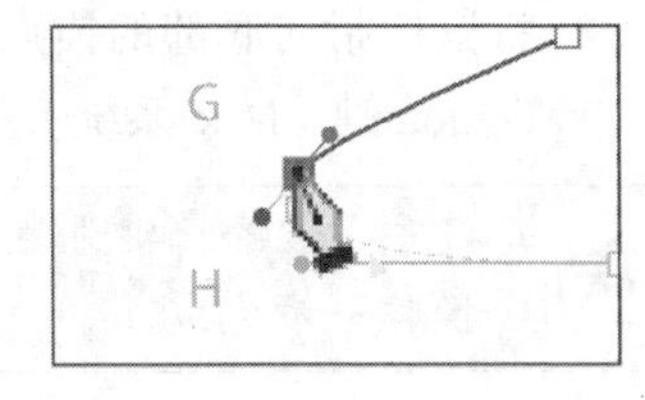

图5.54

11 按住 Shift 键，单击 H 点以创建一个没有方向线的尖点，并与 G 点对齐。

12 单击 I 点，按住 Shift 键并继续拖曳鼠标至其附近的红点处。然后依次松开鼠标和修正键。这将创建一个手柄受约束的锚点。

13 选择菜单“选择”>“取消选择”。

这样完成了冰淇淋杯子的左半部分。下一步将是确保锚点 A 和锚点 I 在一条垂直线上。然后，即可复制并镜像翻转它。

5.3.3 完成冰淇淋杯子的绘制

上一节已经绘制了杯子的左半部分，下面将创建一个它的副本，并镜像翻转它。然后将两部分合并为一个完全对称的闭合性状——冰淇淋的杯子。更多关于如何创建对象的镜像的信息，请参阅第 4 课。

1 使用直接选择工具（ ）选中最后创建的锚点（点 I）。按住 Shift 键，再单击选中创建的第一个锚点（点 A）。这样同时选中了点 A 和点 I。

2 单击控制面板中的“水平居中对齐”按钮（ ），以对齐点 A 和点 I，如图 5.55 所示。

对于本节的复制和合并来说，对齐点操作并不是必须的。但是，要让合并后不产生多余的锚点，这样做既方便又简单。

> AI | **注意：**“对齐”选项可能没有出现在控制面板中。这时可单击面板中的“对齐”字样，也可以选择菜单“窗口”>“对齐”。

3 选择菜单“选择”>“取消选择”。

4 使用选择工具选中整个路径。

5 选择旋转工具（ ），打开其隐藏工具组并切换到镜像工具（ ）。

6 选择菜单“视图”>“智能参考线”，以开启智能参考线。

7 单击图层面板图标（ ）以显示图层面板。单击图层名称“template”左侧的眼睛图标，隐藏该层内容，如图 5.56 所示。再单击图层面板标签以隐藏该面板组。

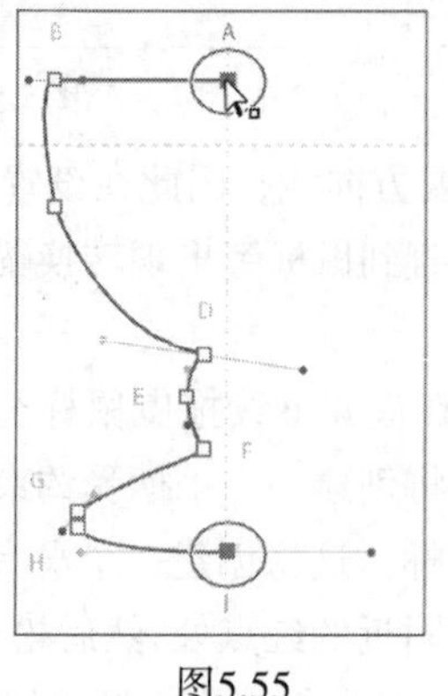

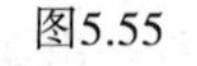
图5.55

图5.56

8 将鼠标指向底部的锚点（点 I），出现“锚点”字样时，按住 Alt 键（Windows 系统）或 Option 键（Mac 系统），然后单击。如图 5.57 所示。

> **注意：**该修正键设置了镜像操作的参考点并打开镜像对话框，以便复制和镜像操作一步完成。

9 在“镜像”对话框中，选择“垂直”轴，然后单击“复制”按钮，如图 5.58 所示。

10 切换到选择工具，然后选择菜单“选择”>“现用画板上的全部对象”，以选中杯子的两个部分。

11 按下 Ctrl+J（Windows 系统）或 Command+J（Mac 系统）组合键，将杯子的两部分合并为一个闭合的路径，如图 5.59 所示。

这步操作后，视觉上并无太大变化。但两个非闭合路径确实合并为一个闭合路径。

12 选择菜单“视图”>“智能参考线”，以禁用智能参考线。

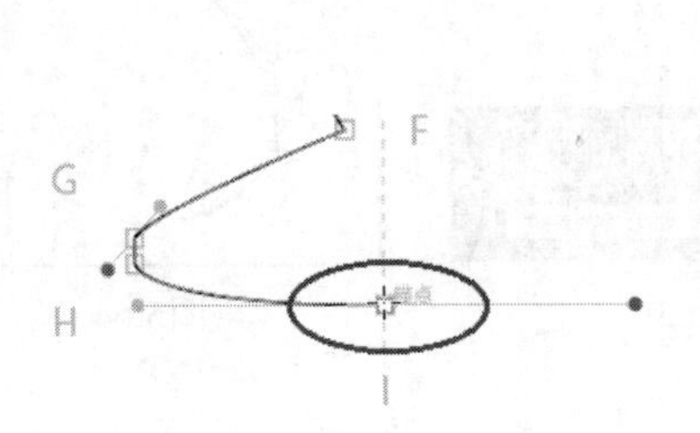

图5.57 按住Alt/Option键后单击锚点

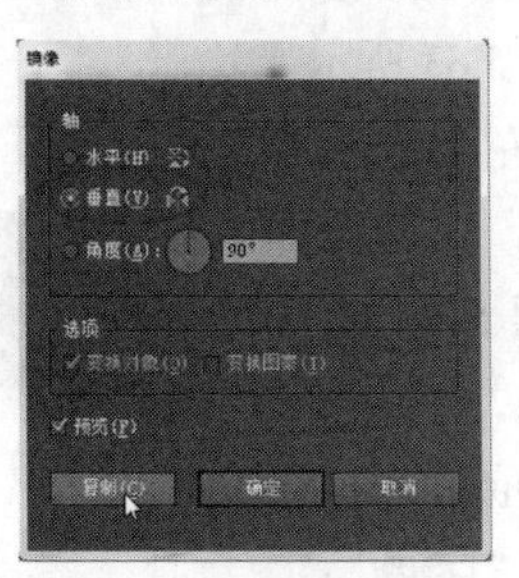

图5.58 设置镜像选项

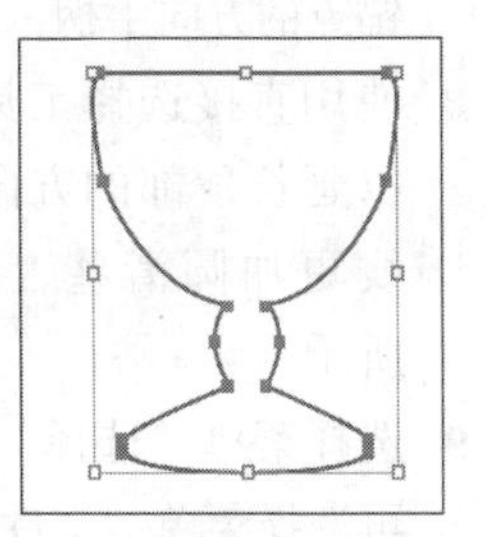

图5.59 观察合并后的结果

5.3.4 编辑曲线

在这一节中，读者将会通过拖曳锚点或方向手柄来调整之前绘制的曲线。还会移动线条以编辑曲线。

1 在文档窗口左下角的“画板导航”下拉列表中选择画板 1 Ice Cream。

2 选择菜单“视图”>“Ice Cream”。

这步操作不仅放大了冰淇淋形状的路径，还显示了 template 图层的内容，该图层用于指导绘制路径操作。

3 使用直接选择工具（ ）单击选中冰淇淋路径的边缘，如图 5.60 所示。此时路径上所有的锚点全部显示。使用直接选择工具可以显示被选择线段的方向手柄，并独立地调整某些曲线段的形状。而选择工具（ ）则会选中整个路径。

4 在冰淇淋路径的顶部单击选中 J 点。将该点向下拖曳一些，如图 5.61 所示。

提示：要向某个方向调整锚点，还可以使用键盘的方向键。按住 Shift 键，然后按键盘向下键 5 次即可。另外，使用 Shift 键移动速度会快些。

5 使用直接选择工具拖曳选框选中 G 点和 F 点，如图 5.62 所示。

选中的锚点为实心的。

6 单击图层面板图标（ ）以显示图层面板。单击图层名称“template”左侧的可视性图标（ ），隐藏该层内容。再单击图层面板标签以隐藏该面板组。

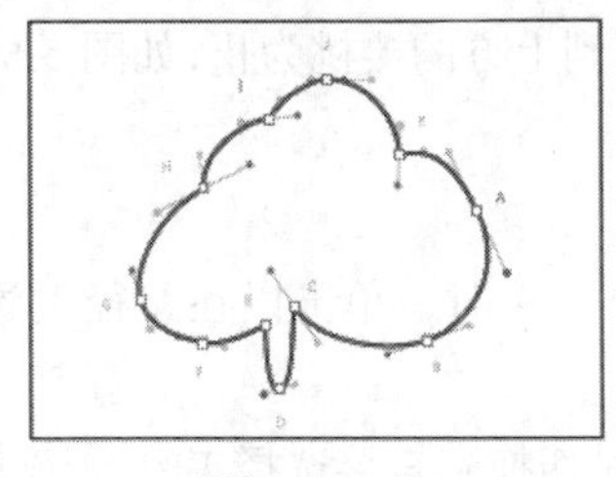

图5.60

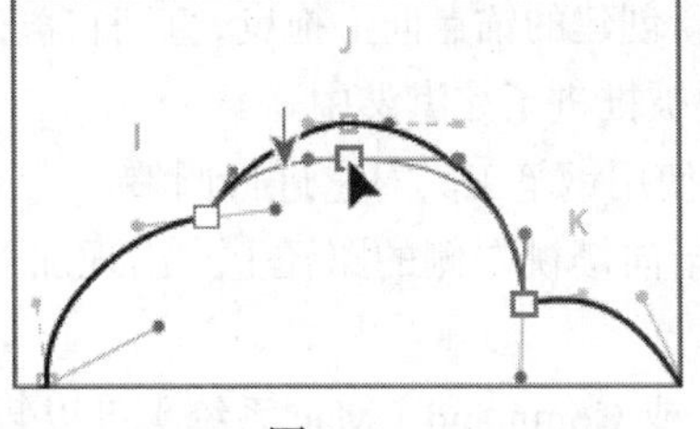

图5.61

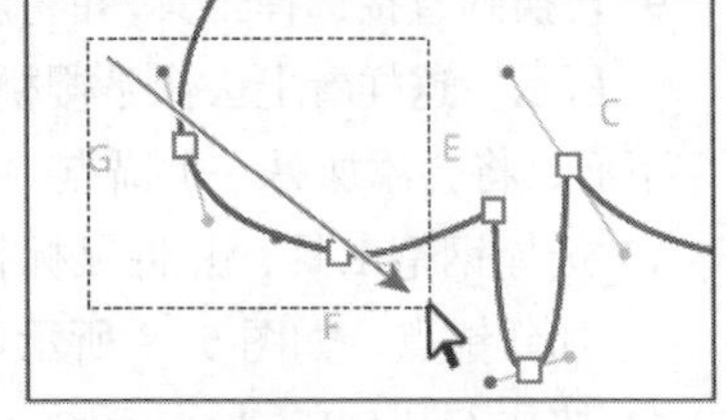

图5.62

图层 template 内容隐藏后，注意到选中多个锚点后，没有显示它们的方向手柄。

7 在控制面板中，单击“手柄”字样右侧的“显示多个选定锚点的手柄”按钮，以便看到选中锚点的方向手柄，如图 5.63 所示。

8 使用直接选择工具向左上方拖曳以延长顶部的方向线，让这段曲线更加圆滑些，如图 5.64 圈中所示。

图5.63　　图5.64

9 选择菜单“选择”>“取消选择”，再选择菜单“文件”>“存储”。

5.3.5　删除和添加锚点

很多情况下，使用钢笔工具绘制路径是为了避免添加不必要的锚点。要删除不必要的锚点，可通过降低路径的复杂度或修改其整体形状。另外，还可添加锚点以调整路径的形状。下面，将会在路径中删除和添加锚点。

1 选择工具箱中的选择工具（ ）。

2 选择菜单“视图”>“画板适合窗口大小”。

3 单击选中右侧的樱桃，如图 5.65 中箭头所示。选择菜单“编辑”>“复制”，再选择菜单“编辑”>“粘贴”。

4 将该樱桃的副本拖至冰淇淋形状的顶部，如图 5.66 所示。

5 选择菜单“对象”>“排列”>“后移一层”。

6 切换到直接选择工具，单击以选中冰淇淋路径的边缘。

7 使用缩放工具在冰淇淋顶部的樱桃处单击 3 次，以放大视图。

8 选择钢笔工具（ ），并将图标指向该路径顶部锚点右侧的曲线。鼠标旁出现加号（+）时，单击以在路径上添加一个新的锚点，如图 5.67 所示。

图5.65

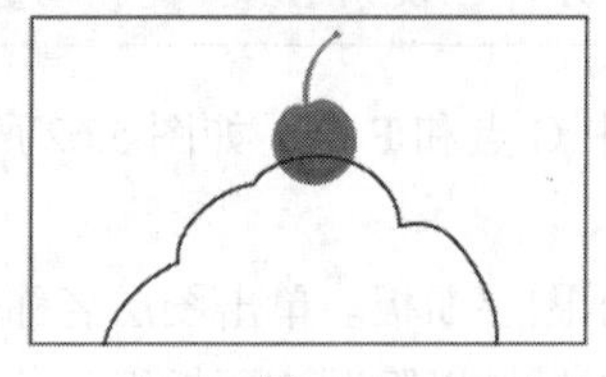

图5.66

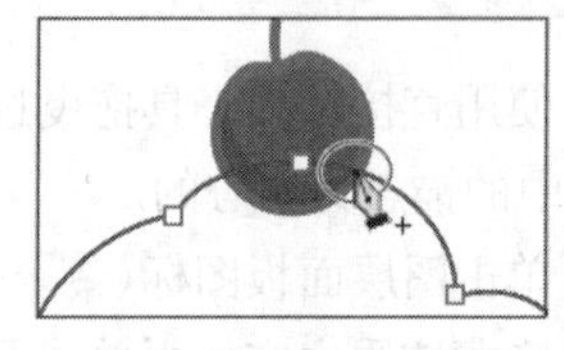

图5.67

9 切换到直接选择工具，并将新创建的锚点向上拖曳，直到它覆盖到上方的樱桃为止，如图 5.68 所示。这样看上去像是樱桃被推进了冰淇淋中。

下面，将会添加另一个锚点并使用钢笔工具对它进行调整。

10 选择钢笔工具，并将鼠标指向樱桃左侧的路径上。出现加号（+）时，单击以在路径上添加新锚点，如图 5.69 所示。

11 按住 Ctrl（Windows 系统）或 Command（Mac 系统）键以暂时切换到直接选择工具。按键的同时，向上拖曳新锚点以覆盖一些樱桃即可，如图 5.70 所示。

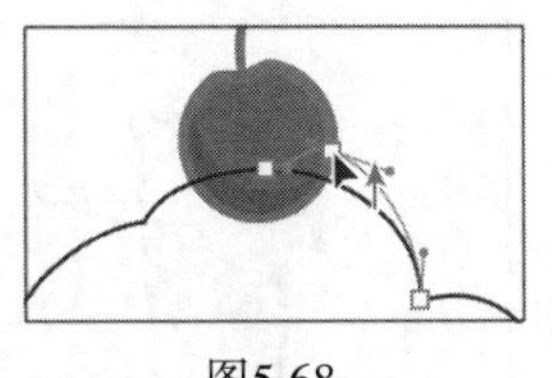

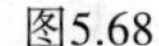

图5.68

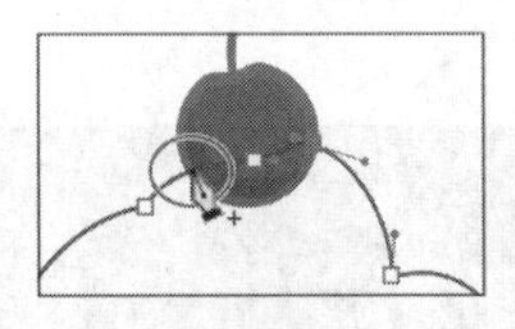

图5.69

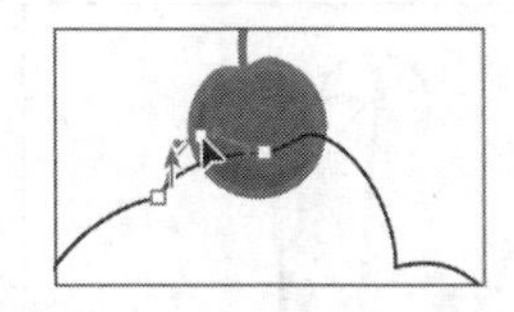

图5.70

注意：在使用钢笔工具（）时，按住 Ctrl 键（Windows 系统）或 Command 键（Mac 系统）可暂时切换到选择工具 / 直接选择工具（取决于最近一次使用的是哪一个）。

12 按住空格键以暂时切换到抓手工具（）。向上拖曳文档窗口以便查看冰淇淋路径的底部，然后松开按键。

13 在仍选择钢笔工具的情况下，在冰淇淋底部锚点的左右两侧添加锚点，如图 5.71 所示。

14 将钢笔工具图标指向冰淇淋路径最底部的锚点，当图标旁出现减号（-）时，单击以删除该锚点，如图 5.72 所示。

AI **提示：**在锚点被选中的情况下，可在控制面板中单击“删除所选锚点”按钮。

15 选择菜单“选择”>“取消选择”，再选择菜单“文件”>“存储”，如图 5.73 所示。

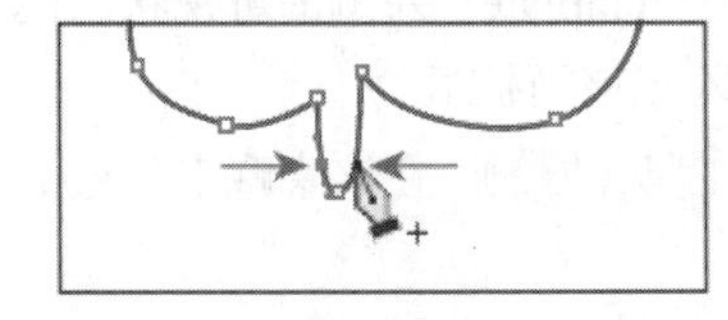

图5.71

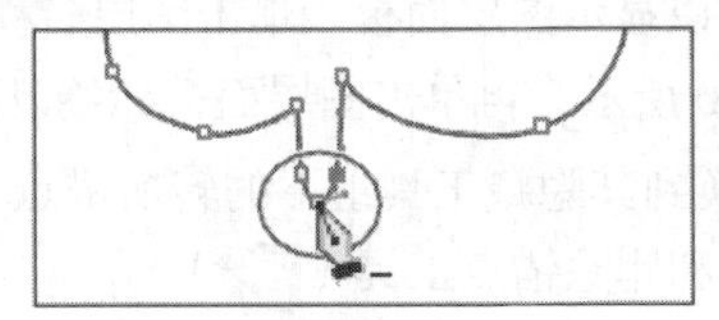

图5.72

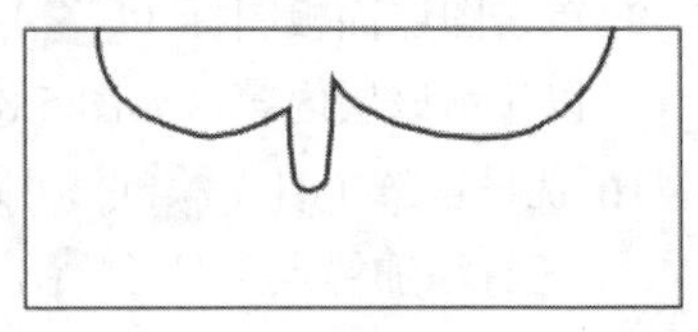

图5.73

5.3.6 在平滑点和尖角之间转换

要更精确地控制路径，可使用几种方法将锚点在平滑点和尖角之间转换。

1 在文档窗口左下角的“画板导航”下拉列表中选择画板 3 Spoon。

2 使用直接选择工具（），并将鼠标指向勺子手柄的左上角。鼠标旁出现带点的空心方形后，单击以选中该锚点，如图 5.74 所示。

3 在该锚点被选中的情况下，单击控制面板中的“将所选锚点转换为平滑”按钮，如图 5.75 所示。

4 向勺子中心拖曳该锚点下方的方向手柄。参考图 5.76，但不必完全一致。

注意：如果拖曳的不是方向手柄的端点（方向点），可能会取消选择该形状。此时需要再次选择该锚点并重新操作。

5 对勺子手柄右上角的锚点，重复步骤 2 ～ 4，如图 5.77 所示。

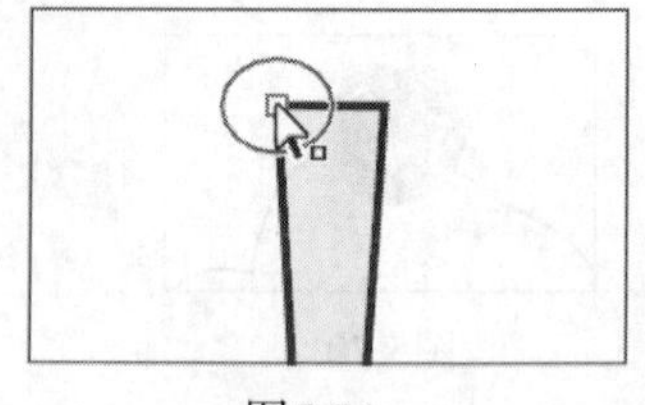

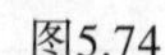

图5.74

图5.75

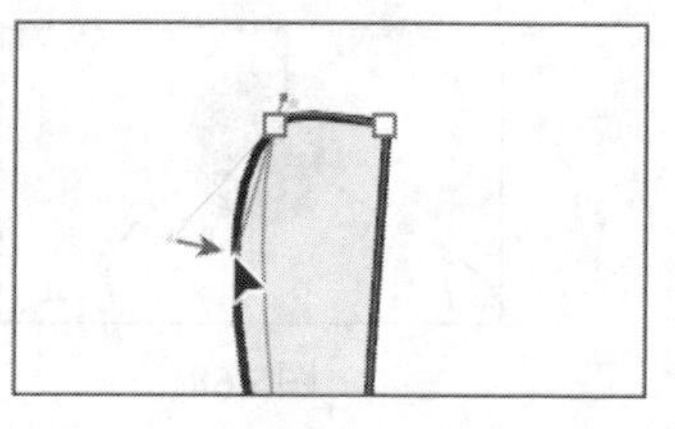

图5.76

下面，将会一次将多个锚点转换为尖角。

6 在文档窗口左下角的“画板导航”下拉列表中选择画板 2 Dish。

7 使用直接选择工具拖曳选框以选中杯子路径顶部的 3 个锚点，如图 5.78 所示。

8 在控制面板中，单击“将所选锚点转换为尖角”按钮，以将选中锚点全部转换为尖角，并删除它们的方向线，如图 5.79 所示。

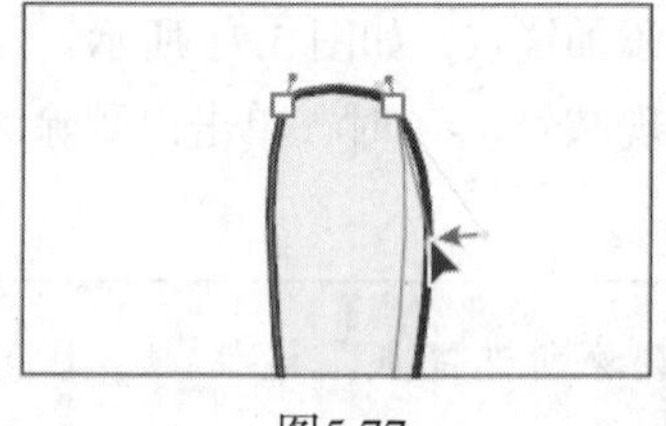

图5.77

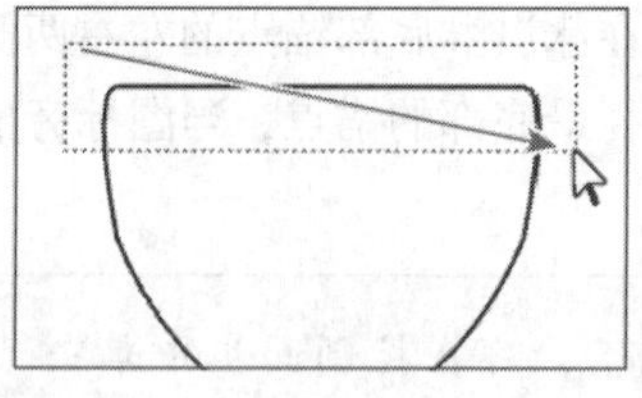

图5.78

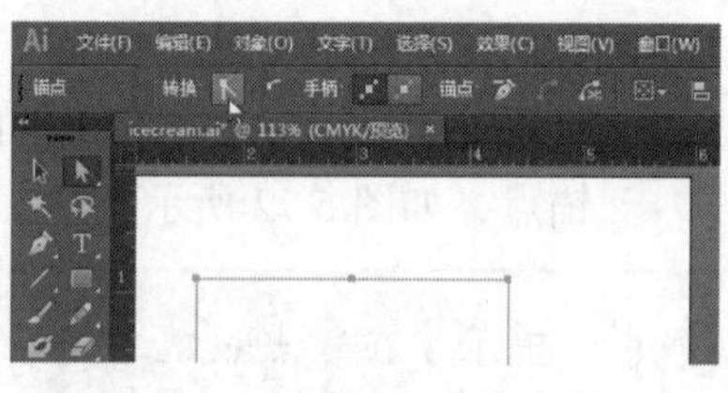

图5.79

下面，将会使用转换锚点工具来转换锚点的类型。

9 单击图层面板图标（ ）以显示图层面板。单击图层名称“template”左侧的可视状态栏，以显示该层内容，如图 5.80 所示。再单击图层面板标签以隐藏该面板组。

10 选择钢笔工具（ ），切换到其隐藏工具组下的转换锚点工具（ ）。在该隐藏工具组下，还有添加锚点工具（ ）和删除锚点工具（ ）。

11 使用转换锚点工具，单击锚点 D（左右对称两个点），将它们转换为尖角，如图 5.81 所示。

注意：如果没有选中锚点，将会出现对话框提示：请针对路径的锚点使用转换锚点工具。

12 单击路径左侧的锚点 C，按住 Shift 键后向下拖曳，直到该锚点上部的方向线到达 B 点，如图 5.82 圈中所示。然后依次松开鼠标和按键。

13 单击路径上锚点 C 的右侧对应处，按住 Shift 键后向上拖曳，直到该锚点上部的方向线到达 B 点右侧对应处，如图 5.83 所示。然后依次松开鼠标和按键。

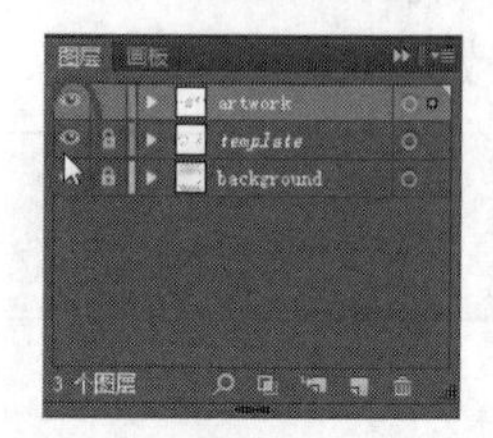

图5.80

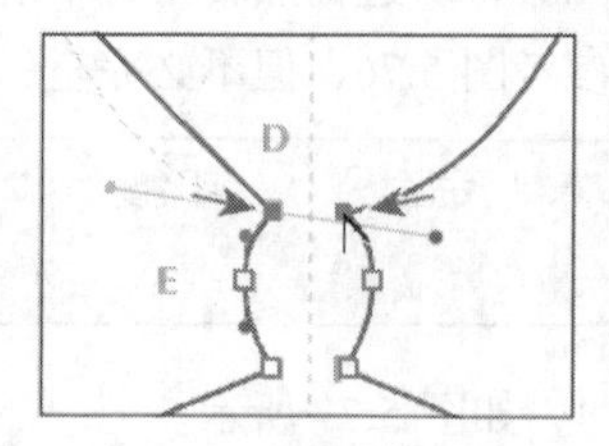

图5.81 转换锚点类型

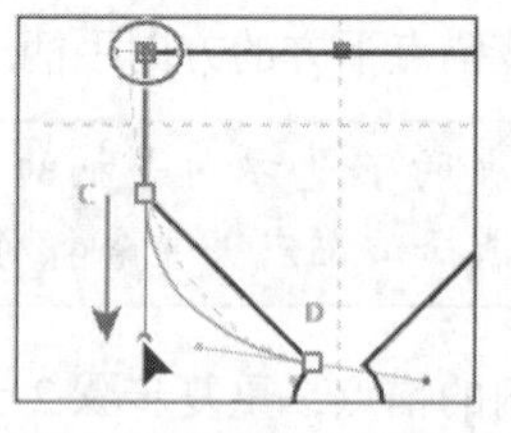

图5.82 调整路径形状

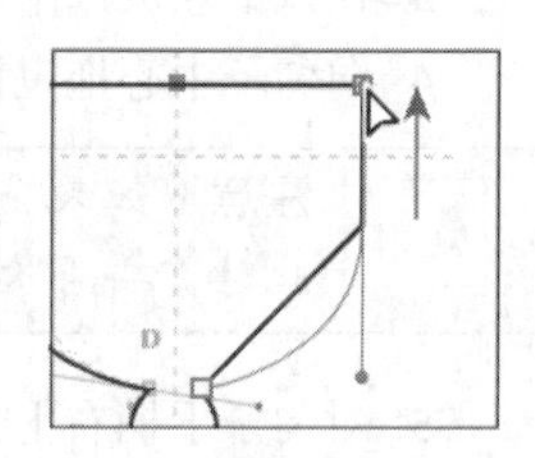

图5.83 调整路径形状

14 选择菜单“选择”>“取消选择”，再选择菜单“文件”>“存储”。

5.3.7 使用剪刀工具分割路径

有多种工具可以剪切和分割形状。可对路径的段或锚点（不包括端点）使用剪刀工具（ ），而刻刀工具可以分割对象并使之成为闭合路径。

下面，将会使用剪刀工具来分割并重新调整冰淇淋杯子的路径。

1 选择菜单“选择”>“现用画板上的全部对象”，以选中该杯子路径。

2 在该路径被选中的情况下，选择工具箱中的橡皮擦工具（ ），再切换到其隐藏工具组中的剪刀工具（ ）。单击锚点 E 以在该点分割路径，如图 5.84 所示。再在路径镜像对称的位置单击其对应的锚点，如图 5.85 所示。

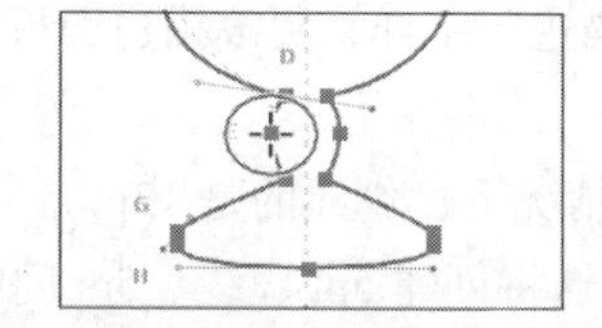

图5.84 在锚点E处分割路径

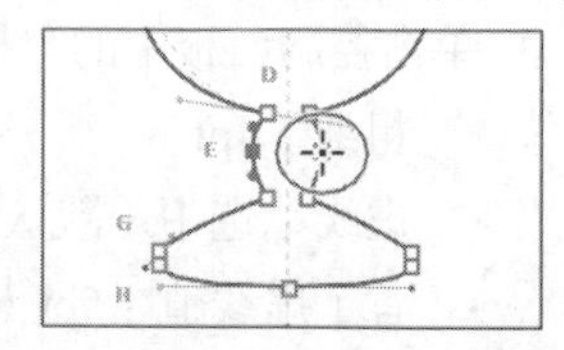

图5.85 在E点镜像处分割路径

> **注意：**如果使用剪刀工具单击闭合性状（如圆），路径将变成非闭合的，即有两个端点。

如果没有准确地单击路径上某点，将会出现一个警告对话框。此时可单击“确定”按钮后重新操作。剪刀工具可作用于路径的段或锚点，但不包括路径的端点。而使用剪刀工具单击的地方，将出现一个新锚点且被选中。

3 使用选择工具拖曳选框选中杯子底部，如图 5.86 所示。大约按 6 次键盘的向下键，将杯子底部向下移，如图 5.87 所示。直到能够明显看到杯子确实被分割为两条路径。

> **提示：**可在按住 Shift 键后，再按向下键，以加速移动图稿。

4 选择菜单“选择”>“现有画板上的全部对象”，以选中两条路径。

5 按下两次 Ctrl+J（Windows 系统）或 Command+J（Mac 系统）组合键，这将杯子的两部分合并为一个闭合的路径，如图 5.88 所示。

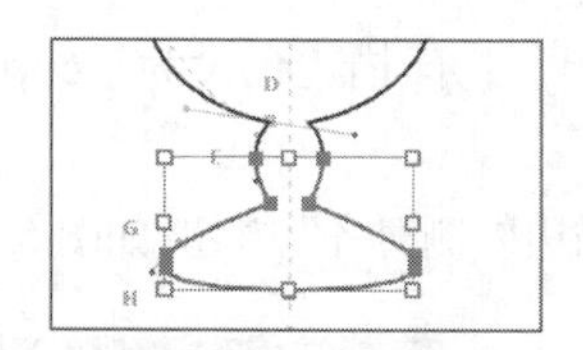

图5.86 选中杯子底部路径

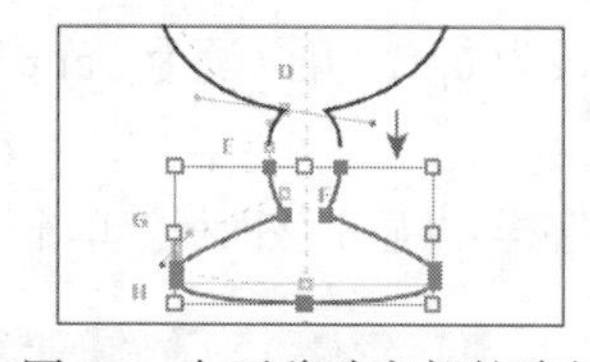

图5.87 向下移动底部的路径

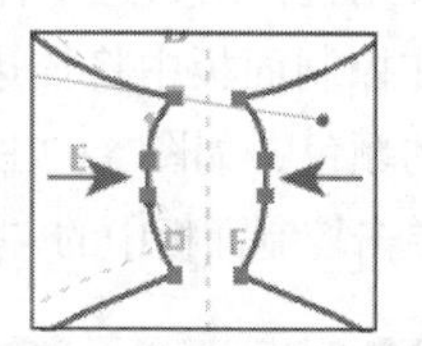

图5.88

5.3.8 创建虚线

可将对象的描边设置为虚线，这适用于闭合路径和非闭合路径。虚线是通过一系列线段长度和间隙指定的。下面，将创建一条线段并将其设为虚线。

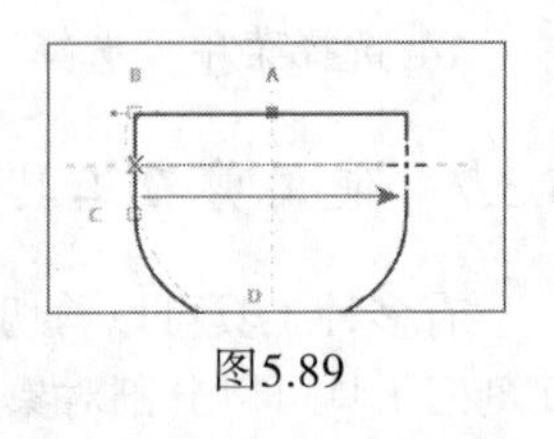

图5.89

1 使用缩放工具单击两次以放大杯子路径顶部的视图。

2 选择工具箱中的直线段工具（ ）。

3 将鼠标指向杯子路径左侧、红色水平虚线处，如图 5.89 中“X”处所示。单击并向右拖曳，拖曳时按住 Shift 键。当鼠标到达杯子的另一侧时，依次松开鼠标和按键。这将创建一条直线段。

> AI | **提示**：注意到禁用智能参考线时，绘制的线段没有与其他形状对齐。

4 单击控制面板中的“描边”字样，更改描边面板中的以下选项：

- 粗细：4pt
- 虚线：选中（默认情况下，创建的是 12pt 虚线、12pt 间隙的重复虚线图案）
- 首个虚线值：5pt（这将创建 5pt 虚线、5pt 间隙的重复虚线图案）
- 首个间隙值：3pt（这将创建 5pt 虚线、3pt 间隙的重复虚线图案）
- 将下一个虚线值设为 2pt，下一个间隙值设为 4pt。

因此，“虚线”复选框下的值应依次是：5pt、3pt、2pt、4pt，如图 5.90 所示。

图5.90

>  | **提示**：“保留虚线和间隙的精确长度”按钮可以保留虚线的外观，而不考虑对齐的问题。

5 在仍选中该虚线的情况下，将描边色改为色板中名称为“cup 65%”的浅黄色，如图 5.91 所示。

6 使用选择工具选中杯子形状。

7 在控制面板中将描边粗细设为 6pt，填色设为“cup”的颜色，而描边色设为“cup stroke”的颜色，如图 5.92 所示。

8 单击控制面板中的“描边”字样，以显示该面板。单击“使描边外侧对齐”按钮，如图 5.93 所示。

图5.91

图5.92

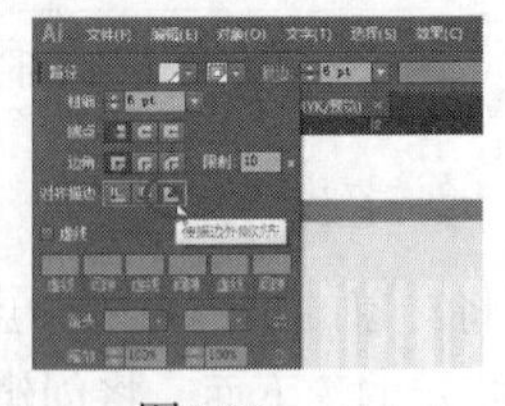
图5.93

> **AI** 注意：如果无法单击“使面板外侧对齐”按钮（呈灰色），可能杯子路径不是封闭的。在杯子被选中的情况下，选择菜单“对象”>“合并”后再次尝试即可。

9 选择菜单“选择”>“现有画板上的全部对象”，然后选择菜单“对象”>“编组”。

5.3.9 使用刻刀工具分割路径

下面，将使用刻刀工具（ ）来分割勺子，以创建两个闭合的路径。

1 在文档窗口左下角的“画板导航”下拉列表中选择画板 3 Spoon。

2 选择菜单“选择”>“现有画板上的全部对象”。这是由于图稿需要被选中后，才能使用刻刀工具进行分割。

3 选择工具箱中的剪刀工具（ ），切换到其隐藏工具组下的刻刀工具（ ）。注意到在文档窗口中出现了刻刀图标（ ）。

4 按住 Caps Lock 键以得到一个更加精确的游标。

在使用刻刀工具时，精确的游标非常重要。

5 将鼠标指向勺子底部的左侧边缘外，拖曳指针画一条弧线以划过右侧边缘，如图 5.94 所示。

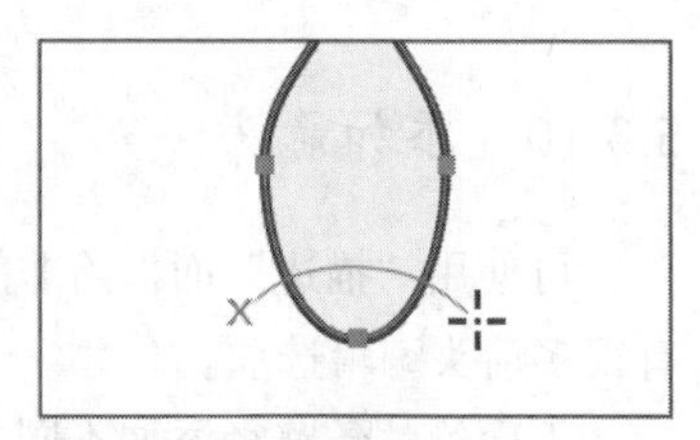

图5.94

刻刀工具可以按照自由路径划过被选中的内容。松开鼠标后，勺子就分割成为了两个闭合路径。

6 选择菜单“编辑”>“还原美工刀工具”。

下面，将使用刻刀工具进行直线分割。

7 将鼠标指向勺子底部的左侧边缘外，按住 Alt+shift 键（Windows 系统）或 Option+shift 键（Mac 系统），拖曳指针画一条直线段以划过右侧边缘，如图 5.95 所示。

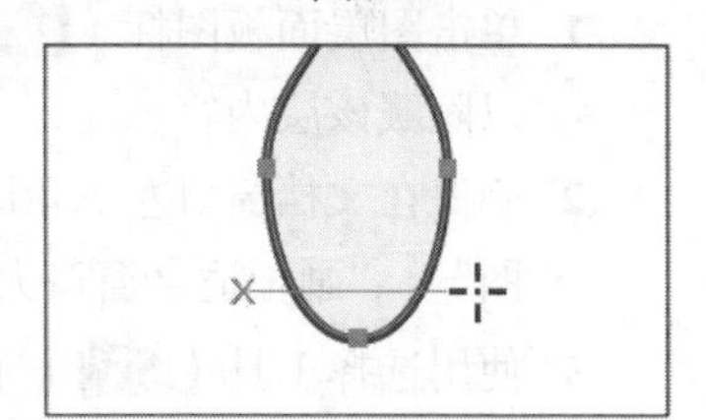

图5.95

按住 Alt 键（Windows 系统）或 Option 键（Mac 系统），使用的则是直线段分割线。而按住 Alt+Shift 键（Windows 系统）或 Option+Shift 键（Mac 系统），则将直线段分割线的移动角度约束为 45° 的整数倍。

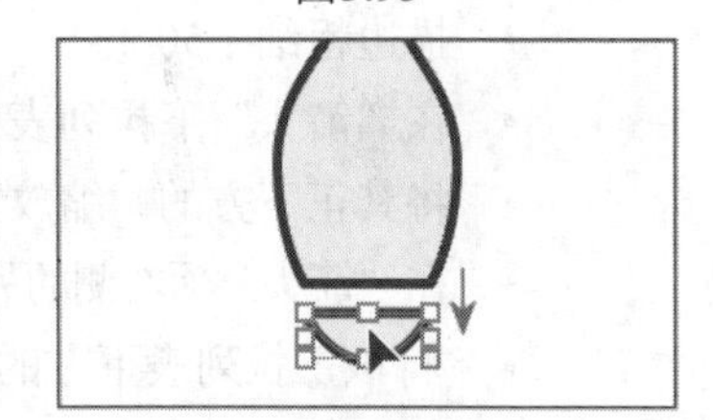

图5.96

8 选择菜单“选择”>“取消选择”。

9 使用选择工具（ ）将勺子路径的下部向下拖曳，以便看到确实分割成了两个闭合路径，如图 5.96 所示。

10 选择菜单“选择”>“现有画板上的全部对象”。

11 在勺子的两个形状均被选中的情况下，选择菜单“对象”>“变换”>“旋转”。在“旋转”对话框中，将角度设为 -45° 后，单击“确定”按钮，如图 5.97 所示。

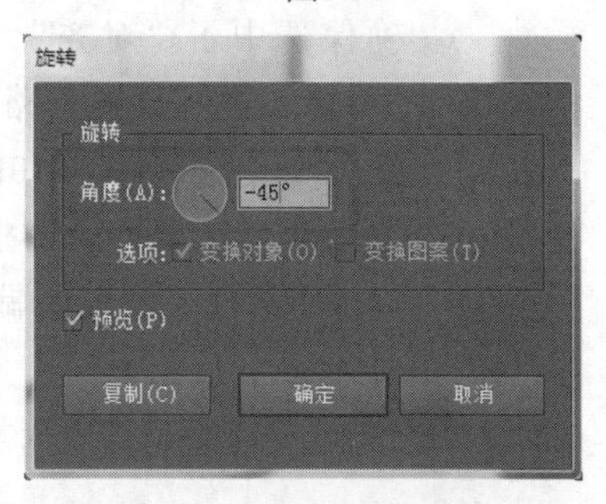

图5.97

下面，将会把杯子对象组合勺子放在“Ice Cream”画板上。

12 选择菜单“视图”>“全部适合窗口大小”。

13 使用选择工具拖曳被选中的两个勺子形状，将其拖曳至冰淇淋路径上，如图5.98所示。再选择菜单“对象”>“排列”>“置于顶层”。

14 将杯子拖曳至冰淇淋路径的下方，如图5.99所示。再选择菜单“对象”>“排列”>“置于顶层”。

15 选择菜单“选择”>“取消选择”，再选择菜单“文件”>“存储”。

16 按住CapsLock键，以取消选择。

图5.98 拖曳并调整勺子形状

图5.99 拖曳并调整杯子

5.3.10 添加箭头

可使用“描边”面板给非闭合路径添加箭头。在Illustrator中，可供选择的箭头样式很多，还有很多箭头编辑选项。

下面给一条路径添加不同的箭头。

1 单击图层面板图标（ ）以显示图层面板。单击图层名称“template”左侧的可视性图标，以隐藏该层内容。

2 确保在文档窗口左下角的“画板导航”下拉列表中选择的是画板1 Ice Cream。再选择菜单“视图”>“画板适合窗口大小”。

3 使用选择工具（ ）单击并选中橘色文本“THE MONTH”下方的黑色直线段。

4 单击控制面板中的“描边”字样以打开描边面板。在该面板中，设置以下选项。

- 描边粗细：50pt。
- 在“箭头”下拉列表中选择“箭头20”，这将选取应用于路径起点的箭头。
- 将其正下方的“缩放”选为30%，如图5.100所示。
- 在“箭头”项右侧的另一个下拉列表中选择“箭头35”，这将选取应用于路径终点的箭头。
- 将该下拉列表下方的文本框中输入40%。
- 确保选中了“对齐”项中的“将箭头提示放置于路径终点处”按钮，如图5.101所示。这个对齐选项可以调整路径，以便将路径与箭头顶端或末端对齐。

图5.100 编辑描边粗细和添加箭头

图5.101 添加第二个箭头

5 在控制面板中将描边色改为“cup stroke”的颜色。

5.4 使用铅笔工具绘图

使用铅笔工具可绘制闭合路径或非闭合路径，就像使用铅笔在纸张上绘图一样。绘图时，Illustrator 可创建锚点并将其放在路径上，而绘制完毕后，还可调整这些锚点。

下面，将绘制并编辑冰淇淋路径上的一些线条。但首先要做的是为冰淇淋上色。

1 使用选择工具选中冰淇淋形状。

将填色改成名称为“ice cream”的粉色，并将描边色设为“cup stroke”的色样。

2 在控制面板中将描边粗细设为 6pt。

3 单击选中勺子的两个形状中较大的那个，再选择菜单“对象”>“排列”>“后移一层”，如图 5.102 所示。现在，想必之前使用刻刀工具切割勺子的原因已经十分明了了。

4 选择菜单“选择”>“取消选择”。

下面，将使用铅笔工具绘图。

5 双击工具箱中的铅笔工具（ ）。在“铅笔工具”对话框中，将“平滑度”滑块向右拖曳至 90%。这使得使用铅笔工具绘制的路径包含的锚点更少且更平滑，再单击“确定”按钮，如图 5.103 所示。

提示：保真度越高，锚点间距离越远，而且创建的锚点数也会越少。这样路径将会更平滑更简单。

6 在选择了铅笔工具的情况下，将描边色设为“ice cream dark”的色样，再单击填色框并选择“[无]”。

7 在控制面板中将描边粗细设为 8pt。

8 选择缩放工具（ ），单击数次以放大粉色冰淇淋形状。

9 切换到铅笔工具，将鼠标指向冰淇淋形状内部那个较小的勺子路径，如图 5.104 中“X”处所示。当铅笔图标旁出现星形（*）时，在勺子形状末端处绘制一条弧线。

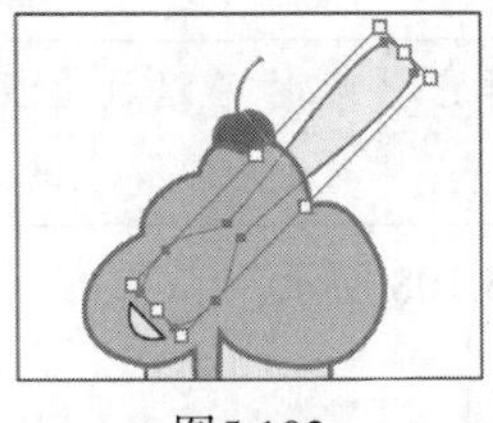

图5.102

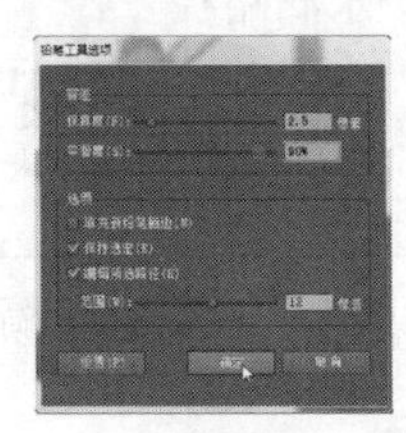

图5.103

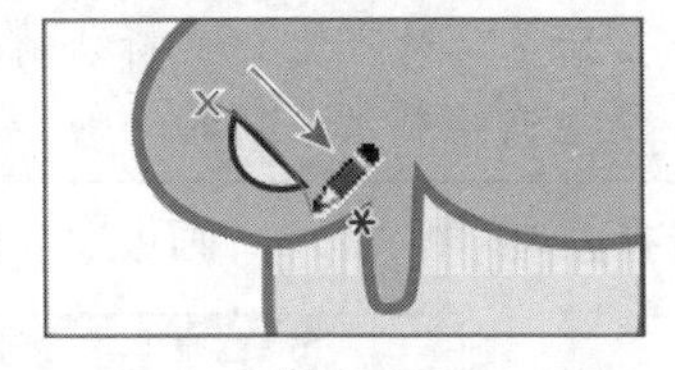

图5.104

AI

注意：如果看到的是十字图标而不是星形，这表明 CapsLock 键处于活动状态。该键将工具图标转换为十字图标，让操作更加精确。

鼠标旁出现的星形（*）表明可以开始创建一条新路径。如果星形没有出现，则意味着重新绘制鼠标附近的形状。注意到绘制时，路径可能看起来不平滑，但松开鼠标后，将根据之前在“铅笔工具选项”对话框中设置的平滑度，使路径变得平滑。

> **提示：**要在原始路径附近绘制新路径时，可以双击铅笔工具以打开“铅笔工具选项”对话框。取消选择“编辑所选路径”复选框后，再单击“确定”按钮。之后即可绘制新路径。

10 将鼠标指向冰淇淋路径底部的下方，准备绘制一个“水滴”形状。绘制时，按住 Alt 键（Windows 系统）或 Option 键（Mac 系统）。铅笔工具图标旁将出现一个小空心圆，这表明可以绘制一条闭合路径，如图 5.105 所示。绘制出水滴路径后，松开鼠标，直到路径闭合后再松开按键。在这里，要让起始锚点和终点锚点之间的线段尽量短。

> **注意：**如果绘制后无法看见水滴，而此时它仍是被选中的，可以选择菜单“对象”>“排列”>“置于顶层”。

11 在新路径仍被选中的情况下，按键盘“I”键以选择吸管工具（）。单击冰淇淋的路径以取样它的描边色和填色，并将其应用于新创建的“水滴”形状，如图 5.106 所示。此时，保留该水滴形状为被选中状态。

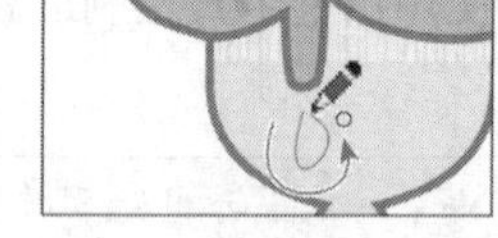

图5.105

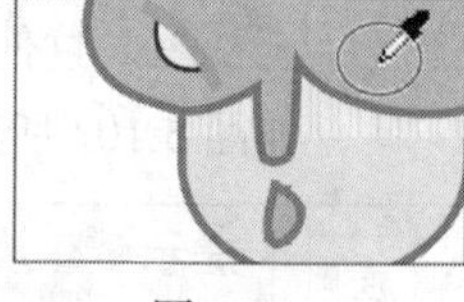

图5.106

使用铅笔工具进行编辑

使用铅笔工具可以编辑任何路径，并可在任何形状中添加手绘形状和线条。下面，将使用铅笔工具来编辑上节中绘制的“水滴”形状。

1 在水滴形状仍被选中的情况下，双击铅笔工具（）。在“铅笔工具选项”对话框中，单击“重置”按钮。将“保真度”设为 10，“平滑度”改为 70%，并确保选中了“编辑所选路径”复选框，再单击“确定”按钮。

2 将鼠标指向水滴路径，注意到图标旁的星形（*）消失了，如图 5.107 所示。这表明接下来将会重绘选中的路径。重新绘制这个水滴路径。

> **提示：**此时可能会重新绘制整个水滴形状，而不是编辑它。此时可以放大视图来重新绘制该路径的一部分线条。

3 选择菜单“视图”>“画板适合窗口大小”，得到图稿如图 5.108 所示。

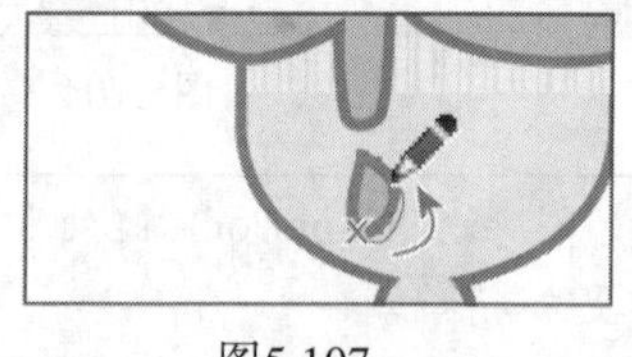

图5.107

图5.108

4 选择菜单“文件”>“存储”，再选择菜单“文件”>“关闭”。

5.5 复习

复习题

1 指出如何使用钢笔工具绘制垂直、水平或45°角度的直线。

2 如何使用钢笔工具绘制曲线？

3 如何在曲线上创建尖角？

4 指出两种将平滑点转换为尖角的方法。

5 哪种工具可以用于编辑曲线段？

6 如何修改铅笔工具的工作方式？

复习题答案

1 要绘制直线，可使用钢笔工具单击两次。第一次单击以设置直线段的起始锚点，第二次单击以设置直线段的终止锚点。要约束直线为垂直、水平或45°，可在使用钢笔工具单击的同时按住Shift键。

2 要使用钢笔工具绘制曲线，可单击鼠标以创建曲线的起始锚点，再拖曳鼠标以设置曲线的方向，然后单击以设置曲线段的终止锚点。

3 要在曲线上创建尖角，可以按住Alt键（Windows系统）或Option键（Mac系统），再拖曳曲线终端的方向手柄以修改路径的方向。然后继续拖曳鼠标以绘制路径的下一条线段。

4 要将平滑点转换为尖角，可使用直接选择工具选中锚点，再使用转换锚点工具（ ）拖曳方向手柄以修改方向。另一种方法是，使用直接选择工具选中一个或多个锚点，再单击控制面板中“将所选锚点转换为尖角”按钮。

5 要编辑曲线段，可使用直接选择工具移动它，也可拖曳锚点的方向手柄以调整曲线段的长度和形状。

6 要改变铅笔工具的工作方式，可以双击铅笔工具。打开“铅笔工具选项”对话框后，即可在其中修改平滑度、保真度以及其他选项。

第6课 颜色和上色

本课概述

在这节课中，读者将会学习如何进行以下操作：

- 了解颜色模式和主要的颜色控件；
- 使用多种方法创建、编辑颜色，并给对象上色；
- 命名并存储颜色，创建色板；
- 使用颜色组；
- 使用颜色参考面板和“编辑颜色/重新着色图稿”功能；
- 将上色和外观属性从一个对象复制到另一个对象；
- 创建图案并使用它上色；
- 使用实时上色。

学习本课内容大约需要1.5小时，请从光盘中将文件夹Lesson06复制到您的硬盘中。

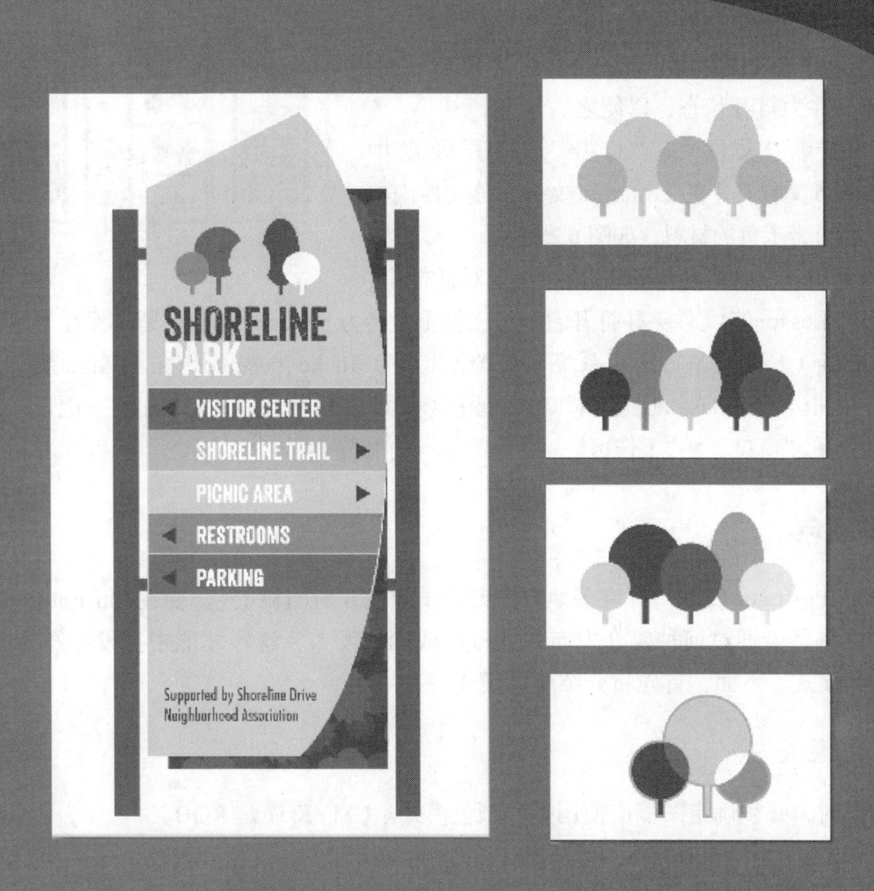

使用 Illustrator CC 软件中的颜色控件给插图上色。在本课中，不仅将会探索如何创建和使用填色、描边色，尝试使用颜色参考面板，使用颜色组，还将学习给图稿重新着色、创建图案等技巧。

6.1 简介

在本课中，读者将学习有关颜色的基本知识。对于工程中的一个公园标志和它的徽标，还将使用颜色面板、色板面板为其创建并编辑颜色。

1 为了确保工具和面板中的功能如本课所述，请删除或重命名 Adobe Illustrator CC 的首选项文件。

2 开启 Adobe Illustrator CC 软件。

3 选择菜单“文件” > “打开”，打开硬盘中 Lesson06 文件夹中的 L6end.ai 文件，以观察本课最终完成的图稿，如图 6.1 所示。

4 选择菜单“视图” > “全部适合窗口大小”。保留该文件为打开状态，以便之后参考。

5 选择菜单“文件” > “打开”，打开硬盘中 Lesson06 文件夹中的 L6start.ai 文件，该文件内包含了所有带上色的材料，如图 6.2 所示。

图6.1

图6.2

6 选择菜单“文件” > “存储为”，在该对话框中，切换到 Lesson06 文件夹并打开它，将文件重命名为 parksign.ai，保留“保存类型”为 Adobe Illustrator（*.AI）（Windows 系统）或“格式”为 Adobe Illustrator（ai）（Mac 系统），单击“保存”按钮。在“Illustrator 选项”对话框中，保留默认设置并单击“确定”按钮。

7 选择菜单“窗口” > “工作区” > “重置基本功能”。

6.2 理解颜色

在 Adobe Illustrator CC 中，有许多地方需要尝试颜色并对图稿上色。要在 Illustrator 中使用颜色，就需要考虑图稿将会通过何种媒介发布，如打印或网站发布，这样才能根据发布媒介以确定正确的颜色定义和模式。下面，首先将介绍颜色模式。

6.2.1 颜色模式

新建插图时，必须确定图稿应使用哪种颜色模式：CMYK 还是 RGB。

- CMYK：指的是在四色印刷中使用的青色、洋红色、黄色和黑色。这 4 种颜色以网屏的方式组合成大量其他颜色，是打印时应选择的颜色模式。
- RGB：指的是红色、绿色和蓝色光以不同的方式组合成一系列颜色。如果图像需要在屏幕上显示或上传到网络，应选择这种颜色模式。

选择菜单“文件” > “新建”来创建新文档时，需要指定适合的新建文档配置文件，这决定了将使用的颜色模式。例如，将配置文件设为“打印”时，将使用颜色模式 CMYK。另外，要修改颜色模式，可单击“高级”左边的箭头并选择一种颜色模式，如图 6.3 所示。

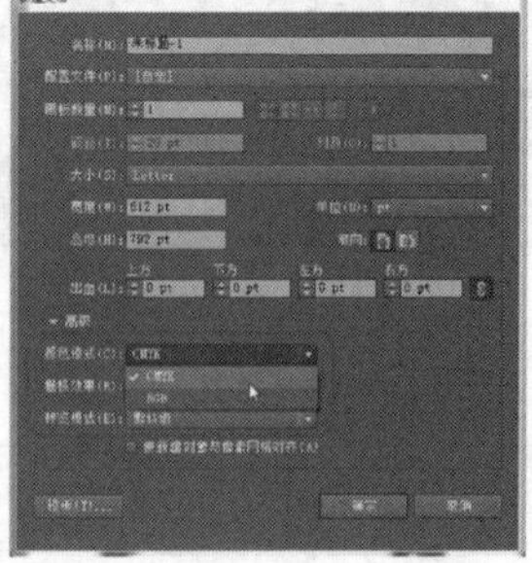
图6.3

> **提示：**更多关于颜色和图像的信息，请在 Illustrator 帮助中搜索“关于颜色”关键字（“帮助”>“Illustrator 帮助”）。

选择颜色模式后，面板将以选定模式显示颜色。要修改文档的颜色模式，可选择菜单“文件”>“文档颜色模式”，然后在菜单中选择“CMYK 颜色”或“RGB 颜色”。

6.2.2　理解颜色控件

在这一节中，读者将学习在 Illustrator 中给对象着色的传统方法。这主要是使用颜色和图案给对象上色，方式则是结合使用各种面板和工具，主要包括：控制面板、颜色面板、色板面板、颜色参考面板、拾色器和工具箱中的上色按钮。

首先，将观察上色后的最终图稿使用了哪些颜色，然后，将探索使用一些常用的颜色选项来创建颜色并应用之。

1 单击文档窗口顶部的文档标签 L6end.ai。

2 在文档窗口左下角的“画板导航”下拉列表中选择画板 1，再选择菜单“视图”>“画板适合窗口大小”。

3 使用选择工具选中公园指示牌中的浅褐色大形状。

在 Illustrator 中，对象可以有填色、描边。在工具箱的底部，有填色框和描边色框，如图 6.4 所示。此时填色框为选中对象的浅褐色，而描边色则显示无。单击描边色框，再单击填色框（确保最后一次选择的是填色框）。注意到单击后的色框位于前面，这表明它被选中。另外，选中一个颜色后，就可以将其应用于对象的填色或描边色了，具体取决于哪个色框位于前面。

> **注意：**工具箱可能是单栏，也可能是双栏的，这取决于屏幕分辨率。

4 单击以打开工作区右侧的颜色面板图标（ ）。单击面板标签“颜色”左侧的双箭头，以打开更多选项，如图 6.5 所示。

颜色面板显示了选中内容的当前填色和描边色。其中，面板中的 CMYK 滑块显示了青色、洋红色、黄色和黑色的各自百分比。而色谱条位于面板底部，可以快速直观地在色谱中选择颜色。

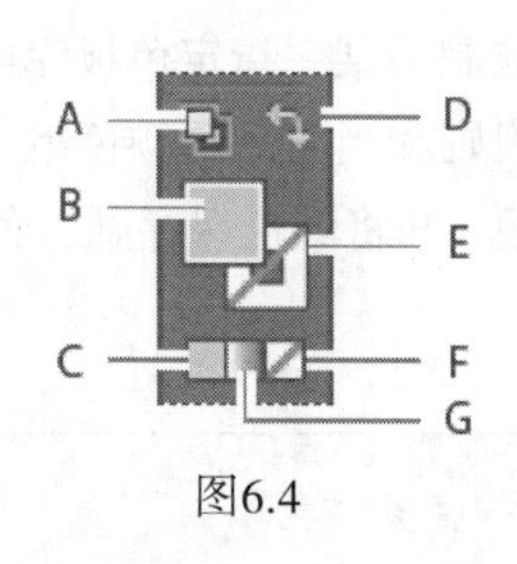

图6.4

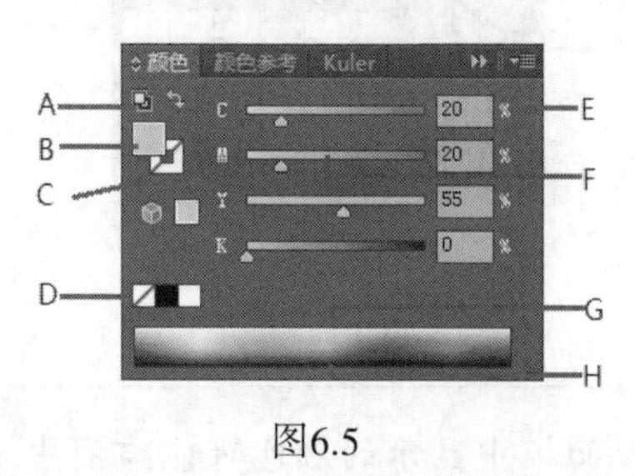

图6.5

图 6.4 中：

A 默认填色和描边按钮　B 填色框　C 颜色按钮

D 互换填色和描边按钮　E 描边框　F 无色按钮　G 渐变按钮

图 6.5 中：

A 默认填色和描边按钮　B 填色框　C 描边框　D 无色按钮

E 颜色值　F 颜色滑块　G 色谱条　H 拖曳边框即可扩展色谱

> AI **提示：**要转换颜色模式，可在按住 Shift 键后，单击颜色面板底部的色谱条。另外，还可以单击面板菜单按钮（ ），在打开的对话框中更改颜色模式。

5 单击工作区右侧的色板面板图标（ ），如图 6.6 所示。

在色板面板中，可以命名并存储不同的颜色、渐变色和图案，以便快速访问它们。在该面板中，色板按创建的次序排序，但也可按照需求重新排序和组织它们。初始时，所有文档都配有许多色样；但在默认情况下，色板面板中的色样只能应用于当前文档，这是因为每个文档都有其各自定义的色样。

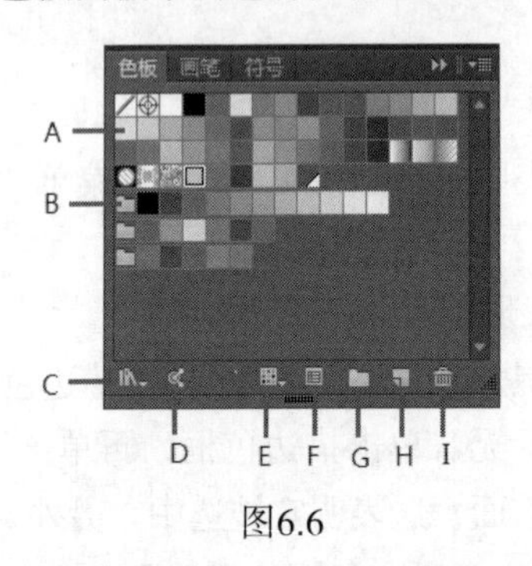

图6.6

A 色板　B 颜色组　C 色板库菜单

D 打开 Kuler 面板　E 显示“色板类型”菜单

F 色板选项　G 新建颜色组　H 新建色板

I 删除色板

6 单击工作区右侧的颜色参考面板图标（ ）。单击面板左上角的褐色色板（如图 6.7“A”处所示），将基色设为当前选定对象的颜色。

绘制图稿时，颜色参考面板可提供色彩方面的帮助。通过使用填色框中的当前颜色、现存颜色库，可帮助实现选择颜色色调、近似色等功能。另外，还可通过编辑颜色的功能给图稿上色、存储和编辑颜色和颜色组。

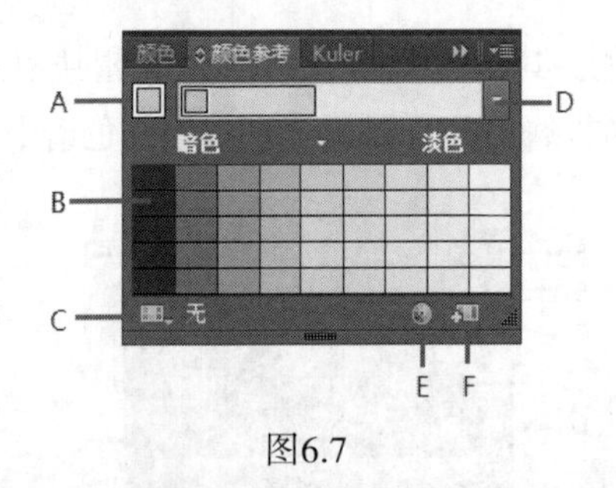

图6.7

A 将基色设置为当前颜色　B 色板　C 将颜色组限制为某一指定色板库中的颜色

D 协调规则和当前活动颜色组　E 编辑或应用颜色　F 将颜色保存到“色板”面板

> AI **注意：**面板中显示的颜色可能与图中不同，这没有关系。

7 单击色板面板图标。使用选择工具单击 L6end.ai 文件中的各个形状，该面板和工具箱将显示它们的上色属性。

8 让 L6end.ai 文件为打开状态以便之后参考，或者选择菜单“文件”>“关闭”，在不保存所作修改的情况下将其关闭。

6.3 创建并应用颜色

在 Illustrator 中，可以通过许多方法来获取需要的颜色。在这一节中，首先将使用一种现有颜色给形状上色，然后还会使用一些常见的方法来创建和应用颜色。

注意：在这节课中，处理的图稿使用的是 CMYK 颜色模式，这意味着可使用青色、洋红色、黄色和黑色的任意组合以创建自定义颜色。

6.3.1 应用现有颜色

正如之前曾提到的，在 Illustrator 中，每个新建的文档都有其默认的一系列可用的颜色色板。这里使用颜色的第一种方法，就是使用现有颜色给形状上色。

1 单击文档窗口顶部的“packsign.ai”文件标签，以选择该文档。

2 在文档窗口左下角的“画板导航”下拉列表中选择画板 2。

3 使用选择工具选中红色的大形状。

4 单击控制面板中的填色框，将出现色板面板。单击以应用名称为“sign bg”的颜色，如图 6.8 所示。将鼠标指向面板中的任意颜色，将会显示该颜色的工具提示。而按 Esc 键可隐藏色板面板。

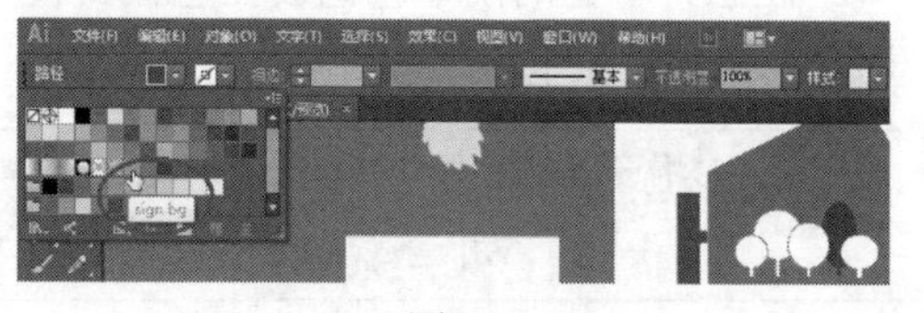

图6.8

控制面板中有填色和描边色选项。选中图稿后单击其中一个，即可选择为对象的某个部分（填色或描边）上色。

5 选择菜单“选择”>“取消选择”，以取消选择任何对象。

6.3.2 创建并存储自定义颜色

有时绘制图稿需要使用某一特定的颜色。下面，将会使用颜色面板创建一种颜色，并将其作为色板存储到色板面板中。

1 在画板中央位置的公园指示牌上，使用选择工具单击选中绿色条形上方的白色条形。

2 单击颜色面板图标以显示该面板。单击颜色面板菜单按钮并选择“CMYK”，再选择“显示选项”。

3 在颜色面板中，单击填色框以应用选中形状的填色。向下拖曳颜色面板的底部边缘，让色谱条显示更多颜色。单击色谱中的浅绿色以应用该填色，如图 6.9 所示。

如果图稿中有选中形状，在颜色面板中创建颜色时会自动对其上色，也可以暂不选中任何对象，创建颜色后再应用它。

4 在 CMYK 文本框中输入以下值：C=42 M=0 Y=62 K=0，如图 6.10 所示。这确保了大家应用的是同一种颜色。

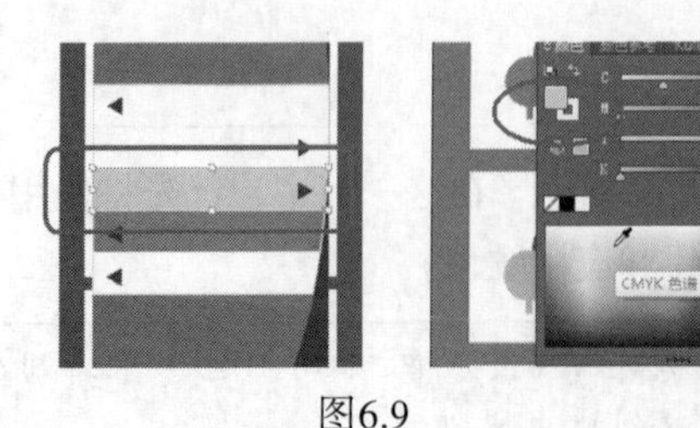

图6.9

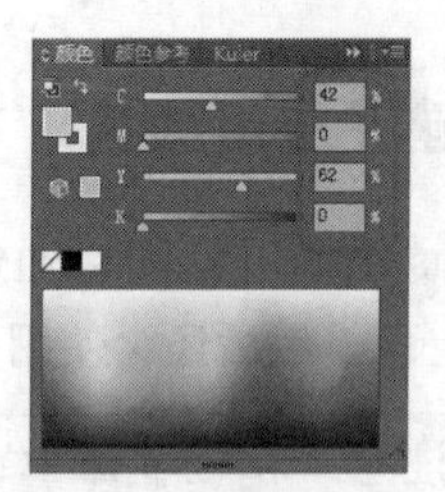

图6.10

提示：CMYK 各自满值均为 100%。

这样就创建了一种颜色。下面，将在颜色面板中把它存储为色板，以便随时编辑或应用。

5 单击色板面板图标，再单击色板面板底部的“新建色板”按钮，为之前的颜色创建色板。在“新建色板”对话框中，将色板名设为 light green，保留其他选项设置后单击“确定”按钮，如图 6.11 所示。

注意到新建的浅绿色色板在色板面板中高亮显示，即色板周围有一个白色框，这是因为已应用它给选中对象上色了。

提示：命名颜色仅是一种形式，可根据它的 CMYK 值（C=45, …）、外观（light green）、用途（text header）或其他属性命名。

6 使用选择工具单击公园指示牌上部从左起的第 3 棵树，如图 6.12 所示。

7 单击工具箱底部的填色框，以确定要修改的是树的填色，而不是描边，如图 6.13 所示。

8 在工作区右侧的色板面板中，选择应用“light green”色板，如图 6.14 所示。

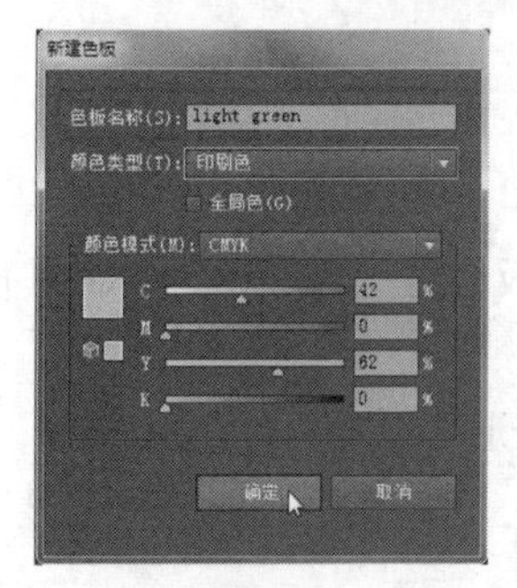

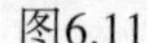

图6.11

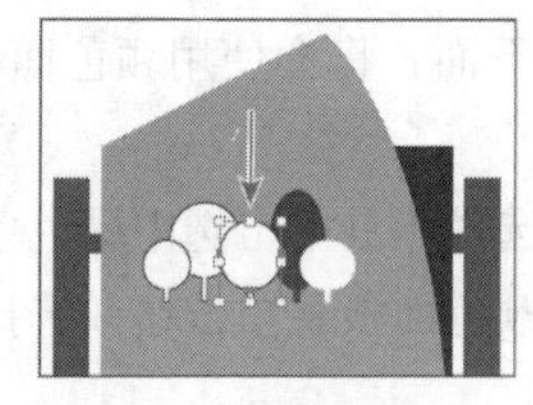

图6.12 选中树

图6.13 选中填色框

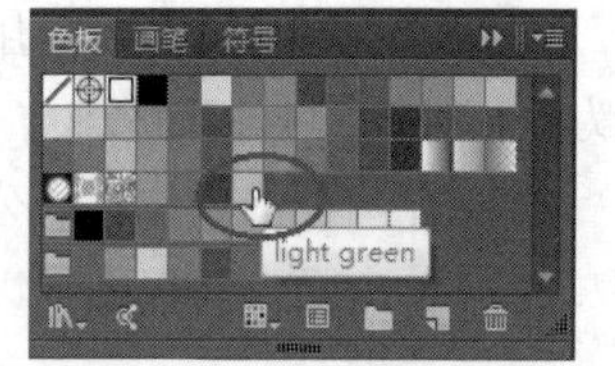

图6.14 应用色板

应用色板面板中的颜色前，要确认工具箱底部的填色 / 描边色框选择正确，这很重要。

9 在控制面板中将描边色设为“[无]”，以删除描边色。

> **提示：**这步操作已做过多次了。但为了进行下一步操作，需按 Esc 键隐藏色板面板。

10 选择菜单“选择” > “取消选择”。

6.3.3 创建色板的副本

下面，将通过复制和编辑上节中的色板来创建另一种颜色。

1 在色板面板中，单击底部的“新建色板”按钮。

单击“新建色板”按钮可创建当前填色 / 描边色的色板，具体取决于哪个色框处于活动状态（位于上面）。

2 在“新建色板”对话框中，将名称设为“orange”并将 CMYK 改为 C=15 M=45 Y=70 K=0，如图 6.15 所示。

注意可将“颜色模式”项设为 RGB、CMYK、灰度或其他模式。然后单击“确定”按钮。

> **注意：**如果此时树形状仍被选中，它的填色将会改为新颜色 orange。

3 使用选择工具选中浅绿色条形上方的白色条形，单击控制面板中的描边色框，以选择“orange”色板，如图 6.16 所示。

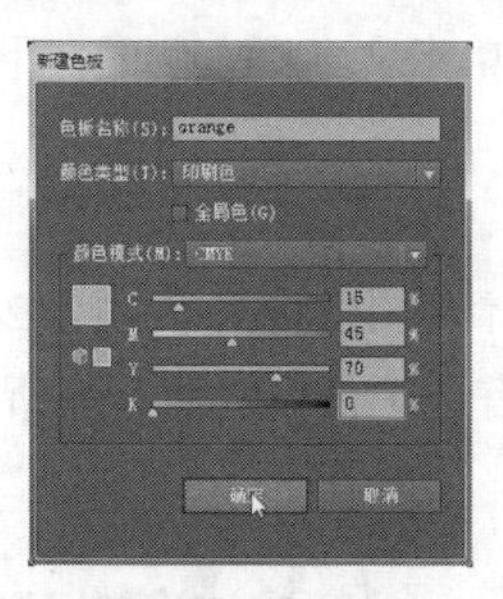

图6.15

图6.16

6.3.4 编辑色板

创建颜色并将其存储到色板面板之后，还可以编辑它。

下面，将会编辑之前创建的“orange”色板。

1 使用选择工具选中本课最开始改变了填色的褐色大形状。

2 在工具箱底部，确认选中了填色框（位于上面）。

3 在褐色大形状被选中的情况下，双击色板面板中的“sign bg”色板。在“色板选项”对话框中，将 K 改为 0，再选中“预览”复选框以观察结果，如图 6.17 所示。然后单击“确定”按钮。

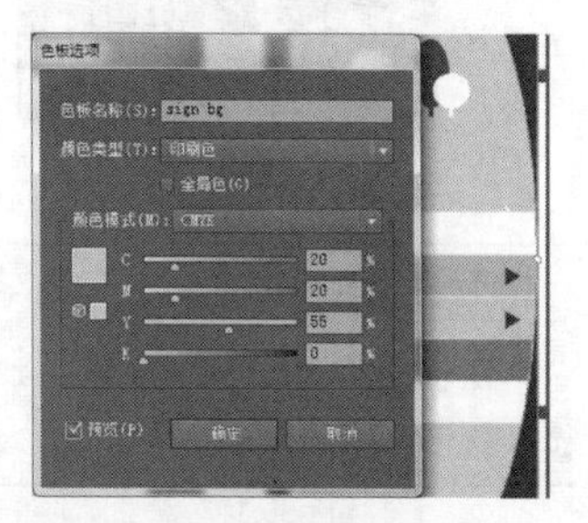

图6.17

编辑色板时，要将编辑后的色板应用于其他对象，需要选中该对象。否则，已上色的对象的颜色将不会更新。

6.3.5 创建并编辑全局色板

下面，将创建色板并将其设置为全局色。编辑全局色板时，不论是否选中相应对象，都将会更新所有应用该颜色的对象的颜色。

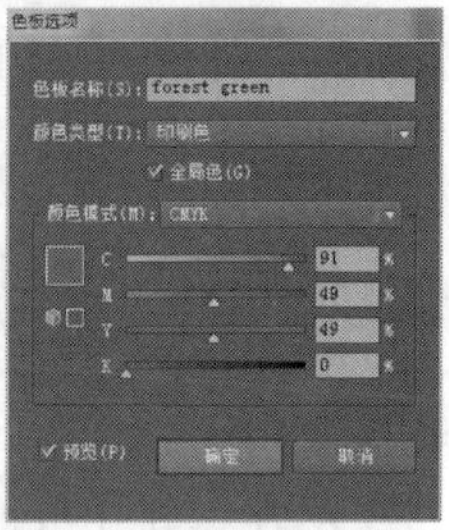

1 使用选择工具选中橘色条形上方的白色条形。

2 在色板面板中，单击面板底部的“新建色板”按钮。在“新建色板”对话框中，修改以下选项后，如图 6.18 所示，再单击“确定”按钮：

- 色板名称：forest green
- 全局色：选中
- 将 CMYK 值设为：C=91 M=49 Y=49 K=0

图6.18

在色板面板中，注意到新建的全局色板位于第一行，即白色色板旁边。这是由于选中白色条形后，当前色板为白色。此时单击“新建颜色”按钮，将会创建被选中色板（白色）的副本，并将新建的色板放在原始色板的旁边。

3 单击 forest green 色板，并将其拖曳至 orange 色板旁边，如图 6.19 所示。

在色板面板中，注意到新建的 forest green 色板右下角有一个白色三角形，这表明它是全局色板。

4 使用选择工具选中公园指示牌上部从左起的第二棵树，对其应用 forest green 色板，如图 6.20 所示。

5 在控制面板中将描边粗细设为 0，可以输入数值，也可以单击文本框左侧的向下箭头。

6 选择菜单“选择”>“取消选择”。

下面，观察全局色板的作用。

7 在色板面板中，双击 forest green 色板。在“色板选项”对话框中，将 K 值改为 24，选中“预览”框，再单击“确定”按钮，如图 6.21 所示。尽管没有选中任何对象，但所有应用全局色的形状都更新了颜色。

图6.19

图6.20

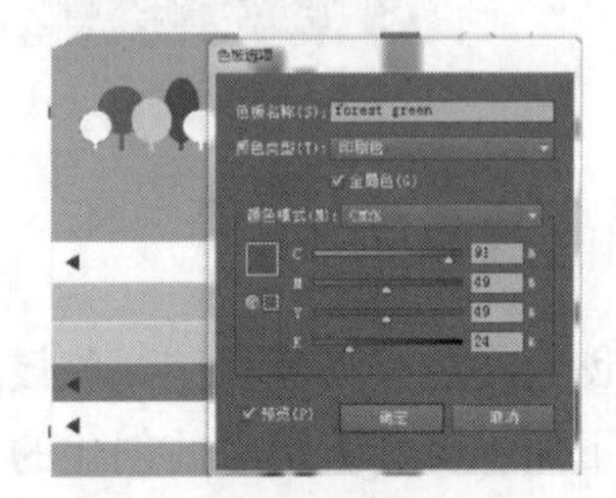

图6.21

注意：要将现有色板改为全局色板，需要选中之前应用这个色板的所有形状，再编辑色板。或者先编辑色板使之成为全局色板，在对图稿内容重新应用该色板。

8 选择菜单“文件”>“存储”。

6.3.6 使用拾色器创建颜色

要指定颜色，可以使用拾色器在色域、色谱条中直接输入颜色值或单击色板。

下面，首先使用拾色器创建颜色，然后在色板面板中将颜色存储为色板。

1 使用选择工具选中公园指示牌底部的白色条形。

2 双击工具箱中的填色框，以打开拾色器，如图 6.22 所示。

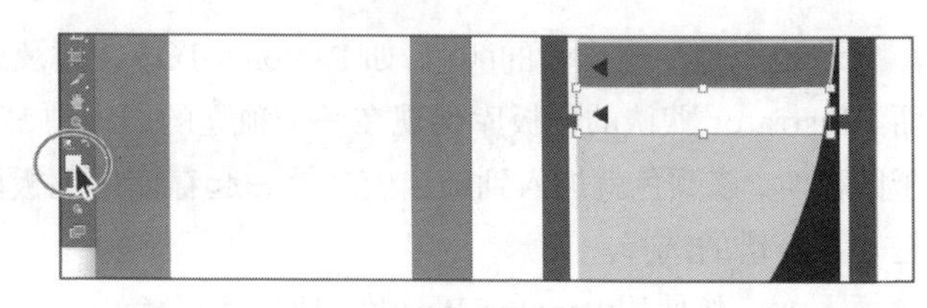

图6.22

在“拾色器”对话框中，左侧大的色域显示了饱和度（水平方向）和亮度（垂直方向）。而右侧条状的色谱条则显示了色相。

> AI **提示：**要打开拾色器，可双击工具箱或颜色面板中的填色框 / 描边色框。

3 在“拾色器”对话框中，上下拖曳色谱条的滑块以改变颜色范围。确保最终滑块在橘色 / 褐色区。

4 在色域内单击或拖曳鼠标。左右拖曳时，颜色的饱和度在变化，上下拖曳时，颜色的亮度在变化，如图 6.23 所示。选中的颜色则显示在色谱条右侧矩形的上半部分，如图 6.24 所示。

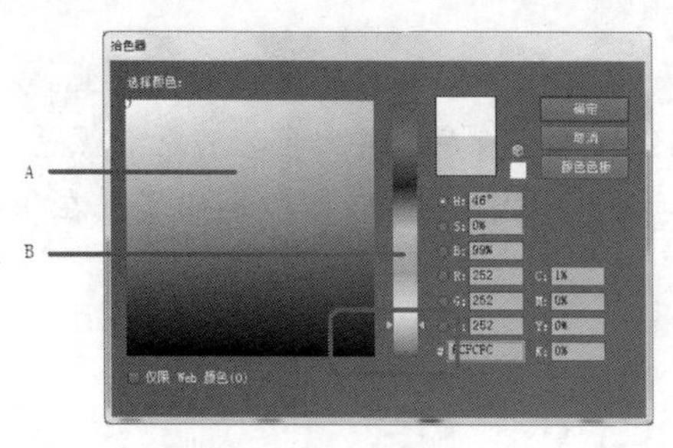

图6.23

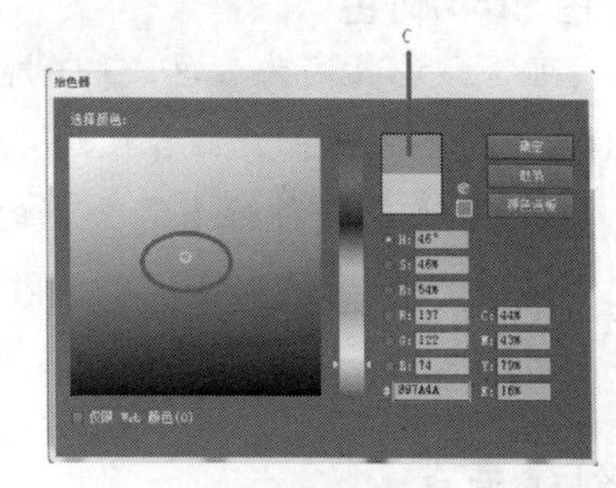

图6.24

> AI **提示：**还可通过输入 HSB，RGB 值来修改颜色谱。

5 在 CMYK 文本框中，输入 C=40 M=65 Y=90 K=33，再单击“确定”按钮。

> **注意：**拾色器中的“颜色色板”按钮，可显示色板面板中的色板、默认的色标簿（Illustrator 中的色板组）。可通过单击“颜色模型”按钮，返回到色谱条和色域，然后继续编辑色板值。

下面，将会存储之前应用到条形的褐色，将其存为色板。

6 在工具箱的底部，确保选中的是填色框（位于上面）。

7 在色板面板中，单击面板底部的“新建色板”按钮，在对话框中将名称设为 dark brown，勾选“全局色”复选框，再单击“确定”按钮。观察色板面板中新出现的色板。

8 选择菜单“选择”>“取消选择”，再选择菜单“文件”>“存储”。

6.3.7 使用 Illustrator 色板库

色板库是一组预设的颜色，如 Pantone、TOYO 以及诸如“大地色调”和“冰淇淋”等的主题库。而 Illustrator 默认的色板库出现在一个独立的面板中，不能对其进行编辑。将色板库中的颜色应用于图稿时，该颜色就加入到随当前文档一起存储的色板面板中。所以，创建颜色时以色板库为基础，是非常不错的选择。

下面，将使用 Pantone Plus 库创建一种专色，并将其应用于徽标。在 Illustrator 中定义颜色时，可能会是暖色、深色或浅色。因此，大多数印刷人员和设计师使用颜色匹配系统（如 PANTONE 系统），来帮助确保颜色的一致性并为该专色提供更多种颜色。

注意：有时可能会在同一个工程中同时使用印刷色和专色。比如，可能需要使用一种专色来打印一份年会报告的纸张中所有的公司徽标（LOGO），而其中的图片则用印刷色即可。这时，就需要 5 种油墨——4 种标准印刷色油墨和一种专色油墨——来印刷了。

专色和印刷色

可将颜色指定为专色或印刷色，这是两种商业印刷中主要使用的油墨类型。

- 印刷色指的是组合使用 4 种标准印刷色油墨：青色、洋红色、黄色和黑色。
- 专色是一种预先混合好的油墨，用于替代、补充 CMYK 印刷油墨。在印刷机中，专色需要一个专门的印版。

6.3.8 创建专色

在这一节中，读者将会学习如何载入颜色库（如 PANTONE 颜色系统）以及如何将 PANTONE 颜色添加到色板面板中。

1 在色板面板中，单击面板底部的“色板库菜单”按钮。再选择菜单“色标簿”>“PANTONE + Solid coated”，如图 6.25 所示。

PANTONE + Solid coated 库将会显示在一个独立的面板中。

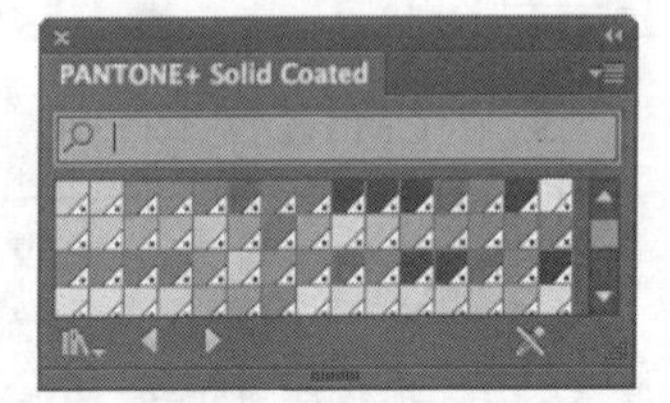

图6.25 打开颜色库

2 在查找文本框中输入 755，以过滤该列表并显示更少的色板，如图 6.26 所示。将数值修改为 7555，单击出现的色板将其加入到色板中，如图 6.27 所示。关闭该面板。

AI

注意：退出并重启 Illustrator 时，该 PANTONE 面板将不会打开。要让该面板在 Illustrator 重新启动后自动打开，可在该面板菜单中选择“保持”。

3 在文档窗口左下角的“画板导航”下拉列表中选择画板 2。

4 使用选择工具单击左侧上部的第一个白色树形。在控制面板中的填色框中选择 PANTONE 7555C 颜色，为该形状上色，如图 6.28 所示。

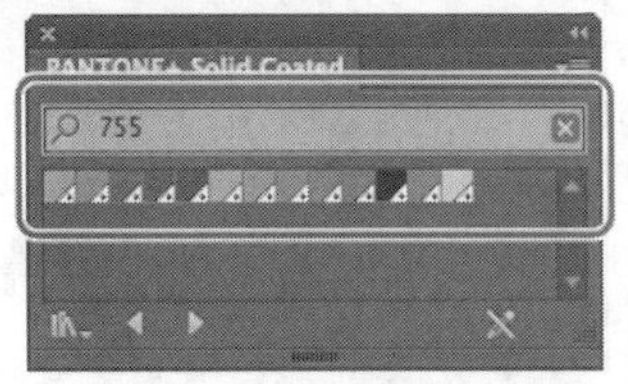

图6.26 过滤颜色列表

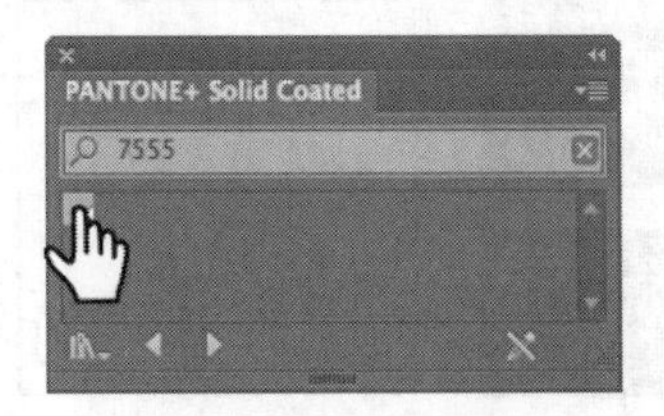

图6.27 选择对应色板

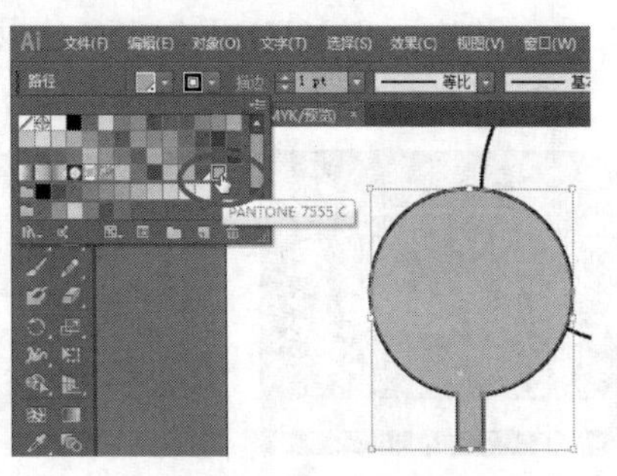

图6.28

5 将描边色设为“[无]”。

6 选择菜单“选择”>“取消选择”，再选择菜单“文件”>“存储”。

为什么色板面板中的PANTONE色板与其他色板不同?

在色板面板中，可通过颜色图标来识别颜色类型。在列表视图中，可通过专色图标识别专色色板，在缩览图视图中，专色色板右下角有一个点；而印刷色没有专色图标/点。更多关于颜色库和专色的信息，请在Illustrator帮助中搜索关键字“关于颜色”（“帮助”>“Illustrator帮助”）。

6.3.9 创建并存储色调

色调是混合了白色的较淡颜色版本。可基于全局印刷色、专色创建色调。

下面，将创建 Pantone 色板的一种色调。

1 之前填色为 Pantone 颜色的树形右侧的白色树形，使用选择工具选中它。

2 在色板面板中，将该形状的填色改为刚创建的颜色 PANTONE 7555C。

注意：此步操作前，仍需要确保工具箱底部的填色框位于上面。

3 单击颜色面板图标以展开该面板。确保面板中选择了填色框，再将色调滑块向左拖曳到 70% 处，如图 6.29 所示。

注意：可能需要在面板菜单中选择“显示选项”，以便看到色调滑块。

4 单击工作区右侧的色板面板图标。单击面板底部的“新建色板”按钮以存储该色调，注意到该色调色板出现在了色板面板中。将鼠标指向该色板，将显示名称 PANTONE 7555C

70%，如图 6.30 所示。

5 将被选中的树形“描边”色设为“[无]”。

6 对于剩余的 3 个树形，依次应用 PANTONE 7555C 色板、色调色板（PANTONE 7555C 70%）、PANTONE 7555C 色板为其填色。

7 将这剩余的 3 个树形的“描边”色均设为“[无]”，如图 6.32 所示。

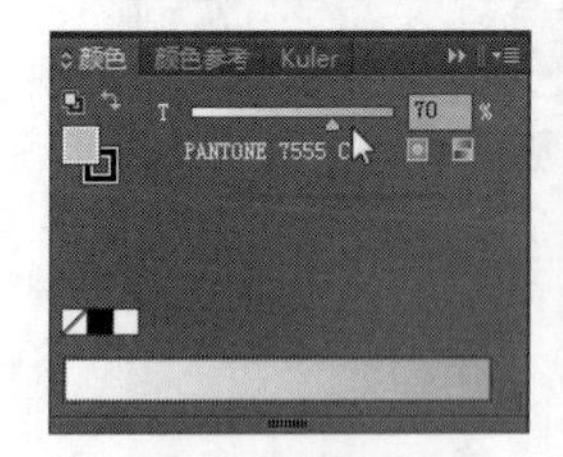

图6.29 创建色调

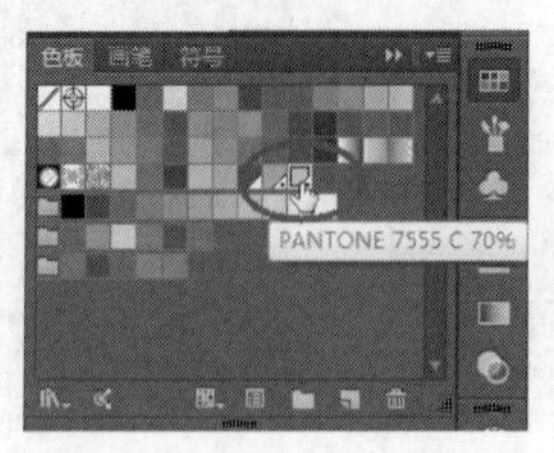

图6.30 注意出现了色调色板

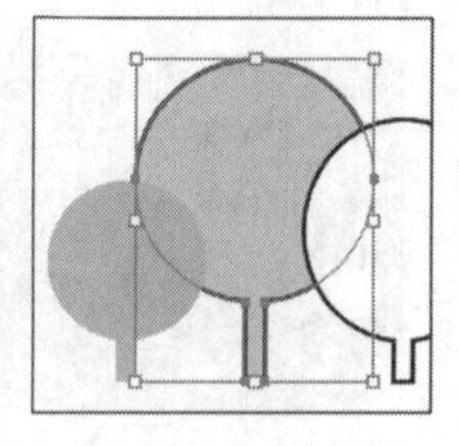

图6.31 观察结果

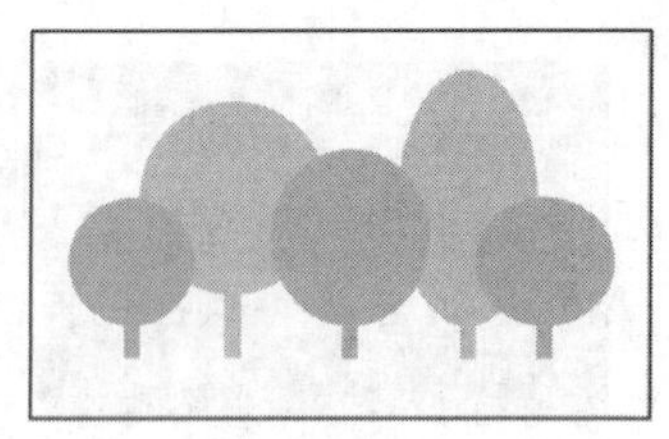

图6.32

8 选择菜单“选择” > “取消选择”，再选择菜单“文件” > “存储”。

6.3.10 调整颜色

在 Illustrator 中，提供了编辑颜色的菜单选项（“编辑” > “编辑颜色”）。因此，可以为选定的图稿转换颜色模式、混合颜色、转换颜色。下面，将会把徽标的 Pantone 颜色（PANTONE 7555C）改为 CMYK 颜色。

1 在仍选中画板 2 的情况下，选择菜单“选择” > “现有画板上的全部对象”，以选中所有应用了 Pantone 颜色和色调的形状。

2 选择菜单“编辑” > “编辑颜色” > “转换为 CMYK”。

现在选中的形状应用的都是 CMYK 颜色了。使用这种转变方式并不会影响色板面板中的 Pantone 颜色，因为这仅仅是将选中了的图稿的颜色转换为 CMYK 颜色。

注意：目前，在“编辑颜色”菜单中的“转换为 RGB”是不可选的。这是因为文档的颜色模式是 CMYK 颜色。要将所选内容的颜色转换为 RGB，可以选择菜单“文件” > “文档颜色模式” > “RGB 颜色”。

6.3.11 复制外观属性

有时仅需要简单地将一些外观属性从一个对象复制到另一个对象，如文字、图像、填色、描边等。

1 在文档窗口左下角的“画板导航”下拉列表中选择画板 1，返回的画板上有公园指示牌。

2 使用选择工具选中指示牌顶部左边的第一个白色树形（有描边）。

3 使用吸管工具，单击褐色条形上方的绿色条形，如图 6.33 所示。这样，该树形的属性与已上色的条形一样，如奶白色描边。

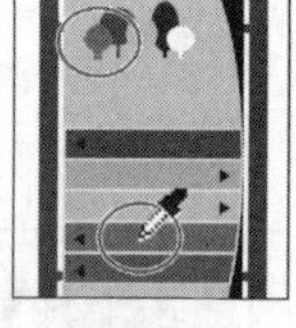

图6.33

AI **提示**：要修改吸管工具挑选和应用的树形，可在取样前双击工具箱中的吸管工具。

4 在控制面板中将“描边”色设为“[无]”。

5 选择菜单“选择”>“取消选择”，再选择菜单“文件”>“存储”。

6.3.12 创建颜色组

在 Illustrator 中，可将颜色存储到颜色组中。在色板面板中，颜色组包含了一系列相关的颜色色板。而根据用途来组织颜色，如将所有用于徽标的颜色编组，对组织和管理文档很有帮助。另外，颜色组中只能包含专色、印刷色和全局色。

下面，将创建一个颜色组，它包含了之前创建的应用于徽标的颜色。

1 在色板面板中，单击选中名称为“aqua”的色板。按住 Shift 键后再单击 forest green 色板，这将选中 5 个色板，如图 6.34 所示。

2 单击色板面板底部的“新建颜色组”按钮，在“新建颜色组”对话框中，将名称改为 treeLogo 并单击“确定”按钮以保存该组，如图 6.35 所示。

注意：如果在图稿中有对象被选中的情况下，单击“新建颜色组”按钮，将出现一个扩展的“新建颜色组”对话框。这时可使用图稿中的颜色创建颜色组，并将这些颜色转换为全局色。

3 使用选择工具单击色板面板的空白区域，以取消选择刚创建的颜色组，如图 6.36 所示。

要单独编辑颜色组中的某个色板，可以双击该色板并在“色板选项”对话框中编辑其数据。

要进行下一步前，先向下拖曳色板面板下边缘以扩展该面板。

4 单击色板面板第一行的 white 色板，并将它拖曳到 tree Logo 颜色组中的 forest green 色板右侧。

将 white 色板拖入颜色组时，确保 forest green 色板右侧出现了一条短粗线，如图 6.37 所示。否则，可能会出现错误操作。这时可选择菜单“编辑”>“还原移动色板”，撤销操作后重新尝试。总之，可将颜色拖入 / 拖出颜色组，重命名颜色组，对组内颜色重新排序以及进行其他各种操作。

图6.34 选中5个色板

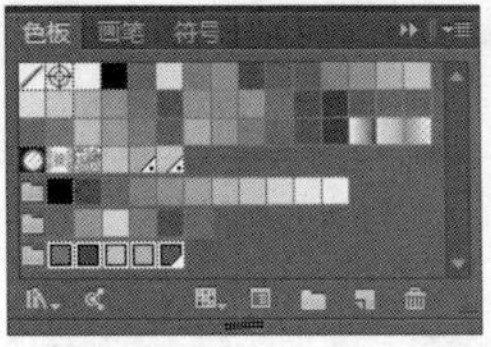

图6.35 观察新建的颜色组

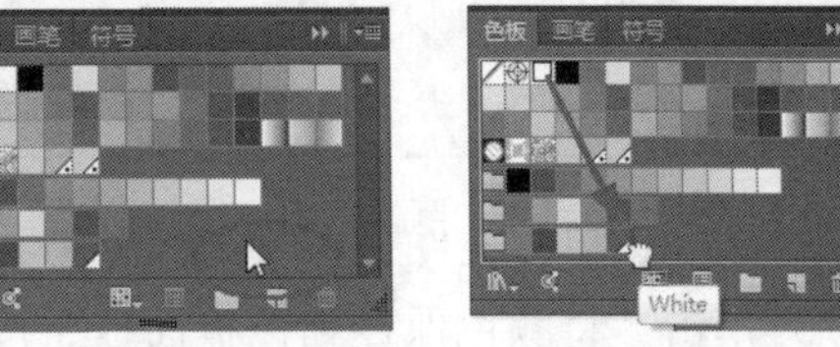

图6.36 取消选择这些色板

图6.37 拖曳white色板

6.3.13 使用颜色参考面板

制作图稿时，颜色参考面板可以提供各种颜色，以激发创作的灵感。还可使用它选择颜色色调、近似色等，并将其应用于图稿，使用多种方法编辑它们，并将其保存为色板面板中的颜色组。

1 在文档窗口左下角的“画板导航”下拉列表中选择 Artboard 3。

2 使用选择工具选中左侧的第一棵浅绿色树，它的填色名称为“aqua”，如图 6.38 所示。确保工具箱底部被选中的是填色框。

3 单击工作区右侧的颜色参考面板图标，以打开该面板。单击“将基色设置为当前颜色”按钮，如图 6.39 所示。这让颜色参考面板根据该按钮的颜色来推荐颜色。

注意：在颜色参考面板中看到的颜色可能有所差异，这没有关系。

下面，将尝试使用协调规则来创建颜色。

4 在颜色参考面板的“协调规则”下拉列表中选择“近似色”，如图 6.40 所示。

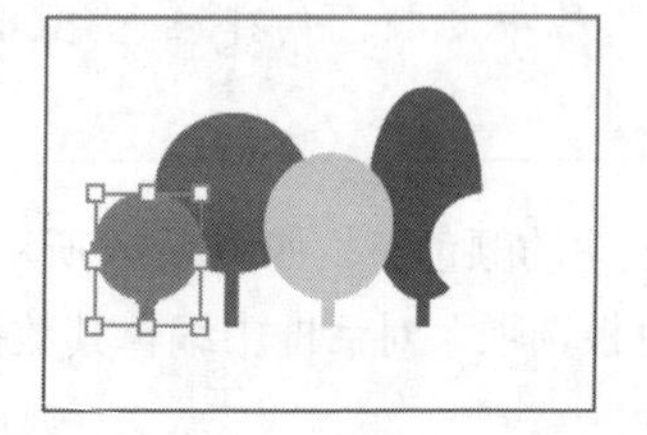

图6.38 选中树形

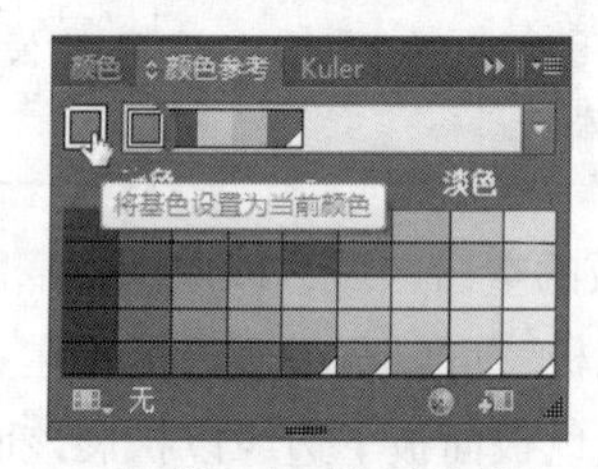

图6.39 设置基色

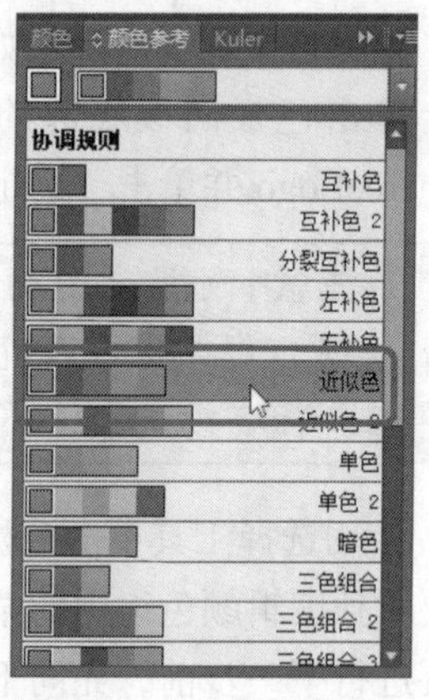

图6.40 选择协调规则

在浅绿色（aqua）基色的右侧，创建了一个颜色的基本组。而一系列基本组的暗色和淡色就出现在了面板中。

这里有许多种协调规则可选，而每种都会基于选中的颜色生成一种颜色策略。而这里设置的基色（浅绿色）就是生成颜色策略的基色。

提示：除默认的淡色 / 暗色外，还可以选择其他不同的颜色变化方式，如冷色 / 暖色。单击颜色参考面板菜单按钮，并从中选择即可。

5 选择菜单“文件”>“存储”。

6 单击“将颜色保存到色板面板”按钮，这将“近似色”协调规则下的颜色基本组存储为一个颜色组，如图 6.41 所示。

7 单击色板面板图标向下滚动以观察新建的颜色组，如图 6.42 所示。

存储新建的颜色组 观察颜色组

下面，将使用刚得到的颜色组来创建另一个颜色组。

8 选择菜单“选择”>“取消选择”。

9 单击颜色参考面板以打开该面板。

10 在色板列表中，选择第 3 行左起第 5 个颜色，如图 6.43 所示。

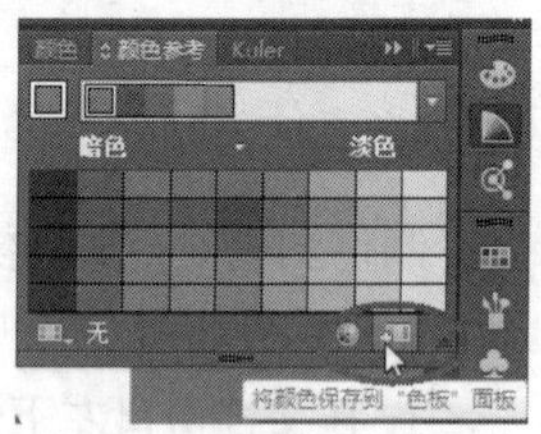

图6.41

在树形仍被选中的情况下，将使用该蓝色对其重新上色。另外，还可独立应用或存储颜色参考面板中的任意一个色板。

> AI | **注意：**如果使用的不是默认的颜色渐变方式，那么本节中所用的颜色将会不同。

11 单击“将基色设置为当前颜色”按钮，以确保颜色组的基色为该蓝色。选择“协调规则”下拉列表中的“互补色 2”。

12 单击“将颜色保存到色板面板”按钮，将这些颜色作为一个颜色组保存到色板面板中，如图 6.44 所示。

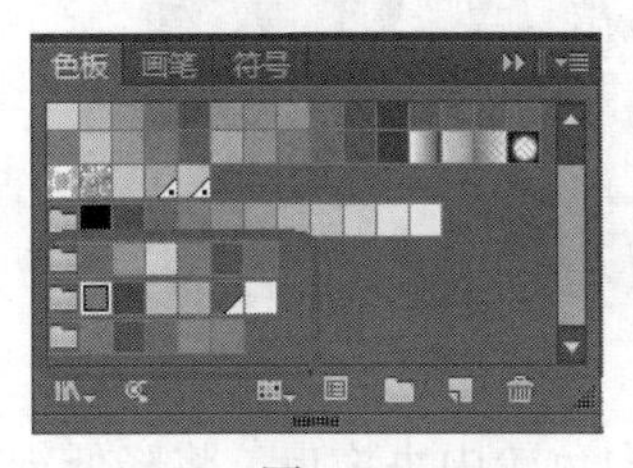

图6.42

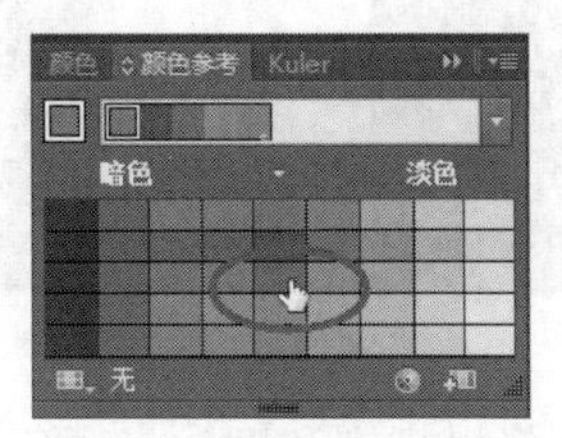

图6.43

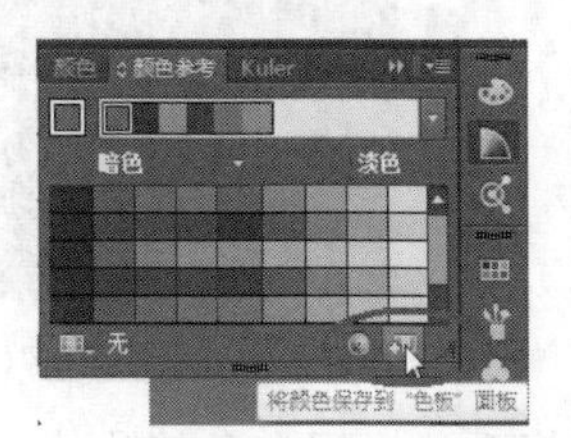

图6.44

6.3.14　编辑颜色组

在色板面板或颜色参考面板中创建颜色组后，仍可编辑色板面板中的各个颜色或整个颜色组。在这一节中，将介绍如何使用“编辑颜色”对话框编辑颜色组中的颜色。然后，将会用这些颜色对徽标上色。

1 选择菜单“选择” > “取消选择”，再单击色板面板图标。

取消选择的这步操作很重要。如果在图稿被选中的情况下编辑颜色组，这些更新将作用于被选中的图稿。

2 单击刚创建的颜色组左侧的颜色组图标，以选中该颜色组。单击色板面板底部的“编辑颜色组”按钮，以打开“编辑颜色”对话框，如图 6.45 所示。

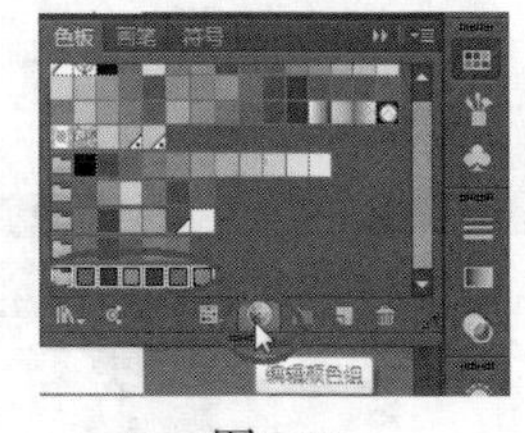

图6.45

“编辑颜色组”按钮在色板面板和颜色参考面板中都有出现。该对话框可以通过各种方法创建、编辑颜色组。对话框右侧，“颜色组”的下方，是所有现有颜色组列表。

> **提示：**没有选中图稿的任何内容时，可通过双击颜色组图标来打开“编辑颜色”对话框。

3 在颜色组中选择“颜色组 2”，并在文本框中将其重命名为 Logo 2，如图 6.46 所示。这是重命名颜色组的一种方法。

下面，将修改 Logo 2 颜色组中的一些颜色。在“编辑颜色”对话框左侧，可编辑整个颜色组、也可独立编辑某个颜色，可直观编辑、也可输入数据以精确编辑颜色。在色轮中，有表示该颜色组中每种颜色的标记（圆圈）。

> **AI** **提示**：注意到色轮上，颜色组中的所有颜色一起移动或改变。这是因为默认情况下它们是联动的。

4 色轮中最大的蓝色圆圈(标记)位于色轮的左下部分，将其向右下方拖曳一些，如图6.47所示。色轮中最大的标记就是创建颜色组时设置的基色。

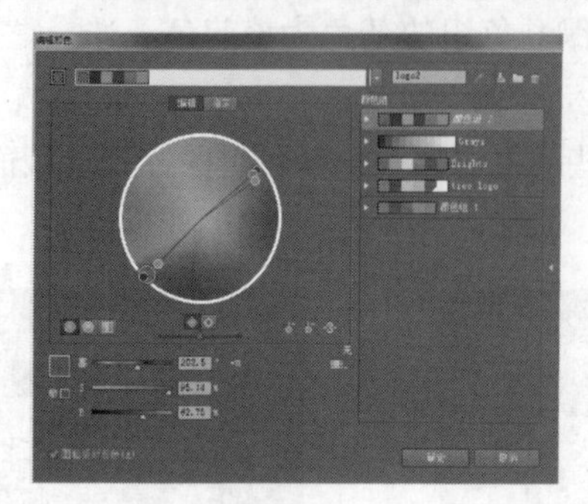
图6.46

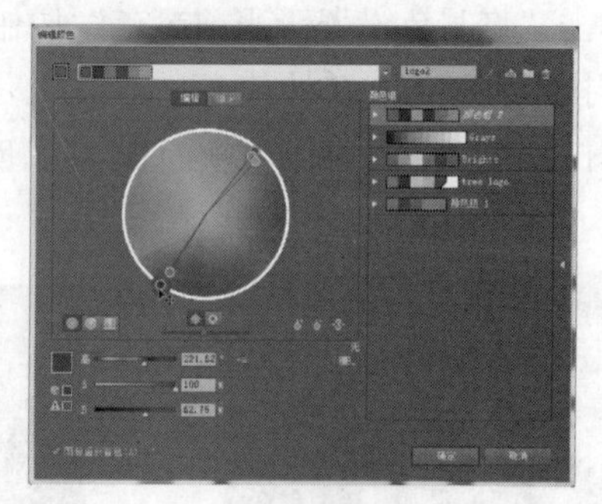
图6.47

将颜色标记向色轮边缘拖曳，将提高饱和度，将颜色标记向色轮中央拖曳，将降低饱和度，将颜色标记绕色轮顺时针/逆时针转动，则是调节颜色的色相。

5 向右拖曳色轮正下方的“调整亮度”滑块，以同时加亮所有的颜色，如图6.48所示。

> **AI** **注意**：如果想将颜色设置得与本课预设值接近，可在“编辑颜色”对话框中，将色轮下方的H（高）、S、B值调成图6.48中所示数值。

下面，将独立地编辑颜色组中的各个颜色，并将其保存为一个新的颜色组。

6 单击“编辑颜色”对话框中的“取消链接协调颜色”按钮，以便独立地编辑各个颜色，如图6.49圈中所示。

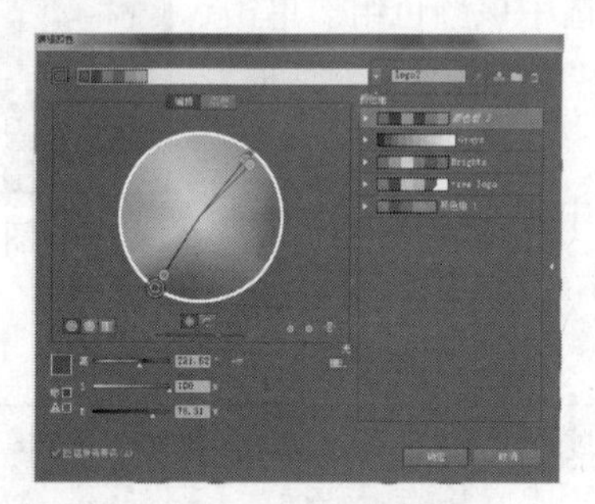
图6.48　调整亮度

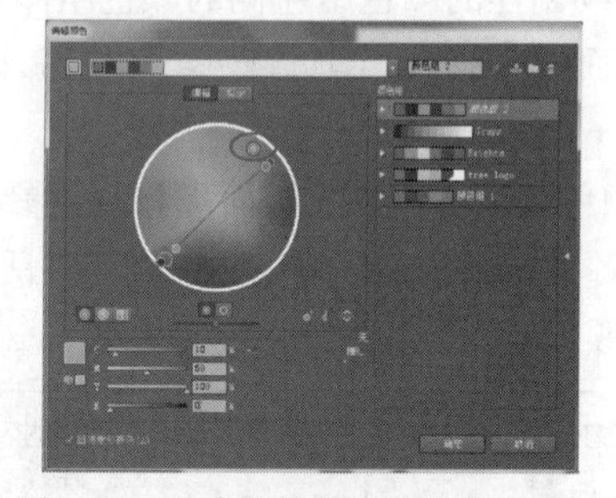
图6.49　取消链接颜色&编辑CMYK值

颜色标记（圆圈）与色轮中心之间的线条将变成虚线，这表明可独立地编辑颜色了。

下面，将独立地通过输入特定数据来编辑颜色，而不是拖曳色轮中的标记。

7 单击色轮下方HSB值右侧的“颜色模式”按钮，选择“CMYK”。然后单击色轮中最浅的橘色标记，如图6.49所示，并将CMYK改为C=10 M=50 Y=100 K=0。注意到仅有该橘色标记在色轮中移动了。保留该对话框为打开状态，以便之后使用。

注意：如果“编辑颜色”对话框中的颜色标记与图 6.49 略有不同，这没有关系。

8 在“编辑颜色”对话框的右上角，单击“将更改保存到颜色组”以保存所作修改，如图 6.50 所示。

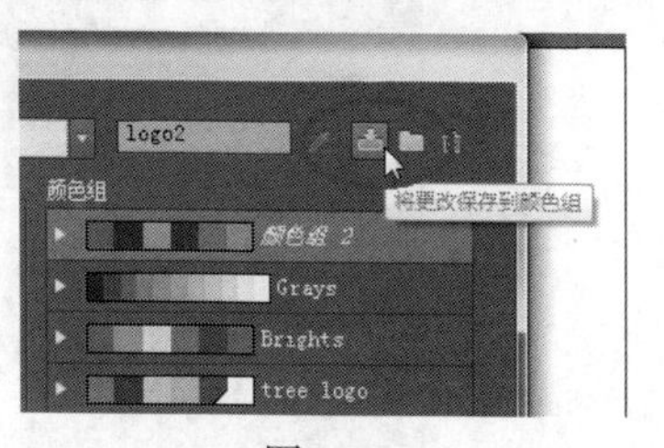

图6.50

要编辑另一个颜色组，可以在“编辑颜色”对话框的右侧选中该颜色组，并在对话框左侧编辑即可。然后，可以将更改保存到颜色组，也可以将新编辑的颜色保存为新的颜色组，只要单击对话框右上角的“新建颜色组”按钮即可。

9 单击“确定”按钮以关闭“编辑颜色”对话框。而更改后的颜色都将显示在色板面板中。

注意：单击“确定”按钮后，如果出现了对话框，单击“是”将修改保存至颜色组即可。

10 选择菜单“文件”>“存储”。

6.3.15 编辑图稿中的颜色

在“重新着色图稿”对话框中，可编辑选定图稿的颜色。在没有使用全局色时，这非常有用，但更新选定图稿的颜色时可能会花费些时间。

本课的图稿中，有一个徽标所使用的颜色并没有保存在色板面板中。下面，将为这个徽标编辑颜色。

1 在文档窗口左下角的“画板导航”下拉列表中选择 Artboard 4。

2 选择菜单“选择”>“现有画板上的全部对象”以选中整个图稿。

3 单击控制面板中的“重新着色图稿”按钮，以打开该对话框。

在“重新着色图稿”对话框中，可编辑、重新指定或减少所选图稿的颜色数，还可以创建和编辑颜色组。它和“编辑颜色”对话框十分相似。最大的不同在于“编辑颜色”对话框只能编辑颜色，而“重新着色图稿”对话框还可以修改所选图稿上已应用的颜色。

提示：要打开“重新着色图稿”对话框，还可以通过选中图稿，再选择菜单“编辑”>“编辑颜色”>“重新着色图稿”。

4 在“重新着色图稿”对话框中，单击对话框右侧的“隐藏颜色组存储区”图标，如图 6.51 所示。

和“编辑颜色”对话框相似，色板面板中所有的颜色组都出现在“重新着色图稿”对话框的右侧（颜色存储区）。在该对话框中，可用这些颜色组中的颜色为图稿上色。

5 单击“编辑”标签，使用色轮编辑图稿中的颜色。

6 确保对话框中显示的是“链接协调颜色”图标，以便独立编辑各个颜色。否则，单击它以取消链接。

创建颜色组后，可使用色轮和 CMYK 滑块来编辑颜色。下面，将会使用另一种方法来调整颜色。

7 单击“显示颜色条”按钮，以颜色条来显示被选中的图稿应用的颜色。单击选中奶油色条，将 CMYK 值改为 C=5 M=10 Y=40 K=0，然后观察重新着色图稿对话框的改变，如图 6.52 所示。

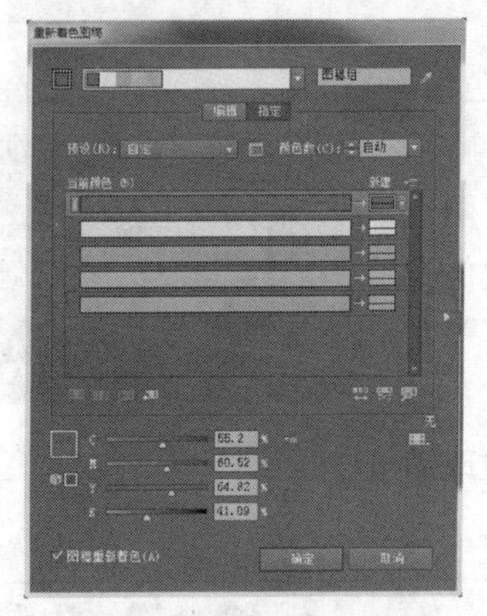

图6.51

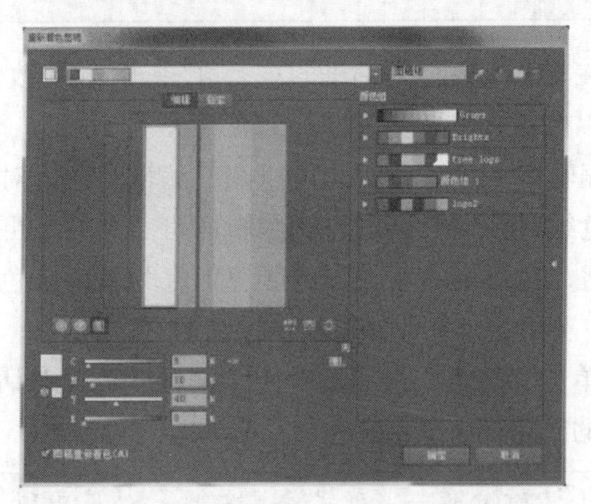

图6.52

> **AI** **提示：**如果要恢复原始徽标的颜色，可单击“从所选图稿获取颜色”按钮。

8 单击选中绿色颜色条。将鼠标指向该色条，右击（Windows 系统）或按住 Control 键后单击（Mac 系统），再在菜单中选择“选择底纹”，如图 6.53 所示。在底纹菜单中拖曳以改变该色条的颜色，如图 6.54 所示。

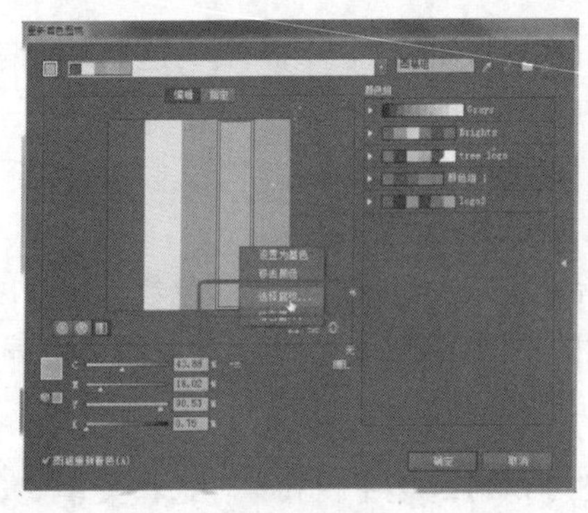

图6.53

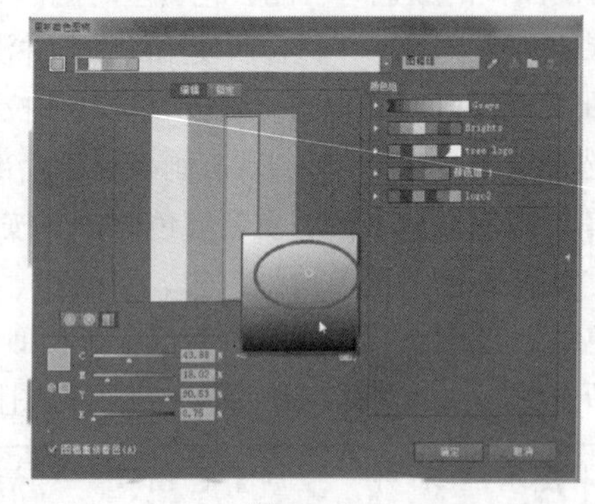

图6.54

编辑颜色条有许多颜色选项，是另一种观察和编辑颜色的方法。更多关于其相关选项的信息，请在 Illustrator 帮助中搜索关键字“颜色组（协调规则）”（“帮助”>“Illustrator 帮助”）。

“重新着色图稿”对话框中编辑颜色的选项和“编辑颜色”对话框中的选项基本一致。但是，与“编辑颜色”对话框中先创建或编辑颜色后应用相反，“重新着色图稿”对话框可直接编辑被选中图稿上应用的颜色。

9 在“重新着色图稿”对话框中单击“确定”按钮。

10 选择菜单“选择”>“取消选择”，再选择菜单“文件”>“存储”，如图 6.55 所示。

图6.55

提示：要将编辑后的颜色保存为颜色组，可单击对话框右侧的“显示颜色组存储区”按钮，然后单击“新建颜色组”按钮。

使用Kuler面板

Adode Kuler是在线的软件应用。可使用它来创建、分享工程中的颜色主题。在Illustrator CC中有Kuler面板，通过它可以浏览和使用在Kuler应用中创建的颜色主题。

注意:要使该面板起效，需要连接网络。如果没有连接网络，该面板无法使用。

Kuler面板可在账户中同步用户在Kuler网站（kuler.adobe.com）中创建的主题。Adobe帐户可用于登录该网站，而Kuler面板将会自动更新Kuler主题。

注意：如果 Illustrator CC 的账户没有和 Kuler 账户关联，将会使用 Illustrator CC 的账户自动创建一个可登录 Kuler 网站的账户。

1 选择窗口Kuler，以打开Kuler面板，如图6.56所示。

2 Kuler面板将会自动更新并显示Kuler账户中可用的最新主题。如果没有出现最新主题，单击“更新”按钮即可。

注意：Kuler 面板在初次使用时，可能是空的。

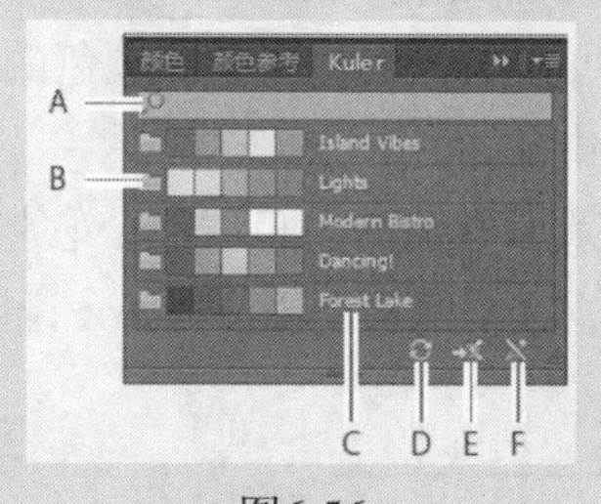

图6.56

A 通过名称搜索主题　B 主题文件夹图标　C 主题名称

D 刷新　E 登录 Kuler 网站　F 该图标表明无法编辑某些主题

更多关于Kuler面板的信息，请在Illustrator帮助中搜索关键字“Kuler面板”（“帮助”>“Illustrator帮助”）。

6.3.16　给图稿指定颜色

在“重新着色图稿”对话框的“指定”选项卡中,可将颜色组的颜色指定给图稿。在该对话框中，可直接编辑图稿中现有的颜色，还可以选择一个已存在的颜色组指定给图稿。下面，将指定一个颜色组给徽标上色。

1 在文档窗口左下角的“画板导航”下拉列表中选择画板 3。

2 选择菜单“选择”>“现有画板上的全部对象”，以选中画板上所有的树形。

3 单击控制面板中的“重新着色图稿”按钮。

4 单击对话框右侧的“显示颜色组存储区”按钮（右侧的小箭头），以显示颜色组。选中对话框左侧上部的“指定”选项卡。

在“重新着色图稿”对话框中，注意到选中图稿所应用的 5 种颜色出现在“当前颜色”栏，而且是按“色相 – 向前”排序。这表明从上到下的顺序是按照色轮中的排序：红色、橘色、黄色、靛蓝色和紫色（以 brights 颜色组为例）。

5 在“重新着色图稿”面板中“颜色组”项中，选中之前创建的“Logo 2”颜色组，如图 6.57 所示。

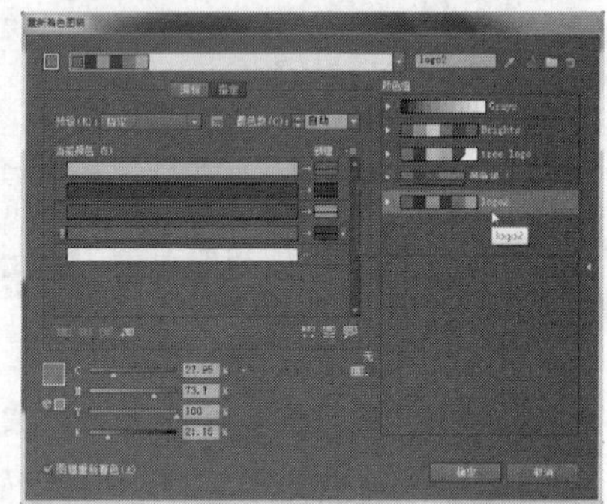
图6.57

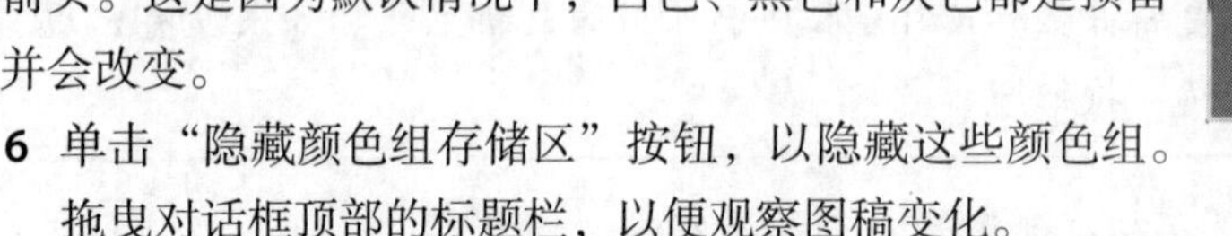

在“重新着色图稿”对话框左侧，注意到 Logo 2 颜色组的颜色被指定给 Logo。“当前颜色”栏显示的是 Logo 中的颜色，而“新建”栏显示的是徽标将会变成什么颜色（被指定了哪种颜色）。注意到白色没有被修改，而且它右侧没有指向“新建”栏的箭头。这是因为默认情况下，白色、黑色和灰色都是预留色，并会改变。

6 单击“隐藏颜色组存储区”按钮，以隐藏这些颜色组。拖曳对话框顶部的标题栏，以便观察图稿变化。

7 单击“当前颜色”栏中深绿色右侧的小箭头，如图 6.58 所示。这步操作让 Illustrator 不改变徽标中某个特定的颜色。可在画板上观察徽标颜色的变化情况。

下面，将要修改 Logo 2 颜色组中的白色。

8 单击“当前颜色”栏中白色条形右侧的白色线段，它将变为箭头，如图 6.59 所示。此时该箭头是灰色的，无法被选中。这个箭头向 Illustrator 说明要修改白色，但此时“新建”栏还没有对应的颜色。

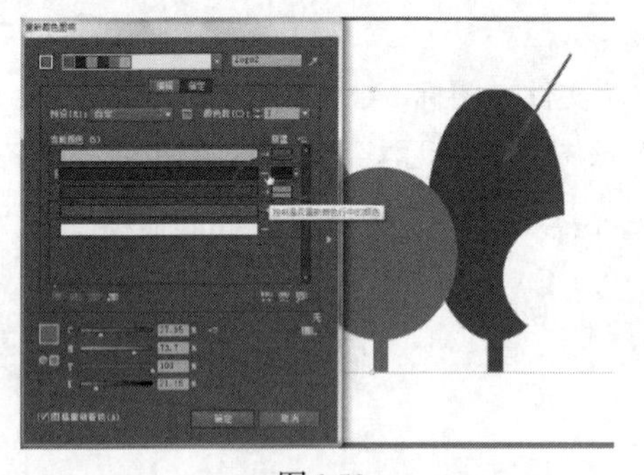
图6.58

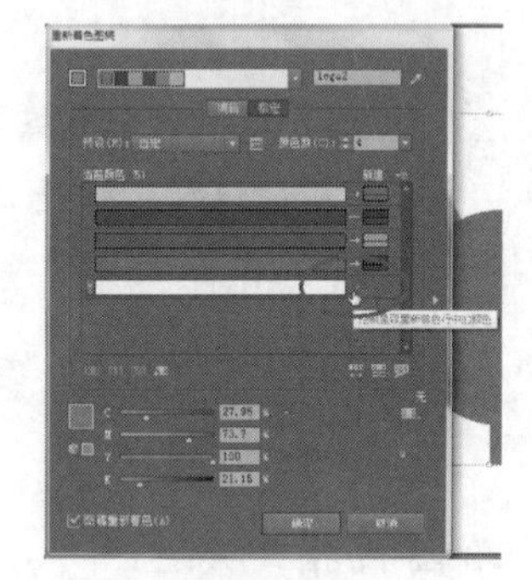
图6.59

9 单击对话框右侧的“显示颜色组存储区”按钮，以显示所有颜色组。

10 单击面板中任意的另一个颜色组，再单击选中 Logo 2 颜色组，如图 6.60 所示。

这是重新应用颜色组的最简单的方法，它将填补“当前颜色”栏中白色右侧的缺失颜色。

指定白色 重新应用颜色组

下面，将学习如何编辑这些指定色被应用的方式。

11 在“重新着色图稿”对话框的“新建”栏中，将顶部的蓝色框向下拖曳到褐色框的上部，然后释放鼠标，如图 6.61 所示。

这是将 Logo 2 颜色组重新指定给图稿的一种方法。而“新建”栏中的颜色是图稿中会出现的颜色。如果单击“新建”栏中的一个颜色，注意到通过对话框下部的 CMYK 滑块可以编辑它。

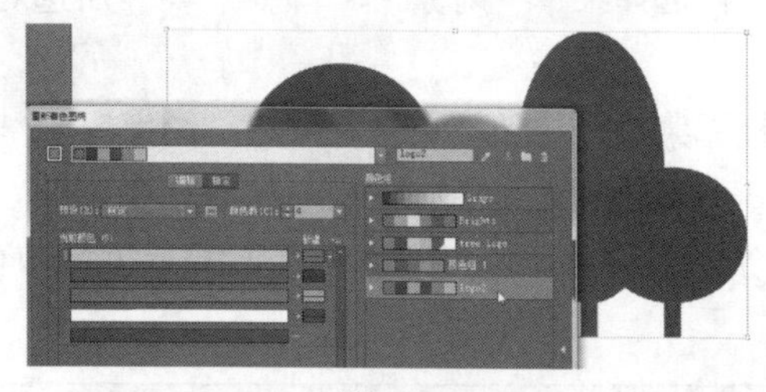

图6.60

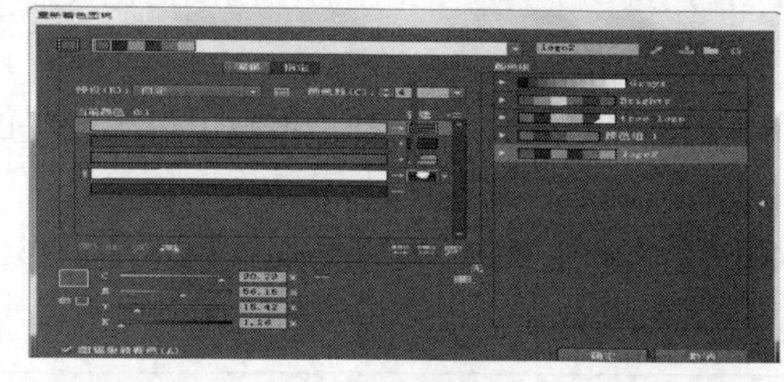

图6.61

12 双击“新建”栏上部的褐色框，在“拾色器”对话框的右侧单击“颜色色板”按钮，滚动鼠标以选中“light green”颜色，如图 6.62 所示。再单击“确定”按钮以返回“重新着色图稿”对话框。

13 在“重新着色图稿”对话框中，单击“将更改保存到颜色组”按钮，以保存编辑后的颜色组。此时对话框仍为打开状态。再单击“确定”按钮。此时被编辑的颜色已被保存到色板面板中。

在“重新着色图稿”对话框中，包含许多用于编辑选中图稿的颜色的选项，如减少颜色数、应用其他颜色（如 Pantone 颜色）以及其他设置。更多关于如何使用颜色组的信息，请在 Illustrator 帮助中搜索关键字“使用颜色组”。

14 选择菜单“选择”>“取消选择”，再选择菜单“文件”>“存储”，如图 6.63 所示。

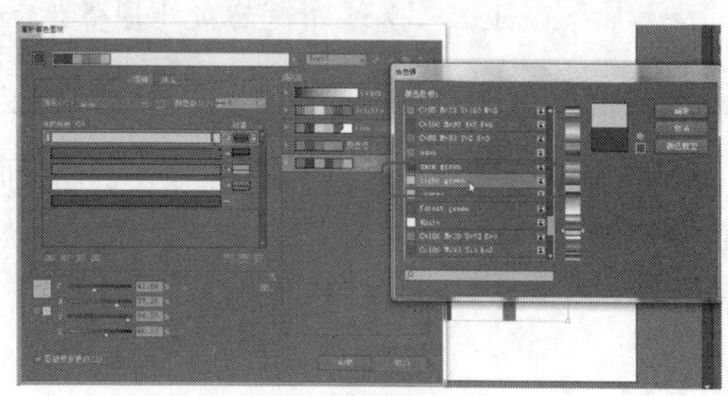

图6.62

图6.63

6.4 使用图案上色

除印刷色和专色外，色板面板还可包含图案和渐变色板。在 Illustrator 默认的色板面板中，各种类型的色板是作为独立库存在的，而且还可以创建自定义的图案和渐变色板。在这一节中，将会创建、应用和编辑各种图案。更多关于如何使用渐变色板的信息，请参阅第 10 课。

6.4.1 应用现有图案

图案是存储在色板面板中的图稿，可将其应用于对象的填充色和描边色。可以定制现有图案，还可以使用 Illustrator 工具设计图案。所有图案都是在一个形状内平铺单个并拼贴形成的，平铺时从标尺原点出发，并向右延伸。下面，会将现有图案应用于形状。

1 在文档窗口左下角的“画板导航”下拉列表中选择画板 1。

2 使用选择工具选中指示牌上的浅褐色大形状，再选择菜单“对象”>“隐藏”>“所选对象”以暂时隐藏它。

3 单击色板面板图标，在该面板下方单击“色板库菜单”按钮，再选择菜单“图案”>“基本图形”>“纹理”，以打开该图案库。

4 使用选择工具选中画板左侧的白色大矩形，如图 6.64 所示。确保此时工具箱底部的填色框位于上面。

> **注意**：设置填色框很重要，因为当你应用一个图案色板时，它将会应用于被选中的填色框 / 描边框。

5 在“基本图形 _ 纹理”面板中选中“棍棒”图案色板，将其填充到路径中，如图 6.65 和图 6.66 所示。

图6.64

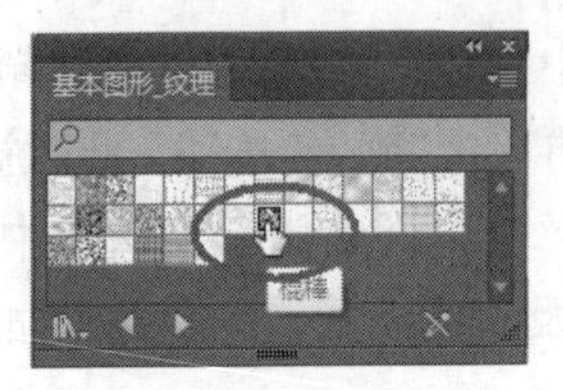

图6.65

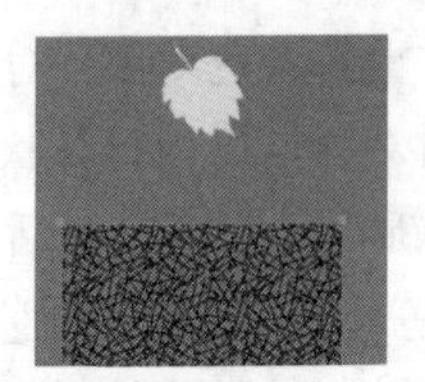
图6.66

> **注意**：由于有些图案与背景色区分较为清晰，因此可通过外观面板为图像添加另一种填色。更多关于外观面板的信息，请参阅第 13 课。

6 关闭“基本图形 _ 纹理”面板，注意到“棍棒”图案已填充到形状中，并保存在了色板面板中，如图 6.46 所示。单击色板面板图标以折叠该面板。

7 选择菜单“选择”>“取消选择”，再选择菜单“文件”>“存储”。

6.4.2 创建自定义图案

在本节中，将会创建自定义图案并将其键入到色板面板中。

1 使用选择工具选中画板左侧的黄色树叶形状。

2 选择菜单“对象”>“图案”>“建立”。在对话框中单击“确定”按钮。

与之前遇到的对象组隔离模式相似，创建图案时，Illustrator 将进入图案编辑模式。图案编辑模式可以互动地创建和编辑图案，因此同时能在画板上预览图案的变化，还可以打开图案选项面板（“窗口”>“图案选项”），提供编辑图案时必须的选项功能。

注意：建立空图案时，不需要选中任何对象。

3 使用选择工具选中画板中央的那一片树叶，按下数次 Ctrl++（Windows 系统）或 Command++（Mac 系统）组合键，以放大视图，如图 6.67 所示。

注意：图案色板可由多个形状、符号或置入的光栅图像组成。例如，创建用于衬衫的法兰绒图案，创建三个彼此重叠、外观选项各不相同的矩形或直线。

4 在该树叶形状仍被选中的情况下，在控制面板中将填色改为颜色组中的 forest green 色板，将描边设为“[无]”。并且，在控制面板中将不透明度设为 80%，让它透明化一些。

下面，将探索学习一些图案选项，然后再尝试编辑图稿中的其他图案。

5 在“图案选项”面板中，将名称改为 leaves，并选择“十六进制（按行）”的拼贴类型，如图 6.68 所示。

leaves 的名称作为工具提示，会出现在色板面板中对应图案色板的上方。这对于识别各种图案色板很有帮助。另外，拼贴类型有三种：默认的网格图案、砖形图案、十六进制图案。而选择了砖形图案后，就可选择“砖形位移”选项。

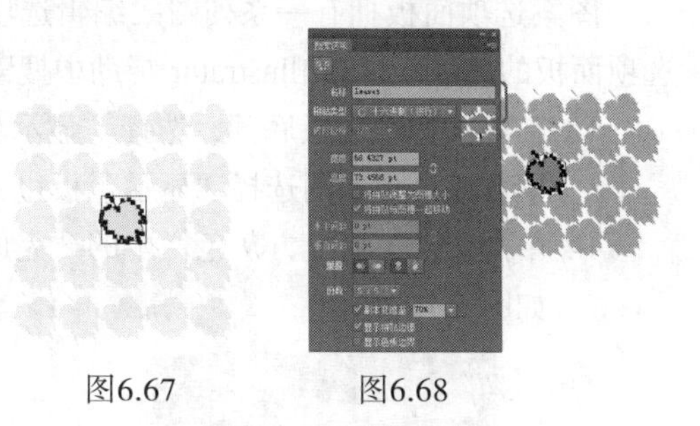

图6.67　　图6.68

6 使用选择工具将中央的树叶向左拖曳一些，注意到整个蓝色拼贴图案都会向左移动。

7 单击符号面板图标( )以打开该面板。将 medium leaf 符号拖入中央树叶的右侧，如图 6.69 所示。

8 从符号面板中将 small leaf 符号拖曳到中央区两个中心符号的下方，如图 6.70 所示。在下一步中，可以重新排列它们。

将新内容添加到了画板的图案中，但是可以看到图案拼贴仍没有包括新内容。

9 在图案选项面板中，勾选“将拼贴调整为图稿大小”复选框，如图 6.71 所示。

图6.69 将符号拖入图案中

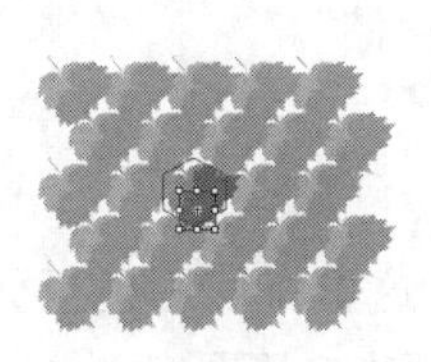

图6.70 排列树叶

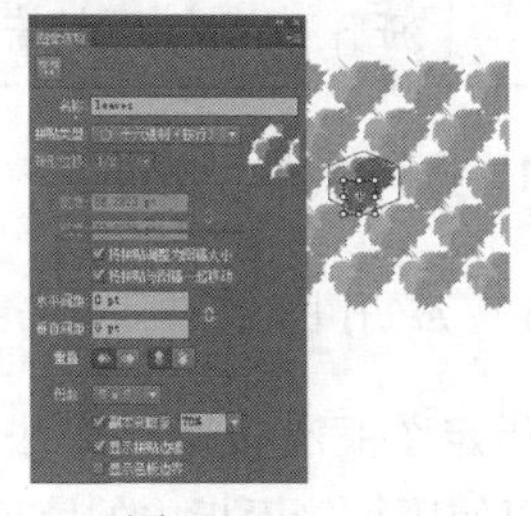

图6.71

该选项让拼贴区域（蓝色的六边形）调整为适合图稿大小，改变了重复对象之间的间隙。选中“将拼贴调整为图稿大小”复选框后，还可以在“水平间距”和“垂直间距”文本框中修改图案定义区域的宽度和高度，这样可以包含更多内容或编辑图案的间隙大小。另外，还可以通过图案选项面板左上角的“图案拼贴工具”按钮（ ）来手动编辑拼贴区域。

> **注意：**在这步操作中，可以尝试让树叶排列如图 6.71 中所示，从而能够更加清楚地看到各个树叶。

10 将“水平间距”设为 -18pt，“垂直间距”设为 -18pt。

> **提示：**间距可为正值、可为负值，分别对拼贴部分进行分离或靠近。

11 对于“重叠”选项，勾选“底部在前”按钮（ ），并观察图案的变化，如图 6.72 所示。

由于设置的间距值和拼贴图形的大小，图案中的图稿可能是重叠的。默认情况下，对象水平重叠时，左侧对象在顶层，垂直拼贴时，上方的对象在顶层。

12 将水平间距和垂直间距均设为 0。

图案选项面板拥有一系列图案编辑选项，如观察更多或更少的图案，即份数。更多关于图案选项面板的信息，可在 Illustrator 帮助中搜索关键字“创建和编辑图案”。

13 在图案选项面板底部，选择“显示色板边界”复选框，以便查看将会保存在色板中的虚线框区域。再取消选择“显示色板边界”复选框。

14 单击文档窗口上方灰色栏中的“完成”字样，并在随后出现的对话框中单击“确定”按钮，如图 6.73 所示。

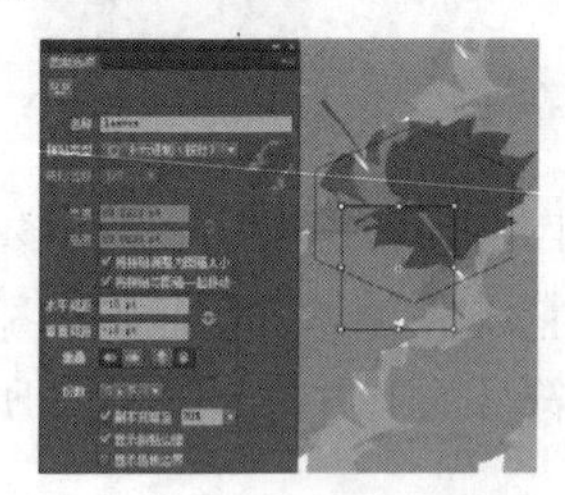

图6.72

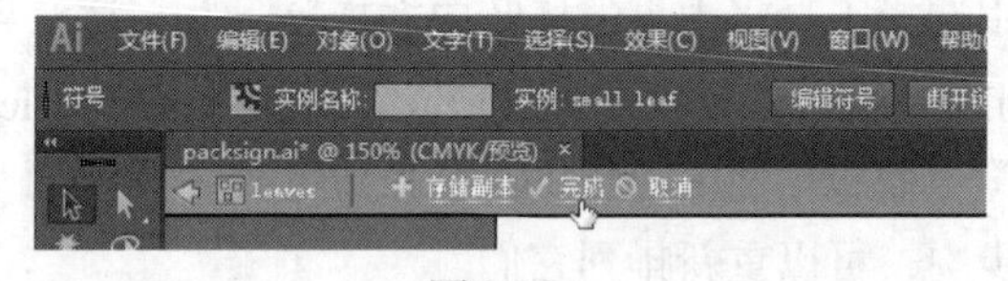

图6.73

> 
> **提示：**如果想要创建图案的变体，可在该灰色栏中单击“存储副本”字样，这将保存色板面板中的当前图案作为副本，并可以继续对该图案进行编辑。

15 选择菜单“文件”>“存储”。

6.4.3 应用图案

指定图案有很多种方法。这里将使用色板面板来指定图案，还可以使用控制面板中的填色框来应用图案。

1 选择菜单“视图”>“画板适合窗口大小”。

2 使用选择工具单击画板左侧的填充了“棍棒”图案色板的矩形。

3 在控制面板的填色框中选择 leaves 图案色板，如图 6.74 所示。

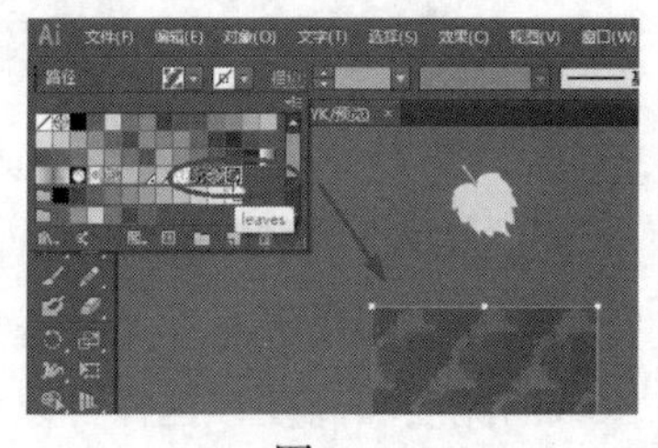

图6.74

4 选择菜单“选择”>“取消选择”，再选择菜单“文件”> “存储”。

6.4.4 编辑图案

下面，读者将在“图案编辑模式”下编辑 leaves 图案。

1 在色板面板中，双击 leaves 图案以编辑该图案。

> **提示**：还可选中填充了该图案色板的对象，在工具箱中的填色框位于上面的情况下，选择菜单“对象”>“图案”>“编辑图案”。

2 在“图案编辑模式”下，选择菜单“选择”>“全部”以选中三个树叶形状。

3 在控制面板中，将填色改为 forest green 色板（位于颜色组中）。这样，图案中将应用了不同的绿色。

4 选择菜单“选择”>“取消选择”。

5 单击图案中最小的树叶（small leaf），在控制面板中将不透明度改为 30%，单击中等大小的树叶（medium leaf），将其不透明度设为 45%，如图 6.75 所示。

6 在文档窗口上部的灰色栏中单击“完成”字样，以退出“图案编辑模式”。

7 单击画板左侧填充了树叶图案的矩形，双击工具箱中的比例缩放工具（ ），在不影响其形状的前提下将图案缩小些。如图 6.76 所示，在“比例缩放”对话框中，修改一下选项：

- 等比：90%
- 比例缩放描边和效果：取消选中
- 变换对象：取消选中
- 变换图案：选中

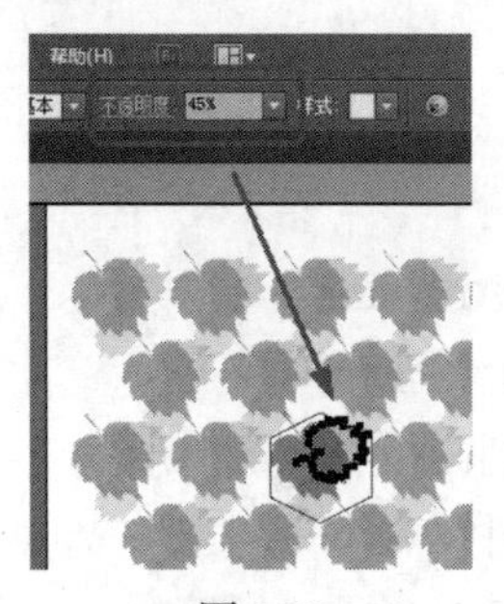

图6.75

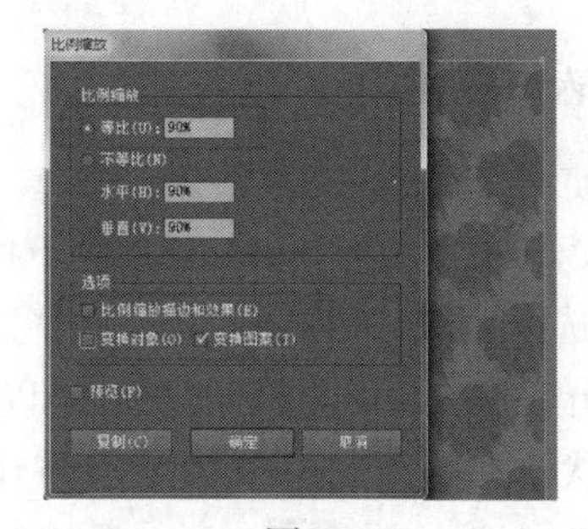

图6.76

勾选“预览”复选框以观察改变，再单击“确定”按钮。此时画稿中选中的仍为该矩形形状。

8 使用选择工具，按住 Shift 键，再单击公园指示牌下层的深绿色矩形，以选中这两个形状。松开 Shift 键后，再单击该深绿色矩形形状。单击控制面板中的“水平居中对齐”按钮（ ）和“垂直居中对齐”按钮（ ），如图 6.77 所示。

> **注意**：对齐选项可能没有出现在控制面板中，这取决于屏幕分辨率。此时可单击控制面板中的“对齐”字样以打开对齐面板。

9 在画板上，选择并删除最初用来创建图案的黄色树叶。

10 打开图层面板（ ），单击图层 sign text 左侧的可视状态栏，让所有图层可见。再单击图层面板图标以折叠该面板。

11 选择菜单“对象”>“显示全部”，如图 6.78 所示。

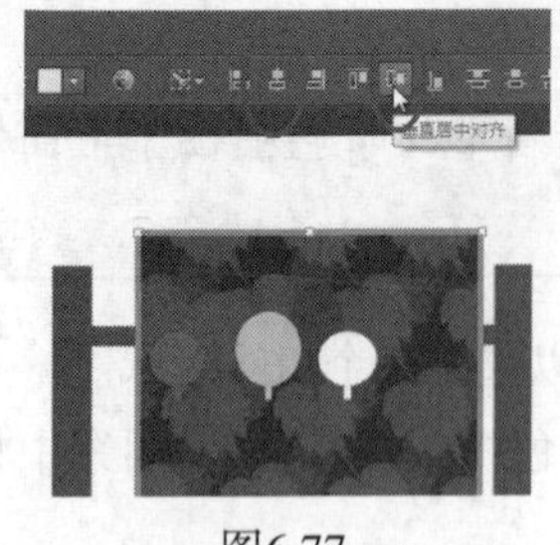

图6.77

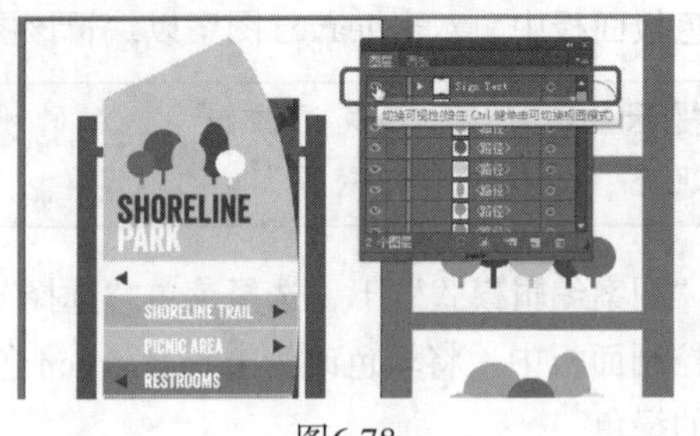

图6.78

12 选择菜单“选择”>“取消选择”，再选择菜单“文件”>“存储”。

6.5 使用实时上色

实时上色能够自动检测、校正原本将影响填色和描边色应用的间隙，并直观地给矢量图形上色。路径将绘图表面分割成不同的区域，其中每个区域都可上色。而不管该区域的边界是由一条路径还是多条路径构成。给对象实时上色，就像填充色标簿，或者使用水彩给铅笔素描上色一样。

注意：更多关于实时上色的信息，请在 Illustrator 帮助中搜索“实时上色组”（“帮助”>“Illustrator 帮助”）。

6.5.1 创建实时上色组

下面，将使用实时上色工具给徽标上色。

1 在文档窗口左下角的“画板导航”下拉列表中画板 5 Artboard 5。

2 切换到选择工具，再选择菜单“选择”>“现有画板上的全部对象”。

3 选择菜单“视图”>“缩小”数次，以缩小视图并看到画板右侧的树形。

此时该形状并没有被选中，之后将会将其添加到树形组中。

4 在形状生成器工具（ ）的隐藏工具组中，选择实时上色工具（ ）。

5 单击色板面板图标（ ）以显示该面板。选中 Logo 2 颜色组中的第一个蓝色（左起第二个）的色板。

注意：将鼠标指向颜色组图标，将有工具提示显示该组名称。

6 单击左起第一个树形，将选中的形状转换为“实时上色”组，如图 6.79 和图 6.80 所示。

可单击任意形状以将其转换为实时上色组，此时选中的形状变成了深蓝色。使用实时上色工具单击已选中的形状，可创建实时上色组，并用该工具对其上色。创建实时上色组后，路径被当做对象组，仍是可编辑的。而移动路径或调整其形状时，将自动把颜色重新应用于编辑后的路径形成的区域。

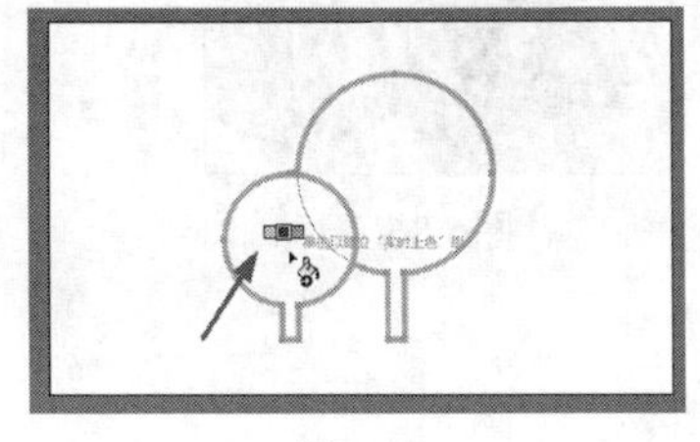

图6.79

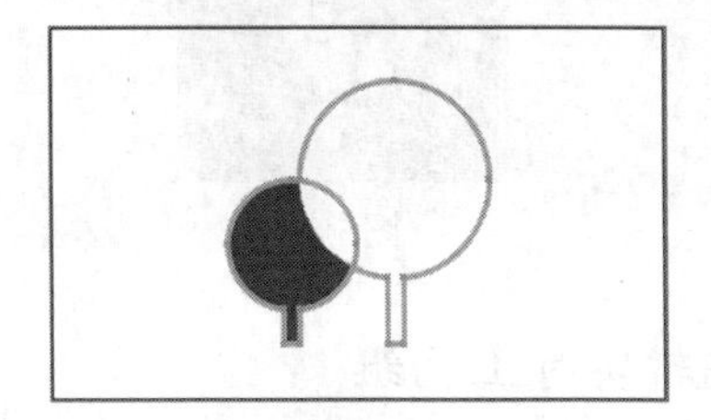

图6.80

6.5.2 使用实时上色组工具上色

将对象转换为实时上色组后，可通过多种方法对其上色。

1 将鼠标指向实时上色组中的左起第二个树形（非重叠区），如图 6.81 所示。

指向实时上色对象时，它们将会出现红色高亮的边界线，而鼠标上面出现了三个色板。起重工，被选中的颜色（深蓝色）位于中间，而该颜色在色板面板中左右相邻的两个颜色位于其两边。

2 按一次键盘向左键以选择浅绿色色板，它位于鼠标上方三个色板中的左起第一个，如图 6.82 所示。按键时，注意到色板面板中，浅绿色色板呈高亮显示。所以，可按键盘向上 / 下键、向左 / 右键，以选中一个新的色板来上色。但对该树形应用浅绿色。

3 在色板面板中，单击选中名称为“dark brown”的色板，如图 6.83 所示。单击重叠部分（白色）以应用该色板，如图 6.84 所示。

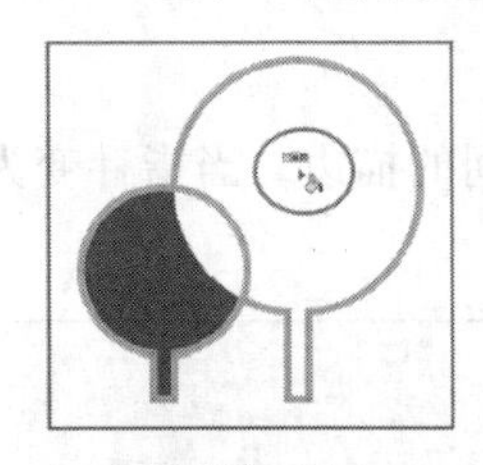

图6.81

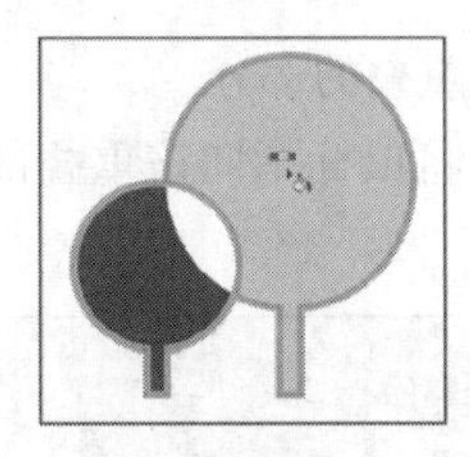

图6.82

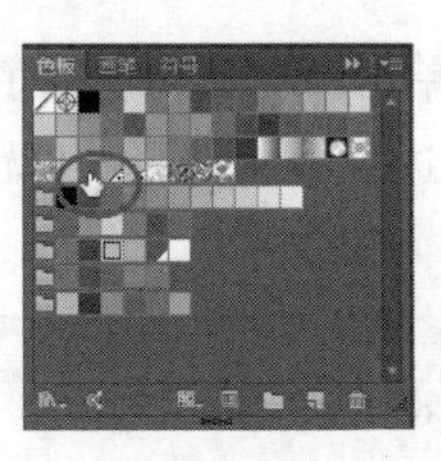

图6.83

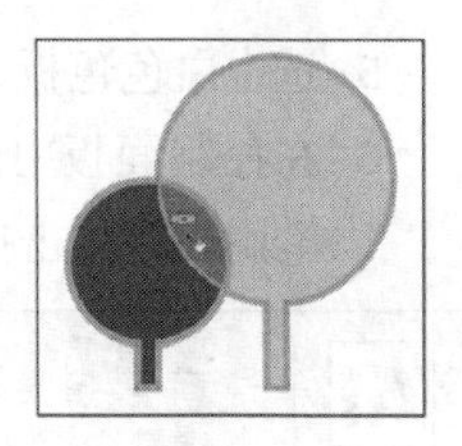

图6.84

4 双击工具箱中的实时上色工具（ ），这将打开“实时上色工具选项”对话框，如图 6.85 所示。勾选“描边上色”复选框，再单击“确定”按钮。

注意：更多关于“实时上色工具选项”对话框的信息，请在 Illustrator 帮助中搜索关键字“使用实时上色工具”。

下面，将删除该实时上色组的内侧灰色描边，但保留其外侧描边。

5 在控制面板的描边色框中选择“[无]”。

6 将鼠标的箭头部分指向两个形状重叠处的灰色描边，如图 6.86 所示。当鼠标指针变成笔刷时，单击以选择色板“[无]”，再单击描边将其删除。

7 选择菜单“选择” > “取消选择”，再选择菜单“文件” > “存储”。

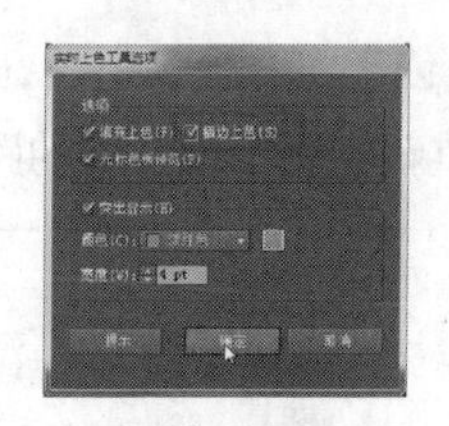
图6.85

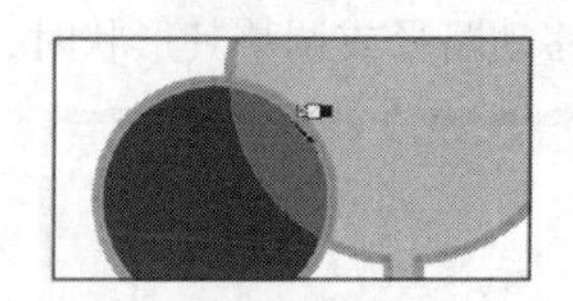
图6.86

6.5.3 编辑实时上色组

建立实时上色组后，其中的每条路径仍是可编辑的。移动或调整路径后，之前填充的颜色不会像油画或图像编辑程序中那样保持不动。相反，Illustrator 将自动把颜色重新应用于编辑后的路径新区域。

1 使用选择工具选中画板最右侧的树形。将它拖曳至与实时上色组右侧树形重叠即可，如图 6.87 所示。

2 仍使用选择工具，按住 Shift 键后单击实时上色组，以选中两组对象。

3 单击控制面板中的“合并实时上色”按钮，将白色树形添加到实时上色组中。

4 切换到实时上色工具（ ）。在色板面板中，选中 Logo 2 颜色组中的一个褐色色板，再单击新树形中不重叠的部分，对其上色，如图 6.88 所示。

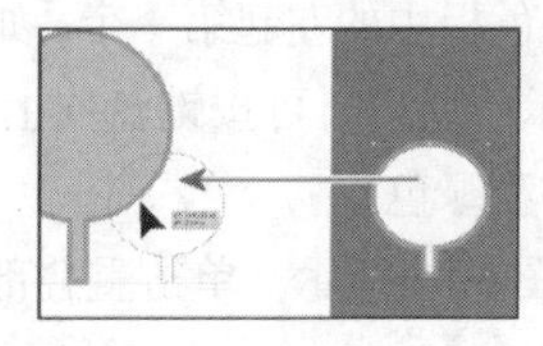
图6.87

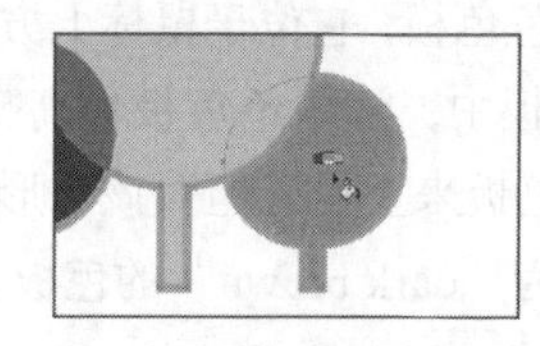
图6.88

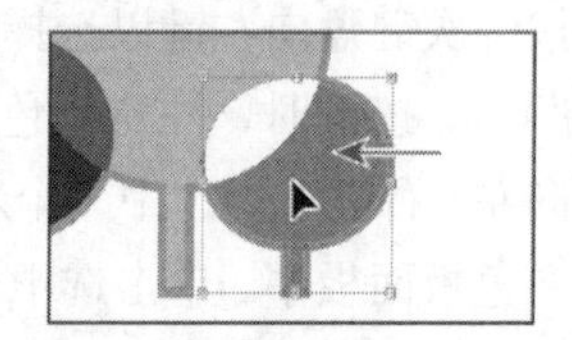
图6.89

5 选中白色色板，再单击新树形与浅绿色树形重叠的部分。

6 在控制面板中的描边色框中选择“[无]”。将鼠标指向该重叠部分间的描边，当指针变为笔刷时，单击描边以删除它。

> **AI** | **注意**：如果描边没有去除，重复这一步操作。

7 使用选择工具，在实时上色对象仍被选中的情况下，可以看到控制面板左侧“实时上色”的字样。双击实时上色对象（树形）进入隔离模式。

8 将最右侧的树形拖曳至左侧，调整它们的位置，如图 6.89 所示。

注意到松开鼠标后，对象的填色和描边色跟随其一起移动。还可以使用直接选择工具编辑被选中图稿的锚点。此时路径仍是可编辑的，而颜色将自动重新应用到编辑后路径的新区域中。

9 选择菜单“选择”>“取消选择”，再按 Esc 键以退出隔离模式。

10 选择菜单“视图”>“全部适合窗口大小”。

11 选择菜单“文件”>“存储”，再选择菜单“文件”>“退出”。

6.6 复习

复习题

1 描述什么是全局色。

2 如何存储颜色？

3 如何制定颜色的协调规则？

4 指出至少两种“重新着色图稿”对话框的作用。

5 如何在色板面板中添加图案色板？

6 说明实时上色能够完成哪些任务。

复习题答案

1 全局色是一种颜色色板，可以编辑它，它将自动更新应用该色板的对象的颜色。所有专色都是全局色，而印刷色可以是全局色，也可以是局部的。

2 可以将颜色添加到色板面板来存储它，以便使用它给图稿中的其他对象上色。选择要存储的颜色，并执行以下操作之一即可。

- 将其从填色框拖曳至色板面板中。
- 单击色板面板底部的“新建色板”按钮。
- 从色板面板菜单中选择“新建色板”。
- 在颜色面板菜单中选择“创建新色板”。

3 可以在颜色参考面板中选择颜色协调规则。颜色协调规则可根据选定的基色来生成一种颜色策略。

4 “重新着色图稿”对话框可以修改选定图稿中的颜色，创建和编辑颜色组，重新指定或减少图稿中的颜色数。

5 要将图案色板添加到色板面板中，可以直接创建一个图案，也可以在取消选择所有内容后，再选择菜单“对象”>“图案”>“建立”。在图案编辑模式中，可以编辑该图案并预览它。还可以直接将图稿拖入色板面板的色板列表中去。

6 实时上色能够自动检测、校正原本将影响填色和描边色应用的间隙，并直观地给矢量图形上色。路径将绘图表面分割成不同的区域，其中每个区域都可上色，而不管该区域的边界是由一条路径还是多条路径构成。给对象实时上色，就像填充色标簿，或者使用水彩给铅笔素描上色一样。

第7课 处理文字

本课概述

在这节课中，读者将会学习如何进行以下操作：

- 创建区域文字和点状文字；
- 在区域文字和点状文字之间转换；
- 导入文本；
- 创建多列文本；
- 修改文本属性；
- 使用修饰文字工具修改文本；
- 创建、编辑段落和文本样式；
- 通过采样文字来复制和应用文本属性；
- 使用变形调整文本形状；
- 沿路径和形状创建文本；
- 使用文字绕排；
- 创建文字轮廓。

学习本课内容大约需要1小时，请从光盘中将文件夹Lesson07复制到您的硬盘中。

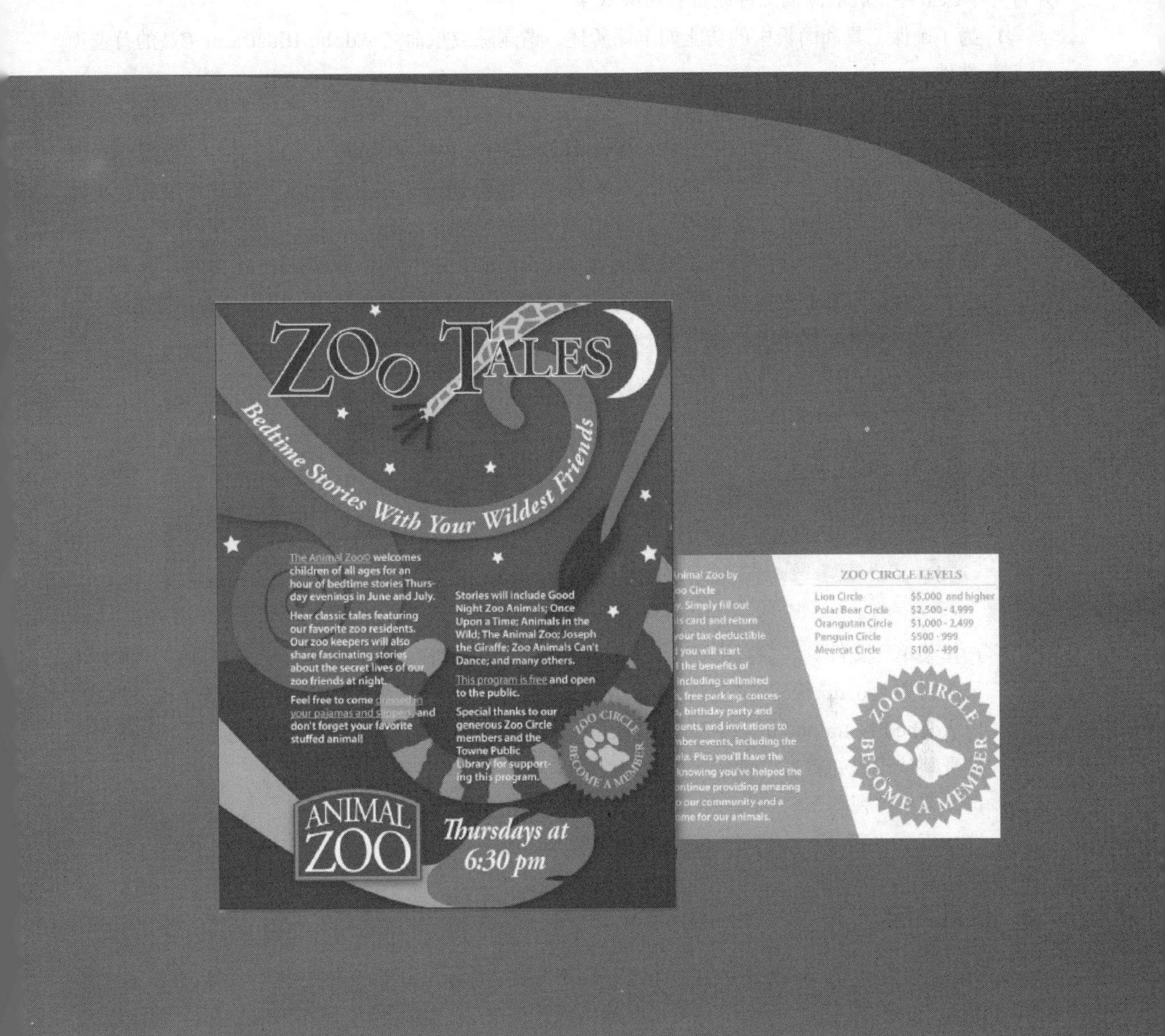

作为一种设计元素，文本在插图中扮演了非常重要的角色。和其他对象一样，也可以给文字上色，对其进行缩放、旋转等操作。本课将探索如何创建基本的文字以及有趣的文字效果。

7.1 简介

在本课中，读者将处理一个图稿文件，但在此之前需要恢复 Adobe Illustrator CC 的默认首选项，并打开本课最终完成的图稿文件以查看最终效果。

1 为了确保工具和面板中的功能如本课所述，请删除或重命名 Adobe Illustrator CC 的首选项文件。

2 开启 Adobe Illustrator CC 软件。

3 选择菜单“文件”>“打开”，打开硬盘中 Lesson07 文件夹中的 L7end.ai 文件，以观察本课最终完成的图稿，如图 7.1 所示。在本课中，将会创建这张海报的文本部分。保留该文件为打开状态，以便之后参考。

4 选择菜单“文件”>“打开”，打开硬盘中 Lesson07 文件夹中的 L7start.ai 文件，该文件内包含了所有非文本内容，如图 7.2 所示。之后将会为其添加文本元素，完成这张海报和名片。

图7.1

图7.2

5 选择菜单“文件”>“存储为”，在该对话框中，切换到 Lesson07 文件夹并打开它，将文件重命名为 zoo.ai，保留“保存类型”为 Adobe Illustrator（*.AI）（Windows 系统）或“格式”为 Adobe Illustrator（ai）（Mac 系统），单击“保存”按钮。在“Illustrator 选项”对话框中，接受默认设置并单击“确定”按钮。

6 选择菜单“视图”>“智能参考线”，以禁用智能参考线。

7 选择菜单“窗口”>“工作区”>“重置基本功能”。

7.2 使用文字

文字功能是 Illustrator 最强大的功能之一。就像在 Adobe InDesign 中一样，可以在图稿中添加单行文字、创建多列和多行文字、沿形状或路径排列文字，以及像使用图形对象那样使用文字。创建文本有 3 种不同的方式：点文字、区域文字和路径文字。本课将依次探索各个文字类型。

7.2.1 创建点状文字

点状文字是一行或一列文字，它从鼠标单击的位置开始，并随字符的输入而不断延伸。每行文本都是独立的，编辑时它将扩大或收缩，但不会换行，除非手动加入段标记或换行符。在图稿中添加标题或为数不多的单词时，可以使用这种方式。下面，将在海报底部输入一些文本。

1 确保在文档窗口左下角的“画板导航”下拉列表中选择了画板 1 Flyer，再选择菜单“视图”>“画板适合窗口大小”。

2 使用缩放工具，单击两次画板的左上角。

3 选择菜单“窗口”>“图层”以显示该面板。选中图层 Text，以确保之后创建的内容位于该图层上，如图 7.3 所示。单击图层面板标签以折叠该面板。

4 选择文字工具（T），单击画板左上角、垂直参考线左侧的空白区域，如图 7.4 所示。光标出现时，输入 ZOO TALES，如图 7.5 所示。

使用文字工具单击画板，可创建点状文字。

5 切换到选择工具，注意到文本周围出现定界框。向右拖曳定界框中右侧中间的边界点（不是最右侧的圆），注意到拖曳时文本扩大了，如图 7.6 所示。

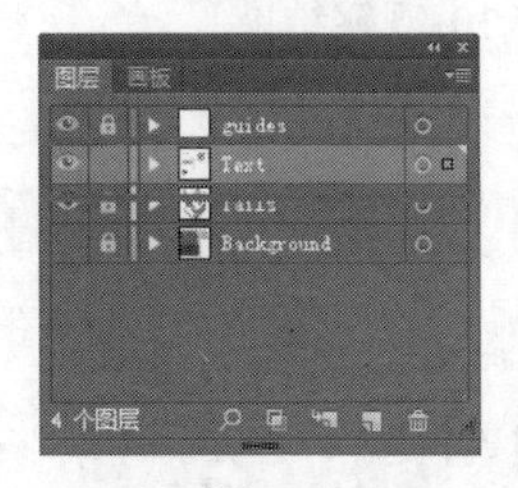

图7.3

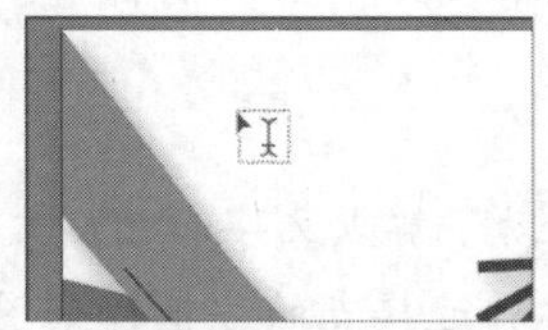
图7.4 放置鼠标指针

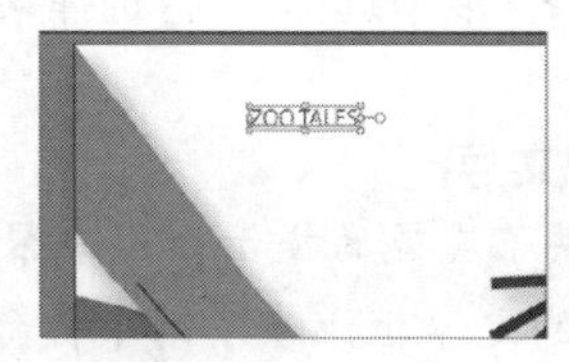

图7.5 输入文本

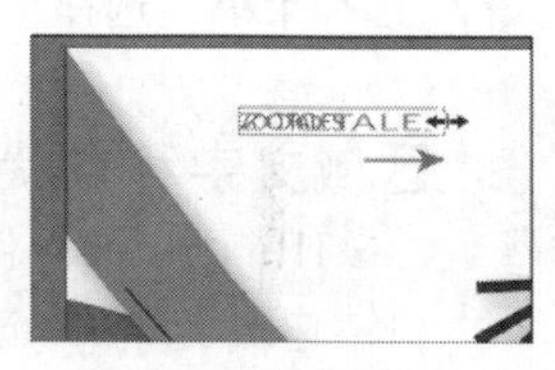
图7.6 拖曳手柄

注意：如第 5 步中缩放点文字后，它仍是可打印的，但其字体大小将可能不是整数（如 12pt）。

6 选择菜单“编辑”>“还原缩放”，然后再选择菜单“视图”>“画板适合窗口大小”。

7.2.2 创建区域文字

区域文字使用对象的边界来控制字符的排列方式，或水平排列，或垂直排列。当文字到达边界时，将自动换行以限定在指定区域内。在需要创建一个或多个段落时，如指示牌或说明手册，可以使用这种方法。

要创建区域文字，可使用文字工具单击要显示文字的地方，再拖曳一个区域以创建一个区域文字对象（文本区域）。当光标出现时，即可输入文字。还可以将现有形状或对象转换成文字对象，方法是使用文字工具单击对象的边缘或内部。

下面，将创建区域文字对象，并输入一些文字。

1 选择菜单“视图”>“智能参考线”，以开启智能参考线。

2 选择菜单“视图”>“zoo sign”，放大画板底部的动物园标牌，滚动鼠标以便观察它。

3 选择文字工具（T），将光标指向黄黑条纹尾巴的左侧空白区域，如图 7.7 中“X”处。单击并向右下方拖曳以创建一个

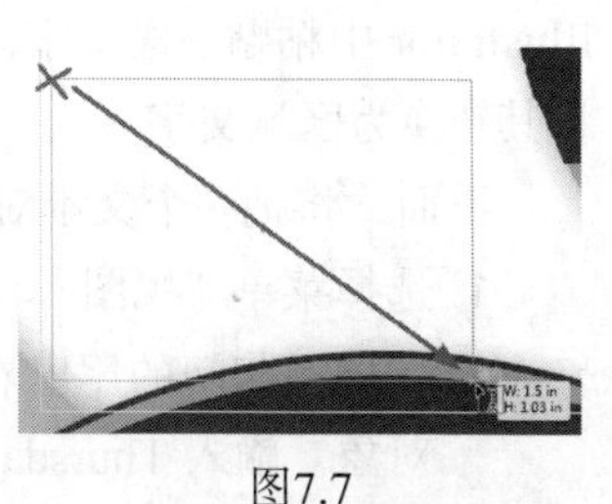
图7.7

宽约为 1.5 in，高约为 1 in 的文本区域。

4 在光标处于新建文本区域内的情况下，输入 Safari Zoo，如图 7.8 所示。

5 切换到选择工具，注意到文本周围出现定界框。向左拖曳右侧中间的边界点，直到该对象中的两个单词出现换行，如图 7.9 所示。

6 向下方拖曳该文本对象，拖至黑色绿边的标牌左侧，如图 7.10 所示。注意到拖曳时必须拖曳有文本的地方，而不能拖曳文本区域内的空白区域。

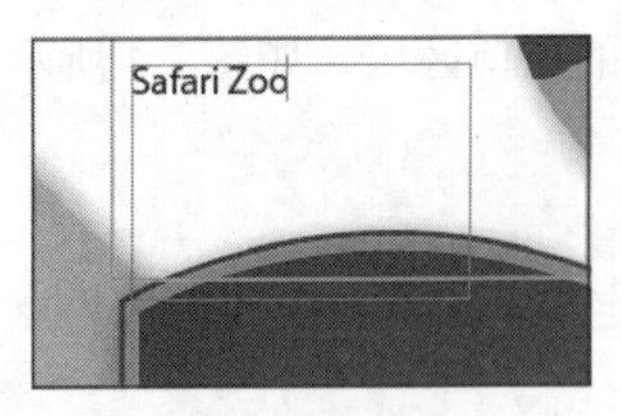

图7.8 输入文本

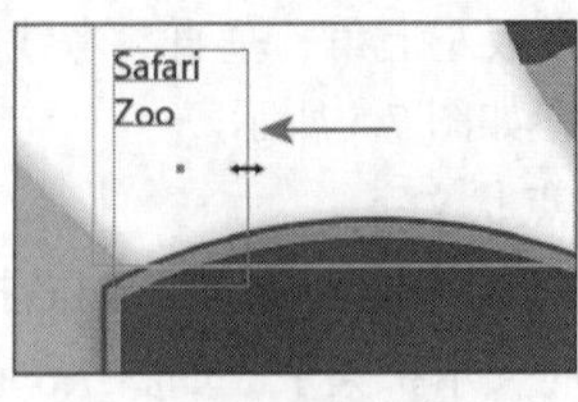

图7.9 调整文本对象大小

图7.10 观察结果

7 选择菜单“选择” > “取消选择”，再选择菜单“文件” > “存储”。

区域文字和点状文字

Illustrator提供了直观的提示，用来帮助了解点文字和区域文字对象之间的差别。区域文字对象的定界框上多了两个被称作连接点的方框，如图7.11圈中所示。连接点用于将文本从一个文字区域串接到另一个文字区域。本课后面将介绍如何使用连接点和串接文字。

点文字对象被选中时没有连接点，但它在第一个字符前面有一个点，如图7.12圈中所示。

图7.11 图7.12

7.2.3 在区域文字和点文字之间转换

Illustrator 可以实现区域文字和点文字之间的转换。比如，从 Adobe InDesign 向 Adobe Illustrator 中粘贴一段文字，粘贴后是点文字类型。此时，可以很容易地将其转换为区域文字。

下面，将把一个文本对象从点文字转换为区域文字。

1 选择菜单“视图” > “画板适合窗口大小”。

2 在橘黑相间的尾巴右侧，使用文本工具（T）创建一个点文字对象。输入 Thursdays at 6:30 pm，如图 7.13 所示。

图7.13

3 切换到缩放工具（ ），单击以放大该文本。

4 切换到选择工具，注意到文本周围出现定界框。向左拖曳其右侧中间的边界点。因为该文本是点文字，文本将缩小。选择菜单“编辑”>“还原缩放”以重置该文本。

文本“6:30 pm”需要换行，置于“Thursday at…”下方。简单的操作就是将其转换为区域文字。另外，还可以在文本中插入段标记或换行符，但是这样不方便之后再调整该文本的大小。

注意：要将一个有溢流文本（随后会学到）的区域文字对象转换为点文字时，将会出现一个警告，这表明溢流文本将会被删除。

5 将鼠标指向文字对象右侧的空心圆手柄，当鼠标旁出现了文字工具图标时，单击以查看“双击以转换为区域文字”提示信息。然后双击鼠标将该点状文字转换为区域文字，如图 7.14 所示。

实心圆手柄表明当前是区域文字对象，而空心圆手柄则表明当前是点状文字对象。

提示：要转换文字对象的类型，还可以在选中文本对象后，选择菜单“文字”>“转换为点状文字”/“转换为区域文字”。

6 向左下方拖曳定界框右下角的边界点，直到“6:30 pm”文本换到第二行为止，如图 7.15 所示。

7 将文本区域向下拖曳到黄色狮子尾巴的褐色末端的上部，如图 7.16 所示。

图7.14 转换文字区域

图7.15 调整文字区域大小

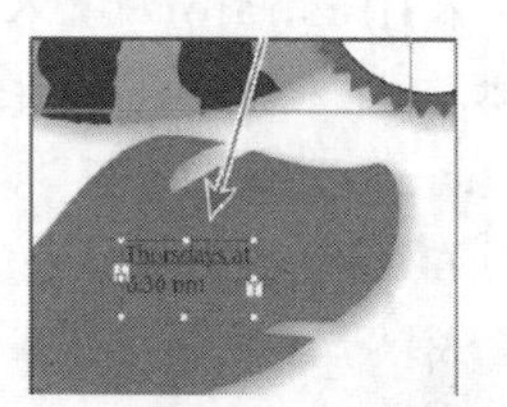

图7.16 放置该文字区域

7.2.4 导入文本文件

在Illustrator中，可以将其他应用程序创建的文件中的文本导入到图稿中。可导入的文本格式如下：

- Microsoft Word 97-03（doc）
- Microsoft Word 2007 及以上版本 DOCX（docx）
- RTF（富文本格式）
- 使用 ANSI、Unicode、Shift JIS、CB2312、Chinese Big 5、Cyrillic、GB18030、Greek、Turkish、Baltic 和 Central European 编码的纯文本（ASCII）

与复制并粘贴文本相比，从文件中导入文本的优点之一是，导入的文本将保留其字符和段落格式。例如，在 Illustrator 中，来自 RTF 文件的文本将保留其字体和样式。

1 选择菜单“视图”>“画板适合窗口大小”，再选择菜单“选择”>“取消选择”。

2 选择菜单“文件”>“置入”，切换到 Lesson07 文件夹中，选择 L7text.txt 文件后，单击“置入”按钮。

3 在出现的“文本导入选项”对话框中，可在导入文本前先设置一些选项。在这里保留其默认选项后，单击“确定”按钮，如图 7.17 所示。

4 将置入文本指针指向浅绿色参考框的左上角，如图 7.18 所示。出现“锚点”字样后，单击并向右下方向拖曳鼠标，直到浅绿色参考框的底部为止，如图 7.19 所示。拖曳时，注意到宽度和高度被成比例约束了。

5 使用选择工具拖曳该文本区域的边界点，使其与整个绿色参考框对齐，如图 7.20 所示。

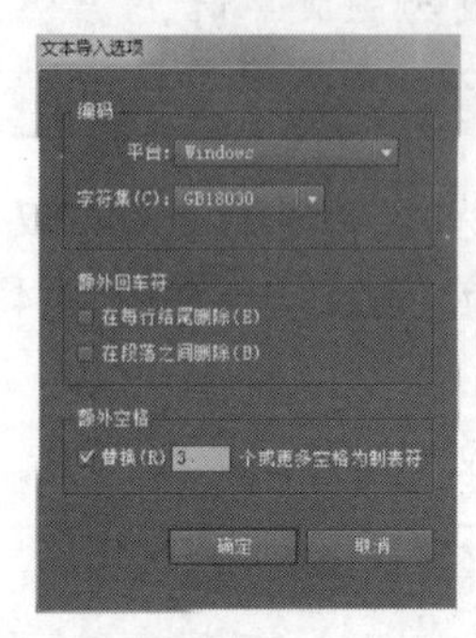

图7.17

图7.18 放置导入文本图标

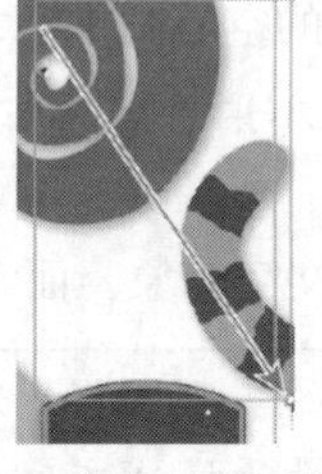

图7.19 拖曳以放置文本

图7.20 调整区域文字对象的大小

置入Microsoft Word文档

在Illustrator中置入（“文件”>“置入”）RTF（富文本格式）或Word文档（.doc或.docx）时，将会出现“Microsoft Word选项”对话框，如图7.21所示。

在该对话框中，可选择保留“目录文本”、“脚注/尾注”或“索引文本”，或选择“移去文本格式”。而默认情况下，会将文本的类型和格式一起导入到Illustrator中。

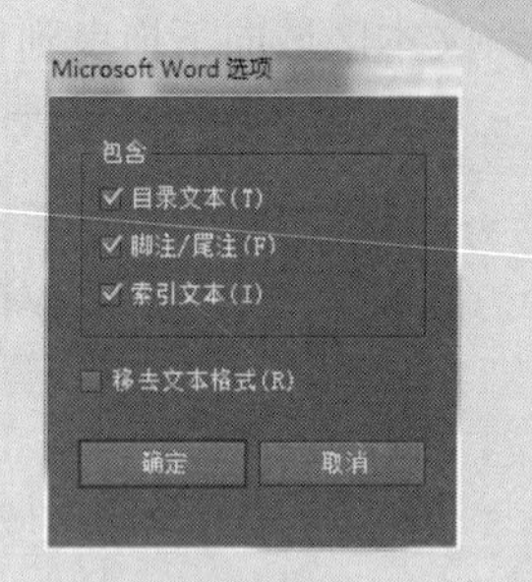

图7.21

7.2.5 处理溢流文本和文本重排

每个区域文字对象都包含一个输入连接点和一个输出连接点。这让用户能够连接到其他对象，并创建该文本对象的连接副本。空连接点表明所有文本都是可见的，且该文本对象尚未连接。输出连接点中的红色加号则表示，对象包含额外文本，即溢流文本，如图 7.22 所示。

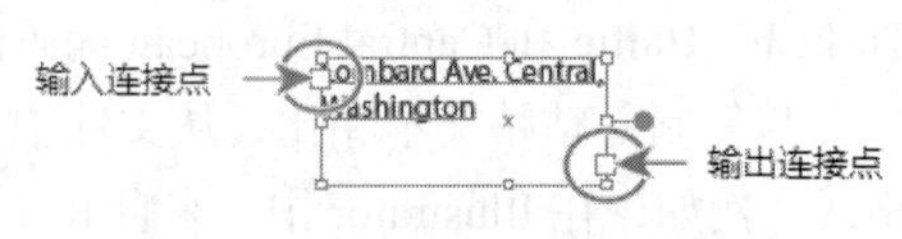

图7.22

消除溢流文本的方式有三种：

- 将文本串接到另一个文字区域；
- 重新调整该文本对象的大小；
- 调整文本内容。

7.2.6　串接文本

要将文本从一个文字区域串接到另一个文字区域，必须链接这些对象。链接的文字对象可以是任何形状；但文字必须是路径文字或区域文字，而不能是点状文字（仅用文字工具单击而创建的文字）。

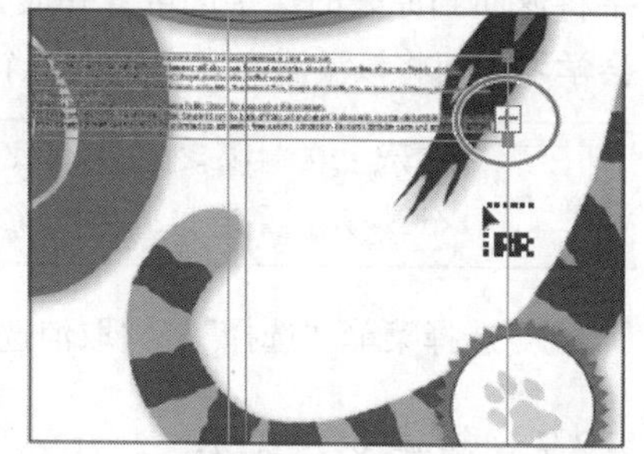
图7.23

下面，将通过连接文字对象，将一个文本区域串接到另一个文本区域。

1 使用选择工具选中之前置入的文本。

2 选择菜单“视图”>“智能参考线”，以禁用智能参考线。

3 单击选定文字区域右下角的输出连接点（较大的方框），鼠标将会变为加载文本图标，如图 7.23 所示。

> AI　**注意**：如果双击输出连接点，将新建一个文字区域。此时可将新建的文字区域拖放到正确的位置，也可选择菜单“编辑”>“还原链接串接文本”，以重新操作这一步。

> AI　**注意**：单击输出点连接点可能会有些难度。可以放大视图以帮助操作。

下面，将把溢流文本串接到现存的另一个文本对象中。

4 在文档窗口左下角的“画板导航”下拉列表中选择画板 2 Card。

5 选择菜单“选择”>“现有画板上的全部对象”，以便看到该画板上已存在的文本。

6 将鼠标指向该文本区域左上角的输入连接点，如图 7.24 所示。当指针右下角出现链接图标时，单击以串接该文本区域，于是会出现一条串接线，如图 7.25 所示。

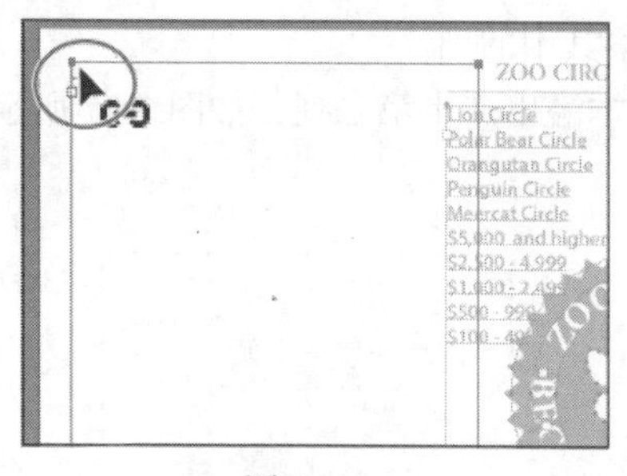

图7.24

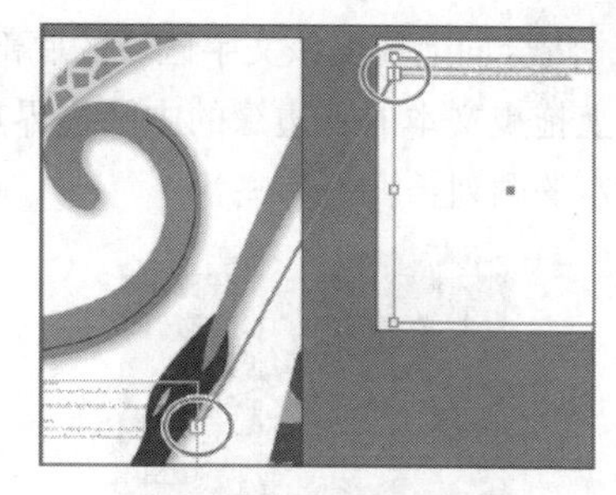
图7.25

即使某一文本区域内的文本没有溢出时，仍可将其与多个文本区域串接。

在仍选择了第二个文字对象的情况下，注意到两个文字区域之间有一条直线，这表明两个文字区域是相连的。如果看不到该连接线，可以选择菜单“视图”>“显示文本串接”。

> AI　**注意**：在鼠标变成加载文本图标时，可直接在画板中单击，而不是拖曳，来创建新的文字对象。

注意观察左侧的文字对象的输出连接点（▶）、右侧的文字对象的输入连接点（▶）。这种箭头表明了该文字区域已经串接到了另一个文字区域。如果删除了画板 2 中的文字区域，其中的文字将返回到原来的文字区域，并成为溢流文本。溢流文本虽然不可见，但并没有被删除。之后还会学习如何将该溢流文本串接到一个新建的文本对象中。

> AI | **提示：**在对象之间串接文本的另一种方法是，先选择一个文字区域，再选择一个或多个要连接到的对象，然后选择菜单“文字”>“串接文本”>“创建”。

7 选择菜单“选择”>“取消选择”，再选择菜单“文件”>“存储”。

7.2.7 创建多列文本

通过使用“区域文字选项”对话框，可以很容易地创建并组织多行和多列文本，如图表等。下面，将会向现有文本区域添加几列文字。

1 在仍选中画板 2 的情况下，使用选择工具选中以“Lion Circle…”为起始的橘色文本。

2 选择菜单“文字”>“区域文字选项”。在“区域文字选项”对话框中，在“列”项的“数量”文本框中输入 2，并勾选“预览”复选框，如图 7.26 所示。此时，文本外观并没有改变，但是可以看到文本中的列参考线。单击“确定”按钮。

> **注意：**更多关于“区域文本选项”对话框的信息，请在 Illustrator 帮助（“帮助”>“Illustrator 帮助”）中搜索关键字“创建文本”。

> **注意：**如果光标在文字对象内，无需选中该文本区域，即可选择菜单以打开“区域文字选项”对话框。

下面，将会向上拖曳该文字区域的底部，以便观察其中的列。

3 向上拖曳文本的下边缘的中间边界点，直到文本溢出产生第二列，如图 7.27 所示。尽量让文本的两列长度平均些。

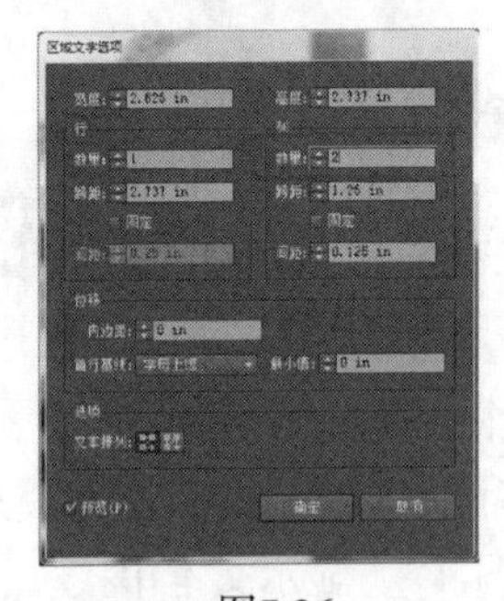

图7.26

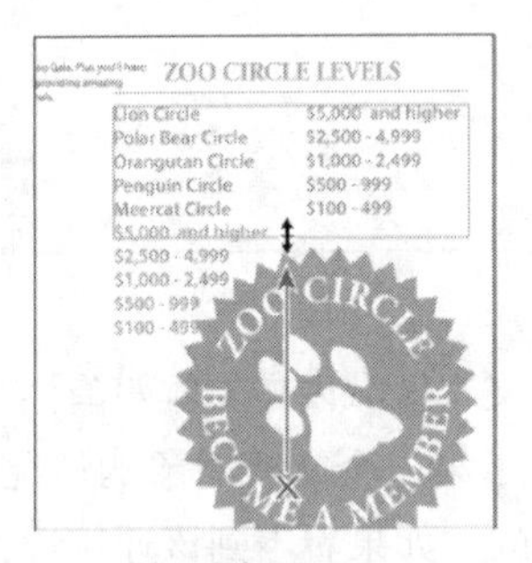

图7.27

4 选择菜单“选择”>“取消选择”。

5 选择菜单“文件”>“存储”。

7.3 设置文本的格式

可以设置文字的格式，如字符格式和段落格式、填色和描边色、透明度等。而且，可以对文本对象中选中的单个文字、一段文字或所有文字应用某个格式。

选中整个文本对象，而不是对象内部的文本，就可以对对象内的所有文本应用全局格式选项，如字符和段落面板中的选项、填色和描边色属性、透明度等。

在这节中，将探索如何修改文本属性，如大小、字体和样式。

7.3.1 修改文本的字体系列和样式

在这一节中，将会使用两种方法来选中一种字体。首先，通过控制面板中的“字体”菜单来修改被选中文本的字体。

注意：在控制面板中出现的可能是“字符”的字样，而不是“字体”菜单。此时单击“字符”字样即可打开其面板。

1 在文档窗口左下角的“画板导航”下拉列表中选择画板 1 Flyer。

2 选中工具箱中的缩放工具（ ），单击两次以放大串接文本对象。

3 切换到文字工具（ ），并将鼠标指向该文本。当鼠标转换为光标时单击，在文本中插入光标。选择菜单“选择”>“全部”，也可以按住 Ctrl+A（Windows 系统）或 Command+A（Mac 系统）组合键，以选中两个串接文本对象中的所有文本。

如果没有选中文本的话，将会创建点状文字了。此时可选择菜单“编辑”>“还原文字”，之后重新尝试这一步。

AI **提示：**如果使用选择工具或直接工具双击文本的话，将会切换到文字工具。

4 单击“设置字体系列”下拉列表右侧的箭头，滚动鼠标并指向 Myriad Pro，此时该行高亮显示。

5 单击 Myriad Pro 左侧的箭头，并在出现的菜单中选择 Semibold，如图 7.28 所示。

这将所有串接文本的字体系列设置为 Myriad Pro，而字体样式设为 Semibold。

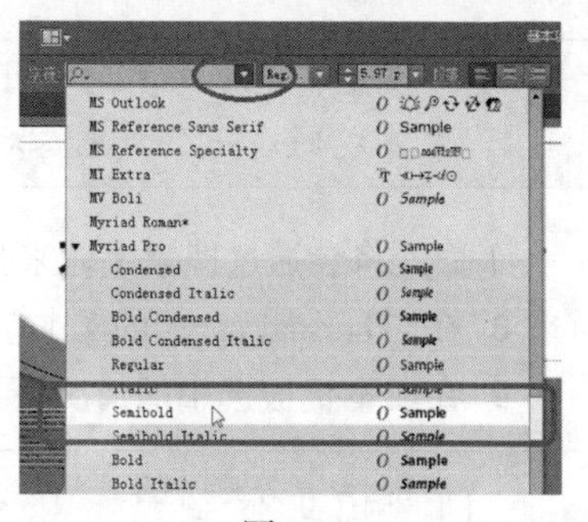

图7.28

注意：在控制面板或“字符”面板中，还可以在选择字体系列（Myriad Pro）后，在其右侧的菜单中选择字体样式。

AI | **注意：**使用字体列表右侧的滚动栏，这步操作将会更加简单方便。

文档设置选项

通过选择菜单“文件”>“文档设置”，可打开“文档设置”对话框。在该对话框中有很多文本选项，其中包括“出血和视图选项”中的“突出显示代替的字体”和“突出显示代替的字形”。

在该对话框底部的“文字选项”部分，可设置文档语言，修改单引号和双引号，编辑下标字、上标字、小型大写字母等。

6 向下滚动画板，以便查看起始为“Thursday at…”的文本。

7 在文本区域内单击 3 次，以选中整个段落。选择菜单“文字”>“字体”以查看可选择的字体列表。再滚动鼠标以选择“Adobe Garamond Pro”>“Bold Italic”，如图 7.29 所示。

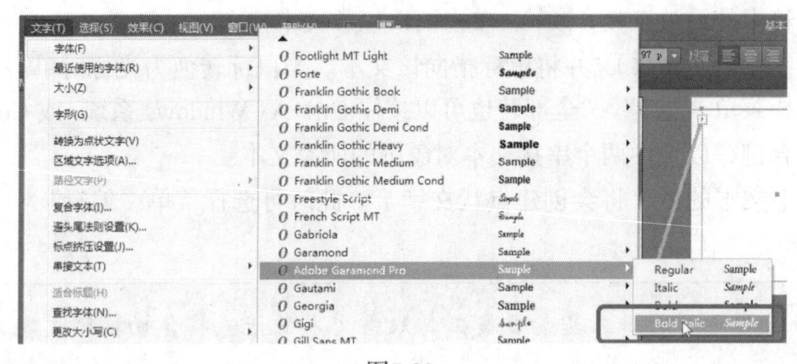

图7.29

 | **注意：**选择文本时请小心操作。如果拖曳选框来选中文本时，可能会不小心操作成创建一个新文本对象。

下面，将会通过搜索字体来找到字体样式。这是找到字体的最灵活的方式。

8 在“Thursday at…”的文本左侧远处的“Safari Zoo”文本内插入光标，再选择菜单“选择”>“全部”。

9 在文本仍被选中的情况下，在“字体”菜单中单击，如图 7.30 所示。

 | **提示：**若选中了一种字体，可单击文本框右侧的“X”以删去当前的字体，如图 7.28 所示。

10 输入字母“ga”，如图 7.31 所示。注意到文本框下方出现一个菜单。Illustrator 帮助过滤和显示字体名称中含有“ga”字母的字体，而不管“ga”位于字体名称的哪个位置、其字母是否大写。

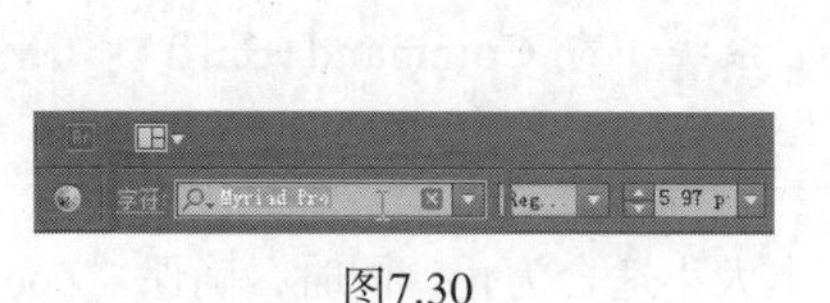

图7.30

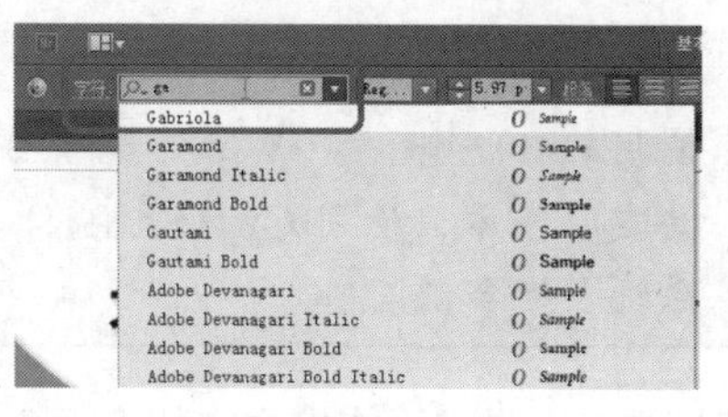

图7.31

11 继续输入字母“r”之后，文本框内为“gar”，于是字体列表变得更短了，如图 7.32 所示。

12 在字体列表中，选择 Adobe Garamond Pro 字体，于是 Adobe Garamond Pro Regular 字体被应用于选中文本，如图 7.33 所示。

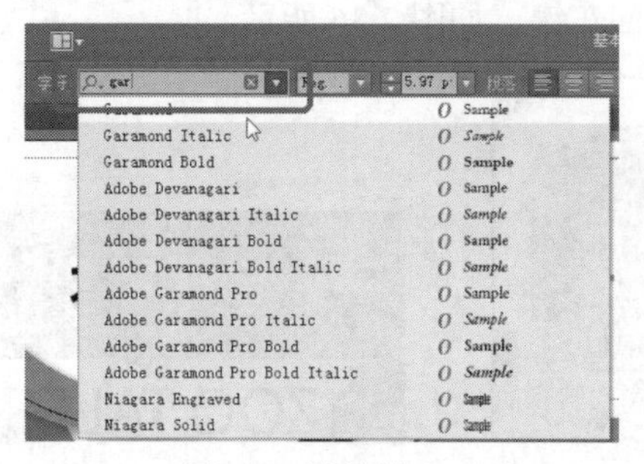

图7.32 继续输入“r”

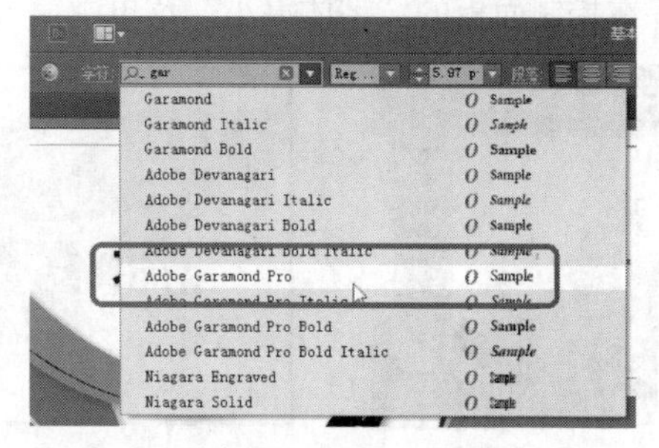

图7.33 选择Adobe Garamond Pro字体

字体菜单出现时，还可以使用键盘的向上 / 下键以导航选择字体，选中需要的字体后，按回车键即可应用它。

提示：还可单击文本框中左侧的图标（ ），以选择“搜索整个字体名称”或“仅搜索第一个词”。还可以打开字符面板（“窗口”>“字体”>“字符”），然后输入字体名称以搜索字体。

每个字体系列都有特定的字体样式。比如，尽管选择了 Adobe Garamond Pro 字体系列，但很可能电脑系统中并没有 Adobe Garamond Pro 的粗体或斜体样式。

7.3.2 修改字体大小

1 在选择了文本工具、选中“Safari Zoo”文本的前提下，在控制面板中的“字体大小”菜单中选择预设值 36pt，如图 7.34 所示。

注意：在控制面板中出现的可能是“字符”的字样，而不是“字体”菜单。此时单击“字符”字样即可打开其面板。

2 在控制面板中的“字体大小”菜单中输入 37，然后按下回车键。

此时文本可能会超出文本框，文本对象的输出连接点处将出现溢流图标（ ），这是由于它是区域文字对象，文本大小改变时该区域大小不变。

> **提示：**还可使用快捷键快速修改选定文本的字体大小。要每次增大字体 2pt，使用 Ctrl+Shift+>（Windows 系统）或 Command+ Shift+>（Mac 系统）组合键；要减小字体，使用 Ctrl+Shift+<（Windows 系统）或 Command+Shift+<（Mac 系统）组合键。

3 使用选择工具向下拖曳文本的右下角，直到文本大小适合为止。同时，确保“Zoo”单词仍在文本对象的第二行，如图 7.35 所示。

4 选择菜单“视图”>“画板适合窗口大小”。

5 使用选择工具选中画板上部的“ZOO TALES”文本。

6 在控制面板的“字体大小”菜单中输入 74，按回车键，如图 7.36 所示。

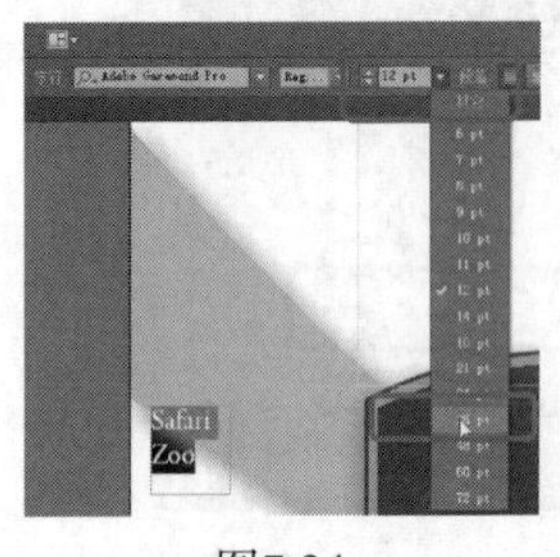

图7.34

图7.35

图7.36

7 向下拖曳该文本对象，让其位于画板内部即可。此时该文本对象仍是被选中的，以便之后使用。

注意到该文本对象随文本大小变化而变化，这是由于它是点状文字。

7.3.3 修改字体颜色

可以通过应用填色、描边色等来修改文本的外观。在本课示例中，将修改选中文本的描边色和填色。

1 在“ZOO TALES”文本仍被选中的情况下，单击控制面板中的描边色框，并在出现的色板面板中选择 White。文本的描边色将变为白色。

2 在控制面板中，将文本的描边粗细改为 2pt，如图 7.37 所示。

3 切换到文字工具（T），单击画板中央的串接文本框中的文本。按下 Ctrl+A（Windows 系统）或 Command+A（Mac 系统）组合键，以选中所有文本。

4 在控制面板中，将其填色改为白色，字体大小处输入 15pt，如图 7.38 所示。

> **注意：**之前该文本适合文本区域的大小，但现在两个链接文本对象已经无法容下该文本了。这没有关系，因为稍后就会对其进行调整。

5 选择菜单“选择”>“取消选择”。

6 切换到选择工具。按住 Shift 键，单击“Safari Zoo”和“Thursday at…”这两个文本对象。

图7.37

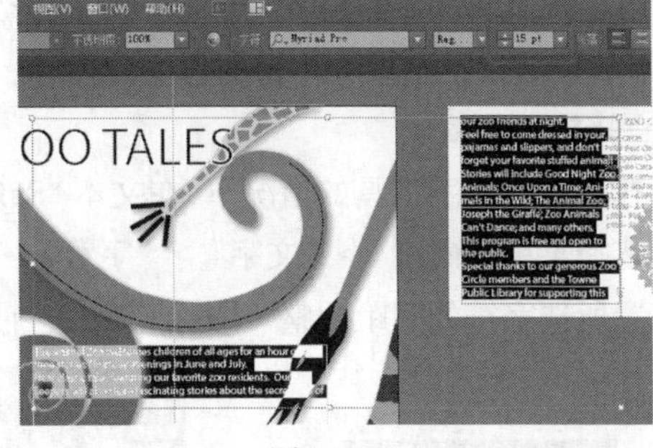

图7.38

7 在控制面板中将其填色设为白色，如图 7.39 所示。

图7.39

大多数格式设置，如填色和描边色，都可通过选中文本或文本对象来完成。

> **注意：**如果一个文本对象中包含了不同格式的文本，如标题文本和正文文本，这时这种方法就不起作用了。

8 选择菜单“选择”>“取消选择”，再选择菜单“文件”>“存储”。

7.3.4 修改其他文本属性

通过单击控制面板中的“字符”字样，或者选择菜单“窗口”>“文字”>“字符”可以修改众多其他的文本属性。如图 7.40 所示，这里将应用其中的一些属性，以尝试各种设置文本格式的方式。

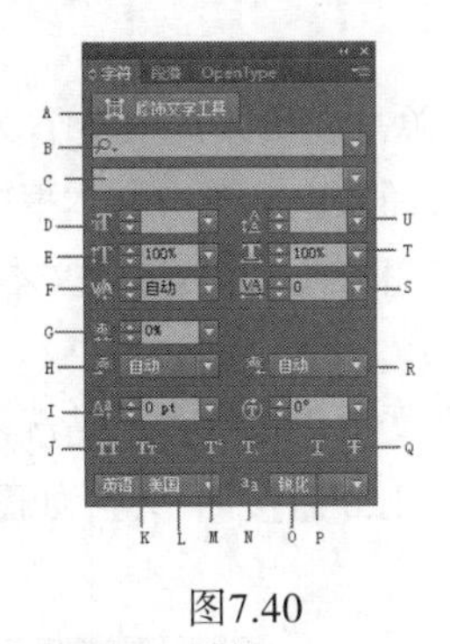

图7.40

A修饰文字工具　B字体系列　C字体样式　D字体大小
E垂直缩放　F两个字符间的字距微调　G比例间距
H插入空格（左）　I基线偏移　J全部大写字母
K小型大写字母　L语言　M上标　N下标
O消除锯齿方法　P下划线　Q删除线　R插入空格（右）
S所选字符的间距调整　T水平缩放　U行距

在这一节中，将使用多种方法修改文本格式的属性。

1 选择文本工具，单击两个连接文本对象中的任意一个。选择菜单“选择”>“全部”。当字体和背景都是白色时，不易看清文字。下面，会通过打开一个图层解决这个问题。

2 单击图层面板图标以扩展该面板。再单击图层 Background 左侧的可视状态栏以显示该图层，如图 7.41 所示。然后单击图层面板标签以折叠该图层。

3 单击控制面板中的“字符”字样，再单击“设置行距”（![]）下拉列表的向下箭头，将行距增大到 17pt，如图 7.42 所示。

行距是行之间的垂直距离。注意到此时行之间的垂直距离发生了变化。为让文本适合文本区域的大小，调整行距是十分不错的方法。而且，和“字符”面板中的其它选项一样，还可以在“行距”栏直接输入数值。

4 在仍选中文字工具的情况下，在文本“Safari Zoo”中插入光标。再单击 3 次以选中整个段落。

5 选择菜单“窗口” > “文字” > “字符”。在段落被选中的情况下，在“字符”面板中单击“设置所选字符的间距调整”图标（VA），输入 -50 后再按回车键，如图 7.43 所示。

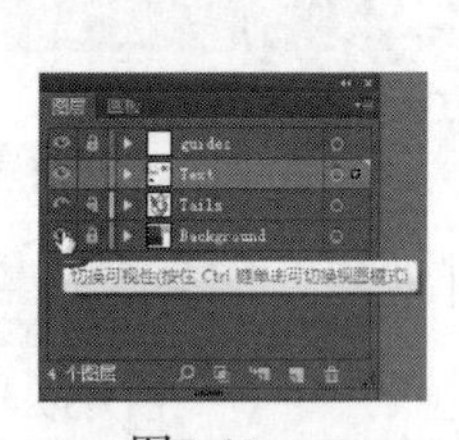

图7.41

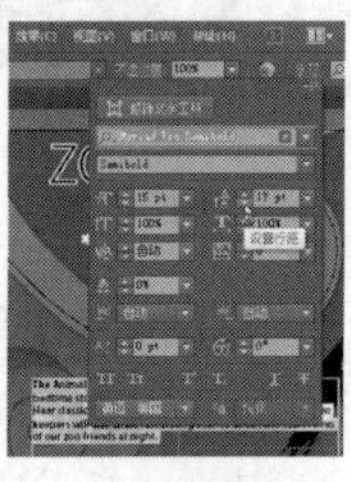

图7.42

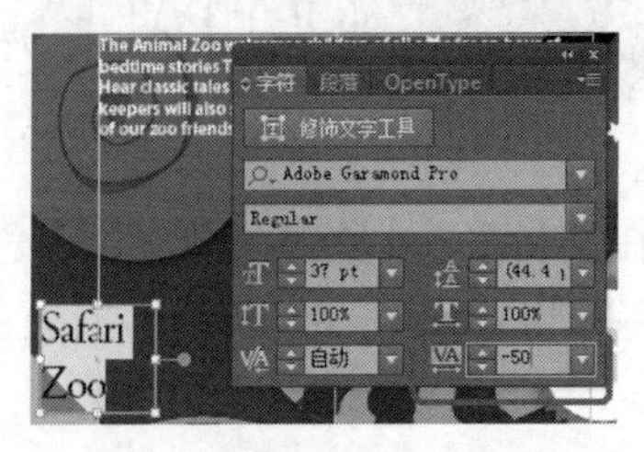

图7.43

“设置所选字符的间距调整”指的是设置字符之间的间距。正值将沿水平方向分离字母，负值则将字母拉近。

注意：如果要通过选择菜单“窗口” > “文字” > “字符”以打开“字符”面板，可能需要单击“字符”面板标签左侧的双箭头以展开整个面板。

6 选择菜单“文字” > “更改大小写” > “大写”。

7 切换到选择工具，向右下方向拖曳文本“Safari Zoo”的右下角，直到文本仍适合两行的大小为止，如图 7.44 所示。

8 切换到文字工具，在“Thursday at…”文本中插入光标。单击 3 次以选中整个文本段落。

9 在“字符”面板中将字体大小设为 33pt。此时可直接输入数值，也可单击文本框中的上箭头。

10 切换到选择工具，向右下方向拖曳文本“Thursday at…”的右下角，直到文本仍适合两行的大小为止，如图 7.45 所示。

11 单击“字符”面板标签左侧的双箭头以展开所有选项。在文本仍被选中的情况下，单击“字符”面板中的“垂直缩放”图标（IT）以选中该项，输入 120 后按回车键，如图 7.46 所示。保留“字符”面板为打开状态，以备后用。

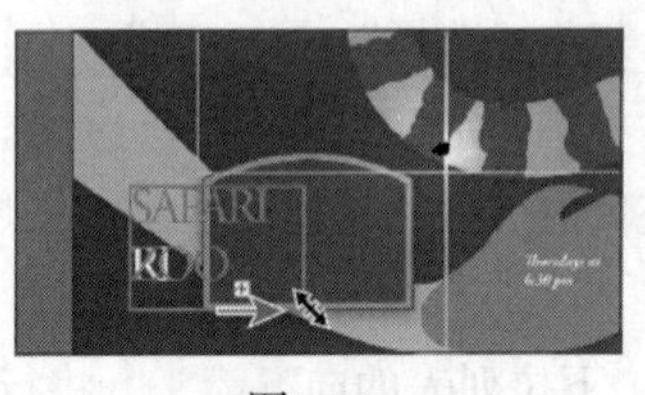

图7.44

图7.45

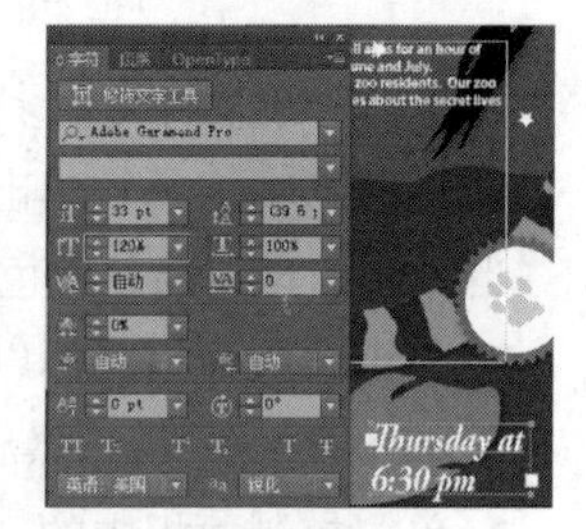

图7.46

12 选择菜单“视图” > “画板适合窗口大小”，再选择菜单“选择” > “取消选择”。

7.3.5 使用修饰文字工具

修饰文字工具很强大，可通过它使用鼠标或触控设备来修改字符的各种属性，如大小、缩放、旋转操作。而且，这是一种非常直观而有趣的修改字符格式和属性的方式：基线偏移、垂直或水平缩放、字符旋转以及字距调整等。

下面，将使用修饰文字工具，改变画板上部的“ZOO TALES”标题的外观。

1 选择缩放工具（ ），单击标题“ZOO TALES”，以放大视图并能够看到它的整个文本。

2 使用选择工具单击选中“ZOO TALES”文本对象。单击控制面板中的“字体系列”菜单并输入字母“gar”。在出现的列表中，单击选中 Adobe Garamond Pro Bold。

3 单击字符面板上部的“修饰文字工具”按钮，如图 7.47 所示。此时会出现一条信息，提示“在字符上单击可选择”。

> **AI** | **提示**：还可打开文字工具的隐藏工具组，以选择菜单中的“修饰文字工具”。

4 单击以选中字母 Z。于是字母周围出现一个上方带空心圆的选框。而选框周围的各个点，则会为调整字符提供不同的帮助，这在下面将会看到。

5 选择菜单“视图”>“智能参考线”。

6 单击并向外拖曳该选框的右上角，让字母更大些，如图 7.48 所示。当度量标签显示垂直比例和水平比例大约为 190% 时停止拖曳，如图 7.49 所示。

注意到该步操作受到了约束，而宽和高成比例改变。于是，通过以上操作，相当于在字符面板中调整了字母“Z”的垂直缩放和水平缩放。

> **AI** | **提示**：拖曳该选框的左上角，仅能调整垂直缩放。拖曳该选框的右下角，仅能调整水平缩放。

7 在“字符”面板中观察，可发现水平缩放和垂直缩放此时都约为 190%，如图 7.50 所示。

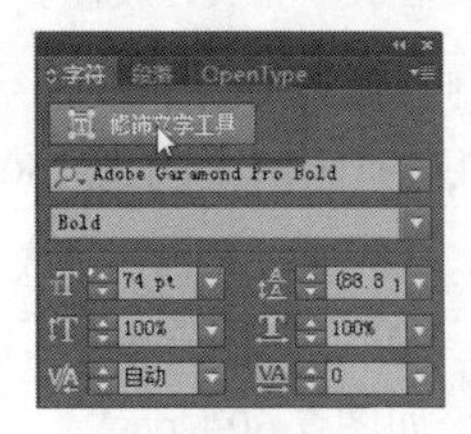

图7.47

图7.48 放置鼠标

图7.49 调整字母“Z”的大小

8 在字母“Z”仍被选中的情况下，将鼠标指向字母的中心处，鼠标将会改变形状（▶）。单击并向下拖曳字母直到度量标签中的基线偏移值显示约 -24pt，如图 7.51 所示。

通过以上操作，相当于在字符面板中编辑了该字母的基线偏移。

9 单击字母“Z”右侧的字母“O”，逆时针拖曳旋转手柄（字母上方的空心圆）直到度量标签值大约为 20° 为止，如图 7.52 所示。

10 在字母“O”仍被选中的情况下，单击并向外拖曳该选框的右上角，以放大该字母。当度量标签显示垂直比例和水平比例大约为 125% 时停止拖曳，如图 7.53 所示。

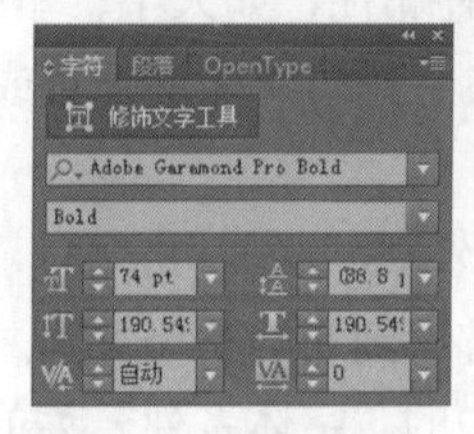

图7.50 观察缩放值

图7.51 拖曳字母“Z”

图7.52 旋转字母“o”

图7.53 调整字母“o”的大小

11 向左拖曳该字母“O”的中央处，直到如图 7.54 所示。

> AI **提示**：还可通过键盘方向键调整被选中的字母。

> AI **提示**：向左拖曳字母“O”，可调整它和左侧字符的间距；向右拖曳字母“O”，可调整它和右侧字符的间距。

12 单击选中单词“ZOO”的第二个字母“O”，并使用修饰文字工具修改以下选项。

- 顺时针旋转字母 35°（顺时针显示为负值），如图 7.55 所示。
- 单击并向远处拖曳选框的右上角，当度量标签显示垂直比例和水平比例大约为 105% 时停止，如图 7.56 所示。
- 拖曳选框的中心处，放置在如图 7.57 所示位置即可。

图7.54

图7.55 旋转字母“O”

图7.56 调整字母“O”的大小

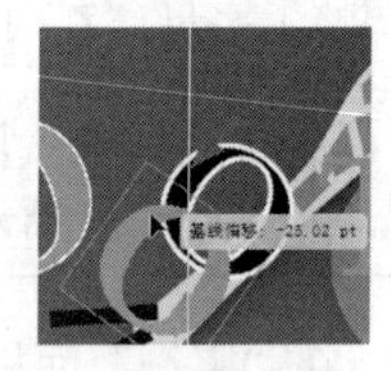

图7.57 拖曳以放置字母

13 单击以选中单词“TALES”中的字母“T”，并使用修饰文字工具修改以下选项。

- 单击并向远处拖曳选框的右上角，当度量标签显示垂直比例和水平比例大约为 150% 时停止，如图 7.58 所示。
- 向左下方向拖曳选框的中心处，略靠近“ZOO”的第二个字母“O”，如图 7.59 所示。
- 单击并向上拖曳选框的左上角，直到垂直比例约为 185% 为止，如图 7.60 所示。

> AI **注意**：向任何方向拖曳的距离都是受限的。具体取决于字符间距和基线偏移的极限值。

14 单击单词“TALES”中的字母“A”，向左拖曳字母以靠近字母“T”，如图 7.61 所示。尽量尝试不要上下移动，使度量标签中的基线偏移值为 0pt。

图7.58 调整字母“T”的大小

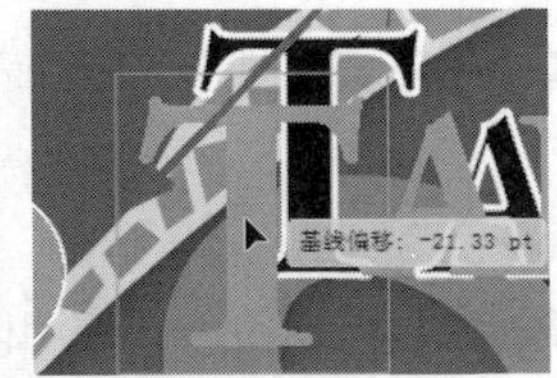

图7.59 拖曳以放置字母

图7.60 修改垂直比例

图7.61

7.3.6 修改段落属性

和字符属性一样，在输入新文字或修改现有文字外观之前，就可以设置段落属性，如对齐和缩进。如果选择了多个文字路径和文本对象，还可一次性设置它们的属性。大多数的段落格式都可通过“段落”面板进行设置，可直接在控制面板中单击“段落”字样，也可选择菜单“窗口”>“文字”>“段落”，如图 7.62 所示。

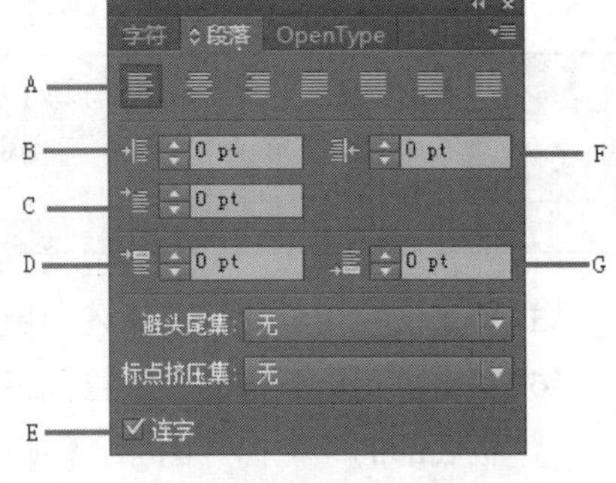

图7.62

A对齐 B左缩进 C首行缩进 D段前间距 E连字 F右缩进 G段后间距

下面，将增大主文本中所有段落的段后间距。

1 选择菜单“视图”>“画板适合窗口大小”。

2 单击工具箱中的修饰文字工具（），切换到隐藏工具组中的文字工具（）。在画板中部以“The Animal Zoo welcomes…”起始的文本中插入光标。

3 单击控制面板中的“段落”字样，以打开“段落”面板。

4 在面板右下角的“段后间距”栏输入 11pt，再按回车键，如图 7.63 所示。

通过设置段后间距，而不是在文本段落中直接按回车键，有利于保持文本的一致性，方便以后编辑。

5 切换到选择工具，单击“SAFARI ZOO”文本，按住 Shift 键，再单击“Thursday at 6:30 pm”文本以选中这两个文本对象。选择菜单“窗口”>“文字”>“段落”，以打开“段落”面板。在该面板中，单击“居中对齐”按钮（），如图 7.64 所示。

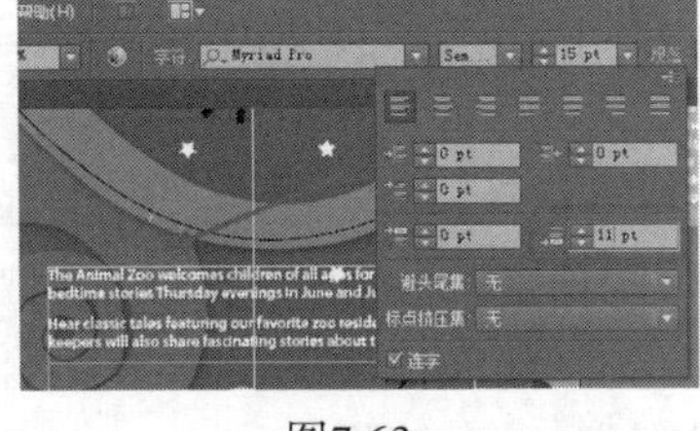
图7.63

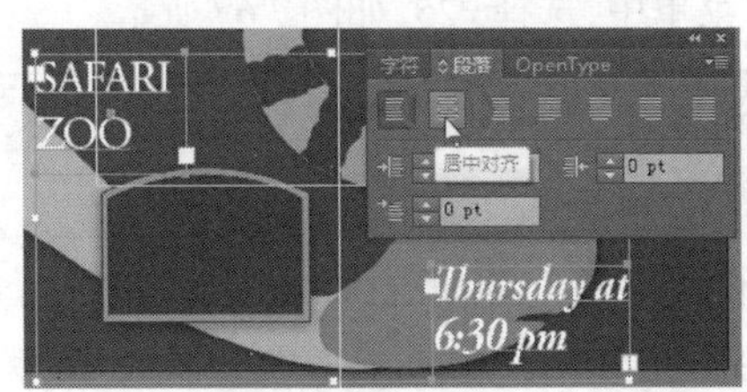

图7.64

注意：如果“字符”面板仍为打开状态，可在该面板组中直接单击“段落”面板标签。

6 关闭段落面板组。

7 选择菜单“选择”>“取消选择”，再选择菜单“文件”>“存储”。

7.3.7 使用字形

字形是比较难找到的特定形状字符，如着重号和注册符号。在 Illustrator 中，“字形”面板可插入到文字字符中，如商标标识(TM)。而且“字形”面板则显示了特定字体所有可用的字符(字形)。

1 选择工具箱中的缩放工具，拖曳选框选中画板中部的第一个连接文本对象。

2 切换到文字工具，将光标插入文本“The Animal Zoo”的右侧。

3 选择菜单“文字”>“字形”，以打开字形面板。

4 在“字形”面板中，向下滚动找到版权符号(©)。双击该版权符号以将其插入文本中，如图 7.65 所示。关闭“字形”面板。

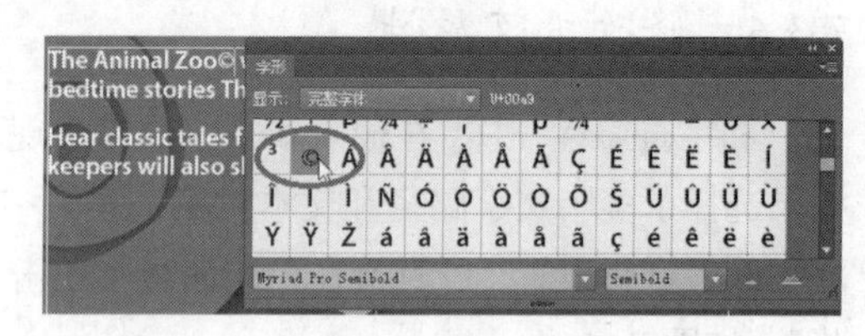

图7.65

> **提示**：在“字形”面板的底部，可选择其他字体。要增大字形图标，还可单击面板右下角的“放大”图标( )；要缩小字形图标，可单击面板右下角的“缩小”图标( )。

5 使用文字工具，选中插入的版权符号。

6 单击控制面板中的“字符”字样，也可以选择菜单“窗口”>“文字”>“字符”。再单击面板底部的“上标”图标( )，如图 7.66 所示。

另一种方法是，在“字符”面板中调整该符号的字体大小，并编辑它的基线偏移值( )。

7 使用文字工具在单词“Zoo”和该版权符号的之间单击，以插入光标。关闭“字符”面板。

8 再次单击“字符”字样。在“字符”面板的“设置两个字符间的间距微调”菜单中，选择-25，如图 7.67 所示。

图7.66

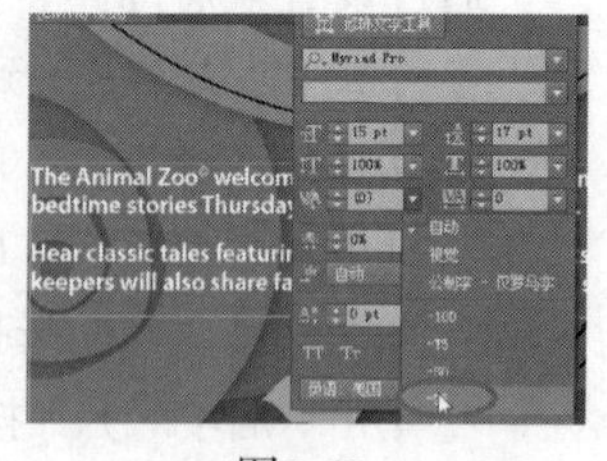

图7.67

> **提示**：要删去对间距的调整，可在文本中插入光标，再在该菜单中选择“自动”即可。

“设置两个字符间的间距微调”和“设置所选字符的字距调整”很相似，但是它调整的是两个字符的间距。在本节示例中，使用它调整字形就很方便。

9 选择菜单“选择”>“取消选择”，再选择菜单“文件”>“存储”。

7.3.8 重新调整文字对象的大小和形状

有多种通过使用直接选择工具的方法，可以创建独特的文字对象形状。在本节中，读者将会重新调整文字对象的大小和形状。

1 选择菜单“视图”>“全部适合窗口大小”。

下面，读者将会学习如何重新调整文字对象的大小和形状、取消连接和重新串接文字对象。

2 在较大的画板上，使用选择工具单击选中串接文字对象的文本。向左拖曳它右侧中间的边界点，到垂直参考线为止，如图 7.68 所示。

3 双击文本对象右下角的输出连接点（▶），即蓝色连接线的出发点，如图 7.69 所示。

因为这两个文本对象是连接着的，双击蓝色连接线两端的任意一个连接点，都将取消连接。并且，文本都将流入第一个文本对象。另一个文本对象仍然存在，但是此时已没有填色或描边色了。

> **注意**：准确地双击输出连接点可能会有些困难，因为视图是缩小了的。此时可放大文字区域的视图。

4 对于这个以“…favorite stuffed animal!”结束的文本段落，再使用选择工具向下拖曳其定界框的底部中间的手柄，如图 7.70 所示。这样，该文本对象在垂直方向上调整了大小。

5 仍使用选择工具单击该文本对象右下角的输出连接点(⊞),指针将会变为加载文本图标(📄)。

6 将加载文本图标（📄）指向现有文本对象的右侧，上边缘下方，如图 7.71 所示。单击以创建一个适合浅绿色参考框大小的新文本对象。保留新文本对象为被选中状态。

图7.68

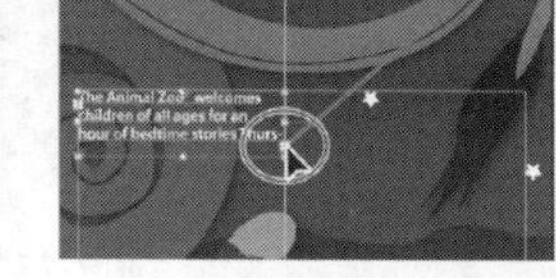

图7.69

图7.70

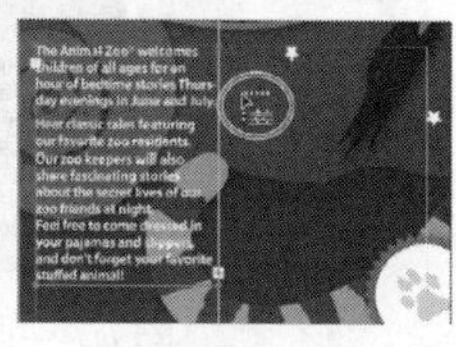

图7.71

如果文本对象是串接着的，那么任意移动该对象都会保持这种串接状态。当文本对象重新调整大小时,文本会在连接对象间重新流动。下面,将会将新建的文本对象与画板 Card 上的文本连接起来。

7 使用选择工具,单击新建的文本对象右下角的输出连接点(⊞),指针将会变为加载文本图标(📄)。

> **注意**：此时单击输出连接点可能会有些困难，因为图稿中的相同位置还有其他对象。这时可以移动文字对象，再单击输出连接点，然后继续进行以下的步骤。稍后，再将其拖回原处即可。

8 选择菜单“视图”>“轮廓”，以查看图稿的边缘位置。

9 在画板 2 Card 上，将加载文本图标指向现有文本对象的边缘，如图 7.72 所示。当鼠标旁出现连接图标（🔗）时再单击。

10 选择菜单“视图”>“预览”。

11 在画板 1 Flyer 上，使用选择工具向上拖曳右侧文本的底部中间的手柄，直到文本“…for supporting this program.”成为文本对象中的最后一行，如图 7.73 所示。这样，该文本对象在垂直方向上调整了大小。

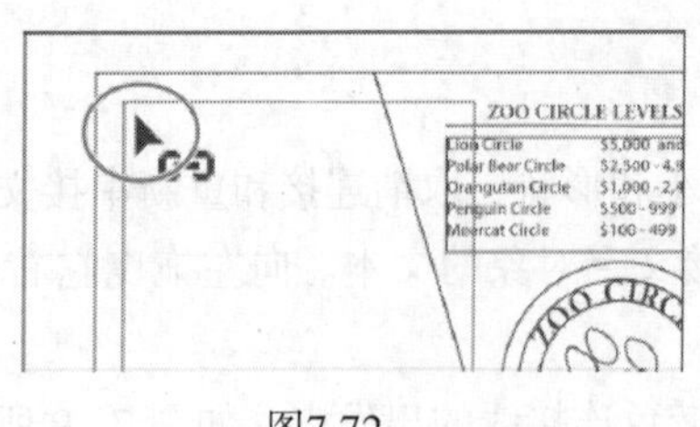

图7.72

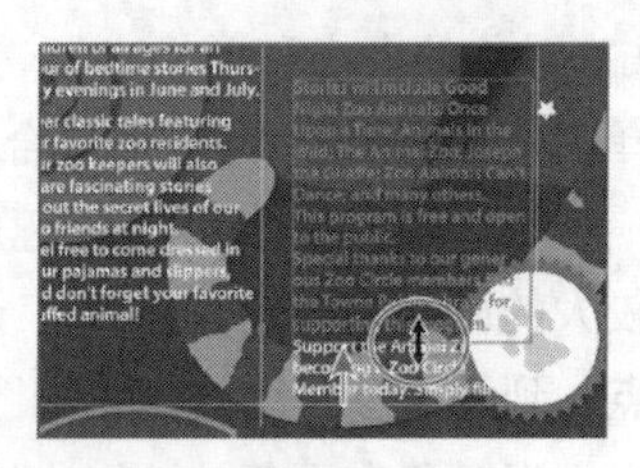

图7.73

12 切换到文字工具，将鼠标指向画板 2 Card 上的连接文本对象。当鼠标改变形状（ ）后，单击 3 次以选中整个段落。

13 在控制面板中，将字体大小改为 11pt，单击“字符”字样后将“行距”设为 15pt，如图 7.74 所示。

14 切换到直接选择工具。单击文本对象的右上角以选中该锚点。向左拖曳该点，让该路径的形状贴合橘色形状，如图 7.75 所示。如果出现了溢流图标（⊞），可能需要调整文本对象的形状或大小 / 行距，以便让段落合适文本对象的大小。

15 选择菜单“文件” > “存储”。

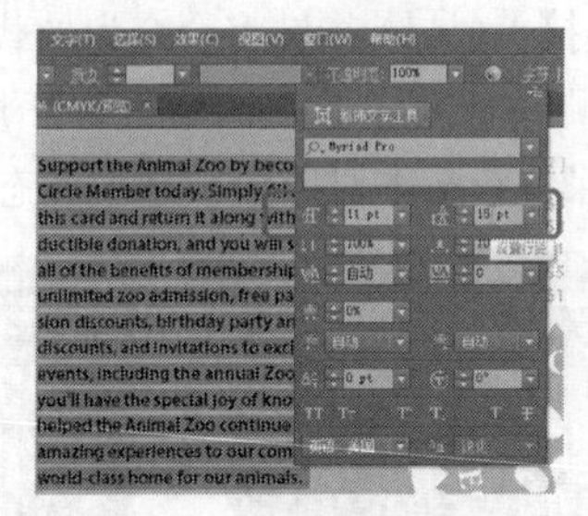

图7.74 调整字体大小和行距

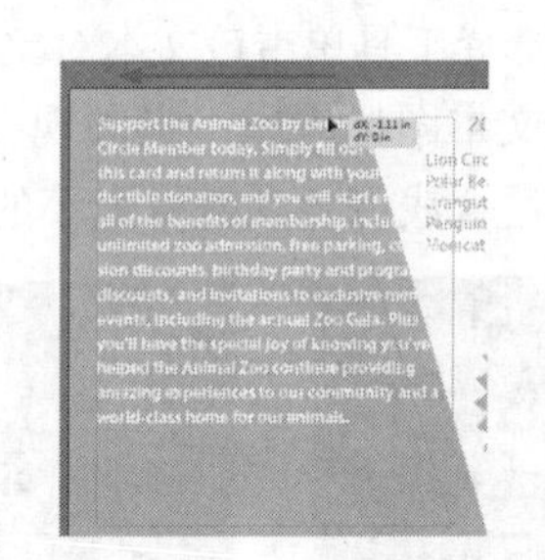

图7.75 编辑文本对象

7.4 创建和应用文本样式

样式可确保文本格式的一致性，并且在需要全局更新文本属性时很有帮助。创建样式后，只需要编辑存储的样式，之后应用该样式的文本都将自动更新。

在 Illustrator 中有以下两种样式。

- 段落样式：包含了文本和段落属性，将应用于整个段落。
- 字符样式：包含文本属性，只应用于所选文本。

7.4.1 创建和应用段落样式

首先，将为正文的副本创建一种段落样式。

1 在文档窗口左下角的“画板导航”下拉列表中选择画板 1 Flyer。选择菜单“视图” > “画板适合窗口大小”。

2 使用文字工具，将光标插入以“The Animal Zoo©...”起始的串接文本对象的任意位置，但不要在版权符号周围。

要创建段落样式并不需要选中文本，但是必须要将光标插入文本中，才能保存该文本中的各种属性。

3 选择菜单“窗口”>“文字”>“段落样式”。在段落样式面板底部,单击“创建新样式”按钮( ),如图 7.76 所示。这将创建一个新的段落样式，名称是“段落样式 1”。这个样式保存了段落总的字符格式和段落格式。

4 双击样式名称“段落样式 1”，将名称改为 Body 后按回车键，如图 7.77 所示。

双击样式即可编辑其名称，并应用该新建样式到光标所在的段落。这意味着只要编辑 Body 段落样式，该段落将会自动更新。

5 对于以“Hear classic tales…”起始、第二列的“…for supporting this program.”结尾的文本，使用文字工具选中它。

> AI | **注意：**要确保没有选中画板 2 Card 上的连接文本。

6 单击段落样式面板中的 Body 样式，如图 7.78 所示。

图7.76

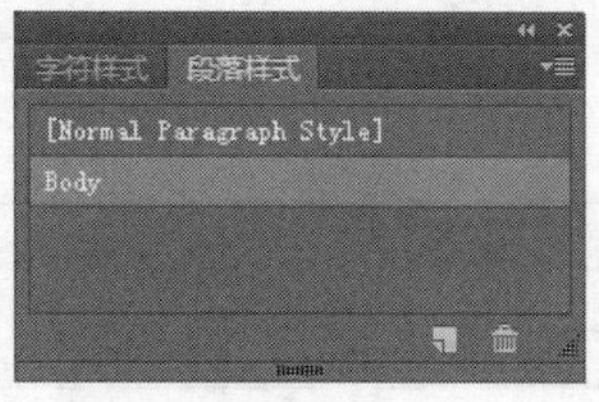

图7.77

图7.78

注意到 Body 样式右侧出现一个加号（+）。这表明该样式被覆盖了。也就是说选定文字应用了不属于该样式的其他属性，比如修改了所选对象的字体大小。

7 按住 Alt 键（Windows 系统）或 Option 键（Mac 系统）,并单击段落样式面板中的 Body 样式，将重写所选文本的现有属性。

这样 Body 样式的文本属性将应用于所选文本，如段后间距。此时该文本将不再适合两列的尺寸大小了。

> **注意：**如果要置入 Microsoft Word 文档并保留其格式，在 Word 文档中应用的那些样式可能会被带入到 Illustrator 文档、出现在段落样式面板中。

8 选择菜单“选择”>“取消选择”。

9 使用选择工具单击右边一列的文本对象。单击并向下拖曳选框的底部中间的边界点，直到文本“supporting this program”出现在这一列的最后一行。

10 切换到文字工具，在第一个文本对象中，单击 3 次以选中“The Animal Zoo©...”起始的第一段。

11 按住 Alt 键（Windows 系统）或 Option 键（Mac 系统），单击段落样式面板中的 Body 样式。

12 选择菜单“选择”>“取消选择”。

图7.79

此时版权符号的格式消失了，如图 7.79 所示，这是由于它的格式是局部的。按住 Alt 键（Windows 系统）或 Option 键（Mac 系统）后，单击样式名称就会删去它。

7.4.2 编辑段落样式

创建段落样式后，仍可以编辑它的样式格式。而应用了该段落样式的对象，其格式都将自动更新。

1 在段落样式面板中双击 Body 名称右侧，以打开“段落样式选项”对话框。

> **提示**：要打开“段落样式选项”对话框，还可以单击段落样式面板菜单（）。

2 选中对话框左侧的“缩进和行距”。

3 将段后行距设为 8pt，如图 7.80 所示。

由于默认勾选了“预览”复选框，可移动该对话框以观察文本的变化。

4 单击“确定”按钮。

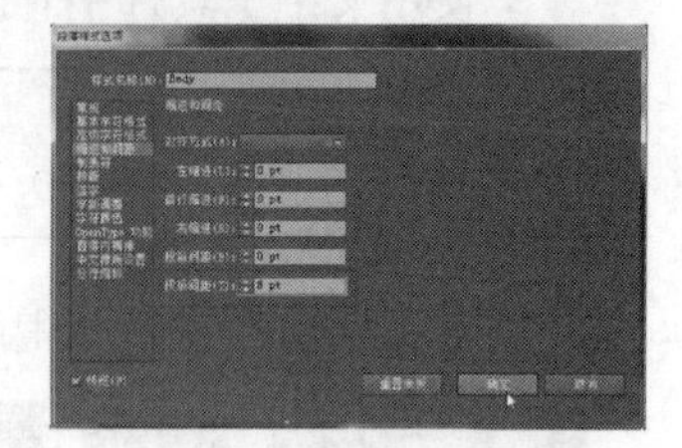

图7.80

> **注意**：此时可能需要单击并向上拖曳文本的底部边界点，让“supporting this program”文本出现在该列的最后一行。

5 选择菜单“文件”>“存储”。

段落样式涉及到很多选项，大多数都可以在段落样式面板中找到，如创建段落样式副本、删除或编辑段落样式等。

7.4.3 创建和应用字符样式

段落样式应用于整个段落，而字符样式则应用于所选文本，且只包含字符格式。下面，将根据两列文本的样式来创建一种字符样式。

1 选择两次菜单“视图”>“放大”，以放大串接文本的中央位置。

2 在文本的第一段，使用文字工具选中“The Animal Zoo©”。

3 单击控制面板中的填色框，选择 gold 色板，如图 7.81 所示。

4 单击控制面板中的“字符”字样，并在字体样式菜单中选择 Italic，再单击“下划线”按钮（），如图 7.82 所示。

图7.81 修改文本颜色

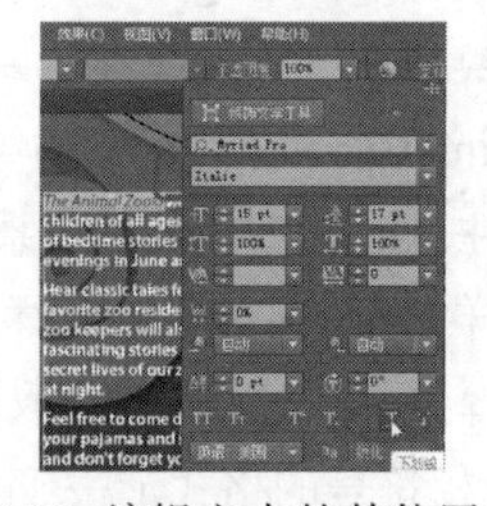

图7.82 编辑文本的其他属性

> **AI** | **注意**：在控制面板中，可能只能看到“字符”字样，而没有“字体样式”菜单。此时单击“字符”字样以打开字符面板即可。

5 在段落样式面板组中，单击“字符样式”面部标签。

6 在字符样式面板中，按住 Alt 键（Windows 系统）或 Option 键（Mac 系统），单击面板底部的“创建新样式”按钮（ ）。

按住 Alt 键（Windows 系统）或 Option 键（Mac 系统）后，再单击字符样式面板或段落样式面板中的“创建新样式”按钮，可以在将其加入面板的同时，对其重命名。

7 将样式命名为 emphasis，再单击“确定”按钮，如图 7.83 所示。

该样式记录了应用于所选文本的属性。

8 在仍选中该文本的情况下，按住 Alt 键（Windows 系统）或 Option 键（Mac 系统），单击字符样式面板中的 emphasis 样式。这样将该样式指定给所选文本，以后文本的样式将随字符样式变化而自动更新。

9 在文本对象的下一列中，选中“This program is free”文本。按住 Alt 键（Windows 系统）或 Option 键（Mac 系统），单击 emphasis 样式，如图 7.84 所示。这样，就将 emphasis 样式应用到所选文本。

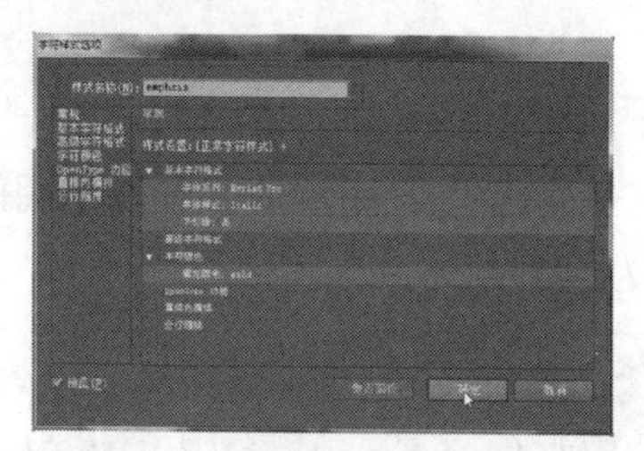

图7.83

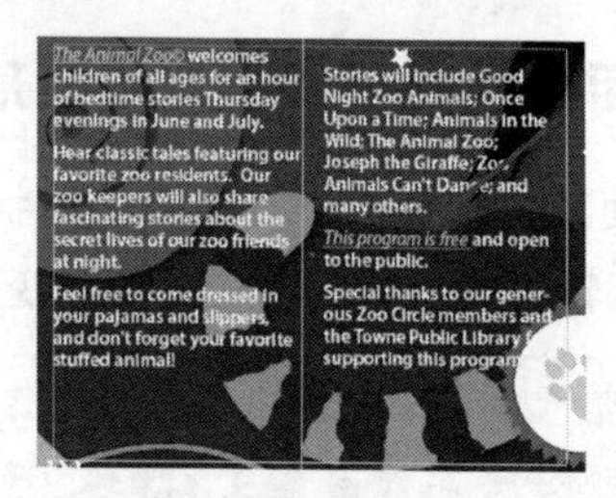

图7.84

>  | **注意**：此时需要选中该文本，而不能只将光标插入到文本中。

10 选择菜单“选择”>“取消选择”。

7.4.4 编辑字符样式

创建字符样式后，仍可以编辑它的样式格式。而应用了该字符样式的对象，其格式都将自动更新。

1 在字符样式面板中，双击 emphasis 样式名称右侧（而不是名称本身）。在“字符样式选项”对话框中，确保勾选了“预览”复选框。单击对话框左侧的“基本字符格式”，在“字体样式”菜单中选择“Regular”，如图 7.85 所示。然后单击“确定”按钮。

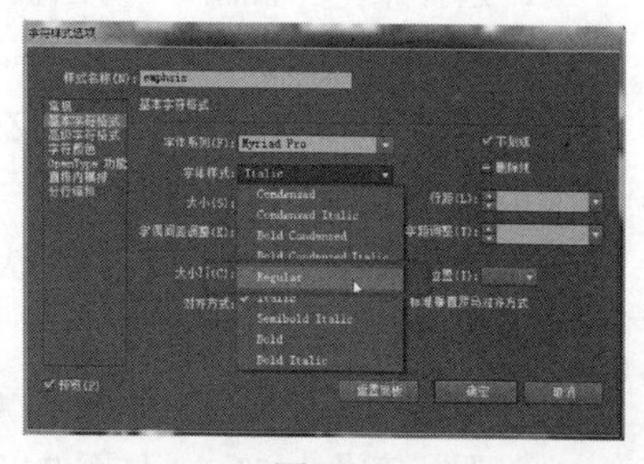

图7.85

2 选择菜单“选择”>“取消选择”，再选择菜单“文件”>“存储”。

> AI | 注意：若单击“[Normal Character Style]”，则会确保添加到文档中的新文本不会应用 emphasis 样式。

7.4.5 采集文本的属性

可使用吸管工具，快速采集文本属性并将其应用于其他文本。此时并不需要创建样式。

1 使用文字工具，选中文本对象第一列中的“dressed in your pajamas and slippers”文本。

2 切换到工具箱中的吸管工具（ ），单击第一个文本对象中的“The Animal Zoo”文本。注意不要在版权符号 © 处单击。这时吸管图标上方将会出现“T”字母，如图 7.86 所示。

图7.86

这时，“The Animal Zoo”文本的属性将会应用于被选中文本，即“dressed in your pajamas and slippers”文本。

3 选择菜单“选择”>“取消选择”，然后在字符样式面板中选择“[Normal Character Style]”。关闭字符样式面板组。

4 选择菜单“文件”>“存储”，并保留该文件为打开状态。

7.5 使用封套变形调整文本的形状

通过使用封套变形改变文本的形状，可以创作出许多有趣的设计效果。可以使用画板中的对象创建和编辑封套，还可以将预设的变形形状或网格作为封套。

> 提示：有多种让文本等内容变形的方法，如使用网格或自定义的形状用作封套，可以使各种内容变形。更多关于如何使内容变形的信息，可在 Illustrator 帮助（“帮助”>“Illustrator 帮助”）中搜索关键字“使用封套调整形状”。

7.5.1 使用预设的形状修改文本对象

Illustrator 中有一系列的预设的变形形状，可将其应用于文本并使之变形。

下面，将应用 Illustrator 提供的一个预设变形形状。

1 选择菜单“视图”>“画板适合窗口大小”。使用缩放工具单击画板左下角的文本“SAFARI ZOO”数次，以放大视图。

2 切换到文字工具，选中“ZOO”单词，并在控制面板中将文字大小设为 66pt。

3 使用选择工具调整文本的大小，以便单词“ZOO”适合其大小，如图 7.87 所示。

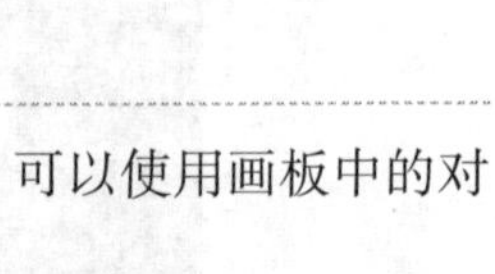

图7.87

4 使用文字工具选中单词“ZOO”。单击控制面板中的“字符”字样以打开字符面板。将“行距”值设为 52pt，如图 7.88 所示。

5 切换到选择工具，并确保选中了该文本对象。单击控制面板中的“制作封套”按钮（），此时文本将呈弧形。

注意：要达到这种效果，还可以选择菜单“对象”>“封套扭曲”>“用变形建立”。更多关于封套的信息，可在 Illustrator 帮助（“帮助”>“Illustrator 帮助”）中搜索关键字“使用封套调整形状”。

6 在“样式”菜单中选择“上弧形”。再将“弯曲”滑块向右拖曳，可以看到文本弯曲程度更深。还可以尝试拖曳“扭曲”项中的“水平”和“垂直”滑块，然后观察文本的效果。尝试结束后将“扭曲”项的滑块恢复到 0% 处，并确保“弯曲”处为 20%，再单击“确定”按钮，如图 7.89 所示。

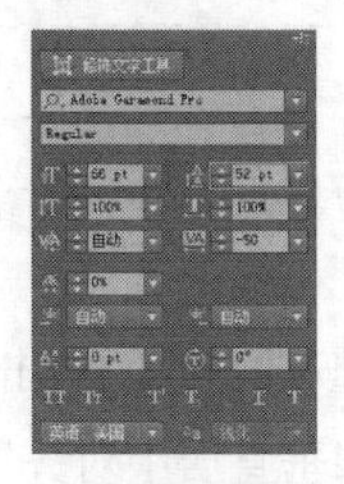

图7.88

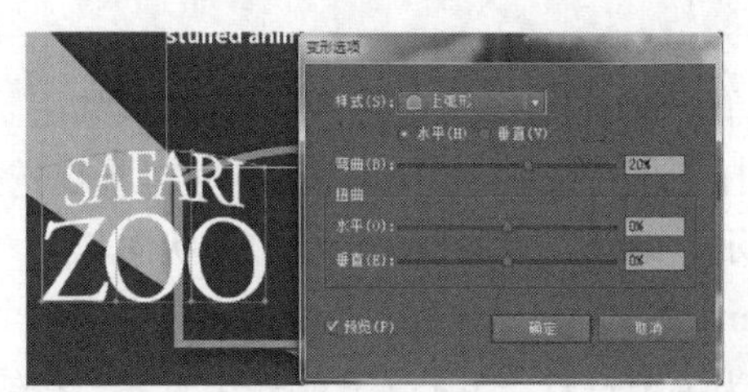

图7.89

7 将封套对象（变形了的文本）拖到黑色标志形状的中间位置。

7.5.2 编辑封套形状

可分别编辑文本和封套形状。下面，先编辑文本，再改变形状。

1 在封套对象仍被选中的情况下，单击控制面板中的“编辑内容”按钮（）。这样就可以在变形的文本对象中编辑文本了。

2 确保开启了智能参考线（“视图”>“智能参考线”）。

3 切换到文字工具（），将鼠标指向变形了的文本对象。注意到出现了一个蓝色的文本副本，如图 7.90 所示。这是因为智能参考线显示了蓝色的变形前的原始文本。单击“SAFARI”单词以插入光标，再单击两次选中“SAFARI”单词。

提示：如果使用选择工具双击，将会进入隔离模式。这是编辑封套变形后的文本的另一种方法。按 Esc 键即可退出隔离模式。

4 输入单词“ANIMAL”，然后按 Shift+Enter 组合键，这将单词“ZOO”切换到下一行。

注意到此时在封套形状中，输入的单词自动变形了，如图 7.91 所示。

下面将编辑预设的变形形状。

5 切换到选择工具，确保此时封套形状被选中。

图7.90

图7.91

单击控制面板中的“编辑封套形状”按钮（![]）。

注意控制面板中封套对象的各种选项。可以在“样式”菜单中选择另一种变形形状，再选择各种选项，如水平、垂直、弯曲等。这与创建封套时打开的“变形选项”对话框中的各功能相同。

> **AI** **提示**：要将文本移出变形形状，可使用选择工具选中文本，再选择菜单“对象”>“封套扭曲”>“释放”。这将得到两个对象：文本和上弧形形状。

6 在控制面板中将“弯曲”设为28%。确保“水平”和“垂直”扭曲均为0，如图7.92所示。

> **AI** **注意**：修改变形形状很可能会移动变形对象的位置，如图7.92所示。

7 选择菜单“视图”>“智能参考线”，将其禁用。

8 使用选择工具，按住Shift键后，向远处拖曳选框右下角的边界点，让该对象变大些，如图7.93所示。确保文本位于黑色标志形状内。

9 按住Shift键，单击黑色标志形状，以选中这两个对象。松开按键。再次单击黑色标志形状，将其设为关键对象。单击“水平居中对齐”按钮（![]）和“垂直居中对齐”按钮（![]），将变形对象和黑色标志形状对齐，如图7.94所示。

图7.92

图7.93

图7.94

7.6 使用路径文字

Illustrator中不仅有点状文字、区域文字，还能沿路径绕排文字。这样，文本可沿非闭合或闭合路径排列开来，创建出许多非常有创意的显示方式。

7.6.1 创建非闭合路径文字

首先，要将文本插入非闭合的路径中。

1 选择菜单“视图”>“画板适合窗口大小”。

2 使用选择工具选中猴子的褐色尾巴路径。

3 选择菜单“窗口”>“文字”>“段落样式”，以打开该面板。按住Alt键（Windows系统）或Option键（Mac系统），单击“[Normal Paragraph Style]”。

创建新文本对象时，这将使其恢复至默认格式。

图7.95

4 选择文字工具，将鼠标指向路径的中部，直到插入图标上出现了一个波浪线路径（![]）。此时单击鼠标，如图 7.95 所示。

文本起始于路径上单击的那个位置。而此时路径的描边属性是“[无]”，并在路径上出现了一个光标。

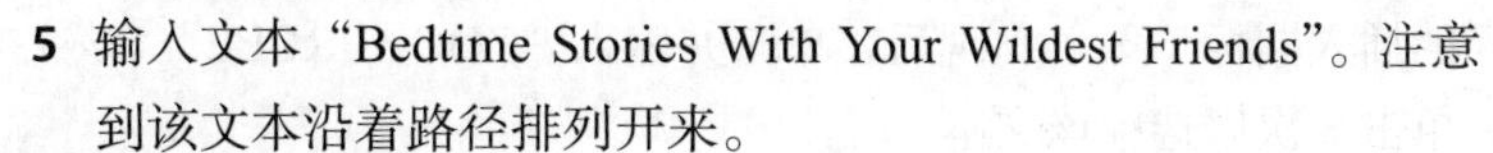

5 输入文本“Bedtime Stories With Your Wildest Friends”。注意到该文本沿着路径排列开来。

注意：如果此时文本是黄色的、带有下划线，这意味着有字符样式应用于它。选中文本后，按住 Alt 键（Windows 系统）或 Option 键（Mac 系统），再单击字符样式面板中的“[Normal Character Style]”即可。

6 使用文字工具在文本处单击 3 次以选中它。

7 切换到吸管工具，单击以“Thursday at…”起始的文本，吸管工具图标上方出现了字母“T”，如图 7.96 所示。

于是，“Thursday at…”文本的格式就应用于该路径上的文本了。此时文本可能不贴合路径，就会出现溢流图标（⊞）。

8 单击控制面板中的“字符”注意，将“垂直缩放”设为 100%。

9 单击控制面板中的“左对齐”按钮（▤）。

如果控制面板中没有对齐选项，可单击“段落”字样以展开段落面板。

下面，将调整路径上文本的位置，以便显示所有文本。

10 切换到选择工具，将鼠标指向文本首字母“B”左侧的蓝色短线，如图 7.97 所示。当鼠标改变形状（↖）后，单击并向左拖曳，直到该路径的左端点处，如图 7.98 所示。

图7.96

图7.97

图7.98

提示：选中路径或路径上的文本后，可以通过选择菜单“文字”>“路径文字”>“路径文字选项”，进而设置更多选项。

11 选择菜单“选择”>“取消选择，再选择菜单“文件”>“存储”。

7.6.2 创建闭合路径文字

下面，将在一个闭合的圆形上添加文本。

1 选择工具箱中的缩放工具，单击 3 次黄色爪印以放大视图。

2 切换到选择工具，按住 Shift 键，单击第二列的串接文本对象和黄色爪印，以选中这两个对象。然后选择菜单“对象”>“隐藏”>“所选对象”。

3 切换到文字工具，将鼠标指向白色圆形边缘。当文字图标( )变成带圆的文字图标( )时，表明如果单击（暂时不这样操作）的话，文本将会置入圆形内部，创建一个圆形的文本对象。

4 按住 Alt 键（Windows 系统）或 Option 键（Mac 系统），将鼠标指向该圆形左侧，如图 7.99 所示。当带有波浪路径的插入图标( )出现后，单击并输入“ZOO CIRCLE”。该文本将会沿着圆形路径排列。单击 3 次以选中该文本。

注意：另一种在路径上创建文本的方法是，选择文字工具隐藏工具组中的“路径文字工具”( )。

5 在“ZOO CIRCLE”文本仍被选中的情况下，在控制面板中将字体大小改为 16pt，字体样式设为 Bold（此时字体系列应是 Adobe Garamond Pro），并且在填色框中选择 gold 色板。

下面，将调整该文本的位置。

6 切换到选择工具，将鼠标指向该文本左端，单词“ZOO”左侧的蓝色短线，如图 7.100 所示。鼠标改变形状( )，带有一个向右的箭头时，顺时针沿圆形向上拖曳，直到图 7.101 中位置为止。

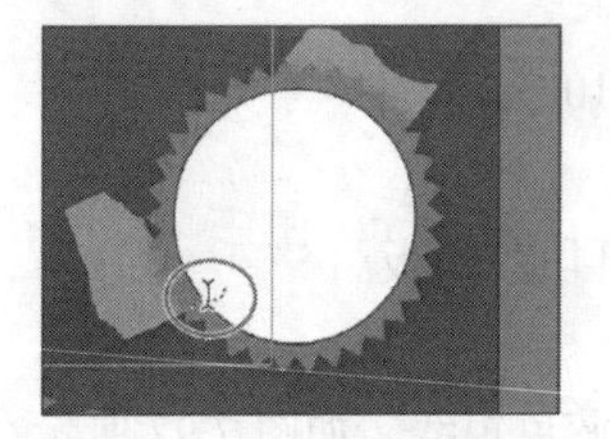

图7.99

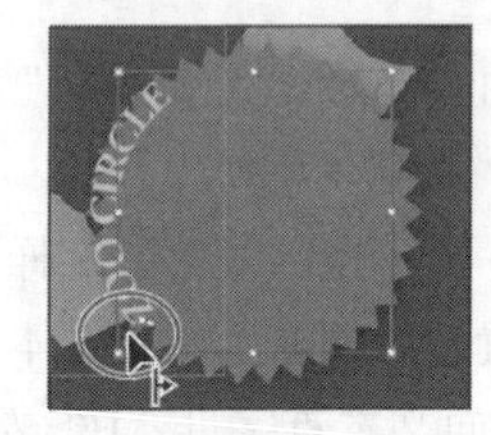

图7.100

图7.101

注意：蓝色短线标记出现在文本的起始处、路径的终点和两端中点上。所有的这种蓝色标记都可用于调整路径上文本的位置。

7.6.3 使用路径文字选项

创建了路径文字后，可设置选项来修改文本的外观，如效果、对齐和间距。下面，将使用“路径选项”对话框来编辑圆形上的文本。

1 在该路径文字对象被文字工具选中的情况下，选择菜单“文字”>“路径文字”>“路径文字选项”。在“路径文字选项”对话框中，勾选“预览”复选框，如图 7.102 修改以下选项后单击“确定”按钮。

- 效果：选择“倾斜”，然后再改选为“彩虹效果”。
- 对齐路径：字母上缘。
- 间距：-18pt。

2 切换到选择工具，将鼠标指向文本左端、单词“ZOO”左侧的蓝色标记。当鼠标改变形状( )后，逆时针向下拖曳直到图 7.103 中位置为止。

下面，将创建沿圆形底部排列的文本。首先，需要复制刚刚创建的路径文字，并对其副本做一些修改。

3 仍选中该路径文字的情况下，选择菜单“编辑”>“复制”。

4 选择菜单“对象”>“锁定”>“所选对象”，以锁定该路径文字。

5 选择菜单“编辑”>“贴在前面”，在相同位置粘贴该路径文字的副本。

6 选择菜单“文字”>“路径文字”>“路径文字选项”。在“路径文字选项”对话框中，勾选“预览”复选框，如图 7.104 修改以下选项后单击“确定”按钮。

- 翻转：选中。
- 对齐路径：字母下缘。
- 间距：20pt。

7 选择文字工具，单击 3 次“ZOO CIRCLE”文本以选中它。输入“BECOME A MEMBER”。

8 切换到选择工具，将鼠标指向该文本左端，单词“BECOME…”左侧的蓝色短线。鼠标改变形状（），带有一个向左的箭头时，向右下方拖曳，直到如图 7.105 中位置为止。

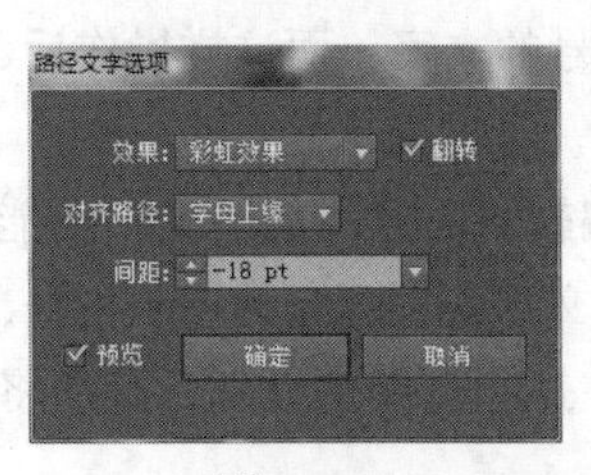

图7.102

图7.103

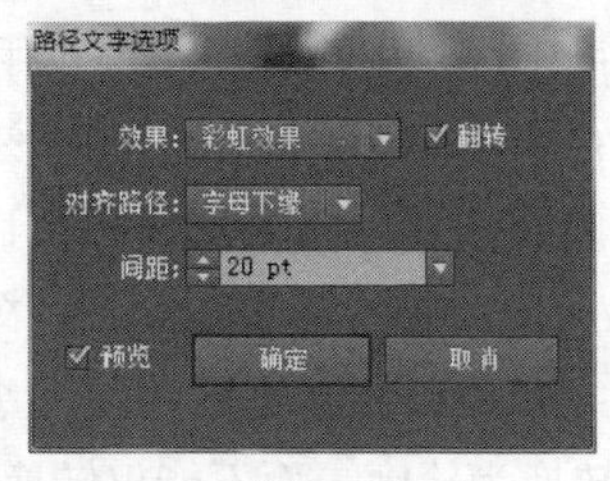

图7.104

图7.105

9 选择菜单“对象”>“显示全部”。再选择菜单“对象”>“全部解锁”。

10 选择菜单“选择”>“取消选择”。

7.7 使用文字绕排

在 Illustrator 中，可以很简单地将文本变形以绕开对象，比如绕开其他文字对象、导入的图像或矢量图稿。从而避免文本与对象重叠，或者达到出人意料的设计效果。下面，将变形文本的形状，使之绕开另一个路径文字对象。

1 使用这些工具，单击“ZOO TALES”文本以选中它。在选择菜单“对象”>“排列”>“置于顶层”。

注意：要将文本绕开一个对象，该对象需要与文本在同一个图层上。

2 选择菜单“对象”>“文本绕排”>“建立”。如有对话框出现，单击“确定”按钮即可。此时，两列文本将绕开“ZOO TALES”路径文字显示。

如果删去文本要绕开的对象，文本将会自动响应并调整其形状。

3 选择菜单“对象”>“文本绕排”>“文本绕排选项”。在“文本绕排选项”对话框中，将“位移”设为 13pt，单击“确定”按钮，如图 7.106 所示。

4 使用选择工具，向下拖曳连接文本框底部中间的边界点，以确保“…for supporting this program”出现在最后一行，如图 7.107 所示。

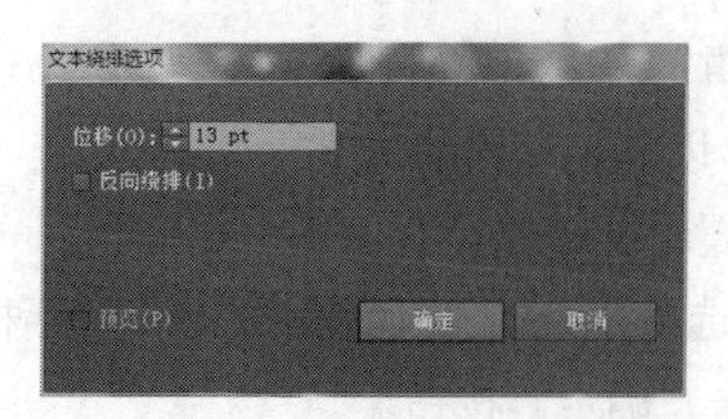

图7.106

图7.107

5 选择菜单“视图”>“画板适合窗口大小”。

6 选择菜单“选择”>“取消选择”。

7.8 创建文本轮廓

将文本转换为轮廓，意味着将其转换为矢量轮廓，这样可以像对待图形对象一样操作它。文本轮廓在大号的展示文字中很有用途，但是很少用于正文文本或其他小号的文字。而这样操作后，接收方不需要安装相应的文字就能够打开并使用该文件。

将文本转换为轮廓时，需要考虑到这样操作后，该文本将不再可编辑。而且，位图文字不能转换为轮廓，也不推荐小于 10pt 的轮廓文本。当文字转换为轮廓时，该文字失去了它的控制指令，而将其融入到了轮廓文字中，以便在不同字体大小时实现最优的显示、打印效果。另外，必须将所选对象中的文字全部转换为轮廓，而不能仅转换某个字母。

下面，将主标题转换为轮廓，并调整文本的位置。

1 使用选择工具单击并选中画板上部的标题文本“ZOO TALES”。选择菜单“文字”>“创建轮廓”。并将文本拖到如图 7.108 所示位置。

此时该文本将不再链接于某个特定字体。现在它已经成为图稿，就像 Illustrator 中其他的矢量图形一样。

注意：要保留原始文本，可以保存并隐藏带有原始文本的图层。

2 使用选择工具拖曳画板底部的文本“Thursday at 6:30 pm”，拖至如图 7.109 所示位置。

图7.108

图7.109

3 选择菜单“视图”>“参考线”>“隐藏参考线”，再选择菜单“选择”>“取消选择”。

4 选择菜单“文件”>“存储”，再选择菜单“文件”>“关闭”。

7.9 复习

复习题

1 指出两种在 Adobe Illustrator 中创建文本区域的方法。

2 使用修饰文字工具的作用是什么？

3 什么是溢流文本？

4 什么是文本连接？

5 字符样式和段落样式之间有什么不同？

6 将文本转换为轮廓有什么优点？

复习题答案

1 可使用以下 3 种方法来创建文本区域。

- 使用文字工具在画板中单击，当光标出现后即可输入文本。这将自动创建一个文本区域。
- 使用文字工具拖曳选框，以创建一个文本区域。在光标出现时输入文本即可。
- 使用文字工具，单击一条路径或闭合形状，将其转换为路径文本或文本区域。按住 Alt 键（Windows 系统）或 Option 键（Mac 系统）后，单击闭合路径的描边，可沿路径排列文本。

2 修饰文本工具可直观地编辑文本中单个字符的某种字符格式选项。可以编辑文本中字符的旋转、字距、基线偏移、水平缩放和垂直缩放比例。

3 当文本不再适合其文本区域的大小时，就会产生溢流文本。此时将会在输出连接点处出现一个红色的加号，表明该对象包含额外的文本。

4 文本连接通过连接文字对象，让文本可以从一个对象到另一个对象继续显示。连接的文本对象可以是任意形状的，但必须是区域文字或路径文字，而不能是点状文字。

5 字符样式只能应用于所选文本，而段落样式可应用于整个段落。段落样式包括缩进、间距、连字等选项。

6 将文本转换为轮廓，就不再需要随文件一起传输文件中安装的各种字体，仅发送文件即可。

第8课 使用图层

本课概述

在这节课中，读者将会学习如何进行以下操作：

- 使用图层面板；
- 创建、重新排列和锁定图层、子图层；
- 在图层之间移动对象；
- 将图层从一个文件复制粘贴到另一个文件；
- 将多个图层合并为一个图层；
- 建立图层剪切蒙版；
- 定位图层面板中的对象；
- 将外观属性应用于对象和图层；
- 隔离图层中的内容。

学习本课内容大约需要 45 分钟，请从光盘中将文件夹 Lesson08 复制到您的硬盘中。

图层将图稿组织成为多个不同的层次，这样既可独立，又可整体编辑和浏览图稿。每个 Adobe Illustrator CC 的文档至少包含一个图层。通过在图稿中创建多个图层，可轻松地控制图稿的打印、显示和编辑方式。

8.1 简介

在本课中，读者将完成一个有关电视机的图稿文件，但在此之前需要恢复 Adobe Illustrator CC 的默认首选项，并打开本课最终完成的图稿文件以查看最终效果。

图8.1

1 为了确保工具和面板中的功能如本课所述，请删除或重命名 Adobe Illustrator CC 的首选项文件。

2 开启 Adobe Illustrator CC 软件。

3 选择菜单“文件” > “打开”，打开硬盘中 Lesson08 文件夹中的 L8end.ai 文件，以观察本课最终完成的图稿，如图 8.1 所示。

4 选择菜单“视图” > “画板适合窗口大小”。

5 选择菜单“窗口” > “工作区” > “重置基本功能”。

理解图层

图层就像独立的文件夹一样，可以帮助保存和管理其中组成图稿的各个对象（甚至是很难被选中或跟踪的对象）。如果改变这些“文件夹”的顺序，将会改变图稿中各个项的堆叠次序。更多关于堆叠顺序的信息，请参阅第 2 课。

根据需求，文档中图层的结构可以很简单，也可以很复杂。创建一个新的 Illustrator 文档时，所有内容默认都在一个图层中。但是，也可以如本课中所要讲述的那样，创建新图层和子图层（就像子文件夹一样）来组织图稿。

1 单击工作区右侧的图层面板图标（ ），也可以选择菜单“窗口” > “图层”。

除了可以组织图稿内容，通过图层面板还可以方便地选择、隐藏、锁定或修改图稿的外观属性。

如图 8.2 所示，这就是本课最终完成的图稿的图层面板。另外，整个练习过程中都可以参考图 8.2，以作提示。

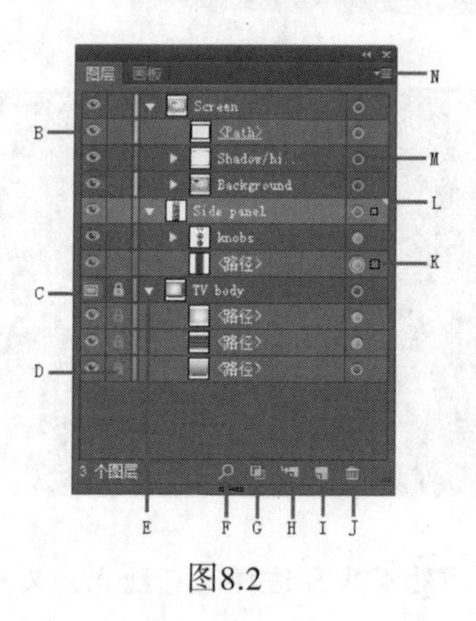

图8.2

A 图层颜色　B 可视性栏　C 模板图层按钮　D 编辑栏（锁定 / 检出锁定）　E 展开 / 折叠三角形　F 定位对象　G 建立 / 释放剪切蒙版　H“创建新图层”按钮　I “创建新图层”按钮 J “删除”按钮　K 选择栏　L 当前图层指示器　M 目标栏　N 图层面板菜单按钮

下面，将打开一个未完成的图稿文件。

2 选择菜单“文件” > “打开”，打开硬盘中 Lesson08 文件夹中的 L8start.ai 文件，如图 8.3 所示。

3 选择菜单“文件” > “存储为”，在该对话框中，切换到 Lesson08 文件夹并打开它，将文件重命名为 tv.ai，保留“保存类型”为 Adobe Illustrator（*.AI）（Windows 系统）或“格式”为 Adobe Illustrator（ai）（Mac 系统），单击“保存”按钮。在“Illustrator 选项”对话框中，接受默认设置并单击“确定”按钮。

4 选择菜单“视图”>“画板适合窗口大小”。

图8.3

8.2 创建图层

默认情况下，每个文档最初都只有一个图层。但创建图稿时可重命名该图层，还可随时添加图层。通过将对象放置在独立的图层中，可轻松地选择和编辑它们。例如，通过将文字放在独立的图层中，可同时修改所有文字，而不影响图稿中的其他部分。

1 如果图层面板不可见，单击工作区右侧的图层面板图标（ ），也可以选择菜单“窗口”>“图层”。Layer 1（第一个图层的默认名称）呈高亮显示，这表明它是当前图层，处于活动状态。

2 在图层面板中，双击图层名称 Layer 1 以编辑该名称。输入 Side Panel，再按回车键，如图 8.4 所示。与将所有内容放在一个图层相反，本课将创建多个图层和子图层，以便更好地组织图稿内容，并使之后选中图稿内容时更加方便。

> AI | **注意**：如果双击图层名称的右侧或左侧，将会打开“图层选项”对话框。在对话框中，也可以修改图层名称。

3 单击图层面板底部的“创建新图层”按钮（ ），也可以在图层面板菜单（ ）中选择这一项，如图 8.5 所示。

图层和子图层之间并不是按顺序命名的。比如，第二个图层的名称就是“图层 2”。

图8.4

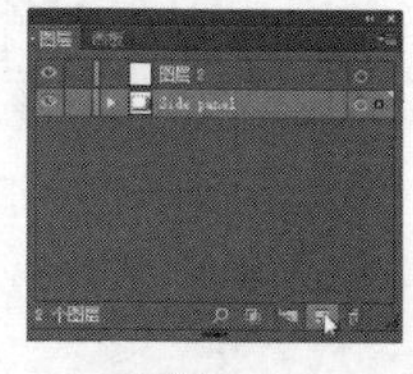

图8.5

> AI | **提示**：要删除图层，可以选中图层或子图层，再单击面板底部的“删除”按钮（ ）即可。这将删除图层和该图层上的所有内容。

4 双击图层 Layer 2，将其名称改为 TV body。

新图层将会添加到 Side panel 上方，并成为当前图层。注意到新建的图层的名称左侧，它的图层颜色略有不同，是浅红色的。这点对于之后选中图稿的内容来说，十分重要。

下面，将会通过使用修正键，将创建图层和对其命名合为一步操作。

5 按住 Alt 键（Windows 系统）或 Option 键（Mac 系统），再单击图层面板底部的“创建新图层”按钮（ ）。在“图层选项”对话框中，将其名称改为 Screen，再单击“确定”按钮，如图 8.6 所示。

下面，将创建一个嵌套的子图层。

6 单击图层 Side panel，再单击图层面板底部的“创建子图层”按钮（ ）。

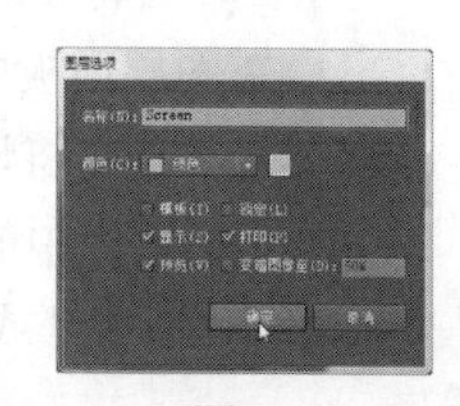

图8.6

这样可以创建一个 Side panel 图层下的子图层，如图 8.7 所示。

创建新的子图层时，将会打开所选图层并显示其中已有的子图层。子图层可用于组织图层中的内容，而无需将内容编组或对其取消编组。

注意：要将创建子图层和对其命名合为一步操作，可按住 Alt 键（Windows 系统）或 Option 键（Mac 系统）后，再单击“创建子图层”按钮（![]），以打开“图层选项”对话框。

7 双击新建的子图层名称 Layer 4，将其改为 Knobs，再按回车键，如图 8.8 所示。

该图层就出现在了被选中的 Side panel 主图层下方。

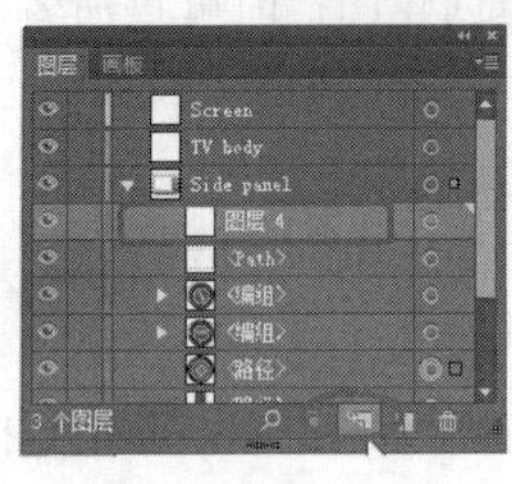

图8.7

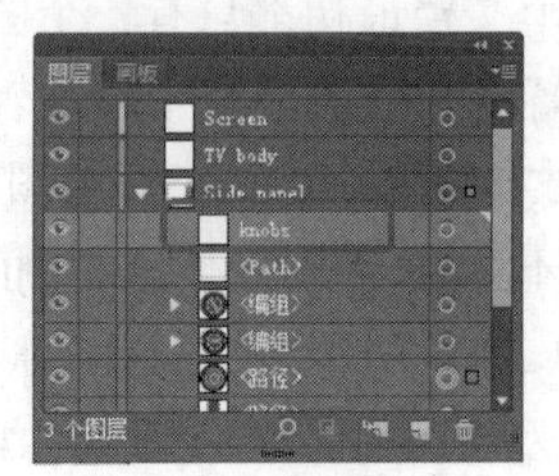

图8.8

图层和颜色

默认情况下，Illustrator给图层面板中的每个图层都指定了一种独特的颜色。在图层面板中，改颜色显示在图层名称左侧，如图8.9所示。在文档窗口中，所选图稿的定界框、路径、锚点和中心点都将显示其所属图层的颜色。

用户可通过独特的颜色快速获悉所选对象所述的图层，还可根据需求修改图层的颜色。

——摘自Illustrator帮助

图8.9

8.3 移动对象和图层

通过重新排列图层面板中的图层，可修改图稿中对象的堆叠顺序。在图稿中，位于上个图层中的对象在位于下个图层中对象的上层。还可将选定的对象从一个图层或子图层移到另一个图层或子图层。

下面，会将 knobs 对象移到 knobs 子图层上。

1 在图层面板中，如果 Side panel 图层中的内容没有显示出来，单击图层名称左侧的三角形即可。这将显示 Side panel 图层中的内容。

当图层面板中的图层或子图层包含许多内容时，它的名称左侧就会出现一个三角形。单击这个三角形可以展开或隐藏内容。如果名称旁没有三角形，说明该图层或子图层中没有内容。

提示：通过将图层和子图层折叠，可便于在图层面板中导航。

2 向下拖曳图层面板的底部，让面板展开些，以便看到更多的图层。

3 在图稿中，使用选择工具单击电视右侧上方的按钮，如图 8.10 所示。

注意到它的定界框和手柄均为蓝色，与图层面板中的 Side panel 图层的颜色一致。还有，在图层面板中，该图层名称、另一个“< 路径 >”对象名称的右侧都有一个小的蓝色框，这是选择指示器，表明该对象被选中，处于活动状态。

4 单击选中带有选择指示器的“< 路径 >”栏，拖至 knobs 子图层处，直到 knobs 子图层呈高亮显示时松开鼠标，如图 8.11 所示。

注意到在图层面板中，knobs 子图层名称左侧出现了三角形，表明该子图层上有了内容。

5 选择菜单“选择” > “取消选择”。

6 在 Side panel 图层中，单击其顶部的“< 编组 >”对象，按住 Shift 键，再单击它下方的“< 编组 >”对象，让两个对象均高亮显示。

7 拖曳这两个高亮显示栏到 knobs 子图层处，直到 knobs 子图层呈高亮显示时松开鼠标，如图 8.12 所示。这样操作可以更好地组织图层面板，以便之后更加方便地选中内容。

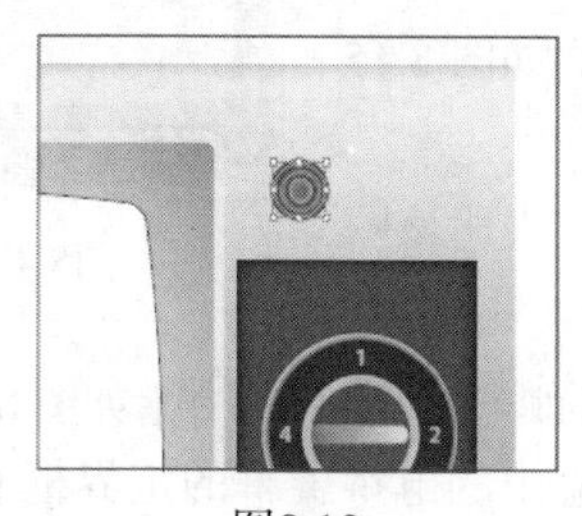

图8.10

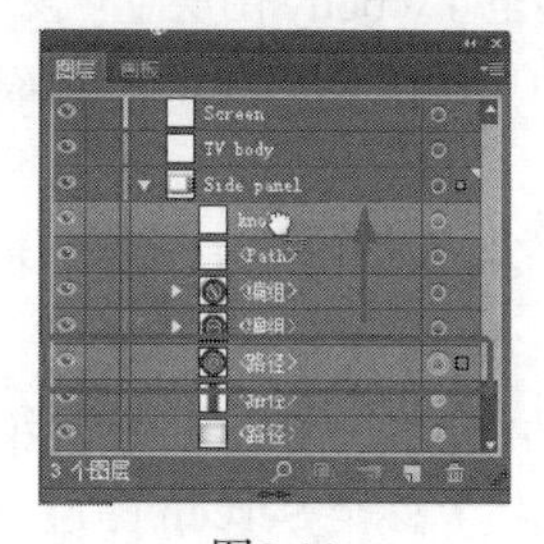

图8.11

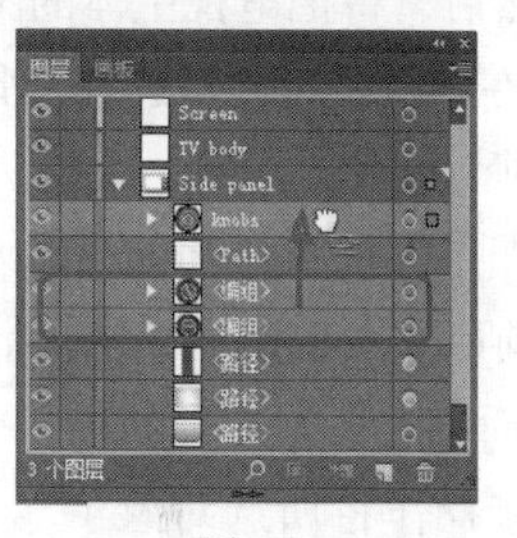

图8.12

8 单击 knobs 子图层左侧的小三角，以显示其中的内容。

8.3.1 复制图层中的内容

可以使用图层面板来复制图层和其他图稿内容，也可以选择菜单“编辑” > “复制”或者“编辑” > “剪切”命令。

1 向左拖曳图层面板，让它更宽些，以便显示图层的名称。

2 单击 knobs 子图层中的“< 路径 >”名称。按住 Alt 键（Windows 系统）或 Option 键（Mac 系统），向上拖曳它直到当前“< 路径 >”对象上方出现一条线。然后依次释放鼠标和按键，如图 8.13 所示。

按住修正键的同时拖曳所选内容，可以创建副本。另一种方法是，选中图稿中的内容，选择菜单“编辑” > “复制”后，再选择菜单“编辑” > “贴在前面”。

提示：还可以在选中“<路径>”对象后，在图层面板菜单中选择“复制 "<路径>"”。

3 单击 knobs 子图层左侧的小三角，以隐藏面板中 knobs 子图层上的内容。

4 选择菜单“选择” > “取消选择”。

5 在选择工具被选中的情况下，单击选中图稿右上角的小按钮。双击选择工具，在“移动”对话框中，将“水平”设为 0.8 in，“垂直”设为 0 in，勾选“预览”复选框后，单击“确定”按钮，如图 8.14 所示。

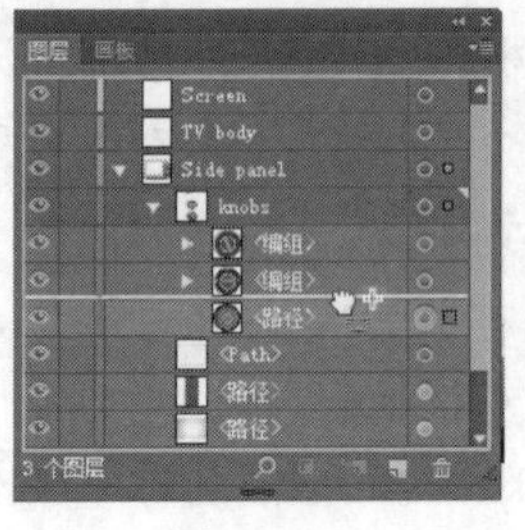

图8.13

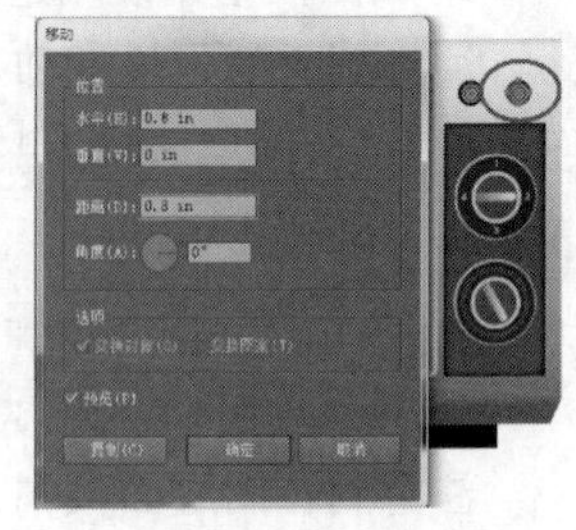

图8.14

6 选择菜单“选择” > “取消选择”。

8.3.2 移动图层

下面，将把图稿中的屏幕移到 Screen 图层，之后还会在该图层上添加内容。然后，将把电视主体的图稿移至 TV body 图层上。

1 在图稿中，使用选择工具选中白色圆角形状（电视屏幕），如图 8.15 所示。

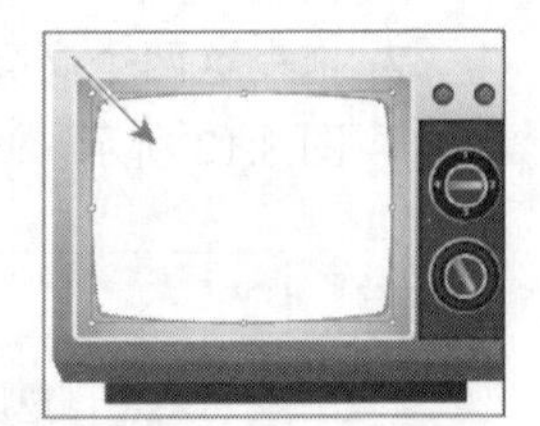

图8.15

在图层面板中，Side panel 图层名称右侧出现了选择指示器，表明该图层为当前所选图稿所在的图层。

2 向上拖曳该选择指示器（蓝色方框），拖至 Screen 图层栏的目标图标（◎）的右侧，如图 8.16 所示。

这步操作将所选对象（“<路径>”）移至 Screen 图层。图稿中的电视屏幕的定界框和手柄都将变成 Screen 图层的颜色——绿色。

3 选择菜单“选择” > “取消选择”。

4 对于 Side panel 图层底部的“<路径>”对象，单击它右侧的选择栏。于是这一行右侧出现了选择指示器，即蓝色小方框，如图 8.17 所示。

单击选择栏也是选中画板上图稿的一种方法。

5 向上拖曳该“<路径>”子图层，拖至 TV body 图层内，如图 8.18 所示。于是，该“<路径>”对象出现在图稿中大多数形状的上层，如图 8.19 所示。

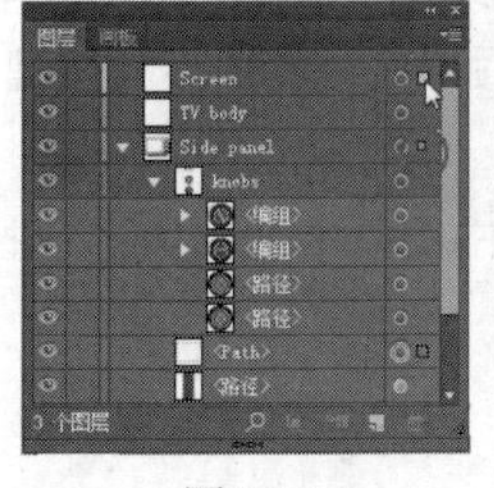

图8.16

图8.17

图8.18

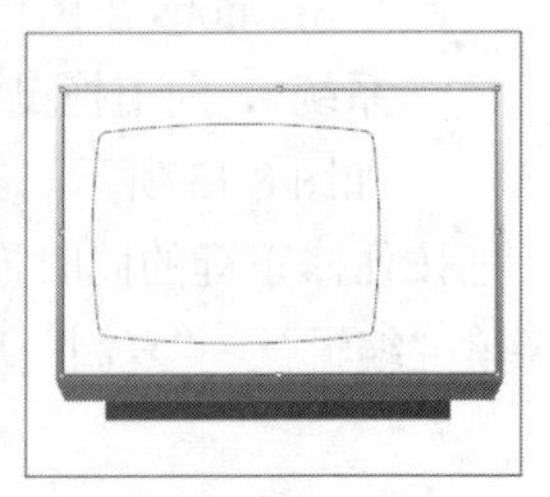

图8.19

提示：要将该对象移至 TV body 图层上，还可以将它的选择指示器拖曳到 TV body 图层上。

6 单击选中 Side panel 图层最后一个“<路径>”子图层。按住 Shift 键后，再单击它上面的那个“<路径>”子图层，这样就选中了这两个子图层。将它们拖曳到 TV body 图层名称上，放在该图层中，如图 8.20 所示。

Side panel 中的内容（两个按钮）此时看不见了。这是因为在图层面板中，TV body 图层位于更高的位置。那么在图稿中，该图层的内容就会拥有更高的堆叠顺序，位于上层。

7 单击 Side panel 图层左侧的小三角，在图层面板上隐藏该图层的内容。再选择菜单“选择”>“取消选择”。

8 在图层面板中，拖曳 Side panel 图层，将其放在 Screen 图层和 TV body 图层之间。图层间出现一条线时，松开鼠标，如图 8.21 和图 8.22 所示。

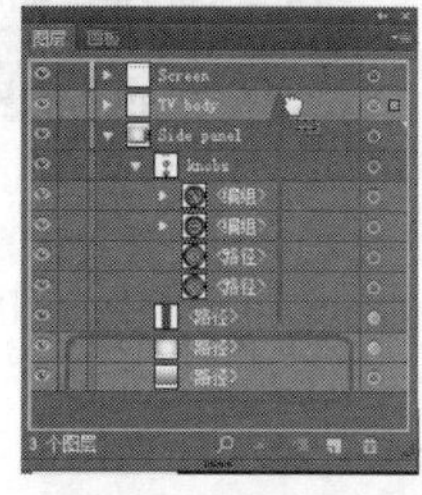

图8.20

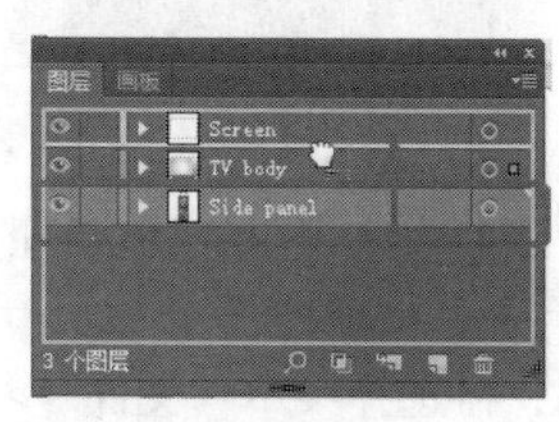

图8.21

图8.22

注意：小心不要将 Side panel 图层拖到其他图层中去。如果出现了这样的误操作，可以选择菜单“编辑”>“还原重新排序图层”。

9 选择菜单“文件”>“存储”。

8.4 锁定图层

编辑图稿时，可以通过锁定图层来防止选择或修改图稿中的其他内容。在这一节中，读者将会学习如何锁定一个图层或子图层上的所有内容。下面，将会锁定除了图层 knobs 之外的所有图层，以便在编辑按钮时不会影响到其他对象。

1 在 Screen 图层的眼睛图标（ ）右侧，选中编辑栏以锁定该图层，如图 8.23 所示。

锁定图标（ ）的出现表明该图层和其中的所有内容均被锁定。

图8.23

2 重复上一步骤，以锁定 TV body 图层。

3 单击 Side panel 左侧的小三角，在图层面板中显示其中的内容。单击 knobs 子图层下的“<路径>”对象的眼睛图标（ ）右侧的编辑栏，以锁定该“<路径>”对象，如图 8.24 所示。

提示：还可以双击该图层的缩览图，或者双击图层名称的右侧，以打开“图层选项”对话框。在对话框中选中“锁定”再单击“确定”按钮。

> 提示：再次单击该编辑栏即可解除锁定。按住 Alt 键（Windows 系统）或 Option 键（Mac 系统），再单击编辑栏，将切换其他的所有图层的锁定状态。

4 使用选择工具拖曳选框，以选中电视机右上角的两个按钮，如图 8.25 所示。

由于已经锁定了图稿中的其他内容，所以无法在画板上选中它们。所以，锁定图层可以更加方便地选中特定内容。

5 选择菜单“对象”>“变换”>“缩放”，在“缩放”对话框中，将“等比”设为 110%，选中“预览”复选框后，单击“确定”按钮，如图 8.26 所示。

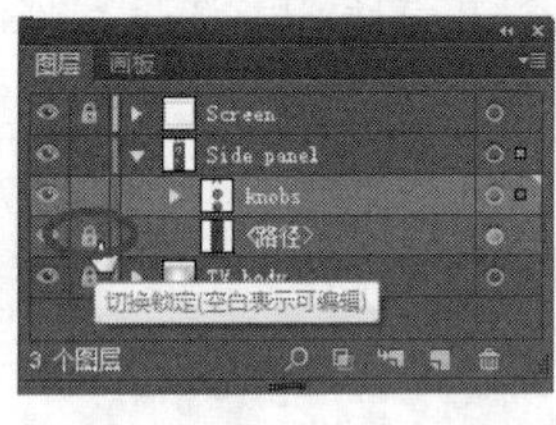

图8.24

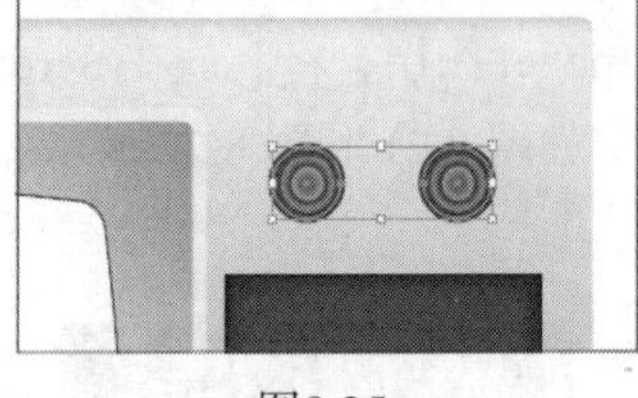

图8.25

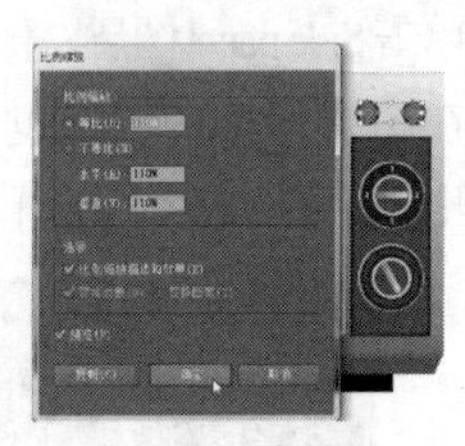

图8.26

6 在图层面板中，依次单击所有锁定图层左侧的锁定图标（ ），以解除锁定。再单击 Side panel 左侧的小三角，以折叠该图层。

7 选择菜单“选择”>“取消选择”，再选择菜单“文件”>“存储”。

8.5 查看图层

通过图层的可视性栏，可以隐藏图层、子图层或各个对象。图层被隐藏时，其中的对象也将被锁定，无法选中或打印它们。还可以在预览或轮廓模式下，使用图层面板查看各图层或对象。下面，将会修改电视机主体的一些填色。

1 在图层面板中，单击选中 TV body 图层，如图 8.27 所示。按住 Alt 键（Windows 系统）或 Option 键（Mac 系统），单击它左侧的眼睛图标（ ）以隐藏其他图层，如图 8.28 所示。

> 提示：可以按住 Alt 键（Windows 系统）或 Option 键（Mac 系统），再单击图层的眼睛图标（ ），以隐藏或显示其他图层。

2 单击 TV body 图层名称左侧的小三角，以显示该图层的内容。

3 按住 Ctrl（Windows 系统）或 Command（Mac 系统）键，单击 TV body 图层栏左侧的眼睛图标（ ），以轮廓模式查看该图层的内容，如图 8.29 和图 8.30 所示。

这步操作可以查看到画板上的三个形状。以“轮廓”模式显示图层，可以更方便地选中对象上的锚点或中心点。

> 提示：要以“轮廓”模式显示图层，还可以双击任意一个图层的缩览图，或双击图层名称的右侧，打开“图层选项”对话框。然后取消选中“预览”复选框，再单击“确定”按钮即可。

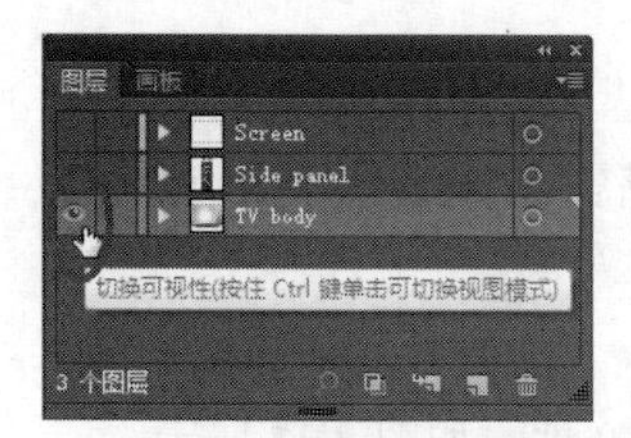

图8.27

图8.28

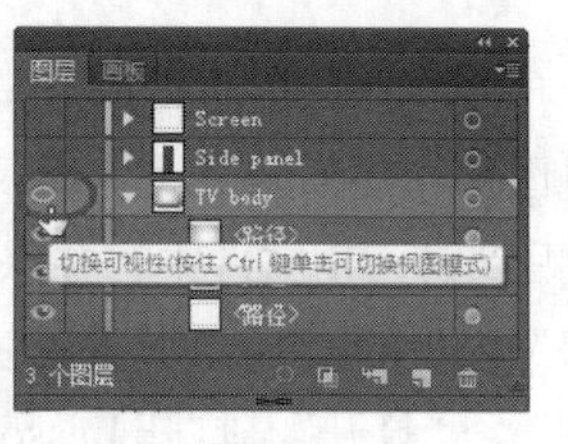

图8.29

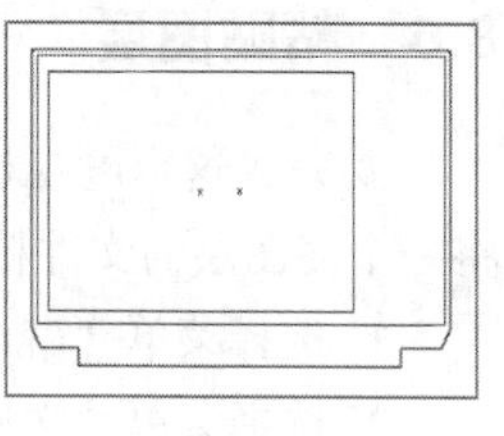

图8.30

4 在画板上，使用选择工具单击选中电视机形状内侧的矩形，如图 8.31 所示。

5 在该矩形被选中的情况下，单击控制面板中的填色框，选择“Wood Grain”色板，就会对该矩形使用渐变色上色，如图 8.32 所示。

6 按住 Ctrl（Windows 系统）或 Command（Mac 系统）键，单击 TV body 图层栏左侧的眼睛图标（ ），将以“预览”模式查看该图层的内容，如图 8.33 所示。

在图层面板中，注意到底部的“< 路径 >”对象的右侧出现了选择指示器（这里是红色方框）。而在画板上无法看到渐变色的矩形，这是因为它位于图层堆叠顺序的最下层。

7 选择菜单“对象”>“排列”>“前移一层”，如图 8.34 所示。

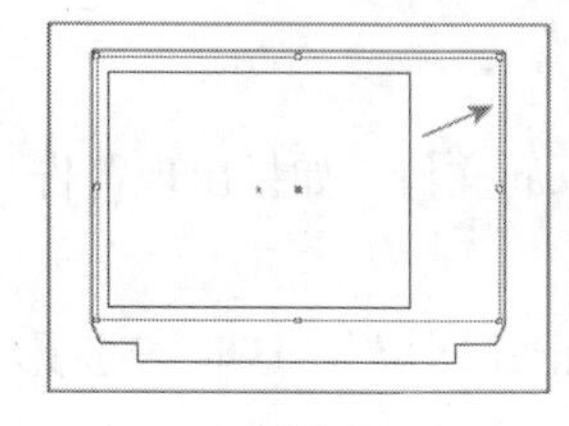

图8.31

图8.32

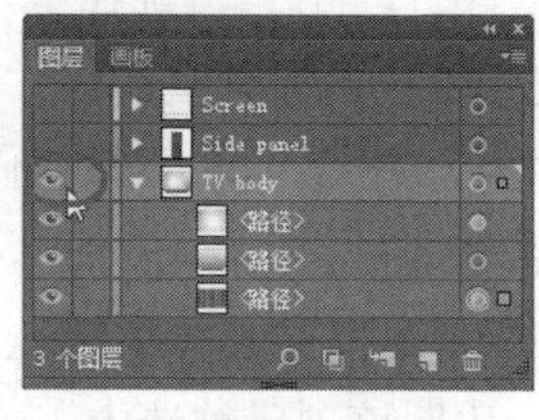

图8.33

图8.34

现在画板上显示了被选中的矩形和它的渐变填色。通过使用排列命令，可以在图层面板中移动内容的堆叠顺序，这与在图层面板中拖曳对象的效果是一样的。

8 在工具箱中选择渐变工具（ ），此时确保工具箱底部的填色框位于上面。将鼠标指向所选矩形底部的中点，按住 Shift 键，单击后向上拖曳到矩形上部的中点，这将改变其渐变填色的方向，如图 8.35 所示，然后依次松开鼠标和修正键。

> **AI** | **注意：**选中渐变工具时，所选矩形中出现了一条水平线。这是该渐变色的默认方向。

9 选择菜单“选择”>“取消选择”，再选择菜单“文件”>“存储”。

10 单击图层面板菜单（ ），然后选择“显示所有图层”，如图 8.36 所示。

在图层面板中，还可以按住 Alt 键（Windows 系统）或 Option 键（Mac 系统），再单击 TV body 图层栏左侧的眼睛图标（ ），以显示其他图层的内容。

11 单击 TV body 图层名称左侧的小三角，在图层面板中隐藏该图层的内容。

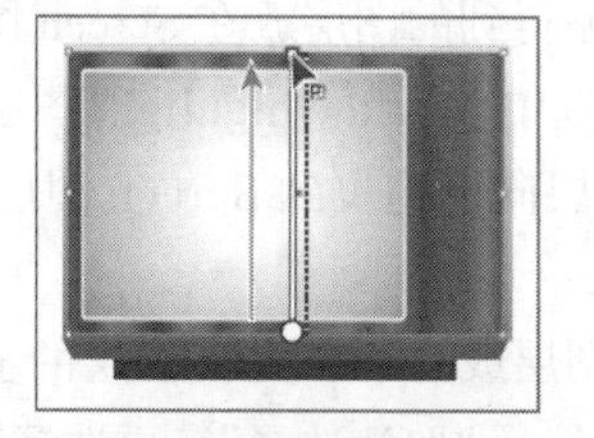

图8.35

图8.36

8.6 粘贴图层

要完成这个电视机图稿，还需要从另一个文件中复制并粘贴图稿所需的其他部件。用户可以将一个多图层的文件粘贴到另一个文件中，并保留所有图层原封不动。

1 选择菜单“窗口”>“工作区”>“重置基本功能”。

2 选择菜单“文件”>“打开”，打开 Lesson08 文件夹中的 show.ai 文件，如图 8.37 所示。

3 单击图层面板图标（ ）以显示该面板。要观察各个图层的组织方式，可以按住 Alt 键（Windows 系统）或 Option 键（Mac 系统），再依次单击各个图层左侧的眼睛图标（ ），即可只观察该图层的内容，而将其他图层隐藏起来。还可以单击图层名称左侧小三角，在图层面板中隐藏或显示其中的内容。尝试结束后，确保所有图层均显示出来，而其子图层均隐藏了，如图 8.38 所示。

图8.37

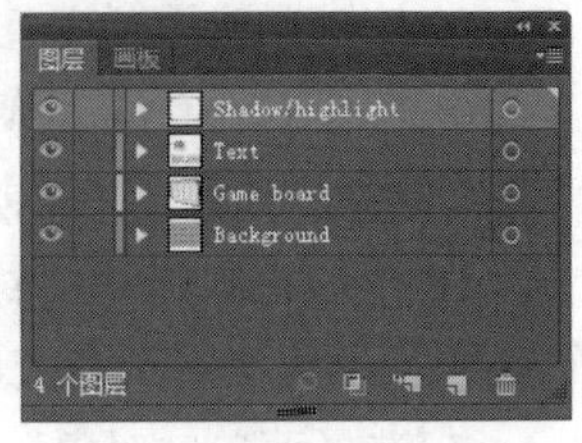

图8.38

4 选择菜单“选择”>“全部”，再选择菜单“编辑”>“复制”以选中并复制该“game show”内容。

5 选择菜单“文件”>“关闭”，在不保存任何改变的情况下关闭 show.ai 文件。如果出现警告对话框，单击“否”即可。

6 在 tv.ai 文件中，单击图层面板菜单图标（ ），并选择“粘贴时记住图层”。这时该选项旁出现一个对勾，表明该项已被选中。

选中“粘贴时记住图层”选项，在图稿中粘贴来自另一个文件的多个图层时，将把它们作为独立的图层添加到图层面板中。如果没有选该项，所有对象都将粘贴到活动图层中，而原文件中的图层不再出现。

注意：如果目标文档中包含同名图层，Illustrator 将会把原文件中该图层的内容粘贴在同名图层中。

7 选择菜单“编辑”>“粘贴”，这样就内容粘贴到电视机图稿中，如图 8.39 所示。

“粘贴时记住图层”选项让 show.ai 作为 4 个独立的图层粘贴到图层面板的顶部，包括 Showdow/highlight 图层、Text 图层、Game board 图层和 Background 图层。

8 使用选择工具，将新内容拖曳到灰色圆角矩形内，尽量让它们适合该矩形的大小，如图 8.40 所示。

下面，将会把新粘贴得到的图层放在 Screen 图层中。

9 在图层面板中，选中 Shadow/highlight 图层，按住 Shift 键，再单击 Background 图层名称。将选中的 4 个图层向下拖曳到 Screen 图层上，如图 8.41 和图 8.42 所示。此时，图稿的外观并没有改变。

这 4 个粘贴而来的图层成为了 Screen 图层的子图层。注意到每个图层都有其独特的图层颜色。

10 选择菜单“选择”>“取消选择”，再选择菜单“文件”>“存储”。

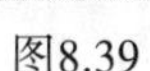

图8.39

图8.40

图8.41 拖曳选中的图层

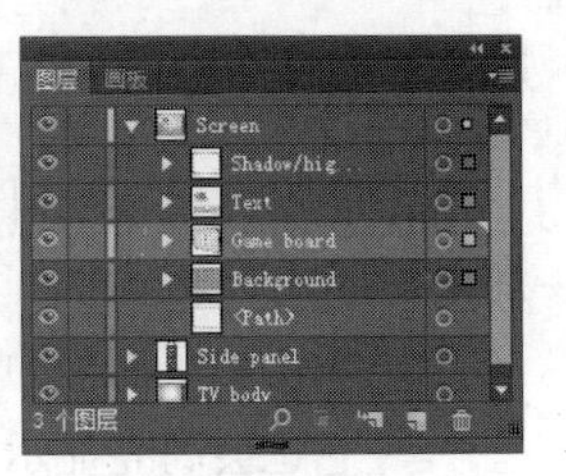

图8.42观察结果

8.7 建立剪切蒙版

图层面板可以创建剪切蒙版，以控制显示或隐藏图层、编组中的内容。剪切蒙版是一个对象或一个对象组，它给自身下层的内容添加蒙版，使得只有在其自身形状内的内容可见。

下面，将在 Screen 图层的上层，使用白色的圆角矩形创建一个剪切蒙版。

1 向下拖曳图层面板的下边缘，以显示所有图层。

在图层面板中，蒙版对象必须位于它要剪切对象的上层。可以为整个图层、子图层或对象组创建剪切蒙版。由于本节中，要剪切 Screen 图层上的所有内容，因此该剪切对象要位于 Screen 图层内的 4 个图层的上层。

2 单击 Screen 图层底部的“<Path>”子图层，向上拖至 Screen 图层中，如图 8.43 所示。当 Screen 图层呈高亮显示时，松开鼠标。此时“<Path>”子图层位于 Screen 图层中的最上层。

于是，白色的圆角矩形将位于 Screen 图层的其他内容之上。

> **AI** **注意**:这里可以不进行“取消选择”这步操作。但是要查看图稿的话,这样做很有必要。

3 选中 Screen 图层,它将呈高亮显示。单击图层面板底部的“建立 / 释放剪切蒙版”按钮（ ），如图 8.44 和图 8.45 所示。

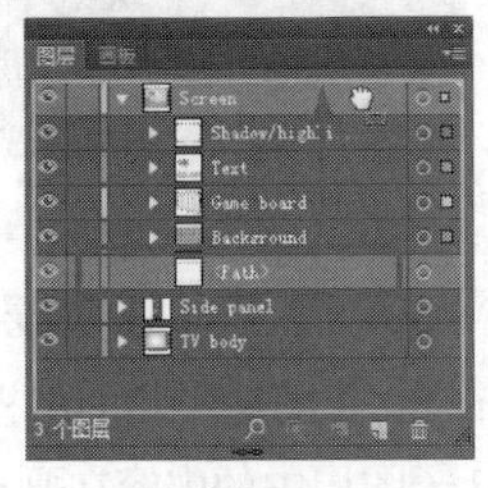

图8.43

图8.44

图8.45

子图层名称“<Path>”出现了下划线，这表明它是一个蒙版形状。在画板上，“<Path>”子图层将位于它自身形状外的内容剪切掉了。

> **AI** **提示**：要释放剪切蒙版，可以选中 Screen 图层，再单击“建立 / 释放剪切蒙版”按钮（ ）。

8.8　合并图层

为简化图稿，可以合并各个图层、子图层或对象组。而各个对象将会被合并到最后所选中的那个图层或对象组中。下面，将会把一些图层合并为一个图层。

1 单击图层面板中的 Text 子图层，它将呈高亮显示。按住 Shift 键，再单击 Background 图层，它也会高亮显示，如图 8.46 所示。

当前图层指示器（■）在最后选中的图层栏，也就是当前活动图层。而最后选中的图层，还决定了合并之后的图层名称和图层颜色。

> **注意：**只能合并图层面板中位于同一层级的图层。同样的，也只能合并位于同一个图层、层级相同的子图层。

2 单击图层面板菜单图标（![]），选择“合并所选图层”选项。3 个子图层中的内容将合并到 Background 子图层中，如图 8.47 所示。

这时，对象将会保持其合并前的图层上的堆叠顺序，并被添加到目标图层中。

3 双击 Background 图层名称左侧的缩览图，也可以双击该图层名称的右侧。在“图层选项”对话框中，在“颜色”下拉列表中选择“绿色”，这和 Screen 图层的图层颜色一样，如图 8.48 所示。单击“确定”按钮。

改变图层颜色的这步操作并不是必需的。而“图层选项”对话框中有很多之前已经使用过的选项，如重命名图层名称、预览 / 轮廓模式、锁定图层、显示 / 隐藏图层等。还可以取消选择“打印”选项，这样该图层上的内容将不会打印出来。

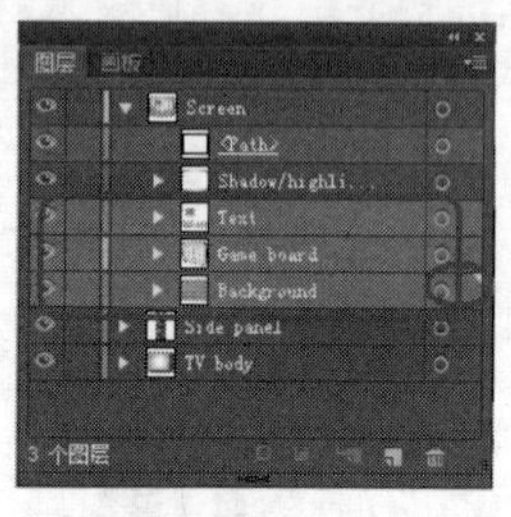

图8.46

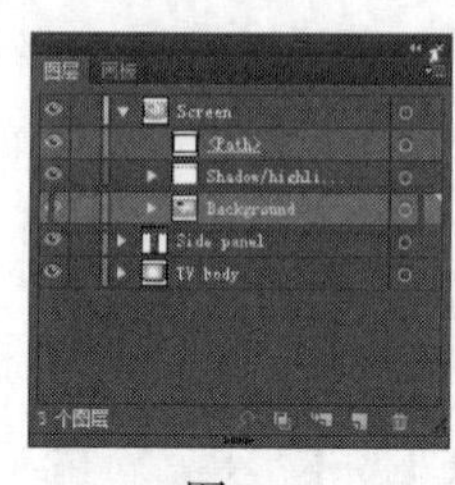

图8.47

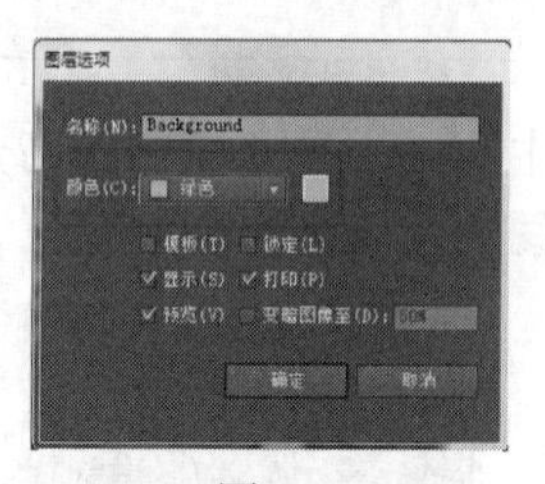

图8.48

4 按住 Alt 键（Windows 系统）或 Option 键（Mac 系统），单击 Screen 图层左侧的眼睛图标（👁），以隐藏其他图层的内容，再单击 Shadow/highlight 子图层左侧的可视性栏，在画板上显示该子图层的内容，如图 8.49 所示。确保 Background 子图层中的内容在画板上隐藏了。

5 选择菜单“选择”>“现有画板上的全部对象”。

6 确保选中了控制面板中的“对齐所选对象”按钮（![]），再单击“水平居中对齐”按钮（![]）和“垂直居中对齐”按钮（![]）。

> **注意：**对齐选项可能没有出现在控制面板中。此时可单击“对齐”字样。而控制面板中显示的选项数取决于屏幕分辨率。

7 在图层面板中，单击图层面板菜单图标（ ），选择“显示所有图层”选项。选择菜单“选择”>“取消选择”，如图 8.50 所示。

8 选择菜单“文件”>“存储”。

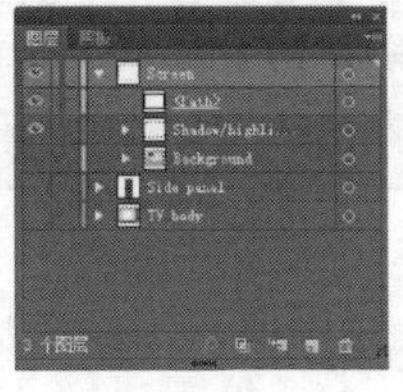
图8.49

图8.50

8.9 定位图层

创作图稿时，时常会需要选中画板上的内容，并在图层面板中定位与之相同的内容。这样有助于查看各个内容之间的组织方式。

1 使用选择工具单击并选中电视机右上角的任意一个按钮，如图 8.51 所示。

在图层面板中，选择指示器出现在了 Side panel 图层和 knobs 子图层栏的右侧。

2 单击图层面板底部的“定位对象”按钮（ ），在图层面板中显示 knobs 子图层中的该对象，如图 8.52 所示。

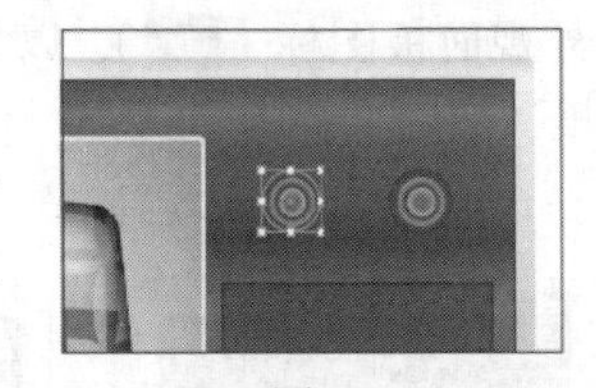
图8.51

图8.52

单击“定位对象”按钮，将会在图层面板中打开该内容所在图层，并显示出所选对象。在包含多个图层和内容的 Illustrator 中，这步操作很有帮助。

3 选择菜单“选择”>“取消选择”。

4 分别单击 Screen 图层和 Side panel 图层左侧的小三角，在图层面板中隐藏其中的内容。

8.10 将外观属性应用于图层

在图层面板中，可将外观属性，如样式、效果、透明度等应用于图层、对象组和对象。将外观属性应用于图层时，该属性将应用于图层中的所有对象。而将外观属性应用于特定对象时，仅会影响该对象，而不是整个图层。

> AI **注意**：更多关于如何使用外观属性的信息，请参阅第 13 课。

本节将会把效果应用于图层中的对象。下面，将该效果复制到另一个图层，以修改该图层上所有对象。

1 单击 TV body 图层名称左侧的小三角，在图层面板中显示该图层的内容。

2 单击面板最下面的“<路径>”对象右侧的目标图标（ ），如图 8.53 所示。

单击目标图标，表明要把效果、样式或透明度应用于图层、子图层或对象。也就是说，该图层、子图层或对象被命中了。而文档窗口中，其对应的内容也被选中了。当目标图标编程了双环图标（ 或 ）时，表明该对象命中了，而单环图标则表明该对象没有被命中。

> **注意：**单击目标图标也将在画板上选中该对象。也可以只在画板上选中对象，对其应用效果。

3 选择菜单“效果”>“风格化”>“投影”。在“投影”对话框中，如图 8.54 修改以下选项：

- 模式：正片叠底
- 不透明度：50%
- X 位移：0 in
- Y 位移：0.1 in
- 模糊：0.1 in

单击“确定”按钮。于是电视机的边缘将会出现投影效果，如图 8.55 所示。

注意“< 路径 >”子图层的目标图标( )上也出现了阴影效果,这表明有外观属性应用于该对象。

4 单击工作区右侧的外观面板图标（ ），以打开外观面板。注意到所选对象的列表中已经加入了“投影”效果，如图 8.56 所示。

图8.53

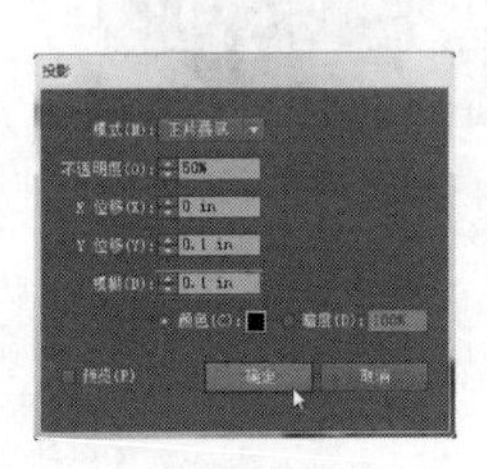

图8.54

图8.55

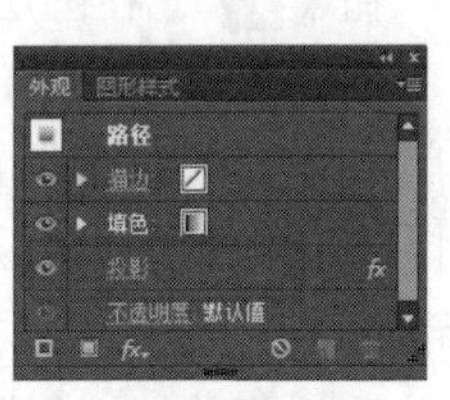

图8.56

5 选择菜单“选择”>“取消选择”。

下面，将使用图层面板将外观属性复制到另一个图层中去，再编辑该属性。

6 单击工作区右侧的图层面板图标（ ），以显示图层面板。再单击 Side panel 图层左侧的小三角，在图层面板中显示其中的内容。如此操作每个图层，在面板中显示所有的内容。

7 按住 Alt 键（Windows 系统）或 Option 键（Mac 系统），将 TV body 图层中最下层的“< 路径 >”子图层的目标图标（带阴影的）拖到 knobs 子图层的目标图标上。当 knobs 子图层的目标图标变为浅灰色时，依次松开鼠标和修正键，如图 8.57 所示。

这样阴影效果就应用于 knobs 子图层及其中的所有内容，如面板中带阴影的目标图标所示。

> **注意：**可以拖曳并复制带阴影的目标图标到任一图层、子图层、对象组或对象栏内，以应用外观面板中出现的属性。

下面，将编辑 knobs 对象中的阴影效果，让阴影更加明显些。

8 在图层面板中，单击 knobs 子图层名称右侧的目标图标（ ），如图 8.58 所示。

这将自动选中 knobs 子图层中的对象，而取消选择 TV body 中的对象。

9 单击工作区右侧的外观面板图标（ ）以显示外观面板。在外观面板中,单击“阴影”字样，如图 8.59 所示。

10 在“阴影”对话框中，将“不透明度”设为 80%，再单击“确定”按钮。这略微改变了按钮的过度色，如图 8.60 所示。

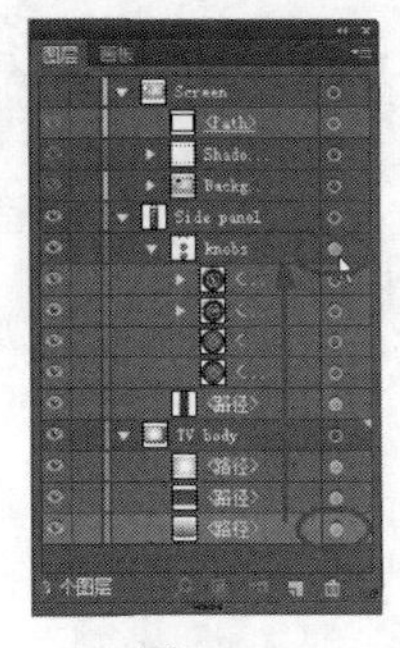

图8.57

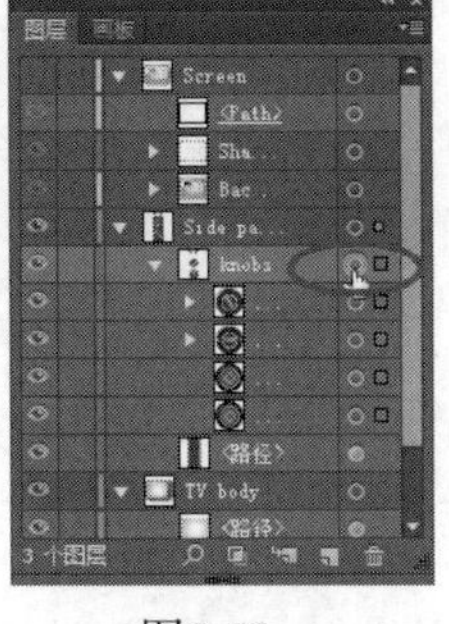

图8.58

图8.59

图8.60

11 选择菜单“选择”>“取消选择”。

12 选择菜单“文件”>“存储”。

8.11 隔离图层

图层处于隔离模式时，该图层中的对象将被隔离，以便编辑它们时不会影响到其他图层。下面，将一个图层置为隔离模式，并简单地编辑它。

1 单击工作区右侧的图层面板图标（ ），以显示图层面板。单击图层面板中的小三角，折叠图层面板中的所有内容。

2 单击并选中 Side panel 图层。

3 在图层面板菜单（ ）中选择“进入隔离模式”选项，如图 8.61 所示。

在隔离模式下，Side panel 图层的内容在画板中位于最上层，而其他内容均为灰色、被锁定而且不可选，这与对象组的隔离模式是一样的。图层面板中显示了一个名为“隔离模式”的图层和一个 Side panel 子图层。

4 按住 Shift 键，使用选择工具依次选中电视机右侧面板中的两个小按钮。

5 按两次键盘的向下键，将其向下移动，如图 8.62 所示。

图8.61

图8.62

6 按 Esc 键退出隔离模式。

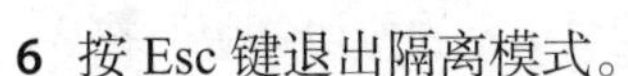

注意到此时图稿内容不再被锁定，而且图层面板显示了所有的图层和子图层。

7 选择菜单“选择”>“取消选择”。

此时图稿已经完成，但还可以将所有图层合并成一个图层，并删除空图层，这就是拼合图稿。交付只包含一个图层的文件可避免一些意外。比如，有些图层是隐藏的，或者没有打印出图稿的全部内容。要在合并特定图层的同时，保留隐藏图层，可以选中所有要合并的图层，再从图层面板菜单中选择“合并所选图层”选项。

8 选择菜单“文件”>“存储”，再选择菜单“文件”>“关闭”。

8.12 复习

复习题

1 指出创建图稿时使用图层的两个好处。

2 如何隐藏图层？如何显示各个图层？

3 描述出如何调整文件中图层的排列顺序。

4 修改图层的颜色有什么用途？

5 将多图层的文件粘贴到另一个文件中将发生什么？“粘贴时记住图层”选项有什么用处？

6 如何使用图层来建立剪切蒙版？

7 如何将效果应用于图层？如何编辑该效果？

复习题答案

1 创建图稿时使用图层的好处：有效组织图稿的内容；方便于选中特定内容；保护不想修改的图稿；隐藏不想处理的图稿，以免被分散注意力；控制选择要打印的内容。

2 要隐藏图层，可单击图层面板中图层名称左侧的眼睛图标（ ）；要显示图层，可单击最左边一栏（可视性栏）的空白处。

3 要调整图层的排列顺序，可在图层面板中单击图层名称并将其拖至新位置。而图层面板中各图层的顺序，决定了画板上图稿的堆叠顺序：面板顶部的图层位于文档画板中的最上层。

4 图层的颜色决定了图层中锚点及其方向线的颜色，并有助于识别文档的各个图层。

5 默认情况下，粘贴命令将多图层文件或从不同图层复制而来的对象粘贴到当前活动图层中。而“粘贴时记住图层”选项可保留各粘贴对象对应的原始图层。

6 要使用图层建立剪切蒙版，可选中该图层，并单击“建立 / 释放剪切蒙版”按钮（ ）。在该图层中，位于最上方的对象就会成为剪切蒙版。

7 单击要应用效果的图层的目标图标，再从“效果”下拉列表中选择一种效果，也可以在外观面板中单击“添加新效果”按钮（fx）。要编辑效果，先确保选择了相应的图层，再在外观面板中单击该效果名称。再出现的“效果”对话框中，可修改其中的设置。

第9课 使用透视绘图

本课概述

在这节课中，将会学习如何进行以下操作：

- 理解透视绘图；
- 使用预设网格；
- 编辑透视网格；
- 在透视下绘制和变换内容；
- 编辑网格平面和其中的内容；
- 把内容添加到透视网格；
- 创建文本，并将其添加到透视网格；
- 在透视下编辑符号。

学习本课内容大约需要 1.5 小时，请从光盘中将文件夹 Lesson09 复制到您的硬盘中。

在 Adobe Illustrator CC 中，可使用透视网格在透视下轻松地绘制或渲染图稿。透视网格能够在平面上呈现一个与实景近似的场景，仿佛人眼所看到的实景那样自然。

9.1 简介

在本课中，读者将使用透视网格来添加、编辑网格中的内容。但在此之前需要恢复 Adobe Illustrator CC 的默认首选项。然后，打开本课最终完成的图稿文件以查看最终效果。

1 为了确保工具和面板中的功能如本课所述，请删除或重命名 Adobe Illustrator CC 的首选项文件。

2 开启 Adobe Illustrator CC 软件。

3 选择菜单“文件”>“打开”，打开硬盘中 Lesson09 文件夹中的 L9end.ai 文件，以观察本课最终完成的图稿，如图 9.1 所示。在本课中，将会为一个化妆品广告创建一些产品的包装盒。

4 选择菜单“视图”>“画板适合窗口大小”。保留该文件为打开状态，以便之后参考，或者选择菜单“文件”>“关闭”。

5 选择菜单“文件”>“打开”，打开硬盘中 Lesson09 文件夹中的 L9start.ai 文件，如图 9.2 所示。

图9.1

图9.2

6 选择菜单“文件”>“存储为”，在该对话框中，切换到 Lesson09 文件夹并打开它，将文件重命名为 L9ad.ai，保留“保存类型”为 Adobe Illustrator（*.AI）（Windows 系统）或“格式”为 Adobe Illustrator（ai）（Mac 系统），单击“保存”按钮。而“Illustrator 选项”对话框均接受默认设置，并单击“确定”按钮。

7 选择菜单“窗口”>“工作区”>“重置基本功能”。

8 选择菜单“视图”>“画板适合窗口大小”。

9.2 理解透视网格

在 Illustrator 中，透视网格和透视选区工具能够以透视角度绘制和渲染图稿。可以将透视网格定义为一点透视、两点透视或三点透视，定义缩放效果、移动网格平面，还可以直接在透视角度绘制对象。甚至还可以使用透视选区工具将平面图稿放到网格平面中去。

1 单击图层面板图标（ ）以显示该面板。在图层面板中，选中 Perspective 图层，如图 9.3 所示。再次单击图层面板图标以折叠该面板组。

图9.3

2 在工具箱中选择透视网格工具（ ）。

默认情况下，出现在画板上的是两点透视网格（该网格不会被打印出来）。它可用于帮助以透视角度绘制和对齐画板中的内容。两点网格由多个平面或表面组成，默认情况下有左侧网格（蓝色）、右侧网格（橘色）和水平网格。

图 9.4 展示了默认透视网格及其组成部分。在本课中，可以及时查阅图 9.4 来帮助学习。

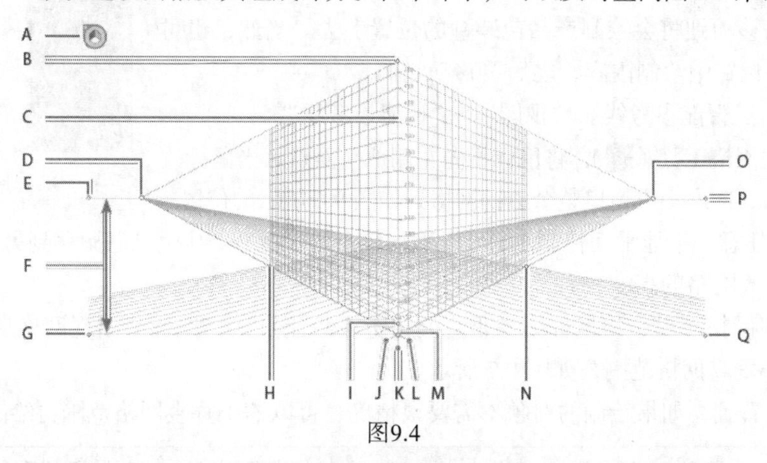

图9.4

A现用平面构件 B垂直网格范围 C透视网格标尺（默认不显示） D左侧消失点 E视平线 F视高 G地平面左控制点 H网格范围 I网格单元格大小 J右侧网格平面控制点 K水平网格平面控制点 L左侧网格平面控制点 M原点 N网格范围 O右侧消失点 P视平线 Q地平面左控制点

9.3 使用透视网格

开始在透视下绘制内容之前，了解透视网格并按需求来设置它将很有帮助。

9.3.1 使用预设网格

首先，练习使用 Illustrator 的一些预设网格。默认情况下，使用的是两点透视网格。还可以通过预设选项将其设为一点透视、两点透视或三点透视。

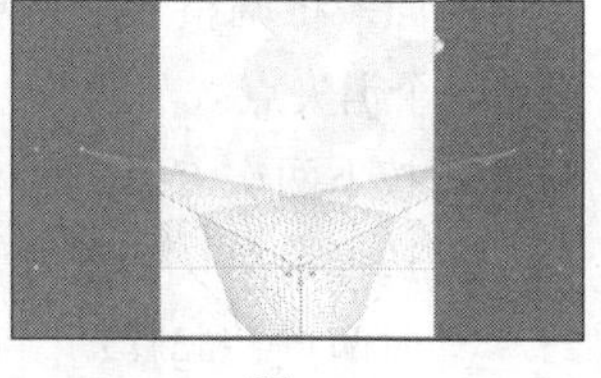

图9.5

1 选择菜单“视图”>“透视网格”>“三点透视”>“[三点 - 正常视图]”。此时网格变成了三点透视，如图 9.5 所示。

现在，除了每侧平面的消失点，还在地下或高空显示了这些平面的消失点。

> **注意：**一点透视对于观察公路、铁轨时很有帮助。两点透视可用于观察正方体（如建筑）或两条相交的公路，通常有两个消失点。三点透视常用于俯视或仰视建筑。

2 选择菜单“视图”>“透视网格”>“两点透视”>“[两点 - 正常视图]”。此时网格变成了默认的两点透视。

9.3.2 编辑透视网格

要在透视下创建图稿，可以先使用透视网格工具或“定义网格”命令来编辑网格。即使网格

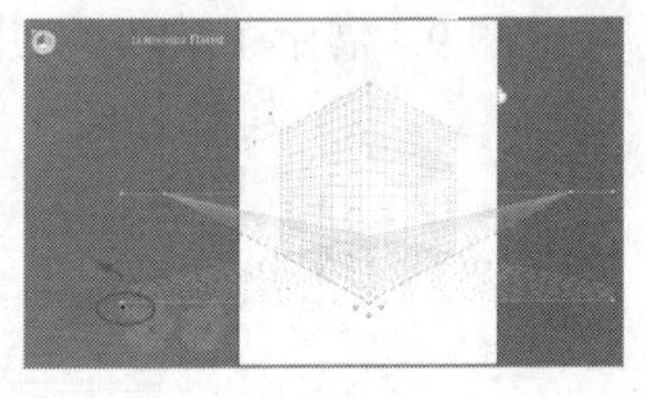

图9.6

上有内容，也可以修改网格，不过在添加内容前设置网格会更方便些。下面，要把网格移动到将会绘制产品包装盒的位置上去。当然，也可以在默认的网格位置中绘制内容，之后再移动它们。

1 确保开启了智能参考线。（“视图” > “智能参考线”）。

2 选择透视网格工具（），将鼠标指向左侧地平面点。当鼠标改变形状后，向左上方拖曳整个透视网格到如图 9.6 所示的位置。

拖曳左、右任意一个地平面控制点，可以移动整个透视网格，甚至可以搬移到另一个画板中去。下面，要修改网格的高度。

3 使用透视网格工具，将鼠标指向垂直网格范围控制点，当鼠标旁出现网格形状后，向下拖曳以缩小垂直网格范围，如图 9.7 所示。

本课后面会看到，如果绘制的对象不需要很精确，可以缩小垂直网格范围再绘图。

注意：本课的所有图中，“X” 处为鼠标拖曳的起始点。而有些图中的灰色线条是编辑透视网格前，它所在的初始位置。

4 将鼠标指向右侧的水平线控制点（原文为 horizon line，软件中被汉化为水平线，实际应为视平线），鼠标旁将会出现一个垂直双向箭头（）。单击并略微向上拖曳，直到度量标签中的数值大约为 270pt，如图 9.8 所示。

提示：水平线相对于地平线的位置，决定了观察者眼睛所处位置与物体位置的相对高低。

下面，将调整各个网格平面。以便绘制产品包装盒时，将其中一面显示得更多些。而这需要移动一个消失点。

5 按下两次 Ctrl+-（Windows 系统）或 Command+-（Mac 系统）组合键，以缩小视图。

6 选择菜单“视图” > “透视网格” > “锁定站点”。这将锁定左侧和右侧的消失点，以便调整时两点一起移动。

7 使用透视网格工具，将鼠标指向右侧的消失点。当鼠标旁出现水平双向箭头（）时，向右拖曳直到度量标签中 X 值大约为 15 in 为止，如图 9.9 所示。

这将修改网格中的两个平面，而创建的产品盒子显示更多的将会是右侧。

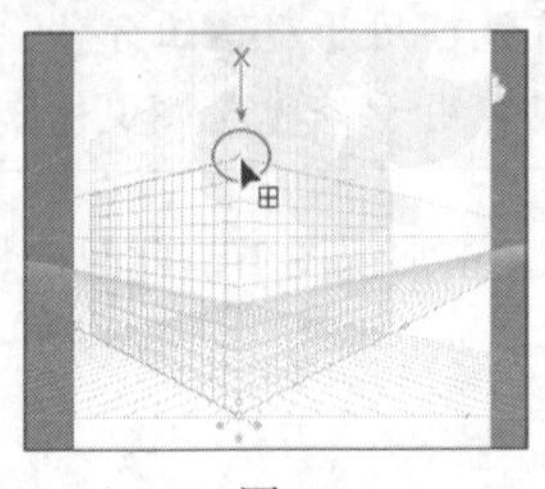

图9.7

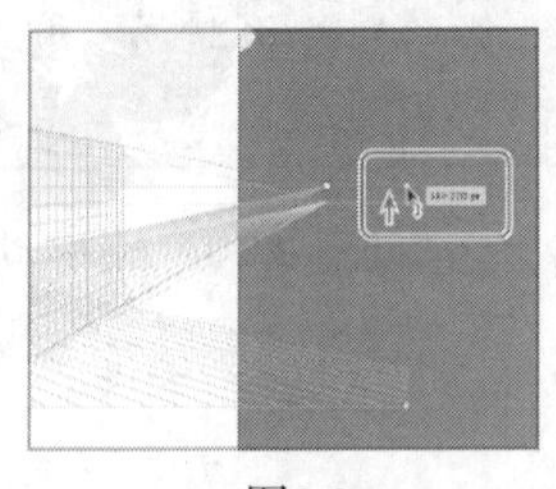

图9.8

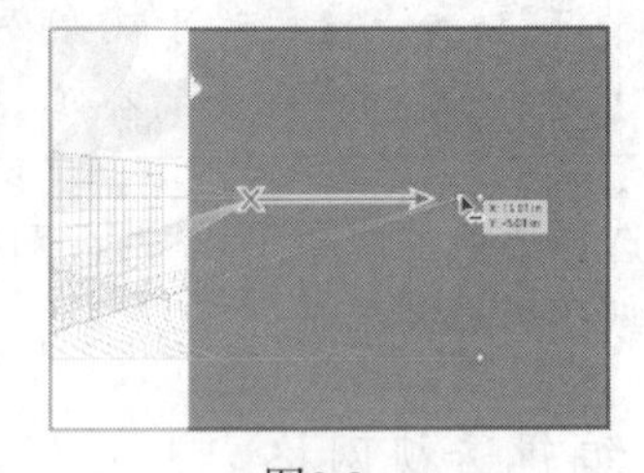

图9.9

要在一定透视角度下创建图稿时，按需求设置网格很重要。下面，将通过“定义透视网格”

对话框来观察透视网格的一些设置选项。

8 选择菜单“视图”>“画板适合窗口大小”。

9 选择菜单“视图”>“透视网格”>“定义网格”。

10 在“定义网格”对话框中，修改以下选项后单击“确定”按钮即可，如图 9.10 所示：

- 单位：英寸
- 网格线间隔：0.3 in

修改网格线间隔选项，可以调整网格单元的大小，以便使用网格绘制和编辑时更加精确。这是因为默认情况下，绘制的内容会与网格线对齐。如果涉及现实中的测量数据时，还可以修改网格的“缩放”选项。另外，还可以使用“定义网格”对话框来编辑“水平高度”、“视角”等选项。本课示例中将“网格颜色和不透明度”保留为默认选项即可。

注意：设置完“定义网格选项”后，可将其存储为一个预设，以便以后使用。为此，可在修改完“定义网格选项”对话框中的设置后，单击“存储预设”按钮（）。

操作结束后得到的网格应大致与下图 9.11 一致。

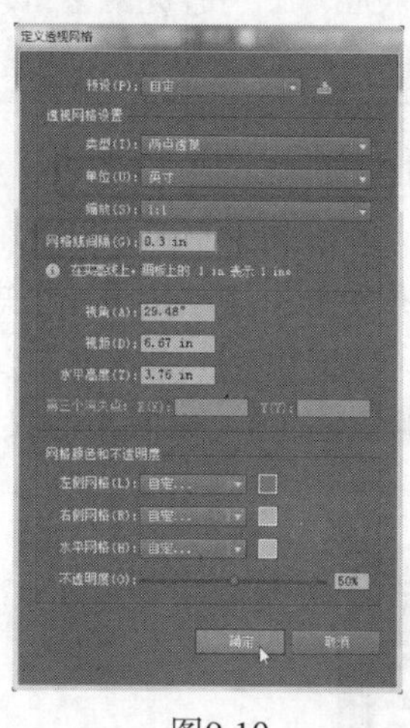

图9.10

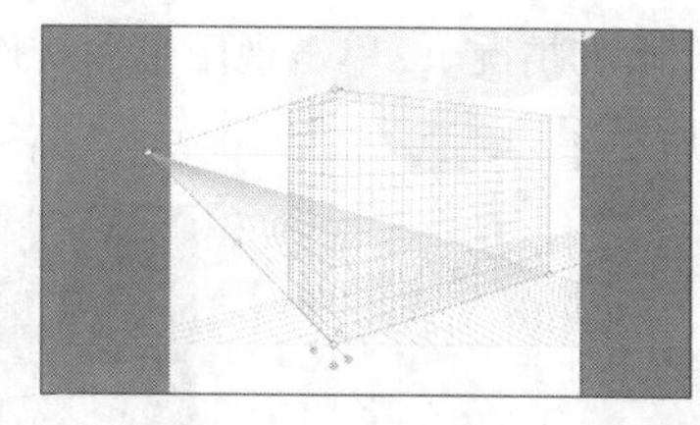

图9.11

注意：更多关于“定义网格选项”对话框的选项，请自行在 Illustrator 帮助中搜索关键字“透视绘图”（“帮助”>“Illustrator 帮助”）。

11 选择菜单“视图”>“透视网格”>“锁定网格”。

这个命令将限制网格的移动，以及透视网格工具中的一些网格编辑功能。此时，只能修改网格的可视性及各个网格平面的位置。

12 选择菜单“文件”>“存储”。

9.3.3 在透视下绘制对象

要在透视下绘制对象，可在网格可见的情况下，使用直线段工具组和矩形工具组中的工具（光晕工具除外）。在使用这些工具绘图前，需要使用现用平面构件或键盘快捷键来选择将内容关联到的网格平面，如图 9.12 所示。

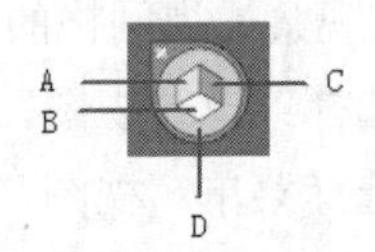

图9.12

A 左侧网格（1） B 水平网格（2） C 右侧网格（3） D 无现用网格（4）

默认情况下，透视网格显示后，现用平面构件将出现在文档窗口的左上角。可使用它来制定活动的现用网格平面。在现用平面构件中，可以看到选中的网格平面。另外，也可使用键盘快捷键选中所需网格平面。

1 选择工具箱中的矩形工具。

2 在现用平面构件中，选择左侧平面（1），如图 9.13 所示。

图9.13

3 将鼠标指向透视网格的原点（底部三个平面的相交点）。注意到鼠标旁出现了一个左向箭头，这表明将要在左侧平面上绘图。向左上方拖曳直到度量标签显示宽为 2.4 in，高为 3 in，如图 9.14 所示。

在透视下绘图时，还可以使用绘制对象时的常用快捷键，如按住 Shift 键拖曳以约束移动方向等。

> **提示**：要关闭对齐网格功能，可以选择菜单“视图”>“透视网格”>“对齐网格”。默认情况下，是开启对齐网格功能的。

4 在选中矩形的情况下，在控制面板中将填色设为橘红色的 Box Left 色板，如图 9.15 所示。

5 在控制面板中将描边色设为“[无]”。

有很多种向透视网格中添加内容的方法。下面，将使用不同方法创建另一个矩形。

6 按下两次 Ctrl++（Windows 系统）或 Command++（Mac 系统）组合键，以放大视图。

7 在仍选中矩形的情况下，单击现用平面构件中的右侧平面（3），以便在右侧平面上透视绘图，如图 9.16 所示。

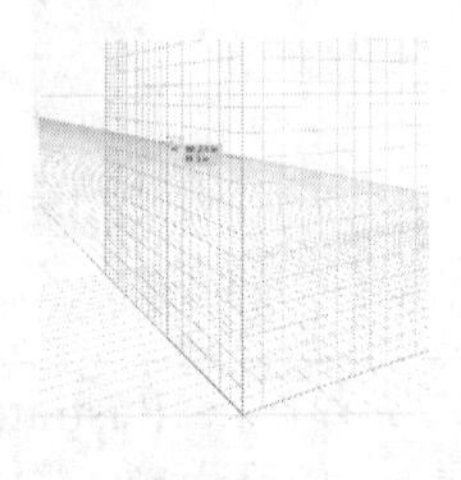

图9.14

图9.15

图9.16

> **注意**：放大视图后，在靠近消失点处可以看到更多的网格线。所以，如果网格和本课图中有所不同，这没有关系，因为这取决于视图放大的程度。

8 将鼠标指向绘制的矩形的右上角，出现“锚点”字样后单击。在出现的对话框中，显示的是最后绘制的矩形的宽和高。然后单击“确定”按钮，如图 9.17 所示。

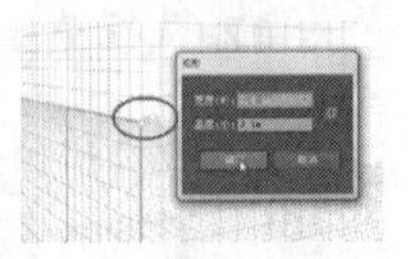

图9.17

注意到现在鼠标旁出现了一个右向箭头，这表明可以在右侧网格上绘图了。

9 单击工作区右侧的图形样式图标（ ）以显示该面板。在仍选中新建矩形的情况下，单击 Box Right 图形样式以应用它，如图 9.18 所示。

图形样式可用于保存自行创建内容的格式，再将其用于其他地方。在对另一个对象应用渐变色时，这对于统一两个对象的外观很有帮助。

> **AI** | **注意**：更多关于如何使用图形样式的信息，请参阅第 13 课。

10 使用矩形工具单击现用平面构件的水平网格（2），以在水平平面上透视绘图。

11 将鼠标指向左侧平面的矩形上的左上角点。出现“锚点”字样和一个空心的锚点时，单击并拖至右侧平面的矩形上的右上角点。空心的锚点出现在其右上角点时，松开鼠标，如图 9.19 所示。

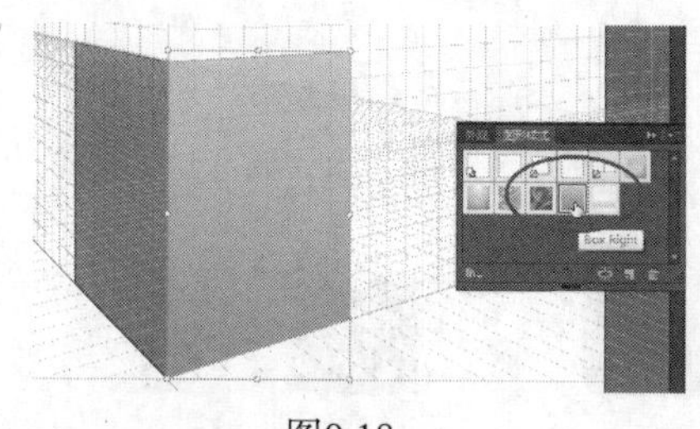

图9.18

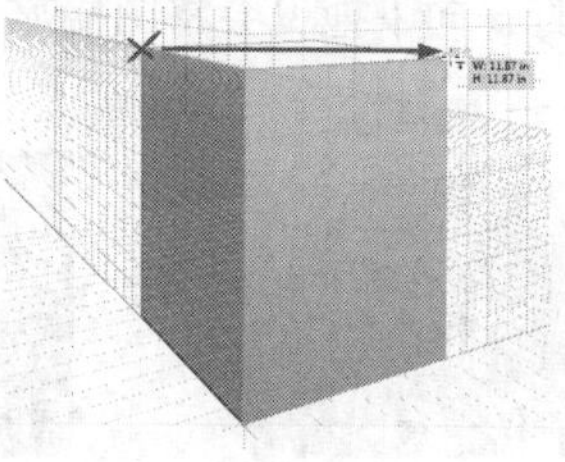

图9.19

12 仍选中该新建矩形，在控制面板中将填色设为橘红色的 Box Top 色板。

13 选择菜单“视图”>“透视网格”>“隐藏网格”，以隐藏透视网格并观察图稿。

9.3.4　在透视下选择和变换对象

可使用选择工具或透视选区工具（ ），在透视下选择对象。透视选区工具使用活动的现用平面的设置来选择对象。如果要使用选择工具拖曳在透视下创建的对象，它还将位于同一网格平面上，但不会再自动对齐透视网格。

下面，将移动之前绘制的矩形并调整它们大小。

1 选择菜单“视图”>“画板适合窗口大小”。

2 选择菜单“视图”>“透视网格”>“显示网格”。

3 选择透视网格工具（ ），切换到其隐藏工具组下的透视选区工具（ ）。单击以选中右侧平面中的渐变色矩形。注意到此时在现用平面构件中，已切换到了右侧平面（3）。

4 选中透视选区工具，将其右上角向左上方拖曳，直到度量标签显示宽为 2.1 in，高为 3.3 in 为止，松开鼠标，如图 9.20 所示。确保此时矩形与网格线对齐。

注意到在画板上，该矩形位于盒子顶层矩形的下层。透视网格中的内容的堆叠顺序，与没有透视网格时它们应有的顺序相同。

> **AI** | **提示**：放大网格的视图，以便调整内容的大小时更加方便。

5 选择菜单“对象”>“排列”>“置于顶层”。

6 使用透视选区工具，单击以选中左侧平面中的矩形。单击控制面板中的“变换”字样，并选中“参考点定位器”底部中间的点。取消选择“约束宽度和高度比例”按钮（），将高度设为 3.3 in，如图 9.21 所示。

注意：在控制面板中可能可以直接看到变换选项，这取决于屏幕分辨率。

7 在工具箱中选择缩放工具，在产品盒子顶部单击数次以放大视图。

8 切换到透视选区工具，单击以选中产品盒子顶部的红色矩形。向上拖曳矩形的中心处，将其拖至其他两个矩形的上方，如图 9.22 所示。

使用透视选区工具向上或向下拖曳水平网格，可以将其变小或变大。在透视下，向上拖曳会将图稿远离视野，向下拖曳会将图稿靠近视野。

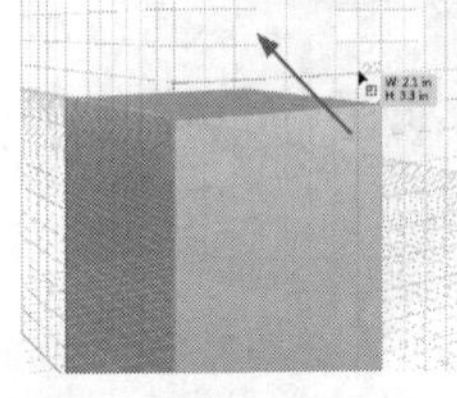

图9.20

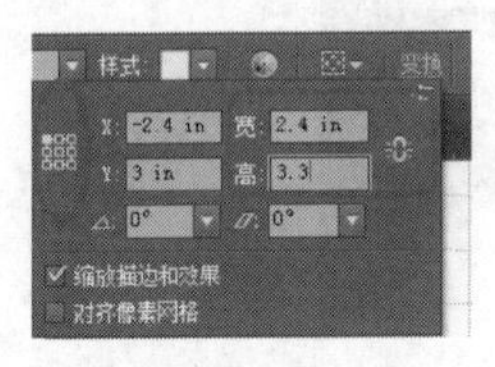

图9.21

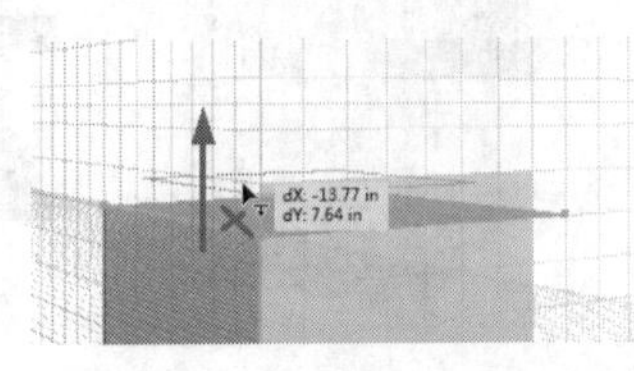

图9.22

提示：要将对象从一个平面移动到另一个平面，还可以使用键盘快捷键。选中对象，使用透视选区工具拖曳它，此时仍不要松开鼠标。根据要移动的目的平面，与现用平面构件中的数字对应，按键盘 1、2 或 3 数字键。

9 按下两次 Ctrl++（Windows 系统）或 Command++（Mac 系统）组合键，以放大网格视图。

10 拖曳顶部矩形最左侧的点，让它与左侧平面的矩形的左上角对齐，如图 9.23 所示。拖曳顶部矩形最右侧的点，让它与右侧平面的矩形的右上角对齐，如图 9.24 所示。

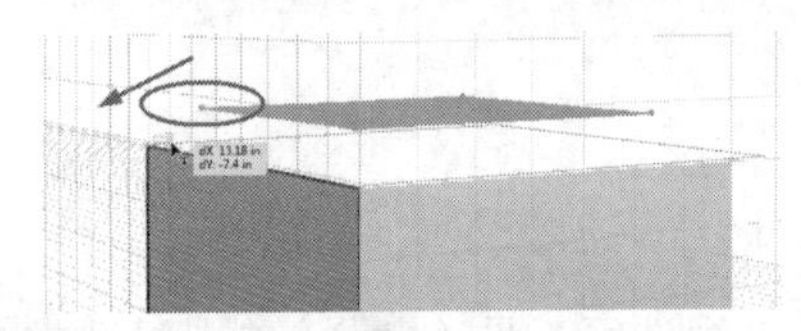

图9.23 对齐左锚点

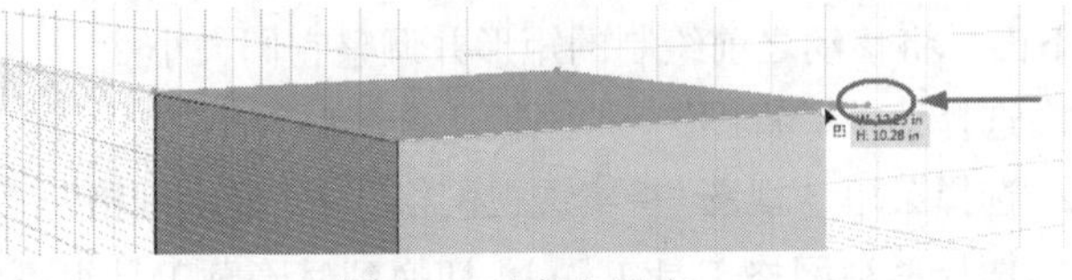

图9.24 对齐右锚点

11 选择菜单“文件”>“存储”，再选择菜单“选择”>“取消选择”。

9.3.5 在透视下复制内容

在 Illustrator 中可以很方便地在透视下复制内容。下面，将会在透视下复制对象，还将沿现有对象的垂直方向移动对象。

1 选择菜单“视图”>“画板适合窗口大小”。

2 选择菜单“视图”>“透视网格”>“解锁网格”，这样就可以编辑网格了。

3 在工具箱中选择透视网格工具（![]），并将鼠标指向右侧的网格范围控制点。当鼠标旁出现网格图标（田）时，将其拖至右侧平面内的矩形的右侧边缘，如图 9.25 所示。

修改网格平面的范围，可以看到更多或更少的网格线。

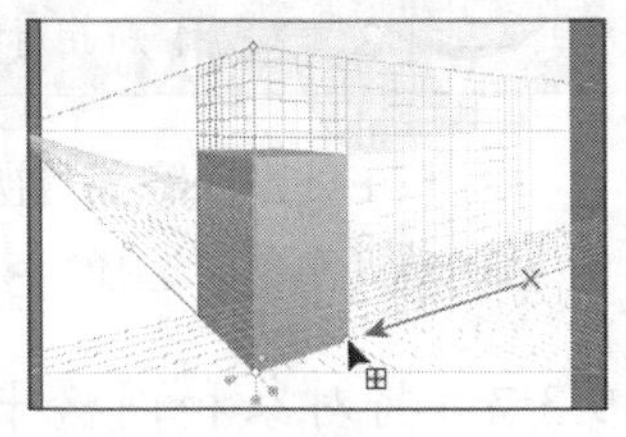
图9.25

下面，将会在这个产品包装盒的左侧创建另一个盒子。首先要做的就是复制内容。

4 切换到透视选区工具（![]），单击右侧网格平面上的渐变色矩形，如图 9.26 所示。将矩形向左侧拖曳，拖曳时按住 Alt +Shift（Windows 系统）或 Option+Shift（Mac 系统）组合键，当度量标签显示 dX 约为 -1.4 in 时松开鼠标，如图 9.27 所示。

Shift 键可将对象的移动角度约束为 45°，而 Alt 键（Windows 系统）或 Option 键（Mac 系统）则用于复制对象。

> **AI** **提示：**要在透视下移动对象，还可以选择“再次变换”命令(“对象”>“变换”>“再次变换”)，也可以使用键盘快捷键 Ctrl+D（Windows 系统）或 Command+D（Mac 系统）组合键。

5 向左上方向拖曳新建矩形的右上角，让其更窄、更高些，直到度量表现现实宽约为 0.62 in，高约为 5.8 in 为止，如图 9.28 所示。

> **AI** **提示：**要使矩形更精确，可以放大图稿的视图，也可以在控制面板、变换面板中直接修改矩形的宽和高。

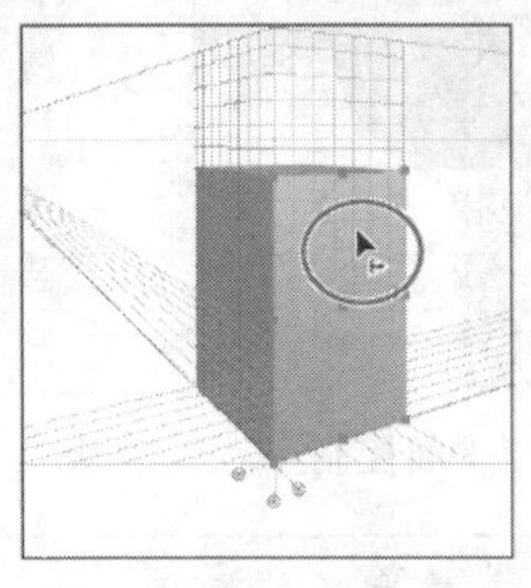
图9.26

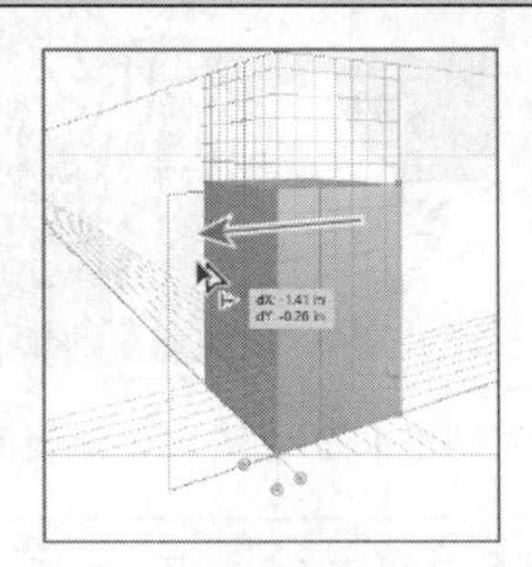
图9.27

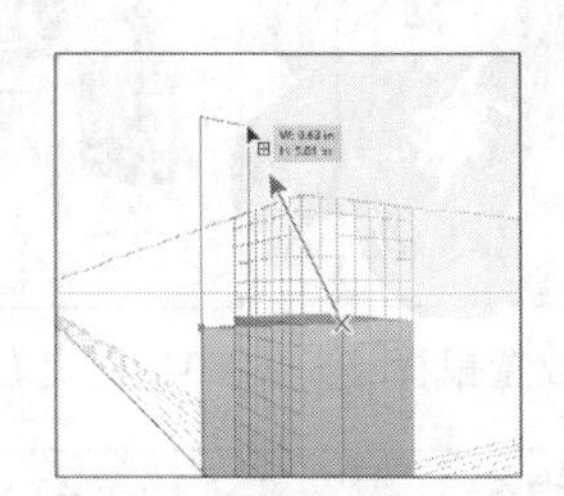
图9.28

9.3.6 沿垂线方向移动对象

下面，要沿现有对象的垂直方向移动对象。这对于创建平行对象（如椅子脚）将很有帮助。

1 在新建矩形仍被选中的情况下，按住键盘数字键 5，并将矩形向右移动一些。直到度量标签中的 dX 值约为 0.25 in 时，依次松开鼠标和按键，如图 9.29 所示。

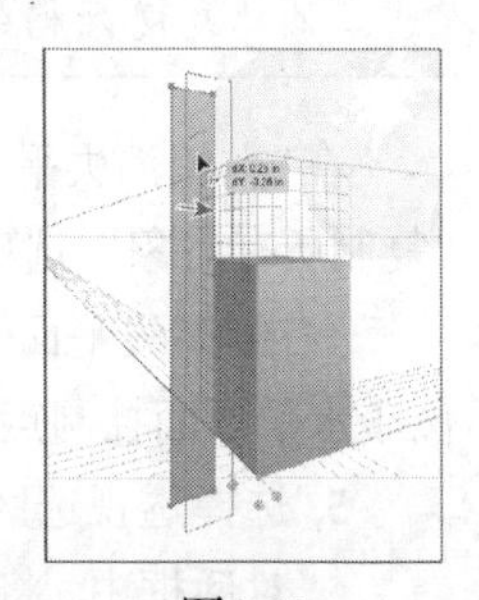
图9.29

这一步操作是沿对象的当前位置平行移动它自身。还可以在拖曳时，按住 Alt 键（Windows 系统）或 Option 键（Mac 系统），可以在拖曳时复制该对象。

注意：绘制或移动对象时，键盘数字键 5 是沿垂线方向移动对象，而数字键 1、2、3 或 4 则用于转换平面。

2 按 Esc 键以隐藏透视网格。

3 选择菜单“选择”>“取消选择”，再选择菜单“文件”>“存储”。

9.3.7 将对象和网格平面一起移动

绘图时，最好能在绘图前编辑网格。但在 Illustrator 中，还可以通过移动网格平面，达到之前沿垂直方向移动对象的效果。这在精确的垂直移动中很有帮助。

1 按下 Alt +Shift+I（Windows 系统）或 Option+Shift+I（Mac 系统）组合键，以显示透视网格。

2 切换到缩放工具，单击两次右侧的橘色盒子的左下角，以放大透视网格。

3 切换到透视选区工具（ ），将鼠标指向右侧网格平面控制点，如图 9.30 所示。当鼠标旁出现双向箭头时，向右拖曳直到度量标签显示 D: 0.5 时，松开鼠标，如图 9.31 所示。这步操作仅会移动右侧网格平面，而不会移动它上面的对象。

注意到网格平面一栋楼，但是图稿仍停留在原处。下面，要把右侧网格平面拖至原来的位置。

4 双击该右侧网格平面控制点。在“右侧消失平面”对话框中，将“位置”设为 0 in，并确保“对象选项”下选中了“不移动”，单击“确定”按钮，如图 9.32 和图 9.33 所示。

图9.30 放置鼠标

图9.31 拖曳右侧网格平面

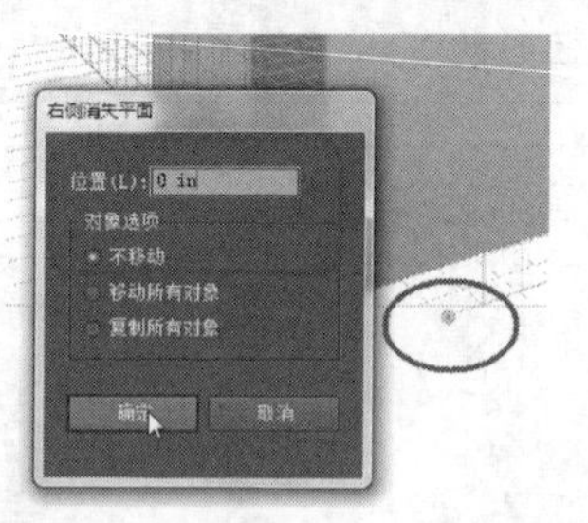

图9.32 编辑网格平面控制点

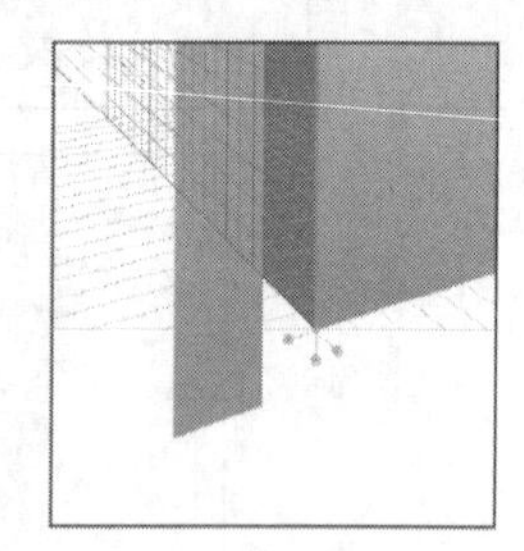

图9.33 观察结果

提示：要使用网格平面控制点来移动平面，还可以选择菜单“编辑”>“还原透视网格编辑”，该平面就会返回原处。

在“右侧消失平面”对话框中，“不移动”选项可以确保仅移动网格平面，而不移动它上面的对象。“复制所有对象”选项则是移动网格平面，并将平面上对象的副本随平面一起移动。

“右侧消失平面”对话框中的“位置”起始于站点，也就是 0 处。而在透视网格中，站点则是位于水平平面控制点正上方的绿色小圆点。

5 选择透视选区工具，双击左侧网格平面控制点，如图 9.34 中箭头处所示。在“左侧消失平面”对话框中，将“位置”设为 –1.4 in，选中“复制所有对象”后单击“确定”按钮，如图 9.35

所示。这将把左侧平面向左移动（正值将平面向右移动），并让该矩形的副本随平面一起移动。

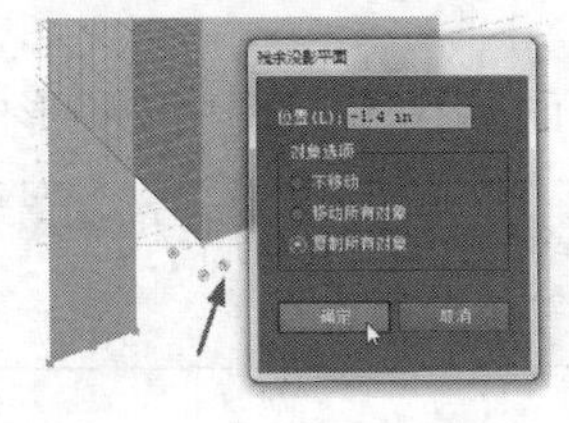
图9.34

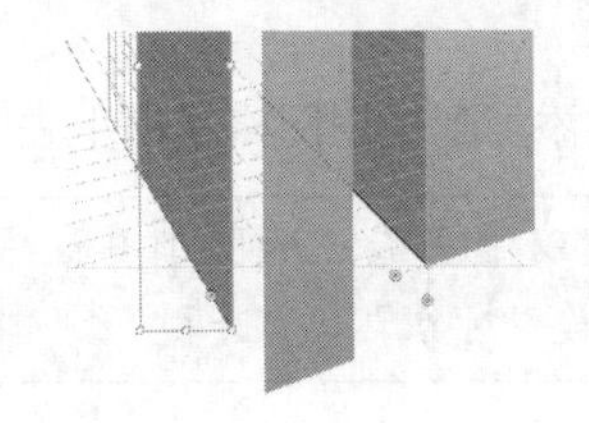
图9.35

也可以使用键盘快捷键来移动网格平面。按住 Alt 键（Windows 系统）或 Option 键（Mac 系统），并拖曳一个网格平面控制点，会一起移动平面和它上面对象的副本；按住 Shift 键，拖曳一个网格平面控制点，将会一起移动平面和它上面的对象。

提示：如果先选中网格平面上的一些对象，按住 Shift 键，再拖曳网格平面控制点，这将会把平面和所选对象一起移动。

下面，将会调整新得到矩形的大小，以便它可以成为左边的产品包装盒的左侧面。

6 拖曳新矩形的右下角，将其与高矩形的左下角对齐，如图 9.36 所示。

7 选择菜单“视图”>“画板适合窗口大小”。

8 拖曳新矩形的右上角，将其与高矩形的右上角对齐，如图 9.37 所示。

9 向右拖曳新矩形左边缘的中间点，直到度量标签中的宽度大约为 0.65 in 为止，如图 9.38 所示。

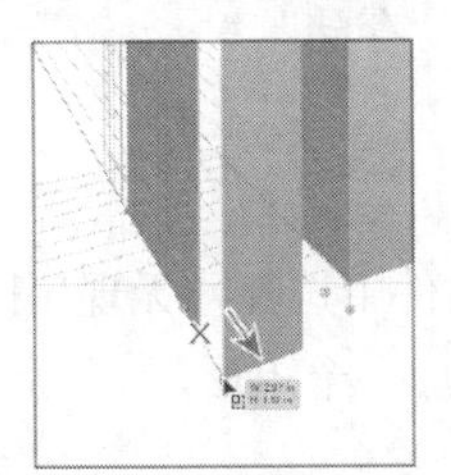
图9.36 拖曳右下角

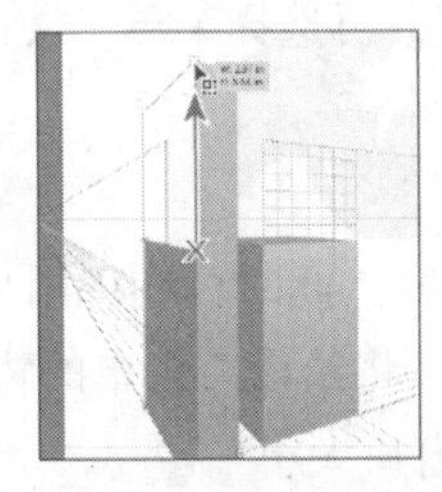
图9.37 拖曳右上角

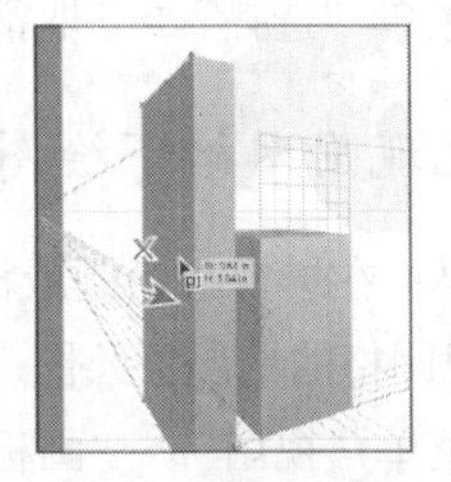
图9.38 修改宽度

10 选择菜单“选择”>“取消选择”，再选择菜单“文件”>“存储”。

9.3.8 把对象添加到网格平面

如果已经创建好了对象，可在 Illustrator 中将其添加到透视网格中的现用网格。下面，将向产品包装盒上添加一个花朵 Logo。

1 选择菜单“视图”>“画板适合窗口大小”。

2 选择工具箱中的透视选区工具，在现用平面构件中选择右侧网格（3），以确保花朵将会被添加到右侧网格平面，如图 9.39 所示。

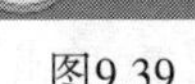

图9.39

提示：要选择现用平面，还可以直接使用键盘数字键：1 左侧网格；2 水平网格；3 右侧网格；4 无现用网格。

3 使用透视选区工具，将画板左下角的一个红色花朵拖曳到右边盒子的右侧平面上去，如图 9.40 所示。

这样，对象就被添加到现用网格平面上去了。而它现在位于图稿中矩形的下层。

> **注意**：还可以使用透视选区工具选中对象后，在现用平面构件中确定目标平面，再选择菜单“对象”>“透视”>“附加到现用平面”。

4 选择菜单“对象”>“排列”>“置于顶层”。

5 选择菜单“视图”>“放大”，操作数次，以放大盒子的视图。

6 使用透视选区工具，按住 Alt+Shift 键（Windows 系统）或 Option+Shift 键（Mac 系统），向中心处拖曳花朵形状选框的右上角，直到度量标签显示宽约为 1.5 in 为止，如图 9.41 所示。

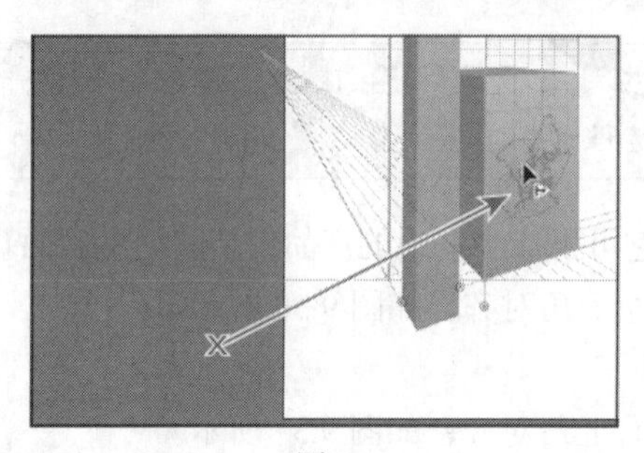

图9.40

图9.41

7 选择菜单“选择”>“取消选择”，再选择菜单“文件”>“存储”。

9.3.9 在无现用网格下绘图

有时需要不在透视下绘制或添加内容。此时可在现用平面构件中选择“无现用网格（4）”，这样可以在无视网格的情况下绘图。下面，将给该广告单的背景添加一个矩形。

1 选择菜单“视图”>“画板适合窗口大小”。

2 单击图层面板图标（），以打开该面板。在图层面板中，选择 Background 图层，单击其名称左侧的锁定图标（）以解锁该图层中的内容，如图 9.42 所示。

图9.42

3 在工具箱中选择矩形工具，并在现用平面构件中选择“无现用网格（4）”。这将在平面上添加内容，如图 9.43 所示。

4 从画板的左上角一直拖曳到画板的右下角，以创建一个画板大小的矩形，如图 9.44 所示。

5 单击图形样式面板图标（）以打开该面板。在选中新得到的矩形的情况下，单击以应用工具提示为 Background 的图形样式，如图 9.45 所示。

6 选择菜单“对象”>“排列”>“后移一层”。

7 在图层面板中，单击 Background 图层名称左侧的编辑栏，以锁定 Background 图层中的内容，如图 9.46 所示。

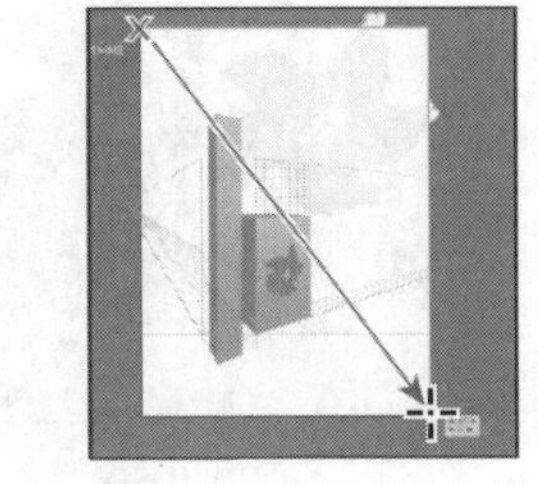

图9.43 选择“无现用网格” 图9.44 创建矩形

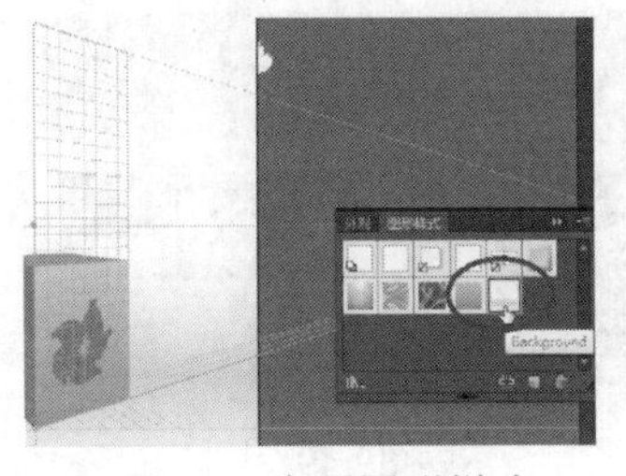

图9.45 应用图形样式

图9.46

8 选中 Perspective 图层，以便将内容添加到该图层。单击图层面板标签以隐藏该面板。

9.3.10 在透视下添加和编辑文本

在透视网格可见的情况下，无法直接将文本加入到透视平面中。但可在正常模式下创建文本，然后将其加入到透视平面中去。下面，将添加一些文本，并在透视下编辑文本。

1 选择文字工具（T）。在画板空白处单击并输入 La Nouvelle，按回车键后再输入 Femme。

2 使用文字工具选中该文本，在控制面板中将其字体设为 Trajan Pro 3，并将其字体大小设为 20pt，如图 9.47 所示。

注意：如果在控制面板中没有出现字体格式选项，可单击“字符”字样以打开“字符”面板。

3 单击控制面板中的“居中对齐”按钮（），将文本居中对齐。

4 切换到透视选区工具。按下数字键 3，以选中右侧网格（3）。将文本拖至盒子上花朵的下方，如图 9.48 所示。

图9.47

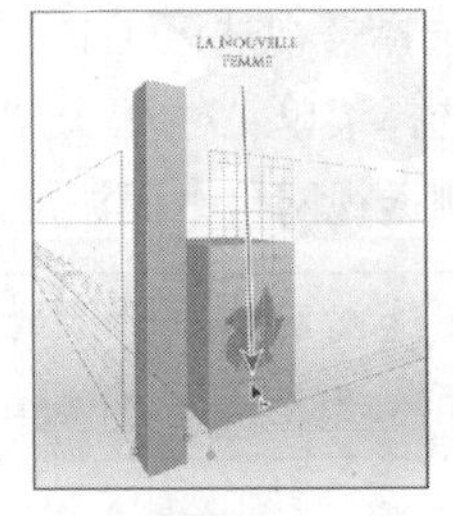

图9.48

5 在仍选中该文本对象的情况下，使用透视选区工具双击进入隔离模式。此时自动切换到了文字工具。

提示：要进入隔离模式编辑文本，还可以单击控制面板中的“编辑文本”按钮（）；要退出隔离模式，还可双击文档窗口的文档标签下方的左向灰色箭头。

6 双击 Femme 单词，在控制面板中，将其字体大小设为 24pt，然后单击“字符”字样并将行距设为 22pt，如图 9.49 和图 9.50 所示。按 Esc 键以退出字符面板。

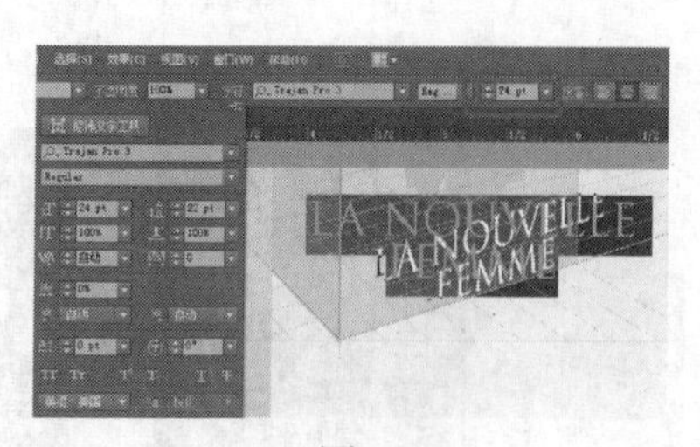

图9.49

图9.50

7 选中文本，在控制面板中将其填色设为 White（白色）。

8 按 Esc 键以退出隔离模式。

注意：可以放大视图从而更加方便地编辑文本。

9.3.11 移动平面以匹配对象

在透视下，要在现有对象（本例为包装盒）的同个深度（或高度）绘制或添加对象时，可将对应的网格直接放置在需要的高度或深度。下面，将右侧网格平面移动到高的包装盒的右侧平面处，并在高的盒子的右侧平面上添加一些文本。

1 使用选择工具单击以选中画板左上角的白色文本 La Nouvelle Femme。

2 选择菜单“对象”>“变换”>“旋转”。在“旋转”对话框中，将“角度”设为 90°，并选中“预览”复选框，再单击“确定”按钮，如图 9.51 所示。

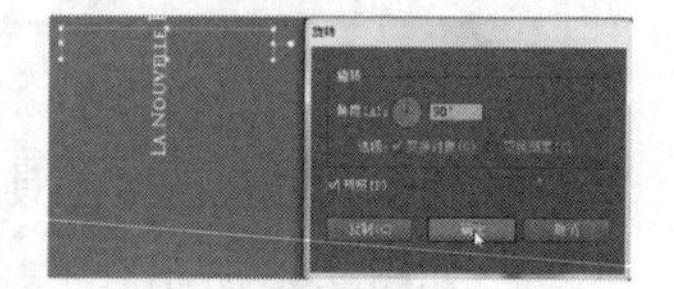

图9.51

大多数情况下，在将对象添加到透视网格之前旋转它会比较方便。

3 在工具箱中选择透视选区工具（ ），单击以选中高的包装盒的右侧面。选择菜单“对象”>“透视”>“移动平面以匹配对象”，如图 9.52 和图 9.53 所示。下面，向右侧透视网格平面添加的内容都将与该包装盒右侧面处于同一深度（或高度）。

注意：右侧透视网格平面上的网格线很可能没有覆盖那个高的包装盒的右侧面，这没有关系。可以想象得到这些网格线是在该平面上无限延伸的。

4 使用透视选区工具单击以拖曳旋转后的文本对象，将其拖至高包装盒右侧面的左下角，如图 9.54 所示。

图9.52 移动前的网格平面

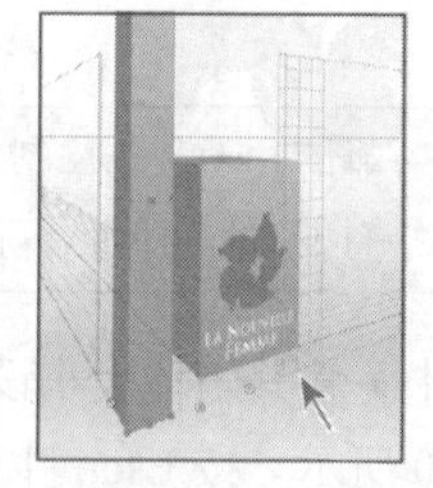

图9.53 移动后的网格平面

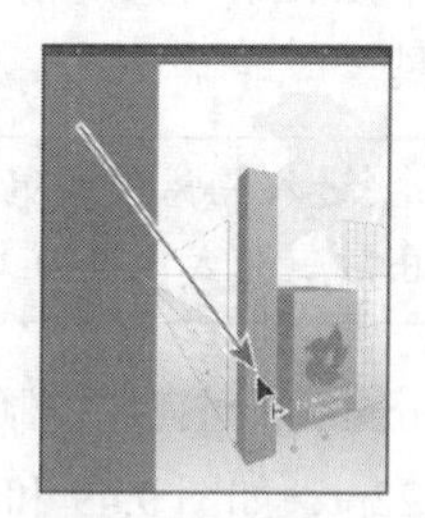

图9.54 置入文本

5 选择菜单“对象”>“排列”>“置于顶层”，将文本放在该包装盒的顶层。

要完成这个高的包装盒，还要为其添加一个红色花朵。

6 仍使用透视选区工具，并确保现用平面构件中选择的是右侧网格（3）。

7 拖曳画板左下角的另一个花朵，将其拖至高包装盒的右侧面上，使它位于文本的上方。

8 选择菜单“对象”>“排列”>“置于顶层”，将花朵放在盒子的顶层。

9 选择菜单“视图”>“放大”，操作数次，以放大视图。

10 选中透视选区工具，将其拖入如图 9.55 所示位置处。按住 Alt+Shift（Windows 系统）或 Option+Shift（Mac 系统）组合键，向中心处拖曳花朵形状选框的右上角，直到度量标签显示宽约为 0.5 in 为止，如图 9.56 所示。结果如图 9.57 所示。

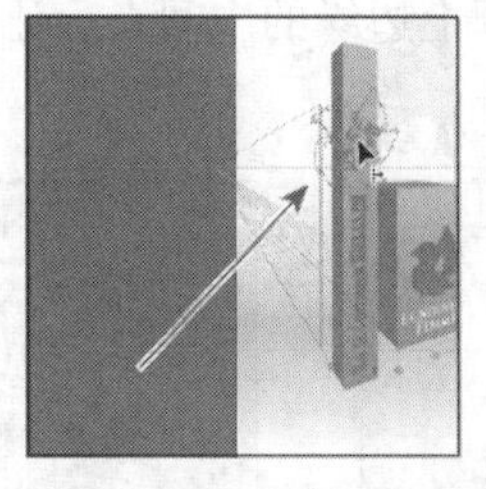

图9.55 添加花朵到透视网格

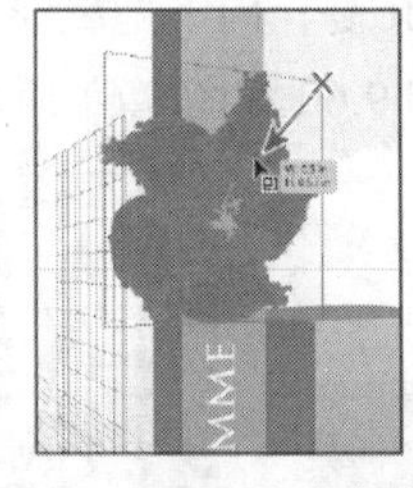

图9.56调整花朵大小

图9.57观察结果

11 使用透视选区工具，单击以选中白色文本 LA NOUVELLE FEMME，再选择菜单“对象”>“排列”>“置于顶层”，将文本置于花朵的上层。

12 选择菜单“选择”>“取消选择”，再选择菜单“文件”>“存储”。

自动平面定位

使用自动平面定位选项，将鼠标悬停在锚点或网格线交叉点并按住Shift键，可以暂时移动该位置的现用网格平面。

如图9.58所示，自动平面定位选项位于“透视网格选项”对话框中，要打开该对话框，可双击工具箱中的透视网格工具（）或透视选区工具（）。

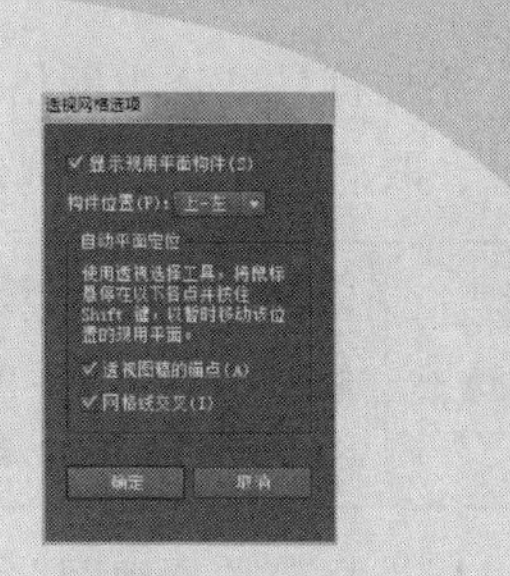

图9.58

9.3.12 添加符号到透视网格

透视网格可见时，向透视网格中添加符号是一种很好的添加重复内容（如窗户）的方法。与文本一样，可在正式模式下创建符号，再将其加入到透视平面中去。下面，将把一个花朵添加到包装盒上。

AI 注意：要添加到透视网格中的符号不能包括光栅图像、封套或渐变网格。

1 使用透视选区工具单击以选中高包装盒的左侧面。这可以确保选中了其所在的正确网格平面。这是因为所选对象附加在网格上，选中它的同时也选中了该网格平面。

2 单击工作区右侧的符号面板图标（ ）以展开“符号”面板。在“符号”面板中将 Orange Flower 符号拖到高包装盒的左侧面处，如图 9.59 所示。注意到此时该花朵没有在透视网格上。

> AI **注意：**更多关于符号的信息，请参阅第 14 课。

3 使用透视选区工具，将所选符号拖到高包装盒左侧面的底部，以将它附加在左侧网格平面上。

4 切换到缩放工具（ ），在该花朵符号实例处单击数次以放大视图。

5 切换到透视选区工具，按住 Shift 键，向下拖曳花朵选框上边缘的中间点，让该花朵实例适合高包装盒左侧面的大小，如图 9.60 和图 9.61 所示。

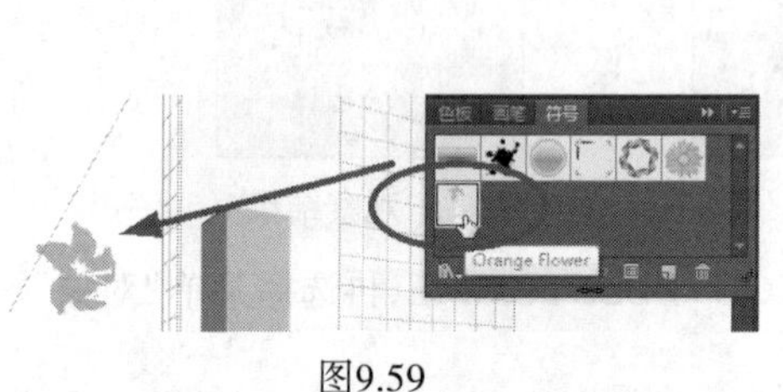

图9.59

图9.60

图9.61

9.3.13 在透视下编辑符号

添加符号到透视网格后，可能还需要进一步编辑它们。而符号的一些平面功能，如重新放置符号、取消链接符号实例，在透视下都无法起作用。下面，将修改新创建的花朵符号。

> **注意：**要编辑透视网格中的符号，还可以选中符号后，单击控制面板中的“编辑符号”按钮（ ），也可以双击画板中的符号实例。以上的方法使用后，都会出现一个对话框，显示已经开始编辑符号定义了。

1 选择菜单“视图”>“画板适合窗口大小”。

2 双击符号面板中 Orange Flower 符号的的缩览图，这将进入符号编辑模式，并隐藏画板上的其他画稿。

3 选择菜单“视图”>“轮廓”，以便观察白色文本。

4 按下两次 Ctrl++（Windows 系统）或 Command++（Mac 系统）组合键，以放大网格的视图。

5 在工具箱中选择文字工具（ ），双击以选中文本 PARFUM，再输入 Pencil，如图 9.62 所示。

6 选择菜单“视图”>“预览”，再按两次 Esc 键以退出隔离模式。

7 选择菜单“视图”>“画板适合窗口大小”。

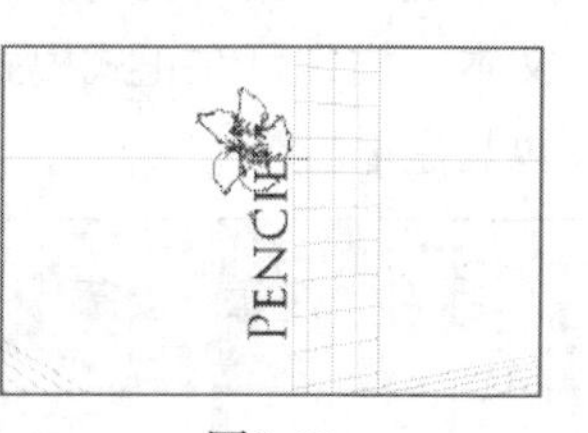

图9.62

注意到高包装盒左侧的符号实例已经自动更新了。

8 选择菜单“选择”>“取消选择”，再选择菜单“文件”>“存储”。

9.3.14 在透视下编组

与正常模式中的编组相似，编组网格上的内容可以将多个对象结合为一个对象组，以便将其视作一个单独的单元。下面，会将内容编组，再应用阴影效果。

1 使用透视选区工具，拖曳选框以选中较低的包装盒的右侧面、白色文本以及红色花朵。

2 选择菜单“对象”>“编组”。

3 单击图形样式面板（ ）以显示该面板。单击图形样式 Drop Shadow 以将其应用于对象组。

4 选择菜单“选择”>“取消选择”。

5 使用透视选区工具，按住 Shift 键，单击高包装盒的左侧面和右侧面，再选择菜单“对象”>“编组”，如图 9.63 所示。

6 仍选中该左右侧面的对象组，单击图形样式 Drop Shadow 以将其应用于对象组，如图 9.64 和图 9.65 所示。

> **注意：**编组不同网格平面的内容时，将不能把该对象组视作单一单元来移动它。

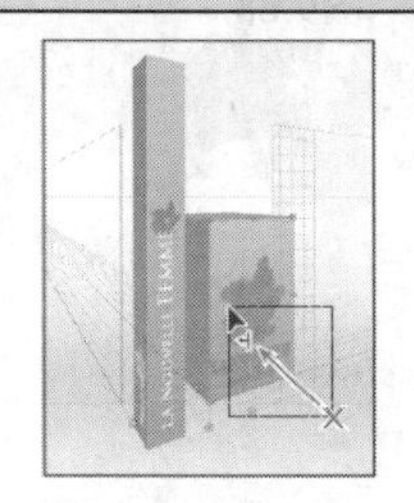
图9.63 编组内容

图9.64 应用图形样式

图9.65 再次应用图形样式

9.3.15 释放透视

有时需要将当前处于透视下的对象用于其他地方，还有时则需要解除对象和网格之间的关联。在 Illustrator 中，可以解除对象与透视平面之间的关联，但对象仍处于透视下，即它的外观仍不会发生变化。

这则广告需要在广告单底部添加一个更小一些的包装盒子。下面，将复制和粘贴该透视对象，并通过透视释放它。

1 使用透视选区工具拖曳选框选中低的包装盒，如图 9.66 所示。

2 选择菜单“编辑”>“复制”，再选择菜单“编辑”>“粘贴”。

3 选择菜单“对象”>“透视”>“通过透视释放”。

4 选择菜单“对象”>“编组”，以将他们编为一个对象组。

5 选择菜单“对象”>“变换”>“缩放”，在“缩放”对话框中修改以下选项：

- 等比：20%

• 比例缩放描边和效果：选中

单击“确定”按钮，如图 9.67 所示。

6 单击图层面板图标（ ）以展开“图层”面板。在该面板中，单击 Other artwork 图层名称左侧的可视性栏。再次单击图层面板图标以折叠该面板。

7 使用选择工具将编组后的小包装盒向下拖曳，拖至文本“Order online today at our website”的左侧。

8 选择菜单“选择”>“取消选择”。

9 按 Ctrl+Shift+I（Windows 系统）或 Command+Shift+I（Mac 系统）组合键，以隐藏透视网格，如图 9.68 所示。

图9.66

图9.67

图9.68

10 选择菜单“文件”>“存储”，再选择菜单“文件”>“关闭”。

9.4 复习

复习题

1 有三种透视网格预设，请简要描述每种预设的用途。

2 如何显示 / 隐藏透视网格？

3 为确保对象位于正确的网格平面中，必须在绘制内容前如何做？

4 双击网格平面控制点有什么作用？

5 如何沿垂直网格平面的方向移动物体？

复习题答案

1 三种预设网格分别是：一点透视、两点透视和三点透视。绘制正对观察者的公路、天路或建筑时，一点透视很有用；两点透视在绘制立方体（如建筑）或两条逐渐远离的公路时很有用，因为这种透视通常有两个透视点；三点透视通常用于绘制俯视或仰视角度的建筑，除显示了每个平面的消失点外，它还显示了地下或高空的消失点。

2 要显示网格，可在工具箱中选择透视网格工具，可选择菜单“视图”>“透视网格”>“显示网格”，还可以按 Ctrl+Shift+I（Windows 系统）或 Command+Shift+I（Mac 系统）组合键。要隐藏网格，可选择菜单“视图”>“透视网格”>“隐藏网格”，可按 Ctrl+Shift+I（Windows 系统）或 Command+Shift+I（Mac 系统）组合键，还可在使用透视网格工具、透视选区工具时按 Esc 键。

3 要选择正确所需的网格平面，可在现用平面构件中选择网格平面，可使用键盘快捷键（1 为左侧网格，2 为水平网格，3 为右侧网格，4 为无现用网格），还可以使用透视选区工具选择对应网格平面中的内容。

4 双击网格平面控制点，可以移动该面板。另外，还可指定是否移动与平面相关联的内容是否在平面移动时复制其中的对象。

5 要沿垂直网格平面的方向移动物体，按住数字键 5，使用透视选区工具拖曳对象。

第10课 混合形状和颜色

本课概述

在这节课中，读者将会学习如何进行以下操作：

- 创建和保存渐变填色；
- 应用和编辑描边的渐变色；
- 应用和编辑径向的渐变色；
- 向渐变色中添加颜色；
- 调整渐变色混合的方向；
- 调整渐变色的不透明度；
- 按指定步数混合对象的形状；
- 在对象之间创建平滑的颜色混合；
- 修改混合及其路径、形状和颜色。

学习本课内容大约需要1小时，请从光盘中将文件夹Lesson10复制到您的硬盘中。

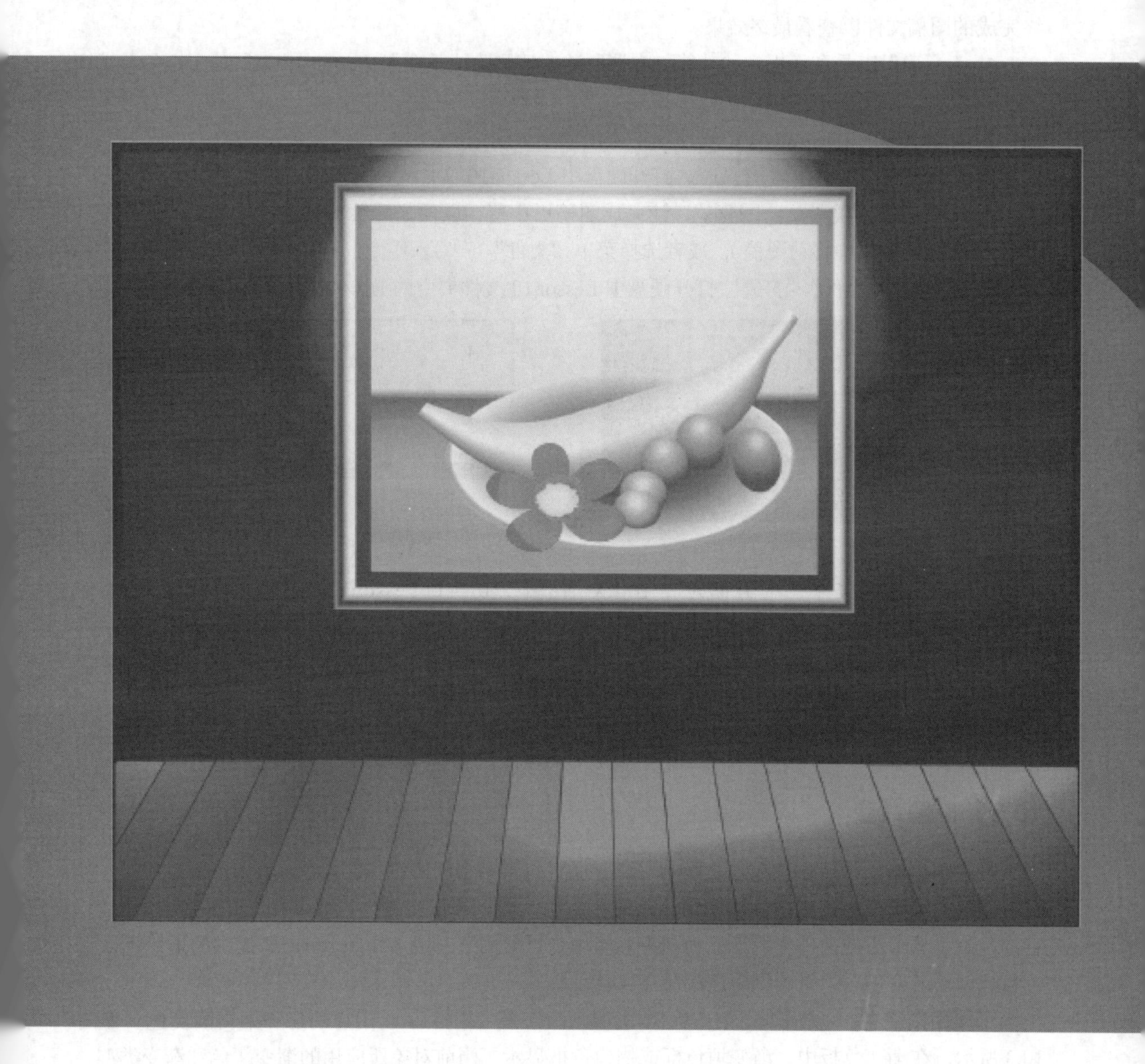

渐变填充色是两种或多种颜色的逐渐混合。通过使用渐变面板或渐变工具可创建或修改渐变填色或渐变描边色。混合工具可用于将对象的形状和颜色进行混合，以生成新的混合对象或一系列中间形状。

10.1 简介

在本课中，读者将通过使用渐变工具、渐变面板和混合工具来探索创建自己的渐变色、混合对象的形状和颜色。但在此之前需要恢复 Adobe Illustrator CC 的默认首选项。然后，打开本课最终完成的图稿文件以查看最终效果。

1 为了确保工具和面板中的功能如本课所述，请删除或重命名 Adobe Illustrator CC 的首选项文件。

2 开启 Adobe Illustrator CC 软件。

3 选择菜单“文件”>“打开”，打开硬盘中 Lesson10 文件夹中的 L10end.ai 文件。

4 选择菜单“视图”>“缩小”，让完成图稿更小些，以便之后绘图时查看（可使用抓手工具在文档窗口中移动图稿），或者选择菜单“文件”>“关闭”。

5 选择菜单“文件”>“打开”，打开硬盘中 Lesson10 文件夹中的 L10start.ai 文件，如图 10.2 所示。

图10.1

图10.2

6 选择菜单“文件”>“存储为”，在该对话框中，切换到 Lesson10 文件夹并打开它，将文件重命名为 gallery.ai，保留“保存类型”为 Adobe Illustrator（*.AI）(Windows 系统）或“格式”为 Adobe Illustrator（ai）(Mac 系统），单击“保存”按钮。而“Illustrator 选项”对话框中均接受默认设置，并单击“确定”按钮。

7 选择菜单“窗口”>“工作区”>“重置基本功能”。

10.2 使用渐变

渐变填色时两种或多种颜色之间的混合，通常包括一个起始色和结束色。在 Illustrator 中，可自行创建各种渐变色，如线性渐变色，它的起始色沿着一条直线混合到结束色。再如径向渐变色，它的起始色从中心处向外辐射渐变为结束色。用户可使用 Adobe Illustrator CC 提供的渐变色，也可自行创建渐变色后，将其作为色板保存以备后用。

可使用渐变色板（“窗口”>“渐变”）或渐变工具（■）来应用、创建和编辑渐变色。如图 10.3 所示，在渐变色板中，渐变填色框或描边色框显示了当前对象所应用的渐变颜色和渐变类型。

在渐变色板中，渐变滑块下左边的色标标记的是起始色，右边的色标标记的是结束色。在默认情况下，该面板包含一个起始色标和一个结束色标。可通过在渐变滑块下方单击来添加色标。双击色标将打开一个面板，让用户能够自行通过色板、颜色滑块或吸管工具来指定颜色。

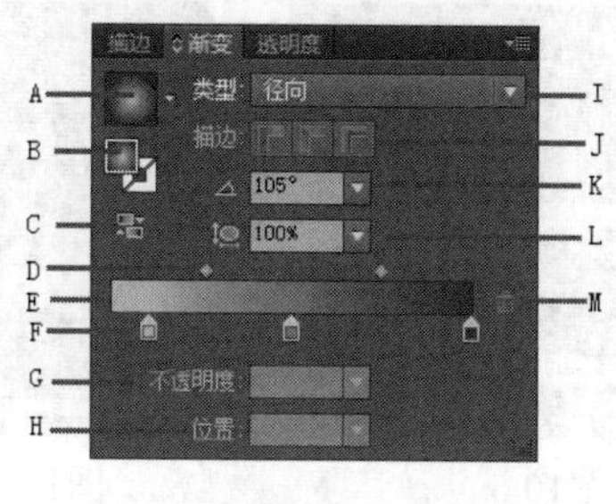

A 渐变色框　B 填色框 / 描边色框
C 反向渐变　D 渐变中点　E 渐变滑块
F 色标　G 不透明度　H 位置
I 渐变类型　J 描边色渐变类型
K 角度　L 长宽比　M 删除色标

图10.3

10.2.1　创建并应用线性渐变色

最简单的是两色线性渐变色，它的起始色（左侧色标）沿着一条直线混合到结束色（右侧色标）中。本课首先将为背景形状创建一种渐变填色。

1 选择菜单“视图”>“画板适合窗口大小”。

2 使用选择工具单击以选中带有黑色描边的黄色大矩形背景。

该背景使用了黄色填色和黑色描边色，而这些信息显示在了工具箱底部的填色框和描边色框。而在填色框 / 描边色框下面的“渐变色框”则显示了最后创建的渐变色。

3 单击工具箱底部的填色框，使其位于上面。再单击填色框下方的渐变色框（▣），如图 10.4 所示。

默认情况下，出现在填色框中的是黑白渐变色，它会应用于所选背景形状。另外，渐变面板还可通过工作区右侧的图标打开。

4 在渐变面板中，双击左边的白色色标以选择渐变色的起始色，如图 10.5 所示。

双击后将出现一个新的面板，可以使用色板或颜色面板修改该色标的颜色。

5 双击白色色标，在新出现的面板中，单击色板按钮（▦），单击以选中 wall 1 色板，如图 10.6 所示。注意到此时画板上所选形状内的渐变色发生了改变。

> **AI** **注意**：在渐变色中使用的颜色已被编组、存储到颜色组中，以便易于查找。

6 双击渐变滑块右侧的黑色色标，以编辑该颜色。

7 再出现的面板中，单击颜色按钮（🎨）以打开颜色色板。单击菜单图标（☰）并选择 CMYK 选项。将各个值设为 C=50 M=80 Y=70 K=80，然后单击渐变面板的空白区域以返回该面板，如图 10.7 所示。

> **AI** **提示**：要在文本框之间转换，可按 Tab 键。而按下回车键可应用最近一次输入的数值。

下面，将保存色板面板中的渐变色。

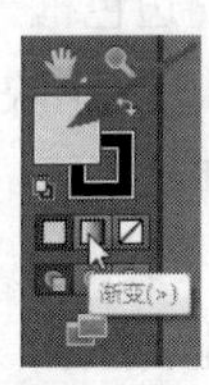

图10.4

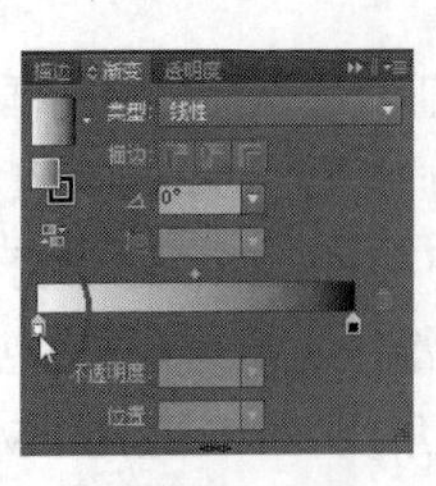

图10.5

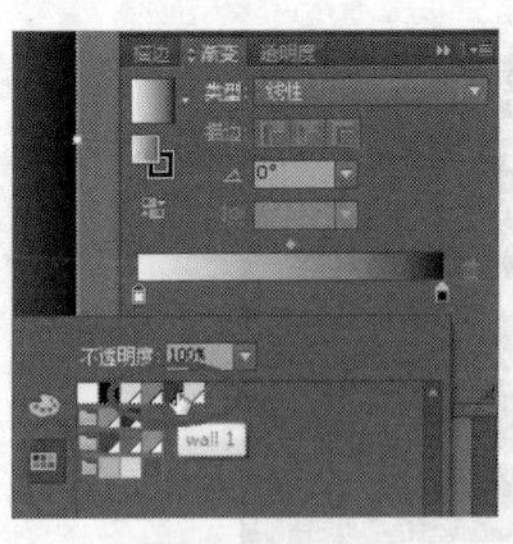

图10.6

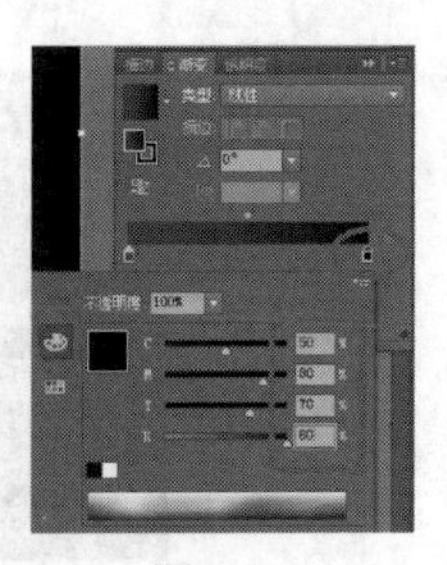

图10.7

8 要保存该渐变色，单击面板中“类型”字样左侧的渐变菜单箭头（ ），在新出现的面板底部单击“添加到色板”按钮（ ），如图 10.8 所示。

渐变菜单中列举了所有可应用的默认或已保存的渐变色。

提示：要存储渐变色，还可以选中一个带有渐变填色（或渐变描边色）的对象，在工具箱中单击填色框（或描边色框），然后在色板面板底部单击“新建色板”按钮（ ）即可。

9 单击工作区右侧的色板面板图标（ ）。在色板面板中，双击“新建渐变色板 1”色板，以打开“色板选项”对话框，如图 10.9 所示。

10 在“色板选项”对话框的“色板名称”文本框中输入 wall background，再单击“确定”按钮。

11 在色板面板中要仅仅显示渐变色色板，可在色板面板底部单击“显示色板类型菜单”按钮（ ），并选择“显示渐变色板”选项，如图 10.10 所示。

12 仍选中画板上的背景矩形，在色板面板中单击各色板，以尝试对它应用其他渐变填色。

13 单击 wall background 色板以应用该色板。

注意到有些渐变色超过了两种颜色。下面，将会学习如何使用多种颜色创建渐变色。

14 单击色板底部的“显示色板类型菜单”按钮（ ），选择“显示所有色板”选项。

15 选择菜单“文件”>“存储”，此时保留矩形为选中状态以备后用，如图 10.11 所示。

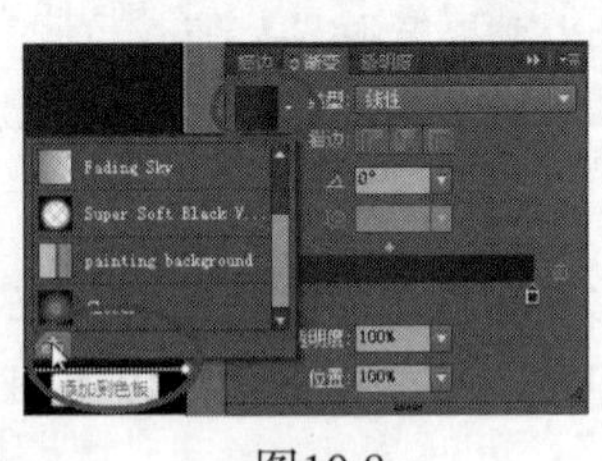

图10.8

图10.9

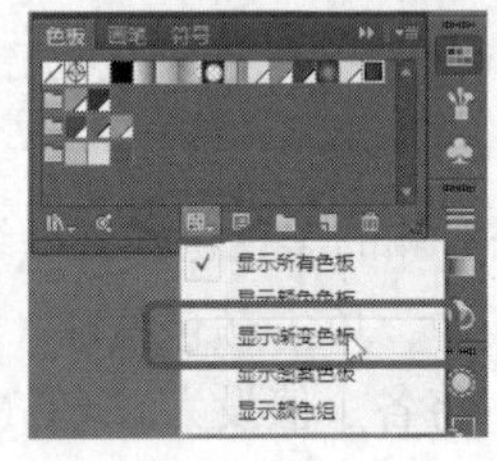

图10.10

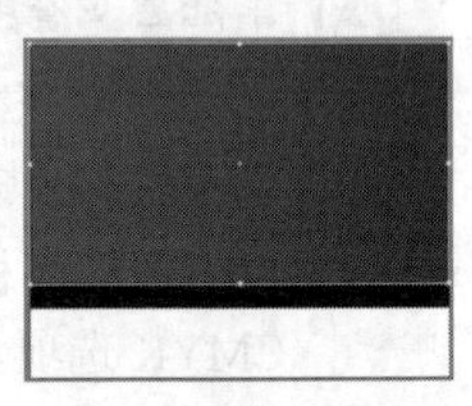

图10.11

10.2.2 调整渐变色的混合方向和角度

使用渐变色填充对象后，还可使用渐变工具调整渐变色的方向、起点和终点。

1 在工具箱中选择渐变工具（ ）。

渐变工具只能影响用渐变色填充的选定对象。注意到水平渐变条出现在矩形中央，如图 10.12

所示。渐变批注者（渐变条）指出了渐变的方向，左侧大圆圈显示了渐变色的起始点（起始色标），右侧小矩形则表明了终点（结束色标）。

> AI **提示**：要隐藏渐变条，可选择菜单“视图”>“隐藏渐变批注者”；要显示渐变条，则可再选择菜单“视图”>“显示渐变批注者”。

2 将鼠标指向“渐变批注者”，如图 10.13 所示。

渐变条变成了渐变滑块，正如渐变面板中的滑块一样。可以在不打开渐变面板的情况下，使用这个渐变滑块编辑渐变色。

> AI **注意**：如果将鼠标移至渐变滑块的不同区域，鼠标的外观将会改变。这表明激活了不同的功能。

3 使用渐变工具，按住 Shift 键，单击矩形顶部，并向下拖曳到矩形底部，以修改渐变色的起始色和结束色的位置、方向。依次松开鼠标和按键，如图 10.14 所示。

按住 Shift 键，可以将渐变色的角度约束为 45°。

4 可以练习修改矩形中的渐变色。比如，在矩形内部短距离拖曳鼠标以创建不同的混合渐变色，在矩形外部长距离拖曳鼠标以创建更微妙的混合渐变色，还可以向上拖曳鼠标以改变渐变色的混合方向及位置。

5 如果之前曾修改了渐变色的方向，请在继续前再次执行第 3 步。

6 使用渐变工具，将鼠标指向“渐变批注者”末端的白色小矩形。旋转图标（↻）出现时，在矩形中向右拖曳，然后松开鼠标，如图 10.15 所示。

松开鼠标后，这渐变色的混合方向会随渐变批注者而旋转。

7 在工具箱中双击渐变工具以显示渐变面板。在“角度”文本框中将旋转角度设为 -90，如图 10.16 所示，这让渐变色的方向恢复为垂直。然后按回车键。

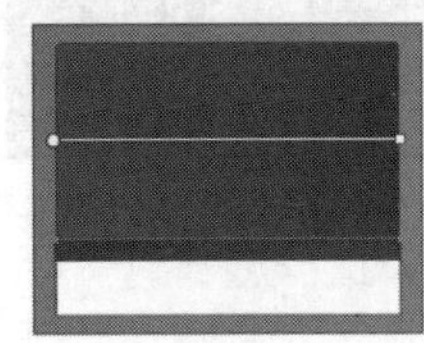

图10.12

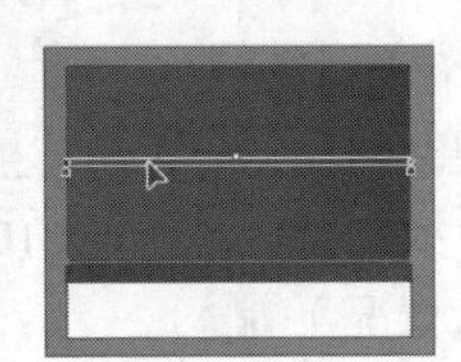

图10.13

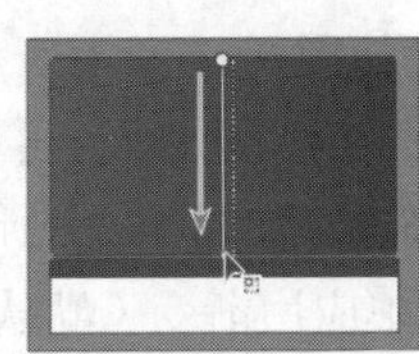

图10.14

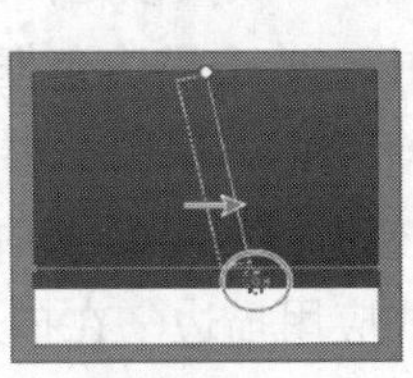

图10.15

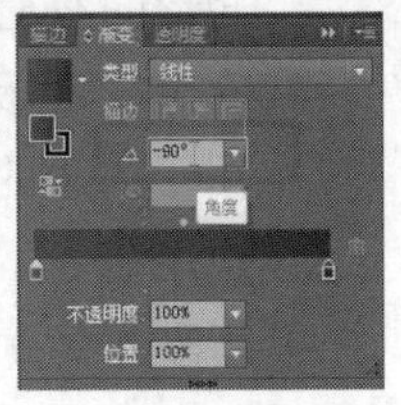

图10.16

> AI **注意**：在渐变面板中输入渐变色旋转角度，而不是直接在画板中手动调整，将有助于保持渐变色的一致性和精确性。

8 仍选中该矩形，选择菜单“对象”>“锁定”>“所选对象”。

10.2.3 将渐变色应用于描边

可以将渐变混合色应用于对象的描边。要作用于描边，则不能像应用于填色一样的使用渐变工具来编辑渐变色了。下面，将对矩形应用渐变填色和渐变描边色。

1 单击图层面板图标（）以显示该图标。确保单击 Gallery 图层左侧的小三角形后，显示了该图层下的内容。单击 painting 子图层左侧的可视性栏以在画板上显示其中的内容，如图 10.17 所示。

2 使用选择工具单击以选中出现在画板中的白色矩形。

3 在控制面板中将其填色设为 painting background 渐变色板。

4 切换到渐变工具，确保选中了填色框（位于上面）。将鼠标指向所选矩形的底部，按住 Shift 键，向下拖曳到矩形的底部以修改渐变色的位置和方向，如图 10.18 所示。依次松开鼠标和按键。

5 在控制面板中将描边粗细设为 30pt。

6 将描边色设为“white, black”渐变色板，如图 10.19 所示。

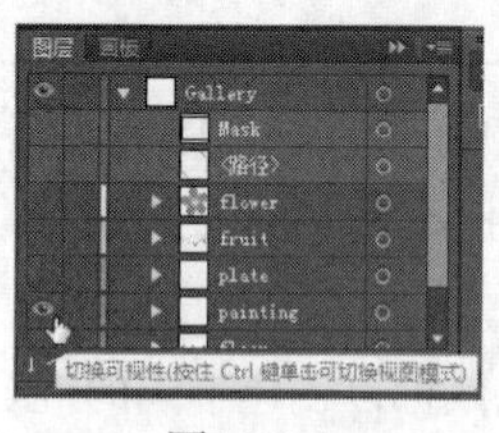

图10.17

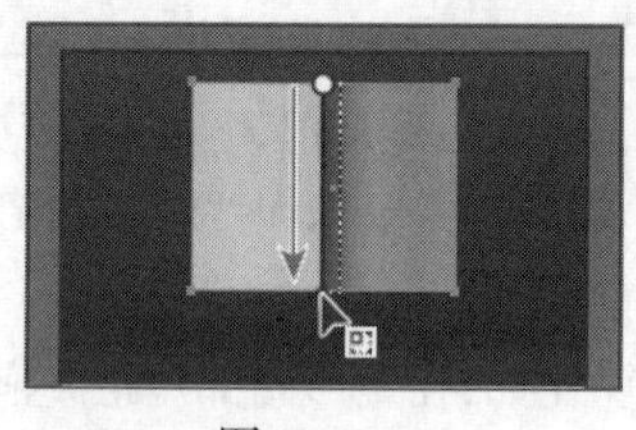
图10.18

图10.19

下面，将编辑该渐变色板并将它应用于描边。

10.2.4 编辑描边的渐变色

相比于渐变填色，描边上的渐变色有更多可应用的选项。下面，将添加一系列的颜色到该描边渐变色，为一幅画创建边框。

1 单击工作区右侧的渐变色板图标（），以打开渐变面板。

2 在工具箱中选择缩放工具（），拖曳选框以选中所选上色了的矩形的右上角，以放大该处视图，如图 10.20 所示。

3 在渐变面板中，单击描边色框（如图 9.21 圈中所示）以编辑应用于描边的渐变色。保留“类型”为“线性”，再单击“跨描边应用渐变”按钮（），以修改描边，如图 10.21 所示。

图10.20 放大边角的视图

可以按 3 中方式应用描边：在描边中应用渐变（默认情况）（）、沿描边应用渐变（）和跨描边应用渐变（）。

4 向左拖曳褐色色标，直到“位置”显示大约为 60%，如图 10.22 所示。

5 双击白色色标，单击色板图标（）。在颜色组中单击选择 frame 1 色板，在面板外单击以隐藏色板面板，如图 10.23 所示。

6 将鼠标指向渐变滑块下方，当鼠标旁出现加号（+）时，单击以添加另一个色标（如图 10.24 所示）。双击新建的色标，在色板面板中选择 light yellow 色板。

7 按住 Alt 键（Windows 系统）或 Option 键（Mac 系统），向右拖曳 light yellow 色标。如图 10.25 中位置时依次松开鼠标和修正键。这是一个在渐变色中复制颜色的便捷方法。

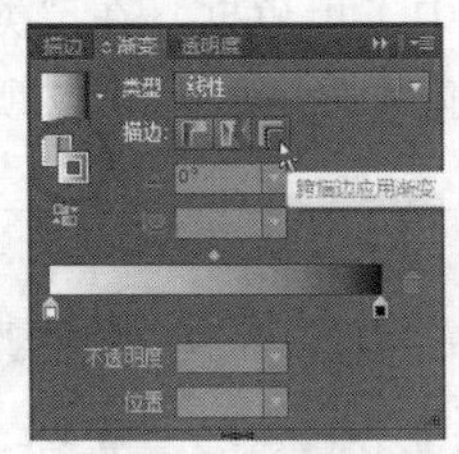

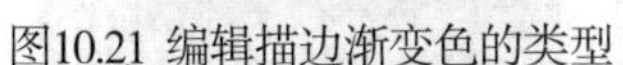

图10.21 编辑描边渐变色的类型

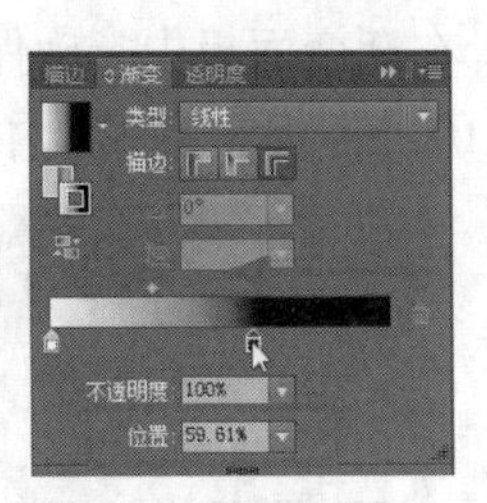

图10.22 调整位置

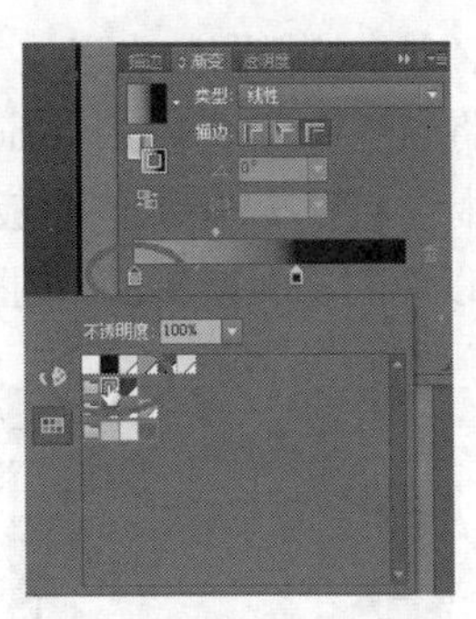

图10.23 编辑白色色标

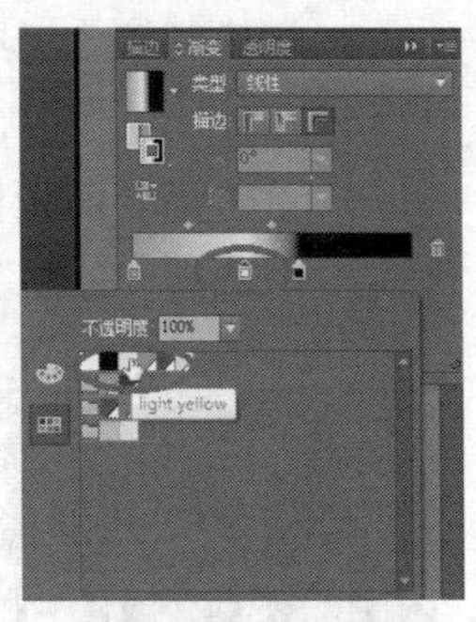

图10.24 添加lightyellow色板到渐变色

提示：要在渐变滑块中删除一个颜色色标，可选中色标再单击“删除色标”按钮（🗑），也可以直接将该色标向下拖曳到渐变色板外即可。但是需注意的是，渐变色至少应包含两种颜色。

8 按住 Alt 键（Windows 系统）或 Option 键（Mac 系统），向右拖曳最左侧（褐色）的色标。如图 10.26 中位置时依次松开鼠标和修正键。

9 在渐变滑块最左侧的两个色标之间单击，以添加另一个色标。双击新建的色标，在色板面板的颜色组中选择 frame 2 色板，如图 10.27 所示。

10 选择菜单“选择” > “取消选择”，如图 10.28 所示。

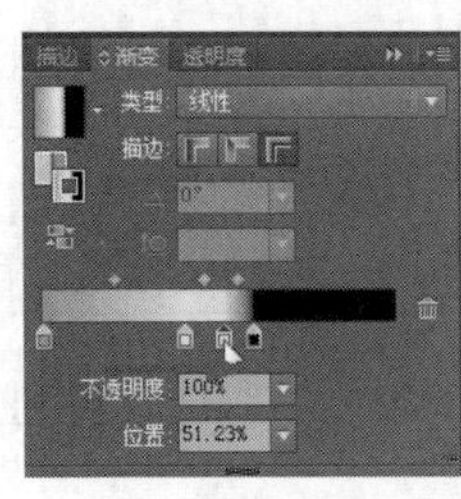

图10.25 复制黄色色标

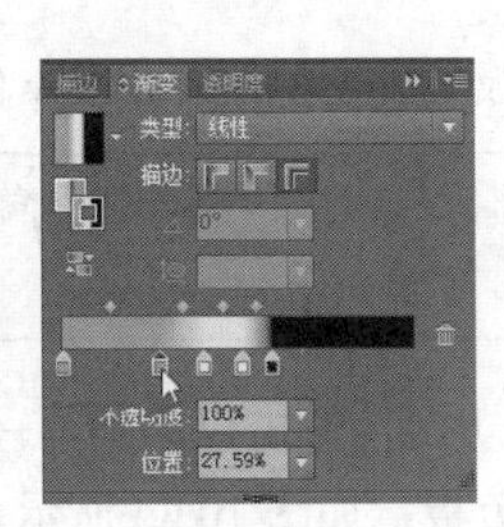

图10.26 复制最左侧的色标

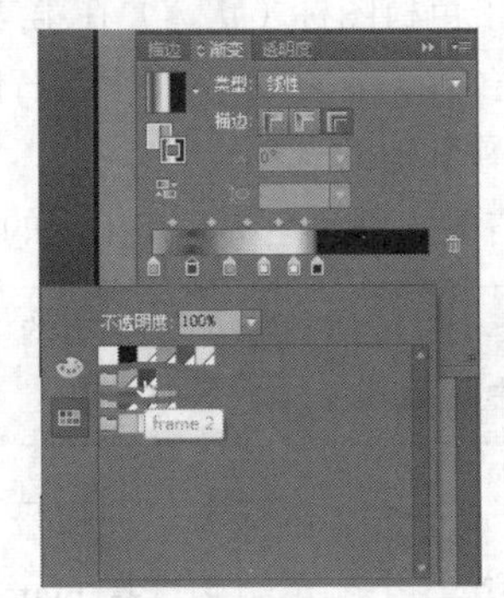

图10.27 添加并编辑新创建的色标

图10.28

11 选择菜单“视图” > “画板适合窗口大小”，再选择菜单“文件” > “存储”。

10.2.5 创建并应用径向渐变色

径向渐变色，起始色（最左侧的色标）位于填色的中心处，并向外辐射到结束色（最外侧的色标）。下面，将对一个盘子形状创建并应用径向渐变填色。

1 单击工作区右侧的图层面板图标（）。单击 Gallery 图层名称左侧的小三角，确保在面板中显示该图层的内容。单击 plate 子图层左侧的可视性栏，如图 10.29 所示。

2 使用选择工具选中上色了的画框内的白色椭圆形，如图 10.30 所示。

3 切换到缩放工具，单击该椭圆数次以放大视图。

4 在控制面板中，将填色设为“White, black”渐变色板。

5 单击渐变面板图标（▣）以显示该面板。在渐变面板中，确保选中了填色框。在“类型”中选择“径向”，以应用径向渐变色，如图 10.31 所示。保留选中该椭圆形，如图 10.32 所示。

图10.29

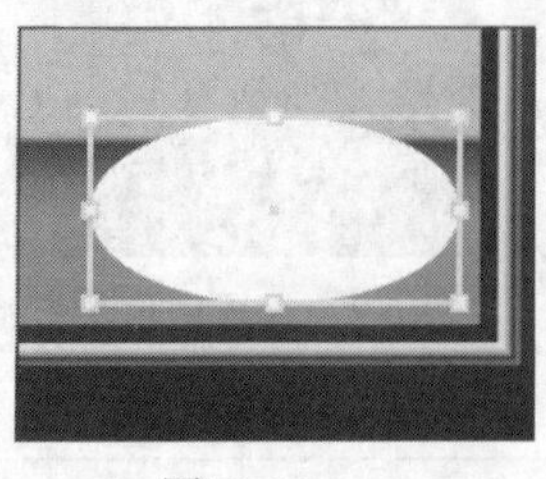

图10.30

图10.31

图10.32

10.2.6 编辑径向渐变色

使用渐变色填充了对象后，可使用渐变工具或渐变面板来编辑渐变色，如修改其混合的方向、颜色以及混合起始点。

下面，将使用渐变工具修改色标颜色，再添加另两种颜色。

1 选择工具箱中的渐变工具。

2 将鼠标指向图稿中的“渐变批注者”，以显示渐变滑块。双击左端的白色色标以编辑它的颜色。在面板中，单击色板图标（▦），在第二个颜色组中选择 plate 1 色板，如图 10.33 所示。

注意到渐变批注者其实与椭圆中心，并指向右侧。它周围的虚线圆形这表明这是径向渐变色。下面，将为径向渐变色设置其他的选项。

在渐变滑块上，双击右侧的黑色色标。在出现的面板中，选择 light yellow 色板，如图 10.34 所示。

注意：双击色标时，可以看到面板中的“位置”选项。创建径向渐变色时，可以输入本节图中的数值，以精确匹配这些色标的位置。

3 将鼠标指向渐变滑块下方，鼠标旁出现加号（+）时，单击以添加另一个颜色。双击新得到的色标，在面板的第二个颜色组中选择 plate 2 色板，如图 10.35 所示。

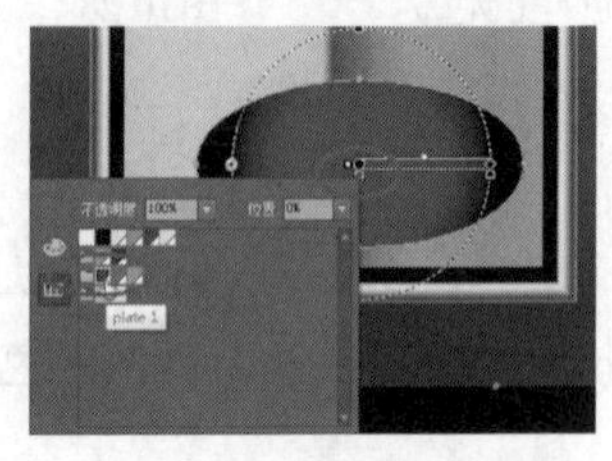

图10.33

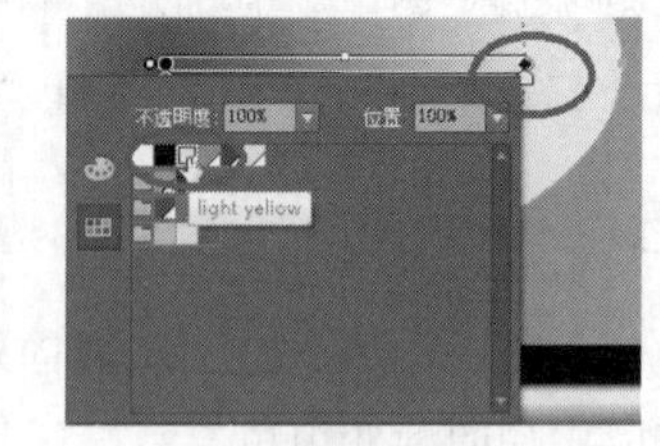

图10.34

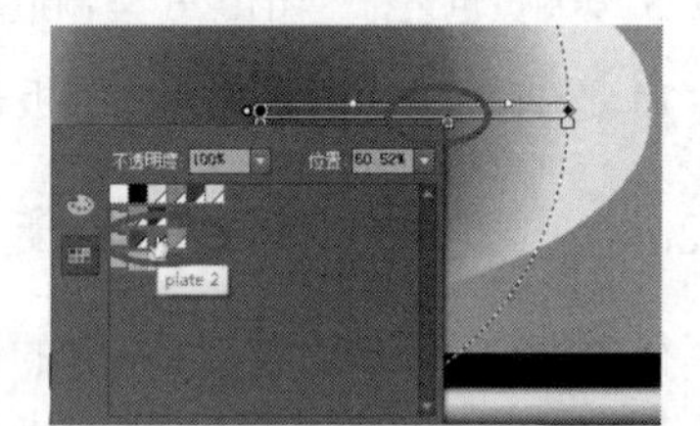

图10.35

4 将鼠标指向渐变滑块的下方，在最右侧的色标左侧如图 10.36 所示位置单击，以添加第 4 个（最后一个）色标。双击这个色标，在面板的第二个颜色组中选择 plate 3 色板，并将其“位置”设为 97%，如图 10.36 所示。

设置了渐变色中的颜色后，总是可以删除、添加颜色或修改它们的顺序。下面，将修改最后两个颜色的顺序。

5 双击最左侧的色标，在出现的面板中将其“位置”设为 42%，如图 10.37 所示。按回车键以应用该值并隐藏这个面板。

6 向左拖曳最右侧（light yellow）的色标，拖至与其靠近的 brown 色标左侧即可。此时再将最右边的 brown 色标拖至渐变滑块的最右端，如图 10.38 所示。注意到此时这两个色标依然靠的很近。

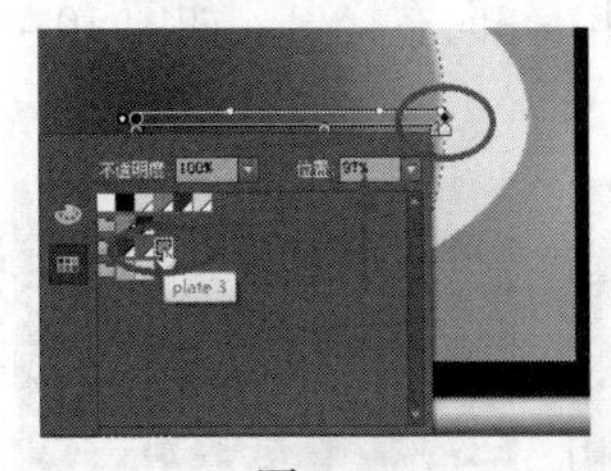

图10.36

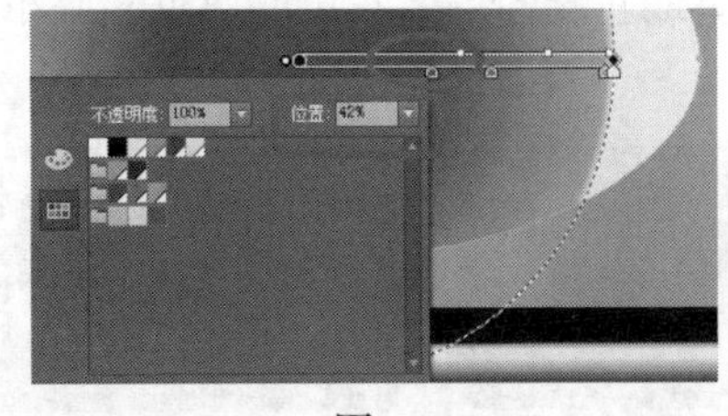

图10.37

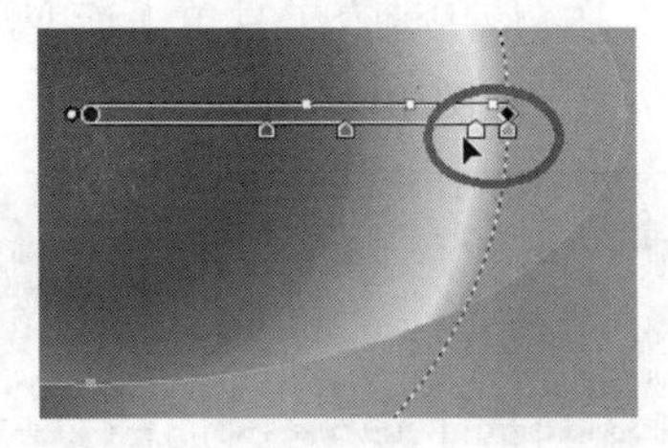
图10.38

7 选择菜单“文件” > “存储”。

10.2.7 调整径向渐变色

下面，将修改渐变色的长宽比、调整位置并修改径向渐变色的半径和起始点。

1 选择渐变工具（ ），将鼠标指向渐变批注者最右端的白色小矩形。单击并向右拖曳，直到刚刚超过椭圆形右侧边缘时松开鼠标，如图 10.39 所示。这样就延伸了渐变色。

> AI **注意**：拖曳渐变批注者的端点时可能无法看到虚线圆形。如果拖曳右侧端点前，先将鼠标指向渐变条，该圆形就会出现。

2 在渐变面板中，确保选中了填色框，并在“长宽比”（ ）下拉列表中选择 40%，如图 10.40 所示。

长宽比可将径向渐变色设为椭圆形的渐变色，让它更适合盘子的形状。

> **注意**：长宽比是位于 0.5% 到 32,767% 之间的数值。长宽比越小，椭圆就会越扁、越宽。

3 在仍选中渐变工具的情况下，将鼠标指向盘子渐变色的虚线圆形上方的黑色实心圆。当鼠标旁出现空心椭圆（ ）时，向上拖曳椭圆形状的顶部以修改长宽比，如图 10.41 所示。

松开鼠标时，可以注意到渐变面板中的长宽比大于之前设置的 40%，现在应接近 50% 了。

下面，将拖曳渐变滑块以在椭圆中调整渐变色的位置。

4 选择渐变工具，在椭圆形中单击渐变滑块并将其稍向上拖曳，如图 10.42 所示。确保虚线椭圆的底部边缘位于椭圆形状的边缘路径上方即可，如图 10.43 所示。

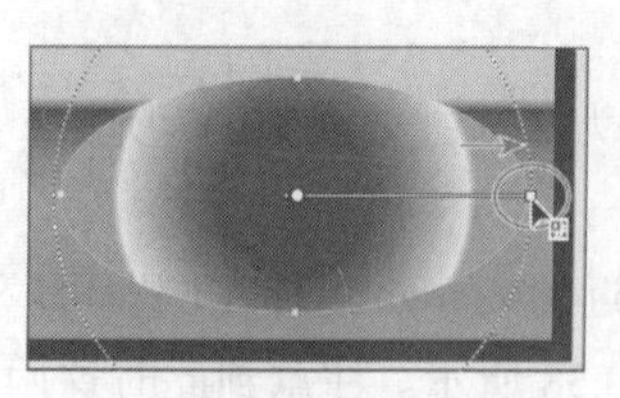

图10.39

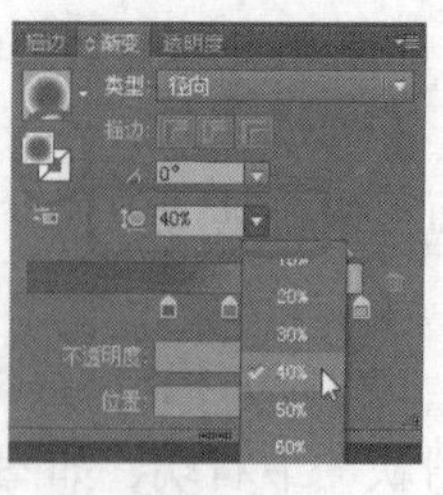

图10.40

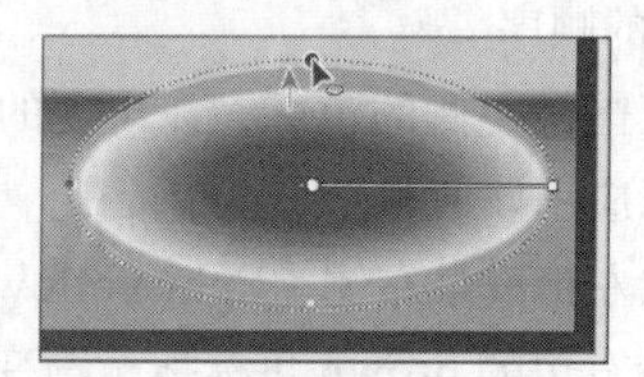

图10.41

5 使用渐变工具单击渐变滑块最左侧的色标左边的白色实心小圆，并向右拖曳，如图 10.44 和图 10.45 所示。

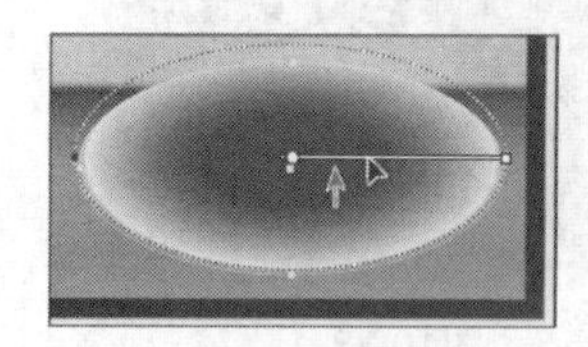

图10.42 向上拖曳渐变滑块

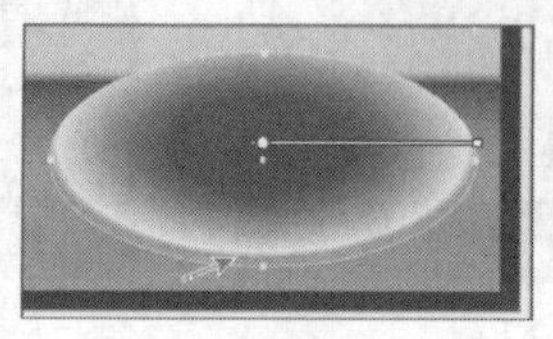

图10.43 注意边缘路径

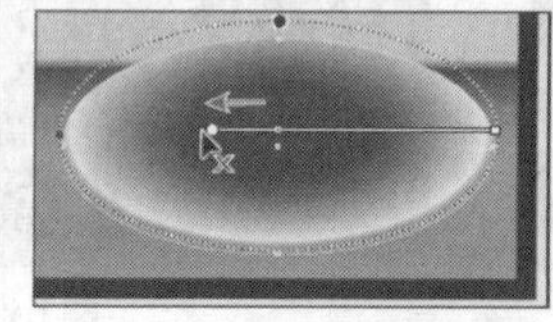

图10.44 修改起始点

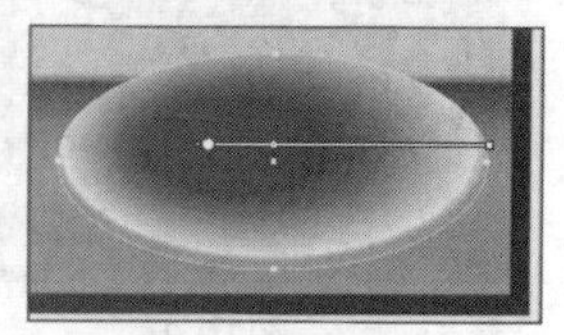

图10.45 观察结果

在不移动整个渐变条、不修改渐变色半径的情况下，这个白色实心小圆可用于调整渐变色（最左侧色标）的中心位置。

6 选择菜单“编辑”>“还原渐变”，将渐变色恢复到之前的中心处。

7 选择菜单“选择”>“取消选择”，再选择菜单“文件”>“存储”。

10.2.8 将渐变色应用于多个对象

要将渐变色应用于多个对象，可选中这些对象，应用某个渐变色板，再使用渐变工具在这些对象中拖曳。

下面，将使用一种径向渐变填色为一朵花上色，再编辑它的颜色。

1 选择菜单“视图”>“画板适合窗口大小”。

2 单击图层面板图标（ ）以显示该面板。单击 flower 子图层左侧的可视性栏。再单击面板标签以隐藏该面板组。

3 在工具箱中选择缩放工具，拖曳选框选中蓝色花朵形状以放大视图。

4 切换到选择工具，单击以选中该蓝色花朵形状的一片花瓣。

5 选择菜单“选择”>“相同”>“填充颜色”，以选中花朵的 5 片花瓣。

6 在控制面板的填色框中，选择 flower 渐变色。

不论是填色还是描边色，渐变色是独立地应用于多个所选对象的。

下面，要调整形状上的渐变色，让渐变色将这 5 片花瓣视作一个整体对象。然后，再编辑渐变色本身。

7 确保选中了填色框（位于上面）。

8 双击工具箱中的渐变工具。从花瓣的黄色中心处向外拖曳到花瓣形状的外侧边缘，如图 10.46 所示。这是为了作为一个整体统一地应用这个填色。保留花朵形状的选中状态，如图 10.47 所示。

图10.46 使用渐变工具向外穿过形状

图10.47 观察结果

10.2.9 使用其他编辑渐变色的方法

目前为止，已经使用渐变滑块添加、编辑了各种渐变颜色，并调整了它们的位置。下面，将会反向一种渐变色，并在渐变滑块上调整中点的位置。

1 在渐变面板中，选中填色框，单击“反向渐变”按钮（ ），如图 10.48 所示。

要反向渐变色，还可使用渐变工具沿反方向穿过渐变色。而这步操作将会使黑色成为渐变色的中心。

2 在渐变面板的渐变滑块上，向右拖曳最左侧的黑色色标，直到面板底部的“位置”大约显示为 20% 为止即可。

3 拖曳最左侧色标和中间的色标之间的菱形图标，以靠近最左侧的色标。直到“位置”大约显示为 30% 即可，如图 10.49 和图 10.50 所示。

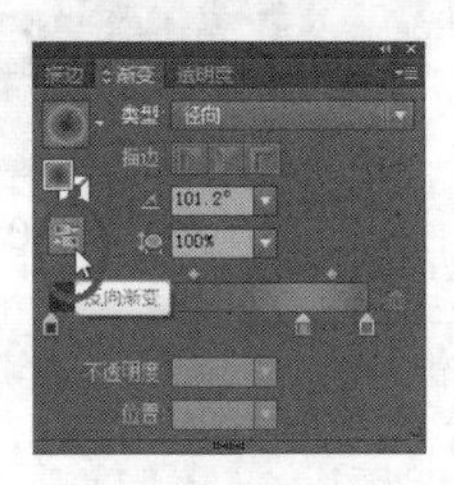

图10.48

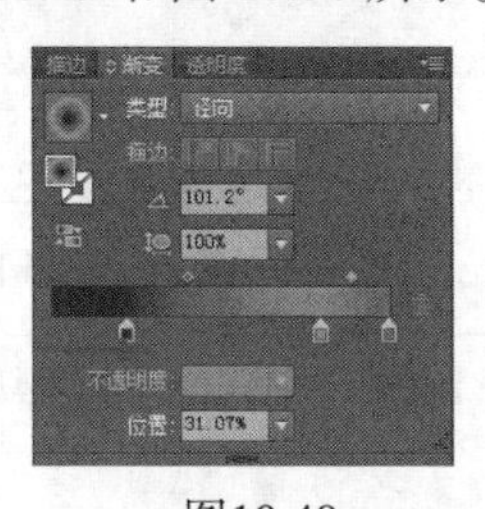

图10.49

图10.50

另一种将颜色应用到渐变中的方法是，使用吸管工具从画稿中采样颜色。或者将一个颜色色板直接拖到色标上。

4 仍选中花瓣形状，在渐变面板中选中最左侧（黑色）的色标。

5 选择菜单“视图”>“画板适合窗口大小”。

6 在工具箱中选择吸管工具（ ），按住 Shift 键，在图稿中单击墙壁底部的黑色矩形，如图 10.51 所示。

按住 Shift 键使用吸管工具，不会用所选图稿的颜色取代整个渐变色，而是会把采样的颜色应用于渐变色中的所选色标。

此时花朵花瓣已经完整了。下面，将把花瓣和花朵的中心形状编组，并对其应用变形效果，以创建多维效果。

7 选择工具箱中的缩放工具，拖曳选框选中整个花朵以放大视图。

8 切换到选择工具，按住 Shift 键，单击花朵中心的黄色形状。

9 选择菜单“对象”>“编组”。

10 选择菜单“效果”>“变形”>“弧形”。在“弧形”对话框中，选中“水平”项，将“弯曲”设为 -20%，再单击“确定”按钮，如图 10.52 和图 10.53 所示。

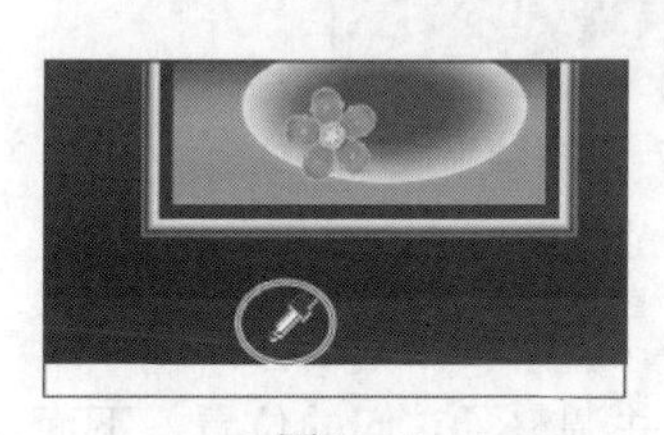

图10.51

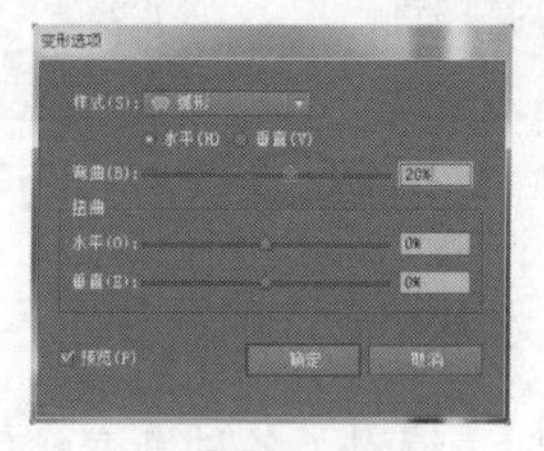

图10.52

图10.53

11 选择菜单“选择”>“取消选择”，再选择菜单“文件”>“存储”。

10.2.10　设置渐变的不透明度

通过给渐变色的不同色标指定不同的不透明度，可创建渐隐、渐显、隐藏或显示底层图像的渐变效果。下面，将为本课中的一幅画创建灯光效果，并应用渐变色使灯光逐渐变成透明的。

1 选择菜单“视图”>“画板适合窗口大小”。

2 单击图层面板图标（ ）以显示该面板。单击“<路径>”对象左侧的可视性栏。

3 使用选择工具选中画板上的白色椭圆形。

4 单击渐变面板图标（ ）以显示该面板。确保选中了填色框，单击渐变菜单箭头（ ）并选中“White, Black”，如图 10.54 所示。

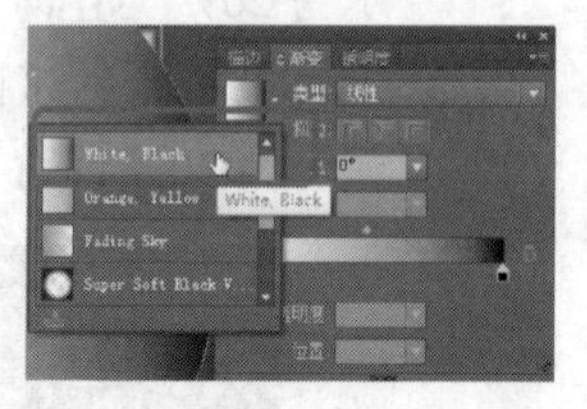

图10.54

提示：Fading Sky 和 Super Soft Black Vignette 的默认渐变色，也都可应用于渐隐到透明的渐变色起点。

5 在“类型”中选择“径向”，双击最右侧（黑色）的色标。在出现的面板中，单击色板图标（ ）并选择 White 色板，如图 10.55 所示。

6 选中渐变面板中最右侧的色标，将不透明度设为 0%，在面板中观察渐变滑块的变化，如图 10.56 和图 10.57 所示。

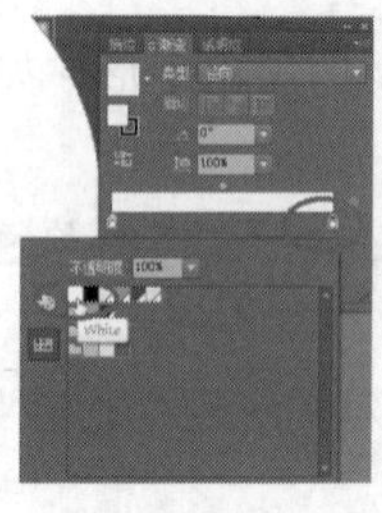

图10.55

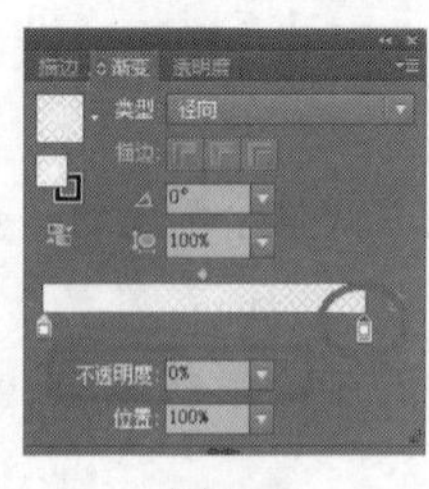

图10.56

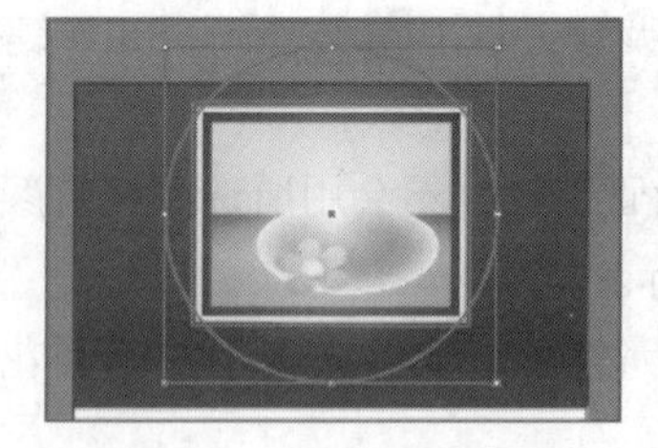

图10.57

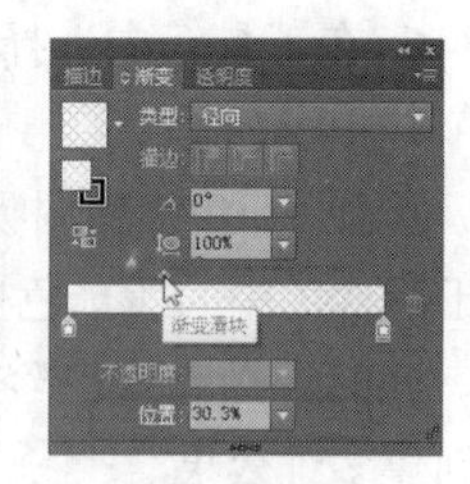

图10.58

7 向左拖曳渐变的中点（菱形），直到“位置”大约显示为 30% 为止，如图 10.58 所示。再单击渐变面板标签以折叠该面板组。

8 按下一次 Ctrl+-（Windows 系统）或 Command+-（Mac 系统）组合键，缩小视图以观察整个被选中的圆形。

9 在工具箱中选择渐变工具（），按住 Shift 键，从圆形顶部向底部拖曳，如图 10.59 所示。然后依次松开鼠标和按键。

> AI 提示：要注意不要拖曳黑色圆形，否则会改变它的长宽比。

10 在控制面板中，将描边色设为“[无]”。

11 选择菜单“效果”>“模糊”>“高斯模糊”。在“高斯模糊”对话框中,将半径设为 60 像素，再单击“确定”按钮。

12 选择菜单“选择”>“取消选择”，再选择菜单“文件”>“存储”，如图 10.60 所示。

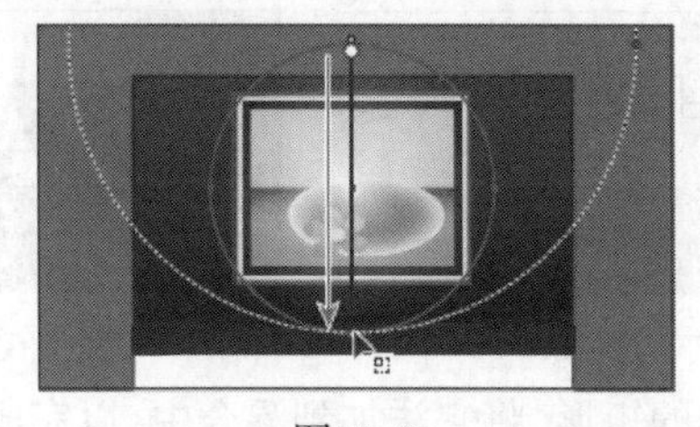

图10.59

图10.60

10.3 混合对象

如图 10.61 所示，可通过混合两个对象，在它们之间创建多个形状并均匀分布它们。而用于混合色形状可以相同，也可以不同。可以混合两条非闭合路径，从而在两个对象之间创建平滑的颜色过渡，也可以同时混合颜色和对象，以创建一系列颜色和形状平滑过渡的对象。

创建混合时，被混合的对象将被视作一个整体对象，称为混合对象。如果移动原始对象之一或编辑原始对象的锚点，混合得到的形状将自动改变。另外，还可以扩展混合以将其分解为不同的对象。

图10.61

10.3.1 使用指定的步数创建混合

下面，将使用混合工具将画廊中组成地板的三个形状混合。

1 选择菜单“视图”>“画板适合窗口大小”。

2 单击图层面板图标（）以打开该面板。单击 floor 和 fruit 这两个子图层左侧的可视性栏。

3 单击可视性栏，以在面板中隐藏“<路径>”、flower、plate、painting 和 wall 子图层，如图 10.62 所示。单击图层面板标签以隐藏该面板组。

在混合形状之前，将设置它们混合的方式。

4 双击工具面板中的混合工具（）以打开“混合选项”对话框。修改以下选项：

- 间距：指定的步数

• 步数：4

如图 10.63 所示，单击“确定”按钮。

> 提示：要建立混合，还可以选中对象后，选择菜单“对象” > “混合” > “建立”。

5 在文档窗口中滚动鼠标，以观察 3 个褐色的地板形状。

6 使用混合工具，将鼠标指向最左侧渐变填色的矩形。当鼠标旁出现星形（*）时单击，如图 10.64 所示，再将鼠标指向中间的矩形，直到鼠标旁出现加号（+）时单击，加号表明这时已可以添加混合对象，如图 10.65 所示。这样将在两个对象间建立混合。

图10.62

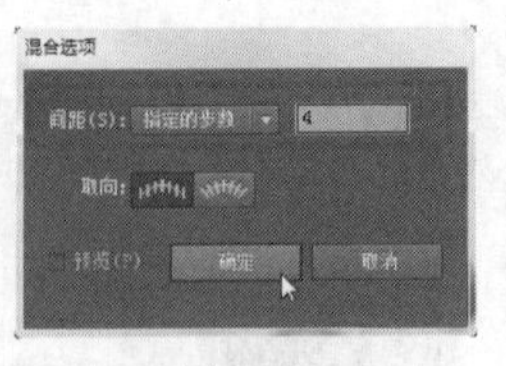

图10.63

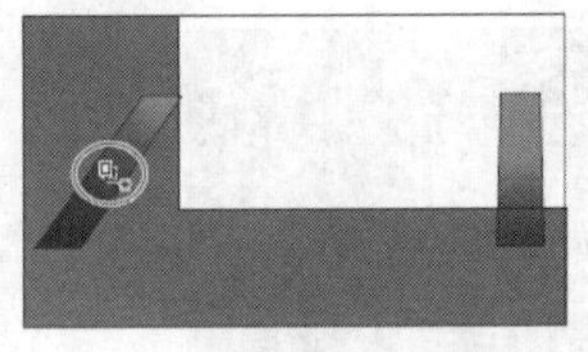
图10.64

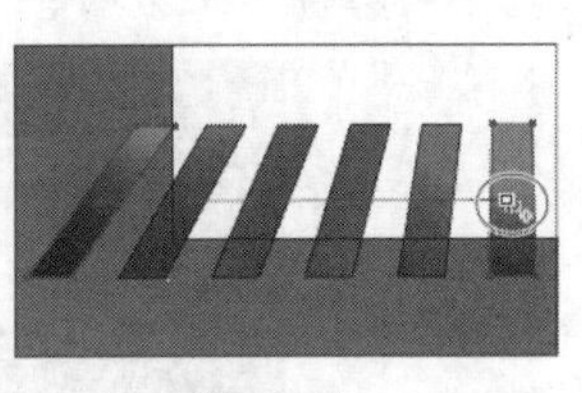
图10.65

7 使用混合工具图标（出现加号时）单击最右侧的矩形，将它添加到混合中，以完成混合路径，如图 10.66 所示。

> 注意：要结束当前路径，并在另一条路径上混合其他对象，可先单击工具箱中的混合工具，再单击要混合的对象。

8 在混合矩形仍被选中的情况下，选择菜单“对象” > “混合” > “混合选项”。在“混合选项”对话框中，将“指定的步数”设为 9，再单击“确定”按钮，如图 10.67 和图 10.68 所示。

图10.66

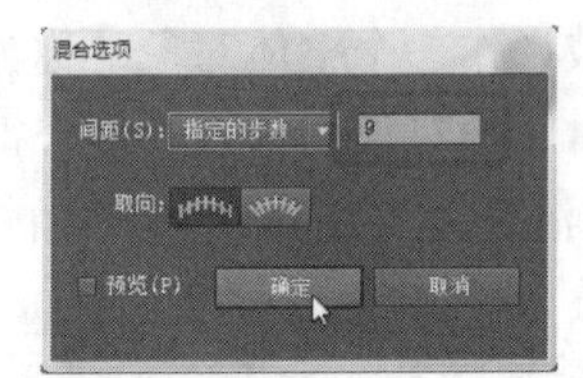

图10.67

图10.68

> 提示：要编辑对象的混合选项，还可以选中混合对象后双击混合工具。

9 选择菜单“选择” > “取消选择”。

10.3.2 修改混合

下面，将要建立另一个混合，并编辑混合路径的形状（称为混合轴）。

1 在工具箱中选择缩放工具，拖曳选框选中绿色葡萄以放大视图。

2 切换到混合工具（），单击左侧的第一个绿色葡萄，再单击最右侧的葡萄以建立混合，如图 10.69 所示。

3 双击混合工具以打开“混合选项”对话框，将“指定的步数”设为 3，再单击“确定”按钮。

4 选择菜单“视图”>“轮廓”。

在轮廓模式下，可以看到两颗原始绿色葡萄的轮廓线以及贯穿它们的一条路径。默认情况下，这 3 个对象组成了混合对象。而在轮廓模式下，编辑原始对象之间的路径会更加简单些。

5 确保开启了智能参考线（“视图”>“智能参考线”）。

6 选择工具箱中的直接选择工具（）。单击以选中路径最右端的锚点，如图 10.70 所示。在控制面板中，单击“将所选锚点转换为平滑”按钮（），让曲线变得平滑。再使用直接选择工具将锚点下方的手柄向左上方拖曳，如图 10.71 所示。

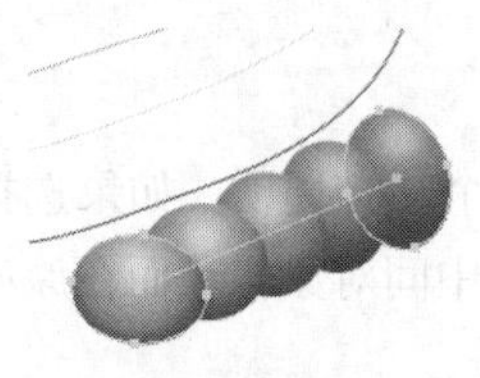

图10.69

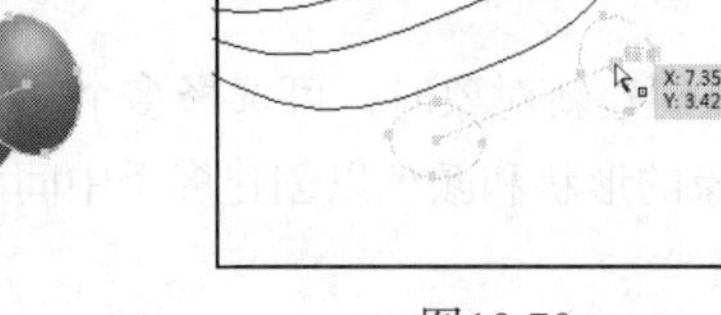

图10.70

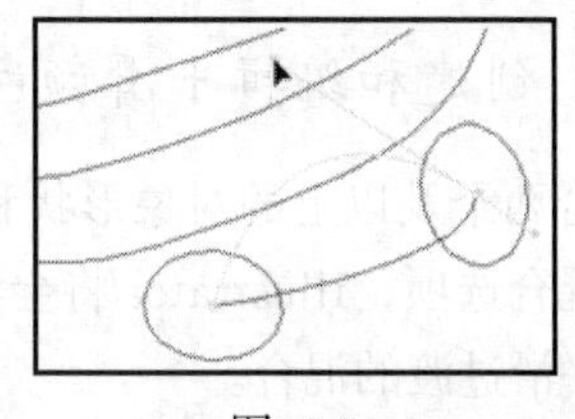

图10.71

注意：这步就是在编辑混合轴。而编辑混合轴时，混合对象也会随之改变。

7 选择菜单“视图”>“预览”，以观察变化。再选择菜单“选择”>“取消选择”。

下面，将编辑左侧葡萄的位置并查看混合的效果。

8 切换到选择工具，单击混合后的葡萄以选中它们。

9 双击混合对象（葡萄）的任意位置，以进入隔离模式。

这将暂时取消这些葡萄对象的编组，从而可以单独地编辑每个原始葡萄（共两个，混合建立的葡萄不包括在内）和混合轴。

提示：一种调整混合路径形状的快捷方法是，让对象沿另一条路径混合。可以绘制另一条路径，选中混合对象，再选择菜单“对象”>“混合”>“替换混合轴”。

10 单击以选中最左侧的葡萄。

使用选择工具，按住 Alt+Shift（Windows 系统）或 Option+Shift（Mac 系统）组合键，向中心拖曳其选框边界点以缩小它，如图 10.72 所示。再依次松开鼠标和按键。

提示：要反转混合，可以选择菜单“对象”>“混合”>“反向堆叠”。

11 按 Esc 键以退出隔离模式。

这样，混合得到的对象和原始对象就会被视作一个整体的（混合）对象。如果要编辑所有葡萄，可以扩展混合。而扩展混合将把整体的混合对象拆分为多个独立的对象。这时就无法将混合对象视作一个对象来编辑，这是因为它已经成为了一个由多个对象组成的对象组。下面，将要扩展混合。

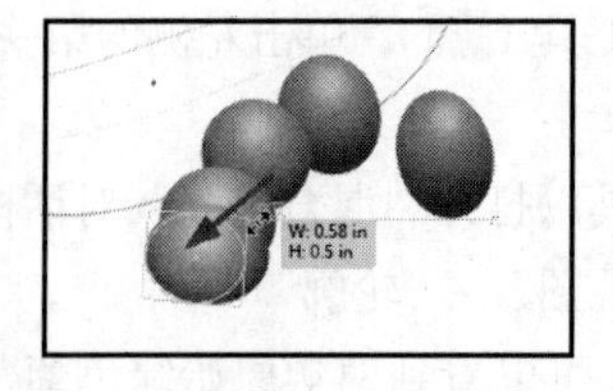

图10.72

图10.73

12 选择菜单“对象”>“混合”>“扩展”，如图 10.73 所示。

在仍选中所有葡萄的情况下，注意到控制面板的左侧出现了“编组”的字样。

13 选择菜单“选择”>“取消选择”。

14 选择菜单“文件”>“存储”。

10.3.3 创建和编辑平滑颜色混合

混合两个及以上的对象形状和颜色以创建新对象时，可选择多个混合选项。如果选择“平滑颜色”混合选项，Illustrator 将会混合对象的形状和颜色以创建多个中间对象，从而在原始对象之间创建平滑过渡的混合。

下面，将在 3 个形状之间进行平滑颜色混合，以创建香蕉。

1 选择菜单“视图”>“画板适合窗口大小”。按下两次 Ctrl++（Windows 系统）或 Command++（Mac 系统）组合键，以放大视图。

下面，将混合 3 条路径，它们位于上节的混合后对象的下层。3 条路径都有描边色，而没有填色。带描边对象的混合与不带描边对象的混合是不同的。

2 切换到混合工具（）。将鼠标指向最上面的路径，混合工具图标旁出现星形（*）时单击，如图 10.74 所示；将鼠标指向中间的（黄色）路径，混合工具图标旁出现加号（+）时单击以添加它到混合中，如图 10.75 所示；将鼠标指向第三条路径，混合工具图标旁出现加号（+）时，在远离葡萄处单击，如图 10.76 所示。

下面，要为绘制香蕉而修改混合设置，以便建立平滑颜色混合，而不是指定步数的混合。

3 双击工具箱中的混合工具。在“混合选项”对话框中，在“间距”菜单中选择“平滑颜色”，再单击“确定”按钮，结果如图 10.77 所示。

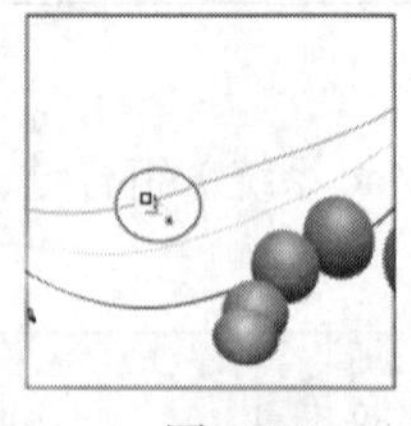
图10.74

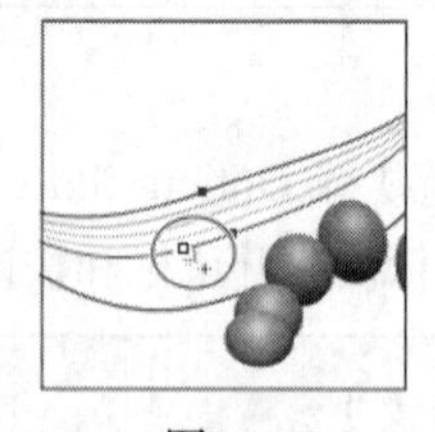
图10.75

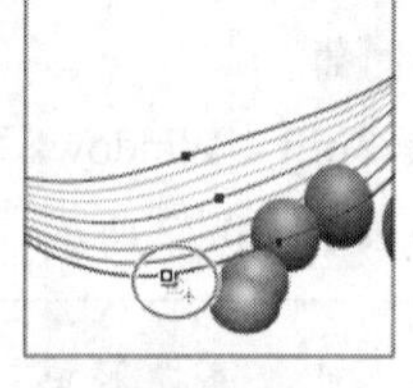
图10.76

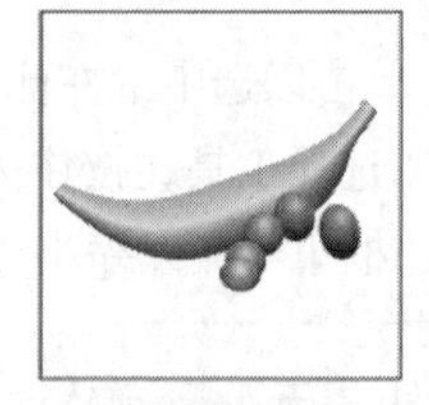
图10.77

4 选择菜单“选择”>“取消选择”。

在对象之间建立平滑颜色混合时，Illustrator 将自动计算对象之间创建平滑过渡所需的中间步数。在对象之间建立平滑颜色混合后，还可对其进行编辑。下面，将编辑组成混合的路径。

AI | **提示：**在有些情况下，在路径之间创建平滑颜色混合有些棘手。例如，线条相交或曲率过大，将可能导致意想不到的结果。

5 使用选择工具双击颜色混合对象（香蕉）以进入隔离模式。单击以选中第二条原始路径，在控制面板中任意修改它的描边色，并注意混合结果。选择菜单“编辑”>“还原应用色板”，恢复到之前的原始描边色。

6 双击混合路径外的空白区域，以退出隔离模式。

7 选择菜单“视图”>“画板适合窗口大小”。

8 打开图层面板，单击以选中所有子图层的可视性栏，让所有子图层在画板上可见。

9 在图层面板中，选中 Gallery 图层。

10 单击图层面板底部的“建立 / 释放剪切蒙版”按钮（），最终图稿如图 10.78 所示。

图10.78

这将把 Gallery 图层中的第一个形状(Mask 形状)作为剪切蒙版，以隐藏超出该形状的画稿部分。

11 选择菜单“文件”>“存储”，并关闭所有打开的文件。

10.4 复习

复习题

1 什么是渐变色？
2 指出两种对所选对象应用渐变色的方法。
3 如何调整渐变色中的颜色混合？
4 指出两种在渐变色中添加颜色的方法。
5 如何调整渐变色的混合方向？
6 渐变色和混合之间有什么不同？
7 指出两种混合对象的形状和颜色的方法。
8 “平滑颜色”与“指定的步数”混合选项有什么不同？
9 如何调整混合的形状或颜色？如何调整混合的路径？

复习题答案

1 渐变色是两种或多种颜色（或同一种颜色的不同色调）之间的过渡混合。渐变色可应用于对象的填色或描边色。

2 要对所选对象应用渐变色，可选中对象后，执行如下操作之一。

 • 选中描边色框或填色框，再单击工具箱底部的渐变框（），即可使用默认的黑白色渐变或最近一次使用的渐变色填充对象。

 • 在控制面板中修改填色或描边色，以对所选内容应用渐变色。

 • 在工具箱底部选中描边色框或填色框，再在色板面板中单击一种渐变色的色板。

 • 使用吸管工具（）从图稿中的对象上采集渐变色，然后将其应用于所选对象。

 • 在渐变面板中选择描边色框或填色框，再通过单击渐变菜单箭头（）选择一种默认的渐变色。

3 要调整渐变色中的颜色，可选中渐变工具（），将鼠标指向渐变批注者（或渐变面板中的渐变滑块），再拖曳菱形按钮（渐变中点）或色标。

4 要在渐变色中添加颜色，可以在渐变面板中单击渐变滑块下方以添加色标。再双击该色标以编辑颜色，方法是在出现的面板中直接应用现有色板或创建新颜色。还可以在工具箱中选择渐变工具，将鼠标指向渐变填充的对象，再单击图稿中的渐变滑块的下方以添加色标。

5 要调整渐变色的方向，使用渐变工具在图稿中拖曳即可。长距离拖曳将逐渐改变颜色，短距离拖曳会让颜色急剧变化。还可以使用渐变工具旋转渐变色、修改半径、长宽比、渐变色的起点等。

6 渐变色和混合之间的不同在于混合方式不同。渐变色混合的是颜色，而混合指的是混合对象。

7 要混合对象的形状和颜色，执行以下步骤之一即可。

使用混合工具（ ）单击每个对象，这将根据预设的混合选项在对象之间创建一系列的中间形状。

选中原始形状，再选择菜单“对象”>“混合”>“混合选项”，以设置“间距”。再选择菜单“对象”>“混合”>“建立”以创建混合。

8 选择“平滑颜色”混合选项时，Illustrator 将会混合对象的形状和颜色，以创建多个中间对象，从而在原始对象之间创建平滑过渡的混合，而选择“指定的步数”混合选项时，可指定混合得到多少个中间形状，骇客指定混合得到的对象之间的距离。

9 可使用直接选择工具（ ）选中并调整原始对象的形状，从而修改混合的形状。可通过修改原始对象的颜色来调整混合的中间颜色。还可以使用“转换锚点工具”（ ）拖曳混合轴上的锚点或方向手柄，以修改混合轴的形状。

第11课 使用画笔

本课概述

在这节课中，读者将会学习如何进行以下操作：

- 使用4种类型的画笔：书法画笔、艺术画笔、毛刷画笔和图案画笔；
- 将画笔应用于路径；
- 使用画笔工具绘制和编辑路径；
- 修改画笔颜色、调整画笔设置；
- 使用 Adobe Illustrator 的画稿创建新画笔；
- 使用斑点画笔工具和橡皮擦工具。

学习本课内容大约需要1小时，请从光盘中将文件夹 Lesson11 复制到您的硬盘中。

Adobe Illustrator CC 提供了各种类型的画笔，这样通过仅仅使用画笔工具或绘图工具进行上色或绘画，就可以创建各种效果。可使用斑点画笔工具，或选择艺术、书法、图案、毛刷、散点画笔，还可以基于图稿自定义新画笔。

11.1 简介

在本课中，将通过画笔面板学习如何使用不同类型的画笔、修改画笔选项和创建自定义的画笔。但在此之前需要恢复 Adobe Illustrator CC 的默认首选项。然后，打开本课最终完成的图稿文件以查看最终效果。

1 为了确保工具和面板中的功能如本课所述，请删除或重命名 Adobe Illustrator CC 的首选项文件。

2 开启 Adobe Illustrator CC 软件。

3 选择菜单“文件”>“打开”，打开硬盘中 Lesson11 文件夹中的 L11end.ai 文件，如图 11.1 所示。

4 选择菜单“视图”>“缩小”，让完成图稿更小些，以便之后绘图时查看（可使用抓手工具在文档窗口中移动图稿，或者选择菜单“文件”>“关闭”。

图11.1

图11.2

下面，要开始绘图，则需要打开一个现有的图稿文件。

5 选择菜单“文件”>“打开”，打开硬盘中 Lesson11 文件夹中的 L11start.ai 文件，如图 11.2 所示。

6 选择菜单“视图”>“画板适合窗口大小”。

7 选择菜单“文件”>“存储为”，在该对话框中，切换到 Lesson11 文件夹并打开它，将文件重命名为 cruiseposter.ai，保留“保存类型”为 Adobe Illustrator（*.AI）（Windows 系统）或“格式”为 Adobe Illustrator（ai）（Mac 系统），单击“保存”按钮。在“Illustrator 选项”对话框中，接受默认设置，并单击“确定”按钮。

8 选择菜单“窗口”>“工作区”>“重置基本功能”。

11.2 使用画笔

通过使用画笔，可以用图案、图像、画笔描边或纹理装饰路径。用户可修改 Illinois 提供的画笔，还可创建自定义画笔。

可将画笔描边应用于现有路径，也可使用画笔工具绘制路径的同时应用画笔描边。用户可修改画笔的颜色、大小和其他属性。还可在应用画笔后再编辑路径。

如图 11.3 所示，在画笔面板（“窗口”>“画笔”）中，有 5 种类型的画笔：书法画笔、艺术画笔、毛刷画笔、图案画笔和散点画笔。在本课中，将学习如何使用除散点画笔外的所有画笔。画板面板如图 11.4 所示。

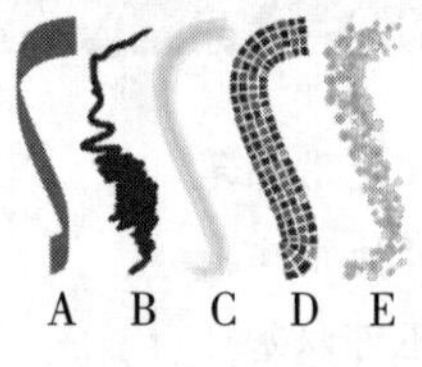

A书法画笔
B艺术画笔
C毛刷画笔
D图案画笔
E散点画笔

图11.3

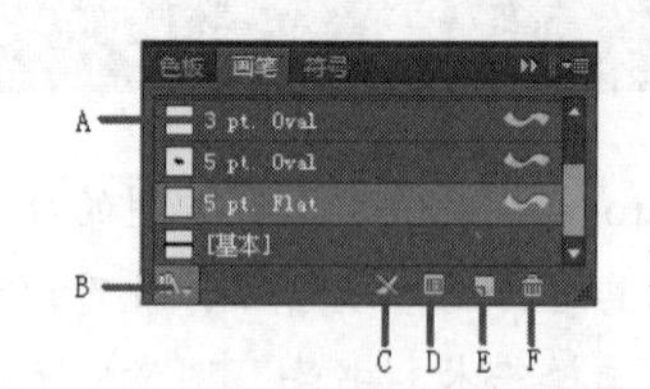

A画笔 B画笔库菜单
C移去画笔描边
D所选对象的选项
E新建画笔 F删除画笔

图11.4

11.3 使用书法画笔

图11.5 书法画笔

如图 11.5 所示，书法画笔模拟使用了书法钢笔笔尖绘制的描边。书法画笔是由椭圆定义的，该椭圆的中心位于路径上。使用这种画笔可以创建外观类似于使用平而尖的钢笔手绘的描边。

11.3.1 应用书法画笔

下面，将对现有的图稿使用书法画笔。

1 单击工作区右侧的画笔面板图标（ ），以展开画笔面板。在画笔面板中，单击面板菜单按钮（ ）并选择“列表视图”选项。

2 单击画笔面板菜单按钮（ ）并取消选择“显示艺术画笔”、“显示毛刷画笔”和“显示图案画笔”，使得画笔面板中仅显示书法画笔。

注意：在画笔面板中，画笔类型旁出现勾选符号表明了该类型的画笔将会在面板中显示。

3 在工具箱中切换到选择工具（ ），按住 Shift 键，单击橘黄色船形状上方的两条紫色曲线以选中这两个对象。

4 在画笔面板中单击 5 pt. Flat 画笔，将它应用于紫色路径，如图 11.6 所示。

5 在控制面板中将描边粗细设为 6pt，描边色设为 White 白色色板，如图 11.7 和图 11.8 所示。

注意：就像在使用真正的书法钢笔一样，比如应用 5 pt. Flat 画笔时，线条越垂直，路径描边就会越细。

6 选择菜单“选择”>“取消选择”。

7 使用选择工具单击这两条白色路径中右侧的短路径，将其描边色设为提示为 C=0 M=0 Y=0 K=10 的浅灰色，如图 11.9 所示。

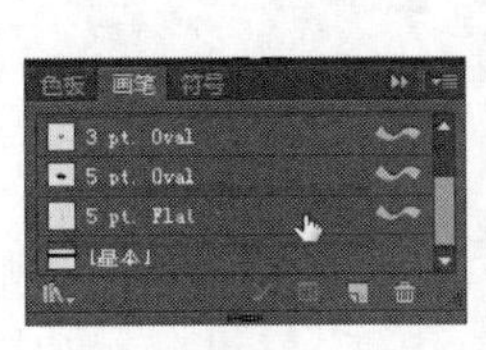

图11.6

图11.7

图11.8　图11.9

8 选择菜单“选择”>“取消选择”，再选择菜单“文件”>“存储”。

11.3.2 使用画笔工具

正如之前提到的，画笔工具可以在绘画时应用画笔。而用画笔工具绘制的矢量路径既可以使用画笔工具编辑，还可以使用其他绘图工具编辑。下面，将使用画笔工具应用默认画笔库中的书法画笔，为水中的波浪上色。

如果自己绘制的波浪线与本课图中所示不完全一致，这没有关系。

1 使用选择工具单击船下的蓝色海水形状。选择菜单“选择”>“取消选择”。

海水形状所在的图层位于船的下层。选中该形状，也就在图层面板中选中了它所在的图层，这样之后绘制的所有波浪线都会与海水形状位于同一图层。

2 在工具箱中选择画笔工具（ ）。

3 单击画笔面板底部的“画笔库菜单”按钮（ ），选择“艺术效果”>“艺术效果_书法”，如图 11.10 所示。这时将出现一个包含了多种描边的画笔库面板。

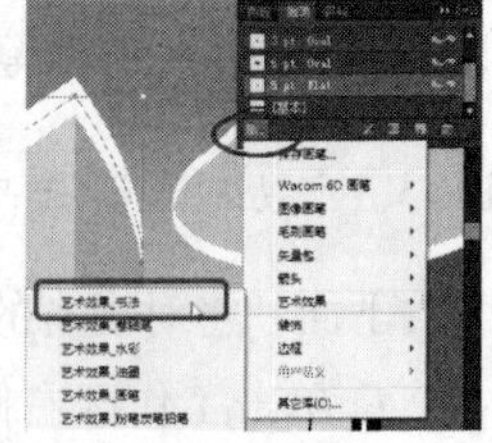

图11.10

Illustrator 提供了多种可在图稿中使用的画笔库。而每个类型的画笔都有一系列可选择的画笔库。

4 单击“艺术效果_书法”面板菜单按钮（ ），选择“列表视图”。单击“50 点扁平”画笔以将其添加到画笔面板上，如图 11.11 所示。关闭“艺术效果_书法”面板。

在画笔库，如“艺术效果_书法”库，选中画笔就会将其添加到现用文档上。

5 在控制面板中，将填色设为“[无]”，描边色设为 Dark Blue 色板，描边粗细则设为 1pt 即可。

注意到画笔图标旁出现了星形（*），这表明可以开始绘制新路径。

6 将鼠标指向画板左侧、船的下方。从左向右绘制一条长的曲线，在海水形状大约中间位置处停止，如图 11.12 所示。再在水中绘制另外 3 条贯穿整个海水形状的曲线路径，如图 11.13 所示。

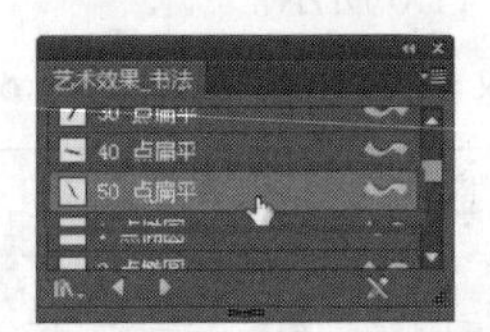

图11.11

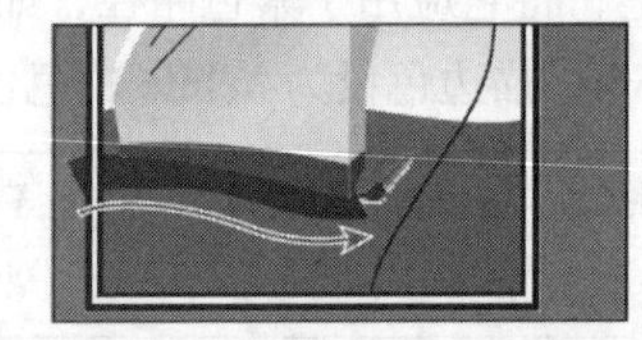

图11.12 绘制第一条路径

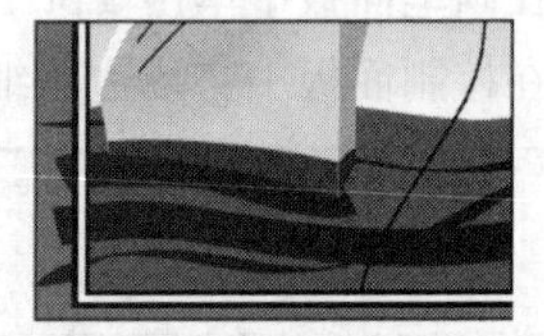

图11.13 绘制其余路径

> **注意：**书法画笔可在路径上创建各种随机角度，绘制的曲线不需要与图 11.13 中完全一致。

7 选择菜单“选择”>“取消选择”，再选择菜单“文件”>“保存”。

11.3.3 使用画笔工具编辑路径

下面，将使用画笔工具来编辑一条选定的路径。

1 使用选择工具单击之前在海水形状中绘制的第一条路径。

2 切换到画笔工具，将鼠标指向所选路径中点附近，此时画笔图标旁没有星形（*），如图 11.14 所示。向右拖曳以延伸路径到画板的右侧边缘，如图 11.15 所示。而这将会从开始拖曳鼠标的地方编辑选定路径。

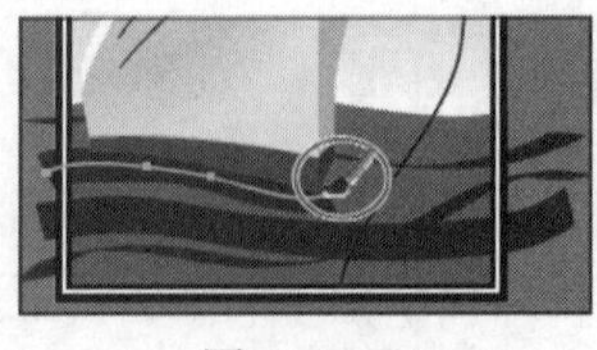

图11.14

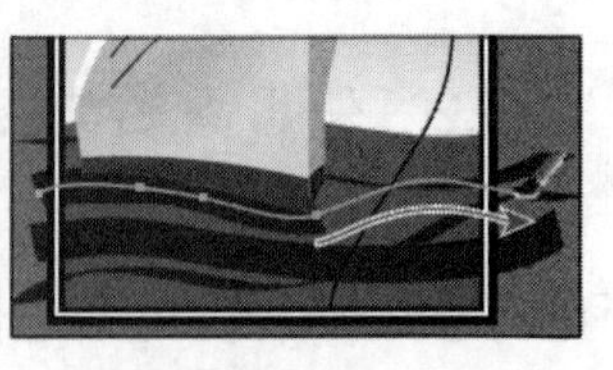

图11.15

AI **提示**：要使用画笔工具编辑绘制的路径，还可以使用平滑工具（）和路径橡皮擦工具（），它们位于铅笔工具（）下的隐藏工具组。

3 按住 Ctrl（Windows 系统）或 Command（Mac 系统）键以暂时切换到选择工具，单击选中另一条画笔工具绘制的路径。单击后再松开按键以返回到画笔工具。

4 用画笔工具指向所选路径的任意部位，鼠标旁的星形（*）消失时，向右拖曳鼠标以重新绘制路径。

5 选择菜单“选择”>“取消选择”，再选择菜单“文件”>“保存”。

下面，将编辑画笔工具选项。

6 双击画笔工具()以显示“画笔工具选项”对话框。在对话框中修改以下选项，如图 11.16 所示：

- 平滑度：50%
- 保持选定：选中

•单击“确定”按钮。

“画笔工具选项”烧烤场可以修改画笔工具工作的方式。平滑度越大，创建的路径越平滑，路径中的锚点就会越少。由于“保持选定”复选框，编辑完路径后，它将仍保持被选中的状态。

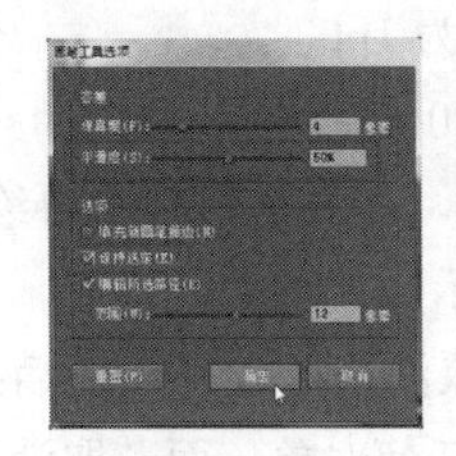
图11.16

图11.17

7 在控制面板中，将描边色设为 Medium Blue 色板，描边粗细设为 0.5pt。

8 仍使用画笔工具，在海水形状中再绘制另外 3 到 4 条贯穿的曲线路经，如图 11.17 所示。注意到每条路径绘制完后，它仍保持被选中的状态。

9 在工具箱中双击画笔工具。在“画笔工具选项”对话框中，取消选择“保持选定”复选框，再单击“确定”按钮。

注意：取消选择“保持选定”复选框后，要编辑某条路径，可使用选择工具选中它，或使用直接选择工具选中路径的某一段或某个锚点，再重新使用画笔工具绘制路径的相应部分。

10 选择菜单“选择”>“取消选择”，再选择菜单“文件”>“保存”。

11.3.4 编辑画笔

要修改画笔的选项，可在画笔面板中双击该画笔。编辑画笔后，还可选择是否更新文档中应用了该画笔的对象。下面，将修改“50 点扁平”画笔的外观。

1 在画板面板中，双击“50 点扁平”画笔的缩览图，以打开“书法画笔选项”对话框。在对话框中，修改以下选项，如图 11.18 所示：

- 名称：30 点扁平

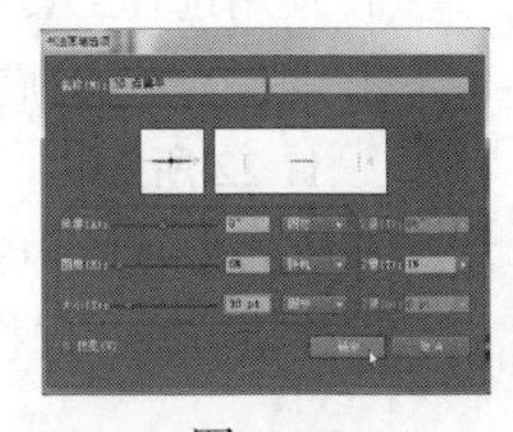
图11.18

- 角度：0°
- 角度右侧的下拉菜单中选择：固定
- 圆度：5%
- 大小：30pt

单击“确定”按钮。

AI 注意：对画笔所做的编辑只在当前文档中有效。

AI 提示：在对话框中“名称”文本框下方的“预览”窗口，可观察画笔的变化。

2 在随后出现的对话框中，单击“保留描边”按钮，让修改不会作用于该画笔之前绘制的波浪路径，如图 11.19 所示。

图11.19

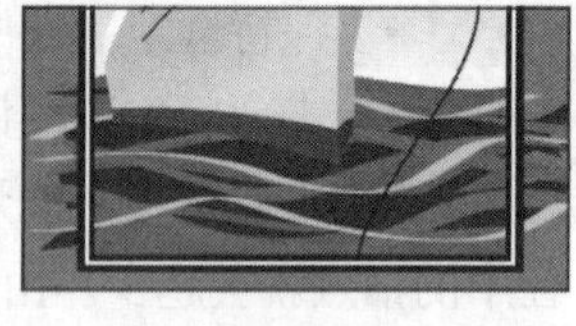
图11.20

3 在控制面板中，将描边色设为 Light Blue 色板，并确保描边粗细为 1pt。

4 在画笔面板中单击“30 点扁平”画笔，确保接下来使用它绘图。在海水形状中再绘制另外 3 条贯穿的曲线路经，绘制时可覆盖现有路径，如图 11.20 所示。

5 选择菜单“选择”>“取消选择”，再选择菜单“文件”>“保存”。

这时取消选择了画板上的任何对象，而“取消选择”命令也变成了灰色。

给画笔指定填色

将画笔应用于对象的描边时，还可指定对象内部的填色。给画笔指定填色时，在画笔对象与填色重叠的地方，画笔对象将位于填色的上层，如图11.21所示。

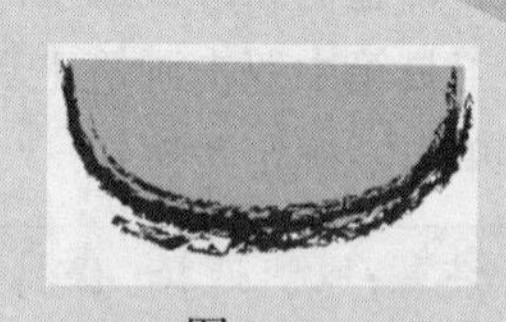
图11.21

11.3.5 删除画笔描边

在 Illustrator 中，删除应用于图稿的画笔描边很方便。下面，将删除云朵形状的画笔描边。

1 使用选择工具选中天空中的云朵形状。

2 在画笔面板底部单击“删除画笔描边”按钮（![]），如图 11.22 所示。

3 在控制面板中将描边粗细改为 0pt。

4 选择菜单“选择”>“取消选择”，再选择菜单“文件”>“保存”。

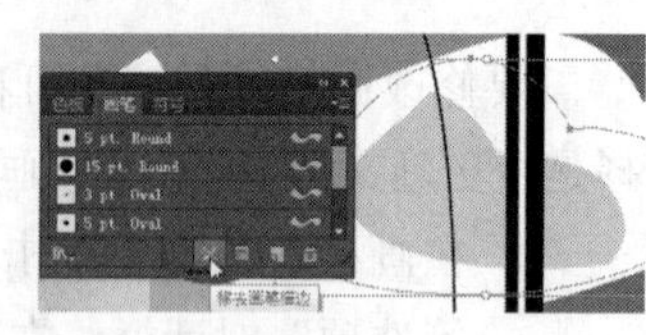
图11.22

11.4 使用艺术画笔

如图 11.23 所示，艺术画笔可沿路径均匀地拉伸图稿或置入的光栅图像。也可以像其他画笔那样，通过编辑画笔选项来修改画笔工作的方式。

图11.23 艺术画笔

11.4.1 应用现有艺术画笔

下面，要把现有的艺术画笔应用于船下的波浪。

1 在画笔面板中，单击画笔面板菜单按钮（ ），并取消选择“显示书法画笔”选项。然后再选择“显示艺术画笔”选项，在画笔面板中显示各种艺术画笔。

> **AI 注意：**在画笔面板中，画笔类型旁出现勾选符号表明了该类型的画笔将会显示在面板中。

2 单击画笔面板底部的“画笔库菜单”按钮（ ），并从中选择“艺术效果”>“艺术效果 _ 画笔”。

3 单击“艺术效果 _ 画笔”面板的菜单按钮（ ），并从中选择“列表视图”选项。在列表中选择“画笔 3”以将其添加到画笔面板中去。关闭“艺术效果 _ 画笔”面板。

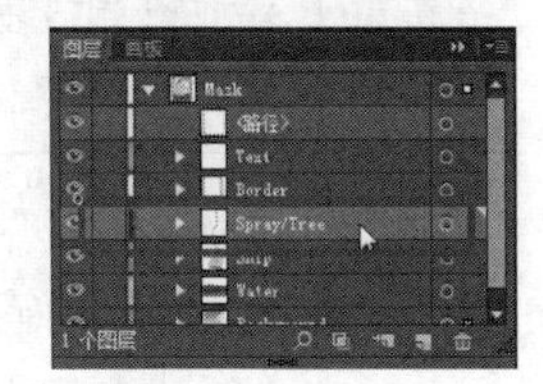

图11.24

4 在工具箱中选择画笔工具（ ）。

5 在控制面板中，将填色设为 White 白色色板，描边粗细设为 1pt，并确保填色为“[无]”。

6 单击工作区右侧的图层面板图标（ ），以打开图层面板。在该面板中，单击 Spray/Tree 图层，以便在该图层上绘图，如图 11.24 所示。单击图层面板标签以折叠该面板组。

7 将画笔图标（ ）指向船的底部（图 11.25 中“X”处）开始沿红色船底向左拖曳画出曲线，如图 11.25 所示，但不需要完全一致。绘制不满意时，随时可在选择菜单“编辑”>“还原艺术描边”后重新绘制。

> **AI 提示：**选中画笔工具后，按住 CapsLock 键可以看到更精确的指针（X）。在某些情况下，这样绘图更加方便精确。

8 从上步操作的同一起点（图 11.26 中“X”处）向右绘制曲线，在船的尖端处绘出 U 形以覆盖住船与水相接的部分，如图 11.26 所示。

9 再尝试绘制一些路径，确保每次绘制的起点都与之前相同，结果如图 11.27 所示。

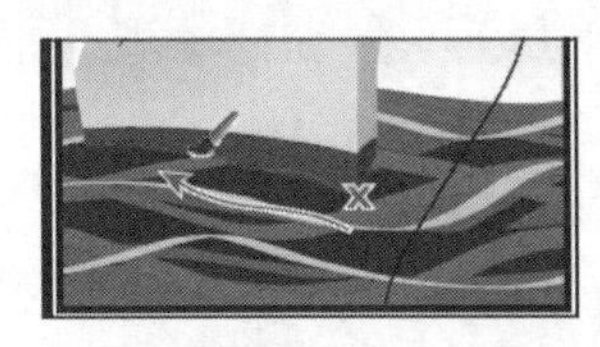
图11.25

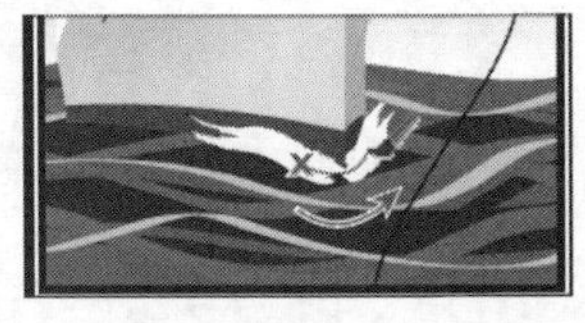
图11.26

图11.27

10 选择菜单“文件”>“存储”。

11.4.2　使用光栅图像创建艺术画笔

图11.28

在这一节中，将要导入光栅图像并用它来创建新的艺术画笔。创建了任何类型的新画笔后，它都只会显示在当前文档的画笔面板中。

1 选择菜单“文件”>“置入”。在“置入”对话框中，打开 Lesson11 文件夹并选择 tree2.psd 文件，确保取消选择“链接”选项，再单击“置入”按钮，如图 11.28 所示。

2 在画板的右侧边缘单击，以置入图像。

下面，将用所选图稿来新建一种艺术画笔。可以使用矢量图稿、嵌入的光栅图像来创建新的艺术画笔，但图稿中不能包含渐变色、混合、画笔描边、网格对象、图形、链接文件、蒙版或尚未被转换为轮廓的文本。

> **注意**：处理嵌入的图像或画笔时，Illustrator 的文档性能会受到影响。这是因为可以用于创建画笔的嵌入图像有最大尺寸的限制。而创建画笔时，可能会出现提醒图像需要重新采样的对话框。

3 使用选择工具单击画笔面板底部的“新建画笔”按钮（ ），这样就可以开始用选定的光栅图像创建画笔了。

4 在“新建画笔”对话框中选择“艺术画笔”，如图 11.29 所示，再单击“确定”按钮。

5 在“艺术画板选项”对话框中，将名称改为 Palm tree，再单击“确定”按钮。

6 删除置入的图像，因为之后不会再用到它了。

7 使用选择工具选中船右侧的黑色曲线。

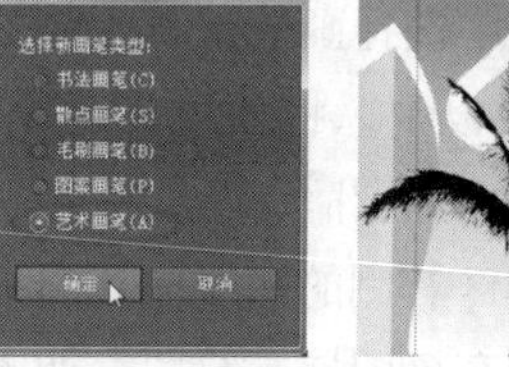

图11.29

图11.30

8 单击以应用画板面板中的 Palm tree 画笔，如图 11.30 所示。

注意到原始的树形状沿着黑色曲线路经延伸了。这是艺术画笔的默认操作。

11.4.3　编辑艺术画笔

下面，将编辑 Palm tree 画笔。

1 在画板上选中 Palm tree 形状所在的路径。在画笔面板中，双击 Palm tree 画笔名称左侧的缩览图，打开“艺术画板选项”对话框，如图 11.31 所示。

2 在“艺术画板选项”对话框中，选择“预览”复选框以观察图稿中的变化。修改以下选项，如图 11.32 所示：

- 在参考线之间伸展：选中
- 起点：5 in
- 终点：5 in
- 纵向翻转：选中

单击“确定”按钮。

3 在出现的对话框中，单击“应用于描边”按钮，以修改应用了 Palm tree 画笔的曲线，如图 11.33 所示。

4 在控制面板中，单击“不透明度”字样，在“混合模式”下拉列表中选择“正片叠底”选项，如图 11.34 所示。按回车键以关闭透明度面板。

图11.31

图11.32

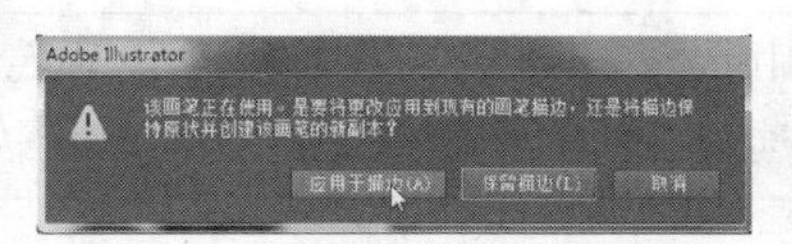

图11.33

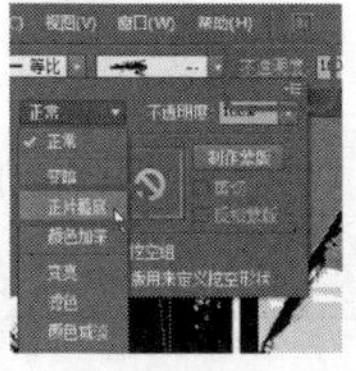
图11.34

5 选择菜单“选择”>“取消选择”，再选择菜单“文件”>“保存”。

光栅图像画笔

可以通过将嵌入图像拖入画笔面板来创建散点、艺术和图案画笔。而画笔中的图像将取代它应用于的描边（混合、缩放、延伸）形状。而画笔的行为，可以如同其他画笔一样，在“画笔选项”对话框中修改。

但是画笔中的大尺寸图像将会影响性能，所以应用大尺寸图像时，Illustrator将会在创建画笔前，提醒重新采样图像以将其变成低分辨率的图像。

11.5 使用毛刷画笔

毛刷画笔可以创建外观与带鬃毛的自然画笔相同的描边。使用画笔工具中的毛刷画笔上色得到的矢量路径如图 11.35 所示。下面，首先修改画笔的选项以调整其外观，然后使用画笔工具创建浓烟效果。

图11.35 毛刷画笔

11.5.1 修改毛刷画笔选项

要修改画笔的外观，可在“画笔选项”对话框中修改其设置。这可在应用画笔前，也可在应用画笔后。使用毛刷画笔绘图时，它创建的是矢量路径。通常，最好在绘画前调整毛刷画笔的设置，这是因为更新画笔描边需要较长的时间。

1 在画笔面板中，单击面板菜单按钮（ ），选择“显示毛刷画笔”选项，再取消选择“显示艺术描边”。

2 双击 Mop 画笔的缩览图或其名称右侧以打开“毛刷画笔选项”对话框。在对话框中，如图 11.36 所示，修改以下选项：

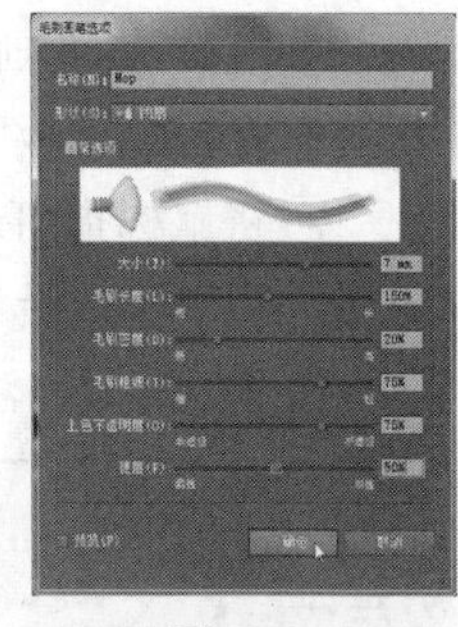
图11.36

- 形状：团扇（默认设置）

- 大小：7 mm（画笔的直径）
- 毛刷长度：150%（默认设置）（计算长度时，以鬃毛和毛刷手柄相连的地方为起点）
- 毛刷密度：20%（毛刷特定区域的鬃毛数）
- 毛刷粗细：75%（默认设置）（取值范围 1% ～ 100%，取值越小表示鬃毛越细）
- 上色不透明度：75%（默认设置）（使用的颜料的不透明度）
- 硬度：50%（默认设置）（指的是鬃毛的硬度）

单击“确定”按钮。

> AI | **提示**：Illustrator 自带了一系列默认的毛刷画笔。要使用它们，可在画笔面板的底部选择“画笔库菜单”按钮( )，并从中选择“毛刷画笔”>“毛刷画笔库”。

11.5.2 使用毛刷画笔上色

下面，将使用 Mop 画笔绘制船上的烟。使用毛刷画笔可创建非常自然生动的描边。为了限定绘画范围，让烟形状成为蒙版，绘制的内容要位于烟形状内部。

1 选择工具箱中的缩放工具，在穿上方的烟形状处单击数次以放大视图。

2 切换到选择工具，单击以选中烟的形状。同时也就选择了烟形状所在的图层，以确保之后的绘图在同一图层，如图 11.37 所示。

图11.37

3 单击工具箱底部的“内部绘图”按钮（ ）。

> AI | **注意**：如果工具箱是单栏显示的，可在工具箱底部的“绘图模式”按钮上按住鼠标左键，即可从出现的菜单中选择“内部绘图”。

> AI | **注意**：更多关于绘图模式的信息，请参阅第 3 课。

4 仍选中烟形状，在控制面板中将填色设为“[无]”。选择菜单“选择”>“取消选择”，以取消选择烟形状。

烟形状周围的虚线框表明接下来绘制的内容都将位于该形状内部，即烟形状成为了蒙版。

5 在工具箱中选择画笔工具（ ）。在控制面板的“画笔定义”菜单中选择 Mop 画笔，如图 11.38 所示。

图11.38

6 在控制面板中，将填色设为“[无]”，描边色设为白色，并确保描边粗细为 1pt。

7 将鼠标指向最大烟囱的上部，如图 11.39 中“X”处。向上拖曳一些，在向左下方拖曳，过程中大致沿着烟形状边缘即可，如图 11.39 所示。

松开鼠标时，注意到绘制的路径将以烟形状为蒙版。

> AI | **提示**：如果对绘画效果不满意，可选择菜单“编辑”>“还原毛刷描边”。

提示：要在绘画时编辑路径，可在“画笔工具选项”对话框中，选择复选框“保持选定”，也可以在会花钱使用选择工具选中路径。本课示例中不必将整个形状都填满。

8 使用画笔工具中的 Mop 画笔在烟形状内部绘制更多的路径。从各个烟囱尝试沿烟形状绘制路径，如图 11.40 所示。

9 选择菜单“视图” > “轮廓”，以观察上色时绘制的路径，如图 11.41 所示。

10 选择菜单“选择” > “对象” > “毛刷画笔描边”，以选中所有使用 Mop 画笔绘制的路径。

11 选择菜单“对象” > “编组”，再选择菜单“视图” > “预览”，如图 11.42 所示。

图11.39　绘制第一条路径

图11.40　观察结果

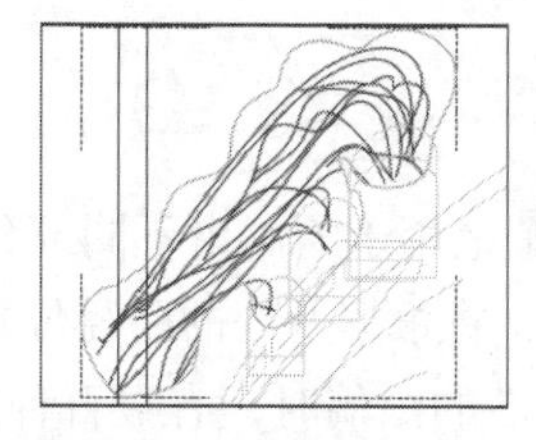

图11.41　轮廓模式下的图稿

图11.42　观察结果

12 在工具箱底部单击“正常绘图”按钮（）。

注意：如果工具箱是单栏显示的，可在工具箱底部的“绘图模式”按钮上按住鼠标左键，即可从出现的菜单中选择“正常绘图”。

13 切换到选择工具。选择菜单“选择” > “取消选择”。

14 双击烟形状的边缘以进入隔离模式。单击烟形状的深灰色描边，在控制面板中将其改为“[无]”，如图 11.43 所示。

15 按 Esc 键数次，隐藏该面板并退出隔离模式。

16 在工作区的右侧单击图层面板图标（）以打开该面板。单击 Spray/Tree 图层名称左侧的眼睛图标（），在画板上隐藏该图层的内容，如图 11.44 所示。单击图层面板标签以隐藏该面板组。

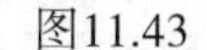

图11.43

图11.44

17 选择菜单“选择” > “取消选择”，再选择菜单“文件” > “存储”。

保存文档时，会出现一个警告对话框，提示目前保存的文档包含多个具有透明效果的毛刷画笔路径。使用毛刷画笔上色时，会创建出一系列独立的矢量路径。这会导致文档过于复杂而无法打印或保存为 EPS/PDF 或旧版格式。为了降低复杂度、减少毛刷画笔路径，可以通过选择毛刷画笔路径和栅格化来降低复杂度和保留外观。具体操作是：选中应用了毛刷画笔的路径，再选择菜单“对象” > “栅格化”。

毛刷画笔和绘图板

当通过绘图板使用毛刷画笔时，Illustrator将对光笔在绘图板上的移动进行跟踪。它将反映光笔在路径上任意一点的方向和压力。于是，Illustrator将诠释光笔所提供的x轴位置、y轴位置、压力、倾斜度、方位和旋转。更多关于毛刷画笔和绘图板的信息，可在Illustrator帮助（“帮助”>“Illustrator帮助”）中搜索关键字“毛刷画笔”。

——摘自Illustrator帮助

11.6 使用图案画笔

如图 11.45 所示，图案画笔用于绘制由不同部分（拼贴）组成的图案。在图稿中使用图案画笔绘画时，将根据所处的路径位置（边缘、中间或拐点）绘制图案的不同部分。创建自己的图稿时，有数百种有趣的图案画笔可以选择，从grass到citycapes。下面，将把现有的图案画笔应用于路径，以创建船上的窗户。

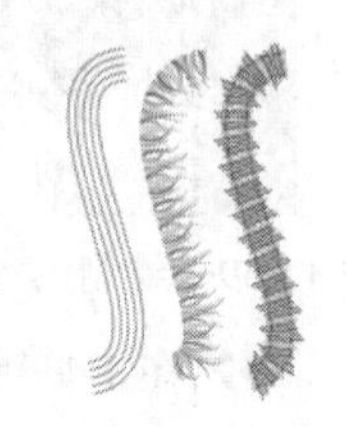

图11.45 图案画笔

1 选择菜单“视图”>“画板适合窗口大小”。

2 在画笔面板中，单击面板菜单按钮（ ），选择“显示图案画笔”，再取消选择“显示毛刷画笔”。

提示：和其他类型的画笔一样，Illustrator也提供了一系列的图案画笔库。要想选择一个图案画笔库，可单击“画笔库菜单”按钮（ ），并从中选择一个库（如“装饰”选项）即可。

3 在画笔面板中单击 Windows 画笔。

下面，将应用图案画笔，然后编辑该画笔的属性。

4 在工具箱中切换到选择工具，按住 Shift 键，单击选中橘色船身上的两条路径。

5 在控制面板的“画笔定义”下拉列表中选择 Windows 画笔，以应用该图案画笔，如图 11.46 所示。

下面，将为所选路径编辑该画笔属性。

6 选择菜单“选择”>“取消选择”。

7 单击以选中位于下方的那条应用了 Windows 画笔的路径。

8 单击画板面板底部的“所选对象的选项”按钮（ ），以编辑画板上所选路径的画笔选项，如图 11.47 所示。这将打开“描边选项（图案画笔）”对话框。

9 在“描边选项（图案画笔）”对话框中，选中“预览”复选框，并缩放拖曳滑块（或直接输入数值）将“缩放”设为 110%，再单击“确定”按钮，如图 11.48 所示。

编辑所选对象的画笔选项时，只会看到一部分画笔选项。“描边选项（图案画笔）”对话框可用于编辑所选画笔路径的属性，而不会影响画笔本身。

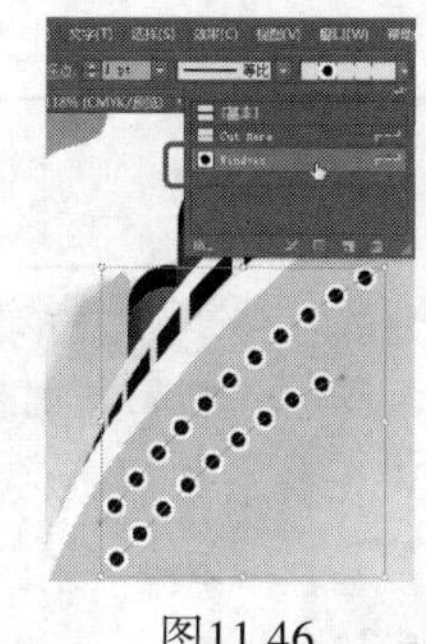

图11.46

图11.47

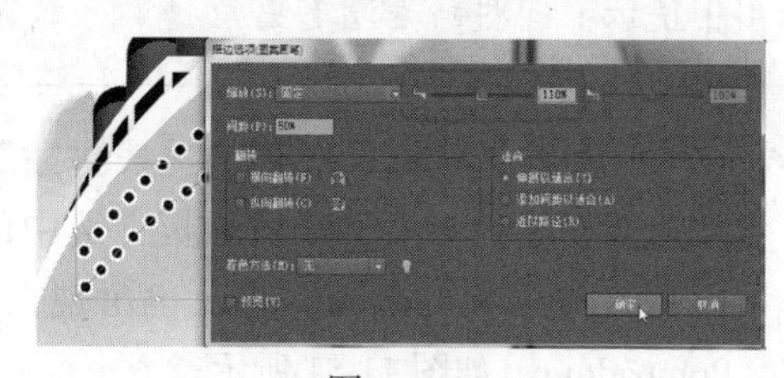

图11.48

提示：要修改船上窗户的大小，还可以修改这两条应用了图案画笔的路径的描边。

10 选择菜单“选择”>“取消选择”，再选择菜单“文件”>“存储”。

11.6.1 创建图案画笔

有多种创建图案画笔的方式。比如，要创建应用于直线的图案画笔，可选择相应的对象，再单击画笔面板底部的“新建画笔”按钮。

要创建应用于包含了曲线和尖角的对象，可先在文档窗口中选定要用于创建画笔的图稿，再在色板面板中根据图稿创建相应的色板，还可以令 Illustrator 自动生成图案画笔的尖角。在 Illustrator 中，只有边线拼贴需要自行定义。而 Illustrator 可根据用于边线拼贴的图稿，自动生成 4 种不同类型的尖角。这 4 个自动生成的选项可以完美地适合各种尖角。

下面，将为海报的边框创建一种图案画笔。

1 选择菜单“视图”>“Pattern objects”。这将放大画板右侧边缘的救生圈和绳子的视图。

2 使用选择工具选中绳子对象组。

3 单击画板面板图标（ ）以展开该面板。单击面板菜单按钮（ ）并从中选择“缩览图视图”。在画笔面板中，单击“新建画笔”按钮（ ），根据绳子来创建一个图案，如图 11.49 所示。

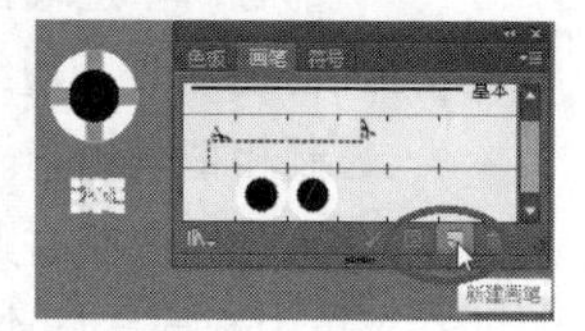

图11.49

在画板面板中，注意到缩览图视图中的图案画笔都是段状的。每一段对应着一个图案拼贴。边线拼贴是在画板面板的缩览图视图中不断重复的。

4 在“新建画笔”对话框中，勾选“图案画笔”后再单击“确定”按钮。

不论是否选中了图稿，都可以创建图案画笔。创建图案画笔时，如果没有选中图稿，可在创建后把图稿拖到画笔面板中，也可以在编辑画笔时从图案色板中选择图稿。

5 在“图案画笔选项”对话框中，将画笔命名为 Border。

图案画笔最多可以包含 5 种拼贴：边线拼贴、起点拼贴、终点拼贴以及用于路径尖角上的内角拼贴和外角拼贴。

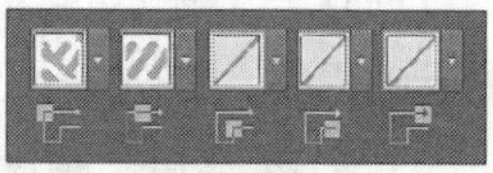

如图 11.50 所示，可在对话框的“间距”选项下看到这 5 种拼贴按钮，这样就可将不同的图稿应用到路径不同的部分。用户可以单击需要定义的拼

图11.50

贴按钮，再选择一个自动生成的拼贴或在出现的菜单中选择一个图案色板。

AI | **提示**：有些画笔没有尖角拼贴，这是因为它们只用于平滑曲线。

6 在“间距”选项下，单击“边线拼贴”框（左起第二个）。可以发现除了“无”选项，画板上选中的对象“原始”、色板面板中的图案色板 Pompadour 也出现在菜单中。从菜单中选择 Pompadour，如图 11.51 所示。

在拼贴下的“预览”窗口可以观察新的图稿是如何改变路径的。

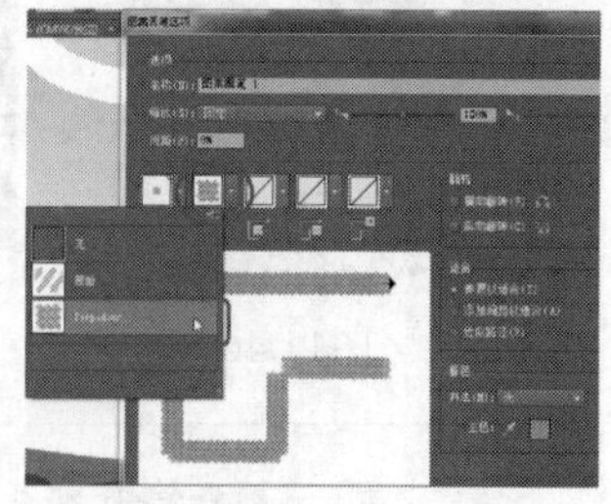

图11.51

AI | **提示**：将鼠标指向“图案画笔选项”对话框中的拼贴按钮，就会提示该按钮是哪种拼贴。

AI | **提示**：创建图案画笔时，所选图稿默认被视作边线拼贴。

7 再次单击“边线拼贴”框，选择“原始”选项。

8 单击“外角拼贴”框。外角拼贴是由 Illustrator 根据原始绳子的图稿自动生成的。在它的菜单中，可以从自动生成的 4 种尖角中选择。

- 自动居中：边线拼贴沿尖角延伸，且拼贴在尖角处的路径上居中。
- 自动居间：边线拼贴的副本一路延伸至尖角，尖角每侧都有一个边线拼贴的副本。
- 自动切片：边线拼贴被对角切片再垂直结合，类似于木制相框的边角。
- 自动重叠：拼贴的副本在边界处重叠了起来。

图11.52

在菜单中选择“自动居间”。这就生成了由绳子创建的图案画笔的外角，如图 11.52 所示。

AI | **提示**：要保存画笔并在另一个文件中使用它，可以把要用到的画笔创建成一个画笔库。更多相关信息，可在 Illustrator 帮助中搜索关键字“使用画笔库”。

9 单击“确定”按钮。这样 Bord 画笔就出现在了画笔面板中。

11.6.2 应用图案画笔

在这一节中，读者将会把 Border 图案画笔应用于画板的矩形边界上。使用绘图工具将画笔应用于画稿时，首先使用绘图工具绘制路径，然后在画笔面板中选择画笔将其应用于路径即可。

1 选择菜单“视图”>“画板适合窗口大小”。

图11.53

2 使用选择工具选中边界处的白色矩形描边。

3 在工具箱中，将填色和描边色都设为“[无]”。

4 仍选中该矩形，在画笔面板中单击 Border 图案画笔。

5 选择菜单“选择”>“取消选择”，结果如图 11.53 所示。这时使用 Border 画笔绘制矩形，其中边线使用的是边线拼贴，而各个角则是外角拼贴。

11.6.3 编辑图案画笔

下面，将使用创建的图案色板来编辑 Border 画笔。

1 单击色板面板图标（ ）以展开该面板，也可以选择菜单“窗口”>“色板”。

2 选择菜单“视图”>“Pattern objects”，以放大画板右侧边缘处的救生圈。

3 使用选择工具将救生圈拖入色板面板。这样将会在色板面板中生成新的图案色板，如图 11.54 所示。创建了新的图案画笔后，如果之后不会在其他的图稿中再使用它，也可在色板面板中将其删除。

4 选择菜单“选择”>“取消选择”。

5 在色板面板中，双击刚刚创建的图案色板。在“图案选项”对话框中，将色板名称改为 Corner，并将“份数”设为“1×1”，如图 11.55 所示。

6 单击文档窗口顶部灰色栏中的“完成”按钮，以完成图案的编辑。

7 选择菜单“视图”>“画板适合窗口大小”。

8 在画笔面板中，双击 Border 图案画笔以打开“图案画笔选项”对话框。

9 单击“外角拼贴”框，在菜单中选择“Corner”图案色板，如图 11.56 所示。

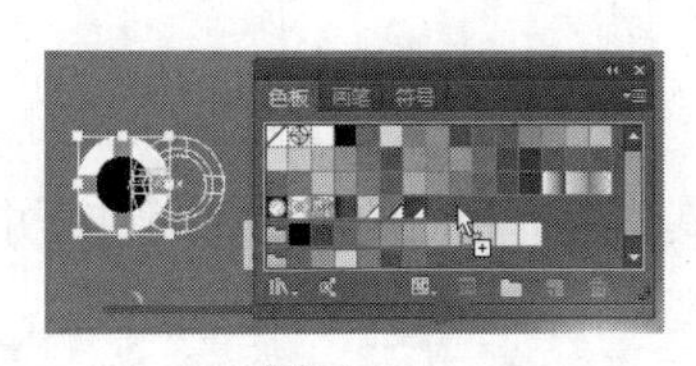

图11.54

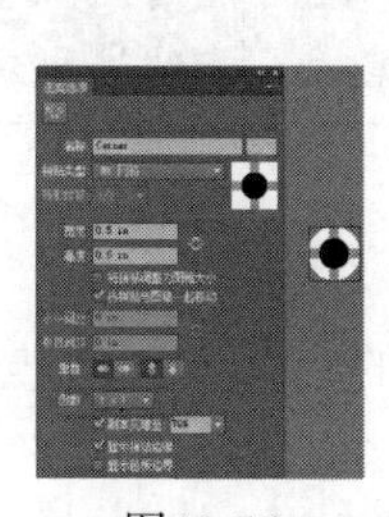
图11.55

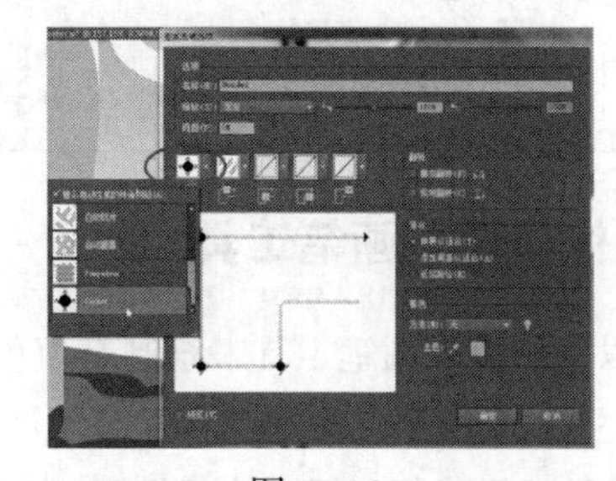
图11.56

提示：要修改图案画笔中的图案拼贴，还可按住 Alt 键（Windows 系统）或 Option 键（Mac 系统），将图稿直接从画板中拖入图案画笔对应的拼贴处。

10 在“图案画笔选项”对话框中，将“缩放”设为 70% 后单击“确定”按钮。

11 在画笔修改警告对话框中，单击“应用于描边”以更新画板上的边界框。

12 使用选择工具单击船身窗口所在路径中的一条，如图 11.57 所示。在画笔面板中单击以应用 Border 画笔。

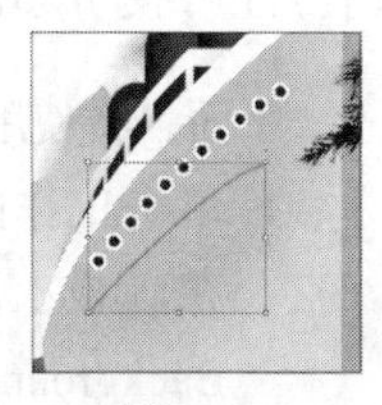
图11.57

注意到此时是 Border 画笔的边线拼贴，而不是救生圈，应用于该路径。这是因为该路径不包含尖角，所以外角拼贴和内角拼贴无法应用于该路径。

注意：此时 palm tree 对象可能被选中。可以选择菜单“对象”>“锁定”>“所选对象”以避免再发生此类情况。

13 选择菜单“编辑”>“还原应用图案画笔”，从该路径上移除该画笔。

注意：在本课前些节中，已经通过单击画板面板中的“移去画笔描边”按钮（ ）来删除应用于对象的画笔。在这里则是选择菜单“编辑”>“还原应用图案画笔”。这是因为单击“移去画笔描边”按钮后，将删除该弧形之前的格式，使其只有默认的填色和描边色。

14 选择菜单“选择”>“取消选择”，再选择菜单“文件”>“存储”。

修改画笔的颜色属性

使用散点画笔、艺术画笔和图案画笔绘画时，使用的颜色取决于当前的描边颜色以及画笔的着色方法。如果没有设置着色方法，将使用画笔的默认颜色。比如，应用于轮船之前的水波浪的艺术画笔，它使用的是当前的描边颜色白色，而其默认颜色则是黑色。这是因为它的着色方式是“淡色”。

要给艺术画笔、图案画笔和散点画笔着色，课使用“画笔选项”对话框中的三个编辑选项：淡色、淡色和暗色、色相转换。更多关于着色方法的选项，请参阅 Illustrator 帮助中的“着色选项”。

注意：如果用白色描边着色，画笔可能看起来全部是白色的；如果使用黑色描边色着色，则可能看起来是全黑的，其结果取决于画笔的原始颜色。

11.7 使用斑点画笔工具

可以使用斑点画笔工具来绘制有填色的性状，并将其与其他颜色相同的形状相交或合并。如图 11.58 和图 11.59 所示，使用斑点画笔工具，可以像使用画笔工具那样绘图，但画笔工具用于创建非闭合路径，而斑点画笔可创建只有填色、没有描边色的闭合路径，还可使用橡皮擦工具或斑点画笔工具对其进行编辑。另外，斑点画笔工具无法编辑有描边色的形状。

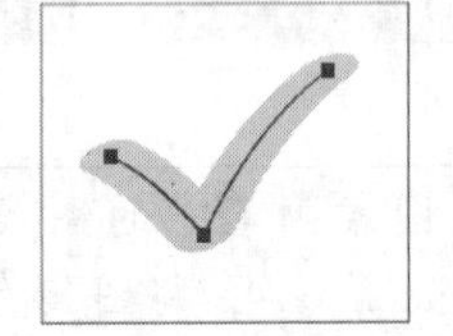

图11.58 使用画笔工具创建的路径

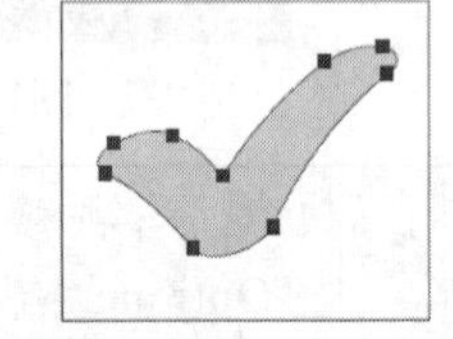

图11.59 使用斑点画笔工具创建的形状

11.7.1 使用斑点画笔工具绘图

下面，将使用斑点画笔工具来创建云朵。

1 单击工作区右侧的图层面板图标（ ）以展开该面板。单击 Ship 图层左侧的眼睛图标，在画板上隐藏该图层的内容。同样的，确保隐藏了 Spray/Tree 图层中的内容。再单击 Background 图层以选中该层，如图 11.60 所示。

2 在控制面板中，将填色设为 Light Blue 色板，描边色设为“[无]”。

使用斑点画笔工具绘图时，如果绘画前设置了填色和描边色，这个描边色将作为斑点画笔工具绘制形状时的填色。如果只设置了填色，那么该填色将填充绘制的形状。

3 双击工具箱中的斑点画笔工具( )。在“斑点画笔工具选项”对话框中，勾选“保持选定”选项，并在“默认画笔选项”区将“大小”设为70pt，如图11.61所示。然后单击“确定”按钮。

4 将鼠标指向天空中浅蓝色云朵的左侧，沿Z字形拖曳以绘制云朵形状。小心不要让该形状与已存在的云朵相碰，如图11.62所示。

使用斑点画笔工具绘图时，创建的是已填色的闭合性状。这些形状可包含任何类型的填色，如渐变色、纯色、图案等。注意到绘图前斑点画笔图标旁有一个圆形，这表明绘图时画笔的大小。

图11.60

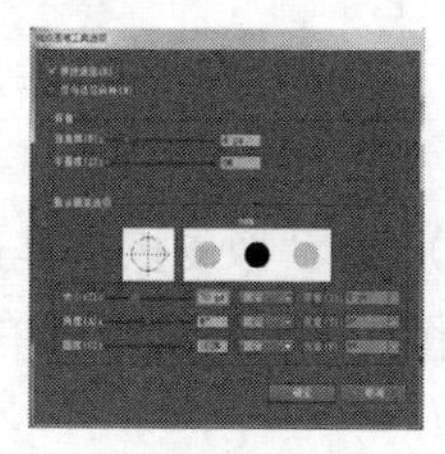

图11.61

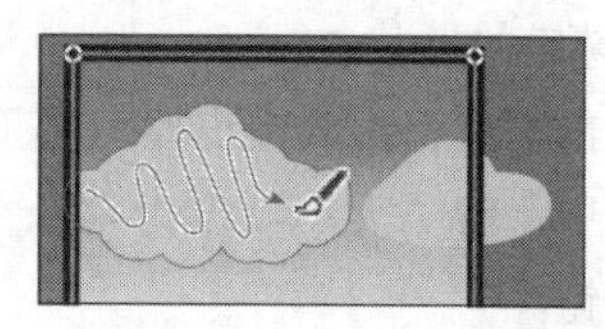

图11.62

AI **提示**：要修改斑点画笔的大小，还可按键盘右中括号（]）键或左中括号键（[）以放大或缩小画笔的尺寸。

11.7.2 使用斑点画笔工具合并路径

除了可以使用斑点画笔工具绘制新形状之外，还可用它来连接、合并形同颜色的形状。而待合并的对象需要有相同的外观属性，即没有描边色、位于同一图层或图层组（如果位于同一图层组，则所属图层必须相邻）。下面，将把刚刚创建的云朵形状与其右侧的云朵合并。

1 选择菜单“选择”>“取消选择”。

2 使用斑点画笔工具（ ），将鼠标指向云朵形状的内部。向右拖曳到右侧小云朵的内部，将这两个形状连接起来，如图11.63所示。

注意：如果两个形状没有合并，可能是它们的描边色或填色不同。这时可使用选择工具选中这两个形状，然后在控制面板中确保填色为Light Blue色板，描边色为“[无]”。之后再切换到斑点画笔工具，重新操作第2步。

3 继续使用斑点画笔工具在合并后的形状上绘图，使其更像云朵。

如果这一步中发现不小心创建了新的形状，而不是编辑现有形状，只需还原这一步。然后切换到选择工具，选中合并后的形状，再取消选择后继续操作即可。

4 选择菜单“选择”>“取消选择”，结果如图11.64所示，再选择菜单“文件”>“存储”。

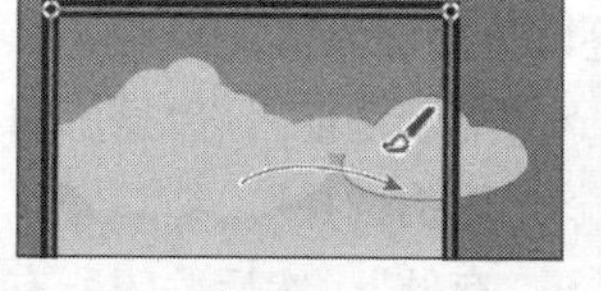

图11.63

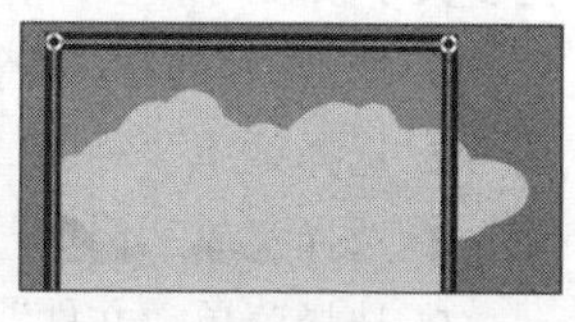

图11.64

11.7.3 使用橡皮擦工具进行编辑

使用斑点画笔工具绘制和合并形状时，可能需要编辑绘制结果。使用橡皮檫工具可以调整形状，并纠正一些不理想的修改结果。

> **提示：**使用斑点画笔工具和橡皮擦工具绘画时，建议拖曳较短的距离后就松开鼠标。这样方便撤销上一步所做的编辑，否则，拖曳较长的距离仍不松开鼠标，撤销时可能会删除整个描边。

1 使用选择工具单击云朵形状以选中它。

在使用橡皮擦工具之前先选中形状，可约束橡皮擦的作用范围，使其只擦除选定的形状。

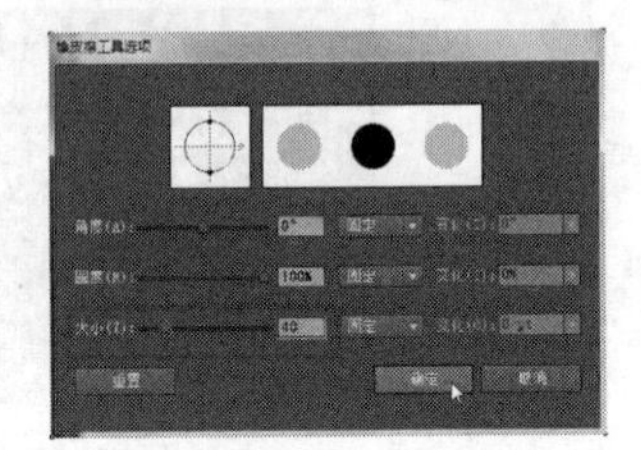

图11.65

2 双击工具箱中的橡皮擦工具（ ）。在“橡皮擦工具选项”对话框中，将“大小”设为 40pt，如图 11.65 所示，再单击“确定”按钮。

3 将鼠标指向云朵形状的边缘，使用橡皮擦工具沿云朵形状的下部拖曳，以删除部分云朵，如图 11.66 所示。

选择斑点画笔或橡皮擦工具后，工具图标旁都有一个圆圈，它指出了画笔的直径。

4 选择菜单“选择”>“取消选择”。

最后一节将要做的，是遮罩或隐藏画板边界外部的画稿。

5 单击工作区右侧的图层面板图标（ ）以展开该面板。单击所有图层左侧的可视性开以确保画板中显示了所有内容。在图层面板顶部，单击选中 Mask 主图层。再单击图层面板底部的“建立 / 释放剪切蒙版”按钮（ ），如图 11.67 所示。

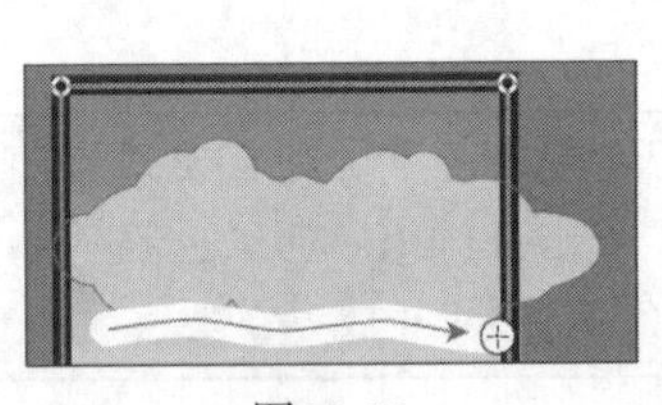

图11.66

图11.67

图11.68

单击“建立 / 释放剪切蒙版”按钮后，就将现有的 Mask 矩形形状作为蒙版，遮罩整个内容。更多关于蒙版的信息，请参阅第 15 课。

6 单击图层面板标签以折叠该面板组。

7 选择菜单“对象”>“显示全部”，以显示海报文本，结果如图 11.68 所示。

8 选择菜单“选择”>“取消选择”。

9 选择菜单“文件”>“存储”，然后关闭所有文件。

11.8 复习

复习题

1 使用画笔工具将画笔应用于图稿、使用绘图工具将画笔应用于图稿之间有什么不同？

2 描述出如何将艺术画笔中的图稿应用于内容。

3 如何编辑那些使用画笔工具绘制的路径？"保持选定"选项又是如何影响画笔工具的？

4 要将光栅图像应用于某些画笔中，需要做什么工作？

5 对于哪些类型的画笔，要在创建之前在画板上选中图稿？

6 斑点画笔工具有什么作用？

复习题答案

1 要使用画笔工具来绘图，可选择画笔工具后，从画笔面板中选择一种画笔，然后在图稿中绘图，那么画笔将直接作用于绘制的路径。要使用绘图工具来应用画笔，可先使用绘图工具在图稿中绘制路径，然后选择该路径并在画板面板中选择一种画笔，即可将其应用于选定的路径。

2 可通过图稿（矢量路径、嵌入的光栅图像）来创建艺术画笔。将艺术画笔应用于对象的描边时，艺术画笔中的图稿将沿所选对象的描边而延伸。

3 要使用画笔工具编辑路径，只需在选定路径上拖曳以重新绘制它。使用画笔工具绘图时，"保持选定"选项将保持最后绘制的路径被选中。如果想便捷地编辑最后绘制的路径，应保留"保持选定"复选框被选中；如果要使用画笔工具绘制重叠的路径、不修改之前的路径时，则应取消选择"保持选定"复选框。在没有选中"保持选定"复选框时，可以使用选择工具选中路径，在对其进行编辑。

4 要在特定的画笔（艺术画笔、图案画笔、散点画笔）中使用光栅图像，首先需要置入该图像。

5 要创建艺术画笔或散点画笔时，需要先选中图稿，再使用画板面板底部的"新建画笔"按钮。

6 使用斑点画笔工具可以编辑带填色的形状，使其与其他颜色相同的形状相交或合并，还可以从空白开始创建图稿。

第12课 应用效果

本课概述

在这节课中，读者将会学习如何进行以下操作：

- 应用、编辑投影效果；
- 使用效果将文本风格化；
- 将效果应用于多个对象；
- 使用路径查找器效果编辑形状；
- 应用风格化效果；
- 应用位移路径效果；
- 应用扭曲 & 变换效果；
- 应用 Photoshop 效果；
- 使用 3D 效果。

学习本课内容大约需要 1 小时，请从光盘中将文件夹 Lesson12 复制到您的硬盘中。

可以使用效果来修改对象的外观。效果是实时的，也就是说效果应用于对象后，可随时使用外观面板修改或删除它。通过使用效果，可以很便捷地应用投影效果，将 2D 图稿转为 3D 形状。

12.1 简介

在本课中，读者将使用各种效果来创建对象。但在此之前需要恢复 Adobe Illustrator CC 的默认首选项。然后，打开本课最终完成的图稿文件以查看最终效果。

1 为了确保工具和面板中的功能如本课所述，请删除或重命名 Adobe Illustrator CC 的首选项文件。

2 开启 Adobe Illustrator CC 软件。

3 选择菜单“文件” > “打开”，打开硬盘中 Lesson12 文件夹中的 L12end.ai 文件。该文件展示了一张体育馆标志的插画，如图 12.1 所示。

图12.1

4 选择菜单“视图” > “缩小”，让最终完成图稿更小些，以便之后绘图时查看（可使用抓手工具在文档窗口中移动图稿），或者选择菜单“文件” > “关闭”。

下面，要开始绘图，则需要打开一个现有的图稿文件。

5 选择菜单“文件” > “打开”，打开硬盘中 Lesson12 文件夹中的 L12start.ai 文件，如图 12.2 所示。

图12.2

6 选择菜单“文件” > “存储为”，在该对话框中，切换到 Lesson12 文件夹并打开它，将文件重命名为 gymsign.ai，保留“保存类型”为 Adobe Illustrator（*.AI）（Windows 系统）或“格式”为 Adobe Illustrator（ai）（Mac 系统），单击“保存”按钮。在“Illustrator 选项”对话框中，接受默认设置并单击“确定”按钮。

7 选择菜单“窗口” > “工作区” > “重置基本功能”。

12.2 应用实时效果

“效果”菜单中的命令可在不修改对象本身的情况下修改其外观。将效果应用于对象时，该效果将成为对象的外观属性。用户可以将多种效果应用于同一个对象，还可通过外观面板随时编辑、移动、删除和复制该效果。

图12.3 应用投影效果的图稿

在 Illustrator 中，有两种类型的效果：矢量效果和栅格效果。它们包含在“效果”菜单中。

- Illustrator（矢量）效果：“效果”菜单的上半部分为矢量效果。在外观面板中，只能将这些效果应用于矢量对象或位图对象的填色、描边。可应用于矢量或位图对象的矢量效果具体为：3D 效果、SVG 滤镜、变形效果、变换效果、投影、雨花、内发光和外发光。
- Photoshop（栅格）效果：“效果”菜单的下半部分为栅格效果，也可将其应用于矢量对象和位图对象。

注意：应用栅格效果时，将使用文档的栅格效果将原始数据栅格化。而栅格效果的设置则决定了生成图像的分辨率。更多关于文档栅格效果设置的信息，请在 Illustrator 帮助中搜索关键字“文档栅格效果设置”。

12.2.1 应用效果

通过“效果”菜单或外观面板可将效果应用于对象、编组或图层。下面，首先将学习如何使用“效果”菜单应用效果，再通过外观面板来应用效果。

1 选择菜单“视图”>“智能参考线”，以禁用智能参考线。

2 使用选择工具单击选中白色文本“EST. 973”。

3 选择菜单“效果”>“风格化”>“投影”。这位于菜单 Illustrator 效果部分。

4 在“投影”对话框中，如图 12.4 所示，修改以下选项：

图12.4

- 模式：正片叠底（默认设置）
- 不透明度：75%（默认设置）
- X 位移：2pt
- Y 位移：2pt
- 模糊：2pt

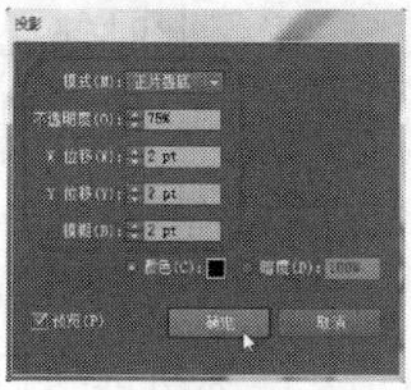

选中“预览”复选框以观察应用到文本的投影效果，单击“确定”按钮。

下面，将使用外观面板来应用效果。

5 使用选择工具单击将要成为杠铃的灰色对象组。

6 单击工作区右侧的外观面板图标（），以展开外观面板。

在外观面板中，可以看到面板顶部的“编组”字样，这表明选中的是一个对象组，而效果将应用于整个对象组。

图12.5

7 单击外观面板底部的“添加新效果”按钮（fx）。在菜单中选择“风格化”>“投影”，如图 12.5 所示。

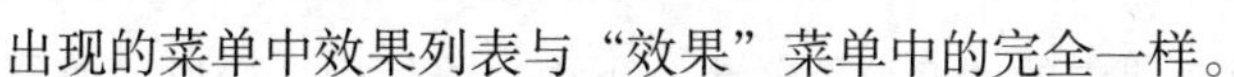

出现的菜单中效果列表与“效果”菜单中的完全一样。

8 在“投影”对话框中，保留默认设置，并勾选“预览”复选框，然后单击“确定”按钮。

注意到该投影效果记忆了上一次应用投影效果时的设置。

图12.6

在外观面板中，注意到“投影”出现在其中。而该栏右侧的“效果”按钮（fx）表明这一项是一种效果，如图 12.6 所示。

9 选择菜单“文件”>“存储”，并保留杠铃组为选中状态。

12.2.2 编辑和删除效果

效果是实时的，因此可在效果应用于对象后对其进行编辑。可以使用外观面板编辑效果，方法是在外观面板中单击效果名称或双击该属性栏，以打开对应效果的对话框。而修改效果后，图稿将会及时更新。在这一节中，将要编辑应用于杠铃的投影效果。

1 使用选择工具选中杠铃形状，并确保显示了外观面板。在外观面板中单击“投影”文本，如图 12.7 所示。

2 在“投影”对话框中，将不透明度设为 30%，并勾选“预览”复选框，然后单击“确定”按钮。

3 选择菜单“对象”>“取消编组”，以取消编组杠铃形状，如图 12.8 所示。

注意到杠铃组的投影效果没有了。当效果应用于对象组后，它作用的是这个整体。取消编组这个对象组后，该效果就不存在了。稍后还会重新应用投影效果。

4 选择菜单“对象”>“编组”，重新将对象组编组。

确保此时外观面板中并没有应用于杠铃对象组的投影效果。

下面，将从图稿中删除效果。

5 使用选择工具单击橘色圆形。注意到有投影效果作用于该圆形。

6 在外观面板中，单击“投影”字样的右侧，让该属性栏呈高亮显示。然后单击面板底部的“删除所选项目”按钮（），如图 12.9 所示。

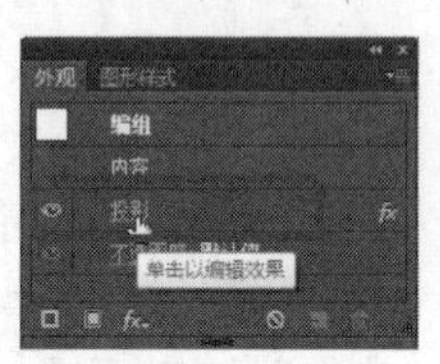

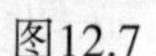

图12.7

图12.8

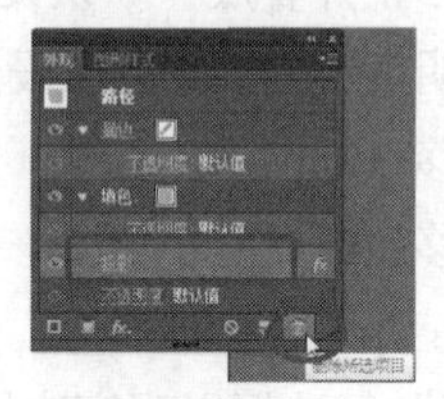

图12.9

> **AI** 注意：需小心不要单击“投影”字样，否则将打开“投影”对话框。

> **AI** 提示：在外观面板中，还可以将某个属性栏（如“投影”属性栏）拖曳到“删除所选项目”按钮处以删除它。

12.2.3 使用效果风格化文本

许多种效果都可应用于文本，如第 7 课中的“变形”效果。下面，将使用“变形”效果将体育馆标志底部的文本变形。

1 使用选择工具选中标志底部的文本“EST. 1973”。

2 选择菜单“效果”>“变形”>“下弧形”。

3 在“变形选项”对话框中，将“弯曲”设为 21% 以创建弧形效果。选择“预览”复选框以观察修改的效果。尝试从“样式”菜单中选择其他选项，最后恢复到“下弧形”即可，尝试调整“扭曲”部分的“水平”和“垂直”滑块，并查看效果。最后确保“扭曲”部分的设置均为 0，然后单击“确定”按钮，如图 12.10 所示。

4 仍选中该变形文本，在外观面板中单击“变形：下弧形”左侧的可视性图标（）以隐藏该效果，如图 12.11 所示。注意到画板中的文本此时没有变形。

> **AI** 注意：更多关于外观面板的信息，请参阅第 13 课。

5 选择工具箱中的文本工具（），将文本“1973”选中并改为“1972”，如图 12.12 所示。

此时保持打开外观面板，并将光标停留在文本内，可注意到此时效果没有出现在外观面板中。这是因为效果作用于文字区域，而不是文本本身。

6 使用选择工具单击“变形：下弧形”左侧的可视性栏以显示该效果，如图 12.13 所示。注意到这时文本再次变为弯曲性状。

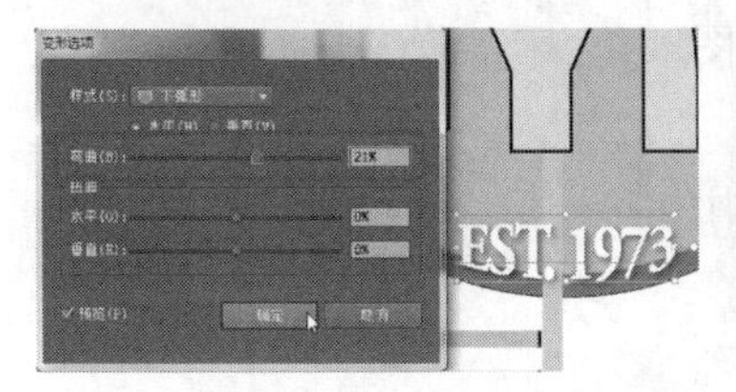

图12.10

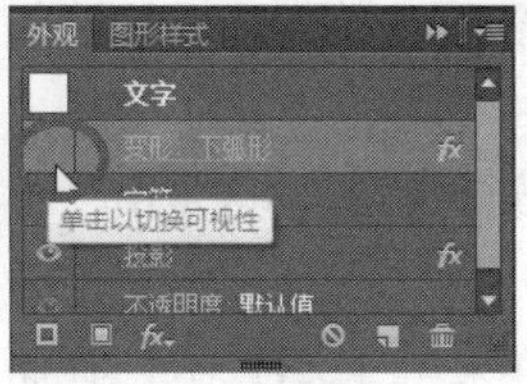

图12.11 切换效果的可视性

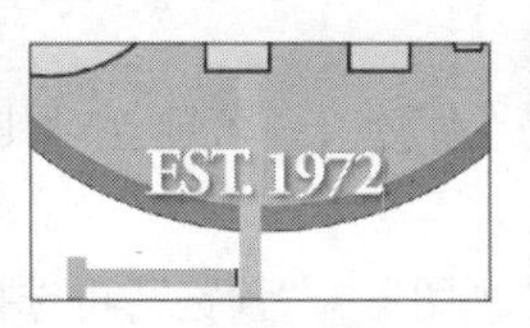

图12.12 编辑文本

图12.13

提示：在编辑画板上的文本之前，让变形效果不可见并不是必须的操作。但是这样可以让之后的操作更简单方便。

7 选择菜单“选择”>“取消选择”，再选择菜单“文件”>“存储”。

12.2.4 使用路径查找器效果编辑形状

路径查找器效果与路径查找器面板中的命令有些类似，只是它们只是作为效果应用的，而不会修改底层的内容本身。

下面，将会把路径查找器效果应用于多个形状。

1 使用选择工具，按住 Shift 键，选中橘色圆形、黄色文本“Joe's GYM”。

2 选择菜单“对象”>“隐藏”>“所选对象”。

3 使用选择工具，按住 Shift 键，选中红色圆形以及红色矩形，如图 12.14 所示。

4 选择菜单“对象”>“编组”。这里将对象编组，是因为路径查找器效果可能只能应用于编组、图层或文字对象。

5 选择菜单“效果”>“路径查找器”>“相加”，以合并这两个形状。

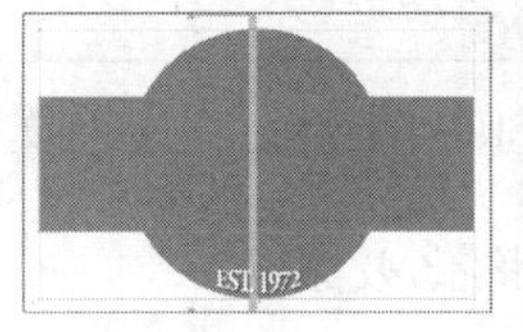

图12.14

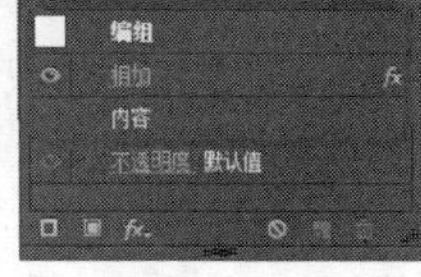

图12.15

观察外观面板，如图 12.15 所示，注意到“编组”字样下方出现了“相加”效果，这是由于相加效果作用于这个对象组。在“相加”效果属性下方，则是“内容”字样。如果双击“内容”字样则会出现对象组中各个对象的外观属性。外观面板按画板上对象的堆叠顺序来罗列各个外观属性——面板从上到下对应图稿中的上层到下层。

注意：要将形状相加，还可以使用路径查找器面板，默认情况下它会立刻编辑形状。而使用“效果”菜单，就可以在使用效果后再单独编辑各个形状。

注意：如果在选择菜单“效果”>“路径查找器”>“相加”时出现警告框，这是因为之前没有将对象编组。

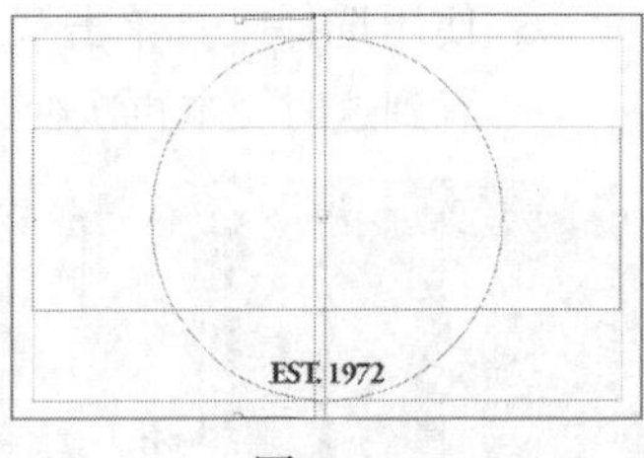

图12.16

单击“相加”字样，可以修改路径查找器效果，而且还可以编辑“相加”效果的其他高级选项。

6 仍选中该对象组，选择菜单“视图”>“轮廓”，结果如图12.16所示。

这两个形状仍在原处，并可独立对其进行编辑，这是由于应用的是实时效果。

7 选择菜单“视图”>“预览”,再选择菜单“文件”>“存储”。

12.2.5 应用效果转换形状

通过使用效果，可以在不需要重新绘制形状的情况下，将现有形状转换成矩形、圆角矩形或椭圆。下面，将把矩形转换为圆角矩形。

1 使用选择工具，双击红色矩形对象组，以进入隔离模式。

2 单击以选中红色矩形。

3 选择菜单“效果”>“转换为形状”>“圆角矩形”。在“形状选项”对话框中，如图12.17所示，修改以下选项：

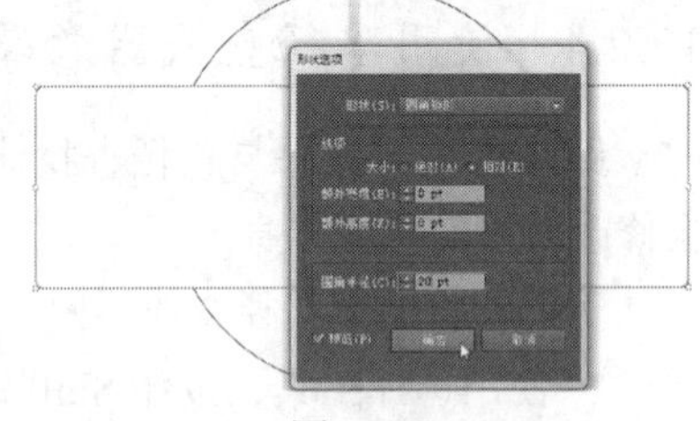
图12.17

- 大小：相对（默认设置）
- 额外宽度：0
- 额外高度：0
- 圆角半径：20pt

勾选“预览”复选框，以观察矩形的圆角。然后单击“确定”按钮。

> **AI** 注意：预览模式下再勾选“预览”复选框，则会使文档窗口的图稿显示为白色填色和黑色描边色。

4 按Esc键以退出隔离模式。选择菜单“选择”>“取消选择”。

12.2.6 应用风格化效果

风格化效果的使用范围更宽些，它包含了偏用、圆角、羽化、涂抹和发光等效果。下面，将把“圆角”效果应用于多个形状。

1 使用选择工具以选中上节中合并的对象组。

2 单击外观面板底部的“添加新填色”按钮（），如图12.18所示。拖曳该面板的下边缘以便观察所有列表中的属性。

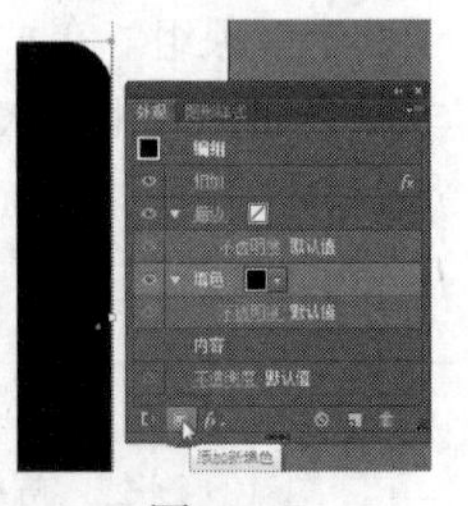
图12.18

向内容（如对象组）添加新填色时，还会添加一条新的空白描边色。任何应用于该对象组的填色（或描边色）都可应用于组中对象的填色（或描边）。

> **AI** 注意：更多关于如何向图稿添加额外描边色和效果的信息，请参阅第13课。

3 单击外观面板中的填色框并选择 Dark Red 色板，如图 12.19 所示。然后按 Esc 键以隐藏色板面板。

4 选中外观面板中的“填色”属性栏，使其呈高亮显示，如图 12.20 所示。选择菜单“效果”>“风格化”>“内发光”。选中“填色”属性栏可以确保效果只应用于该填色属性。

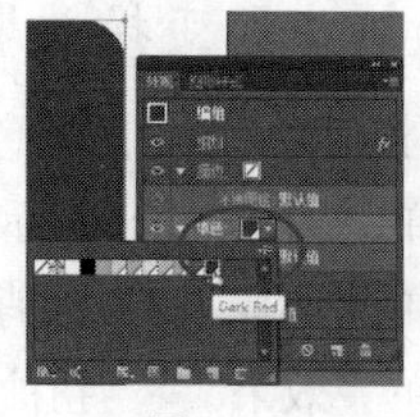
图12.19

图12.20

注意： 如果没有选中填色属性栏（即没有高亮显示），可以单击填色框的右侧以选中该栏。

5 在“内发光”对话框中，勾选“预览”复选框。如图 12.21 所示，修改以下选项后单击“确定”按钮：

- 模式：滤色（默认设置）
- 颜色：单击颜色框以打开“拾色器”对话框。将 CMYK 修改为 C=0 M=84 Y=100 K=0，然后单击“确定”按钮。
- 不透明度：100%
- 模糊：70pt
- 中心：选中

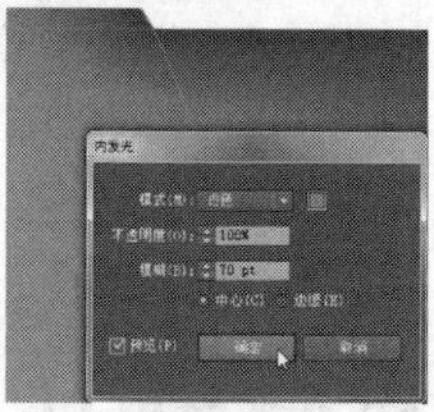

图12.21

6 选择菜单“文件”>“存储”，保留该对象组为选中状态。

12.2.7 应用位移路径效果

下面，将相对于对象组移动它的描边。这样可以营造出多个形状堆叠的效果。

1 仍选中内发光的对象组，在外观面板中单击“描边”字样以打开描边面板。如图 12.22 所示，将描边粗细设为 12pt 后，按 Esc 键以隐藏描边面板。

2 单击外观面板中的描边色框，如图 12.23 所示，在色板面板中选择 black 黑色色板。按 Esc 键以隐藏色板面板。

3 在外观面板中选择描边属性栏，选择菜单“效果”>“路径”>“位移路径”。

4 在“位移路径”对话框中，将“位移”设为 10pt 后，单击“确定”按钮，如图 12.24 所示。

5 在外观面板中，单击“描边：12pt”字样左侧的箭头，以打开其中的内容。注意到“位移路径”是“描边”的子设置，如图 11.25 所示。这表明该“位移路径”效果只作用于“描边”。

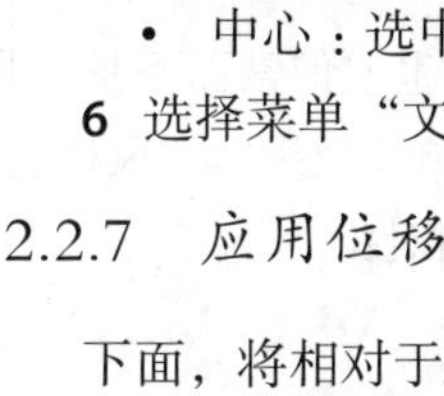

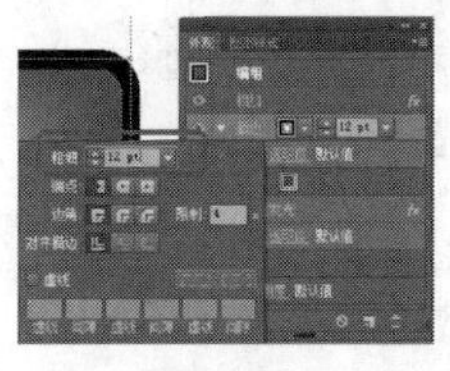
图12.22

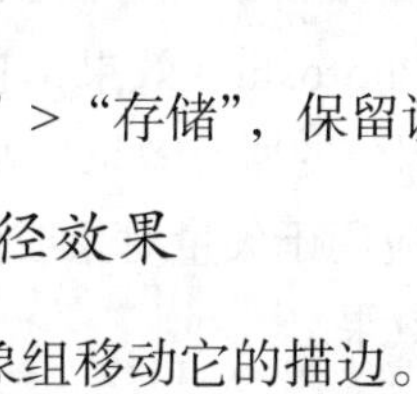

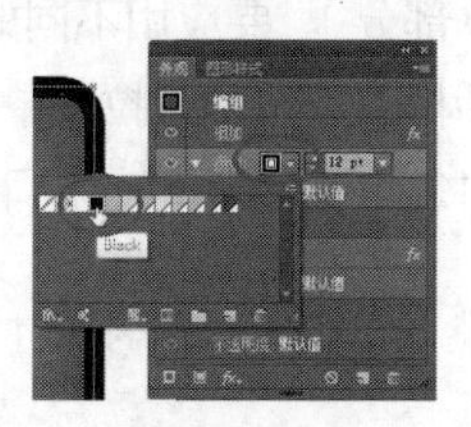
图12.23

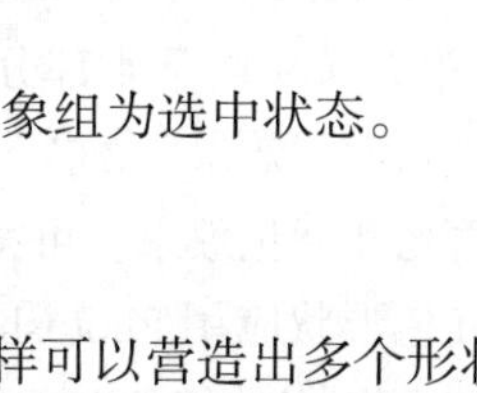

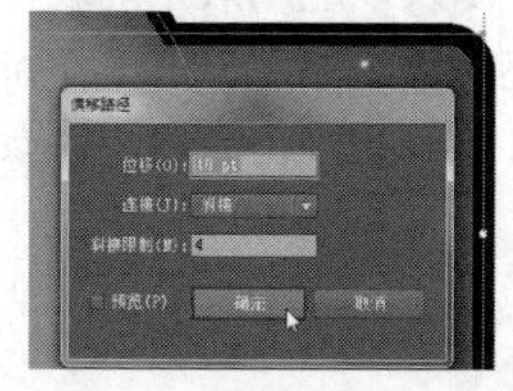
图12.24 应用路径位移滤镜

图12.25 观察效果的位置

6 选择菜单“选择”>“取消选择”，再选择菜单“文件”>“存储”。

12.2.8 应用扭曲和变换效果

下面，将对图稿背景中的橘色圆形应用“粗糙化”效果。

1 选择菜单“对象”>“显示全部”以显示橘色圆形和黄色文本。

2 选择菜单“选择”>“取消选择”，然后使用选择工具选中橘色圆形。

3 选择菜单“效果”>“扭曲和变换”>“粗糙化”。

4 在“粗糙化”对话框中，勾选“预览”复选框，如图 12.26 所示，修改以下选项后单击“确定”按钮：

- 大小：30%
- 相对：选中（默认设置）
- 细节：8/ 英寸
- 平滑：选中

图12.26

粗糙化效果的粗糙是随机应用的。这意味着对同一对象使用同样的设置，很有可能会得到不一样的结果。如果和图中结果不一致，这没有关系。

5 选择菜单“选择”>“取消选择”，再选择菜单“文件”>“存储”。

12.3 应用 Photoshop 效果

正如本课前面指出的，“效果”菜单的下半部分是 Photoshop 效果，它将生成像素而不是矢量数据。Photoshop 效果包括 SVG 滤镜、“效果”菜单下半部分的所有效果以及菜单“效果”>“风格化”子菜单中的投影、内发光、外发光和羽化效果。可将其应用于矢量对象或位图对象。

下面，将对图稿背景中的红色形状应用 Photoshop 效果。

1 使用选择工具选中背景中已编组的红色对象组。

2 在外观面板中，选中“填色”属性栏，使其呈高亮显示。

3 选择菜单“效果”>“艺术效果”>“胶片颗粒”。

大多数的 Photoshop 效果被选中时，都会打开“滤镜库”对话框。和 Adobe Photoshop 中的滤镜相似，在 Illustrator 的滤镜库中，可以尝试各种栅格效果以观察图稿的变化。

4 在对话框左下角的视图菜单中选择“适合视图大小”，如图 12.27 所示。使得预览区中的图稿适合该窗口的大小，以便观察效果的作用。

“滤镜库”对话框是调整大小的，它包括了预览区（A 部分），可以单击以应用的效果缩览图（B 部分），当前所选效果的设置（C 部分）以及以应用效果列表（D 部分）。要应用不同的效果，可展开对话框中间面板的各个策略类以单击效果的缩览图，也可以在对话框右上角的下拉菜单中选择效果名称。

5 在对话框右上角的“胶片颗粒”设置中，如图 12.28 所示，修改以下选项：

- 颗粒：9
- 高光区域：0
- 强度：8

6 单击“胶片颗粒”名称左侧的眼睛图标（👁），观察不应用该效果时的图稿，如图 12.29 所示。再次单击该处，以预览图稿中的效果。单击“确定”按钮以应用该栅格效果。

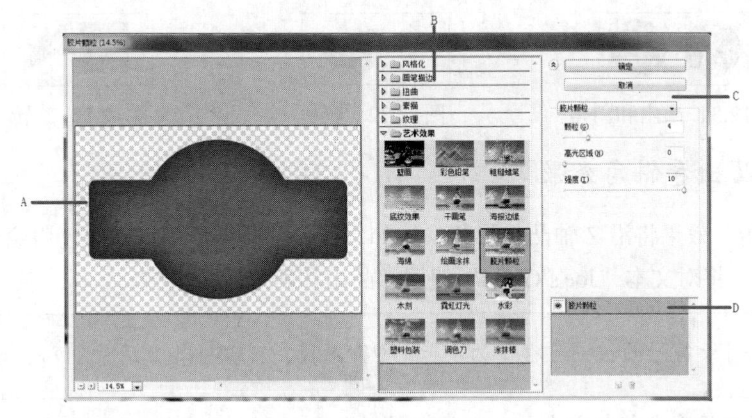

图12.27

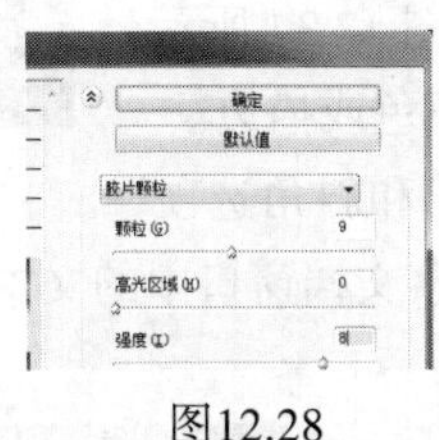

图12.28

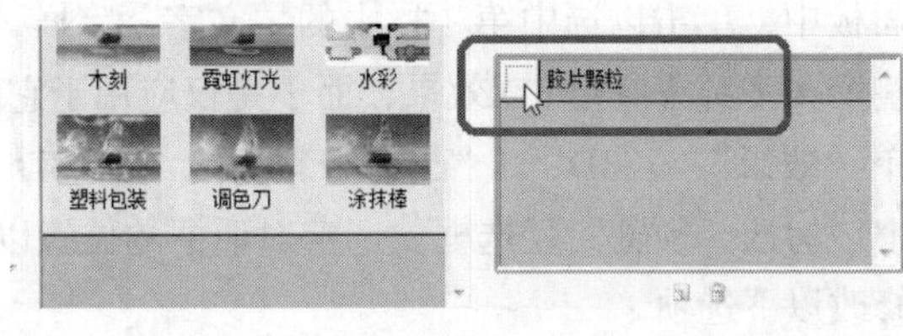

图12.29

注意：滤镜库一次只能应用一种效果。如果想要应用多种 Photoshop 效果，可单击“确定”按钮以应用当前效果，然后在“效果”菜单中选择另一种效果。

文档栅格效果设置

每当应用栅格效果时，Illustrator都将根据文档的栅格效果设置来确定图像的分辨率。因此，在使用栅格效果前，必须检查文档的栅格效果设置，这很重要。

对于文档的栅格选项，可在新建文档时设置，也可选择菜单“效果”>“文档栅格效果设置”。在如图12.30所示的“文档栅格效果设置”对话框中，可设置颜色模型、分辨率、背景、消除锯齿、创建剪切蒙版以及添加环绕对象等操作。更多关于文档栅格效果设置的信息，请在帮助中搜索关键字“关于栅格效果”。

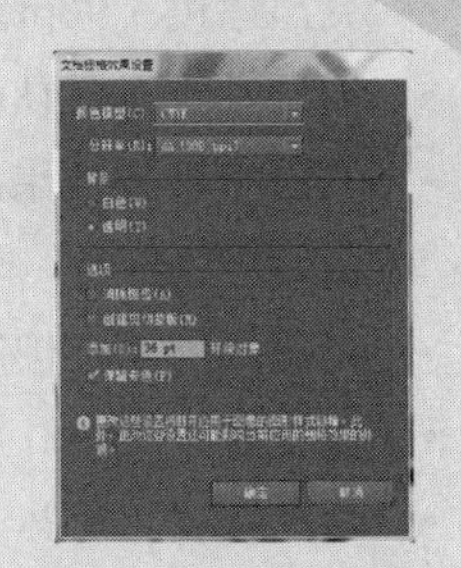

图12.30

——摘自Illustrator帮助

12.4 使用 3D 效果

通过使用 Illustrator 的 3D 效果，可将 2D 图稿转换为 3D 对象。可使用光照、底纹、旋转和其他属性，如将图稿映射到 3D 对象的每个表面，来控制 3D 对象的外观。其中，在“凸出和斜角”3D 效果、“绕转”3D 效果中存在映射属性。图 12.31 ～图 12.33 分别展示了每个类型的 3D 效果图：

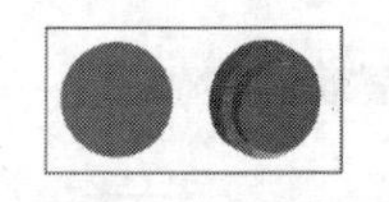

图12.31 凸出和斜角

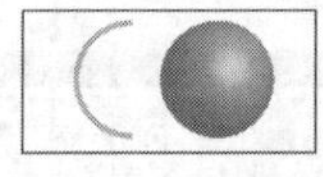

图12.32 绕转

图12.33 旋转

12.4.1 应用凸出和斜角效果

“凸出和斜角”效果将沿 Z 轴凸出形状。比如，对一个圆形应用该效果，将会凸出它以创建一个圆柱体。下面，将对文本“Joe's GYM”使用“凸出和斜角”3D 效果。

> **AI** **提示：**对于符号面板中已存储为符号的 2D 图稿，可以将其应用于 3D 对象的表面。

1 使用选择工具选中黄色文本“Joe's GYM”。

2 在外观面板中，单击以选中第一栏中的“文字”字样，如图 12.34 所示。这将对整个文字对象应用 3D 效果，而不是仅应用于它的填色或描边。

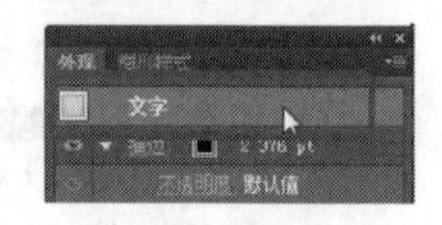

图12.34

3 选择菜单“效果”>“3D”>“凸出和斜角”。在“3D 凸出和斜角选项”对话框中，勾选“预览”复选框。调整对话框的位置以观察文档窗口中的文本。如图 12.35 所示，修改以下选项：

图12.35

- X 轴：4°（指定绕 X 轴旋转的角度）
- Y 轴：-30°（指定绕 Y 轴旋转的角度）
- Z 轴：0°（默认设置，指定绕 Z 轴旋转的角度）
- 透视：125°（可直接输入数值，也可单击右侧的箭头以拖曳滑块调整数值）

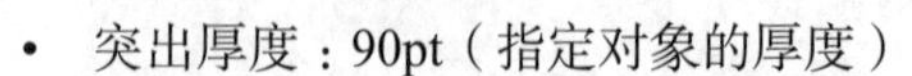

- 突出厚度：90pt（指定对象的厚度）
- 斜角：无（默认设置，可应用一个斜角边）
- 表面：塑料效果底纹（默认设置）

4 单击“更多选项”按钮，以展开其他选项。在“表面”选项区，修改以下选项：

- 光源强度：100%（默认设置）
- 环境光：100%
- 高光强度：85%
- 高光大小：90%（默认设置）
- 混合步骤：25（默认设置）
- 底纹颜色：黑色（默认设置）

如图 12.36 所示，单击“确定”按钮。

应用 3D 效果时，对话框中会有很多选项。更多关于 3D 效果选项的信息，请在 Illustrator 帮助中搜索“创建 3D 对象”。

> **提示：**修改选项可能需要一些时间，这取决于电脑的运行速度和 RAM 的大小。这时可以取消选择“预览”复选框，修改完所有选项后再选择“预览”复选框。

> **AI** **注意**：应用了 3D 效果的对象可能会出现抗锯齿线条。但在 Web 图稿中，这些线条不会被打印出来。

5 选择菜单“选择” > “取消选择”，结果如图 12.37 所示，再选择菜单“文件” > “存储”。

图12.36

图12.37

12.4.2 应用绕转效果

对于构成对称 3D 对象的一半形状的闭合、非闭合路径，绕转效果可以很好地将其转换为 3D 对象。应用绕转效果后，对象将绕 Y 轴（垂直方向）创建 3D 对象。下面，将使组成杠铃的对象组绕转以创建 3D 对象。这时该对象组被视作单个对象，可沿一个轴绕转。

1 使用选择工具选中灰色的杠铃对象组。

2 选择菜单“效果” > “3D” > “绕转”。

3 在“3D 绕转选项”对话框中，在“位移”右侧的“自”菜单中选择“右边”。勾选“预览”复选框以观察改变，然后单击“确定”按钮，如图 12.38 所示。

4 仍选中该杠铃对象组。在外观面板中，单击“3D 绕转”字样以编辑该效果的选项。在“3D 绕转选项”对话框中，勾选“预览”复选框。调整对话框的位置以观察杠铃的变化。修改以下选项：

- X 轴：36°
- Y 轴：31°
- Z 轴：-57°
- 透视：80°
- 角度：360°（默认设置，控制绕转多少度）
- 位移：0pt（默认设置）
- 自：右边（设置对象沿左侧还是右侧绕转）
- 表面：塑料效果底纹（默认设置）
- 光源强度：100%（默认设置）
- 环境光：0%
- 高光强度：100%
- 高光大小：90%（默认设置）
- 混合步骤：120（控制底纹在对象表面的平滑程度）
- 底纹颜色：黑色（默认设置）

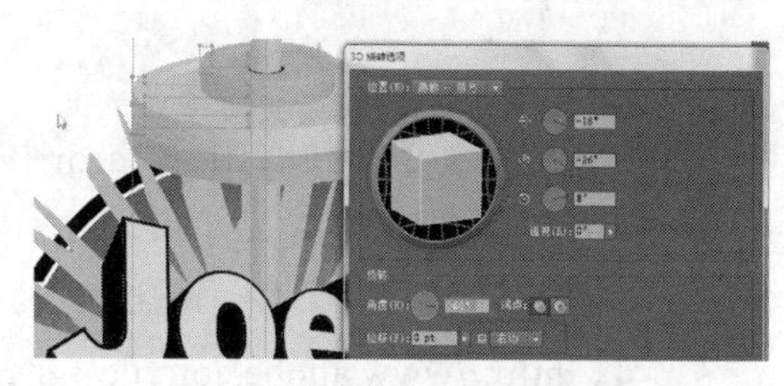
图12.38

图12.39

如图 12.39 所示，单击“确定”按钮。

AI **提示**：修改选项时，可观察各个选项是如何影响图稿的。

AI **注意**：如果没有看到光源选项，可单击对话框底部的“更多选项”按钮。

12.4.3　对多个对象应用同种效果

最后，将对两个对象应用相同的“投影”效果。

1 选择菜单“选择” > “取消选择”。使用选择工具，按住 Shift 键，单击以选中杠铃对象组和黄色文本“Joe's GYM”这两个对象。

2 选择菜单“效果” > “风格化” > “投影”。在“投影”对话框中，修改以下选项：

- 模式：正片叠底（默认设置）
- 不透明度：60%
- X 位移：-4pt
- Y 位移：4pt
- 模糊：4pt

勾选“预览”复选框以观察投影效果，如图 12.40 所示，然后单击“确定”按钮。

3 选择菜单“选择” > “取消选择”，结果如图 12.41 所示。再选择菜单“文件”>“存储”。最后选择菜单“文件” > “关闭”。

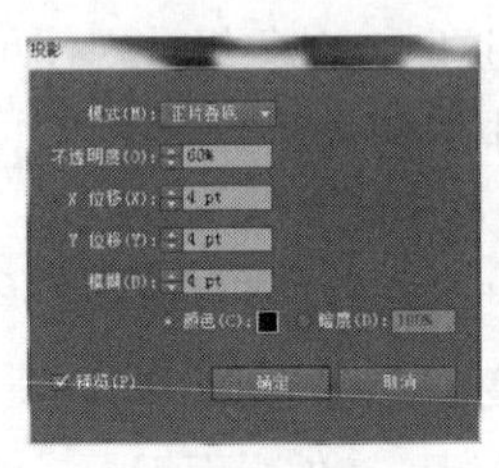

图12.40

图12.41

打印资源

更多关于如何在Illustrator中进行色彩管理的信息，可在Illustrator帮助中搜索“色彩管理打印”。

更多关于文档打印的最佳方式的信息，包括色彩管理、PDF工作流程等，请访问网站：

http://www.adobe.com/designcenter.html

更多关于如何使用Illustrator CC打印的信息，请访问网站：

http://www.adobe.com/designcenter/print/creative-suite-printing-guide.html

更多关于如何在Illustrator CC中处理、打印透明度效果的信息，请访问网站：

http://partners.adobe.com/public/asn/en/print_resource_center/Transparency-DesignGuide.pdf

12.5 复习

复习题

1 指出将效果应用于对象的两种方法。

2 将 Photoshop 效果应用于矢量图稿时，图稿将会有何变化？

3 如何编辑已经应用于对象的效果？

4 有哪三种 3D 效果？举例说明使用它们的原因。

5 如何控制 3D 对象的光照？一个 3D 对象的光照是否会影响其他 3D 对象？

复习题答案

1 要将效果应用于对象，可选中对象，再从“效果”菜单中选择要应用的效果。也可以选中对象后，在外观面板最后那个单击“添加新效果”按钮，再从菜单中选择要应用的效果。

2 将 Photoshop 效果应用于矢量图稿后，将会生成像素，而不是矢量数据。Photoshop 效果包括 SVG 滤镜、“效果”菜单下半部分的所有效果以及菜单“效果”>“风格化”子菜单中的投影、内发光、外发光和羽化效果。可将它们应用于矢量对象或位图对象。

3 可在外观面板中编辑已经应用于对象的效果。

4 3D 效果包括：凸出和斜角、绕转、旋转。

- 凸出和斜角：沿 Z 轴凸出 2D 对象使其有厚度。比如，凸出原形将得到圆柱体。
- 绕转：将对象沿某一处的 Y 轴绕转。比如，绕转弧形将会得到球体。
- 旋转：将 2D 图稿绕 Z 轴旋转，并修改图稿的透视角度。

5 通过在 3D 效果的选项对话框中单击“更多选项”按钮，可修改光源、光照方向和底纹颜色。一个 3D 对象的光照设置不会影响其他 3D 对象。

第13课 应用外观属性和图像风格

本课概述

在这节课中，读者将会学习如何进行以下操作：

- 编辑和应用外观属性；
- 向对象添加多条描边；
- 调整外观属性的排列顺序，并将其应用于图层；
- 复制、停用 / 启用和删除外观属性；
- 将外观存储为图形样式；
- 将图形样式应用于对象和图层；
- 将多个图形样式应用于对象或图层；
- 对齐内容和像素网格；
- 使用切片和切片选择工具；
- 使用“存储为 Web 使用格式”命令；
- 生成、导出和复制 / 粘贴 CSS 代码。

学习本课内容大约需要 1 小时，请从光盘中将文件夹 Lesson13 复制到您的硬盘中。

在不改变对象结构的情况下，可使用外观属性（填色、描边、效果等）修改对象的外观。可以将外观属性保存为图形样式，并将其应用于其他对象。另外，还可编辑应用了图形样式的对象，再编辑图形样式本身，这样可以节省大量的时间。

13.1 简介

在本课中，读者将通过把外观属性和图形样式应用于网页的文字、背景及按钮，以达到增强网页设计感的效果。但在此之前需要恢复 Adobe Illustrator CC 的默认首选项。然后，打开本课最终完成的图稿文件以查看最终效果。

1 为了确保工具和面板中的功能如本课所述，请删除或重命名 Adobe Illustrator CC 的首选项文件。

2 开启 Adobe Illustrator CC 软件。

3 选择菜单“文件”>“打开”，打开硬盘中 Lesson13 文件夹中的 L13end.ai 文件，如图 13.1 所示，以便观察最终完成的图稿。保持该文件为打开状态，以便之后绘图时查看，或者选择菜单“文件”>“关闭”。

这份完整的网页设计包括多个图形样式和效果，包括渐变色、投影和其他图形。

> AI | 注意：如果出现了配置警告框，单击“确定”即可。

该文件展示了一张体育馆标志的插画。另外，为了完成这个设计，本课中包含了一个虚构的公司名。

4 选择菜单“文件”>“打开”，打开硬盘中 Lesson13 文件夹中的 L13start.ai 文件，如图 13.2 所示。

图13.1

图13.2

5 选择菜单“文件”>“存储为”，在该对话框中，切换到 Lesson13 文件夹并打开它，将文件重命名为 webdesign.ai，保留“保存类型”为 Adobe Illustrator (*.AI) (Windows 系统) 或“格式”为 Adobe Illustrator (ai) (Mac 系统)，单击“保存”按钮。而“Illustrator 选项”对话框均接受默认设置，并单击“确定”按钮。

6 选择菜单“视图”>“画板适合窗口大小”。

7 选择菜单“窗口”>“工作区”>“重置基本功能”。

13.2 使用外观面板

可通过效果、外观面板和图形样式面板将外观属性应用于任何对象、对象组或图层。外观属性是一种美化属性——如填色、描边色、透明度或效果——它们影响对象的外观，而不影响对象的基本结构。使用外观属性的优点是，可随时修改或删除对象的外观属性，而不影响底层对象以及在外观面板中应用于对象的其他属性。

图13.3

1 在工作区的右侧单击外观面板图标( )以展开该面板。

2 使用选择工具单击图像下层的亮绿色矩形，如图 13.3 所示。外观面板则会显示应用于该矩形的外观属性。

> AI 注意：每个图层的对象定界框的颜色可能会有所不同，这没有关系，它取决于用户使用的操作系统及图层设置。

如图 13.4 所示，外观面板中包含以下选项：

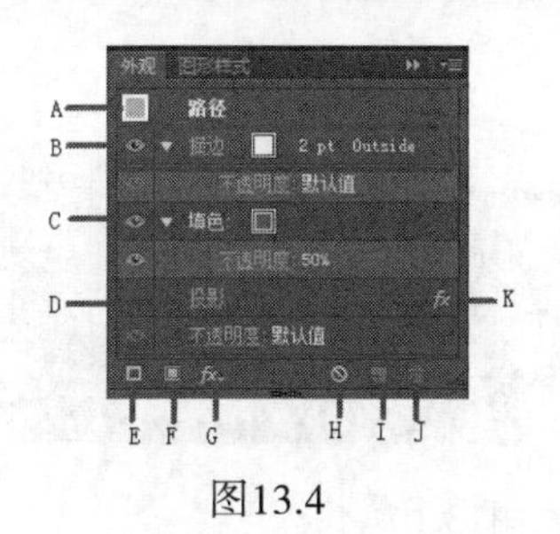

图13.4

A 所选对象及其缩览图　B 属性栏

C 可视性状态　D 链接到效果选项

E 添加新描边　F 添加新填色

G 添加新效果　H 清除外观

I 复制所选项目　J 表明应用了效果

13.2.1 编辑外观属性

下面，将开始修改绿色矩形的基本属性。

图13.5

1 仍选中该绿色矩形，在外观面板中单击填色属性栏中的绿色填色框，将出现色板面板。单击 Black 黑色色板，如图 13.5 所示。按 Esc 键退出色板面板。这样就可以在外观面板中修改了对象的填色属性。

> AI 注意：要打开色板面板可能会需要单击两次。

2 单击描边色栏中的“2 pt Outside”字样，将出现“描边粗细”选项。将描边粗细设为 1pt，如图 13.6 所示。

3 单击“描边”字样以展开描边面板。单击“使描边内侧对齐”按钮，如图 13.7 所示。按 Esc 键隐藏描边面板。

正如控制面板中那样，单击外观面板中带下划线的字样，可以显示更多的格式选项——通常会打开色板面板或描边面板。

外观属性（如填色和描边色）还有其他的选项，如不透明度、仅用于该属性的效果等。这些额外的选项都在属性栏的子设置栏中，可通过单击属性栏左侧的三角形切换按钮来选择显示 / 隐藏它们。

4 在外观面板中，单击“填色”左侧的三角形切换按钮以显示“不透明度”选项。在“不透明度”菜单中选择 100%，如图 13.8 所示。然后按 Esc 键隐藏透明度面板。

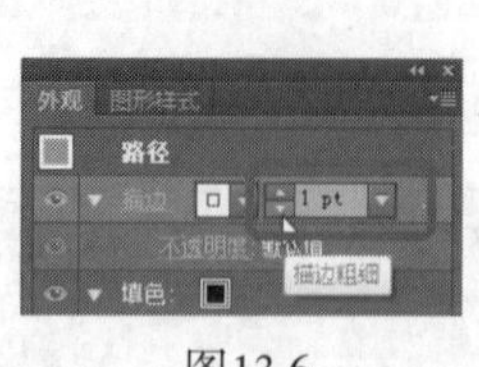

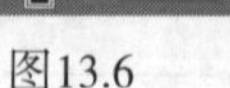

图13.6

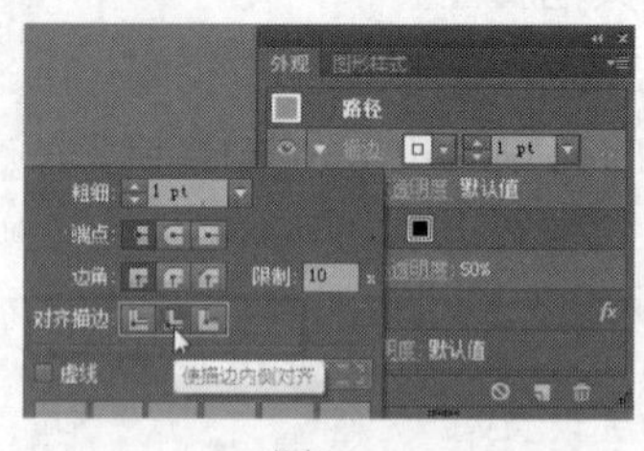

图13.7

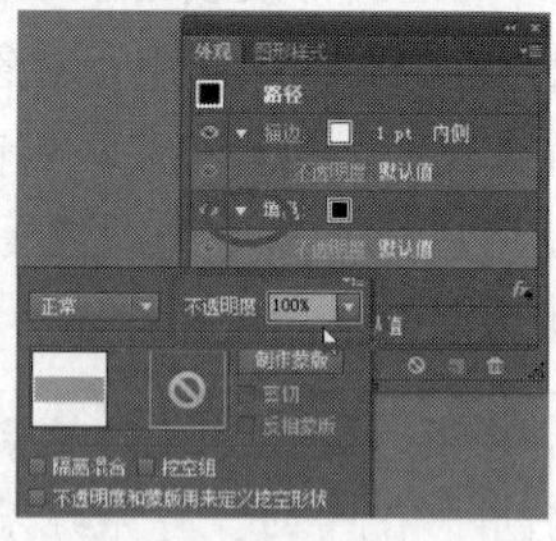

图13.8

5 在外观面板中，单击“投影”字样左侧的眼睛图标，以观察应用于矩形的效果，如图 13.9 和图 13.10 所示。

图13.9

图13.10

提示：可在外观面板菜单（ ）中选择“显示所有隐藏的属性”选项，以观察所有属性。

13.2.2 添加新描边

Illustrator 可以给对象添加多个描边或填色，以便创作出有趣的设计效果。下面，将使用外观面板给对象添加另一种描边。

1 使用缩放工具（ ）拖曳选框选中图稿上按钮栏下方、以“Welcome to Venice”为标题的文本，以放大视图。

2 使用选择工具单击选中文本下层的白色填色、灰色描边色的大矩形。

3 在外观面板中，单击面板底部的“添加新描边”按钮（ ），如图 13.11 所示。

这将在属性列表的开头添加一条描边，其颜色和粗细与第一条描边相同。

> **AI** **注意**：每个图层的对象定界框的颜色可能会有所不同，这没有关系，它取决于用户使用的操作系统及图层设置。

4 对于新描边，在外观面板中将描边粗细改为 2pt。单击新属性栏中的描边色框以打开色板面板，从中选择白色色板，如图 13.12 所示。

注意到图稿中的白色描边覆盖了原始的灰色描边。因此，外观面板中属性栏的顺序非常重要。先应用的属性位于底部，而顶部的属性栏是最后被应用的。

> **AI** **提示**：要关闭那些单击带下划线字样后打开的面板，除了按 Esc 键外，还可以单击其他属性栏。

5 单击新描边属性栏中的“描边”字样，在出现的描边面板中单击“使描边外侧对齐”按钮，如图 13.13 和图 13.14 所示。这样就可以看到两个描边了。

图13.11

图13.12

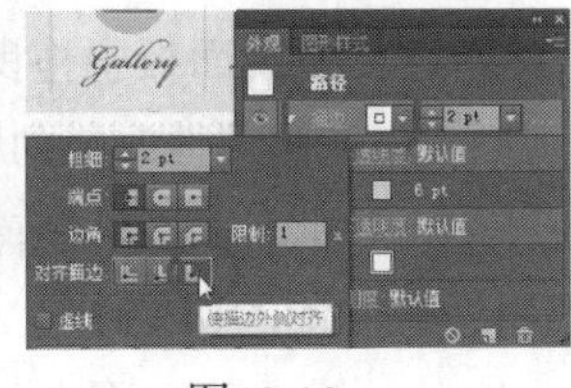

图13.13

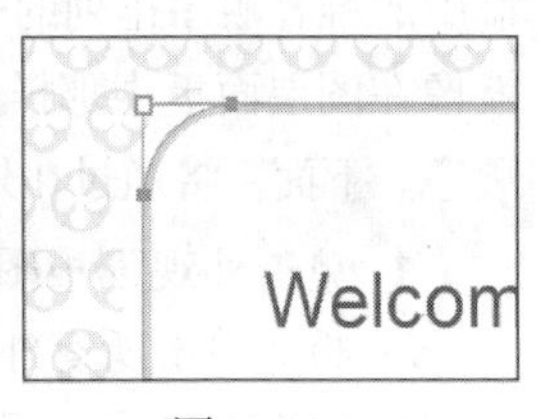

图13.14

6 选择菜单“选择”>“取消选择”，再选择菜单“文件”>“存储”。

13.2.3 添加新填色

下面，将通过外观面板向对象添加另一种填色。这样在只有一个对象时也可以创建有趣的设计效果。

图13.15

1 选择菜单“视图”>“画板适合窗口大小”。

2 使用选择工具单击矩形下层的图案填色的形状。

3 在外观面板中，单击选中它的填色属性栏，如图 13.15 所示。

如果在添加新填色或新描边前，先选中一个属性栏，那么新填色或新描边将被添加于该属性栏的相邻上层。

4 单击外观面板底部的“添加新填色”按钮（▣），如图 13.16 所示。这样新填色就添加在了现有填色的上层。

5 选中新填色属性栏，单击填色框并选择 background gradient 色板，如图 13.17 所示。此时新填色将会覆盖现有的图案填色。

可拖曳外观面板的下边缘以观察整个外观面板。

6 单击渐变面板图标（▣），从“角度”菜单中选择 90°，如图 13.18 所示。保留该形状为选中状态。

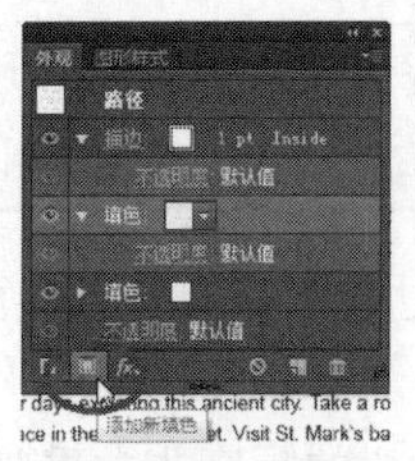

图13.16

图13.17

图13.18

提示：可以通过控制面板、渐变面板等各种面板来修改属性栏的各种选项，这取决于在外观面板中具体选择了哪个属性栏。

13.2.4 调整外观属性的排列顺序

外观属性栏不同的排列顺序将会改变图稿的样子。在外观面板中，填色和描边色是按它们在图稿中的堆叠顺序排列的——面板中从上到下对应了图稿从上层到下层的顺序。就像在图层面板中那样，可通过在外观面板中拖曳各个属性栏来重新排列其顺序。下面，将通过在外观面板中调整属性的排列顺序来修改图稿的外观。

图13.19

1 单击外观面板图标（），向下拖曳外观面板的下边缘以观察整个面板。单击所有外观属性栏左侧的切换图标（）以隐藏其内容。

2 向下拖曳应用了 background gradient 色板的新填色属性栏，拖至原填色属性栏的下方，如图 13.19 所示。

这步操作将会修改图稿的外观。原始的图案填色将位于新填色的上层。由于图案有透明区，因此也能看到其下层的渐变填色。

提示：还可对各填色栏应用混合模式、修改不透明度等操作，以达到不同的效果。

3 选择菜单“选择”>“取消选择”，结果如图 13.20 所示。再选择菜单“文件”>“存储”。

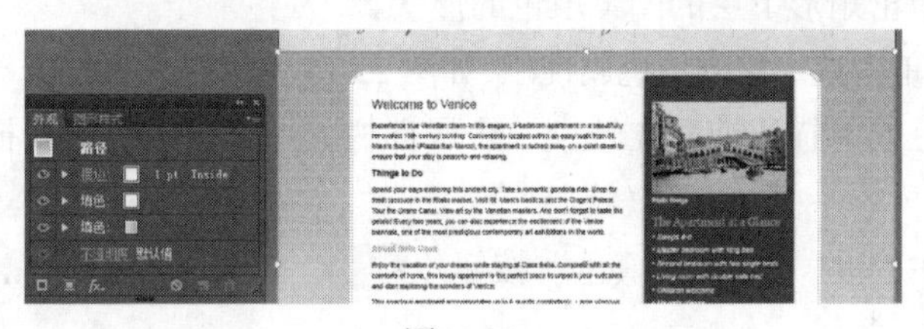

图13.20

13.2.5 对图层应用外观属性

除了将外观属性应用于对象，还可将其应用于图层或子图层。比如，要将一个图层上的所有对象均模糊 50%，那么可选中该图层后修改其不透明度。这样，该图层中的每个对象的不透明度都将为 50%，即便是在这之后添加的对象也会如此。

下面，将对一个图层应用投影效果。

1 使用缩放工具拖曳选框选中橘色的 Gallery 按钮左侧的竖线。

2 单击图层面板图标（）以打开该面板。在图层面板中，单击 Nav 图层左侧的切换图标（）以在面板中显示其中的内容。

> **注意**：可能需要向左拖曳面板的左边缘，以在面板中显示完整的图层名称。

3 单击 Nav-lines 子图层右侧的目标图标（），如图 13.21 所示。

图13.21

单击后该目标图标变成双圆环形。空心的双圆环形意味着该图层被指定（选中），但其中只包含单一的填色和描边外观属性。之后向外观面板中添加的任何外观属性都将应用于这一图层。

> **注意**：图层的颜色（目标图标右侧）可能有所不同，这没有关系。

4 打开外观面板后，注意到顶部出现“图层”字样，如图 13.22 所示。

“图层”字样表明任何被应用的树形都将作用于该图层中的所有对象。在选中包含不止一个对象的内容（如图层或对象组）时，外观面板中将会显示一个“内容”项。这样就可以双击各个对象的外观属性对其进行编辑。

5 选择菜单“效果”>“风格化”>“投影”。在“投影”对话框中，勾选“预览”复选框，并修改以下选项：

- 模式：滤色
- 不透明度：80%
- X 位移：2px
- Y 位移：1px
- 模糊：0px
- 单击“颜色”框，在拾色器中将 CMYK 各值均设为 0（白色）。

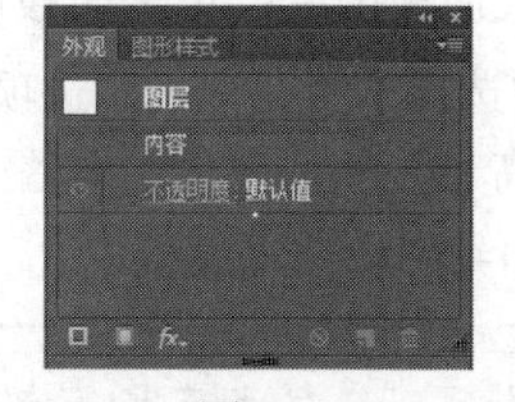

图13.22

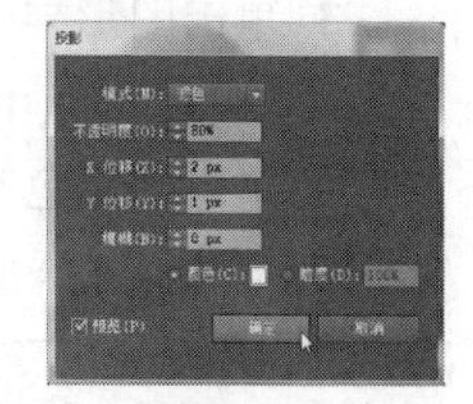

图13.23

如图 13.23 所示，然后单击拾色器中的“确定”按钮以关闭该对话框。

单击“确定”按钮，注意到按钮两侧的线条有轻微的白色投影。

6 单击图层面板图标（），注意到目标图标的中心出现底纹，这表明该图层应用了外观属性。

> **提示**：还可将应用于图层的属性复制到另一图层中去。具体方法是，按住 Alt 键（Windows 系统）或 Option 键（Mac 系统），将目标图标从该图层拖曳到另一图层即可。

7 选择菜单“选择”>“取消选择”，再选择菜单“文件”>“存储”。

13.3　使用图形样式

图形样式是一组命名保存了的外观属性，这样可重复使用它。通过应用不同的图形样式，可快速、全面地修改对象和文本的外观。

如图 13.24 所示，可使用图形样式面板（“窗口”>“图形样式”）创建、命名、存储、应用和删除各种效果和属性，并将其应用于对象、图层或对象组。还可断开对象与图形样式之间的链接并编辑对象自身的属性，而不影响使用了同一图形样式的其他对象。

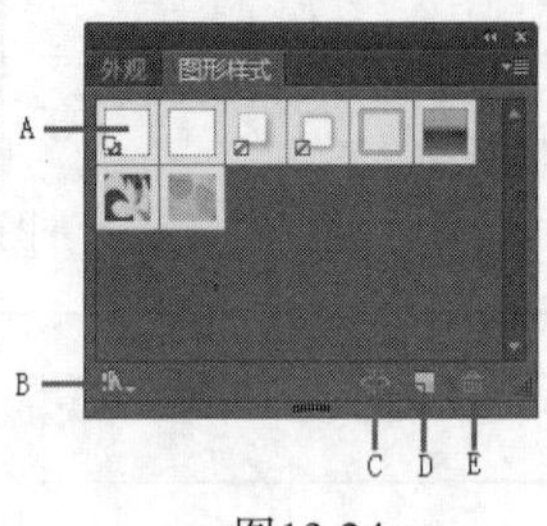

A 图形样式　B 图形样式库菜单
C 断开图形样式链接
D 新建图形样式　E 删除图形样式

图13.24

比如，如果有一幅使用形状表示城市的地图，可创建一种图形样式将该形状设置为绿色，并对其添加投影，然后将该图形样式应用于地图中的其他城市形状。如果决定要使用不同的颜色，可直接将图形样式的填色修改为蓝色。这样使用该图形样式的所有对象的填色都将自动更新为蓝色。

13.3.1　应用现有图形样式

可直接从 Illustrator 中默认的图形样式库中选择图形样式，将其应用于图稿。下面，将对网页中的一个按钮添加图形样式。

1 选择菜单“视图”>“Search button”，以放大画板右上角的一个按钮。

2 选择菜单“窗口”>“工作区”>“重置基本功能”。

3 单击图形样式面板图标，单击面板底部的“图形样式库菜单”按钮（![]），从中选择“照亮样式”选项。

4 单击“黑色高光”图形样式，如图 13.25 所示。这将在当前文档中把该样式添加到图像样式面板中去。

图13.25

> **AI** 提示：可使用照亮样式面板下部的箭头来下载前一个或后一个图形样式库。

5 使用选择工具单击以选中画板右上角的白色矩形。请小心不要选中矩形内部的白色文本。

6 右键单击（Windows 系统）或 Ctrl 键 + 单击（Mac 系统），在图形样式面板中按住“黑色高光”图形样式缩览图，以便预览该图形样式在矩形中的效果，如图 13.26 所示。预览后，松开鼠标（及按键）。

预览图形样式在不真正应用它的情况下，对于观察它对所选对象的效果很有帮助。

7 在图形样式面板中单击“黑色高光”图形样式，将其应用于矩形，如图 13.27 所示。然后单击图像样式面板标签以折叠该面板组。

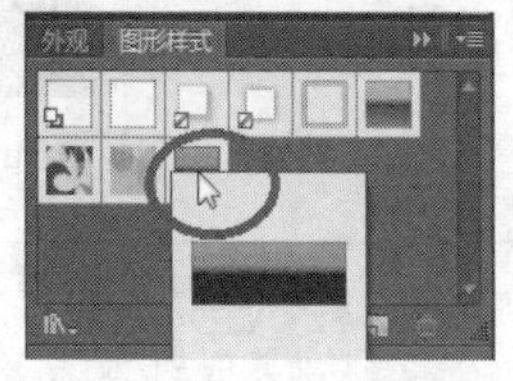

图13.26 预览图形样式

图13.27 应用图形样式

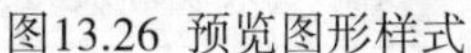

8 选择菜单“选择”>“取消选择”，再选择菜单“文件”>“存储”。

注意：在控制面板的左端可能会出现警告图标，这没有关系。这只是说明外观面板中最顶层的填色 / 面板没有处于活动状态。

13.3.2 创建并存储图形样式

下面，将对一个橘色按钮应用外观属性，将其保存为图形样式并为它命名。然后对另一个按钮应用相同的外观属性。

AI 提示：要创建图形样式，还可以单击以选中将要用于创建图形样式的对象。在外观面板中，将列表顶部的外观缩览图拖曳到图形样式面板中去。

1 选择菜单“视图”>“Nav”，以放大导航按钮。

2 使用选择工具选中橘色的 Gallery 按钮形状（圆形），如图 13.28 所示。

AI 注意：每个图层的对象定界框的颜色可能会有所不同，这没有关系，它取决于用户使用的操作系统及图层设置。

3 在工作区右侧单击图形样式面板图标( )以打开该面板。单击面板底部的“新建图形样式”按钮（ ），如图 13.29 所示。

这样就将橘色按钮的外观属性存储为一个图形样式。

4 在图形样式面板中，双击新图形样式的缩览图。在“图形样式选项”对话框中，将其命名为 Buttons，如图 13.30 所示。然后单击“确定”按钮。

5 单击外观面板标签，在外观面板顶部可以看到“路径：Buttons”，如图 13.31 所示。这表明 Buttons 图形样式已经应用于所选图稿（圆形路径）。

图13.28

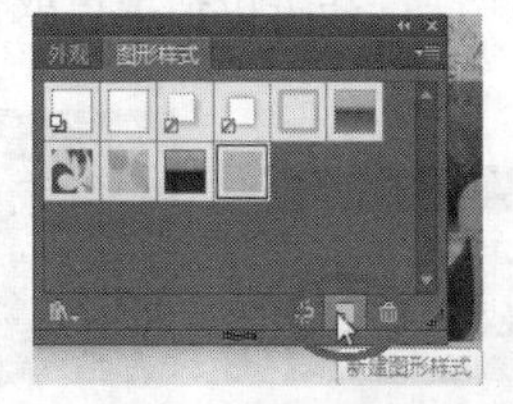

图13.29 创建新的图形样式

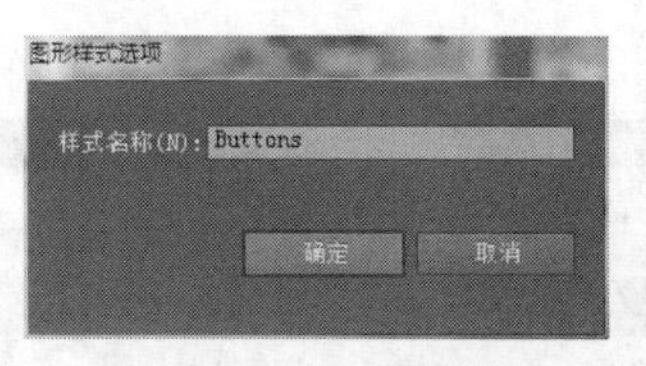

图13.30 命名该样式

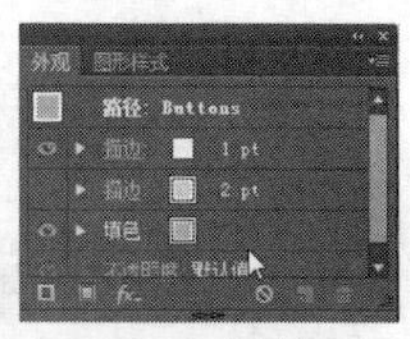

图13.31 观察路径：Buttons

6 使用选择工具单击以选中 Location 按钮下的白色圆形，它位于橘色按钮的右侧。

7 单击图形样式面板标签，再单击 Buttons 图形样式的缩览图，将该样式应用于这个白色圆形，如图 13.32 所示。

图13.32 应用Buttons图形样式

提示：在图形样式面板中，图形样式缩览图中如果出现一个带有红色斜线的框（ ），表明该图形样式不包含描边和填色。比如，这可能是一个投影效果或外发光效果。

8 选择菜单“选择”>“取消选择”，再选择菜单“文件”>“存储”。

13.3.3 更新图形样式

创建图形样式后，仍可以编辑应用了图形样式的对象。还可以更新图形样式，这样所有应用了该样式的图稿都将自动更新它的外观。

1 使用选择工具单击以选中任意一个橘色按钮形状（圆形）。在图形样式面板中，可以看到 Buttons 图形样式缩览图呈高亮显示（周围有边框），这表明它被应用于该对象。

2 单击外观面板标签，单击选中“路径：Buttons”栏，如图 13.33 所示。这将把它下方的外观属性作为一个整体应用于该对象，而不仅仅是应用描边或填色。

图13.33

3 选择菜单“效果”>“扭曲和变换”>“收缩和膨胀”。在“收缩和膨胀”对话框中，将数值设为 13% 后单击“确定”按钮。

4 单击图像样式面板标签以观察该图形样式，发现它不再呈高亮显示，如图 13.34 所示。这意味着此时没有应用该图形样式。

5 按住 Alt 键（Windows 系统）或 Option 键（Mac 系统），将所选的橘色按钮形状拖曳到图形样式面板中的 Buttons 图形样式缩览图上，如图 13.35 所示。在该缩览图呈高亮显示后，依次松开鼠标和按钮。这样两个橘色按钮形状将会一致。

6 选择菜单“选择”>“取消选择”。

7 单击外观面板标签。可以看到面板顶部为“未选择对象：Buttons”，如图 13.36 所示。

将外观设置、图形样式应用到图稿中后，下一个绘制的形状也会有出现在外观面板中的相同属性。

8 单击外观面板底部的“清除外观”按钮，如图 13.37 所示。

在不选中任何图稿时，单击“清除外观”按钮，可以为新图稿设置默认外观。如果选中图稿后，再单击该按钮，这样将会清除选定图稿的所有外观属性，甚至包括填色或描边。

图13.34

图13.35

图13.36

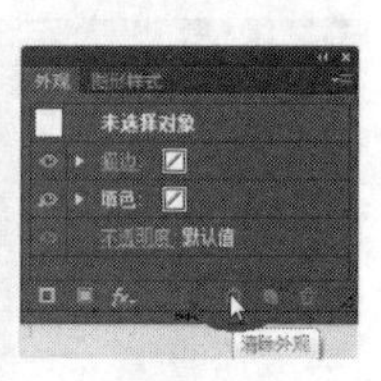

图13.37

9 选择菜单“文件”>“存储”。

13.3.4 将图形样式应用于图层

将图形样式应用于图层后，该样式将应用于该图层中的所有对象，包括之后再添加的对象。下面，将把 Buttons 图形样式应用于按钮形状所在的图层，以便一次就将该样式应用于所有按钮。

1 选择菜单“视图”>“画板适合窗口大小”。

如果先将图形样式应用于对象，再将该样式应用于内容所在的图层（或子图层），那么图形样式格式将会被添加到对象的外观属性中——而对象的外观属性是累计叠加的。这意味着如果只想将图形样式的外观属性应用于其他按钮，就要在应用图形样式前，删除其他按钮形状的格式。

2 单击图层面板图标（）。在图层面板中，单击 Nav 图层左侧的三角形切换图标（），在面板中展开该图层中的内容。单击 Buttons 子图层的选择栏（目标图标 [] 的右侧），以选中该图层中的所有内容，如图 13.38 所示。

图13.38

3 在外观面板的底部，单击“清除外观”按钮，如图 13.39 所示。这样所有的按钮形状都将没有任何外观属性，没有填色，也没有描边。

4 在图层面板中，单击 Buttons 子图层的目标图标（），它变成了双环形。这将选中该图层中的内容，并将之后添加的外观属性指定到该图层中。

> **提示：**在图层面板中，可以拖曳目标图标到“删除所选项目”按钮（）中去。这将删除该栏对应的外观属性。

5 单击图形样式面板图标（），再单击 Buttons 图形样式缩览图，如图 13.40 所示。这样就将该样式应用于指定的 Buttons 图层及其中的所有内容。

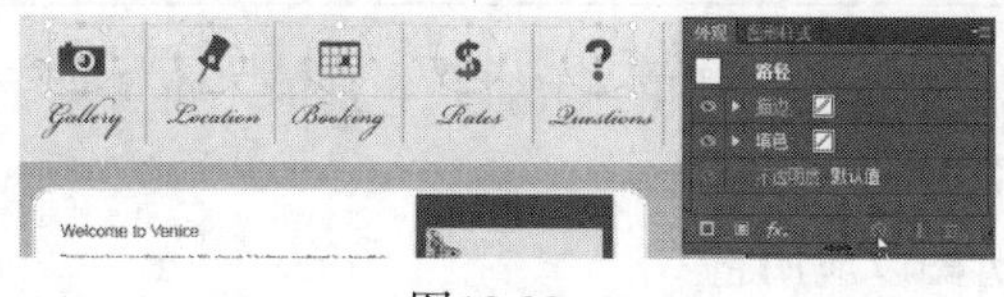

图13.39

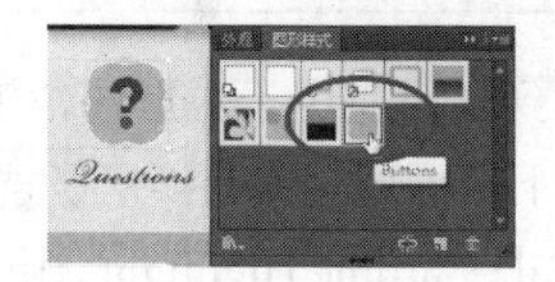

图13.40

6 选择菜单“选择”>“取消选择”，再选择菜单“文件”>“存储”。

13.3.5 编辑图层的图形样式格式

下面，将编辑已经应用于图层的 Buttons 图形样式。

1 使用选择工具单击以选中任意一个橘色按钮形状。

2 单击外观面板标签以打开外观面板。

在外观面板中，注意到“图层 : Buttons”名称位于面板的顶部，如图 13.41 所示。这样的外观面板表明按钮形状位于应用了 Buttons 图形样式的图层上。

3 单击“图层 : Buttons”字样，可以获取应用于该图层的 Buttons 图形样式的外观属性，如图 13.42 所示。同时，也选中了该图层上的所有形状。

> **提示：** 还可以在图层面板中选中 Buttons 主图层的目标图标，然后在外观面板中编辑该效果。

4 单击“收缩和膨胀”效果栏左侧的眼睛图标，以隐藏形状上的该效果。单击“描边：2pt”栏左侧的可视性状态，以显示按钮形状的描边，如图 13.43 所示。保留外观面板为显示状态。

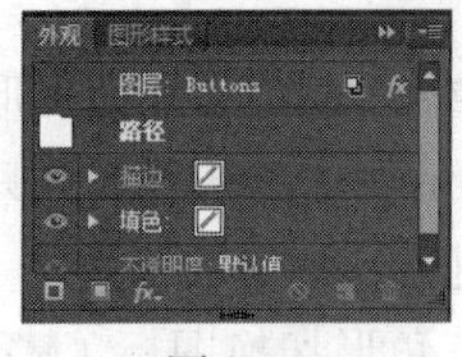

图13.41

图13.42

图13.43

5 选择菜单“选择”>“取消选择”，再选择菜单“文件”>“存储”。

13.3.6 应用多种图形样式

可将图形样式应用于已使用图形样式的对象。这在需要将多种样式应用于对象时很有帮助，因为格式是累积的。

1 选择菜单“视图”>“Search button”，以放大画板右上角的按钮。

2 使用选择工具单击文本“Search”下层的矩形。在控制面板中单击“样式”菜单，图形样式面板出现后，单击 Buttons 图形样式以将其应用于该按钮形状，如图 13.44 所示。保留该样式菜单为打开状态。

> **注意：** 如果样式菜单没有出现在控制面板中，可以单击工作区右侧的图形样式面板图标。

注意到之前应用于矩形的“黑色高光”图形样式，其填色和描边色此时不再可见。这是由于默认情况下，图形样式替换了所选对象上的格式。

3 单击 Chrome Highlight 图形样式的缩览图以应用它。

4 按住 Alt 键（Windows 系统）或 Option 键（Mac 系统），单击 Outer Glow 5pt 图形样式的缩览图，如图 13.45 所示。

注意到第 3 步中图形样式的填色和描边色仍然存在，并且该对象外发光（有阴影）。按住 Alt 键（Windows 系统）或 Option 键（Mac 系统），可将图形样式叠加到现有格式中，而不是替换现有格式。

图13.44

图13.45

5 使用选择工具，按住 Shift 键，单击文本“Search”，并选择菜单“对象”>“编组”。保留该按钮组为选中状态。

13.3.7 缩放描边和效果

在 Illustrator 中，缩放内容时，应用于该内容的面板和效果不会改变。比如，一个描边粗细为 2pt 的圆形，将其从很小放大到画板的尺寸。圆形的形状放大了，但默认情况下，它的描边粗细仍为 2pt。这样，缩放后图稿外观就产生了不希望出现的变化。所以，在变换图稿时需要注意这样的情况。

1 单击控制面板中的“X”、“Y”、“宽”或“高”字样，以展开变换面板（或“窗口”>“变换”）。在变化面板底部勾选“缩放描边和效果”复选框。确保出现的是“约束宽度和高度比例”按钮（），并将“高”设为 20px，如图 13.46 所示。然后按回车键以修改其宽度并隐藏变换面板。

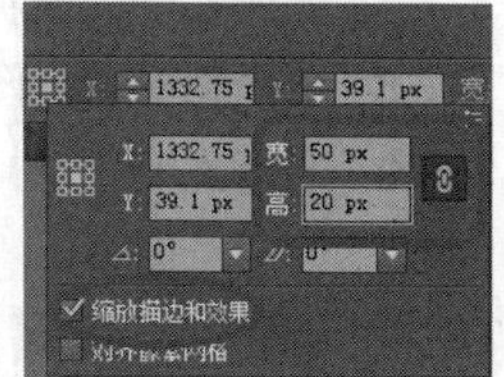

图13.46

> **注意**：如果选择菜单“窗口”>“变换”以打开变换面板，可能需要在面板菜单中选择“显示选项”。

2 将该按钮组向左拖曳到画板上，确保它位于搜索框（画板顶部的白色框）的右侧，并依靠智能参考线将其对齐，如图 13.47 所示。

3 选择菜单“选择”>“取消选择”，再选择菜单“文件”>“存储”。

图13.47

13.3.8 将图形样式应用于文本

下面，将把现有图形样式应用于文本。

1 选择菜单“视图”>“画板适合窗口大小”。

2 使用选择工具单击题目文本“Welcome to Venice”。

3 使用缩放工具拖曳选框选中该文本以放大视图。

4 单击图形样式面板图标（）以展开该面板。单击面板菜单图标（），并确保选中了“覆盖字符颜色”选项，结果如图 13.48 所示。

将图形样式应用于文本时，默认情况下，文本的填色将会覆盖图形样式的填色。如果选择了“覆盖字符颜色”选项，图形样式的填色将会覆盖文本的颜色。

5 在图形样式面板菜单中选择“使用文本进行预览”选项。

6 在图形样式面板中，右键单击（Windows 系统）或 Ctrl + 单击（Mac 系统）Blue Neon 图形样式后按住鼠标，以预览该图形样式在选定文本上的效果，如图 13.49 所示。然后松开鼠标或按键，再单击以应用 Blue Neon 图形样式，如图 13.50 所示。

如果取消选择“覆盖字符颜色”选项，此时该文本的填色仍将是黑色。

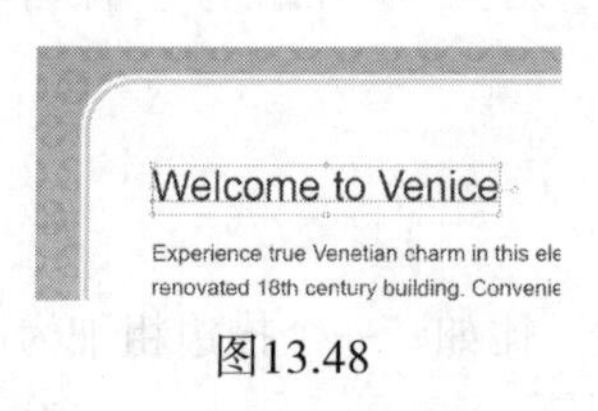

图13.48

图13.49

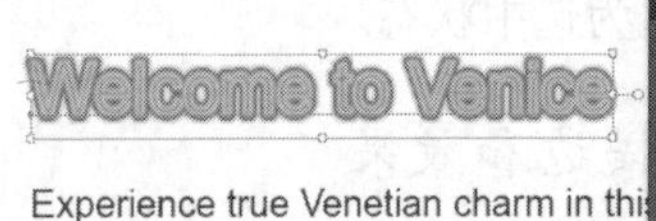

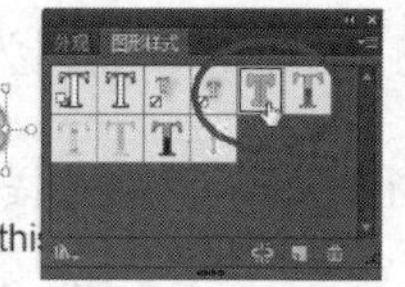

图13.50

7 选择菜单“编辑”>“还原图形样式”，以删除应用于文本的图形样式。

8 选择菜单“视图”>“画板适合窗口大小”。

9 选择菜单“选择”>“取消选择”。保留该 webdesign.ai 文件为打开状态。

13.4 将内容存储为 Web 所用格式

在 Illustrator CC 中，可以通过各种方式将图稿保存为网页。如果需要用于网站或在屏幕上显示的 web 图像,可使用“存储为 Web 所用格式”命令。图像可被存储为多种格式,如 GIF、JPEG 或 PNG 格式。尽管这 3 个格式的属性有所不同，但它们都可以很好地在网页中使用，且与大多数浏览器兼容。

提示：更多关于如何使用 web 图像的信息，请在 Illustrator 帮助中所有“导出图稿的文件格式”。

如果要创建一个网站或将图稿内容放置在开发工具中,可以使用 CSS 属性面板(“窗口”>“CSS 属性”）或“文件”>“导出”命令，将 Illustrator 中的设计图稿转换为 CSS 样式。Illustrator 可以便捷地导出 CSS，也可以从 Illustrator 中复制、粘贴 CSS 到 HTML 编辑器中去。还可以使用多种方式导出图稿成为 SVG 格式。

首先，在创建 web 内容时，需要关注如何使用“存储为 Web 所用格式”命令、像素网格的作用以及如何导出切片内容。然后将把设计的图稿转化为可以用于网站中的 CSS 格式。

13.4.1 对齐内容和像素网格

在将内容存储为 Web 所用格式前，需要先理解 Illustrator 中的像素网格。光栅图像看起来都很尖锐，尤其是 72 ppi 分辨率的标准文本图像。要将网页设计图稿转换为精确像素的设计，可以将图稿与像素网格对齐。像素网格是一个每英寸（无论垂直、水平方向）有 72 单元格的网格，这样使用“像素预览”模式（“视图”>“像素预览”）将其放大至 600% 或更高时，就可以查看像素网格。

当对象拥有了对齐像素的属性，对象中所有水平和垂直方向的元素都将与像素网格对齐，这样对象的描边将会呈现锯齿形。创建新文档时，可在对话框的“配置文件”菜单中选择“Web”，然后勾选“使新建对象与像素网格对齐”复选框。这将使所有图稿自动与像素网格对齐。还可以之后再将内容与像素网格对齐，本课中的示例就将这样操作。

1 选择菜单“文件”>“新建”。在“新建文档”对话框中,在“配置文件”菜单中选择“Web”，单击“高级”左侧的三角形切换图标，以展开此处的选项。

在“高级”处的选项中，将要创建的文档“颜色模式”设为 CMYK，“栅格效果”设为“屏幕

（72ppi）”，勾选“使新建对象与像素网格对齐”复选框，如图 13.51 所示。

2 单击“取消”按钮。

3 在 webdesign.ai 文件中，选择菜单“文件”>“文档颜色模式”，可以观察到选中的是 RGB 模式。

创建文档后，仍可以修改文档的颜色模式。它就会成为所有要创建的新颜色的默认颜色模式。RGB 颜色模式适用于网页或屏幕显示。

4 使用缩放工具拖曳选框选中橘色的 Gallery 按钮（左起第一个），以放大视图。

5 选择菜单“视图”>“像素预览”，以预览图稿的栅格化效果，对比效果如图 13.52 和图 13.53 所示。

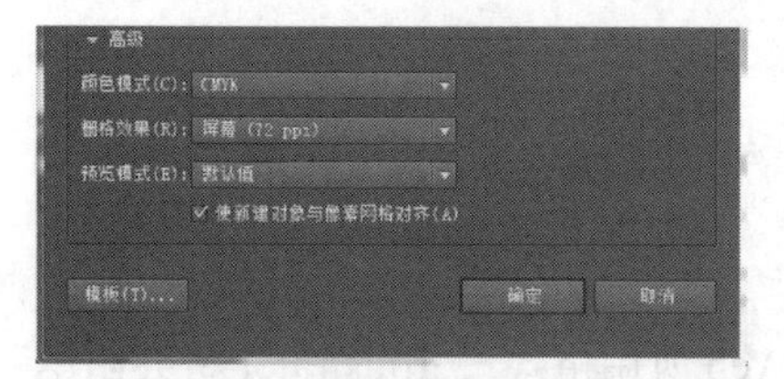
图13.51

图13.52 预览模式下的图稿

图13.53 像素预览模式下的图稿

AI

提示：要关闭像素网格，可选择菜单“编辑”>“首选项”>“参考线和网格”（Windows 系统）或“Illustrator”>“首选项”>“参考线和网格”（Mac 系统），然后取消选择“显示像素网格（放大 600% 以上）”。

6 在文档窗口左下角状态栏的“视图”下拉菜单中选择 600%。

通过放大 600% 或更高，可以看到图稿中出现了像素网格，如图 13.54 所示。像素网格将 1pt（1/72 英寸）作为增量来分割画板。

7 使用选择工具单击以选中按钮上的照相机形状。在文档窗口中滚动鼠标以观察整个照相机形状。

8 选择菜单“视图”>“隐藏边缘”，以便更加方便地观察照相机的边缘。注意到此时照相机的某些边缘有些模糊，如图 13.55 所示。

9 在控制面板中单击“变换”字样（或“X”、“Y”“宽”、“高”字样），并在变换面板中勾选“对齐像素网格”复选框，如图 13.56 所示。

图13.54

图13.55

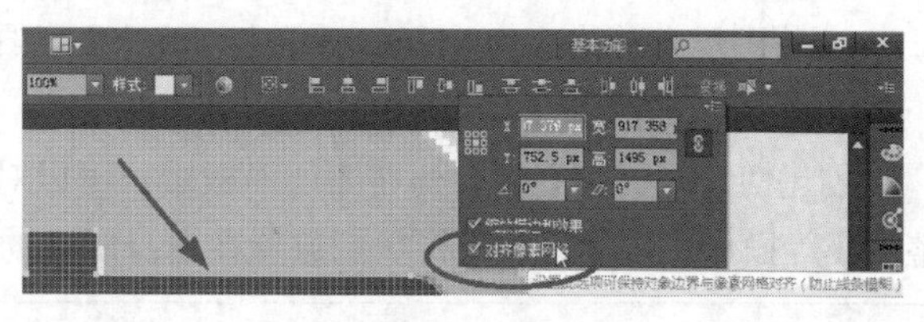
图13.56

注意：如果对象没有垂直或水平段，但是却有与像素对齐的属性，那么不会被修正并与像素网格对齐。比如，旋转后的矩形没有垂直或水平段，应用了“对齐像素网格”属性后就不会生成锯齿形的路径。

10 选择菜单“视图”>“画板适合窗口大小”，再选择菜单“视图”>“显示边缘”。

11 选择菜单“选择”>“对象”>“没有对齐像素网格”，以选中画板中当前还没有对齐像素网格的对象，以便接下来让它们对齐网格。

12 单击控制面板中的“变换”字样，并勾选“对齐像素网格”复选框。然后保留该变换面板为打开状态。

这样可以认真观察“对齐像素网格”属性是如何影响画稿的。比如，文本转换为轮廓会改变外观。

13 单击变换面板菜单按钮（ ），注意到已勾选“使新建对象与像素网格对齐”选项。如果该文档的“配置文件”设为“打印”，则不会选中该选项。按 Esc 键以隐藏变换面板。

该选项将自动把所有新建的内容与像素网格对齐。

14 选择菜单“选择”>“取消选择”，再选择菜单“文件”>“存储”。

13.4.2 将内容切片

如果在画板上创建图稿，并选择菜单“文件”>“存储为 Web 所用格式”，Illustrator 将会创建一个画板大小的图像文件。可以为图稿创建多个画板，每个包含网页的一个切片（比如一个按钮），并将每个画笔存储为一个独立的图像文件。

> **AI** 注意：更多关于如何创建切片的信息，请在 Illustrator 帮助搜索“创建切片”。

另外，还可以在画板上设计图稿，再将内容切片。在 Illustrator 中，可以通过创建切片来定义图稿中不同网页元素的边界。比如，在画板上设计了整个网页，其中的一个矢量形状需要保存为网页的按钮，就可以将按钮形状优化为 GIF 或 PNG 格式，而其它的图像则优化为 JPEG 格式。可以通过创建切片来隔离该按钮图像。在使用“存储为 Web 所用格式”命令后，图稿将存储为网页，此时可以选择将每个切片保存为自身具有格式设置的独立文件。

下面，将创建一个用于放置切片的新图层，然后将为图稿的不同部分创建切片。

1 单击图层面板图标（ ）以打开该面板。单击以选择 Header 图层。按住 Alt 键（Windows 系统）或 Option 键（Mac 系统），单击图层面板底部的“创建新图层”按钮（ ）。在“图层选项”对话框中，将图层名称修改为 Slices 后单击“确定”按钮。此时选中的是 Slices 图层，如图 13.57 所示。

图13.57

创建切片时，它们将会列在图层面板中，可以对其进行选中、删除、调整大小等操作。这样有助于将它们放置在自身所在的 Slices 图层上并易于管理，但这并不是必须的。

> **AI** 注意：更多关于如何创建图层的信息，请参阅第 8 课。

> **AI** 注意：创建的新图层的图层颜色可能会有所不同，这没有关系。

2 在画板的左上角，使用缩放工具拖曳选框选中 Bela Casa Logo。Logo 内的文本已经被转换为轮廓（路径）。

3 在工具箱中选择切片工具（ ）。在文本“Bela Casa”及其左侧的圆形左上角单击并向右下角拖曳，拖至下方图片的顶部以创建一个切片，如图 13.58 所示。不完全贴合没有关系，稍后还会对其进行编辑。

创建切片时，Illustrator 将会把其周围剩余的图稿自动切片，以保持整个网页的布局。这项自动切片的功能作用于画板上没有定义为切片的图稿。而每次添加或编辑切片时，Illustrator 都将重新自动生成切片。另外，注意刚刚创建的切片的左上角，出现了数字 3。在图稿中，Illustrator 从左上角开始，按从左到右、从上到下的顺序依次对切片编号。

下面，将创建一个基于所选内容的切片。

4 选择菜单“视图”>“Nav”，以放大橘色导航按钮的视图。

5 选择菜单“选择”>“取消选择”。

6 切换到选择工具，按住 Shift 键，单击 Gallery 文本形状，照相机形状及其周围的橘色圆形以选中这 3 个对象。

7 在图层面板中选择 Slices 图层，以便将接下来创建的切片放置在 Slices 图层上。

8 选择菜单“对象”>“切片”>“从所选对象创建”，如图 13.59 所示。

图13.58

图13.59

Illustrator 可基于自行创建的参考线或文档窗口中选中的内容来创建切片。

提示：可选择菜单“对象”>“切片”>“建立”，以便将切片的维度与图稿中元素的边界相匹配。使用“建立”命令时，如果移动或修改图稿中的元素，切片区域将会自动适应新的图稿。

9 选择菜单“选择”>“取消选择”，再选择菜单“文件”>“存储”。

13.4.3 选择和编辑切片

当切片的内容发生了变化或需要对其修改时，编辑切片很有用。

1 选择菜单“视图”>“画板适合窗口大小”。在画板的左上角，使用缩放工具拖曳选框选中 Bela Casa Logo。

2 单击切片工具后，按住鼠标，然后在切片工具组中切换到切片选择工具（ ）。

3 单击 Bela Casa 切片，所选切片呈高亮显示，选框的四个角出现了红色边界点。

切片选择工具可以编辑已创建的切片。还可以使用选择工具（或直接选择工具）单击切片的描边（边缘）以选中切片。

4 将鼠标指向所选切片的底部边缘，出现双向箭头时先下拖曳直到该切片覆盖住了字母 B，如图 13.60 所示。

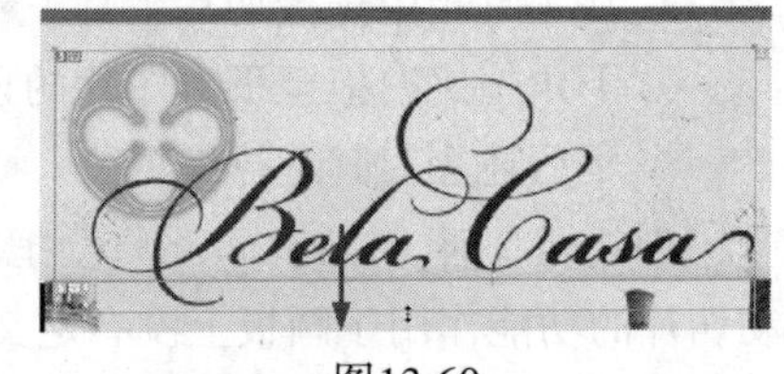

图13.60

将内容切片时，在切片区域内应该包含该内容所有的外观属性（如投影）。但是，如果投影很模糊的话，这样会很困难。所以如果效果应用于内容，而不是图层，就可以使用“对象”>“切片”>“从所选对象创建”命令，以便让切片包含该内容的所有外观属性（如投影）。而使用切片选择工具可以单击选中切片后，拖曳、复制、粘贴或删除该切片。

5 选择菜单“选择”>“取消选择”,然后选择菜单“视图”>“锁定切片”,让切片无法被选中。选择菜单“文件”>“存储”。

13.4.4 使用“存储为 Web 所用格式”命令

切片图稿后，可以将其优化为适合网页的格式。可以使用“文件”>“存储为 Web 所用格式”命令，以选择优化选项并预览优化后的图稿。在网站上高效应用图像的关键在于，要找到分辨率、尺寸大小和最优质颜色之间的平衡点。

1 选择菜单“视图”>“画板适合窗口大小”，再选择菜单“视图”>“隐藏切片”。

绘制图稿时不需要显示切片，以便方便地选中图稿而不会选中切片。如果在图层面板中为切片创建了图层，也可以隐藏切片所在的图层。

2 使用选择工具，按住 Shift 键，单击按钮形状下层的灰色图案背景、黑色矩形和黑色矩形上层的图像。选择菜单“对象”>“隐藏”>“所选对象”，结果如图 13.61 所示。

图13.61

使用“存储为 Web 所用格式”命令来保存切片内容时，所有在该切片中显示的内容将会被栅格化为光栅图像。如果要在所选图稿中设置透明度（使得一部分图像透明化），首先需要隐藏不需要保存为 web 格式的内容。

3 选择菜单“选择”>“取消选择”。

4 选择菜单“视图”>“显示切片”，确保图稿和投影效果都包含在切片中。如果没有的话，可重新调整每个切片的大小。

> **AI** 注意：要调整切片的大小，需要确保此时切片没有被锁定。选择菜单“视图”>“锁定切片”以取消该选项左侧的对勾。

5 选择菜单“文件”>“存储为 Web 所用格式”。

6 在“存储为 Web 所用格式”对话框中，单击对话框顶部的“双联”标签以选中显示选项。

这步操作后，对话框中显示了一个分隔的窗，左侧为原始图稿，右侧为优化后的图稿。

7 使用切片选择工具( )单击右侧优化的文件区域。再单击以选中含有 Bela Casa 徽标的切片，此时该切片周围有浅褐色选框。

8 在对话框右侧的“预设”选项区中，从“优化的文件格式”菜单（“名称”的下方）中选择“PNG-24”，如图 13.62 所示。

图13.62

在菜单中可选择 4 种文件格式，包括 GIF、JPEG、PNG-8 和 PNG-24。还可在“预设”选项区为各个格式设置选项，其中各设置选项会随文件格式不同而变化。如果图像中包含多个要保存的切片，确保各个切片之间相互独立，并优化所有切片。

9 在“导出”菜单中选择“选中的切片”选项。

导出的切片，都是在“存储为 Web 所有格式”对话框内选中的切片。在对各个切片指定了优化设置后，可按 Shift 键以选中多个要导出的切片。

10 在对话框的左下角单击“预览”按钮，以打开电脑的默认浏览器并观察切片的内容，如图 13.63 所示。查看结束后，可关闭浏览器并返回 Illustrator。

图13.63

注意：如果单击“预览”按钮后，没有出现以上动作，可尝试再次单击该按钮。可能还需要单击“预览”按钮右侧的“选择浏览器菜单”按钮，从中选择“编辑列表”选项以添加新的浏览器。

11 在“存储为 Web 所有格式”对话框中，单击“存储”按钮。在“将优化结果存储为”对话框中，打开 Lessons 文件夹中的 Lesson13 文件夹，将名称修改为 Logo 后，单击“保存”按钮。

这样，在 Lesson13 文件夹中就会有一个 Illustrator 生成的“图像”文件夹。在该文件夹中，可以看到一个单独的图像，它的名字取决于刚刚在“将优化结果存储为”对话框中输入的名称，其末尾则是它对应切片的编号。在本课的示例中，图像的名称为 Logo_03.png。

12 选择菜单“视图”>“隐藏切片”。

13 选择菜单“对象”>“显示全部”。

14 选择菜单“选择”>“取消选择”，再选择菜单“文件”>“存储”。

13.5 创建 CSS 代码

正如本课之前提到的，可通过 CSS 属性面板（“窗口”>“CSS 属性”）或选择菜单“文件”>“导出”命令，将 Illustrator 中的图稿转换为 CSS 样式。这是一种将 Illustrator 中的网页设计搬移到 HTML

编辑器和网页开发工具中去的便捷方式。

层叠样式表（CSS）是格式规则的集合，与 Illustrator 中的段落样式或字符样式相似的是，它是在网页中控制内容的外观属性。而与它们不同之处在于，CSS 可以控制 HTML 中文本的外观、页面元素的格式及位置。

> **注意**：更多关于何为 CSS 的信息，请参阅 Adobe Dreamweaver 帮助中的“了解层叠样式表”部分（http://helpx.adobe.com/dreamweaver/using/cascading-style-sheets.html）。

还可以查看 Adobe Dreamweaver 开发者中心的 CSS 视频系列：http://www.adobe.com/devnet/dreamweaver/articles/understanding_css_basics.html。

> **注意**：从 Illustrator CC 中导出或复制 CSS 并不是为了给网页创建 HTML。创建 CSS 的目的在于，将其用于在其他地方（如 Adobe Dreamweaver）创建的 HTML 中。

从 Illustrator 图稿中生成 CSS 的一大好处在于，它适用于灵活可变的网页工作流。可以导出文档的所有样式，也可以对 Illustrator 中的单个或多个对象复制样式代码，再将其粘贴到一个外部的网页编辑器（如 Adobe Dreamweaver）中。但要想创建 CSS 样式并快速高效地使用它，需要在 Illustrator CC 文档中做一些设置，这就是本节中首先要学习的东西。

13.5.1 为生成 CSS 进行的各种设置

如果要从 Illustrator CC 中导出（或复制、粘贴）CSS，并不一定需要切片这一过程。但是，在创建 CSS 之前适当地设置 Illustrator CC 文件，则可以命名将要创建的 CSS 样式。在这一节中，将会观察 CSS 属性面板，以及学习如何通过命名的或未命名的内容来设置导出样式的内容。

1 选择菜单“窗口”>“工作区”>“重置基本功能”。

2 选择菜单“窗口”>“CSS 属性”，以打开 CSS 属性面板。

使用 CSS 属性面板，可以实现如下操作。

- 预览所选对象的 CSS 代码。
- 复制所选对象的 CSS 代码。
- 将所选对象的样式（和使用的图像一起）导出到 CSS 文件中。
- 修改要导出的 CSS 代码的信息。
- 将所有对象的 CSS 代码导出到一个 CSS 文件。

CSS 属性面板的各个选项如图 13.64 所示：

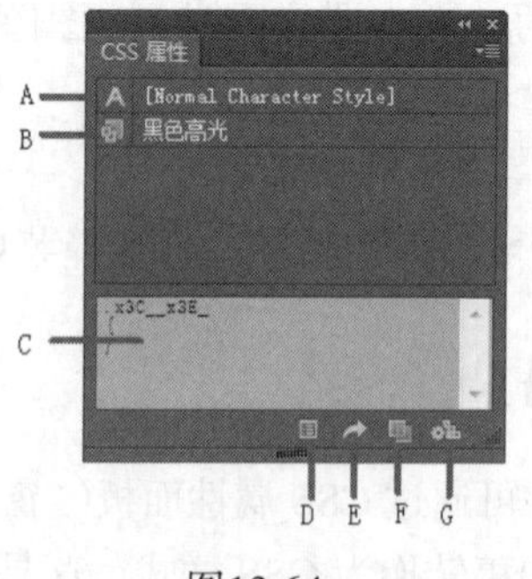

A 字符样式
B 图形样式
C 所选内容的样式
D 导出选项
E 导出所选 CSS
F 复制所选项目的样式
G 生成 CSS

图13.64

3 使用选择工具单击以选中深灰色矩形形状，如图 13.65 所示。

观察 CSS 属性面板，可以看到预览区域出现的信息。这并不是预览区域通常会出现的 CSS 代码。该信息说明了该对象需要在图层面板中命名，或者需要设置以便让 Illustrator 可以对未命名的对象创建样式。

4 打开图层面板并单击底部的“定位对象”按钮（ ），以便在图层面板中找到该对象所在图层。双击该“< 路径 >”对象名称，将其名称修改为小写的 sidebar，按回车键以确认修改，如图 13.66 所示。

> **AI** 注意：可能需要向左拖曳面板的左边缘，以观察对象的完整名称。

5 再次观察 CSS 属性面板，可以看到一个命名为 .sidebar 的样式，如图 13.67 所示。

当内容未命名时，默认情况下无法为其创建 CSS 样式。如果在图层面板中命名该对象，那么将会生成 CSS，样式的名称也会和图层面板中对象的名称一致。Illustrator 中大多数内容的样式被称为“类”。

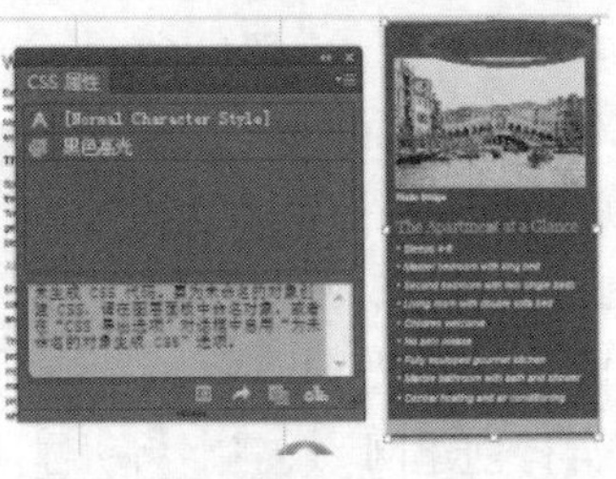

图13.65

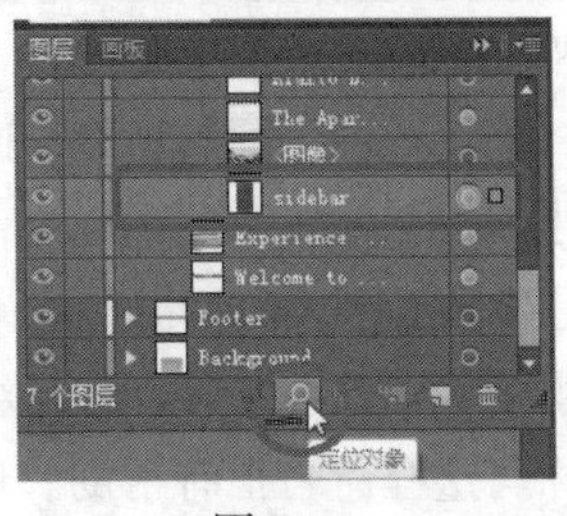

图13.66

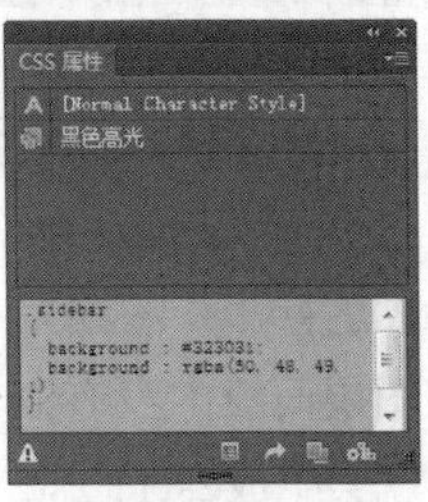

图13.67

> **AI** 提示：在 CSS 中可以辨别样式是否为“类”，“类”名称的前面会有一个英文句号（.）。

> **AI** 注意：可向下拖曳 CSS 属性面板的下边缘，以观察整个样式。

> **AI** 注意：如果看到样式的名称为“.sidebar_1_”，通常是因为之前的命名 sidebar 后有多余的空格。

> **AI** 提示：如果在 HMTL 编辑器中使用的是 HTML5 标记，那么图层面板中根据标准 HTML5 标记标签命名的对象（如以“header”、“footer”、“section”或“aside”标签名为对象名称）生成 CSS 代码时，就不会成为类样式。

对于图稿中的对象（不包括文本对象）在图层面板中的名称，应该和与之独立的 HTML 编辑器（如 Dreamweaver）生成的 HTML 中的类名称一致。但是，也可以不命名图层面板中的对象，生成一般的样式，再导入或粘贴到 HTML 编辑器中，在编辑器中对其命名。下面，就会这样操作。

6 使用选择工具单击以选中 sidebar 矩形下层的白色圆角矩形。在 CSS 属性面板中没有出现样式，这是因为该对象没有在图层面板中命名（面板中的名称仅为“< 路径 >”通称），如图 13.68 所示。

7 单击 CSS 属性面板底部的“导出选项”按钮（ ）。

出现的“CSS 导出选项”对话框包含了所有可设置的导出选项，比如使用哪种单元（像素 / 点），样式中要包含哪种属性（包含填充、描边或不透明度），包含哪些提供商前缀（Webkit、Firefox、Internet Explorer 或 Opera）。

8 勾选“为未命名的对象生成 CSS”选项，然后单击“确定”按钮，如图 13.69 所示。

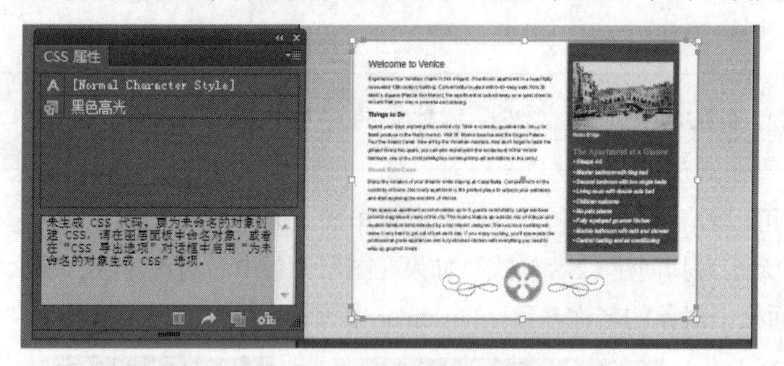

图13.68

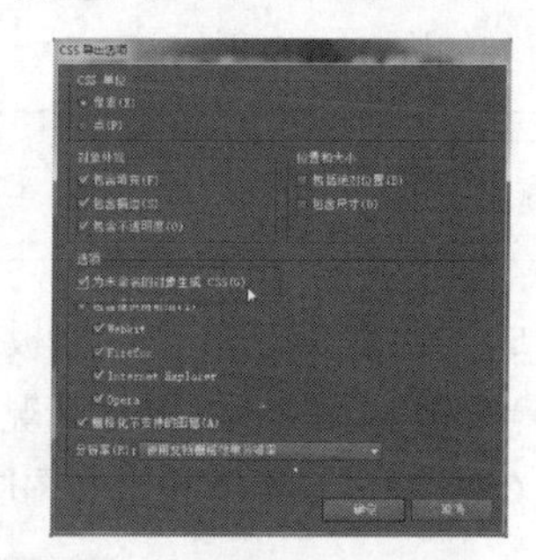

图13.69

9 再次观察 CSS 属性面板，仍选中白色圆角矩形，这时在 CSS 属性面板的预览区域出现了 .st0 样式。

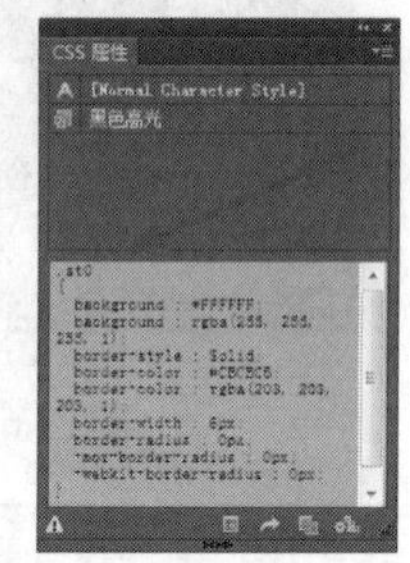

图13.70

.st0 是 style0 的缩写，它是生成后的格式的通称，如图 13.70 所示。每个在图层面板中没有命名的对象在勾选“为未命名的对象生成 CSS”选项后，就会生成 .st1，.st2 等通称。这样命名很有帮助。比如：自行创建网页时，可以从 Illustrator 中导出 CSS 代码并在 HTML 编辑器中对其命名，还可以为已存在于 HTML 编辑器中的样式另外再获得一些 CSS 格式。

10 选择菜单“选择”>“取消选择”，再选择菜单“文件”>“存储”。

13.5.2 使用字符样式和 CSS 代码

Illustrator 也会基于文本格式创建 CSS 样式。格式包括字体系列、字体大小、行距（在 CSS 中称作 line-height）、颜色、字符间距（在 CSS 中称作 letter-spacing）等，这些都可以在 CSS 代码中获得。要在 CSS 代码中为文本创建有名称的样式，可在图稿中为文本创建并应用字符样式。在图稿中应用了的字符样式都将列在 CSS 属性列表中，并且名称与字符样式本身的名称一致。

注意：目前，在 CSS 代码中有名称的样式不包括段落样式。

下面，将要把字符样式应用于文本。

1 在 CSS 属性面板中，注意到面板顶部名称为“[Normal Character Style]”的样式。

在 CSS 属性面板中，出现了只能应用于文字的字符样式。默认情况下，在该面板中的“[Normal Character Style]”是应用于文本的。

2 选择菜单“窗口”>“文字”>“字符样式”，以打开字符样式面板。

3 在工具箱中选择文字工具（T），选中标题文本“Welcome to Venice”。

4 按住 Alt 键（Windows 系统）或 Option 键（Mac 系统），在字符样式面板中应用 h1 字符样式。此时文本将会变成橘色并且字体变大，如图 13.71 所示。

在 CSS 属性面板中，此时应该出现了 h1 字符样式，如图 13.72 所示。这表明它已应用于图稿中的文本。

5 切换到选择工具，仍选中“Welcome to Venice”文本，可以在 CSS 属性面板的预览区域看到 CSS 代码。

选中文本对象，可以显示出整个文本区域中所使用样式的 CSS 代码，如图 13.73 所示。

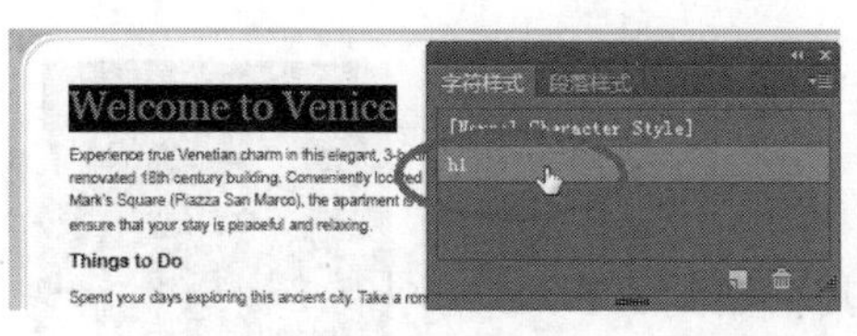

图13.71

图13.72

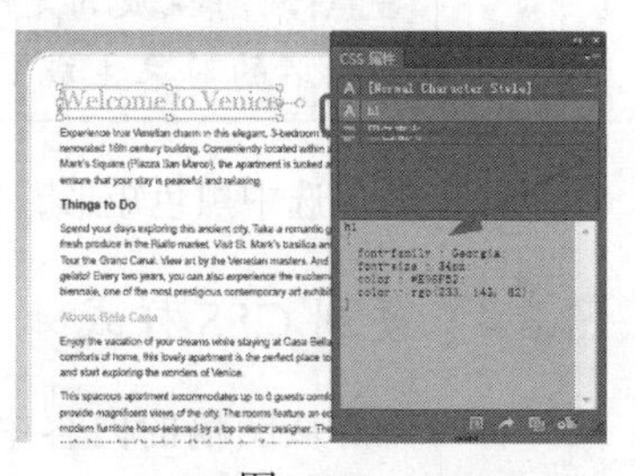

图13.73

还可以使用 CSS 属性面板中列出的字符样式，以便将样式应用于文本。

6 切换到文字工具，在应用 h1 样式的标题下方，选中黑色文本“Things to Do”。

7 单击 CSS 属性面板中的 h1 样式名称，将其应用于所选文本。

这样就应用了 h1 字符样式，但是这也可能没有完全应用其中的格式。观察字符样式面板，可能会在 h1 样式名称右侧出现一个加号（+），这表明局部格式将会覆盖 h1 样式中的格式，如图 13.74 所示。

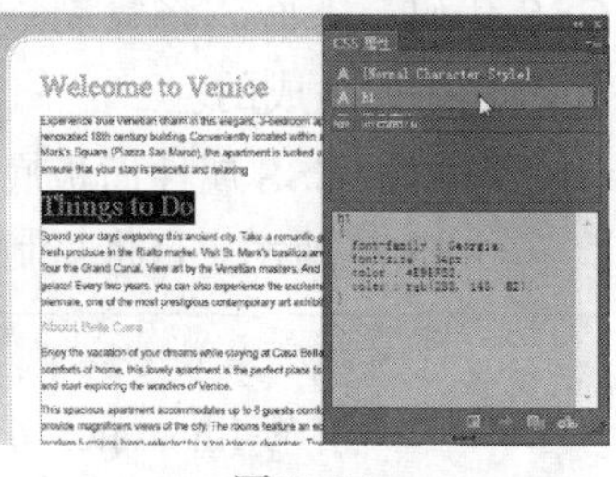

图13.74

8 在 CSS 属性面板中再次单击 h1 样式名称，可以删去局部格式。这时该文本的外观应会和“Welcome to Venice”文本一样。

9 切换到选择工具，确保选中了包含标题文本“Things to Do”的整个文本对象。观察 CSS 属性面板，将会看到一系列 CSS 样式。这些样式都已应用于该文本区域中的文本。

注意：选中文本区域，可以观察由样式生成的整个 CSS 代码。这样还可以从所选文本区域中复制或导出所有文本格式。

13.5.3 使用图形样式和 CSS 代码

还可以从内容中复制或导出所有图形样式的 CSS 代码。下面，将应用图形样式并观察它的 CSS 代码。

1 使用选择工具单击以选中大图像下层的黑色矩形。单击控制面板中样式（图像样式）菜单，并单击以应用其中的“黑色高光”样式缩览图。

图13.75

观察 CSS 属性面板，可以看到其中出现了“黑色高光”样式，如图 13.75 所示，因为它已应用于文档中的内容。而该样式在 CSS 代码中的名称是 .st0,其中的 CSS 代码与“黑色高光”样式是相同的。但 CSS 代码中样式的名称并不是“黑色高光”，这是因为图形样式只是应用格式的一种方法，而 CSS 代码则是由选定对象决定生成的。由此，这是一个未命名的样式，还有一个原因则是没有在图层面板中重命名该黑色矩形对象。

> **注意:** 此时生成的是未命名的样式，因为之前在“CSS 导出”选项中勾选了“为未命名的对象生成 CSS”选项。

2 此时仍选中黑色矩形，选择菜单“文件”>“存储”。

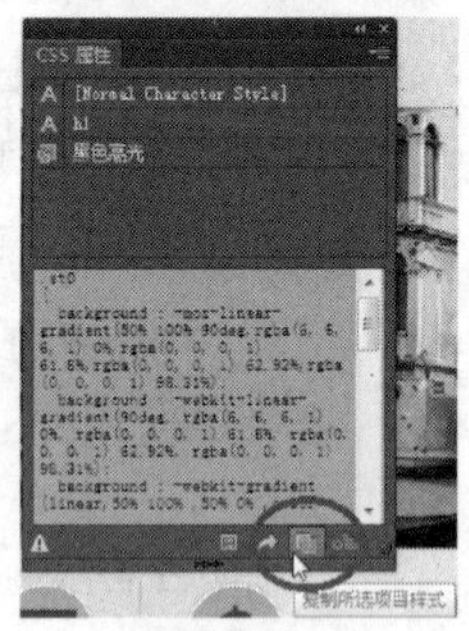

图13.76

13.5.4 复制 CSS 样式

有时需要从图稿的内容中获取一些 CSS 代码，将其粘贴到 HTML 编辑器中或发送到 web 开发工具中。而 Illustrator 可以很方便地复制、粘贴 CSS 代码。下面，将复制一些对象的 CSS 代码，并学习编组是如何影响 CSS 代码的生成的。

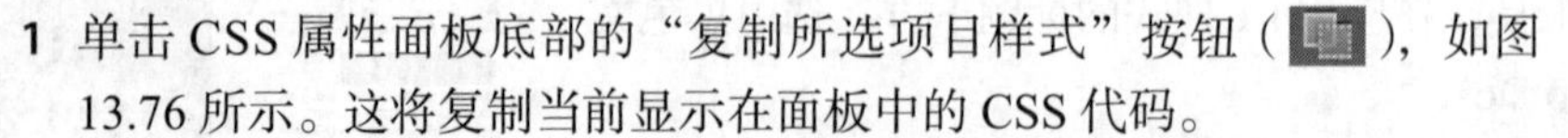

1 单击 CSS 属性面板底部的“复制所选项目样式”按钮（ ），如图 13.76 所示。这将复制当前显示在面板中的 CSS 代码。

> **注意：** 关注 CSS 属性面板底部出现的警告按钮（ ）。这表明对于选定内容，不是所有的 Illustrator 外观属性（如应用于形状的多个描边）都可以写入 CSS 代码。

下面，将选择多个对象，并一次复制它们所有的 CSS 代码。

2 使用选择工具单击以选中文本下层的白色圆角矩形。按住 Shift 键，在单击白色矩形上层的深灰色 sidebar 矩形（注意不是文本或图像），如图 13.77 所示。

在 CSS 属性面板中,将不会出现 CSS 代码。这是因为选中了多个对象来生成代码。

3 单击面板底部的“生成 CSS”按钮（ ），如图 13.78 所示。

两个 CSS 样式的代码 .st0 和 .st1，将出现在 CSS 属性面板。这样可以将这些样式复制、粘贴到 HTML 编辑器中，或将它们粘贴到 email 中以发送到 web 开发工具。

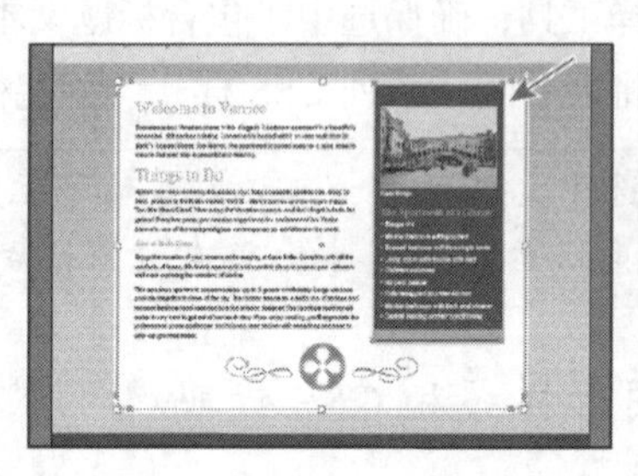

图13.77

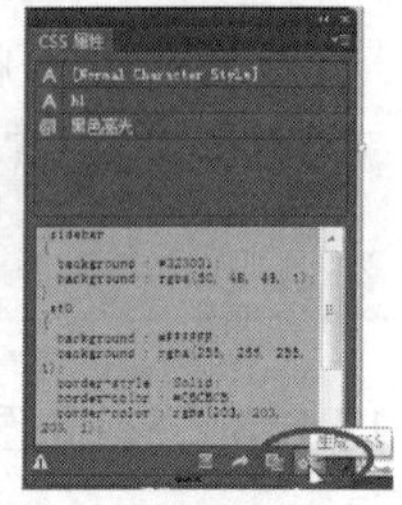

图13.78

> **提示：** 当所选内容的 CSS 代码出现在 CSS 属性面板时，还可以选中其中的一部分代码，右键单击（Windows 系统）或 Ctrl+ 单击（Mac 系统）选定的代码，然后选择“复制”所选内容。

下面，将要探索如何使用 Illustrator 在不能生成 CSS 代码的图稿中建立 PNG 图像。

4 使用选择工具单击以选中画板底部的橘色圆形。

在 CSS 属性面板中，可以看到 .image 样式的 CSS 代码，如图 13.79 所示。这段代码包含了一个黑色背景图像的属性。当 Illustrator 处理不能生成 CSS 代码的图稿（或光栅图像）时，它将会把导出的内容（而不是画板上的图稿）栅格化。CSS 代码可用于 HTML 中的对象，比如分区（div），而 PNG 图像则可以作为 HTML 对象的背景图像。

5 单击以选中其他图稿，如橘色圆形左侧或右侧的花式线条。这些也将会作为 PNG 图像导出。

6 选择菜单“选择”>“取消选择”。

7 按住 Shift 键，单击橘色圆形和两侧的花式线条以选择这 3 个对象。单击 CSS 属性面板底部的“生成 CSS”按钮（![]），以生成所选图稿的 CSS 代码，如图 13.80 所示。

在 CSS 属性面板中，可以观察这 3 个独立的样式的 CSS 代码。如果要复制其中的 CSS 代码，将不会生成 PNG 图像，仅有的只是代码而已。下面，为了要生成 PNG 图像，需要导出 CSS 代码。

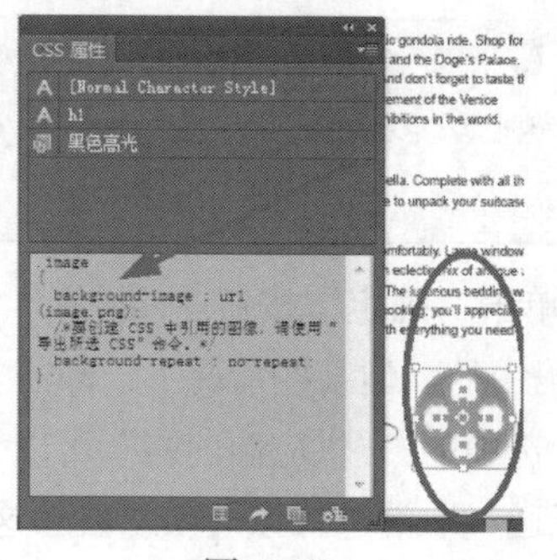

图13.79

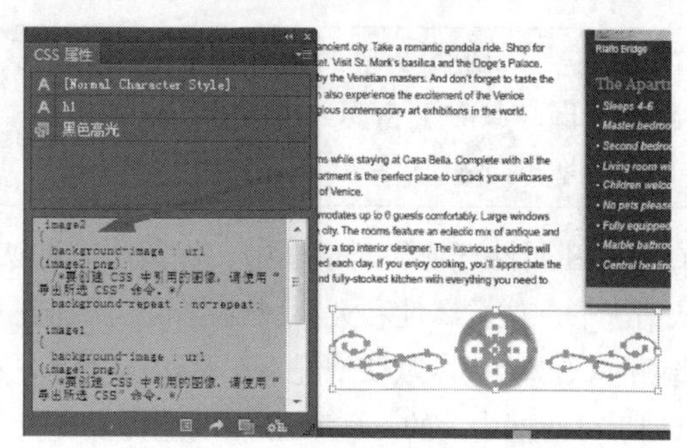

图13.80

8 选择菜单“对象”>“编组”，将选中的 3 个对象编组。保留该对象组为选中状态，以便下节使用。

在 CSS 属性面板中，注意到此时显示的是一个单一的 CSS 样式。编组内容就会让 Illustrator 创建一个单一的图像，在本课示例中则是将对象组创建成单一图像。而生成单一的图像则可以很方便地将它导入到网页中。

13.5.5 导出 CSS

从网页设计图稿中，既可以导出部分 CSS 代码，也可将其全部导出。相对于创建 CSS 文件（.css）或者从不支持 CSS 的内容中导出 PNG 文件，导出 CSS 代码有着它与众不同的优势。在这一节中，将会看到两种导出 CSS 的方式。

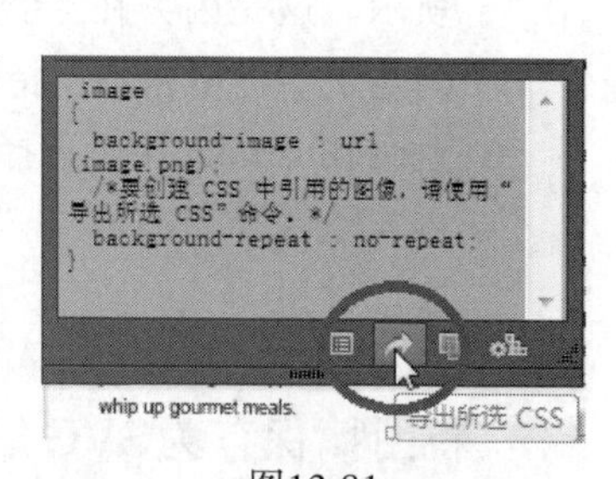

图13.81

1 仍选中该对象组，单击 CSS 属性面板底部的“导出所选 CSS”按钮（![]），如图 13.81 所示。

2 在“导出 CSS”对话框中，确保文件名为 webdesign。导航到 Lesson > Lesson13 > ForCSSExport 文件夹，单击“保存”以保存一个名为 webdesign.css 的 CSS 文件和一个 PNG 图像文件。

3 在“CSS 导出选项”对话框中，保留所有默认设置并单击“确定”按钮。

提示：还可以在“CSS 导出选项”对话框选择光栅图稿的分辨率。默认情况下，应用的是“使用文档栅格效果分辨率”（“效果” > “文档栅格效果设置”）。

4 自行查看 Lesson13 文件夹中的 ForCSSExport 文件夹，可以看到一个 webdesign.css 文件和一个 image.png 图像。

此时生成了 CSS 代码，那么可以将这个 CSS 样式应用于 HTML 编辑器中的对象，将图像变成对象的背景图像。而生成了图像后，还可将它用于网页中的其他地方。下面，将设置一些 CSS 选项，再从图稿中导出所有的 CSS。

5 返回 Illustrator 中，选择菜单“文件” > “导出”。在“导出”对话框中，将“保存类型”设为 CSS（*.css）（Windows 系统）或“格式”为 CSS（css），并将文件名称设为 webdesign_all。

导航到 Lesson > Lesson13 > ForCSSExport 文件夹，然后单击“导出”按钮。

注意：要从图稿中导出所有的 CSS，还可以从 CSS 属性面板菜单（ ）中单击“全部导出”按钮。如果想要先修改导出选项，可以单击“CSS 属性”对话框底部的“导出选项”按钮（ ）。

6 在“CSS 属性选项”对话框中，保留所有默认设置后单击“确定”按钮。

默认情况下，位置属性和大小属性是不会添加到 CSS 代码中的。但某些情况下，却需要导出带有这些选项的 CSS 代码。默认情况下，是包括“供应商前缀”选项的。“供应商前缀”可以为特定浏览器（以列于对话框中）的一些 CSS 新功能提供支持。还可以通过取消选择该选项以去除这些功能。

注意：这步操作中，很可能会出现警告“将会覆盖已存在图像”的对话框，单击“确定”按钮即可。

7 导航到 Lesson > Lesson13 > ForCSSExport 文件夹，将会看到名称为 webdesign_all.css 的新 CSS 文件以及创建的一系列图像，如图 13.82 所示。这是因为在“CSS 导出选项”对话框中勾选了“栅格化不支持的图稿”选项。

8 返回 Illustrator 中，选择菜单“文件” > “存储”，再选择菜单“文件” > “关闭”。

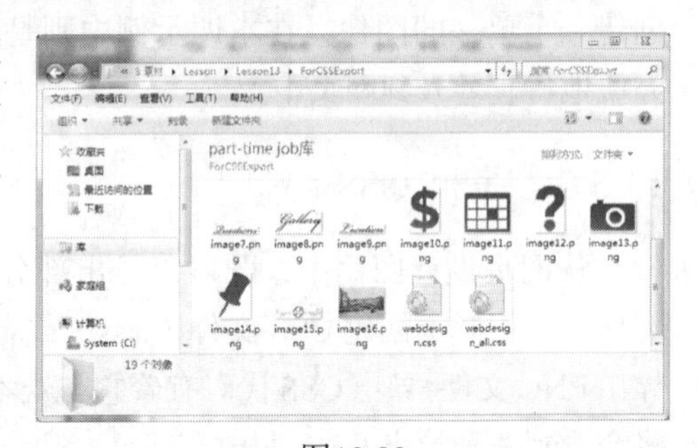

图13.82

将图稿保存为SVG

要想在缩放网页时不损失图形的质量，可应用基于矢量定义的图形，也就是可缩放矢量图形。现在大多数的网页浏览器——比如Mozilla FireFox、Internet Explorer 9和10、Google Chrome、Opera以及Safari——基本都支持浏览SVG。

13.6 复习

复习题

1 如何给对象添加第二种描边？

2 将图形样式应用于图层与将图形样式应用于对象之间有什么不同？

3 如何对图稿应用第二种图形样式？

4 为什么需要将内容对齐像素网格？

5 在“存储为 Web 使用格式”对话框中，指出 3 种可以选择的图像文件。

6 指出生成 CSS 时，命名内容和未命名内容之间的不同。

复习题答案

1 要给对象添加第二种描边，单击外观面板底部的“添加新描边”按钮（ ），也可以从外观面板菜单（ ）中选择“添加新描边”选项。这样将在外观属性列表顶部添加一种描边，它与原始描边的颜色和描边粗细相同。

2 图形样式应用于图层后，该样式将应用于在该图层中添加的所有对象。比如，在“图层 1”中创建了一个圆形，再将它移动到应用了投影效果的“图层 2”中，那么该圆形也会有投影效果。

将样式应用于对象时，该对象所在图层中的其他对象却不受影响。比如，将“粗糙化”效果应用于一个三角形路径，再将该三角形移动到另一个图层中，那么只有它保留了“粗糙化”的效果。

3 要对某个对象应用第二种图形样式，可以按住 Alt 键（Windows 系统）或 Option 键（Mac 系统），在图形样式面板中单击其他图形样式。

4 为对象应用了“对齐像素网格”属性后，对象中所有的垂直段和水平段都将会对齐到像素网格，这样描边的外观将会变成锯齿形。

5 在“存储为 Web 使用格式”对话框中，可以选择的三种图像文件类型有：JPEG、GIF 和 PNG。PNG 有两种选项：PNG-8 和 PNG-24。

6 命名内容是在图层面板中修改了图稿名称的内容；未命名内容是在图层面板中仍使用默认名称的内容。而默认情况下，未命名内容是不会生成 CSS 代码的，但是可以通过在 CSS 属性面板中单击“导出选项”按钮（ ），然后在“CSS 导出选项”对话框中激活这一功能。

第14课 使用符号

本课概述

在这节课中，读者将会学习如何进行以下操作：

- 使用现有符号；
- 创建符号；
- 修改和重新定义符号；
- 使用符号工具；
- 在符号面板中存储和获取图稿。

学习本课内容大约需要1小时，请从光盘中将文件夹Lesson14复制到您的硬盘中。

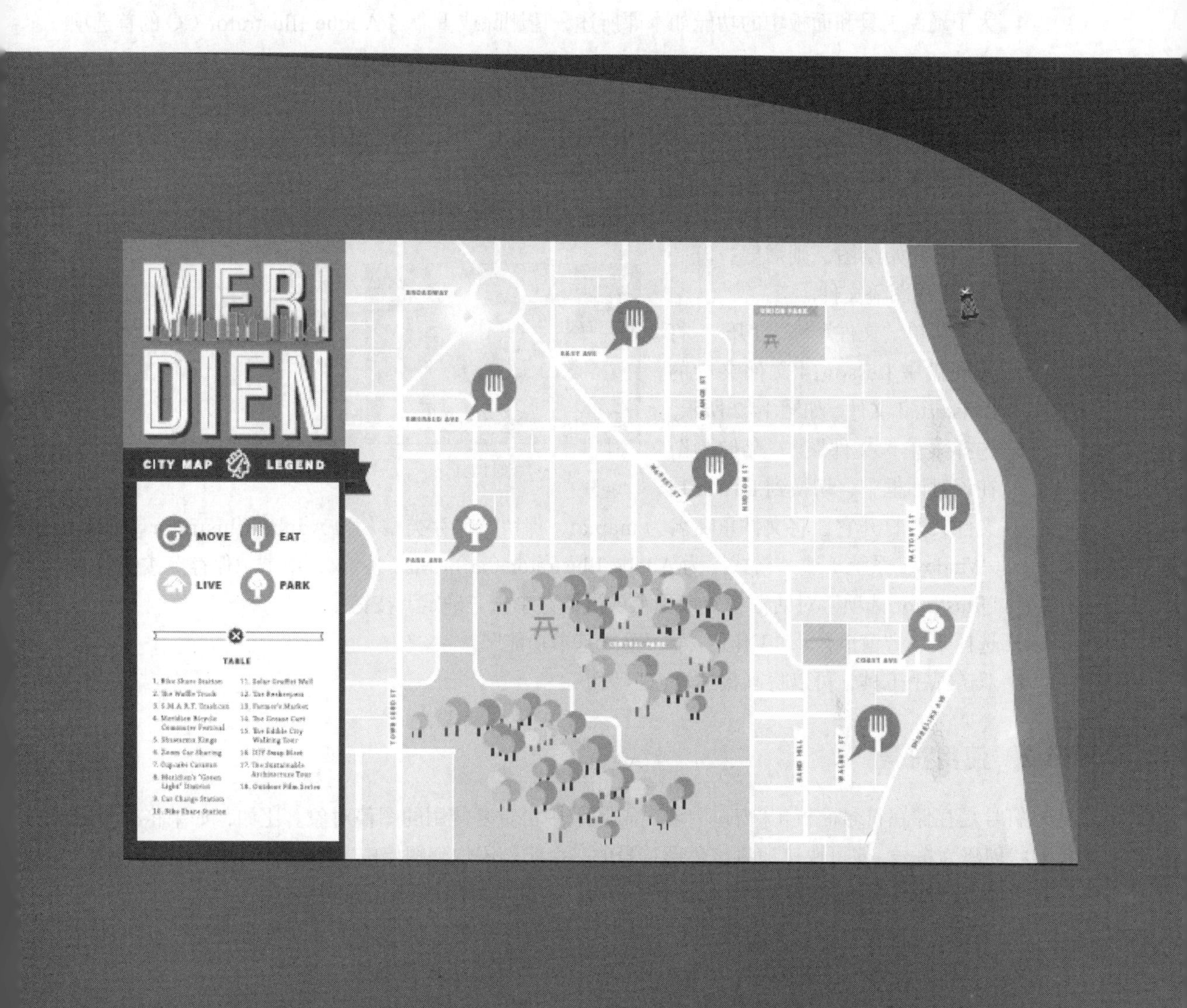

使用“符号”面板，可以在画板中放置对象的多个实例。通过结合使用符号和符号工具，可以轻松而有趣地创建重复的形状，如草地和天空中的星星。

14.1 简介

在本课中，读者将会向地图中添加符号。但在此之前需要恢复 Adobe Illustrator CC 的默认首选项。然后，打开本课最终完成的图稿文件以查看最终效果。

1 为了确保工具和面板中的功能如本课所述，请删除或重命名 Adobe Illustrator CC 的首选项文件。
2 开启 Adobe Illustrator CC 软件。
3 选择菜单“文件”>“打开”，打开硬盘中 Lesson14 文件夹中的 L14end.ai 文件，如图 14.1 所示，以便观察最终完成的图稿。选择菜单“视图”>“缩小”，让最终完成图稿更小些，以便之后绘图时查看（可使用抓手工具在文档窗口中移动图稿），或者选择菜单“文件”>“关闭”。

下面，要开始绘图，则需要打开一个现有的未完成图稿文件。

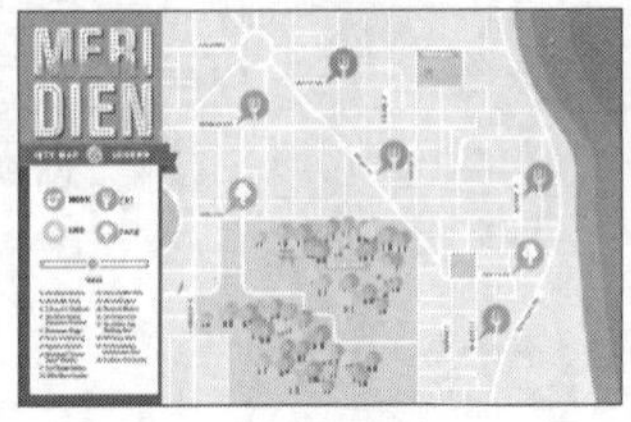

图14.1

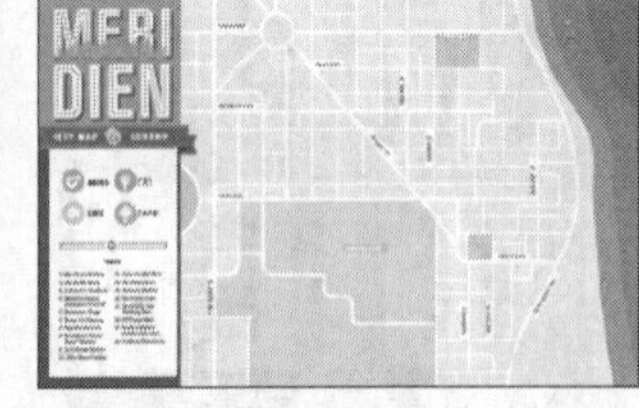

图14.2

4 选择菜单“文件”>“打开”，打开硬盘中 Lesson14 文件夹中的 L14start.ai 文件，如图 14.2 所示。
5 选择菜单“文件”>“存储为”，在该对话框中，切换到 Lesson14 文件夹并打开它，将文件重命名为 map.ai，保留“保存类型”为 Adobe Illustrator（*.AI）（Windows 系统）或“格式”为 Adobe Illustrator（ai）（Mac 系统），单击“保存”按钮。在“Illustrator 选项”对话框中，接受默认设置并单击“确定”按钮。
6 选择菜单“窗口”>“工作区”>“重置基本功能”。
7 双击抓手工具，可以将画板适合窗口大小。

14.2 使用符号

符号是存储在符号面板（“窗口”>“符号”）中可重复使用的图稿对象。比如，如果将绘制的鱼形状创建为符号，便可快速地将该鱼形符号的多个实例添加到图稿中，而无需分别绘制每个鱼形。所有鱼形实例都将链接到符号面板中的鱼形符号，因此可使用符号工具轻松地修改它们。

编辑原始符号时，链接到符号的所有鱼形实例都将自动更新。这样可以快速地将所有鱼从蓝色全部变为绿色。通过使用符号，不仅可以节约时间，还可极大地缩减文件。

- 在工作区右侧单击符号面板图标（）。如图 14.3 所示，以下是符号面板的各个部分：

> AI 注意：图 14.3 显示了文档窗口中 map.ai 文件的符号面板。

Illustrator 自带了一系列可供用户使用的符号库，从“提基”符号库到“毛发和毛皮”，都可在符号面板或通过选择菜单“窗口”>“符号库”访问它们。

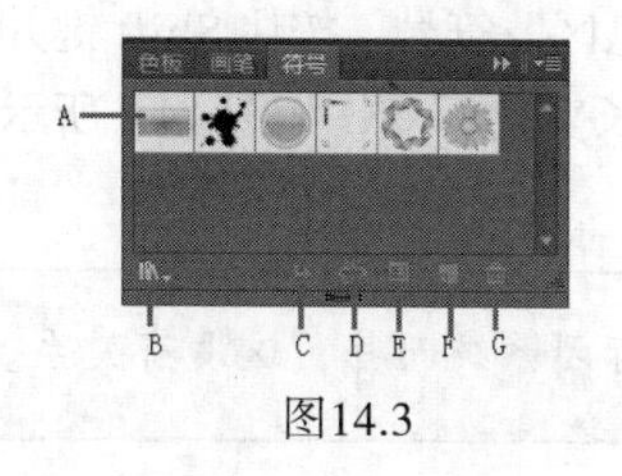

图14.3

A 符号　B 符号库菜单
C 置入符号实例　D 断开符号链接
E 符号选项　F 新建符号　G 删除符号

14.2.1　使用 Illustrator 符号库

下面，要向地图中添加从符号库中选取的符号。

1 选择菜单“视图”>“智能参考线”以禁用智能参考线。

2 在工作区右侧单击图层面板图标（）以展开该面板。单击以选中 Symbols 图层。通过单击每个图层名称左侧的三角形切换图标，确保所有图层都已折叠，如图 14.4 所示。

向文档中添加符号时，它将成为当前选定图层的一部分。

3 单击工作区右侧的符号面板图标（）。

4 在“符号”面板中，单击面板底部的“符号库菜单”按钮（）从中选择“地图”选项。这样该面板将会自由地悬浮在文档窗口中，如图 14.5 所示。

这个库不在当前的文件中，但仍可将任何符号导入到文档中并在图稿中使用它们。

5 将鼠标指向“地图”面板中的符号，工具提示中将显示其名称。单击“休息区”符号（）将其添加到文档的“符号”面板中，如图 14.6 所示。关闭“地图”面板。

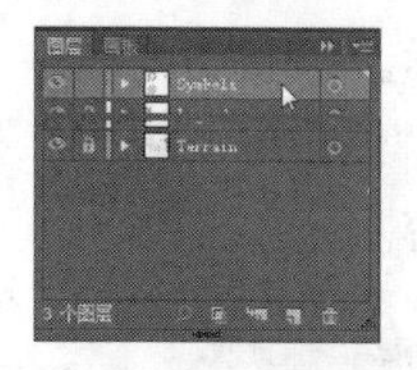

图14.4

图14.5

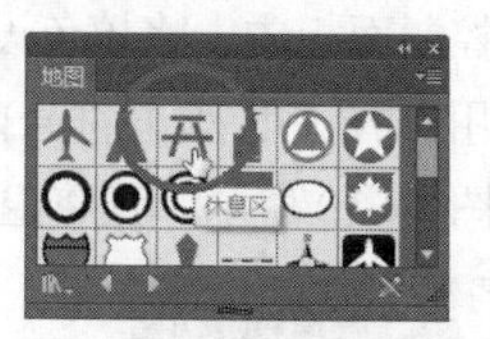

图14.6

每个文档的“符号”面板都包含一组默认的符号。将符号添加到“符号”面板中时，它只保存到当前文档中。

> AI **提示：**如果想看到符号名称而不是符号图片，可以从符号面板菜单（）中选择“小列表视图”或“大列表视图”。

6 使用选择工具将“休息区”符号从“符号”面板拖放到画板的 UNION PARK 区域（左上角小块绿色区域）。再将一个“休息区”符号拖放到画板的 CENTERAL PARK 区域（右下角大块绿色区域）。结果如图 14.7 所示

拖放到画板中的符号是“休息区”符号的实例。下面，将调整页面中符号实例的大小。

> AI **注意：**虽然可以使用众多方式来变换符号实例，但不能编辑实例的具体属性。比如，它的填色被锁定，这是因为它是由“符号”面板中的原始符号控制的。

7 使用选择工具选中 CENTERAL PARK 区域中的“休息区”符号，按住 Shift 键并向右上方拖曳该实例的右上角，让它变得更大些，同时保持其长宽比不变，如图 14.8 所示。然后依次松开鼠标和修正键。

> AI 注意：从“符号”面板向画板上拖曳符号的鼠标图标因系统而异，这没有关系。

仍选中画板上的符号实例，注意到控制面板中出现了“符号”字样以及与符号相关的选项。

下面，将编辑“休息区”符号，这将影响画板上的两个符号实例。有多种编辑符号的方法，本小节只介绍其中一种。

8 使用选择工具，双击画板上 CENTERAL PARK 区域中的“休息区”符号。将出现一个警告对话框，这表明将要编辑原始符号，这将更新所有实例。单击“确定”按钮以继续操作。这将切换到隔离模式，禁止编辑页面中的其他对象。

> AI 提示：另一种编辑符号的方法是，选择画板中的符号实例并单击控制面板中的“编辑符号”按钮。

双击的“休息区”符号实例的大小看起来发生了变化，这是因为此时看到的是调整大小前的原始符号。下面，将编辑组成该符号的形状。

9 使用缩放工具拖曳选框选中 CENTERAL PARK 区域中的符号实例，以放大视图。

10 切换到选择工具，单击以选中所有组成长凳的红色形状。

11 在控制面板中，将填色设为 Local Green 色板，如图 14.9 所示。

12 使用选择工具双击符号内容外侧，或者单击画板左上角的“退出隔离模式”按钮（），如图 14.10 所示。这将退出隔离模式，以便能够编辑其他内容。

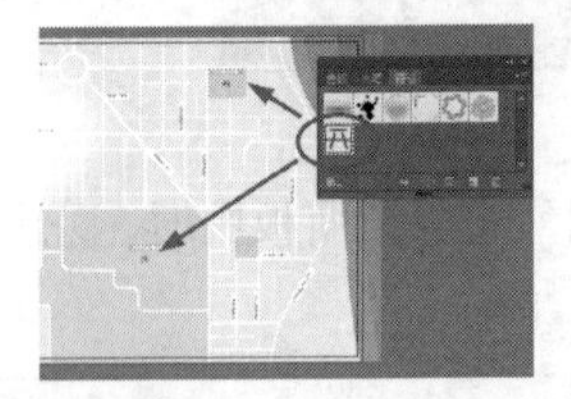

图14.7 向画板上拖曳符号实例

图14.8 调整符号实例的大小

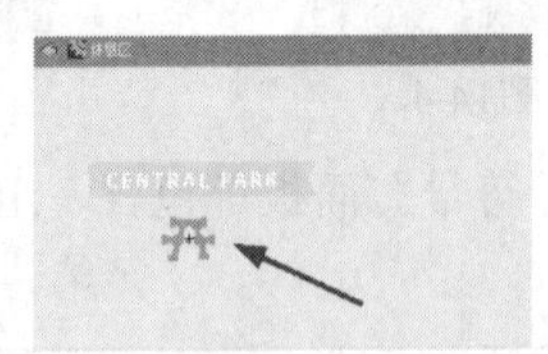

图14.9

图14.10

13 选择菜单“视图”>“画板适合窗口大小”，注意到画板上的两个符号实例都及时更新为绿色填色。

14 选择菜单“文件”>“存储”，但不要关闭该文档。

14.2.2 创建符号

在 Illustrator 中，可创建自定义符号。可使用对象来创建符号，包括路径、复合路径、文本、嵌入（而不是链接）的光栅图像、网格对象和对象组。符号甚至可包含活动的对象，比如画笔描边、混合、效果或其他符号实例。下面，将使用现有的图稿来创建自定义符号。

1 选择菜单“视图”>“symbol content”，这将切换到画板右侧并放大视图。

2 使用选择工具拖曳选框选中黄色叉子对象，以放大视图。使用选择工具将所选的内容拖放到符号面板的空白区域，如图 14.11 所示。

3 在“符号选项”对话框中，将名称改为 Food，并将类型设置为“图形”，再单击“确定”按钮，如图 14.12 所示。

在“符号选项”对话框中，有一个提示：“影片剪辑”和“图形”是用来导入 Flash 的标记。在 Illustrator 中，这两个符号之间没有差异。所以，如果不需要将内容导出到 Adobe Flash 中，则不需要关注选择哪种“类型”。

提示：默认情况下，所选图稿将会成为新符号。如果不想要将图稿设为符号的实例，可在创建新符号时按住 Shift 键。

AI

注意：更多关于“对齐像素网格”和将图稿“存储为 Web 使用格式”的信息，请参阅第 13 课。

创建符号 Food 后，位于画板右侧的原始叉子形状就被转换为符号实例。此时可以将它留在原处，也可将其删除。

4 在符号面板中，将 Food 符号缩览图拖至“休息区”符号右侧，以改变符号的顺序，如图 14.13 所示。

在符号面板中调整符号的顺序对图稿没有任何影响。这仅是更好地组织符号的方式。

5 选择菜单“文件”>“存储”。

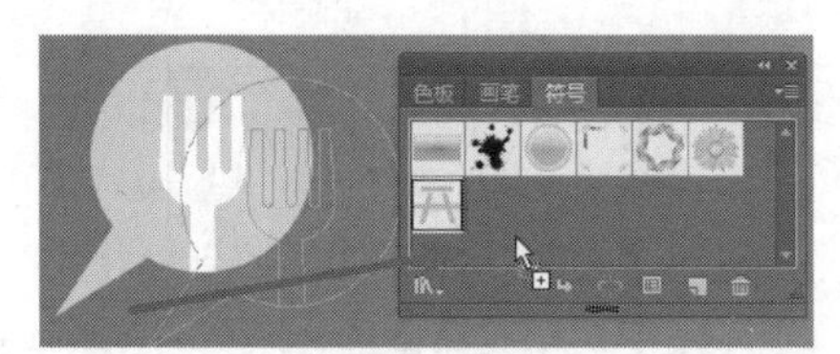

图14.11

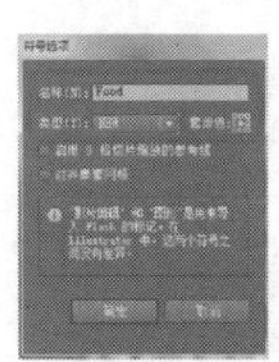

图14.12

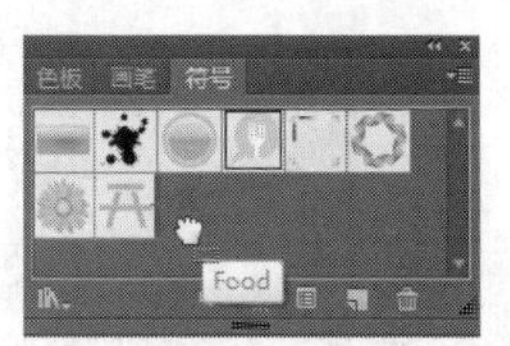

图14.13

符号选项

在“符号选项”对话框中，有多个与Adobe Flash相关的选项。下面简要地介绍这些选项，本课后面将更详细地讨论它们。

- 影片剪辑：这是 Flash 和 Illustrator 中默认的符号类型。
- 指定要设置符号锚点的注册网格位置。锚点的位置将影响符号在屏幕坐标中的位置。
- 如果要在 Flash 中使用 9 格切片放缩，可勾选“启用 9 格切片缩放的参考线”复选框。

——摘自Illustrator帮助

14.2.3 编辑符号

在本小节中，将在画板中添加多个 Food 符号的实例。然后在“符号”面板中编辑该符号，这样将会更新所有的符号实例。

1 选择菜单“视图”>“画板适合窗口大小”。

2 使用选择工具从符号面板中拖出一个 Food 符号实例，将其放置在画板中间 MARKET ST 标签的右侧，如图 14.14 所示。

3 从“符号”面板中再通过一个实例到 EMERALD AVE 标签的右侧，如图 14.15 所示。

图14.14

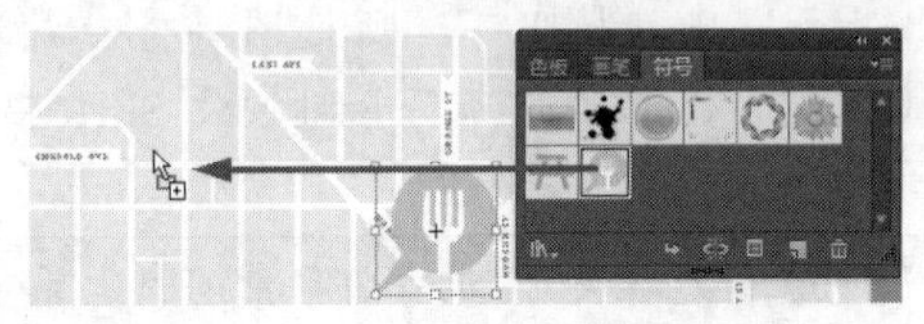

图14.15

下面，要学习如何使用修正键复制以添加更多的符号实例。

4 按住 Alt 键（Windows 系统）或 Option 键（Mac 系统），使用选择工具拖曳画板中的 Food 符号实例，以创建其副本。把新实例放置在 WALNUT ST 标签右侧，如图 14.16 所示，然后依次松开鼠标和修正键。

5 用同样的方法，按住 Alt 键（Windows 系统）或 Option 键（Mac 系统），再创建 4 个符号实例。分别将它们拖到 EAST AVE、PARK AVE、COAST AVE 和 FACTORY ST 标签的右侧，如图 14.17 所示。

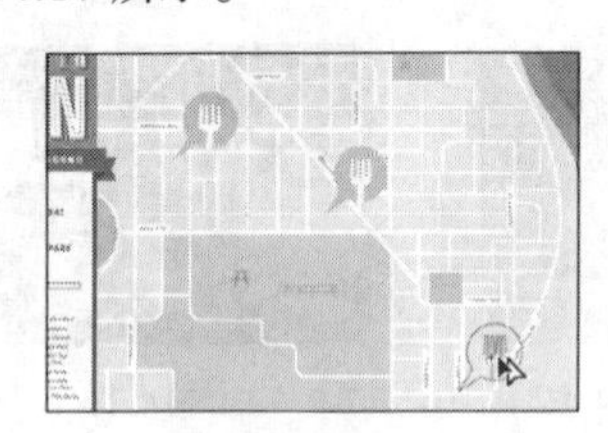

图14.16

图14.17

现在画板上总共有 7 个 Food 符号实例。

6 在“符号”面板中，双击 Food 符号以编辑它。

通过双击 Food 符号编辑它时，将隐藏画板中的所有内容，而只在文档窗口的中央出现一个暂时的符号实例。

7 数次按下 Ctrl++（Windows 系统）或 Command++（Mac 系统）组合键，以放大视图。

8 使用选择工具单击以选中黄色形状。在控制面板中将填色改为 New Local Blue 色板，如图 14.18 所示。

9 选择菜单“选择”>“全部”，也可使用选择工具拖曳选框选中整个符号实例。

> **AI** **注意**：由于形状中还需要再选中白色的叉子形状，所以需要选择菜单“选择”>“全部”。

10 选择菜单“对象”>“变换”>“缩放”。在“比例缩放”对话框中,将“等比”选项设为“60%”,然后单击“确定”按钮,如图 14.19 所示。

这可以同时缩放所有符号实例,而不需分别缩放它们。还可以用类似的方式对符号做其他修改。

11 双击画板上符号实例的外面,或单击画板左上角的“退出隔离模式”按钮(),以便观察所有图稿。

12 选择菜单“视图”>“画板适合窗口大小”。

13 使用选择工具将各个 Food 符号实例拖近街道标签,结果如图 14.20 所示。

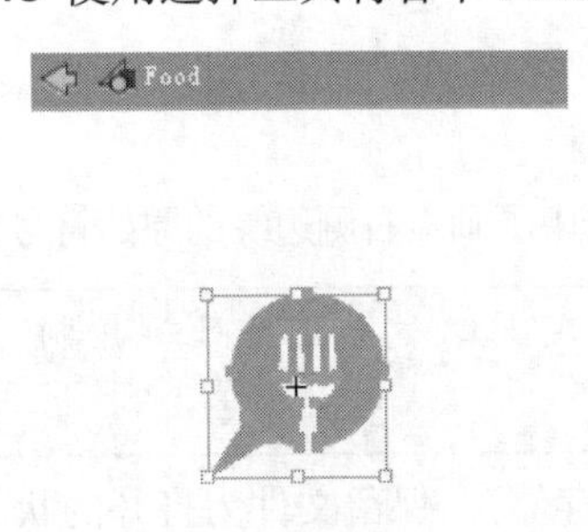

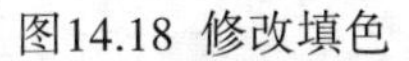

图14.18 修改填色

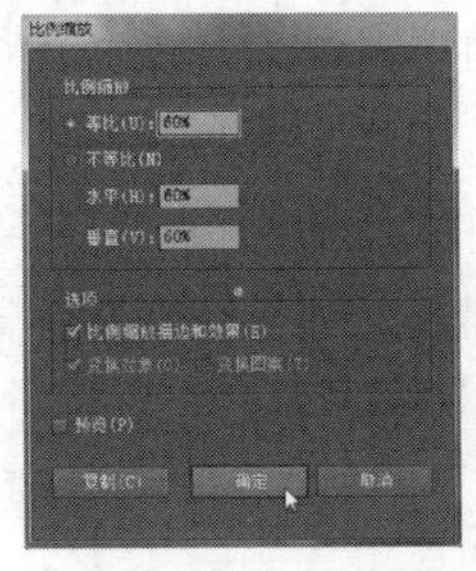

图14.19 变换内容

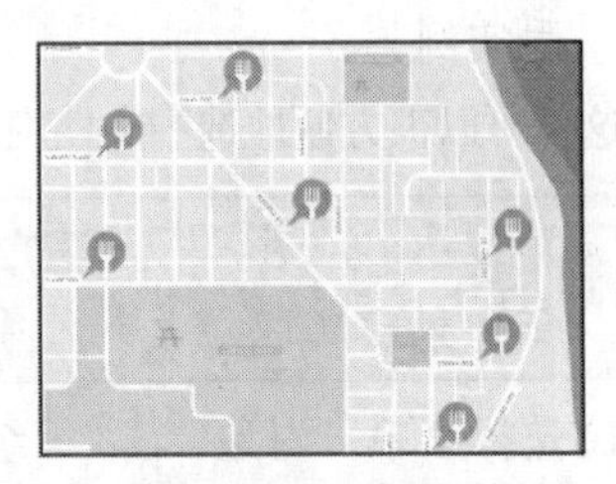

图14.20 观察结果

双击画板上的一个符号实例,即可就地编辑它。而双击“符号”面板中的符号,就可以隐藏其他图稿,只剩余该符号出现在文档窗口的中央位置。还可以使用各种方法以适合各种工作流。

14 选择菜单“文件”>“存储”。

14.2.4 替换符号

下面,将用其他的形状创建符号,然后使用新符号替换一些 Food 符号实例。

1 选择菜单“视图”>“symbol content”。

2 在画板的右侧边缘,使用选择工具选中带有笑脸的绿色对象组(而不是其右侧的两个树形)。

3 选择菜单“对象”>“变换”>“缩放”。在“比例缩放”对话框中,将“等比”选项设为 60%,然后单击“确定”按钮。

4 在仍选中带笑脸的绿色对象组的情况下,在符号面板底部单击“新建符号”按钮(),如图 14.21 所示。在“符号选项”对话框中,将“名称”设为 Park,“类型”设为“图形”,如图 14.22 所示。然后单击“确定”按钮。

5 选择菜单“视图”>“画板适合窗口大小”。

6 使用选择工具将 Food 符号实例放置在画板上 PARK AVE 标签的右侧。在控制面板中,单击“用符号替换实例”文本框右侧的箭头,以打开显示在符号面板中的符号。在面板中单击 Park 符号(),如图 14.23 所示。

7 选择菜单“选择”>“取消选择”。

8 使用选择工具选中画板上 COAST AVE 标签右侧的 Food 符号实例。在控制面板中,单击“用符号替换实例”文本框右侧的箭头,以打开显示在符号面板中的符号。在面板中单击 Park 符号()。

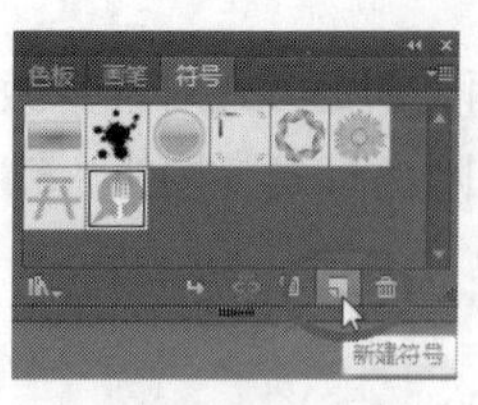

图14.21

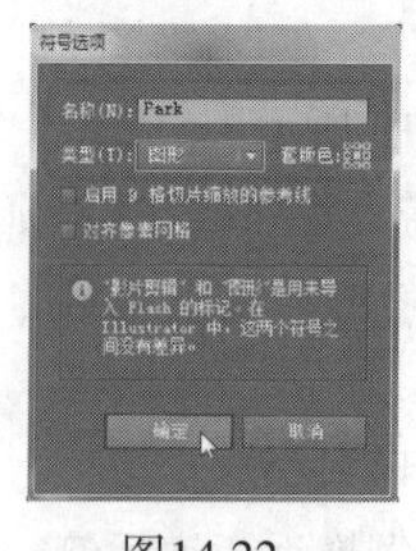

图14.22

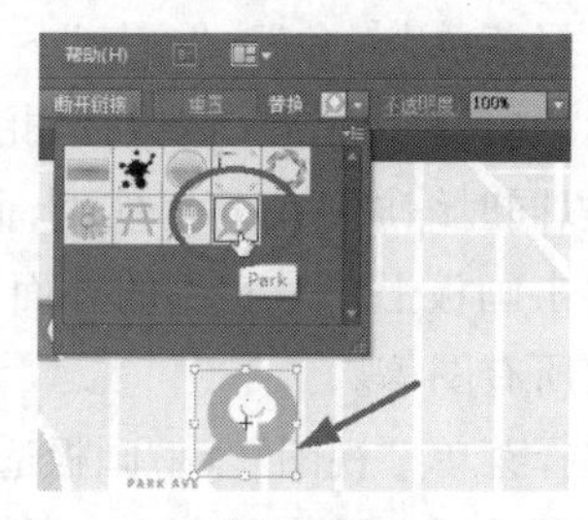

图14.23

9 在仍选中 COAST AVE 标签旁的 Park 符号实例的情况下，选择菜单“选择”>“相同”>“符号实例”。

这样可以很方便地选中文档内的所有符号实例。注意到此时还选中了画板右侧边缘的原始符号实例。

> **AI** **提示**：此时“符号实例”的菜单项目可能呈灰色、不可选。这是因为此时控制面板中仍显示着符号面板。

10 选择菜单“对象”>“编组”，然后选择菜单“文件”>“存储”。保留文件为打开的状态。

符号图层

如图14.24所示，使用前面介绍的任何方法来编辑符号时，打开图层面板就可以看到各个符号图层。

与在隔离模式下处理编组一样，只能看到与该符号相关联的图层，而看不到文档的图层。在图层面板中，可以重命名、添加、删除、显示/隐藏符号图层，还可调整这些图层的顺序。

图14.24

14.2.5 断开符号链接

有时需要编辑画板中特定的符号实例，而不是所有的实例。如果要对某个特定实例作出修改，如缩放实例、设置不透明度、旋转实例，可能需要断开符号和实例之间的链接。这将会在画板上把实例拆解为原始的对象或对象组（如果符号内容最初是对象组的话）。

下面，将要断开 Food 符号与它的一个实例之间的链接。

1 使用选择工具单击以选中画板上 EAST AVE 标签右侧的 Food 符号实例。在控制面板中，单击“断开链接”按钮。

该符号实例将变成一系列路径，控制面板左侧也出现了“路径”字样。另外，也能够看到该形状的锚点，如图 14.25 所示。这样编辑 Food 符号时，这里的内容将不会出现任何更新。

> **AI** **提示**：要断开符号实例的链接，也可以选中画板上的符号实例，再单击符号面板底部的“断开符号链接”按钮（）。

2 使用缩放工具拖曳选框选中已断开符号链接的叉子内容，以放大视图。

3 选择菜单“选择”>“取消选择”。

4 切换到直接选择工具（ ），再单击叉子形状下的浅绿色形状。在控制面板中将填色设为 Mid Gray 色板，如图 14.26 所示。

图14.25

图14.26

5 选择菜单“选择”>“取消选择”，然后选择菜单“文件”>“存储”。

14.2.6 编辑符号选项

通过使用“符号”面板，可以方便地对符号重命名、修改符号的其它选项，这样可以即时自动更新图稿中所有的符号实例。下面，将要重命名“休息区”符号。

1 选择菜单“视图”>“画板适合窗口大小”。

2 在“符号”面板中，确保选中“休息区”符号。单击符号面板底部的“符号选项”按钮（ ），如图 14.27 所示。

3 在“符号选项”对话框中，将名称修改为 Picnic area，“类型”设为“图形”，然后单击“确定”按钮，如图 14.28 所示。

图14.27

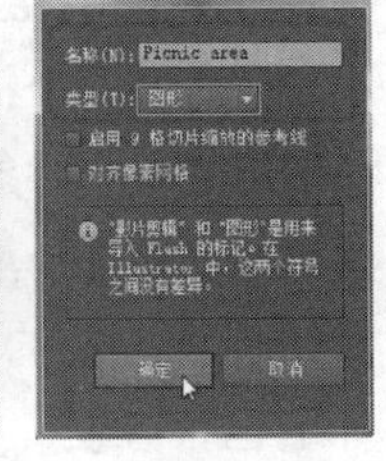

图14.28

14.3 使用符号工具

工具箱中的符号喷枪工具（ ）能够在画板中喷绘符号，从而创建符号组。符号组是一组使用符号喷枪工具创建的符号实例。符号组很有用，比如，需要为一片草地创建草时，就可以使用符号组。因为使用喷枪创建草坪将会提速该过程，而且可以更加方便地编辑单个实例或对象组（喷枪喷出的草）。通过使用符号喷枪工具喷绘不同的符号，可创建多组符号实例。

14.3.1 喷绘符号实例

下面，会将多个树形存为符号，再使用符号喷枪工具在图稿中喷绘这些树形。

1 选择菜单“视图”>“symbol content”。

2 使用选择工具拖曳选框选中这两个树形。

3 将该树形对象组拖到“符号”面板中。在“符号选项”对话框中，将名称设为 Trees，类型设为“图形”。然后单击“确定”按钮。

4 选择菜单“选择”>“取消选择”，然后选择菜单“视图”>“画板适合窗口大小”。

5 在工具箱中选择符号喷枪工具（ ）。在符号面板中确保选中 Trees 符号。

6 在工具箱中双击符号喷枪工具。在“符号工具选项”对话框中，修改以下选项：

- 直径：1 in
- 强度：5
- 符号组密度：7

单击“确定”按钮，如图 14.29 所示。

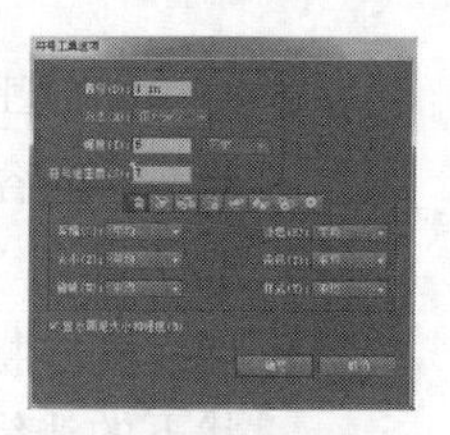

图14.29

注意：强度值越大，变化速度将越大，即符号喷枪工具的喷绘速度越快，喷绘的符号实例也会越多。符号组密度越大，喷绘的符号排列越紧密。比如，要喷绘草地上的草，就需要设置较高的强度值和符号组密度值。

7 将鼠标指向 CENTRAL PARK 区域中绿色公园长凳的左侧。使用符号喷枪单击后从左拖到右侧，再从右拖到该区域的左侧，就像真正使用喷枪或喷漆罐那样来创建公园中的树，如图 14.30 所示。在画板上出现了一些树形后就松开鼠标，结果尽量如图 14.31 所示。

注意到 Trees 符号实例周围的边界框，这表明它是一个符号组。喷绘时，符号实例将编组为单个对象。如果在使用符号喷枪工具喷绘之前选择了符号组，喷绘的符号实例将添加到选定的符号组中。另外，删除符号组也很方便，只需选中整个符号组并按 Delete 键。

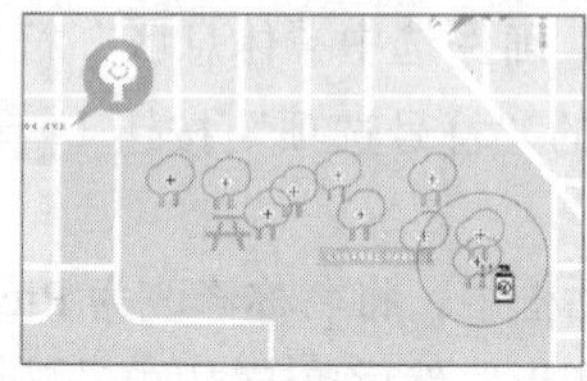

图14.30 喷绘符号

图14.31 观察结果

提示：使用符号喷枪工具绘制时，要确保不停地移动鼠标。如果不满意绘制结果，可选择菜单“编辑”>“还原喷色”后重新开始绘制。

8 选择菜单“选择”>“取消选择”。

9 将符号喷枪图标指向刚刚创建的树。单击并拖曳图标以添加更多的树形，如图 14.32 所示。

注意到松开鼠标后，只有这一步操作中创建的符号组周围出现了定界框。要将之前喷绘的符号实例（第 7 步中的树形）添加到现有的符号组，需要在使用符号喷枪工具喷绘前选中该符号组。

10 仍选中上步创建出的符号组，按 Delete 键或 Backspace 键将其删除。

11 切换到选择工具，单击选中第 7 步创建的 Trees 符号组。

12 切换到符号喷枪工具（ ），这样就可以向选中的符号组中添加更多的树形，如图 14.33 所示。查实单击后松开鼠标，而不是单击后拖曳鼠标，这样每次只添加一个形状。

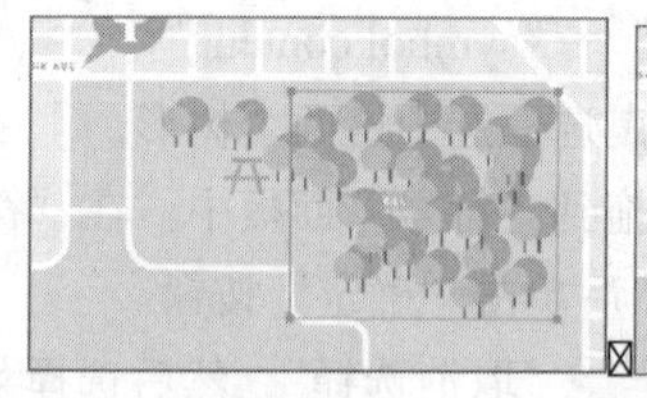

图14.32

图14.33

提示：如果不满意图稿中树形的位置，可选择菜单“编辑”>“还原喷色”，将前一次单击创建的符号实例删除。

13 选择菜单“文件”>“存储”，保留该符号组的被选中状态。

14.3.2 使用符号工具编辑符号

处理符号喷枪工具，还有一系列的符号工具，可用在符号组中编辑实例的大小、颜色、旋转等属性。下面，将使用工具箱中的符号工具在 Trees 符号组中编辑树形。

1 仍选中 Trees 符号组和符号喷枪工具，将鼠标指向其中任意一个树形实例。按住 Alt 键（Windows 系统）或 Option 键（Mac 系统），单击以删除该符号实例。

2 在工具箱的符号喷枪工具组下，选择符号缩放器工具（ ）。

3 双击符号缩放器工具，在“符号工具选项”对话框中，将“强度”设为 3，然后单击“确定”按钮。

4 将鼠标指向一些树形，单击以增大这些树形。再将鼠标指向另一些树形，按住 Alt 键（Windows 系统）或 Option 键（Mac 系统），单击以缩小这些树形，如图 14.34 所示。确保有些树形比其他的树形小，让树的大小各不相同，结果如图 14.35 所示。

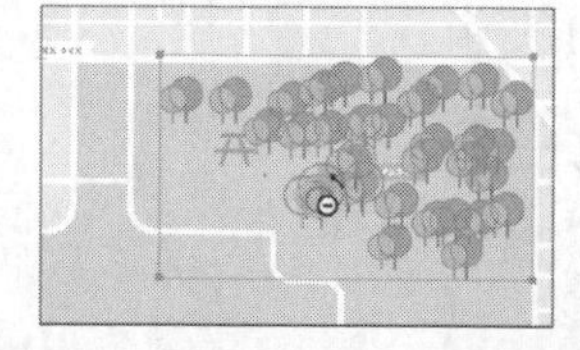

图14.34 调整一些树形的大小

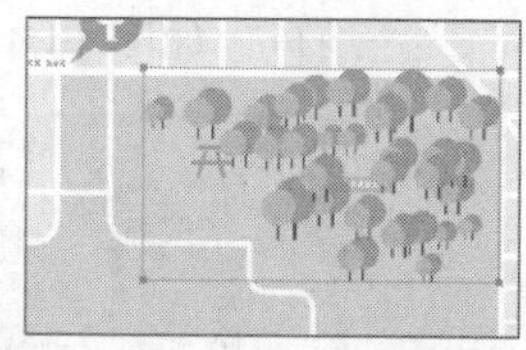

图14.35 观察结果

AI 提示：如果符号缩放器工具的缩放速度太快，可双击工具箱中的符号缩放器工具，并在“符号工具选项”对话框中降低“强度”和“符号组密度”值。

下面，将要在符号组中调整一些树的位置。

5 在符号缩放器工具组下，选择符号位移器工具（ ）。

提示：在画板上，符号工具图标旁的圆形表示该工具的有效范围，在圆内的实例都会被修改。按左中括号（[）或右中括号（]）可以修改工具的直径。

6 双击符号位移器工具。在“符号工具选项”对话框中，将“强度”设为 8，然后单击“确定”按钮。强度值越高，可移动符号实例的距离就越远。

7 将鼠标指向所选符号组中的一棵树，然后左右拖曳即可移动该符号实例。将树向远离 CENTRAL PARK 标签的方向移动，以显示出整个标签，如图 14.36 所示。

移动鼠标的次数越多，实例就拖曳得越远。操作的结果不需要与图 14.37 完全一致。

注意到一些位于其他树下层的树形，拖曳时反而位于了上层，如图 14.38 所示。

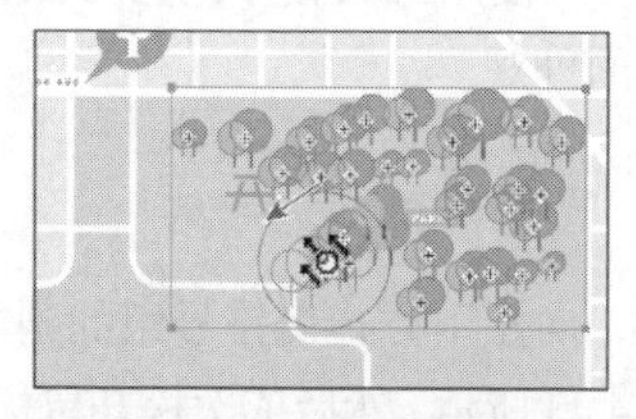

图14.36 拖曳多颗树

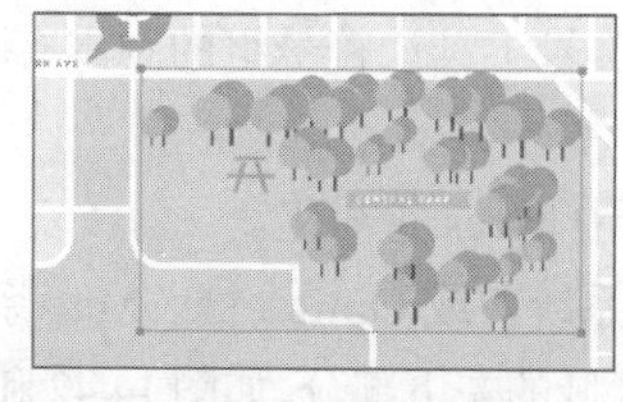

图14.37 观察结果

图14.38

下面，将使用符号位移器工具修正这个现象。

下面，需要放大符号组以进行下一步操作。

8 仍选择符号位移器，按左中括号键（[）数次，以减小工具的直径。确保位移器图标旁的圆形作用范围略小于一棵树，如图 14.39 所示。按住 Shift 键，单击需要放置在上层的树，这样就将其至于顶层了，结果如图 14.40 所示。

> **AI** 提示：按住 Shift+Alt 键（Windows 系统）或 Shift+Option 键（Mac 系统），可将树置于下层。

9 在工具箱中的符号位移器工具组下，选择符号着色器工具（ ）。在仍选中该符号组的情况下，将鼠标指向该符号组。按右中括号键（]）数次，以增大工具的直径。

10 在控制面板中将填色设为 New Local Yellow 色板，并在符号组中单击一些树以修改它们的填色，如图 14.41 所示。

图14.39 修改实例的堆叠顺序

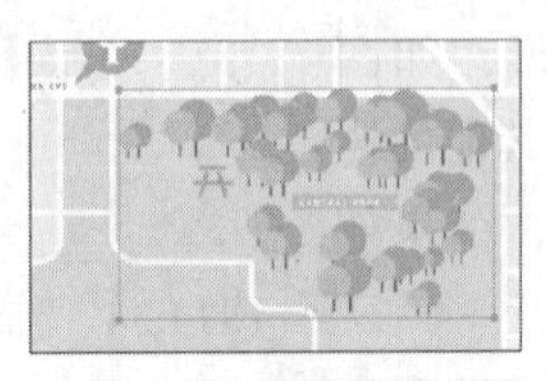

图14.40 观察结果

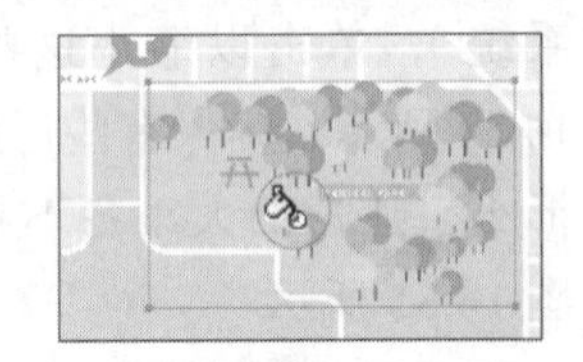

图14.41

整个过程中，若对染色结果不满意，都可以选择菜单“编辑”>“还原染色”以删去前一步操作。或者按住 Alt 键（Windows 系统）或 Option 键（Mac 系统）后单击以减小染色量。

> **AI** 提示：有很多符号工具可供尝试，如符号样式器工具（ ），它将选定样式应用于符号组中的符号实例。更多关于各种用途的符号工具的信息，请在 Illustrator 帮助中搜索“符号工具库”。

> **AI** 提示：单击树来染色时，按住鼠标的时间越长，染色的量就越多。因此，可尝试轻击鼠标并观察效果。

11 选择菜单“选择”>“取消选择”，然后选择菜单“文件”>“存储”。

14.3.3 复制和编辑符号组

在 Illustrator 中，符号组被视作单个对象。要编辑其中的实例，可使用工具箱中的符号工具。但是，还可以复制符号实例，并使用符号工具让符号组的副本有不同的外观。

下面，将要复制符号组。

1 使用选择工具单击以选中 Trees 符号组。

2 按住 Alt 键（Windows 系统）或 Option 键（Mac 系统），向左下方拖曳符号组的副本，拖至 CENTRAL PARK 绿色区域的左下部分，如图 14.42 和图 14.43 所示。然后依次松开鼠标和按键。

> **AI** 注意：可以对符号组做出很多种变换。还可以使用选择工具拖曳符号组定界框上的手柄来调整它的大小。

3 在符号着色器工具组下，选中符号位移器工具( )。双击符号位移器工具，在对话框中将“强度”设为9，然后单击“确定”按钮。拖曳符号组中的树，让它们适合绿色公园区域的大小，如图14.44所示。

> **AI** 提示：要修改工具的直径，可按键盘右中括号（]）键或左中括号键（[）。这样可改变每次移动树的多少。

4 仍选择符号位移器工具，按住Shift键，单击一些应该位于上层的树，让它们由下层移至上层，如图14.45所示。而按住Shift+Alt键（Windows系统）或Shift+Option键（Mac系统），可以将树移至下层。

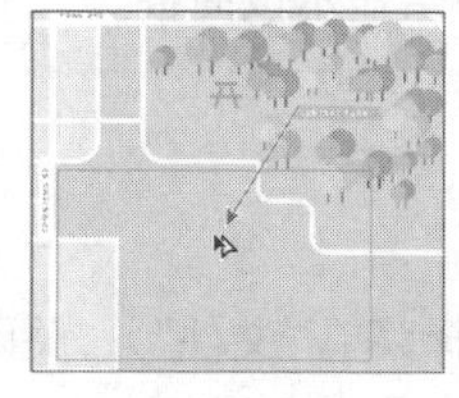

图14.42

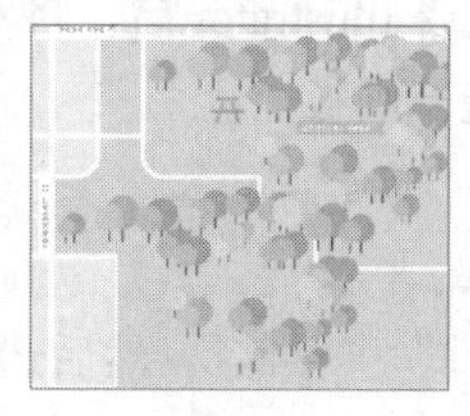

图14.43

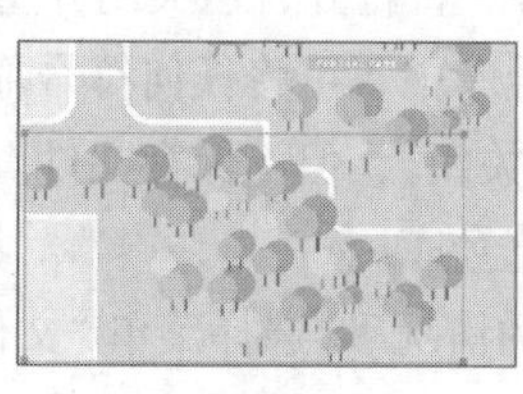

图14.44

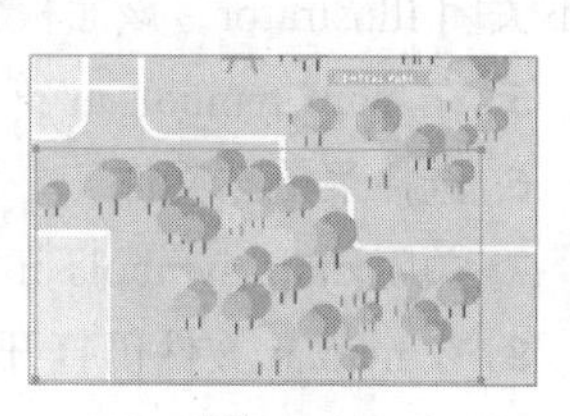

图14.45

5 选择菜单“选择”>“取消选择”，然后选择菜单“文件”>“存储”。

14.4 在符号面板中存储和获取图稿

通过将常用的徽标（Logo）或其他图稿存储为符号，可快速获取它们。然而，默认情况下在当前文档中创建的符号无法在另一个文档中使用。

在这一节中，将保存之前创建的符号到一个新的符号库中，以便与其他文档或用户共享。

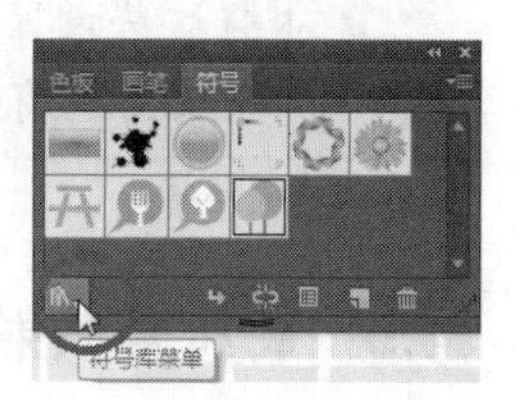

图14.46

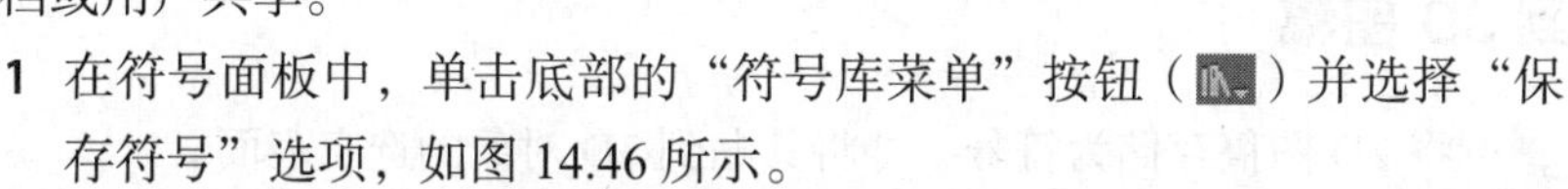

1 在符号面板中，单击底部的“符号库菜单”按钮（ ）并选择“保存符号”选项，如图14.46所示。

> **AI** 注意：将符号保存为符号库时，欲存储的符号所在的文档应保持为打开状态并处于活动状态。

2 在“将符号存储为库”的对话框中，选择存储位置（如桌面）后，修改文件名为map_symbolis.ai，然后单击“确定”按钮。

> **AI** 注意：首次打开“将符号存储为库”时，Illustrator默认的存储位置为“符号”文件夹。可将创建的符号库存储到该文件夹，而Illustrator可识别存储在这里的库，并在“符号库菜单”中列出它们。

AI 提示：要将库存储到默认文件夹，可在其中创建子文件夹，从而更好地组织整个文件夹的结构。然后可通过“符号库菜单”按钮或选择菜单“窗口”>“符号库”访问它们。

AI 注意：符号库被存储为 Adobe Illustrator（.ai）文件。

3 在没有关闭 map.ai 文件的情况下，选择菜单“文件”>“新建”，以创建新文档，保留默认设置后单击“确定”按钮。

4 在符号面板中，单击“符号库菜单”按钮（ ）并从中选择“其他库”选项，切换到 map_symbols.ai 符号库存储的位置并选中该符号库，再单击“确定”按钮。

map_symbols.ai 符号库将悬浮在工作区中，可将该面板停靠在停放区，也可将其留在原处。只要不关闭 Illustrator，该面板将一直打开，但关闭并重启 Illustrator 后，将不会显示该面板。

5 在 map_symbols.ai 符号库中，可将任何符号拖至画板上。

6 选择菜单“文件”>“关闭”，但不保存文件。

7 关闭 map_symbols.ai 符号库。

8 在 map.ai 文件仍打开的情况下，选择菜单“文件”>“存储”。然后选择菜单“文件”>“关闭”。

AI 提示：当用户在多台电脑上工作时，管理和同步这些电脑的首选项设置、预设置和各种库可能会很耗费时间、复杂，而且容易出错。“同步设置”功能可以将自己的首选项设置、各种预设以及各种库（如符号库）同步到 Creative Cloud。这意味着即使用户使用两台电脑，比如一台在家里、一台在公司，“同步设置”功能都会将这些设置全部同步。即使用户换设备或者重装 Illustrator CC 软件，这项功能都会保存所有设置，再次进行同步。更多相关信息，请参阅本书的前言部分。

14.5 将符号映射到 3D 图稿

在“符号”面板中，可将 2D 图稿存储为符号，并将其贴到 3D 对象的选定表面。

14.6 集成 Adobe Flash 和符号

Illustrator CC 还提供了强大的 SWF 类型文件的导出支持。导出文件到 Flash 时，可将符号的类型保存为“影片剪辑”，在 Adobe Flash 中，还可在必要时修改符号的类型。还可在 Illustrator 中勾选“9 格切片缩放”复选框，这样将影片剪辑用于用户界面组件时，它将相应地进行缩放。

更多关于如何使用符号和 Adobe Flash 的信息，请参阅 Lesson_estras 文件夹中的 FlahSmybols.pdf 文件。

14.7 复习

复习题

1 使用符号有哪三个优点？

2 如何更新现有的符号？

3 指出哪些对象不能用于创建符号。

4 指出可在符号组中移动符号实例的符号工具。

5 使用符号工具处理有两个不同符号的区域时，将影响哪个符号？

6 如何访问其他文档中的符号？

复习题答案

1 使用符号的三个优点。

- 只需编辑符号，它所有的符号实例都将自动更新。
- 可将符号贴到 3D 对象的表面。
- 使用符号，可以缩减整个文件的大小。

2 要更新现有的符号，可在“符号”面板中双击该符号。也可以双击画板中该符号的实例，或在控制面板中单击“编辑符号”按钮，然后在隔离模式下编辑它。

3 链接图像（即嵌入的图像）不能用来创建符号。

4 符号位移器工具（ ）可在符号组中移动各个符号实例。

5 使用符号工具处理有两个不同符号的区域时，只影响在符号面板中选定的符号的实例。

6 可单击“符号”面板底部的“符号库菜单”按钮（ ），并选择“其他库”选项。还可以从符号面板菜单（ ）中选择“打开符号库”>“其他库”。另外，也可以选择菜单“窗口”>“符号库”>“其他库”。

第15课 将Illustrator CC的图稿和其他软件相结合

本课概述

在这节课中，将会学习如何进行以下操作 ：

- 使用 Adobe Bridge CC ；
- 将图像以嵌入和链接的方式置入 Illustrator 文件中 ；
- 一次置入多个图像 ；
- 将颜色编辑应用于图像 ；
- 创建、编辑剪切蒙版 ；
- 使用复合路径创建剪切蒙版 ；
- 创建不透明度蒙版 ；
- 从置入的图像中采样颜色 ；
- 使用链接面板 ；
- 嵌入图像和取消嵌入图像 ；
- 替换置入的图像，并更新文档 ；
- 打包文档。

学习本课内容大约需要 1 小时，请从光盘中将文件夹 Lesson15 复制到您的硬盘中。

可将图像编辑程序中创建的图像添加到 Adobe Illustrator 文件中。这样可将图像与矢量图稿合并，或尝试将 Illustrator 中的一些特殊效果应用于位图图像。

15.1 简介

首先，需要恢复 Adobe Illustrator CC 的默认首选项。然后，打开本课最终完成的图稿文件以查看最终效果。

图15.1

1 为了确保工具和面板中的功能如本课所述，请删除或重命名 Adobe Illustrator CC 的首选项文件。

2 开启 Adobe Illustrator CC 软件。

3 选择菜单“文件” > “打开”，打开硬盘中 Lesson15 文件夹中的 L15end.ai 文件，如图 15.1 所示，以便观察最终完成的图稿。这是一个农场超市的海报，需要向其中添加和编辑一些图像。保留该文件为打开状态，以便参考，也可选择菜单“文件” > “关闭”。

下面，要从 Adobe Bridge CC 中打开起始文件。

15.1.1 使用 Adobe Bridge CC

可在 Adobe Creative Cloud 订阅中查找到 Adobe Bridge CC 应用程序。它允许以可视化的方式浏览内容、管理元数据等。

1 选择菜单“文件” > “在 Bridge 中浏览”，以打开 Bridge。

注意：首次启动 Adobe Bridge 时，可能会出现对话框，询问是否要在登录时启动 Bridge。如果希望计算机启动时就打开 Bridge，单击“是”按钮，否则单击“否”，并在需要时手动启动 Bridge。

2 在左侧的收藏夹面板中，单击“桌面”并切换到 Lesson15 文件夹中的 L15start.ai 文件。在内容面板中单击该文件的缩览图，如图 15.2 所示。

3 在内容面板的底部，将滑块向右拖曳以放大内容面板中的缩览图，如图 15.3 所示。

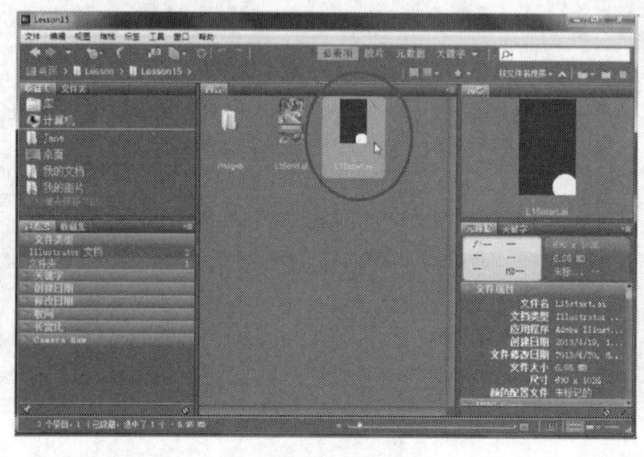

图15.2

图15.3

4 在 Bridge 的顶部，单击“胶片”（或选择菜单“窗口” > “工作区” > “胶片”），这将把工作区的外观设为胶片视图，所选文件也会有一个更大的预览图。单击“必要项”以返回原来的工作区。

5 在内容面板的底部，向左拖曳滑块直到能够看到所有的缩览图。

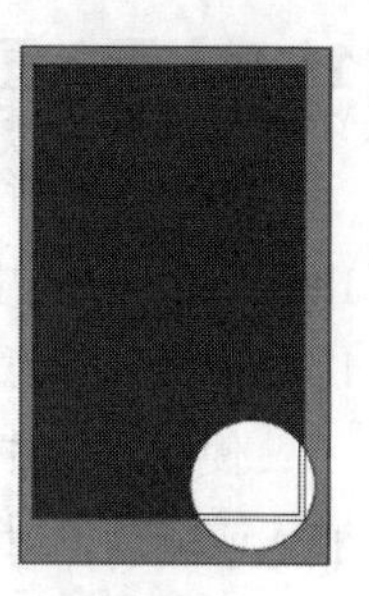

图15.4

在 Adobe Bridge CC 中，有许多可以使用的功能，包括预览文件、使用元数据和关键字等。更多关于如何使用Bridge的信息，请在Illustrator帮助中搜索“Adobe Bridge”。

6 在内容面板中双击 L15start.ai 文件，这样就在 Illustrator 中打开了该文件，结果如图 15.4 所示。这样，随时都可以关闭 Bridge 软件。

7 选择菜单“视图” > “画板适合窗口大小”。

8 选择菜单“窗口” > “工作区” > “重置基本功能”。

9 选择菜单“文件” > “存储为”，在该对话框中，切换到 Lesson15 文件夹并打开它，将文件重命名为 marketposter.ai，保留“保存类型”为 Adobe Illustrator (*.AI) (Windows 系统) 或“格式”为 Adobe Illustrator (ai) (Mac 系统)，单击“保存”按钮。而“Illustrator 选项”对话框均接受默认设置，并单击“确定”按钮。

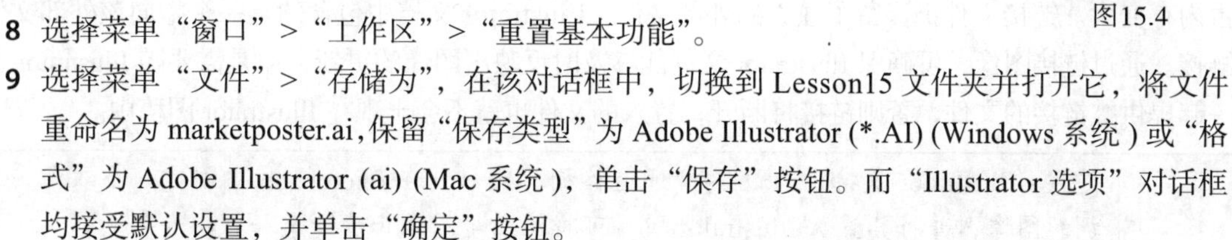

15.2 合并图稿

可使用多种方式合并 Illustrator 图稿和来自其他图形应用程序的图像，从而获得各种创造性的结果。通过在应用程序之间共享图稿，可将连续色调图稿和矢量图稿合并。虽然 Illustrator 可以创建一些种类的光栅图像，但是 Photoshop 在完成多图像编辑的任务方面更出众。因此，可在 Photoshop 中编辑图像后，将其置入 Illustrator 中。

本课将创建一幅合成图像，这需要使用不同的应用程序来合并位图图像和矢量图。首先，要把 Photoshop 中创建的照片图像添加到在 Illustrator 中创建的海报中。然后，调整图像的颜色，给照片添加蒙版并从照片中采集颜色以便在图稿中使用。最后，还要替换置入的图像，再将海报导入到 Photoshop 中。

15.2.1 矢量图形和位图图形

Illustrator 创建的是矢量图形，也被称为绘制图形，如图 15.5 所示。这种图形由基于数学方程的形状组成。

这个徽标是以矢量方法绘制的，放大不影响它的清晰度。

位图图形也被称为光栅图像，由图像元素（像素）的矩形网格组成，如图 15.6 所示。每个像素都有其特定的颜色值和位置。因此，需要了解矢量图形和位图图形之间的不同点并懂得它们如何相互作用。

这是被栅格化的 Logo，放大后不再清晰。

图15.5　　图15.6

> **提示：**更多关于位图图形的信息，请在 Illustrator 帮助中搜索“导入位图图形”。

15.3 置入图像文件

可使用“打开”、“置入”、“粘贴”命令或拖曳操作，将 Photoshop 中的光栅图像添加到 Illustrator 文档中。Illustrator 支持大部分的 Photoshop 数据，包括图层复合、图层、可编辑的文本以及路径。这意味着可在 Photoshop 和 Illustrator 之间传输文件，并且仍可以编辑它们。

使用“文件”>“置入”命令置入文件时，无论图像是哪种类型（JPG、GIF、PSD 等），都可以嵌入或链接该图像。嵌入文件将在 Illustrator 文件中保存该图像的副本，这样就会使 Illustrator 文件所占内存变大。链接文件仍保留了独立的外部文件，Illustrator 文档中包含的是一个指向该外部文件的链接。通过链接图像，可确保 Illustrator 文件能够及时反映出图像的更新，但是需要随 Illustrator 文档一起提供被链接的文件，否则链接将断开，置入的文件也就不会出现在 Illustrator 图稿中。

注意：Illustrator 支持设为设备 N 通道格栅。比如，在 Photoshop 中创建一个双色调的图像，并将其置入 Illustrator 中，可将图稿与图像正确分离并打印专色。

15.3.1 置入图像

首先，要向文档中置入一个 JPEG（jpg）图像。

1 单击图层面板图标（ ）以打开该面板。在图层面板中，选中 Woman 图层，如图 15.7 所示。

2 选择菜单“文件”>“置入”。

3 切换到 Lesson15\images 文件夹中的 carrots.jpg 文件，选中该文件。确保对话框中选中了“链接”复选框，然后单击“置入”按钮，如图 15.8 所示。

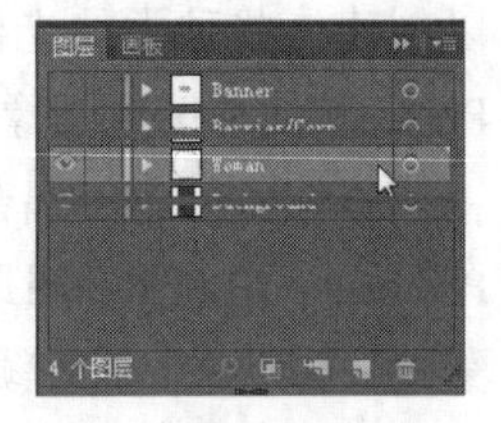

图15.7

默认情况下，置入的文件是连接到源文件的。所以，如果编辑了源文件（在 Illustrator 外），Illustrator 中的置入图像也会相应地更新。如果取消选择“链接”复选框，该图像文件将会嵌入到 Illustrator 文件中。

这时鼠标将变为载入图像图标。图标旁出现了数字 1/1，这表明要置入 1 幅图像，图标旁还有一个图像的缩览图，以便观察要置入的图像内容。

4 将载入图像图标指向画板的左上角，然后单击以置入图像，如图 15.9 和图 15.10 所示。

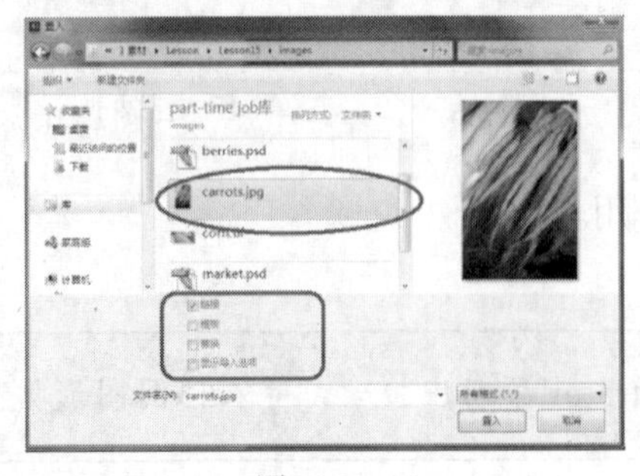

图15.8

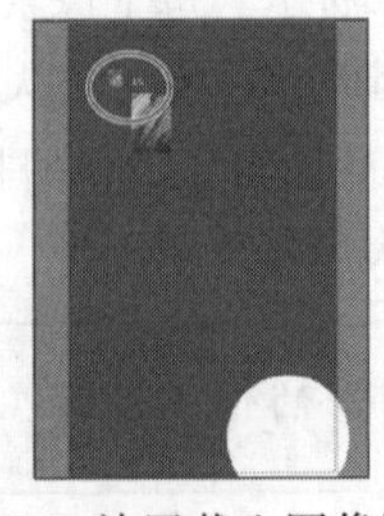

图15.9 放置载入图像图标

图15.10 单击以置入图像

这样画板上单击的位置就出现了图像，此时图像是原尺寸的 100%。还可以在置入时，用载入图像图标拖曳一个区域以放置图像。选中该图像，注意到控制面板中出现了“链接的文件”字样，这表明该图像链接到了源文件，以及其他有关该图像的信息。

> **AI** 提示：如果勾选了显示边缘选项（“视图” > “显示边缘”），所选图像上会出现“X”。这表明该图像是链接的图像。

15.3.2 变换置入的图像

可以像复制 Illustrator 文件中的其他对象那样复制置入的图像。与矢量图稿不同的是，需要考虑文档中该光栅图像的分辨率，因为光栅图像分辨率不够的话，无法正确打印。在 Illustrator 中，缩小图像就可提高它的分辨率，放大图像就会降低其分辨率。下面，将移动 carrots.jpg 图像，并调整其大小，然后旋转该图像。

> 注意：在 Illustrator 中对链接的图像进行变换而导致分辨率发生变化时，并不会影响原始图像的分辨率。修改只发生在 Illustrator 中。

1 选中 carrots 图像，使用选择工具向右下方拖曳该图像，并将它放置在画板右下角白色圆形的上方，如图 15.11 所示。

2 按住 Alt+Shift 键（Windows 系统）或 Option+Shift 键（Mac 系统），使用选择工具将图像右上角向中心处拖曳，直到宽度大约为 4.5 in 时，依次松开鼠标和按键，如图 15.12 所示。

调整图像的大小后，注意到控制面板中的 PPI 值（像素数 / 英寸）大约为 157。PPI 指的是图像分辨率。

> **AI** 提示：要变换置入的图像，还可以打开变换面板（“窗口” > “变换面板”）并修改其中的设置。

3 将鼠标指向图像右上角外侧，出现旋转箭头后，向左上方拖曳将图像旋转大约 13°，如图 15.13 所示。如果开启了智能参考线（“视图” > “智能参考线”），就可以看到度量标签。确保图像完全覆盖住它下层的白色圆形。

图15.11

图15.12

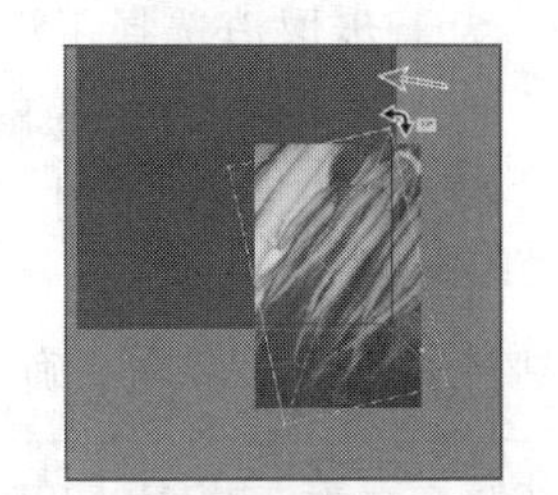

图15.13

4 选择菜单“选择” > “取消选择”，然后选择菜单“文件” > “存储”。

15.3.3 使用显示导入选项置入 Photoshop 图像

在 Illustrator 中置入图像文件时，可以设置各种选项来确定文件导入的方式。比如，置入 Photoshop 文件（.psd）时，可以选择图层拼合或保留原文件中的图层。下面，将要置入一个 Photoshop 文件，然后设置导入选项以嵌入该图像。

图15.14

1 在图层面板中，单击 Woman 图层左侧的眼睛图标，在画板上隐藏该层内容。然后选中 Background 图层，如图 15.14 所示。

2 选择菜单“视图”>“画板适合窗口大小”。

3 选择菜单“文件”>“置入”。

4 在“置入”对话框中，切换到 Lesson15\images 文件夹中的 market.psd 文件。修改以下选项。

- 链接：取消选中（取消选择“链接”复选框，就会在 Illustrator 文件中嵌入该图像。而嵌入图像时，“Photoshop 导入选项”对话框中会出现更多选项）。
- 显示导入选项：选中。

如图 15.15 所示，单击“置入”按钮，将会出现“Photoshop 导入选项”对话框。

> **AI** 注意：可能会在对话框中看到 Photoshop 文件的预览，这没有关系。

> **AI** 注意：如果图像没有能修改的信息，那么即使在“置入”对话框中勾选了“显示导入选项”复选框，也不会出现“导入选项”对话框。

5 在“Photoshop 导入选项”对话框中，修改以下选项。

- 图层复合：All（图层复合是 Photoshop 中图层面板状态的快拍。在 Photoshop 中，可以在一个 Photoshop 文件中创建、管理或浏览图层的布局）。
- 显示预览：选中（“预览”显示了所选图层复合的情况）。
- 将图层转换为对象：选中（仅有这一项和下一个选中的选项是可用的，因为上步取消选择了“链接”复选框，即选择了嵌入 Photoshop 图像）。
- 导入隐藏图层：选中（导入 Photoshop 中隐藏的图层）。

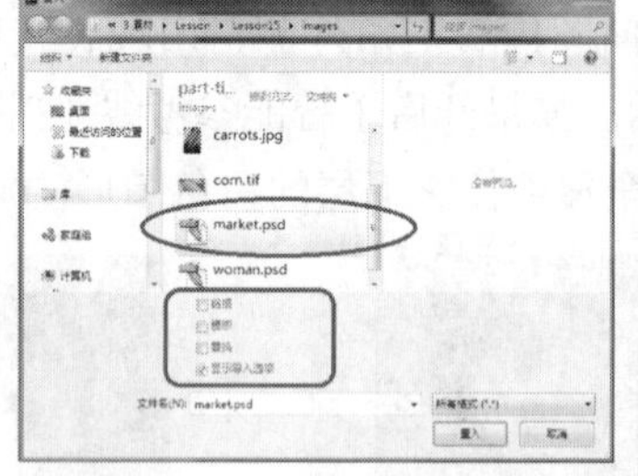

图15.15

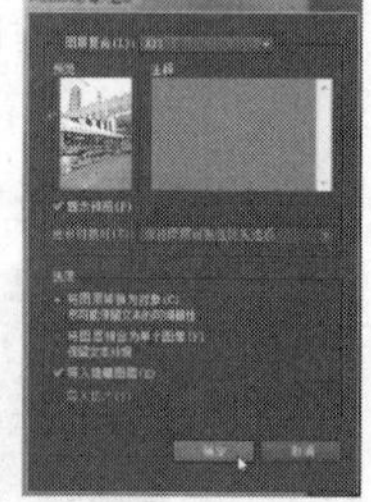
图15.16

如图 15.16 所示，单击“确定”按钮。

> **AI** 注意：在“Photoshop 导入选项”对话框中，可能会出现颜色模式的警告框。这表明要置入的图像与 Illustrator 文档的颜色模式不一致。在本课示例中，如果出现该警告框，单击“确定”按钮即可。

AI 提示：更多关于图层复合的信息，请在Illustrator帮助中搜索“导入Photoshop图稿”。

6 将载入图像图标指向红色出血参考线的左上角（画板左上角的外边缘），单击以置入图像。

与拼合文件相反，这样就将Photoshop文件market.psd中的图层全部导入到Illustrator中，可以显示或隐藏它的各图层内容。如果置入Photoshop文件时勾选了“链接”复选框（链接到源文件），那么在“Photoshop导入选项”中仅有唯一可选的选项，就是“将图层拼合为单个图像”。

7 在图层面板中，单击Background图层左侧的三角形切换图标以展开其中的内容。向下拖曳面板的下边缘，以便查看所有图层。单击market.psd子图层以展开它，如图15.17所示。

注意market.psd图层的子图层，它们在Photoshop中都是Photoshop图层，现在出现在了Illustrator的图层面板中。这是因为置入时选择了不拼合图层。同时，在仍选中该图像的情况下，控制面板的左侧显示了“编组”的字样，还有带下划线的“多个图像”链接。将图层随Photoshop图像一起置入，并在“Photoshop导入选项”对话框中选择“将图层转换为对象”时，Illustrator会将各个图层视作对象组中各个独立的图像。

AI 注意：可向左拖曳图层面板的左边缘，以查看完成的子图层名称。

8 单击Color Fill 1子图层左侧的眼睛图标，在画板上隐藏该图层内容，如图15.18所示。

9 使用选择工具向下拖曳market图像，让图像的下边缘与红色出血参考线的下边缘对齐，如图15.19所示。

图15.17

图15.18 隐藏Color Fill 1子图层

图15.19 调整图像的大小

10 选择菜单“选择”>“取消选择”，然后选择菜单“文件”>“存储”。

15.3.4 置入多个图像

在Illustrator中，还可以一次置入多个图像。下面，将一次置入两幅图像，然后将其放置在画板上。

1 在图层面板中，单击Background图层左侧的眼睛图标，在画板上隐藏该图层中的内容。单击Background图层左侧的三角形切换图标（▼）以折叠该图层。单击Berries/Corn图层左侧的可视性栏，在画板上显示该图层中的内容。然后选中Berries/Corn图层，如图15.20所示。

2 选择菜单“文件”>“置入”命令。

3 在“置入”对话框中，选中 Lesson15\images 文件夹中的 berries.psd 文件。按住 Ctr 键(Windows 系统）或 Command 键（Mac 系统），然后单击 corn.tif 文件以选中这两个文件。取消选择“显示导入选项”复选框，确保取消选择“链接”复选框，然后单击“置入”按钮，如图 15.21 所示。

> **AI** 注意：默认情况下，Windows 系统将图像显示为图标。每个人的视图都有可能不同，也可能是列表显示不同，这没有关系。

> **AI** 提示：要在“置入”对话框中选中多个文件，还可按住 Shift 键，单击要置入文件的首个文件和末尾文件，即可选中两个文件之间的所有文件。

4 将载入图像图标指向画板的左上角外侧、红色出血参考线处。按住键盘向左 / 右键（或向上 / 下键）数次，观察鼠标旁的图像缩览图在两幅图像之间切换。缩览图显示的图像就是单击后在画板上置入的图像。确保出现的是浆果图像后，单击以置入图像，如图 15.22 所示。

> **AI** 提示：要删除已经载入或正待置入的图像，可使用键盘方向键切换到该图像后，按 Esc 键即可将其删除。

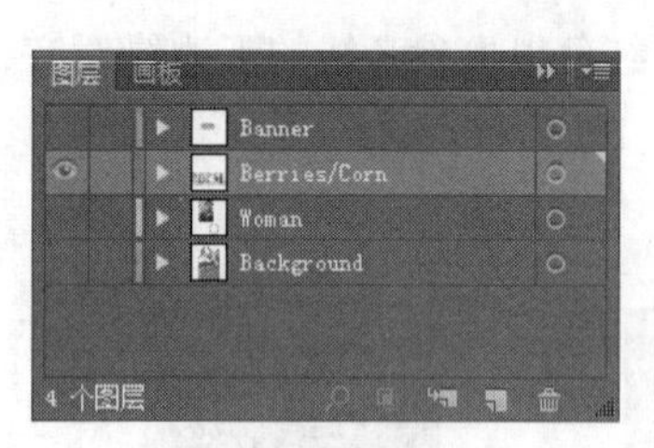

图15.20

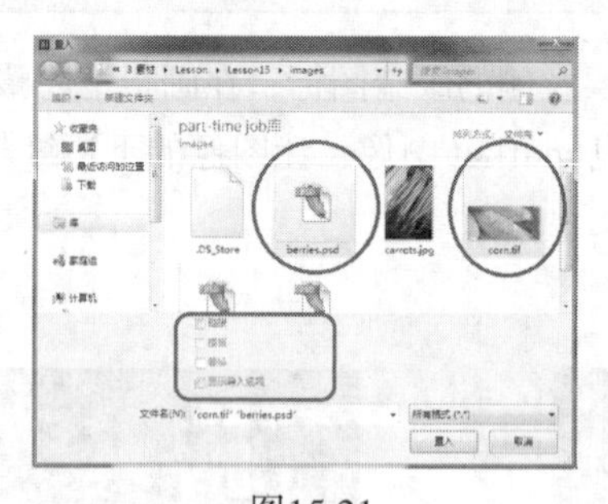

图15.21

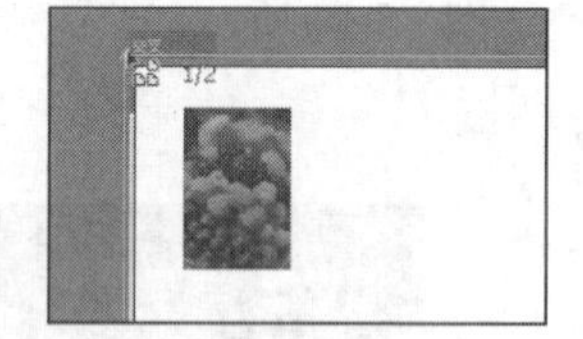

图15.22

5 选择菜单“对象” > “排列” > “后移一层”，如图 15.23 所示。

6 将载入图像图标指向文本“LOCAL”上方、画板左侧外（出血参考线的左边缘）。“边缘”字样出现时，单击并向右下方拖曳直到画板右侧外、出血参考线的边缘处，也出现“边缘”字样时为止松开鼠标，如图 15.24 和图 15.25 所示。

图15.23 单击以置入浆果图像

图15.24 放置鼠标

图15.25 拖曳以置入玉米图像

7 选择菜单“对象” > “排列” > “后移一层”，此时选中的仍是玉米图像。

单击以100%比例置入的图像，单击后拖曳选框，则可以在文档中置入图像的同时调整图像的大小。

8 仍选中玉米图像，按住Shift键，然后单击"LOCAL"文本以选中这两个对象。松开Shift键后，再单击"LOCAL"文本以将其设为关键对象，如图15.26所示。

下面，将把玉米图像和文本对齐。

9 在控制面板中，单击"垂直居中对齐"按钮( )，将玉米图像和文本对齐，如图15.27所示。

图15.26

图15.27

下面，将要旋转berries.psd图像并调整其大小。

10 使用选择工具单击以选中浆果图像。

11 在工具箱中双击旋转工具( )，在"旋转"对话框中将"角度"设为-90°，然后单击"确定"按钮。

12 在控制面板的"参考点定位器"上选中顶部中间的点( )。将"Y"值修改为-0.125 in，单击"约束宽度和高度比例"按钮( )，并将"宽"设为70%，如图15.28所示。然后按回车键。

> **注意**：图15.28显示的是输入70%、按回车键之前的数据。

> **注意**：变换面板可能没有出现在控制面板中，这取决于屏幕分辨率。此时可单击"变换"字样或选择菜单"窗口">"变换面板"以打开面板。

13 在仍选中浆果图像和选择工具的情况下，选择菜单"编辑">"复制"，然后选择菜单"粘贴">"贴在前面"以粘贴浆果图像的副本，如图15.29所示。

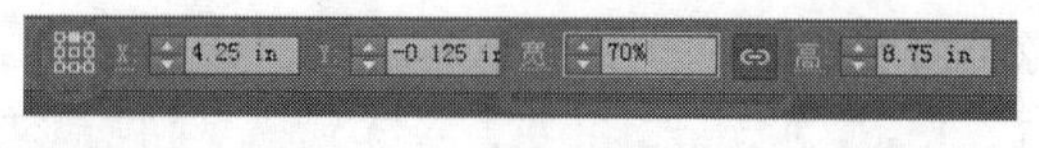

图15.28

图15.29

14 选择菜单"对象">"隐藏">"所选对象"。稍后再显示浆果图像的副本。

15.3.5 编辑图像的颜色

在Illustrator中，可以将图像转变为不同的颜色模式（如RGB、CMYK或灰度图像）或调整各个颜色值。还可以调暗或调亮颜色，或者将颜色反转（创建彩色负片）。

要编辑图像中的颜色，需要将图像嵌入到 Illustrator 文件。如果是链接的图像，可在 Photoshop 中编辑图像，于是 Illustrator 中的图像将会自动更新。

1 使用选择工具单击以选中浆果图像。选择菜单“编辑” > “编辑颜色” > “调整颜色平衡”

2 在“调整颜色”对话框中，可拖曳滑块或直接输入 CMYK 百分比来修改图像的颜色。按 Tab 键可在各文本框之间切换。修改以下数值来创建一个红色色偏：

- C=-30
- M=-30
- Y=-30
- K=0

可尝试使用其他设置，并勾选“预览”复选框以观察颜色变化，如图 15.30 所示，然后单击“确定”按钮。

图15.30

注意：如果之后再次选择菜单“编辑” > “编辑颜色” > “调整颜色平衡”来调整这幅图像的颜色，对话框中的颜色值将重置为 0。

注意：要观察图像的变化，可在“调整颜色”对话框中勾选“预览”复选框后再取消选择它。

3 选择菜单“选择” > “取消选择”，然后选择菜单“文件” > “存储”。

15.4 给图像添加蒙版

剪切路径（或蒙版）可以对图像进行剪切，使得只有图像的一部分通过蒙版形状显示出来。只有矢量对象才能成为剪切蒙版，但是可以对任何图稿添加蒙版。还可导入 Photoshop 文件作为蒙版。剪切蒙版和被遮盖的对象统称为剪切组。

15.4.1 对图像应用剪切蒙版

1 使用选择工具单击以选中浆果图像。在控制面板中单击“蒙版”按钮。

单击“蒙版”按钮，可将一个形状和大小均与图像相同的剪切蒙版应用于它。要使用这种方式在图像上创建蒙版，该图像需要是嵌入图像，而不是链接图像。

提示：另一种创建蒙版的方法是使用内部绘图模式。这种模式可以在选定对象内部绘图。内部绘图模式可避免执行众多的任务（如绘图并修改堆叠顺序，或者绘图、选取并创建剪切蒙版）。更多关于绘图模式的信息，请参阅第 3 课。

注意：要应用剪切蒙版，还可选择菜单“对象” > “剪切蒙版” > “建立”。

图15.31

2 在图层面板中，单击 Berries/Corn 图层左侧的三角形切换图标（▶）以展开其中的内容。可向下拖曳图层面板的下边缘或用鼠标在面板中滚动，以观察整个面板。将鼠标指向带有浆果图像缩览图的“< 剪切组 >”子图层，单击其左侧的三角形切换图标（▶），结果如图 15.31 所示。

注意其中的“< 剪切路径 >”子图层，这是之前单击控制面板中的“蒙版”按钮创建的那个蒙版。该“< 剪切组 >”子图层时包含了蒙版和被遮盖对象的一个剪切组。

> AI | **注意**：可以向左拖曳蒙版的左边缘以观察面板中所有图层的名称。

下面，将编辑该蒙版。

15.4.2 编辑蒙版

要编辑剪切路径，需要选中该路径。而 Illustrator 有多种实现它的方式。

1 在画板上选中浆果图像，单击控制面板中的“编辑内容”按钮（◈）。注意到在图层面板的“< 剪切组 >”子图层下，berries.psd 子图层名称的右侧出现了选中指示器（蓝色矩形框），如图 15.32 所示。

图15.32

2 在控制面板中单击“编辑剪切路径”按钮（▣），注意到在图层面板的“< 剪切路径 >”子图层名称的右侧出现了选中指示器（蓝色矩形框）。

当对象被遮盖时，既可以编辑蒙版，又可以编辑被遮盖的对象。使用以上的两个按钮可选择要编辑的对象。首次单击被遮盖的对象时，可编辑这两种对象。

3 在控制面板中选中“编辑剪切路径”按钮（▣），选择菜单“视图”>“轮廓”。

4 使用选择工具向上拖曳所选蒙版底部中间的手柄，将剪切路径的下边缘和玉米图像的上边缘（“LOCAL”文本上方的线）对齐，如图 15.33 所示。

> **提示**：要编辑剪切路径，还可使用变换选项，如旋转、倾斜等，还可以使用直接选择工具（▶）。

5 选择菜单“视图”>“预览”。

6 按住 Alt 键（Windows 系统）或 Option 键（Mac 系统），仍使用选择工具向左拖曳浆果图像的右侧中间的手柄，使它与红色出血参考线对齐，如图 15.34 所示。然后依次松开鼠标和按键。

7 在控制面板中，单击“编辑内容”按钮（◈）以编辑 berries.psd 图像，而不是编辑蒙版。使用选择工具在浆果图像内部稍微向下拖曳该图像，然后松开鼠标。注意到移动的是图像而不是蒙版。

8 选择菜单“编辑”>“还原移动”，将图像恢复至原来的位置。

在选中了“编辑内容”按钮（ ）的情况下，可对图像做出多种变换，如缩放、移动、旋转等操作。

图15.33

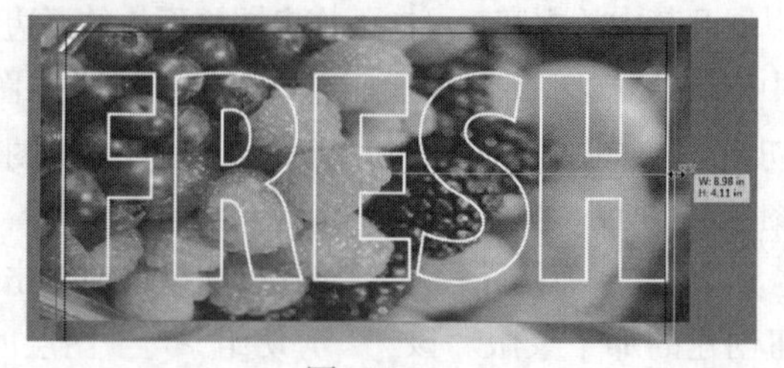

图15.34

9 在图层面板中，单击“< 剪切组 >”子图层左侧的三角形切换图标（ ）以隐藏其中的内容。

10 选择菜单“选择” > “取消选择”，然后选择菜单“文件” > “存储”。

15.4.3 使用形状做对象的蒙版

在这一节中，读者将使用圆形为 carrots.jpg 图像创建蒙版。要使用创建的形状做蒙版，该形状需位于图像的上层。

1 在图层面板中，单击 Woman 图层左侧的可视性栏，在画板上显示该图层中的内容。

2 使用选择工具在画板上单击以选中 carrots.jpg 图像。

3 选择菜单“对象” > “排列” > “后移一层”。此时应该可以看到画板上的白色圆形，如图 15.35 所示。

4 在画板的右下角拖曳选框选中 carrots.jpg 图像和白色圆形这两个对象。

5 选择菜单“对象” > “剪切蒙版” > “建立”，如图 15.36 所示。

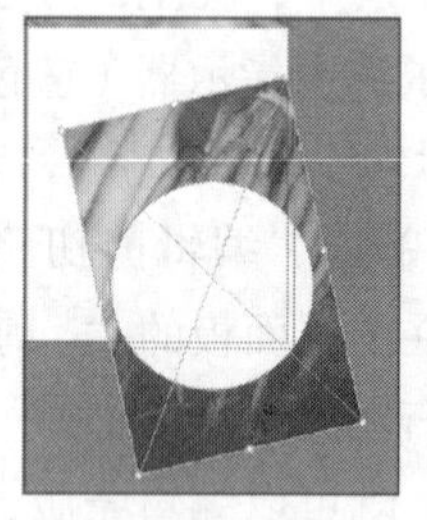

图15.35 调整萝卜图像的堆叠顺序

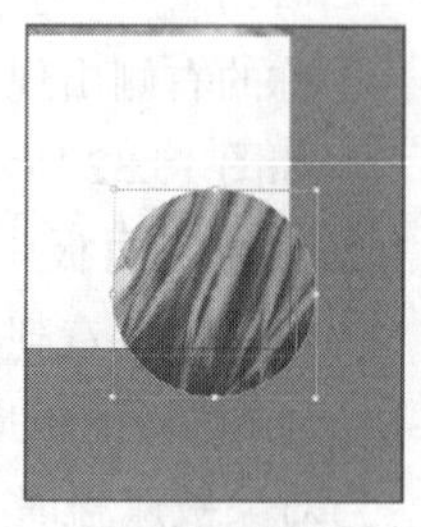

图15.36 遮罩carrots.jpg图像

可以单独编辑 carrots.jpg 图像或剪切蒙版，具体与上一节中处理浆果图像的方法相似。

> **AI** 提示：还可将文本作为蒙版。创建文本后，要确保文本位于待遮罩内容的上层，然后选择菜单“对象” > “剪切蒙版” > “建立”。

> **AI** 提示：要建立剪切蒙版，还可以右键单击（Windows 系统）或 Control+ 单击（Mac 系统）后，在出现的菜单中选择“建立剪切蒙版”选项。

6 选择菜单“选择” > “取消选择”，然后选择菜单“文件” > “存储”。

15.4.4 使用多个形状遮罩对象

在本节中，读者将要把转换为轮廓的文本当做蒙版，遮罩隐藏的 berries.psd 副本。要使用多个形状创建剪切蒙版，需要将形状转换为复合路径。

1 选择菜单“视图”>“画板适合窗口大小”。

2 选择菜单“对象”>“显示全部”。这样将显示之前隐藏的 berries.psd 副本。

3 使用选择工具单击“FRESH”文本形状的边缘，以选中整个文本形状对象组，如图 15.37 所示。“编组”字样出现在控制面板的左端。FRESH 就是转化为轮廓的文本（“文字”>“创建轮廓”），这样就可以单独编辑每个字母形状。

4 选择菜单“对象”>“复合路径”>“建立”。

注意到控制面板左端出现了“复合路径”的字样。保留选中该复合路径。“复合路径”命令是将多个对象创建为一个复合对象，与绘图工具或“路径查找器”命令相比，该命令可以更加容易地创建复杂的对象。

> AI | 注意：要将多个对象创建为复合路径，需要将它们编组。

> AI | 提示：要将字母形状转换为复合路径，还可将鼠标指向这些字母形状，右键单击（Windows 系统）或 Control+ 单击（Mac 系统）后，在出现的菜单中选择“建立复合路径”选项。

5 在仍选中复合路径的情况下，按住 Shift 键，单击它下层的浆果图像以选中它们两个。然后右键单击（Windows 系统）或 Control+ 单击（Mac 系统）后，在出现的菜单中选择“建立剪切蒙版”选项，如图 15.38 所示。

> AI | 提示：还可以选择菜单“对象”>“剪切蒙版”>“建立”。

注意到“编辑剪切路径”按钮（ ）和“编辑内容”按钮（ ）出现在控制面板中。这样就创建了一个包含 FRESH 对象组和 berries.psd 图像的剪切组。

6 在仍选中 FRESH 剪切组的情况下，单击图形样式面板图标（ ）以展开该面板。单击 Large text 图形样式的缩览图，对该剪切组应用投影效果。

7 单击描边面板图标（ ）以展开该面板。将描边粗细设为 3pt，在工具箱中选中描边色框并在颜色面板或色板面板中选择 White 白色色板，如图 15.39 所示。

图15.37

图15.38

图15.39

15.4.5　创建不透明度蒙版

不透明度蒙版不同于剪切蒙版，它不仅能够遮罩对象，还可以修改图稿的透明度。不透明度蒙版是通过透明度面板创建和编辑的。

在本节中，将要为 market.psd 图像创建不透明度蒙版，让图像逐渐融入蓝色背景形状中。

1 打开图层面板，单击 Berries/Corn 图层左侧的三角形切换图标以折叠该图层。单击 Berries/Corn 图层和 Woman 图层左侧的眼睛图标，在画板上隐藏其中的内容。再单击 Background 图层左侧的可视性栏，在画板上显示该图层上的内容。然后选中 Background 图层，如图 15.40 所示。

2 在工具箱中选择矩形工具（ ），然后在画板大约中央位置处单击。在“矩形”对话框中，将宽度设为 8.75 in，高度设为 4.2 in，然后单击“确定”按钮。这个矩形将会成为蒙版。

3 按键盘字母 D，为新建的矩形设置默认描边（1pt 黑色描边）和填色（白色）。

注意：在画板上，要作为不透明度蒙版的对象必须位于被遮罩对象的上层。如果不透明度蒙版是单个对象（如矩形），不需要将其转换为复合路径，如果不透明度蒙版是由多个对象组成，则需要将这些对象编组。

4 使用选择工具拖曳矩形，将它的下边缘与红色出血参考线的下边缘对齐。保留该矩形为选中状态，如图 15.41 所示。

5 按住 Shift 键，单击 market.psd 图像，以同时选中矩形和图像。

6 在工作区右侧单击透明度面板图标（ ）以展开该面板。单击“制作蒙版”按钮，如图 15.42 和图 15.43 所示。

图15.40

图15.41

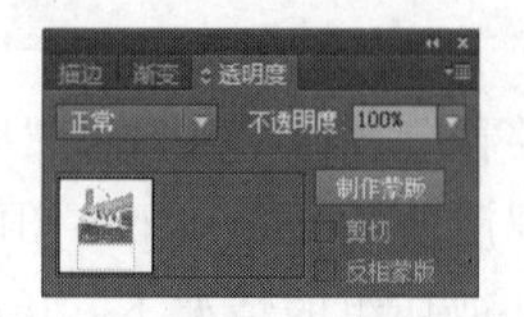

图15.42 制作不透明度蒙版

图15.43 观察结果

单击“制作蒙版”按钮后，该按钮将会变成“释放”按钮。如果此时单击该按钮，该图像将不再被遮罩。

15.4.6　编辑不透明度蒙版

下面，将调整之前创建的不透明度蒙版。

1 选择菜单“窗口”>“工作区”>“重置基本功能”。

2 单击透明度面板图标（ ）以展开该面板。在透明度面板中，按住 Shift 键，单击蒙版的缩览图（黑色背景中的白色矩形）以停用该蒙版。

注意到透明度面板中出现红色的“X”，如图 15.44 所示，而且整个 market.psd 图像重新出现在文档窗口中。

> **提示**：要停用 / 启用不透明度蒙版，也可从透明度面板菜单中选择“停用不透明度蒙版”或“启用不透明度蒙版”选项。

3 在透明度面板中，按住 Shift 键，再次单击蒙版的缩览图以启用该蒙版。

4 单击以选中透明度面板中的蒙版缩览图，如图 15.45 所示。

单击透明度面板中的蒙版缩览图将选择画板中的蒙版（矩形路径）。选中它后，现在无法编辑其他图稿。另外，注意到文档标签中显示了“< 不透明蒙版 / 不透明蒙版 >”，这表明当前选择了蒙版。

5 单击工作区右侧的图层面板图标（ ）以展开该面板，如图 15.46 所示。

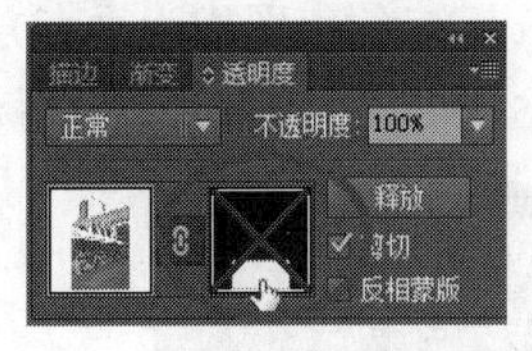

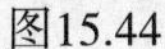
图15.44

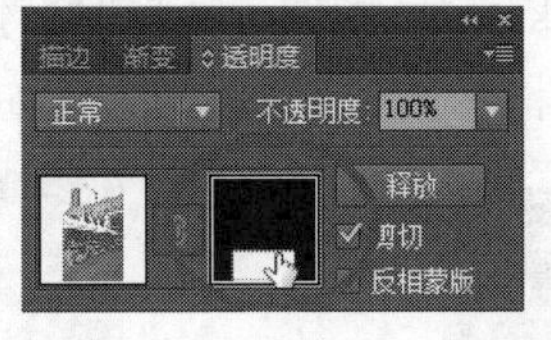

图15.45

图15.46

注意到图层面板中只包含了图层“< 不透明蒙版 >”，这表明此时选中的是蒙版，而不是被遮罩的图稿。

6 在透明度面板和画板上仍选中不透明度蒙版的情况下，在控制面板中将填色修改为“White, Black”渐变色色板，如图 15.47 所示。

可以看到蒙版中白色的部分出现了 market.psd 图像，蒙版中黑色的部分隐藏了 market.psd 图像。这样将图像逐渐由黑色到白色显示出来，如图 15.48 所示。

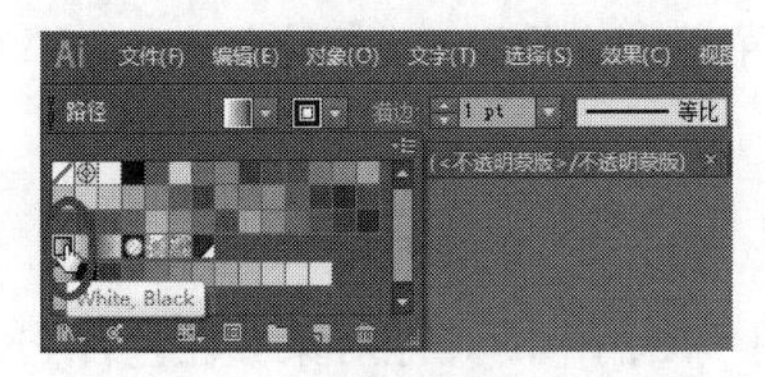

图15.47

图15.48

7 选择菜单“视图” > “隐藏渐变批注者”。

8 确保此时工具箱底部选中的是填色框。

9 在工具箱中选择渐变工具（ ）。按住 Shift 键，将鼠标指向蒙版的中央位置，单击并向上拖曳鼠标至蒙版形状（矩形）的上边缘，然后松开按键，如图 15.49 和图 15.50 所示。

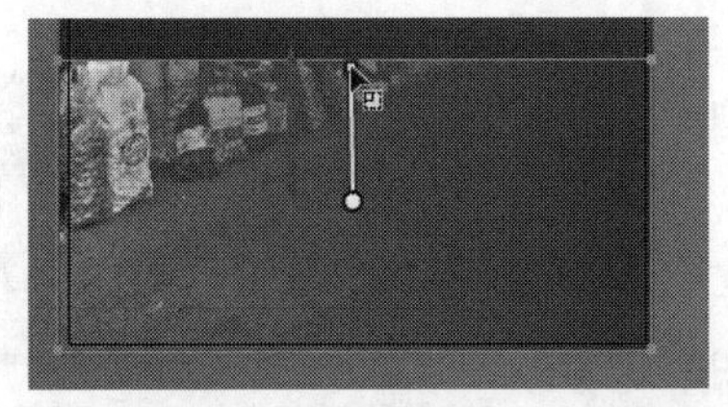
图15.49 拖曳以编辑不透明度蒙版

图15.50 观察结果

10 单击透明度面板（ ），观察面板中蒙版外观的变化。

11 选择菜单“视图”>“显示渐变批注者”。

下面，将要移动图像，而不移动不透明蒙版。在透明度面板中选中图像缩览图，默认情况下图像和蒙版将链接在一起。这时如果移动画板中的图像，蒙版也将随之移动。

12 在透明度面板中，单击图像缩览图以停止编辑蒙版。单击图像缩览图和蒙版缩览图之间的链接图标（ ），如图 15.51 所示。这样就可以只移动图像或蒙版，而不会同时移动它们。

> **AI** | **注意**：仅当选择了图像缩览图时，链接图标才处于活动状态。

13 使用选择工具向下拖曳 market.psd 图像，拖曳时按住 Shift 键以约束图像为垂直方向移动。不时松开鼠标和按键以观察图像的位置。直到大约如图 15.52 所示位置时，松开鼠标和按键。

图15.51

图15.52

> **AI** | **注意**：market.psd 图像的位置不必与图 15.52 所示完全一致。

14 在透明度面板中，单击图像缩览图和蒙版缩览图之间的链接图标（ ），以链接图像和蒙版。

15 选择菜单“选择”>“取消选择”，然后选择菜单“文件”>“存储”。

15.5 从置入的图像中采样颜色

可从置入的图像中采样或复制颜色，并将其应用于图稿中的其他对象。在包含 Photoshop 图像和 Illustrator 图稿的文件中，采样颜色可轻松地保持颜色的一致性。

1 在图层面板中，确保所有图层都已折叠。单击 Banner 图层、Berries/Corn 图层和 Woman 图层左侧的可视性栏，在画板上显示其中的内容，如图 15.53 所示。

2 使用选择工具单击以选中“MERIDIEN”文本下层的白色广告牌形状。

3 确保此时工具箱底部选中的是填色框。

4 选择吸管工具（ ），按住 Shift 键并击“LOCAL”文本中“C”字母的上部，从中采样颜色并应用来自玉米图像中的绿色。如果愿意，可尝试从画板上的其他图像或内容中采样颜色。而采样得到的颜色将应用于选定的广告牌形状，如图 15.54 所示。

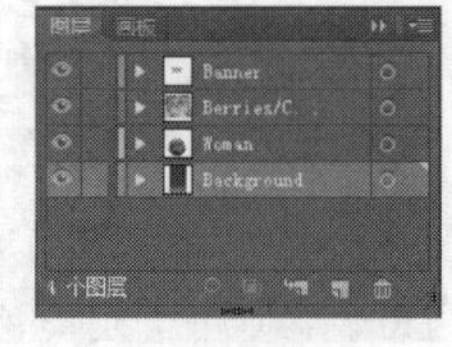

图15.53

图15.54

> **AI** 注意：按住 Shift 键并使用吸管工具单击某处，可只将颜色应用于选定对象，如果不使用 Shift 键，则将把所有外观属性应用于选定对象。

5 选择菜单“选择”>“取消选择”，然后选择菜单“文件”>“存储”。

15.6 使用图像链接

将图像置入 Illustrator 时，可链接图像也可以嵌入图像。另外，还可在链接面板中看到这些图像的列表。可使用链接面板来观察和管理所有的链接或嵌入图像。链接面板显示了图稿的缩览图，并使用各种图标来表明该图稿的状态。在链接面板中，可浏览链接或嵌入的图像、替换置入的图像、更新在 Illustrator 外部被编辑的链接图像，还可以在链接图像的原始应用程序（如 Photoshop）中编辑它。

15.6.1 查找链接信息

置入图像时，了解源图像的位置、图像做过哪些变换（如旋转、缩放）等信息很重要。下面，将探索链接面板来了解一些图像的信息。

1 选择菜单“窗口”>“链接”，以打开链接面板。

观察链接面板，可看到一系列已置入的图像。图像缩览图右侧有名称的是链接图像，右侧没有名称的则是嵌入图像。另外，还可观察图像右侧的嵌入图标（ ）来判断该图像是否是嵌入图像。

2 在面板中滚动鼠标，双击 carrots.jpg 图像（其缩览图右侧有名称）。这样将在链接面板底部显示链接信息，如图 15.55 所示。

可以看到各种信息，如名称、源图像的位置、文件格式、分辨率、创建和修改日期以及变换信息等。

> **AI** 注意：要观察图像信息，还可以在列表中选中该图像，再单击面板左下角的切换箭头（ ）。

3 单击图像列表下方的“转至链接”按钮（ ）。在文档窗口中将选中 carrots.jpg 图像且被置于文档中央，如图 15.56 所示。

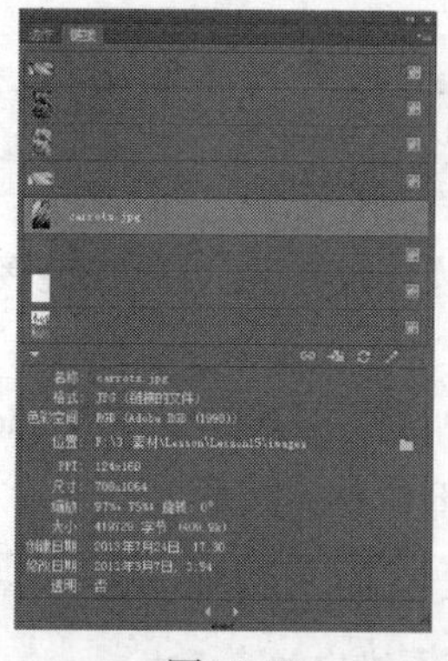

图15.55

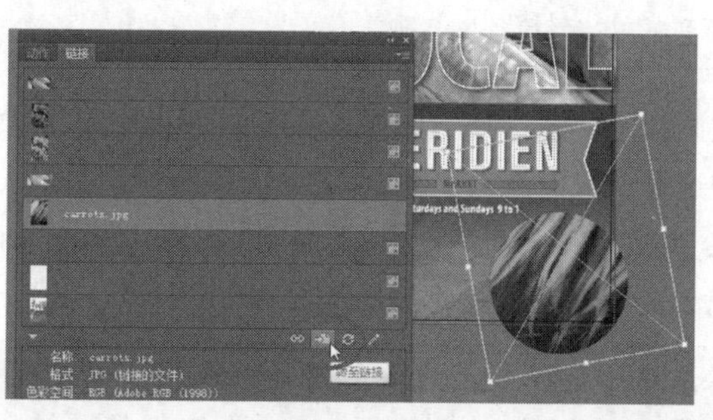

图15.56

4 单击控制面板中橘色文本“链接的文件”以打开链接面板。

这是另一种打开链接面板的方法。如果选中了链接图像或剪切组中的图像内容，就可看到“链接的文件”文本。

5 在控制面板中，单击文件名 carrots.jpg 以打开选项菜单。

该选项菜单对应了链接面板右下角的各个图标按钮。如果选中一个嵌入的图像，在控制面板左端出现的就会是“嵌入”字样。单击该橘色文件名将打开相同的选项菜单，只是其中有些选项不可选。

6 按 Esc 键以隐藏选项菜单，保留萝卜图像为选中状态。

15.6.2 嵌入图像和取消嵌入图像

正如之前所提到的，如果在置入图像时不勾选“链接”复选框，那么该图像将嵌入 Illustrator 中。这意味着该图像数据存储在 Illustrator 文档中。而置入图像时如果勾选了“链接”复选框，还可再改为嵌入图像。另外，可能需要在 Illustrator 外部使用嵌入图像，或需要在图像编辑程序（如 Photoshop）中编辑图形，此时 Illustrator 允许取消嵌入图像。这时将会把嵌入的图稿保存为 PSD 或 TIFF 文件存储到文件系统中，并自动将它链接到 Illustrator 文件。

下面，将在文档中嵌入一幅图像。

1 仍选中萝卜图像，在控制面板中单击“嵌入”按钮以嵌入该图像，如图 15.57 所示。

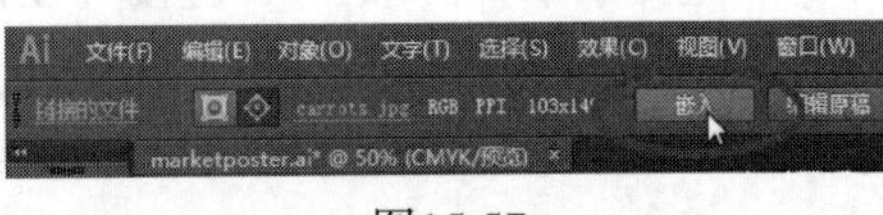

图15.57

这样就删除了 carrots.jpg 源图像与 Illustrator 的链接，而将该图像的数据嵌入到 Illustrator 文件中。可以直观地看到图像的嵌入，因为该图像中央不再有“X”贯穿其中（确保选中该图像并显示边缘 [“视图” > “显示边缘”]）。

嵌入图像后，可能仍需要在其他程序（如 Photoshop）中编辑该图像。这样就需要取消嵌入图像。下面就将取消嵌入 carrots.jpg 图像。

> **AI** 注意：1-bit 图像、锁定或隐藏的图像都无法取消嵌入。

> **AI** 注意：某些文件格式（如 PSD）在最初置入图像时，会显示“导入选项”对话框，可从中选择置入选项。

2 在画板上仍选中萝卜图像，在控制面板中单击“取消嵌入”按钮。也可以在链接面板菜单中选择“取消嵌入”选项。

3 在“取消嵌入”对话框中，切换到 Lesson15\images 文件夹中，将“保存类型”(Windows 系统）或“文件格式”(Mac 系统）设为 TIFF（*.TIF），如图 15.58 所示，然后单击“确定”按钮。

> **AI** 注意：这样嵌入的萝卜图像就从文件中取消嵌入，并在 Images 文件夹中保存为 TIFF 文件。此时画板上的萝卜图像是链接到 TIFF 文件中的。

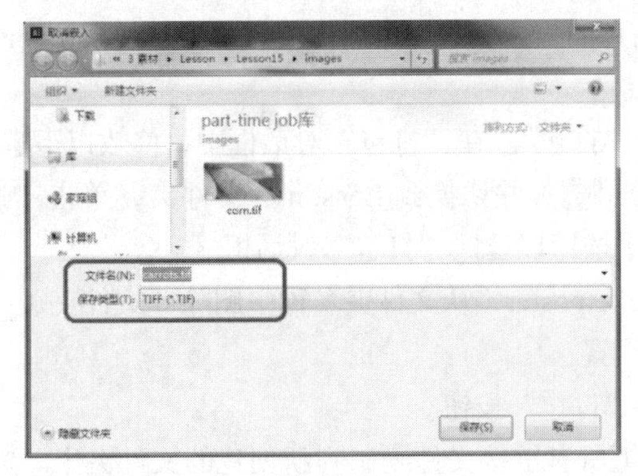

图15.58

15.7 替换链接的图像

在 Illustrator 中，可以轻松地将置入的图像替换为另一幅图像以更新文档。替换的图像将放置在原始图像的位置，因此无需进行任何调整。如果缩放了原始图像，可能需要调整替换图像的大小，使其与原始图像匹配。下面，要用一幅图像替换被选中的 carrots.tif 图像。

1 在链接面板中，仍选中 carrots.tif 图像。单击图像列表底部的“重新链接”按钮（ ），如图 15.59 所示。

2 在“置入”对话框中，切换到 Lesson15\images 文件夹并选中 woman.psd 文件。确保勾选“链接”复选框，然后单击“置入”按钮来用 woman 图像替换 carrots 图像。

替换图像（woman.psd）出现在了 carrots.tif 图像的位置。替换图像时，对原始图像所做的颜色调整并不会应用于替换图像，但应用于原始图像的蒙版将保留。另外，对图层所做的混合模式和透明度调整可能会影响替换图像的外观。

3 切换到选择工具，在控制面板中单击“编辑内容”按钮（ ）。拖曳新的 woman.psd 图像，直到其位置如图 15.60 所示。

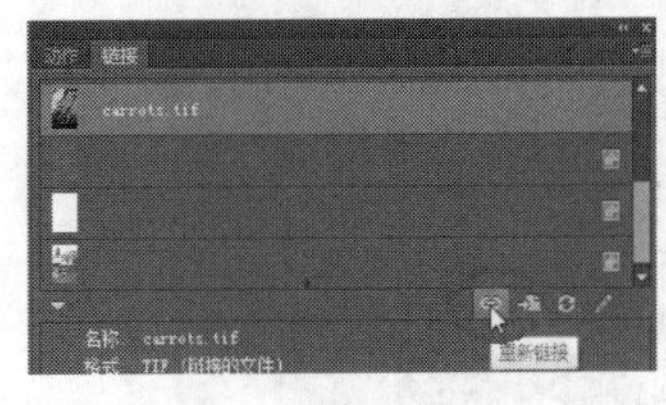

图15.59

图15.60

AI | 提示：还可按键盘方向键调整图像的位置。

4 在控制面板中单击“编辑剪切路径”按钮（ ）。

5 在控制面板中，将描边色设为白色，描边粗细设为 3pt。

6 选择菜单“选择”>“取消选择”，然后选择菜单“文件”>“存储”。

15.8 打包文件

打包文件时，将创建一个文件夹，其中包括 Illustrator 文档的副本、所需字体、链接图像的副本以及一个关于打包文件信息的报告。这样可以简单方便地从 Illustrator 工程中获得所有所需文件。下面，将要打包海报文件。

1 选择菜单“文件”>“打包”。在“打包”对话框中，修改以下选项：

- 单击文件夹图标（）并切换到 Lesson15 文件夹，单击“选择文件夹”（Windows 系统）或“选择”（Mac 系统）按钮以返回“打包”对话框
- 文件夹名称：marketposter（从文件夹名称中删除“文件夹（_F）”）
- 选项：保留默认设置

如图 15.61 所示，单击“打包”按钮。

“复制链接”选项将会把所有链接文件复制到新创建的文件夹中。“收集不同文件夹中的链接”选项将会创建一个名为“Links”的文件夹，并将所有链接复制到该文件夹。“将以链接的文件重新连接到文档”选项将会更新 Illustrator 文档中的链接，使其链接到打包时新创建的副本中。

> AI 注意：可能会出现一个提示框，提醒需要先存储文件。

2 接下来出现的对话框是提示字体方面的授权问题，单击“确定”按钮即可。也可单击“返回”按钮以便取消选择“复制文档中使用的字体（CJK 除外）”选项。

3 单击“显示文件包”以观察打包的文件夹，如图 15.62 所示。

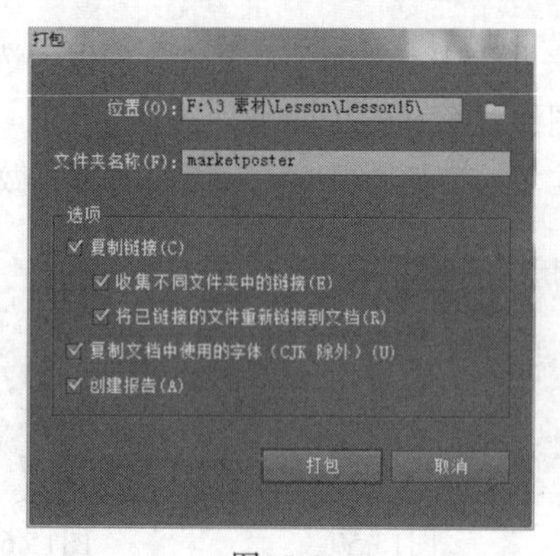

图15.61

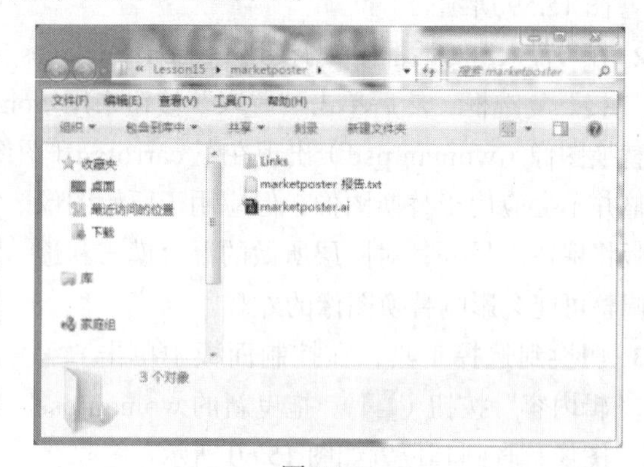

图15.62

在打包的文件夹中，会有一个“Links”文件夹，它包含了所有链接图像。marketposter 报告（.txt 文件）则包含了文档内容的信息。

4 返回 Illustrator，然后选择菜单“文件”>“关闭”。

15.9 复习

复习题

1 指出在 Illustrator 中链接和嵌入之间的不同。

2 哪些类型的对象可作为蒙版?

3 如何为置入的图像创建不透明蒙版?

4 使用效果可对选定对象做出哪些方面的颜色修改?

5 说明如何替换文档中置入的图像。

6 说明什么是打包。

复习题答案

1 链接文件是一个独立的外部文件，它通过链接与 Illustrator 文件相关联；链接文件不会显著地增大 Illustrator 文件；为保留链接并且确保置入的文件出现在打开的 Illustrator 文件中，必须随 Illustrator 文件一起提供被链接的文件。嵌入文件包含在 Illustrator 文件中，因此 Illustrator 文件将会相应地增大；由于嵌入文件是 Illustrator 文件的一部分，因此不存在断开链接的问题。无论是链接文件还是嵌入文件，都可使用链接面板中的“重新链接”按钮（ ）来更新。

2 蒙版可以是简单路径，也可以是复合路径，还可以是转换为轮廓的文本。可通过置入 Photoshop 文件来导入不透明蒙版，还可使用位于对象组或图层最顶层的形状创建剪切蒙版。

3 要创建不透明蒙版，可将要作为蒙版的对象放在被遮罩对象的上层。然后选中蒙版和要遮罩的对象，在透明度面板中单击“制作蒙版”按钮或在透明度面板菜单中选择“建立不透明蒙版”选项。

4 可使用效果来修改颜色模式（RGB、CMYK 或灰度），调整选定对象的颜色；还可调整选定对象的颜色饱和度，将颜色反转；可修改置入图像的颜色，也可修改在 Illustrator 中创建的图稿的颜色。

5 要替换置入的图像，可在链接面板中选中该图像，单击“重新链接”按钮（ ），选择用于替换的图像后，单击“置入”按钮。

6 打包可用于收集一个 Illustrator 文档所有所需的东西。打包文件时，将创建一个文件夹，其中包括 Illustrator 文档的副本、所需字体、链接图像的副本以及一个关于打包文件信息的报告。